高等数学物理方法

柯导明　黄志祥　代月花　编著

科学出版社

北　京

内 容 简 介

本书内容包含了曲线论、曲面论、张量分析、变分法和积分方程的理论和应用背景. 曲线论与曲面论中介绍了微分几何基础知识，并对于它们如何用于工程和物理学研究做了一定的分析. 张量分析中，针对专业特点，讨论了笛卡儿张量和一般张量. 为了让读者深刻了解场论知识，作者详细地介绍了张量场的理论和计算方法，这些内容拓展了场论深度和广度. 变分法和积分方程内容的重点是它们的基础理论和如何用它们直接求解实际工作中会遇到的微分方程，特别对于用变分法和积分方程解初始问题和边值问题的直接解法，有详细的介绍. 本书提供了大量的例题和习题，以供学生课前和课后练习. 读者只要具有高等数学、线性代数和微分方程的基础知识就可以顺利地阅读本书. 本书介绍的内容是本科阶段所学数学物理方法的继续，是工程和应用物理类高年级本科生和研究生在后续课程学习和科学研究中的难点.

本书适合工程类和应用物理类高年级本科生和研究生、相关专业的工程师、教师以及科研人员使用.

图书在版编目(CIP)数据

高等数学物理方法/柯导明，黄志祥，代月花编著. —北京：科学出版社，2022.12

ISBN 978-7-03-073107-4

Ⅰ. ①高… Ⅱ. ①柯… ②黄… ③代… Ⅲ. ①数学物理方法 Ⅳ. ①O411.1

中国版本图书馆 CIP 数据核字(2022)第 167655 号

责任编辑：李静科 李 萍 / 责任校对：彭珍珍
责任印制：吴兆东 / 封面设计：无极书装

科学出版社 出版
北京东黄城根北街 16 号
邮政编码：100717
http://www.sciencep.com

北京中科印刷有限公司 印刷

科学出版社发行 各地新华书店经销

*

2022 年 12 月第 一 版 开本: 720×1000 1/16
2024 年 1 月第二次印刷 印张: 27 3/4
字数: 546 000

定价: 168.00 元

(如有印装质量问题，我社负责调换)

前言

现代科学技术飞速发展的今天, 不但对知识的宽度提出了要求, 而且对知识的深度也提出了更高的要求. 例如, 电子科学与技术中涉及微纳小尺寸器件, 需要了解材料的各向异性特性等, 因此必须学习张量理论; 图形图像处理芯片的电路和算法设计, 需要了解曲线和曲面形状的形成过程; 仿生器件的研制, 需要知道曲线的左旋与右旋; 电子工程中射频电路和高速电路设计涉及的各种形状传输线、微带线和微波器件的定量分析, 需要掌握张量场和变分法的知识. 工程和物理中的大量反问题, 要用到积分方程. 上述知识中, 不但有大学已经学习过的传统数理方法的内容, 还有传统数理方法没有包括的内容, 需要我们进一步用更深刻的数学物理知识予以处理.

由上可知, 本科生和研究生掌握更深刻的数学物理方法方面的知识, 可以指导今后的实际工作, 提高科研能力. 而研究生不掌握微分几何、张量分析、变分法和积分方程这些知识可能连阅读相关文献都有一定的困难. 传统数学物理方法内容包括复变函数、积分变换和线性偏微分方程以及特殊函数等, 有的教材也牵涉到少量的变分法, 但那也是一些浅显的初步知识. 这些数学工具用于处理日益进展的工程和科研问题, 显然是非常不够的. 在这种情况下, 提供一本适合本科生学习的, 又有一定深度和广度, 能学以致用和学了够用的教材就显得非常重要, 特别是对于即将进入课题研究的硕士和博士研究生来说, 更是迫切需要的.

作者都是从事这一方面教学和研究的专业教师, 在长期的教学和研究工作中积累和进修了一些数学、工程以及物理知识. 2010 年前后我们编写了一本与本书内容相近的讲义供部分专业方向研究生使用, 现根据大家的反馈结果, 修订出版提供给读者, 希望能对大家提供一些帮助. 工科学生数学基础较弱, 本书力图用高等数学、线性代数和微分方程知识系统地介绍微分几何、张量分析、变分法和积分方程内容, 让本科生和研究生能够更快、更好地进入研究工作; 本书也适合工程师、应用物理学者和高校相关专业教师为提高自己数学能力、进修和教学使用.

本书内容如下.

1. 曲线论和曲面论 (第 1 章和第 2 章). 主要内容包含了微分几何的曲线和曲面理论, 有空间曲线的曲率、挠率, 平面曲线的相对曲率, 以及在工程和科研中最有用的 Frenet 标架和内在方程. 实际应用中除了 Frenet 标架, 曲面的映射也非常重要, 这里介绍了曲面映射的三种基本形式: 等距映射、保角映射和 Gauss 映射. 除此以外, 对于测地线、短程线, 整体微分几何如卵形线、Gauss-Bonnet 定理都做了介绍.

2. 矢量场论与张量理论 (第 3 章和第 4 章). 讨论了矢量乘法为什么不能作为矢量的基本性质, 张量的基本性质和运算规则. 针对工程类专业的学生在工作和研究中会接触到大量的场论问题, 本书用了大量篇幅介绍张量场论. 作者在介绍矢量场时, 把矢量场作为张量场的特殊情况来讲解场的计算. 矢量场的推导与计算尽量用张量的语言去描述, 希望读者对矢量场有更深刻的理解. 对于工程中经常遇到的 Christoffel 符号理论和应用都有详细的分析和计算. 由于工程应用中大量的背景是在直角坐标系中, 本书将笛卡儿张量和一般张量分开介绍, 用了相当篇幅让学生通过笛卡儿张量熟悉张量的运算规律, 然后再过渡到一般张量的计算和理论. 通过这样安排, 学生对张量的理解会更容易、更深刻.

3. 变分法和积分方程 (第 5 章和第 6 章). 这一部分内容有变分法的基本原理、泛函数的基本概念和多元函数的泛函极值问题. 对于可动边界问题、各种边界条件下的泛函极值问题, 如对测地线问题和等周问题作了详细的分析, 并用专门的篇幅讨论直接变分法和半直接解法解偏微分方程. 积分方程一章系统地介绍了 Volterra 方程和 Fredholm 方程的解法, 并详细讨论了 Green 函数在积分方程中应用和奇异积分方程的解法. 最后介绍了积分方程的直接解法和近似解法. 由于变分法和积分方程都有大量的专门数值解法书籍, 所以这两部分并没有讨论数值解法, 只介绍基本理论和直接解法.

虽然本书主要阅读对象是研究生, 但是对于高年级本科生学习专业课程和提高数学涵养也大有益处. 高年级本科生建议学习如下章节. 第 1 章: 1.1—1.8 节, 1.11 节. 第 2 章: 2.1—2.3 节, 2.5 节, 2.6 节. 第 3 章: 3.1—3.6 节. 第 4 章: 4.1 节和 4.2 节. 第 5 章: 5.1—5.5 节. 第 6 章: 6.1—6.3 节, 6.6 节. 上述这些内容是为了衔接学习专业课程和更高阶段学习而准备的. 实际上, 高等数学教材的大部分内容取自微分几何, 但是其深度与广度都较正式的微分几何浅显, 上述内容有利于进一步提高学生应用高等数学和线性代数的能力, 提升自己的数学素养.

本书详细推导了每一部分内容涉及的相关核心定理, 每个定理都给出了多个例题, 希望能够深化读者对定理的认识和掌握, 同时给出了应用的物理背景的解释, 便于引导读者思考和自学.

编　者

2021 年 10 月 7 日

目　录

前言
第 1 章　一元矢量函数与曲线论基础 …… 1
1.1　一元矢量函数的基本概念 …… 1
1.2　矢量函数的微分与泰勒展开式 …… 5
1.3　矢量函数的积分和微分方程 …… 10
1.4　三个特殊的矢量函数与微分几何的概念 …… 12
1.5　空间曲线的自然参数方程 …… 17
1.6　曲线自然方程的建立与曲线族的包络 …… 19
1.7　空间曲线的曲率 …… 24
1.8　Frenet 坐标架与挠率 …… 27
1.9　曲线论的基本公式与基本定理 …… 35
1.10　曲线在一点的标准展开和应用 …… 43
1.11　平面曲线的曲率和 Frenet 标架 …… 50
1.12　整体微分几何和卵形线 …… 58
习题 1 …… 65
第 2 章　曲面论基础与应用 …… 67
2.1　二元矢量函数和曲面的矢量表示 …… 67
2.2　曲面的切平面和法线矢量 …… 71
2.3　曲面的第一基本形式 …… 79
2.4　曲面的等距映射 …… 84
2.5　曲面的保角映射 …… 89
2.6　曲面的第二基本形式 …… 94
2.7　曲面曲线的法曲率、主曲率和主方向 …… 100
2.8　曲面点的邻近结构分析 …… 107
2.9　曲面论的基本公式、基本定理和基本方程 …… 115
2.10　Gauss 映射和曲面的第三基本形式 …… 122
2.11　曲面的测地曲率与测地线 …… 128
2.12　测地坐标系、短程线和 Gauss-Bonnet 定理 …… 136
习题 2 …… 146

第 3 章 笛卡儿张量与应用 ········ 149
3.1 矢量代数 ········ 149
3.2 笛卡儿张量的概念 ········ 156
3.3 笛卡儿张量定义与性质 ········ 163
3.4 笛卡儿张量的代数运算 ········ 176
3.5 笛卡儿张量场论 1: 导数、梯度与散度 ········ 184
3.6 笛卡儿张量场论 2: 旋度与张量的积分 ········ 193
3.7 二阶笛卡儿张量 ········ 203
3.8 二阶对称笛卡儿张量及其几何表示 ········ 212
习题 3 ········ 219
第 4 章 张量的普遍理论 ········ 221
4.1 斜角直线坐标系中的协变量及其对偶量 ········ 221
4.2 曲线坐标系矢量和基与坐标变换 ········ 228
4.3 张量的普遍定义与度规张量 ········ 236
4.4 张量的代数运算 ········ 245
4.5 基矢量的导数与 Christoffel 符号 ········ 253
4.6 张量场理论 ········ 259
4.7 物理标架下的张量场 ········ 269
习题 4 ········ 279
第 5 章 变分法 ········ 281
5.1 有关变分问题的实际例子 ········ 281
5.2 变分法的基本原理及性质 ········ 283
5.3 泛函的欧拉方程 ········ 287
5.4 含有多个未知函数与高阶导数的泛函 ········ 291
5.5 多元函数的泛函数极值问题 ········ 295
5.6 端点不变的自然边界条件和自然过渡条件下的变分法 ········ 299
5.7 可动边界的变分问题 ········ 306
5.8 条件极值的变分问题——测地线问题 ········ 314
5.9 条件极值的变分问题——等周问题 ········ 319
5.10 直接变分法及其应用 ········ 326
5.11 偏微分方程边值问题的直接与半直接变分法 ········ 337
习题 5 ········ 345
第 6 章 积分方程基础 ········ 349
6.1 积分方程的起源与概念 ········ 349
6.2 积分方程与微分方程的联系 ········ 355

6.3 逐次逼近法解 Volterra 方程 ······ 360
6.4 Volterra 第一类方程的解法 ······ 365
6.5 Volterra 方程的其他解法 ······ 374
6.6 Fredholm 第二类方程的解法 ······ 379
6.7 可分核的 Fredholm 方程解法 ······ 386
6.8 Green 函数与对称核积分方程 ······ 392
6.9 Hilbert-Schmidt 理论与非齐次 Fredholm 方程的解法 ······ 402
6.10 诺伊曼级数与 Fredholm 理论 ······ 411
6.11 奇异积分方程 ······ 416
6.12 Fredholm 方程的近似解法 ······ 420
习题 6 ······ 430
参考文献 ······ 433

第 1 章　一元矢量函数与曲线论基础

本章的主要内容是微分几何的曲线论. 首先介绍曲线论的基础: 一元矢量函数的代数运算和分析运算, 根据后面曲线论的需要, 以例题的形式, 讨论矢量常微分方程的解法; 然后用定长矢量、定向矢量与定向垂直矢量引进微分几何的概念; 后续几节讨论曲线论的基本内容, 包括曲线的曲率、挠率和 Frenet 标架. 本书以应用为目标, 对于微分几何的过分复杂的定理以理解、会用为目标, 证明为辅, 强调定理在各种不同场景下的应用. 曲线论的重点放在实际应用中非常有用的 Frenet 公式和曲线的内在方程上.

1.1　一元矢量函数的基本概念

高等数学中已经介绍了一些矢量, 但是这些矢量的模和方向在运算中都保持不变, 也就是说是常矢量的运算. 实际应用和更深入的理论研究中常常会遇到矢量的模和方向都在变化, 或者二者至少有一个在变化, 这就是本书要介绍的矢量函数. 本节只讨论曲线论中需要的一元矢量函数, 第 2 章再介绍曲面论中要用到的二元矢量函数.

一元矢量函数定义: 设有数性变量 t 和变矢量 $\vec{a}$, G 是 t 的定义域, 对于 G 内的每一个 t, 矢量 $\vec{a}$ 有一个确定的矢量与之对应, 称 $\vec{a}$ 是 t 的一元矢量函数, 这里简称为矢量函数, 记作 $\vec{a}\,(t)$.

矢量函数 $\vec{a}\,(t)$ 除了有常矢量的所有特点, 还会随着 t 的改变而改变其方向和大小, 它在笛卡儿坐标系中的投影分量都是变量 t 的函数, 因此有

$$\vec{a}\,(t) = a_x\,(t)\,\vec{i} + a_y\,(t)\,\vec{j} + a_z\,(t)\,\vec{k} \tag{1.1.1}$$

上式也可以用行向量表示为

$$(a_x(t), a_y(t), a_z(t)) \tag{1.1.2}$$

根据矢量函数的表达式 (1.1.1) 可以定义与 $\vec{a}\,(t)$ 相等的另一矢量函数 $\vec{b}\,(t)$. 如果有矢量函数 $\vec{b}\,(t)$, 它在笛卡儿坐标系中的投影表达式是

$$\vec{b}\,(t) = b_x\,(t)\,\vec{i} + b_y\,(t)\,\vec{j} + b_z\,(t)\,\vec{k} \tag{1.1.3}$$

而以下关系成立:

$$a_x(t) = b_x(t), \quad a_y(t) = b_y(t), \quad a_z(t) = b_z(t)$$

则称两个矢量函数 $\vec{a}(t)$ 与 $\vec{b}(t)$ 相等, 记作

$$\vec{a}(t) = \vec{b}(t) \tag{1.1.4}$$

矢量函数类似标量函数, 也有极限与连续性, 分别讨论如下.

矢量函数的极限. 设 $\vec{a}(t)$ 在 t_0 的某一个邻域内有定义, $\vec{a}_0$ 为常矢量. $\forall\varepsilon > 0$, 总有 $\delta > 0$, 当 $0 < |t - t_0| < \delta$, $\vec{a}_0 = (a_{0x}, a_{0y}, a_{0z})$ 时, 有

$$|\vec{a}(t) - \vec{a}_0| < \varepsilon$$

成立, 称 $\vec{a}(t)$ 在 $t \to t_0$ 时的极限是 $\vec{a}_0$, 记作

$$\lim_{t\to t_0} \vec{a}(t) = \vec{a}_0 \tag{1.1.5}$$

现在讨论如何求解矢量函数的极限. 从 $\vec{a}(t)$ 的极限定义可以得到

$$|\vec{a}(t) - \vec{a}_0| = \sqrt{[a_x(t) - a_{0x}]^2 + [a_y(t) - a_{0y}]^2 + [a_z(t) - a_{0z}]^2} \to 0$$

上式的等价条件是

$$\lim_{t\to t_0} a_x(t) = a_{0x}, \quad \lim_{t\to t_0} a_y(t) = a_{0y}, \quad \lim_{t\to t_0} a_z(t) = a_{0z} \tag{1.1.6}$$

因此, 式 (1.1.5) 也可以写成

$$\lim_{t\to t_0} \vec{a}(t) = \lim_{t\to t_0} a_x(t)\vec{i} + \lim_{t\to t_0} a_y(t)\vec{j} + \lim_{t\to t_0} a_z(t)\vec{k} = a_{0x}\vec{i} + a_{0y}\vec{j} + a_{0z}\vec{k} = \vec{a}_0 \tag{1.1.7}$$

式 (1.1.7) 表示求矢量函数的极限, 可以先求其每一个分量函数的极限值, 然后再把这些分量函数的极限值合成起来, 就是矢量函数的极限. 于是, 矢量函数的极限转化为计算其分量函数的极限. 而分量函数是一元标量函数, 这样矢量函数的极限就成为求一元函数极限.

矢量函数的极限运算法则如下:

$$\lim_{t\to t_0} [\lambda(t)\vec{a}(t)] = \lim_{t\to t_0} \lambda(t) \cdot \lim_{t\to t_0} \vec{a}(t) \tag{1.1.8a}$$

$$\lim_{t\to t_0} \left[\vec{a}(t) \pm \vec{b}(t)\right] = \lim_{t\to t_0} \vec{a}(t) \pm \lim_{t\to t_0} \vec{b}(t) \tag{1.1.8b}$$

$$\lim_{t\to t_0}\left[\vec{a}(t)\cdot\vec{b}(t)\right]=\lim_{t\to t_0}\vec{a}(t)\cdot\lim_{t\to t_0}\vec{b}(t) \tag{1.1.8c}$$

$$\lim_{t\to t_0}\left[\vec{a}(t)\times\vec{b}(t)\right]=\lim_{t\to t_0}\vec{a}(t)\times\lim_{t\to t_0}\vec{b}(t) \tag{1.1.8d}$$

上式中 “·” 表示点乘, 与普通代数乘法相同; 而 “×” 表示叉乘, 也就是矢量积.

下面仅对式 (1.1.8a) 加以证明, 其他证明类似, 不再证明. 记

$$\lambda_0=\lim_{t\to t_0}\lambda(t),\quad \vec{a}_0=\lim_{t\to t_0}\vec{a}(t)$$

按极限定义得到

$$\begin{aligned}|\lambda(t)\vec{a}(t)-\lambda_0\vec{a}_0|&=|\lambda(t)\vec{a}(t)-\lambda(t)\vec{a}_0+\lambda(t)\vec{a}_0-\lambda_0\vec{a}_0|\\&\leqslant|\lambda(t)|\cdot|\vec{a}(t)-\vec{a}_0|+|\vec{a}_0|\cdot|\lambda(t)-\lambda_0|\end{aligned}$$

在 $t\to t_0$ 时, 由于 $|\vec{a}(t)-\vec{a}_0|\to 0$, $|\lambda(t)-\lambda_0|\to 0$, $|\lambda(t)|$ 在 t_0 的邻域是有界的, 用极限夹逼定理得到

$$|\lambda(t)\vec{a}(t)-\lambda_0\vec{a}_0|\to 0$$

也就是

$$\lim_{t\to t_0}[\lambda(t)\vec{a}(t)]=\lim_{t\to t_0}\lambda(t)\cdot\lim_{t\to t_0}\vec{a}(t)=\lambda_0\vec{a}_0$$

矢量函数 $\vec{a}(t)$ 的连续性定义如下: 若矢量函数 $\vec{a}(t)$ 在 t_0 的某个邻域内有定义, 并且有

$$\lim_{t\to t_0}\vec{a}(t)=\vec{a}(t_0) \tag{1.1.9}$$

称 $\vec{a}(t)$ 在 $t=t_0$ 处连续. 如果矢量函数 $\vec{a}(t)$ 在某一个区间内的每一点都连续, 称矢量函数在该区间内连续, 或称 $\vec{a}(t)$ 是该区间内的连续矢量函数.

根据矢量函数极限运算性质和连续性定义可知: 矢量函数 $\vec{a}(t)$ 和 $\vec{b}(t)$ 在 t_0 处连续, 标量函数 $\lambda(t)$ 也在 t_0 处连续, 那么矢量函数 $\lambda(t)\vec{a}(t)$, $\vec{a}(t)\pm\vec{b}(t)$, $\vec{a}(t)\cdot\vec{b}(t)$ 和 $\vec{a}(t)\times\vec{b}(t)$ 也在 t_0 处连续.

矢量函数 $\vec{a}(t)$ 的几何意义可以通过 $\vec{a}(t)$ 对于参数 t 变化的几何特征得到. 变量 t 取一系列值 $\{t_1, t_2, \cdots, t_k, \cdots\}$, 这些值代入矢量函数 $\vec{a}(t)$, 得到点的集合 $\{\vec{a}(t_1), \vec{a}(t_2), \cdots, \vec{a}(t_k), \cdots\}$. 将这些点的集合在坐标系中依照 t_k 出现的次序连接起来, 就会得到一条曲线, 如图 1.1 所示. 曲线上点 P 的坐标是 $(a_x(t), a_y(t), a_z(t))$, 点 P 与坐标原点 O 连接起来, 得到矢径

$$\vec{r}(t)=a_x(t)\vec{i}+a_y(t)\vec{j}+a_z(t)\vec{k}=\vec{a}(t)$$

从图中可见, 矢径 $\vec{r}(t)$ 的端点反映了矢量 $\vec{a}(t)$ 的变化, 这条曲线因此称为矢径 $\vec{r}(t)$ 的矢端曲线.

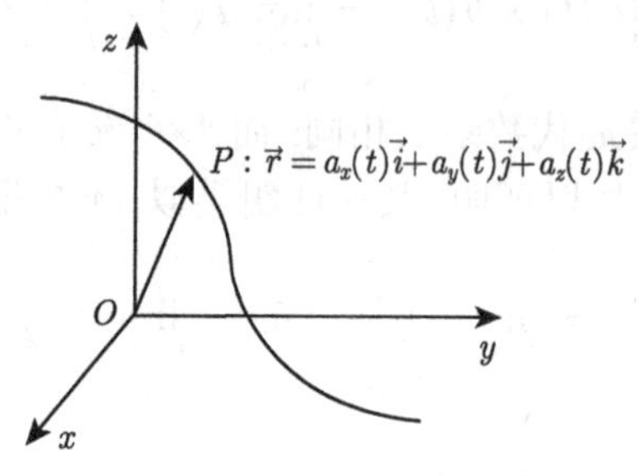

图 1.1　矢端曲线示意图

例 1.1　已知圆柱螺旋线的参数方程是

$$x=a\cos\theta,\quad y=a\sin\theta,\quad z=b\theta$$

求它的矢量函数表达式和曲线图.

解　将表达式用矢量表达出来, 为

$$\vec{r}=x\vec{i}+y\vec{j}+z\vec{k}=a\cos\theta\vec{i}+a\sin\theta\vec{j}+b\theta\vec{k}$$

取螺旋轴作为 Oz 轴, 设在 $t=0$ 时刻, 动点 P 在 Ox 轴上, 用 c 表示沿 Oz 轴的移动速度, 则有 $z=ct$. 以 θ 表示绕 Oz 轴旋转的角度, a 是动点 P 到轴的距离, 从图 1.2 可以得到

$$x=a\cos\theta,\quad y=a\sin\theta$$

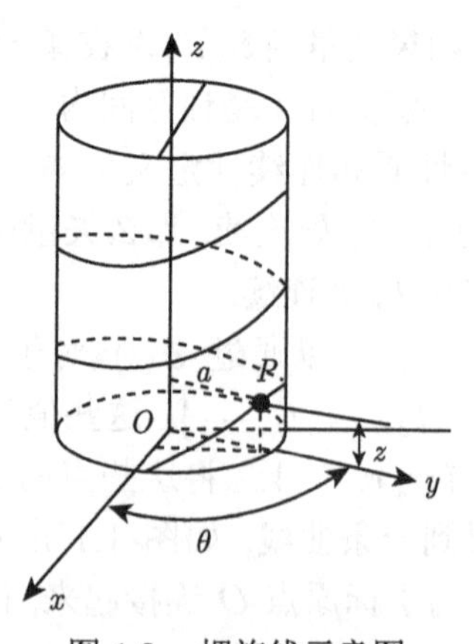

图 1.2　螺旋线示意图

再设动点 P 绕 Oz 轴等速转动, 所以角度 θ 与时间 t 成正比. 以 ω 表示角速度, 角位移是 $\theta=\omega t$. 由于 $t=\theta/\omega$, 代入 $z=ct$, 就有 $z=c\theta/\omega$. 再令 $b=c/\omega$, 最终得到 $z=b\theta$. 曲线的参数方程是

$$x=a\cos\theta,\quad y=a\sin\theta,\quad z=b\theta$$

根据上述推导可得到螺旋线的几何定义: 一个动点绕一条定直线做等速转动并沿着直线做等速移动, 则这个动点的轨迹称作螺旋线.

1.2 矢量函数的微分与泰勒展开式

这一节有两部分内容, 首先介绍矢量函数的导数、矢量导数的几何意义、运算法则和微分, 其次讨论矢量函数的泰勒展开式.

矢量函数导数的定义与数性函数类似, 定义如下: 如果矢量函数的极限

$$\lim_{\Delta t\to 0}\frac{\vec{a}\,(t_0+\Delta t)-\vec{a}\,(t_0)}{\Delta t}\quad (t_0\in G)$$

存在, 其中 G 是 t_0 的定义域, 称矢量函数在 t_0 处可导, 这个极限值称作 $\vec{a}\,(t)$ 在 t_0 的导数. 由于这个极限值也是矢量, 所以矢量函数的导数又称作导矢量, 记作

$$\left.\frac{d\vec{a}\,(t)}{dt}\right|_{t=t_0}=\lim_{\Delta t\to 0}\frac{\vec{a}\,(t_0+\Delta t)-\vec{a}\,(t_0)}{\Delta t}=\lim_{\Delta t\to 0}\frac{\Delta\vec{a}\,(t_0)}{\Delta t}\tag{1.2.1}$$

导矢量在微分几何中又可以写作

$$\frac{d\vec{a}\,(t)}{dt}=\vec{a}'\,(t)=\dot{\vec{a}}\,(t)$$

如果 $\vec{a}\,(t)$ 在 $t\in G$ 中每一点都可导, 称 $\vec{a}\,(t)$ 在区间 G 内是可微的.

导矢量的几何意义可用矢端曲线表示出来, 如图 1.3 所示. 根据矢端曲线的意义, $\vec{a}\,(t+\Delta t)$ 和 $\vec{a}\,(t)$ 在图 1.3 中是矢量三角形的两边, 第 3 条边是增量矢量 $\Delta\vec{a}\,(t)$. 实际上, $\Delta\vec{a}$ 是矢端曲线 l 的割线 MN. 当 $\Delta t\to 0$ 时, 割线绕 M 点转动, 最终以点 N 处的切线作为它的极限位置. 矢量 $\dfrac{\Delta\vec{a}}{\Delta t}$ 是 MN 上的一个矢量, 所以它的极限位置不为零时, 在点 N 的切线上.

现在考虑导矢量的指向. 由于当 $\Delta t>0$ 时, $\dfrac{\Delta\vec{a}}{\Delta t}$ 与 $\Delta\vec{a}\,(t)$ 指向一致, 对应于 t 增大的方向; 而当 $\Delta t<0$ 时, $\Delta\vec{a}\,(t)$ 的方向如图 1.3 中的虚线所示, 但是 $\dfrac{\Delta\vec{a}}{\Delta t}$ 中 $\Delta t<0$, 其指向与 $\Delta\vec{a}\,(t)$ 方向相反, 所以导矢量仍然指向 t 增大方向.

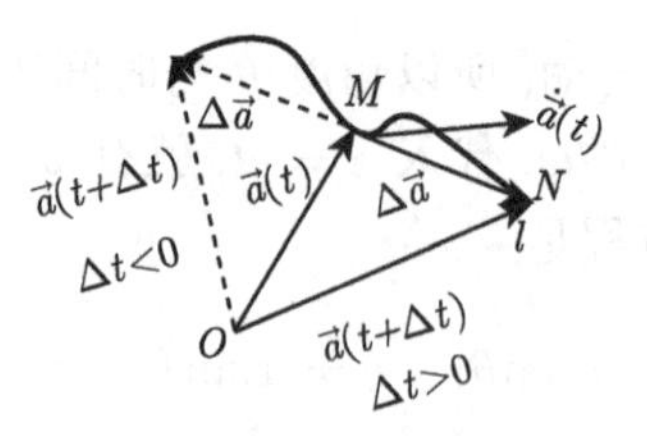

图 1.3　导矢量的几何意义

总结图 1.3 中导矢量的几何意义可知, 导矢量是指向 t 增大方向的切线.

根据导矢量的极限定义式 (1.2.1) 可知, 导矢量是各分量导数的矢量和, 在笛卡儿坐标中可分解为

$$\left.\frac{d\vec{a}(t)}{dt}\right|_{t=t_0}=\left.\frac{da_x(t)}{dt}\right|_{t=t_0}\vec{i}+\left.\frac{da_y(t)}{dt}\right|_{t=t_0}\vec{j}+\left.\frac{da_z(t)}{dt}\right|_{t=t_0}\vec{k} \tag{1.2.2}$$

上式表明矢量的导数可以分解成一元数量函数的导数来求解.

根据极限运算法则可以得到导数运算法则如下:

$$\frac{d\vec{c}}{dt}=0\quad(\vec{c}\text{ 是常矢量}) \tag{1.2.3a}$$

$$\frac{d}{dt}\left[\lambda(t)\vec{a}(t)\right]=\frac{d\lambda(t)}{dt}\vec{a}(t)+\frac{d\vec{a}(t)}{dt}\lambda(t) \tag{1.2.3b}$$

$$\frac{d}{dt}\left[\vec{a}(t)\pm\vec{b}(t)\right]=\frac{d\vec{a}(t)}{dt}\pm\frac{d\vec{b}(t)}{dt} \tag{1.2.3c}$$

$$\frac{d}{dt}\left[\vec{a}(t)\cdot\vec{b}(t)\right]=\frac{d\vec{a}(t)}{dt}\cdot\vec{b}(t)+\vec{a}(t)\frac{d\vec{b}(t)}{dt} \tag{1.2.3d}$$

$$\frac{d}{dt}\left[\vec{a}(t)\times\vec{b}(t)\right]=\frac{d\vec{a}(t)}{dt}\times\vec{b}(t)+\vec{a}(t)\times\frac{d\vec{b}(t)}{dt} \tag{1.2.3e}$$

$$\begin{aligned}\frac{d}{dt}\left[\vec{a}(t)\times\vec{b}(t)\right]\cdot\vec{c}(t)&=\left[\frac{d\vec{a}(t)}{dt}\times\vec{b}(t)\right]\cdot\vec{c}(t)+\left[\vec{a}(t)\times\frac{d\vec{b}(t)}{dt}\right]\cdot\vec{c}(t)\\&\quad+\left[\vec{a}(t)\times\vec{b}(t)\right]\cdot\frac{d\vec{c}(t)}{dt}\end{aligned} \tag{1.2.3f}$$

复合矢量函数是 $\vec{a}(u)$, $u=u(t)$, 导数是

$$\frac{d\vec{a}}{dt}=\frac{d\vec{a}}{du}\cdot\frac{du}{dt} \tag{1.2.4}$$

上述运算公式的证明方法与数量函数的相应公式相同, 区别在于矢量积与矢量的出现次序有关, 以上公式所涉及的矢量积的求导次序是不能够交换的.

矢量函数的微分与数量函数微分类似, 推导如下.

矢量函数的微分是一个矢量, 为

$$d\vec{a}\left(t\right)=\frac{d\vec{a}}{dt}\cdot dt=\vec{a}'\left(t\right)dt \tag{1.2.5}$$

因为

$$d\vec{a}\left(t\right)=da_x\vec{i}+da_y\vec{j}+da_z\vec{k}$$

而式 (1.2.5) 的右边的自变量是参数 t, 有

$$da_x=a_x'\left(t\right)dt,\quad da_y=a_y'\left(t\right)dt,\quad da_z=a_z'\left(t\right)dt,$$

上述结果代入 $d\vec{a}$ 表达式中, 得到

$$d\vec{a}\left(t\right)=\left(a_x'\left(t\right)\vec{i}+a_y'\left(t\right)\vec{j}+a_z'\left(t\right)\vec{k}\right)dt=\vec{a}'\left(t\right)dt$$

除了一阶导矢量函数, 也有高阶导矢量函数. 定义 $\vec{a}\left(t\right)$ 二阶导数是一阶导矢量函数 $\dfrac{d\vec{a}}{dt}$ 的导数, 记作 $\dfrac{d^2\vec{a}}{dt^2}$. 以此类推, 高阶导矢量函数可以写作 $\dfrac{d^n\vec{a}}{dt^n}$. 高阶导矢量函数分量表达式是

$$\frac{d^n\vec{a}\left(t\right)}{dt^n}=\frac{d^na_x\left(t\right)}{dt^n}\vec{i}+\frac{d^na_y\left(t\right)}{dt^n}\vec{j}+\frac{d^na_z\left(t\right)}{dt^n}\vec{k} \tag{1.2.6}$$

上式易见, 矢量函数 $\vec{a}\left(t\right)$ 的 n 阶导数存在的条件与它的每一个分量 $a_x\left(t\right)$, $a_y\left(t\right)$ 和 $a_z\left(t\right)$ 的 n 阶导数存在是等价的.

矢量函数可以用高阶导矢量函数将其作泰勒展开, 它的展开式是

$$\vec{a}\left(t+\Delta t\right)=\vec{a}\left(t\right)+\vec{a}'\left(t\right)\Delta t+\frac{1}{2!}\vec{a}''\left(t\right)\left(\Delta t\right)^2+\cdots+\frac{1}{n!}\vec{a}^{(n)}\left(t\right)\left(\Delta t\right)^n+\vec{\varepsilon}_n\left(t,\Delta t\right)\left(\Delta t\right)^n \tag{1.2.7}$$

其中

$$\lim_{\Delta t\to 0}\vec{\varepsilon}_n\left(t,\Delta t\right)=0$$

证明 设 $\vec{a}\left(t\right)=a_x\left(t\right)\vec{i}+a_y\left(t\right)\vec{j}+a_z\left(t\right)\vec{k}$, 对于其中的每一个分量函数做泰勒展开, 得到

$$a_x\left(t+\Delta t\right)=a_x\left(t\right)+a_x'\left(t\right)\Delta t+\frac{1}{2!}a_x''\left(t\right)\left(\Delta t\right)^2+\cdots+\frac{1}{n!}a_x^{(n)}\left(t_1\right)\left(\Delta t\right)^{(n)}$$

$$a_y(t+\Delta t)=a_y(t)+a_y'(t)\Delta t+\frac{1}{2!}a_y''(t)(\Delta t)^2+\cdots+\frac{1}{n!}a_y^{(n)}(t_2)(\Delta t)^{(n)}$$

$$a_z(t+\Delta t)=a_z(t)+a_z'(t)\Delta t+\frac{1}{2!}a_z''(t)(\Delta t)^2+\cdots+\frac{1}{n!}a_z^{(n)}(t_3)(\Delta t)^{(n)}$$

上式最后一项是每一个分量函数的余项, t_1, t_2 和 t_3 在 $[t,t+\Delta t]$ 内, 是三个独立无关的值. 将 $a_x^{(n)}(t_1)$ 在 t 处展开, 有

$$\lim_{\Delta t\to 0}a_x^{(n)}(t_1)=\lim_{\Delta t\to 0}a_x^{(n)}(t+\varepsilon_1\Delta t)=a_x^{(n)}(t)$$

于是 $a_x^{(n)}(t_1)$ 可以写成

$$a_x^{(n)}(t_1)=a_x^{(n)}(t)+\varepsilon_{nx}(t,\Delta t)$$

其中 $\varepsilon_{nx}(t,\Delta t)$ 是较 Δt 的高阶无穷小, 当 $\Delta t\to 0$ 时, $\varepsilon_{nx}(t,\Delta t)\to 0$.

同理, 可以得到

$$a_y^{(n)}(t_2)=a_y^{(n)}(t)+\varepsilon_{ny}(t,\Delta t)$$

$$a_z^{(n)}(t_3)=a_z^{(n)}(t)+\varepsilon_{nz}(t,\Delta t)$$

上述诸式代入各分量表达式, 再把分量表达式写成矢量表达式, 可以得到

$$\begin{aligned}\vec{a}(t+\Delta t)=&\vec{a}(t)+\vec{a}'(t)\Delta t+\frac{1}{2!}\vec{a}''(t)(\Delta t)^2+\cdots+\frac{1}{n!}\vec{a}^{(n)}(t)(\Delta t)^n\\&+\left[\frac{1}{n!}\varepsilon_{nx}(t,\Delta t)\vec{i}+\frac{1}{n!}\varepsilon_{ny}(t,\Delta t)\vec{j}+\frac{1}{n!}\varepsilon_{nz}(t,\Delta t)\vec{k}\right](\Delta t)^n\end{aligned}\tag{1.2.8}$$

再令

$$\vec{\varepsilon}_n(t,\Delta t)=\left[\frac{1}{n!}\varepsilon_{nx}(t,\Delta t)\vec{i}+\frac{1}{n!}\varepsilon_{ny}(t,\Delta t)\vec{j}+\frac{1}{n!}\varepsilon_{nz}(t,\Delta t)\vec{k}\right]$$

上式代入式 (1.2.8) 就可以得到矢量函数的泰勒展开式 (1.2.7). [证毕]

泰勒展开式在后继的曲线论和曲面论的学习中非常有用, 请读者仔细理解其证明过程.

例 1.2 已知 $\vec{e}(t)$ 是单位矢量, 试证 $\left|\frac{d\vec{e}}{dt}\right|=\left|\frac{d\vec{\varphi}}{dt}\right|$, 其中 φ 是矢量 $\vec{e}(t)$ 与 $\vec{e}(t+\Delta t)$ 的夹角.

证明 因为

$$\frac{d\vec{e}}{dt}=\lim_{\Delta t\to 0}\frac{\Delta\vec{e}}{\Delta t}$$

所以有

$$\left|\frac{d\vec{e}}{dt}\right| = \left|\lim_{\Delta t\to 0}\frac{\Delta\vec{e}}{\Delta t}\right| = \lim_{\Delta t\to 0}\frac{|\Delta\vec{e}|}{|\Delta t|}$$

图 1.4 中画出了 $\vec{e}(t)$ 矢端曲线的轨迹, $\vec{e}(t+\Delta t)$, $\vec{e}(t)$ 和 $\Delta\vec{e}$ 是一个矢量三角形.

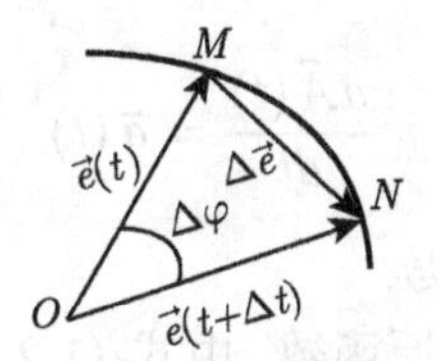

图 1.4 单位矢量图

因为 $\vec{e}(t)$ 是单位矢量, 故有 $|\vec{e}(t+\Delta t)| = |\vec{e}(t)| = 1$, 三角形是等腰三角形. 又有

$$\frac{|\Delta\vec{e}|}{2} = \sin\frac{\Delta\varphi}{2}, \quad |\Delta\vec{e}| = 2\sin\frac{\Delta\varphi}{2}$$

这样就得到了

$$\begin{aligned}\left|\frac{d\vec{e}}{dt}\right| &= \lim_{\Delta t\to 0}\left|\frac{\Delta\vec{e}}{\Delta t}\right| = \lim_{\Delta t\to 0}\left|\frac{2\sin\Delta\varphi/2}{\Delta t}\right| \\ &= \lim_{\Delta t\to 0}\left|\frac{\sin\Delta\varphi/2}{\Delta\varphi/2}\cdot\frac{2\Delta\varphi/2}{\Delta t}\right| = \lim_{\Delta t\to 0}\left|\frac{\Delta\varphi}{\Delta t}\right| = \left|\frac{d\varphi}{dt}\right|\end{aligned}$$

例 1.2 是微分几何曲线论中的一个重要的定理, 希望读者牢记其结论.

例 1.3 证明矢量积的结论

$$\frac{d}{dt}\left(\vec{a}\times\vec{b}\right) = \frac{d\vec{a}}{dt}\times\vec{b} + \vec{a}\times\frac{d\vec{b}}{dt}$$

证明

$$\begin{aligned}&\frac{d}{dt}\left(\vec{a}\times\vec{b}\right) \\ =& \lim_{\Delta t\to 0}\frac{\vec{a}(t+\Delta t)\times\vec{b}(t+\Delta t) - \vec{a}(t)\times\vec{b}(t)}{\Delta t} \\ =& \lim_{\Delta t\to 0}\frac{\vec{a}(t+\Delta t)\times\vec{b}(t+\Delta t) - \vec{a}(t+\Delta t)\times\vec{b}(t) + \vec{a}(t+\Delta t)\times\vec{b}(t) - \vec{a}(t)\times\vec{b}(t)}{\Delta t} \\ =& \lim_{\Delta t\to 0}\frac{[\vec{a}(t+\Delta t) - \vec{a}(t)]\times\vec{b}(t)}{\Delta t} + \lim_{\Delta t\to 0}\frac{\vec{a}(t+\Delta t)\times\left[\vec{b}(t+\Delta t) - \vec{b}(t)\right]}{\Delta t} \\ =& \frac{d\vec{a}(t)}{dt}\times\vec{b}(t) + \vec{a}(t)\times\frac{d\vec{b}(t)}{dt}\end{aligned}$$

1.3　矢量函数的积分和微分方程

矢量函数的积分与标量函数的积分类似, 先介绍原函数的概念. 对于给定的矢量函数 $\vec{a}(t)$, 若存在着矢量函数 $\vec{A}(t)$, 且有

$$\frac{d\vec{A}(t)}{dt}=\vec{a}(t)$$

则称 $\vec{A}(t)$ 是 $\vec{a}(t)$ 的一个原函数.

如果 $\vec{A}(t)$ 是 $\vec{a}(t)$ 的一个原函数, 由式 (1.2.3a) 可知, $\vec{a}(t)$ 的任何一个原函数与 $\vec{A}(t)$ 只差一个常矢量 $\vec{c}$, $\vec{a}(t)$ 的全体原函数 $\vec{A}(t)+\vec{c}$ 称为 $\vec{a}(t)$ 的不定积分, 记作

$$\int\vec{a}(t)\,dt=\vec{A}+\vec{c} \tag{1.3.1}$$

不定积分也可以按分量积分, 计算公式如下:

$$\int\vec{a}(t)\,dt=\int a_x(t)dt\vec{i}+\int a_y(t)dt\vec{j}+\int a_z(t)dt\vec{k}$$

不定积分其他法则与数量函数积分法则类似, 列举如下:

$$\int k\vec{a}(t)\,dt=k\int\vec{a}(t)dt$$

$$\int[\vec{a}(t)\pm\vec{b}(t)]dt=\int\vec{a}(t)dt\pm\int\vec{b}(t)dt$$

$$\int\vec{c}f(t)\,dt=\vec{c}\int f(t)dt\quad(\vec{c}\text{ 是常矢量})$$

$$\int\vec{c}\cdot\vec{a}(t)\,dt=\vec{c}\cdot\int\vec{a}(t)dt\quad(\vec{c}\text{ 是常矢量})$$

$$\int\vec{c}\times\vec{a}(t)\,dt=\vec{c}\times\int\vec{a}(t)dt\quad(\vec{c}\text{ 是常矢量})$$

矢量函数的分部积分公式如下. 点积 (数量积) 的分部积分是

$$\int\vec{a}(t)\cdot\vec{b}'(t)\,dt=\vec{a}(t)\cdot\vec{b}(t)-\int\vec{b}(t)\cdot\vec{a}'(t)dt$$

矢量积的分部积分公式是

$$\int\vec{a}(t)\times\vec{b}'(t)\,dt=\vec{a}(t)\times\vec{b}(t)+\int\vec{b}(t)\times\vec{a}'(t)dt$$

矢量积的积分公式证明如下:

$$\begin{aligned}&\int \vec{a}(t)\times \vec{b}'(t)\,dt\\ &=\int \vec{a}(t)\times d\vec{b}(t)=\vec{a}(t)\times\vec{b}(t)-\int d\vec{a}(t)\times\vec{b}(t)\\ &=\vec{a}(t)\times\vec{b}(t)+\int \vec{b}(t)\times d\vec{a}(t)=\vec{a}(t)\times\vec{b}(t)+\int \vec{b}(t)\times\vec{a}'(t)\,dt\end{aligned}$$

矢量函数的定积分与标量函数的定积分类似, 都是指黎曼和的极限, 这里不再重复. 矢量函数定积分运算一般是用原函数来实现的, 介绍如下. 若 $\vec{A}(t)$ 是 $\vec{a}(t)$ 在 $t\in[t_1,t_2]$ 的一个原函数, 那么定积分是

$$\int_{t_1}^{t_2}\vec{a}(t)\,dt=\vec{A}(t)\Big|_{t=t_2}-\vec{A}(t)\Big|_{t=t_1}=\vec{A}(t_2)-\vec{A}(t_1) \tag{1.3.2}$$

矢量微分方程与标量微分方程的解法类似, 下面用例题介绍矢量微分方程的解法.

例 1.4 求解矢量微分方程式

$$\frac{d\vec{r}}{dt}=3t^2\vec{i}+2\vec{j}+\sin t\vec{k}$$

解 设 $\vec{r}=x_1\vec{i}+x_2\vec{j}+x_3\vec{k}$, 则有

$$\frac{dx_1}{dt}=3t^2,\quad \frac{dx_2}{dt}=2,\quad \frac{dx_3}{dt}=\sin t$$

$$x_1=t^3+C_1,\quad x_2=2t+C_2,\quad x_3=-\cos t+C_3$$

于是矢量函数是

$$\vec{r}=\left(t^3+C_1\right)\vec{i}+(2t+C_2)\vec{j}+(-\cos t+C_3)\vec{k}=t^3\vec{i}+2t\vec{j}-\cos t\vec{k}+\vec{r}_0$$

其中 $\vec{r}_0$ 是常矢量.

例 1.5 设 ω 是常标量, 求解 $\dfrac{d^2\vec{r}}{dt^2}+\omega^2\vec{r}=0$.

解 设 $\vec{r}=x_1\vec{i}+x_2\vec{j}+x_3\vec{k}$, 则有分量方程是

$$\frac{d^2x_i}{dt^2}+\omega^2x_i=0\quad(i=1,2,3)$$

上式的解是

$$x_i=a_i\cos\omega t+b_i\sin\omega t$$

于是有

$$\vec{r}=x_1\vec{i}+x_2\vec{j}+x_3\vec{k}=\left(a_1\vec{i}+a_2\vec{j}+a_3\vec{k}\right)\cos\omega t+\left(b_1\vec{i}+b_2\vec{j}+b_3\vec{k}\right)\sin\omega t$$

再设 $\vec{a}=a_1\vec{i}+a_2\vec{j}+a_3\vec{k}$, $\vec{b}=b_1\vec{i}+b_2\vec{j}+b_3\vec{k}$, 则有

$$\vec{r}=\vec{a}\cos\omega t+\vec{b}\sin\omega t$$

如果有初始条件, 是

$$\vec{r}|_{t=0}=\vec{r}_0,\quad \vec{r}'|_{t=0}=\vec{v}_0$$

于是又有

$$\vec{r}|_{t=0}=\vec{a}=\vec{r}_0,\quad \vec{r}'|_{t=0}=\omega\vec{b}=\vec{v}_0,\quad \vec{b}=\frac{\vec{v}_0}{\omega}$$

满足初始条件的解是

$$\vec{r}=\vec{r}_0\cos\omega t+\frac{\vec{v}_0}{\omega}\sin\omega t$$

例 1.6 解矢量微分方程组, 其中 $k>0$:

$$\frac{d\vec{e}_1}{dt}=k\vec{e}_2 \tag{1}$$

$$\frac{d\vec{e}_2}{dt}=k\vec{e}_1 \tag{2}$$

解 对于式 (1) 求导, 再把式 (2) 代入, 得到

$$\frac{d^2\vec{e}_1}{dt^2}=k\frac{d\vec{e}_2}{dt}=k^2\vec{e}_1$$

上式的解是

$$\vec{e}_1=\vec{a}e^{kt}+\vec{b}e^{-kt}$$

其中 $\vec{a}=a_1\vec{i}+a_2\vec{j}+a_3\vec{k}$, $\vec{b}=b_1\vec{i}+b_2\vec{j}+b_3\vec{k}$. 上式代入式 (1), 可以求出

$$\vec{e}_2=\frac{1}{k}\frac{d\vec{e}_1}{dt}=\frac{1}{k}\left(\vec{a}ke^{kt}-\vec{b}ke^{-kt}\right)=\vec{a}e^{kt}-\vec{b}e^{-kt}$$

1.4 三个特殊的矢量函数与微分几何的概念

现在我们考虑如何将一元矢量函数应用到微分几何中. 在矢量函数几何意义中已经说明了矢量函数 $\vec{a}(t)$ 实际上是坐标空间矢量 $\vec{r}(t)$ 末端的轨迹, 所以在描

写空间曲线变化情况时 $\vec{r}(t)=\vec{a}(t)$, 这使得一元函数在几何领域得到了重要应用. 本节首先介绍三个特殊的矢量函数: 定长矢量函数、定向矢量函数和定向垂直的矢量函数, 然后引入微分几何的概念. 以后讨论中, 假定所有的矢量函数都有足够的高阶导数.

1. 定长矢量函数

如果矢量函数 $\vec{a}(t)$ 的长度是一个定值, 称此函数是定长矢量. 定长矢量函数 $\vec{a}(t)$ 存在的充要条件是

$$\vec{a}(t)\cdot\vec{a}'(t)=0 \tag{1.4.1}$$

证明 因为矢量函数 $\vec{a}(t)$ 的长度一定, 于是有

$$\vec{a}^2(t)=|\vec{a}(t)|^2=\text{常数}$$

上式两边求导, 得到

$$\vec{a}(t)\cdot\vec{a}'(t)=0$$

反之, 如果上述条件成立, 上式可以写成

$$\frac{d\vec{a}^2(t)}{dt}=0$$

于是有 $\vec{a}^2(t)=$常数, $\vec{a}^2(t)=\left|\vec{a}^2(t)\right|=$常数, 即矢量函数 $\vec{a}(t)$ 是定长矢量. [证毕]

最简单与最常用的定长矢量是

$$\vec{e}(\varphi)=\cos\varphi\vec{i}+\sin\varphi\vec{j}$$

由于 $|\vec{e}(\varphi)|=1$, 所以这是定长矢量, 因此又有 $\vec{e}(\varphi)\cdot\vec{e}'(\varphi)=0$, 矢量 $\vec{e}(\varphi)$ 与导矢量 $\vec{e}'(\varphi)$ 相互垂直. 由于 $\vec{e}'(\varphi)$ 是 $\vec{e}(\varphi)$ 的切线, 而 $\vec{e}(\varphi)$ 是单位圆, 所以矢端曲线是单位圆. 单位圆的半径 $|\vec{e}(\varphi)|$ 与圆的切线 $\vec{e}'(\varphi)$ 互相垂直, 如图 1.5 所示.

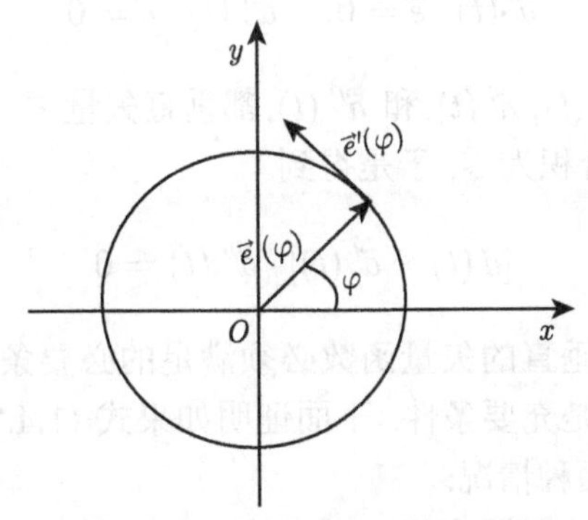

图 1.5 定长单位矢量与它的导矢量

2. 定向矢量函数

给定一个方向 $\vec{e}$, 与此方向平行的所有的矢量函数 $\vec{a}(t)$ 称为定向矢量函数. 现在证明定向矢量函数 $\vec{a}(t)$ 存在的充要条件是

$$\vec{a}(t)\times\vec{a}'(t)\equiv 0 \tag{1.4.2}$$

证明　设有定方向 $\vec{e}$, 定向矢量函数 $\vec{a}(t)$ 可以表示成

$$\vec{a}(t)=\lambda(t)\vec{e}$$

对于上式两边求导, 得到

$$\vec{a}'(t)=\lambda'(t)\vec{e}$$

$$\vec{a}(t)\times\vec{a}'(t)=\lambda(t)\vec{e}\times\lambda'(t)\vec{e}=0$$

反之, 如果有一个非零矢量函数 $\vec{a}(t)$ 满足 $\vec{a}\times\vec{a}'=0$, 则有 $\vec{a}'(t)$ 平行于 $\vec{a}(t)$, 因此有

$$\vec{a}'(t)=\lambda_1(t)\vec{a}(t)=\lambda_1(t)\lambda(t)\vec{e}=\rho'(t)\vec{e}$$

积分上式得到 $\vec{a}(t)=\rho(t)\vec{e}$, 这说明 $\vec{a}(t)$ 确实是定向矢量函数. [证毕]

几何学中如果位置矢量有 $\vec{r}(t)=\vec{a}(t)=\lambda(t)\vec{e}$, 称 $\vec{r}(t)$ 是共线矢量.

3. 与定向垂直的矢量函数必须满足的条件

给定一个方向 $\vec{e}$, 有一个垂直于 $\vec{e}$ 的矢量函数 $\vec{a}(t)$ 存在, 则有

$$\vec{a}(t)\cdot\vec{e}=0$$

对于上式连续求导, 注意到 $\vec{e}$ 是常矢量, 于是得到

$$\vec{a}'(t)\cdot\vec{e}=0,\quad \vec{a}''(t)\cdot\vec{e}=0$$

从上面三个式子可知, $\vec{a}(t)$, $\vec{a}'(t)$ 和 $\vec{a}''(t)$ 都垂直矢量 $\vec{e}$, 于是这三个矢量在同一个平面内, 因此它的混合积为零, 于是得到

$$[\vec{a}(t)\times\vec{a}'(t)]\cdot\vec{a}''(t)=0 \tag{1.4.3}$$

上式是与一个定向垂直的矢量函数必须满足的必要条件, 现在只要证明反之成立, 就说明式 (1.4.3) 是充要条件. 下面证明如果式 (1.4.3) 成立, $\vec{a}(t)$ 一定与一个定方向垂直. 上式有两种情况:

(1) $\vec{a}(t)\times\vec{a}'(t)=0$, 根据式 (1.4.2) 可知, $\vec{a}(t)$ 是一个定向矢量函数. 取矢量 $\vec{e}$ 平行于 $\vec{a}(t)\times\vec{a}'(t)$, $\vec{a}(t)\cdot\vec{e}=0$, 因此 $\vec{a}(t)$ 是定向垂直矢量函数.

(2) $\vec{a}(t) \times \vec{a}'(t) \neq 0$. $\vec{a}(t)$ 与 $\vec{a}'(t)$ 不平行, $\vec{a}''(t)$ 可以以这二者为基矢量表示成

$$\vec{a}''(t) = \lambda\vec{a}(t) + \mu\vec{a}'(t)$$

再设一个矢量函数 $\vec{n}(t) = \vec{a}(t) \times \vec{a}'(t)$, 则又有

$$\begin{aligned}\vec{n}'(t) &= \vec{a}'(t) \times \vec{a}'(t) + \vec{a}(t) \times \vec{a}''(t) = \vec{a}(t) \times \vec{a}''(t) \\ &= \vec{a}(t) \times [\lambda\vec{a}(t) + \mu\vec{a}'(t)] \\ &= \mu\vec{a}(t) \times \vec{a}'(t) = \mu\vec{n}(t)\end{aligned}$$

$$\mu\vec{n}(t) \times \vec{n}'(t) = \mu\vec{n}(t) \times \vec{n}(t) = 0, \quad \vec{n}(t) \times \vec{n}'(t) = 0 \quad (因\ \mu \neq 0)$$

因此 $\vec{n}(t)$ 是定向矢量函数, 而

$$\vec{a}(t) \cdot \vec{n}(t) = \vec{a}(t) \cdot [\vec{a}(t) \times \vec{a}'(t)] = \vec{a}'(t) \cdot [\vec{a}(t) \times \vec{a}(t)] = \vec{a}'(t) \cdot 0 = 0$$

所以 $\vec{a}(t)$ 是与 $\vec{n}(t)$ 垂直的矢量函数. [证毕]

几何学中, 如果 $\vec{a}(t)$ 是位置函数 $\vec{r}(t)$, $\vec{r}(t)$ 的共面条件根据式 (1.4.3) 得到的, 为

$$[\vec{r}(t) \times \vec{r}'(t)] \cdot \vec{r}''(t) = 0 \tag{1.4.4}$$

仿照式 (1.4.4), 将上述 1. 和 2. 讨论的结果中 $\vec{a}(t)$ 都换成位置矢量 $\vec{r}(t)$, 矢量函数的意义和相应几何意义可以列成表 1.4.1.

表 1.4.1 三个重要的矢量表达式及其几何意义

矢量函数的微分公式	矢量函数代表的几何意义
$\vec{r}(t) \cdot \vec{r}'(t) = 0$	定长矢量 $\vec{r}(t)$
$\vec{r}(t) \times \vec{r}'(t) = 0$	定向矢量 $\vec{r}(t)$, 矢量共线
$[\vec{r}(t) \times \vec{r}'(t)] \cdot \vec{r}''(t) = 0$	与一定方向垂直的矢量函数 $\vec{r}(t)$, 矢量共面

从表 1.4.1 可知, 利用矢量函数及其导数所满足的关系, 可以判断矢量的几何性质, 这样就把图形几何性质的判断转化成位置矢量函数及其导数之间的问题. 通常直接判断矢量函数的几何性质是一件非常困难的事情, 但是计算矢量函数的导数要相对容易得多, 这就为研究复杂图形的性质开辟了一条简单的道路. 像这样利用位置矢量函数和导数之间关系研究几何问题称为微分几何. 由于矢量函数的导数和微分更清晰表达了函数的局部性质, 因此微分几何更细致地表达了曲线和曲面局部的性质, 是研究复杂几何问题的方法学, 现在已经被广泛用于科学研究和工业生产中.

最后给出后面经常要用到的矢量的混合积和多重积公式. 定义混合积是

$$\left(\vec{a}\,\vec{b}\,\vec{c}\right) = \vec{a}\cdot\left(\vec{b}\times\vec{c}\right) = \left(\vec{a}\times\vec{b}\right)\cdot\vec{c} \tag{1.4.5}$$

混合积有轮换公式, 是

$$\left(\vec{a}\,\vec{b}\,\vec{c}\right) = \left(\vec{b}\,\vec{c}\,\vec{a}\right) = \left(\vec{c}\,\vec{a}\,\vec{b}\right) = -\left(\vec{a}\,\vec{c}\,\vec{b}\right) = -\left(\vec{b}\,\vec{a}\,\vec{c}\right) = -\left(\vec{c}\,\vec{b}\,\vec{a}\right) \tag{1.4.6}$$

多重积公式是

$$\left(\vec{a}\times\vec{b}\right)\cdot\left(\vec{c}\times\vec{d}\right) = \left(\vec{a}\cdot\vec{c}\right)\left(\vec{b}\cdot\vec{d}\right) - \left(\vec{a}\cdot\vec{d}\right)\left(\vec{b}\cdot\vec{c}\right) \tag{1.4.7}$$

特别是 $\vec{c}=\vec{a}$, $\vec{b}=\vec{d}$, 则有

$$\left(\vec{a}\times\vec{b}\right)^2 = \vec{a}^2\vec{b}^2 - \left(\vec{a}\vec{b}\right)^2 \tag{1.4.8}$$

例 1.7 判断矢量函数 $\vec{r}(t) = t^3\vec{e}_1 + t^2\vec{e}_2 + t\vec{e}_3$ 共面条件, $\vec{e}_1, \vec{e}_2, \vec{e}_3$ 是单位矢量.

解 可以根据式 (1.4.4) 判断矢量是否共面. 先求导数

$$\vec{r}' = 3t^2\vec{e}_1 + 2t\vec{e}_2 + \vec{e}_3, \quad \vec{r}'' = 6t\vec{e}_1 + 2\vec{e}_2$$

$$\begin{aligned}
\vec{r}\times\vec{r}' &= \left[t^3\vec{e}_1 + t^2\vec{e}_2 + t\vec{e}_3\right]\times\left[3t^2\vec{e}_1 + 2t\vec{e}_2 + \vec{e}_3\right] \\
&= -t^4\vec{e}_1\times\vec{e}_2 - 2t^3\vec{e}_1\times\vec{e}_3 - t^2\vec{e}_2\times\vec{e}_3 \\
&= -t^2\left[t^2\vec{e}_1\times\vec{e}_2 + 2t\vec{e}_1\times\vec{e}_3 + \vec{e}_2\times\vec{e}_3\right]
\end{aligned}$$

$$\begin{aligned}
(\vec{r}\times\vec{r}')\cdot\vec{r}'' =& -t^2\left[t^2\vec{e}_1\times\vec{e}_2 + 2t\vec{e}_1\times\vec{e}_3 + \vec{e}_2\times\vec{e}_3\right]\cdot 2\left[3t\vec{e}_1 + \vec{e}_2\right] \\
=& -2t^2\left[3t^3(\vec{e}_1\times\vec{e}_2)\cdot\vec{e}_1 + 6t^2(\vec{e}_1\times\vec{e}_3)\cdot\vec{e}_1 + 3t(\vec{e}_2\times\vec{e}_3)\cdot\vec{e}_1\right] \\
& -2t^2\left[t^2(\vec{e}_1\times\vec{e}_2)\cdot\vec{e}_2 + 2t(\vec{e}_1\times\vec{e}_3)\cdot\vec{e}_2 + (\vec{e}_2\times\vec{e}_3)\cdot\vec{e}_2\right]
\end{aligned}$$

上式中各矢量可以根据式 (1.4.6) 计算如下:

$$(\vec{e}_1\times\vec{e}_2)\cdot\vec{e}_1 = (\vec{e}_1\vec{e}_2\vec{e}_1) = (\vec{e}_2\vec{e}_1\vec{e}_1) = \vec{e}_2\cdot(\vec{e}_1\times\vec{e}_1) = 0$$

同理可证 $(\vec{e}_1\times\vec{e}_3)\cdot\vec{e}_1 = 0$, $(\vec{e}_1\times\vec{e}_2)\cdot\vec{e}_2 = 0$, $(\vec{e}_2\times\vec{e}_3)\cdot\vec{e}_2 = 0$. 其他矢量有以下关系:

$$(\vec{e}_2\times\vec{e}_3)\cdot\vec{e}_1 = (\vec{e}_1\times\vec{e}_2)\cdot\vec{e}_3, \quad (\vec{e}_1\times\vec{e}_3)\cdot\vec{e}_2 = -(\vec{e}_1\times\vec{e}_2)\cdot\vec{e}_3$$

于是得到

$$(\vec{r} \times \vec{r}') \cdot \vec{r}'' = -2t^2 [3t\vec{e}_1 \cdot (\vec{e}_2 \times \vec{e}_3) - 2t\vec{e}_1 \cdot (\vec{e}_2 \times \vec{e}_3)] = -2t^3 \vec{e}_1 \cdot (\vec{e}_2 \times \vec{e}_3)$$

从式 (1.4.4) 矢量函数共面的充要条件可知, 此题的解是 $\vec{e}_1 \cdot (\vec{e}_2 \times \vec{e}_3) = 0$.

1.5 空间曲线的自然参数方程

从这一节起将转入用微分几何方法研究空间曲线与空间曲面, 首先讨论曲线论. 本节先介绍空间曲线的自然参数弧长 s, 然后用弧长 s 作为参数, 分析空间曲线的特点. 为了简化和清晰曲线的表达式, 下面约定用 t 表示一般参数, 用 "·" 表示对于一般参数 t 的导数, 也就是

$$\frac{d\vec{r}(t)}{dt} = \dot{\vec{r}}(t), \quad \frac{d^2\vec{r}(t)}{dt^2} = \ddot{\vec{r}}(t)$$

以此类推可以得到一般参数的高阶导数表达式. 用括号 (α, β, μ) 表示直角坐标系下的空间矢量表达式.

设有空间曲线 $\vec{r}(t)$, 其矢量表示式是

$$\vec{r}(t) = (x(t), y(t), z(t)) \quad (a \leqslant t \leqslant b) \tag{1.5.1}$$

$\vec{r}(t_0)$ 是曲线上的任意点, 其切线是 $\dot{\vec{r}}(t_0)$. 如果 $\dot{\vec{r}}(t_0) = \vec{0}$ 的点是曲线的奇点, 称 $\dot{\vec{r}}(t_0) \neq \vec{0}$ 的点是曲线的正则点. 如果曲线上所有的点都是正则点, 这条曲线就是所谓的正则曲线.

奇点对曲线形态的影响可以从平面曲线 $\vec{r} = (t^3, t^2)$ 看出. 曲线的原点处有 $\dot{\vec{r}}(0) = (0, 0)$, 其他点处 $\dot{\vec{r}}(t) \neq \vec{0}$, 整条曲线只有原点是奇点, 其他点都是正则点, 图形如图 1.6(a) 所示. 从图中可以看到曲线上的奇点正是 $\dot{\vec{r}}(0) = (0, 0) = \vec{0}$ 的点, 而 $\dot{\vec{r}}(t) \neq \vec{0}$ 的点连接起来正是光滑曲线. 曲线应用中是要避开奇点, 利用光滑曲线, 因此下面讨论的曲线都是正则曲线, 对于矢量函数假设至少有三阶导数存在.

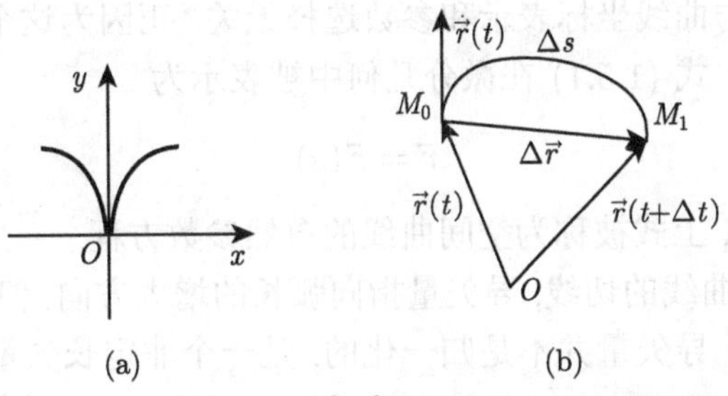

图 1.6 (a) 平面曲线 $\vec{r} = (t^3, t^2)$ 的图形; (b) 矢量函数的微元

假设式 (1.5.1) 表示的是正则曲线, 现在求式 (1.5.1) 的曲线弧长, 还是用高等数学中的微元法. 图 1.6(b) 的曲线是 $\vec{r}(t)$ 的一个微元, 图中曲线从 M_0 点变化到 M_1 点, 矢径从 $\vec{r}(t)$ 变化到 $\vec{r}(t+\Delta t)$, 矢径变化了 $\Delta\vec{r}$, $\Delta\vec{r}$ 对应的弧长是 Δs, 弧长是 $|\Delta\vec{r}|$. 当 $\Delta t \to 0$ 时, 即在极限状况下, 假设弦长与弧长是相等的, 即有

$$\Delta s = |\Delta\vec{r}|$$

于是得到

$$\frac{ds}{dt} = \lim_{\Delta t\to 0}\frac{\Delta s}{\Delta t} = \lim_{\Delta t\to 0}\left|\frac{\Delta\vec{r}}{\Delta t}\right| = \left|\frac{d\vec{r}}{dt}\right| = \left|\dot{\vec{r}}(t)\right|$$

$$ds = \left|\dot{\vec{r}}(t)\right| dt \tag{1.5.2}$$

弧长是对于上式的积分, 弧长是

$$s(t) = \int_{t_0}^{t_1}\left|\dot{\vec{r}}(t)\right| dt \tag{1.5.3}$$

弧长在几何学里有什么意义呢?可以证明弧长是一个不变量. 设有参数变换是

$$t = t(u), \quad t'(u) > 0, \quad \alpha \leqslant u \leqslant \beta$$

并且有

$$t(\alpha) = a, \quad t(\beta) = b$$

将 $t = t(u)$ 和 $dt = t'(u)\,du$, 代入式 (1.5.3) 得到

$$s = \int_a^b\left|\dot{\vec{r}}(t)\right|dt = \int_\alpha^\beta\left|\dot{\vec{r}}(t(u))\right|\frac{dt}{du}du = \int_\alpha^\beta\left|\frac{d\vec{r}(t(u))}{dt}\frac{dt}{du}\right|du = \int_\alpha^\beta\left|\frac{d\vec{r}(u)}{du}\right|du$$

上式表明弧长与变换函数无关, 因此弧长是一个不变量.

由于弧长是一个不变量, 所以把正则曲线的弧长作为参数, 那么这个参数是曲线本身决定的, 与曲线坐标表示和参数选择无关. 正因为这个原因, 曲线参数都是以弧长作为参数, 式 (1.5.1) 在微分几何中被表示为

$$\vec{r} = \vec{r}(s) \tag{1.5.4}$$

称弧 s 是自然参数, 上式被称为空间曲线的自然参数方程.

曲线的导数是曲线的切线, 导矢量指向弧长的增大方向, 但是一般参数 t 作为曲线方程自变量时, 导矢量并不是归一化的, 是一个非定长矢量, 这给曲线的证明和运算带来了极大的不便. 而以弧长 s 为自变量的导矢量 $\dfrac{d\vec{r}}{ds}$ 是单位矢量, 证明

如下. 根据式 (1.5.2) 的证明可知, 极限情况下, 弧长 Δs 与弦长 $|\Delta \vec{r}|$ 是相等的, 故有

$$\left|\frac{d\vec{r}}{ds}\right| = \lim_{\Delta s\to 0}\left|\frac{\Delta \vec{r}}{\Delta s}\right| = 1$$

由于自然参数 s 表达式的切线是单位矢量, 这样曲线上每一点的切向矢量都是归一化的定长矢量, 方便了曲线的进一步处理.

下面讨论如何求自然参数弧长.

1. 正交坐标系中的一般参数 t

根据式 (1.5.1) 可知, 对于一般参数 t, 有曲线的参数方程

$$\vec{r}(t) = x(t)\vec{i} + y(t)\vec{j} + z(t)\vec{k} \quad (t_1 \leqslant t \leqslant t_2)$$

根据式 (1.5.2) 得到

$$s = \int_{t_1}^{t}\left|\dot{\vec{r}}(t)\right|dt = \int_{t_1}^{t}\sqrt{\dot{x}^2(t) + \dot{y}^2(t) + \dot{z}^2(t)}dt \tag{1.5.5}$$

2. 平面坐标系

平面坐标系有两种情况: 直角坐标系和极坐标系.

直角坐标系曲线方程是 $y = f(x)$, $x_1 \leqslant x \leqslant x_2$. 矢量方程是

$$\vec{r}(x) = x\vec{i} + y(x)\vec{j}, \quad \dot{\vec{r}}(x) = \vec{i} + \dot{y}(x)\vec{j} = \vec{i} + \dot{f}(x)\vec{j}$$

弧长是

$$s = \int_{x_1}^{x}\left|\dot{\vec{r}}(x)\right|dx = \int_{x_1}^{x}\sqrt{1^2 + \left[\dot{f}(x)\right]^2}dx$$

极坐标系曲线方程是 $\rho = \rho(\varphi)$, $\varphi_1 \leqslant \varphi \leqslant \varphi_2$. 将其投影到直角坐标系中, 有

$$\vec{r}(\varphi) = \rho(\varphi)\cos\varphi\vec{i} + \rho(\varphi)\sin\varphi\vec{j}$$

$$\dot{\vec{r}}(\varphi) = [\dot{\rho}(\varphi)\cos\varphi - \rho(\varphi)\sin\varphi]\vec{i} + [\dot{\rho}(\varphi)\sin\varphi + \rho(\varphi)\cos\varphi]\vec{j}$$

$$s = \int_{\varphi_1}^{\varphi}\left|\dot{\vec{r}}(\varphi)\right|d\varphi = \int_{\varphi_1}^{\varphi}\sqrt{\dot{\rho}^2(\varphi) + \rho^2(\varphi)}d\varphi$$

1.6 曲线自然方程的建立与曲线族的包络

这一节首先讨论如何建立曲线的自然方程, 然后再介绍在工程应用与理论研究中非常有用的曲线族包络线.

1. 曲线的自然方程

理论上来看建立曲线的自然方程非常简单, 只需要将曲线方程的一般参数 t 变换成弧参数 s 就可以了, 下面是几个例子.

例 1.8 空间直线方程 $\vec{r}(t)=\vec{a}t+\vec{b}\,(\vec{a}\neq 0,\ |t|<+\infty)$. 将其写成自然方程.

解 对于一般参数求导, 得到 $\dot{\vec{r}}(t)=\vec{a}$, 弧长是

$$s=\int_0^t\left|\dot{\vec{r}}(t)\right|dt=\int_0^t|\vec{a}|dt=|\vec{a}|\,t$$

解上式, 有 $t=\dfrac{s}{|\vec{a}|}$. 令 $\vec{e}=\dfrac{\vec{a}}{|\vec{a}|}$, 得到自然参数方程是

$$\vec{r}(s)=\vec{a}t+\vec{b}=s\frac{\vec{a}}{|\vec{a}|}+\vec{b}=s\vec{e}+\vec{b}$$

例 1.9 (1) 求悬链线 $\vec{r}(t)=\left(t,a\cosh\dfrac{t}{a},0\right)$; (2) 圆柱螺旋线 $\vec{r}(t)=(a\cos t,\ a\sin t,bt)$ 的自然参数方程.

解 (1) 对于悬链线方程两边求导, 得到 $\dot{\vec{r}}(t)=\left(1,\sinh\dfrac{t}{a},0\right)$, 弧参数是

$$s=\int_0^t\left|\dot{\vec{r}}(t)\right|dt=\int_0^t\sqrt{1+\sinh^2\frac{t}{a}}dt=\int_0^t\cosh\frac{t}{a}dt=a\sinh\frac{t}{a}$$

解上述方程得到 $t=a\ \mathrm{Arsinh}\dfrac{s}{a}$, 自然参数方程是

$$\vec{r}(s)=\left(a\ \mathrm{Arsinh}\frac{s}{a},a\cosh\left(\mathrm{Arsinh}\frac{s}{a}\right),0\right)$$

(2) 对于螺旋线方程求导, 得到 $\dot{\vec{r}}(t)=(-a\sin t,a\cos t,b)$, 弧参数是

$$s=\int_0^t\left|\dot{\vec{r}}(t)\right|dt=\int_0^t\sqrt{a^2+b^2}dt=\sqrt{a^2+b^2}t$$

$t=s/\sqrt{a^2+b^2}$, 代入原方程就得到了自然参数方程, 是

$$\vec{r}(s)=\left(a\cos\frac{s}{\sqrt{a^2+b^2}},a\sin\frac{s}{\sqrt{a^2+b^2}},\frac{bs}{\sqrt{a^2+b^2}}\right)$$

大多数情况下的曲线都写不出自然参数方程. 一些看起来非常简单的曲线方程, 无法求出弧长与一般参数的关系, 因而也写不出自然参数方程. 例如平面椭圆曲线方程:

$$\vec{r}(\theta)=(a\cos\theta,b\sin\theta)$$

其导数是 $\dot{\vec{r}}(\theta)=(-a\sin\theta,b\cos\theta)$, 于是弧长是

$$s=\int_0^\theta\left|\dot{\vec{r}}(\theta)\right|d\theta=\int_0^\theta\sqrt{a^2+(b^2-a^2)\cos^2\theta}d\theta$$

上式右边是椭圆积分, 没有解析表达式, 无法写出椭圆曲线的自然参数方程.

由上述讨论可知, 写出自然参数方程的关键是能否求出弧长 s 与一般参数 t 的解析表达式, 因此预判能否写出 t 关于 s 的解析表达式 $s=f(t)$ 很重要, 下面的定理对于解决这个问题非常有用.

定理 1.6.1 设 $\vec{r}=\vec{r}(t)$, $a\leqslant t\leqslant b$, 是三维空间 C^3 中的一条正则曲线, 一般参数 t 是以弧长 s 为参数的充要条件是 $\left|\dot{\vec{r}}(t)\right|=$ 常数 c, 其中 $c\neq 0$.

证明 根据式 (1.5.2) 可知

$$ds=\left|\dot{\vec{r}}(t)\right|dt$$

如果 $\left|\dot{\vec{r}}(t)\right|=c$, 则有 $ds=cdt$, 于是 $t=(s-s_0)/c$, 这说明了参数 t 是弧长 s 的参数. 条件是充分必要的也是显而易见的. [证毕]

椭圆方程导矢量的模是 $\left|\dot{\vec{r}}(\theta)\right|=\sqrt{a^2+(b^2-a^2)\cos^2\theta}\neq$ 常数. 而圆的参数方程中, $a=b$, $\left|\dot{\vec{r}}(\theta)\right|=\sqrt{a^2}=a$($a$ 是半径), 所以圆的自然参数方程表达式可以写出, 是

$$\vec{r}(s)=\left(a\cos\frac{s}{a},a\sin\frac{s}{a}\right),\quad 0\leqslant s\leqslant 2\pi a$$

2. 包络线方程

之所以要讨论包络线方程, 不仅是因为它常用在工程应用中, 而且其建立过程也反映了微分几何的特点.

包络线定义如下: 对于给定与参数 λ 有关的平面曲线族 $\{C_\lambda\}$, 如果存在曲线 C, 使得对于 C 上每一点 P_λ, C_λ 中一定有一条曲线在点 P_λ 与 C 相切; 而 $\{C_\lambda\}$ 中每一条曲线 C 上必有一点 P_λ, 使得 C_λ 与 C 在 P_λ 相切. 称这条曲线 C 是 $\{C_\lambda\}$ 的包络线, P_λ 是 $\{C_\lambda\}$ 的特征点, 如图 1.7(a) 所示.

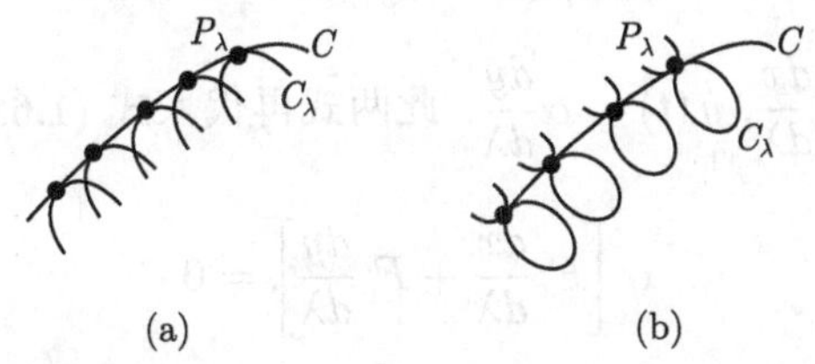

图 1.7 (a) C 是曲线族 $\{C_\lambda\}$ 的包络线; (b) P_λ 是二重点, C 不是包络线

下面推导包络线方程. 设 $\{C_\lambda\}$ 的方程是

$$F(x,y,\lambda)=0 \tag{1.6.1}$$

式中 λ 是参数. 按照包络线定义, 包络线上每一个点都与参数 λ 有关联, 所以包络线 C 上的坐标 (x,y) 为参数 λ 的函数, 即有

$$x=x(\lambda),\quad y=y(\lambda) \tag{1.6.2}$$

式 (1.6.2) 是包络线 C 的参数方程.

包络线 C 上的每一点都与 $\{C_\lambda\}$ 族中一条曲线相切于一点, 式 (1.6.2) 也必须满足式 (1.6.1), 把式 (1.6.2) 代入式 (1.6.1), 得到包络线方程是

$$F(x(\lambda),y(\lambda),\lambda)=0 \tag{1.6.3}$$

上式对于 λ 求导, 记 $\dfrac{\partial F}{\partial x}=F_x$, $\dfrac{\partial F}{\partial y}=F_y$, $\dfrac{\partial F}{\partial \lambda}=F_\lambda$, 则有

$$F_x\frac{dx}{d\lambda}+F_y\frac{dy}{d\lambda}+F_\lambda=0 \tag{1.6.4}$$

对于 $\{C_\lambda\}$ 的方程, 假设是普通参数 t 的方程, 有 $\{C_\lambda\}$ 的方程是

$$x=x(t),\quad y=y(t) \tag{1.6.5}$$

上式代入式 (1.6.1) 后又曲线方程 $F(x(t),y(t),\lambda)=0$, 对于此式求导得到

$$F_x\dot{x}(t)+F_y\dot{y}(t)=0 \tag{1.6.6}$$

式 (1.6.5) 的曲线 $\{C_\lambda\}$ 与包络线 C 相切于 P_λ, 那么在此点的切向矢量 $(\dot{x}(t),\dot{y}(t))$ 与包络线表达式 (1.6.2) 的切向矢量 $\left(\dfrac{dx}{d\lambda},\dfrac{dy}{d\lambda}\right)$ 是平行共线的, 于是又有方程

$$\frac{\dot{x}(t)}{dx/d\lambda}=\frac{\dot{y}(t)}{dy/d\lambda}=\alpha \tag{1.6.7}$$

从上式求出 $\dot{x}(t)=\alpha\dfrac{dx}{d\lambda}$, $\dot{y}(t)=\alpha\dfrac{dy}{d\lambda}$. 此两式再代入式 (1.6.6), 于是有

$$\alpha\left[F_x\frac{dx}{d\lambda}+F_y\frac{dy}{d\lambda}\right]=0 \tag{1.6.8}$$

$\alpha\neq 0$, 如果 F_x 和 F_y 不同时为零, 上式代入式 (1.6.4), 就有

$$F_\lambda = 0 \tag{1.6.9}$$

包络线 C 上的点必须同时满足式 (1.6.1) 和 (1.6.9), 得到的包络线方程是

$$\begin{cases} F(x,y,\lambda) = 0 \\ F_\lambda(x,y,\lambda) = 0 \end{cases} \tag{1.6.10}$$

上两式中消去参数 λ, 就可以得到包络线 C 的方程

$$\varphi(x,y) = 0 \tag{1.6.11}$$

若 $F_x = 0$ 和 $F_y = 0$ 同时成立, C 与 $\{C_\lambda\}$ 并不相切, 但是式 (1.6.11) 仍然成立, 这种交点可能并不是切点, 如图 1.7(b) 所示. 如果是这种情况, C 并不是 $\{C_\lambda\}$ 的包络线, 这就是下面的定理:

定理 1.6.2 如果 $F_x = 0$ 和 $F_y = 0$ 不同时成立, 则包络线的方程是由式 (1.6.10) 推导的方程 (1.6.11).

例 1.10 一条定长线段的端点沿着直角坐标系两个轴的端点移动, 如图 1.8 (a) 的曲线所示, 求它的轨迹的包络线.

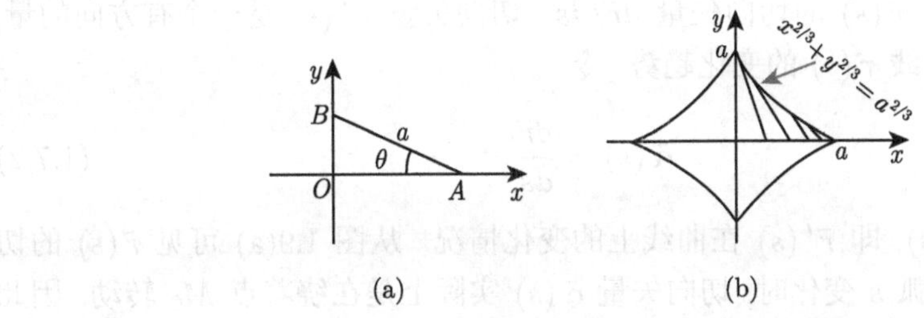

图 1.8 (a) 轨迹参数图; (b) 包络线示意图

解 这是带参数的曲线族, 参数是直线与 x 轴的夹角, 端点坐标是 $A(a\cos\theta, 0)$ 和 $B(0, a\sin\theta)$. 直线方程的截斜式是

$$y = kx + b = -x\tan\theta + a\sin\theta$$

$$\sin\theta\cdot x + \cos\theta\cdot y - a\sin\theta\cos\theta = 0 \quad (0 \leqslant \theta \leqslant 2\pi) \tag{1.6.12}$$

由于 θ 是参数, 需要对参数 θ 求导, 于是有

$$F_\theta = \cos\theta\cdot x - \sin\theta\cdot y - a\cos 2\theta$$

令 $F_\theta = 0$, 则有

$$\cos\theta\cdot x - \sin\theta\cdot y - a\cos 2\theta = 0 \tag{1.6.13}$$

联立式 (1.6.12) 和 (1.6.13), 解方程得到参数方程是

$$x = a\cos^3\theta, \quad y = a\sin^3\theta \quad (0 \leqslant \theta \leqslant 2\pi)$$

消去 θ, 得到包络线方程是

$$x^{2/3} + y^{2/3} = a^{2/3}$$

如图 1.8(b) 所示.

1.7 空间曲线的曲率

高等数学里已经介绍了平面曲线的曲率, 这一节将进一步考虑一般的空间曲线的曲率问题. 通常观察空间曲线

$$\vec{r} = \vec{r}\,(s) \tag{1.7.1}$$

图形时, 最关心的问题应当是曲线的变化趋势, 比如直线是直的、不弯曲, 圆则是处处弯曲, 换句话说就是讨论曲线的弯曲程度. 弯曲是一种大致的不精确的说法, 数学上描写曲线的弯曲必须是准确定量, 可以计算的. 微分几何用矢量函数的曲率来定量描述曲线的弯曲程度.

首先考虑 $\vec{r} = \vec{r}(s)$ 的切向矢量 $d\vec{r}/ds$. 切向矢量 $\vec{r}\,'(s)$ 是一个有方向的量, 它的变化反映了曲线 $\vec{r}(s)$ 的变化趋势. 令

$$\vec{\alpha}\,(s) = \frac{d\vec{r}}{ds} \tag{1.7.2}$$

图 1.9 画出了 $\vec{\alpha}\,(s)$, 即 $\vec{r}\,'(s)$ 在曲线上的变化情况. 从图 1.9(a) 可见 $\vec{r}\,(s)$ 的切向矢量 $\vec{\alpha}\,(s)$ 随着弧 s 变化时, 切向矢量 $\vec{\alpha}\,(s)$ 实际上是在绕着点 M_0 转动. 因此当点 M_0 沿着曲线由 $s(M_0) \to s + \Delta s(M_1)$ 时, 切向矢量转动的角度 $\Delta\theta$ 正是曲线弯曲角度, 弯曲程度可用单位弧长转过的角度 $\Delta\theta/\Delta s$ 来度量, **称 $\Delta\theta/\Delta s$ 是曲线的曲率**. 可以证明 $\Delta\theta/\Delta s$ 正是切向矢量 $\vec{\alpha}\,(s)$ 的变化率 $|d\vec{\alpha}\,(s)/ds|$, 证明如下.

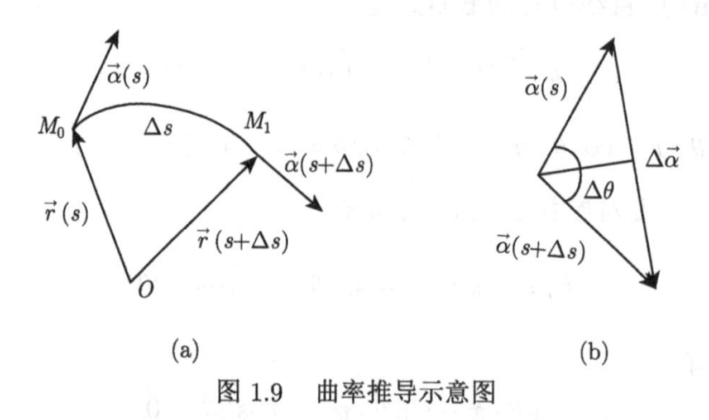

图 1.9 曲率推导示意图

将 $\vec{\alpha}(s)$ 与 $\vec{\alpha}(s+\Delta s)$ 做平行移动, 得到图 1.9(b). 根据此图

$$\left|\frac{d\vec{\alpha}(s)}{ds}\right| = \lim_{\Delta s\to 0}\frac{|\vec{\alpha}(s+\Delta s)-\vec{\alpha}(s)|}{|\Delta s|} = \lim_{\Delta s\to 0}\frac{|\Delta\vec{\alpha}|}{|\Delta s|} \tag{1.7.3}$$

1.5 节里已经证明了 $|\vec{\alpha}(s)| = |d\vec{r}(s)/ds| = 1$, 所以 $\vec{\alpha}(s)$ 是模为 1 的定长矢量, 由此得到

$$|\vec{\alpha}(s+\Delta s)| = |\vec{\alpha}(s)| = 1$$

图 1.9(b) 的三角形是等腰三角形, 有

$$\left|\frac{\Delta\vec{\alpha}}{2}\right| = |\vec{\alpha}(s)|\left|\sin\frac{\Delta\theta}{2}\right| = \left|\sin\frac{\Delta\theta}{2}\right|$$

$$|\Delta\vec{\alpha}| = 2\left|\sin\frac{\Delta\theta}{2}\right| \tag{1.7.4}$$

注意到 $\Delta s\to 0, \Delta\theta\to 0$, 这样 $\Delta\theta$ 是一个小量, $\sin\dfrac{\Delta\theta}{2} = \dfrac{\Delta\theta}{2}$. 此结果和式 (1.7.4) 代入式 (1.7.3) 得到

$$\left|\frac{d\vec{\alpha}(s)}{ds}\right| = \lim_{\Delta s\to 0}\frac{|\Delta\vec{\alpha}|}{|\Delta s|} = \lim_{\Delta s\to 0}\frac{|2\sin(\Delta\theta/2)|}{|\Delta s|} = \lim_{\Delta s\to 0}\frac{|\Delta\theta|}{|\Delta s|} = \left|\frac{d\theta}{ds}\right|$$

$$\left|\frac{d\vec{\alpha}(s)}{ds}\right| = \left|\frac{d^2\vec{r}}{ds^2}\right| = \left|\frac{d\theta}{ds}\right| \tag{1.7.5}$$

式 (1.7.5) 的意义是度量曲线弯曲的曲率 $|d\theta/ds|$ 可以用单位弧长切向矢量对于弧长的变化率来表示, 由于弧长是不变量, 所以用式 (1.7.5) 定义曲线的曲率更为恰当. 定义曲率是

$$k(s) = \left|\frac{d\theta}{ds}\right| = \left|\frac{d^2\vec{r}(s)}{ds^2}\right| \tag{1.7.6}$$

又定义 $k(s)\neq 0$ 时, $k(s)$ 的倒数是曲率圆半径, 有

$$R(s) = \frac{1}{k(s)} = 1\Bigg/\left|\frac{d^2\vec{r}(s)}{ds^2}\right| \tag{1.7.7}$$

又称 $R(s)$ 是曲线在点 s 处的曲率半径.

平面曲线的曲率与空间曲线的曲率稍有差异. 图 1.10 画出了一条平面曲线 $\vec{r}''(s)$ 的情况. 由于平面曲线存在着凸凹问题, 在凸处与凹处的拐点, $\vec{r}''(s)$ 会改变符号, 这个变化指明了曲线向哪一个方向弯曲, 也就是 $\vec{r}''(s)$ 模值加正负号可

以表示平面曲线向哪一边弯曲, 所以对于平面曲线的曲率应当标明其正负. 因此定义平面曲线的曲率不取绝对值, 有

$$k(s) = \pm\left|\frac{d\theta}{ds}\right| = \pm\left|\frac{d^2\vec{r}(s)}{ds^2}\right| \tag{1.7.8}$$

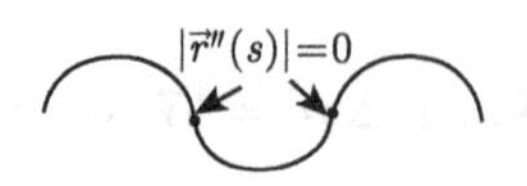

图 1.10 平面曲线的曲率

本节只计算空间曲线的曲率, 平面曲线的曲率计算见后面 1.10 节.

例 1.11 按照要求, 求解下面问题:

(1) $\vec{r}(s) = s\vec{e} + \vec{b}$, 求解其曲率;

(2) $\vec{r} = \left(\frac{5}{13}\cos s, -\sin s, -\frac{12}{13}\cos s\right)$, 试证明曲线的参数是弧长, 并且求它的曲率.

解 (1) $\vec{r}'(s) = \vec{e}$, $\vec{r}''(s) = 0$, $k(s) = |\vec{r}''(s)| = 0$. 直线的曲率是零, 处处不弯曲.

(2) 为了证明曲线的参数是 s, 先假定所给的参数是一般参数 t, 有

$$\vec{r}(t) = \left(\frac{5}{13}\cos t, -\sin t, -\frac{12}{13}\cos t\right)$$

$$\dot{\vec{r}}(t) = \left(-\frac{5}{13}\sin t, -\cos t, \frac{12}{13}\sin t\right)$$

$$s = \int_0^t \left|\dot{\vec{r}}\right| dt = \int_0^t 1 dt = t, \quad t = s$$

从 $s = t$ 可知, 所给的参数就是弧长, 因此曲线的参数是自然参数 s. 求曲率要求二阶导数, 得到

$$\vec{r}''(s) = \left(-\frac{5}{13}\cos s, \sin s, \frac{12}{13}\cos s\right)$$

$$k(s) = |\vec{r}''(s)| = 1$$

实际问题中, 给定的曲线常常是曲线的一般参数 t 的方程, 对于一般参数方程而言, 其曲率是

$$k = \frac{\left|\dot{\vec{r}} \times \ddot{\vec{r}}\right|}{\left|\dot{\vec{r}}\right|^3} \tag{1.7.9}$$

上式证明如下.

$$\frac{d\vec{r}}{ds}=\frac{d\vec{r}}{dt}\cdot\frac{dt}{ds},\quad \frac{d^2\vec{r}}{ds^2}=\frac{d^2\vec{r}}{dt^2}\cdot\left(\frac{dt}{ds}\right)^2+\frac{d\vec{r}}{dt}\frac{d^2t}{ds^2}$$

因为 $|d\vec{r}/ds|=1$, 所以 $d\vec{r}/ds$ 是定长矢量, 定长矢量与其导矢量的点积为零, 有

$$\frac{d\vec{r}}{ds}\cdot\left[\frac{d}{ds}\left(\frac{d\vec{r}}{ds}\right)\right]=\frac{d\vec{r}}{ds}\cdot\frac{d^2\vec{r}}{ds^2}=0$$

根据矢量积的公式 (1.4.7) 可以得到

$$\begin{aligned}\left(\frac{d\vec{r}}{ds}\times\frac{d^2\vec{r}}{ds^2}\right)^2&=\left(\frac{d\vec{r}}{ds}\right)^2\left(\frac{d^2\vec{r}}{ds^2}\right)^2-\left(\frac{d\vec{r}}{ds}\cdot\frac{d^2\vec{r}}{ds^2}\right)^2\\&=\left|\frac{d\vec{r}}{ds}\right|^2\cdot\left|\frac{d^2\vec{r}}{ds^2}\right|^2-0=1\cdot\left|\frac{d^2\vec{r}}{ds^2}\right|^2=\left|\frac{d^2\vec{r}}{ds^2}\right|^2\end{aligned}$$

曲率是

$$\begin{aligned}k&=\left|\frac{d^2\vec{r}}{ds^2}\right|=\left|\frac{d\vec{r}}{ds}\times\frac{d^2\vec{r}}{ds^2}\right|=\left|\frac{d\vec{r}}{dt}\cdot\frac{dt}{ds}\times\left[\frac{d^2\vec{r}}{dt^2}\left(\frac{dt}{ds}\right)^2+\frac{d\vec{r}}{dt}\frac{d^2t}{ds^2}\right]\right|\\&=\left|\dot{\vec{r}}\frac{dt}{ds}\times\ddot{\vec{r}}\left(\frac{dt}{ds}\right)^2\right|=\frac{\left|\dot{\vec{r}}\times\ddot{\vec{r}}\right|}{|ds/dt|^3}=\frac{\left|\dot{\vec{r}}\times\ddot{\vec{r}}\right|}{\left|\dot{\vec{r}}\right|^3}\end{aligned}$$

例 1.12 求圆柱螺旋线 $\vec{r}=(a\cos t,a\sin t,bt)$ 的曲率和曲率圆半径.

解 矢径的导数是

$$\dot{\vec{r}}=(-a\sin t,a\cos t,b),\quad \ddot{\vec{r}}=(-a\cos t,-a\sin t,0)$$

曲率和半径分别是

$$k=\frac{\left|\dot{\vec{r}}\times\ddot{\vec{r}}\right|}{\left|\dot{\vec{r}}\right|^3}=\frac{a}{a^2+b^2},\quad R=\frac{1}{k}=a\left(1+\frac{b^2}{a^2}\right)$$

1.8 Frenet 坐标架与挠率

一个三维正交坐标系需要三个正交基矢量, 以方便空间曲线在坐标系中分解与计算. 因此本节首先建立一个合适的正交坐标系研究空间曲线, 然后讨论曲线论中非常重要的参数挠率, 最后给出了平面曲线与空间曲线的判断标准.

1. Frenet 坐标架的建立与参数

三维正交坐标系**第一个基矢量选择曲线 $\vec{r}(s)$ 的切向矢量**, 其原因是, 这是一个单位定长矢量, 且几何意义明显, 使用方便. 记这个基矢量为 $\vec{T}(s)$, 则有

$$\vec{T}(s) \equiv \vec{r}'(s) \tag{1.8.1}$$

定长矢量与它的导矢量的点积为零, 也就是

$$\vec{r}'(s)\cdot[\vec{r}'(s)]' = \vec{r}'\cdot\vec{r}''(s) = \vec{T}(s)\cdot\vec{r}''(s) = 0$$

上式表明 $\vec{r}(s)$ 的二阶导矢量与基矢量是垂直的, 也是一个正交矢量. 遗憾的是, 这不是一个单位矢量, 为此将 $\vec{r}''(s)$ 归一化作为第二个基矢量, 记这个归一化的单位矢量是 $\vec{N}(s)$, 则有

$$\vec{N}(s) \equiv \frac{\vec{r}''(s)}{|\vec{r}''(s)|} \tag{1.8.2}$$

上式要求 $|\vec{r}''(s)| \neq 0$. 上一节中已经定义 $|\vec{r}''(s)| = k(s) \neq 0$, 所以 $\left|\vec{N}(s)\right|$ 是曲率不为零的单位矢量, 称 $\vec{N}(s)$ **是点 s 的主法向矢量**.

第三个基矢量必须 $\vec{T}(s)$ 与 $\vec{N}(s)$ 都是垂直的, 以保证其两两正交的性质, 记这个矢量是 $\vec{B}(s)$, 则有

$$\vec{B}(s) \equiv \vec{T}(s)\times\vec{N}(s) \tag{1.8.3}$$

由于 $\vec{T}(s)$ 与 $\vec{N}(s)$ 都是单位正交矢量, $\left|\vec{B}(s)\right| = 1$, $\vec{B}(s)$ 是单位正交矢量. 根据矢量积定义, $\vec{B}(s)\perp\vec{T}(s)$, $\vec{B}(s)\perp\vec{N}(s)$. 又因为 $\vec{T}(s)\perp\vec{N}(s)$, 所以 $\vec{T}(s)$, $\vec{N}(s)$ 和 $\vec{B}(s)$ 是两两互相垂直的矢量, 且它们都是单位矢量. **称 $\vec{B}(s)$ 是从法向矢量**.

由于三个单位正交矢量 $\left(\vec{T}(s), \vec{N}(s), \vec{B}(s)\right)$ 都是弧长的函数, 所以这是一组活动单位矢量, 曲线上任意一点都有一组两两正交的单位矢量组. 取这一组矢量作为正交坐标系的三个基矢量, 就构成了一个单位右手正交坐标系. 这个坐标系的原点随着弧 s 的位置而变化, 称这个坐标系是流动坐标系, 坐标架 $\left(\vec{T}(s), \vec{N}(s), \vec{B}(s)\right)$ 是活动坐标架, 这个流动坐标架也称作 Frenet 标架.

注意 Frenet 坐标架是由基矢量 $\left(\vec{T}(s), \vec{N}(s), \vec{B}(s)\right)$ 构成的右手系, 如图 1.11 所示. 其中坐标架中 $\vec{T}(s)$, $\vec{N}(s)$ 和 $\vec{B}(s)$ 两两互相垂直, 有以下关系

$$\vec{T} = \vec{N}\times\vec{B}, \quad \vec{N} = \vec{B}\times\vec{T}, \quad \vec{B} = \vec{T}\times\vec{N}, \quad \left(\vec{T}\times\vec{N}\right)\cdot\vec{B} = 1$$

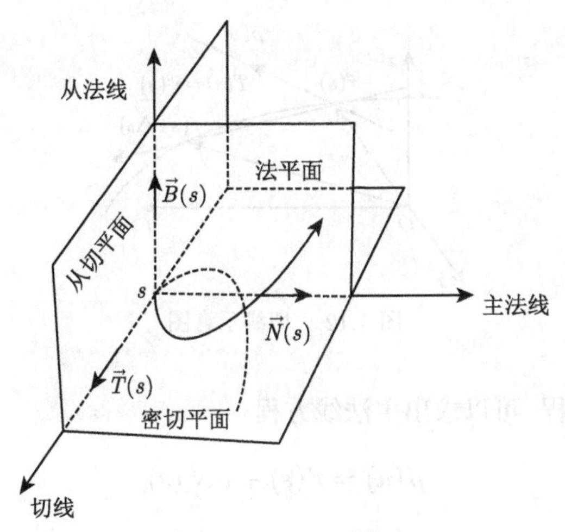

图 1.11 Frenet 坐标架

对于曲线弧上的点 s, 图中的各个平面与直线定义如下:

(1) $\vec{T}(s)$ 与 $\vec{N}(s)$ 决定的平面称为密切平面. 密切平面的法向矢量是 $\vec{B}(s)$, 设 $\vec{\rho}(u)$ 是密切平面上的动点, 密切平面方程是

$$(\vec{\rho}(u)-\vec{r}(s))\cdot\vec{B}(s)=0$$

(2) $\vec{T}(s)$ 与 $\vec{B}(s)$ 决定的平面称为从切平面. 从切平面的法向矢量是 $\vec{N}(s)$, 设 $\vec{\rho}(u)$ 是从切平面上的动点, 从切平面方程是

$$(\vec{\rho}(u)-\vec{r}(s))\cdot\vec{N}(s)=0$$

(3) $\vec{N}(s)$ 与 $\vec{B}(s)$ 决定的平面称为法平面. 法平面的法向矢量是 $\vec{T}(s)$, 设 $\vec{\rho}(u)$ 是法平面上的动点, 法平面方程是

$$(\vec{\rho}(u)-\vec{r}(s))\cdot\vec{T}(s)=0$$

以三个基矢量 $\vec{T}(s)$, $\vec{N}(s)$ 和 $\vec{B}(s)$ 为方向的直线分别称为切线、主法线和从法线, 直线方程如下.

图 1.12 是切线与曲线 $\vec{r}(s)$ 的示意图. 设 $\vec{\rho}(u)$ 是切线上点的矢径, 直线方程是

$$\vec{\rho}(u)-\vec{r}(s)=u\vec{T}(s)$$

式中 u 是切线上点的参数. 上式可以写成

$$\vec{\rho}(u)=\vec{r}(s)+u\vec{T}(s)$$

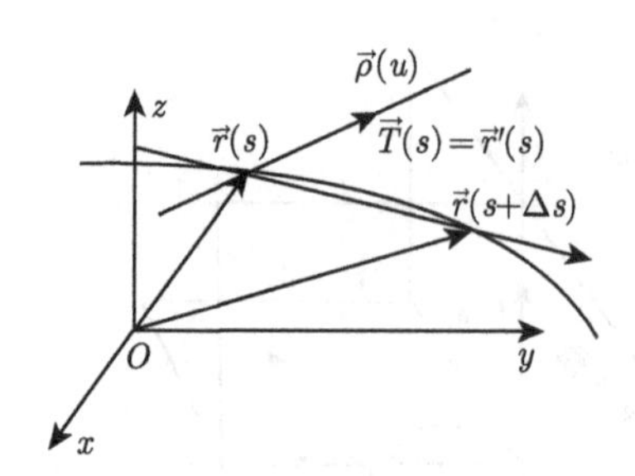

图 1.12　切线示意图

类似于切线方程, 可以求出主法线方程

$$\vec{\rho}(u)=\vec{r}(s)+u\vec{N}(s)$$

从法线方程是

$$\vec{\rho}(u)=\vec{r}(s)+u\vec{B}(s)$$

对于一般参数方程, 参数变换方程 $s=s(t)$, 则有 Frenet 坐标架计算公式如下:

$$\vec{T}=\frac{\dot{\vec{r}}}{|\dot{\vec{r}}|},\quad \vec{B}=\frac{\dot{\vec{r}}\times\ddot{\vec{r}}}{|\dot{\vec{r}}\times\ddot{\vec{r}}|},\quad \vec{N}=\vec{B}\times\vec{T} \tag{1.8.4}$$

2. 空间曲线的挠率及其意义

曲线理论中密切平面的概念最重要. 直观上看, 密切平面与曲线弧上的点吻合得最紧密. 注意到密切平面是针对曲线上一点 $\vec{r}(s_0)$ 而言的, 空间曲线上每一点都有密切平面, 密切平面应当是弧 s 的函数. 空间曲线偏离平面曲线的程度, 即曲线的扭曲程度可以通过密切平面对于弧 s 的变化率来判断. 密切平面的法线是 $\vec{B}(s)$, 所以密切平面对于弧 s 的变化率就是 $\vec{B}(s)$ 对于弧长的变化率, 因此法线变化率 $\vec{B}'(s)$ 定量描述了密切平面对于弧的变化程度, 评价了曲线弧 $\vec{r}(s)$ 的扭曲情况, 下面导出 $\vec{B}'(s)$ 表示式.

根据 Frenet 坐标架可知, $\vec{B}(s)$ 与 $\vec{T}(s)$ 垂直, 故有

$$\vec{B}(s)\cdot\vec{T}(s)=0$$

对于上式求导, 得到

$$\vec{B}'(s)\cdot\vec{T}(s)+\vec{B}(s)\cdot\vec{T}'(s)=0$$

又因为 $\vec{T}(s)=\vec{r}'(s)$, 于是有

$$\vec{N}(s)=\frac{\vec{r}''(s)}{|\vec{r}''(s)|}=\frac{[\vec{r}'(s)]'}{|\vec{r}''(s)|}=\frac{\left[\vec{T}(s)\right]'}{|\vec{r}''(s)|}=\frac{\vec{T}'(s)}{k(s)}$$

$$\vec{T}'(s) = k(s)\vec{N}(s) \tag{1.8.5}$$

故有下式成立

$$\vec{B}(s)\cdot\vec{T}'(s) = k(s)\vec{B}(s)\cdot\vec{N}(s) = 0$$

由于 $\vec{B}(s)\cdot\vec{T}'(s)=0$, 式 $\vec{B}'(s)\cdot\vec{T}(s)+\vec{B}(s)\cdot\vec{T}'(s)=0$ 变成

$$\vec{B}'(s)\cdot\vec{T}(s) = 0 \tag{1.8.6a}$$

又因为 $\vec{B}(s)$ 是单位定长矢量, 于是得到

$$\vec{B}(s)\cdot\vec{B}'(s) = 0 \tag{1.8.6b}$$

联立式 (1.8.6a) 和式 (1.8.6b) 可知, $\vec{B}'(s)$ 同时垂直 $\vec{T}(s)$ 和 $\vec{B}(s)$, 因此平行于 $\vec{N}(s)$, 可以设

$$\vec{B}'(s) = -\tau(s)\vec{N}(s) \tag{1.8.7}$$

式中负号是为了后面方便而加上的.

有了 $\vec{B}'(s)$ 表达式, 可以定义曲线论中的一个非常重要的参数挠率. 上式两边点乘 $\vec{N}(s)$, 得到

$$\vec{B}'(s)\cdot N(s) = -\tau(s)\vec{N}^2(s) = -\tau(s)$$

$$\tau(s) = -\vec{B}'(s)\cdot N(s) \tag{1.8.8}$$

式 (1.8.8) 中 $\tau(s)$ 被定义为曲线 $\vec{r}(s)$ 在点 s 处的挠率.

现在来看 $\tau(s)$ 的几何意义. 对于挠率求模, 得到

$$|\tau(s)| = \left|\vec{B}'(s)\cdot N(s)\right| = \left|\vec{B}'(s)\right|\cdot 1 = \left|\vec{B}'(s)\right| \tag{1.8.9}$$

$\vec{B}(s)$ 的几何图像参考图 1.13(a), 当弧从 s 变化到 $s+\Delta s$ 时, 密切平面 M_0 转到 M_1, 然后将 M_1 平移与 M_0 相交, 交角是 $\Delta\varphi$, 见图 1.13(b). 根据几何学可知这个交角 $\Delta\varphi$ 也是两个密切平面的法线矢量 $\vec{B}(s)$ 的交角. $\vec{B}(s)$ 矢量单独画出如图 1.13(c) 所示. $\vec{B}(s)$ 是单位矢量, 于是有

$$\left|\vec{B}(s)\right| = \left|\vec{B}(s+\Delta s)\right| = 1$$

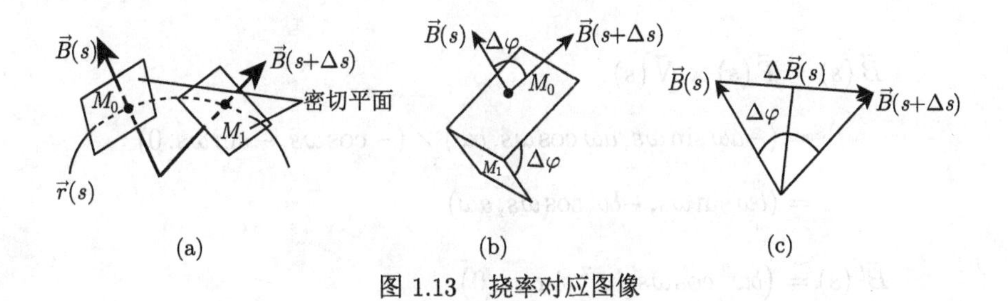

图 1.13 挠率对应图像

其相应的图像如图 1.13 (c) 所示, 这是一个等腰三角形. 从图中可以求出

$$\frac{\left|\Delta\vec{B}\right|}{2}=\left|\vec{B}\right|\cdot\left|\sin\frac{\Delta\varphi}{2}\right|=\left|\sin\frac{\Delta\varphi}{2}\right|\approx\left|\frac{\Delta\varphi}{2}\right|$$

上式中得到 $\left|\Delta\vec{B}\right|=|\Delta\varphi|$. 于是式 (1.8.9) 为

$$|\tau(s)|=\left|\vec{B}'(s)\right|=\left|\lim_{\Delta s\to 0}\frac{\Delta\vec{B}}{\Delta s}\right|=\lim_{\Delta s\to 0}\frac{\left|\Delta\vec{B}\right|}{|\Delta s|}=\lim_{\Delta s\to 0}\left|\frac{\Delta\varphi}{\Delta s}\right| \tag{1.8.10}$$

上式中的 $\Delta\varphi$ 是密切平面在弧从 s 变化到 $s+\Delta s$ 时所转过的倾角. 这说明 $\tau(s)$ 是弧长变化时, 点 s 的密切平面所转过的倾斜角对于弧长的变化率, 反映了曲线在该点偏离相应密切平面的程度, 所以曲线论中用挠率是否存在作为曲线是不是"三维空间曲线"的标准.

例 1.13　求圆柱螺线的挠率.

解　例 1.9 已经给出了圆柱螺线的自然参数方程, 是

$$\vec{r}(s)=\left(a\cos\frac{s}{\sqrt{a^2+b^2}},a\sin\frac{s}{\sqrt{a^2+b^2}},\frac{bs}{\sqrt{a^2+b^2}}\right)$$

令 $\omega=1/\sqrt{a^2+b^2}$, 则有

$$\vec{r}(s)=(a\cos\omega s,a\sin\omega s,b\omega s)$$

$$\vec{T}(s)=\vec{r}'(s)=(-a\omega\sin\omega s,a\omega\cos\omega s,b\omega)$$

$$\vec{T}'(s)=\vec{r}''(s)=\left(-a\omega^2\cos\omega s,-a\omega^2\sin\omega s,0\right)$$

$$\begin{aligned}\vec{N}(s)&=\frac{T'(s)}{|T'(s)|}\\&=\frac{\left(-a\omega^2\cos\omega s,-a\omega^2\sin\omega s,0\right)}{\sqrt{a^2\omega^4}}\\&=(-\cos\omega s,-\sin\omega s,0)\end{aligned}$$

$$\begin{aligned}\vec{B}(s)&=\vec{T}(s)\times\vec{N}(s)\\&=(-a\omega\sin\omega s,a\omega\cos\omega s,b\omega)\times(-\cos\omega s,-\sin\omega s,0)\\&=(b\omega\sin\omega s,-b\omega\cos\omega s,a\omega)\end{aligned}$$

$$\vec{B}'(s)=\left(b\omega^2\cos\omega s,b\omega^2\sin\omega s,0\right)$$

$$
\begin{aligned}
\tau(s) &= -\vec{B}'(s)\cdot\vec{N}(s) \\
&= -\left(b\omega^2\cos\omega s, b\omega^2\sin\omega s, 0\right)\cdot(-\cos\omega s, -\sin\omega s, 0) \\
&= -\left(-b\omega^2\cos^2\omega s - b\omega^2\sin^2\omega s\right) = b\omega^2 = b/\left(a^2+b^2\right)
\end{aligned}
$$

螺旋线挠率符号取决于常量 b.

例 1.13 说明用 Frenet 坐标架运算量大而复杂. 为了简化运算, 对于自然参数方程, 可以直接用 $\vec{r}'(s)$, $\vec{r}''(s)$ 和 $\vec{r}'''(s)$ 计算挠率. 公式如下:

$$
\tau(s) = \frac{(\vec{r}'(s)\times\vec{r}''(s))\cdot\vec{r}'''(s)}{|\vec{r}''(s)|^2} \tag{1.8.11}
$$

一般参数方程 $\vec{r}(t)$ 也可以直接计算挠率, 设 $\vec{r}(t)$ 的导数是 $\dot{\vec{r}}(t)$, $\ddot{\vec{r}}(t)$ 和 $\dddot{\vec{r}}(t)$, 一般参数方程的挠率计算公式是

$$
\tau = \frac{\left(\dot{\vec{r}}\times\ddot{\vec{r}}\right)\cdot\dddot{\vec{r}}}{\left|\dot{\vec{r}}\times\ddot{\vec{r}}\right|^2} \tag{1.8.12}
$$

上述公式证明过程在较多的参考书上都有推导, 这里不再重复, 感兴趣的读者请参考微分几何的教材.

例 1.14 求一般参数的曲线方程

$$
\vec{r}(t) = (a\cosh t, a\sinh t, at)\,, \quad t\geqslant 0
$$

的 Frenet 坐标架、曲率和挠率.

解 一般参数曲线的导数如下:

$$
\dot{\vec{r}} = (a\sinh t, a\cosh t, a)\,, \quad \ddot{\vec{r}}(t) = (a\cosh t, a\sinh t, 0)
$$

$$
\left|\dot{\vec{r}}(t)\right| = \sqrt{a^2\sinh^2 t + a^2\cosh^2 t + a^2} = \sqrt{2}a\cosh t
$$

$$
\begin{aligned}
\dot{\vec{r}}(t)\times\ddot{\vec{r}}(t) &= (a\sinh t, a\cosh t, a)\times(a\cosh t, a\sinh t, 0) \\
&= a^2(-\sinh t, \cosh t, -1)
\end{aligned}
$$

Frenet 坐标架计算如下:

$$
\vec{T} = \frac{\dot{\vec{r}}}{|\dot{\vec{r}}|} = \frac{(a\sinh t, a\cosh t, a)}{\sqrt{a^2\left(\sinh^2 t + \cosh^2 t + 1\right)}} = \frac{(\sinh t, \cosh t, 1)}{\sqrt{2}\cosh t}
$$

$$
\vec{B} = \frac{\dot{\vec{r}}\times\ddot{\vec{r}}}{|\dot{\vec{r}}\times\ddot{\vec{r}}|} = \frac{a^2(-\sinh t, \cosh t, -1)}{a^2\sqrt{\sinh^2 t + \cosh^2 t + 1}} = \frac{(-\sinh t, \cosh t, -1)}{\sqrt{2}\cosh t}
$$

$$\vec{N} = \vec{B} \times \vec{T} = \frac{(-\sinh t, \cosh t, -1)}{\sqrt{2}\cosh t} \times \frac{(\sinh t, \cosh t, 1)}{\sqrt{2}\cosh t}$$
$$= \frac{(2\cosh t, 0, -\sinh 2t)}{2\cosh^2 t}$$

曲率是

$$k = \frac{\left|\dot{\vec{r}} \times \ddot{\vec{r}}\right|}{\left|\dot{\vec{r}}\right|^3} = \frac{a^2\sqrt{\sinh^2 t + \cosh^2 t + 1}}{2\sqrt{2}a^3\cosh^3 t} = \frac{1}{2a\cosh^2 t}$$

挠率计算如下

$$\dddot{\vec{r}} = (a\sinh t, a\cosh t, 0)$$

$$\left(\dot{\vec{r}} \times \ddot{\vec{r}}\right) \cdot \dddot{\vec{r}} = a^2(-\sinh t, \cosh t, -1) \cdot a(\sinh t, \cosh t, 0) = a^3$$

挠率是

$$\tau = \frac{\left(\dot{\vec{r}} \times \ddot{\vec{r}}\right) \cdot \dddot{\vec{r}}}{\left|\dot{\vec{r}} \times \ddot{\vec{r}}\right|} = \frac{a^3}{\sqrt{2}a^2\cosh t} = \frac{a}{\sqrt{2}\cosh t}$$

3. 空间曲线与曲率圆

有了曲率和挠率, 就可以考虑复杂的空间曲线问题. 一般的空间曲线中最常见的问题是判断曲线是不是平面曲线. 一条曲线是不是平面曲线有下面定理.

定理 1.8.1 空间曲线是平面曲线的充要条件是挠率为零.

证明 如果曲线的密切平面是固定不变的, 曲线的所有点都在同一密切平面上, 则曲线是平面曲线. $\vec{B}(s)$ 是常数, $\vec{B}'(s) = 0$. 从式 (1.8.8) 可知, 曲线的挠率 $\tau = 0$, 必要性得证.

再证充分性. 如果挠率 $\tau = 0$, 根据式 (1.8.8) 可以得到 $\vec{B}'(s) = 0$, 积分此式得到

$$\vec{B}(s) = c\vec{B}_0$$

式中 c 是常数, $\vec{B}_0$ 是密切平面的法向矢量, 为常矢量. 再求 $\vec{r}(s) \cdot \vec{B}(s)$ 的导数, 又有

$$\frac{d}{ds}\left[\vec{r}(s) \cdot \vec{B}(s)\right] = \frac{d}{ds}\left[\vec{r}(s) \cdot c\vec{B}_0\right] = c\vec{r}'(s) \cdot \vec{B}_0 = c\vec{T}(s) \cdot \vec{B}_0$$

因为切向矢量与法向矢量是互相垂直的, $\vec{T}(s) \cdot \vec{B}_0 = 0$, 上式的结果是

$$\frac{d}{ds}\left[\vec{r}(s) \cdot \vec{B}(s)\right] = 0, \quad \vec{r}(s) \cdot \vec{B}(s) = \text{常数}$$

曲线 $\vec{r}(s)$ 的所有点都在密切平面上, 所以 $\vec{r}(s)$ 是平面曲线. [证毕]

定理 1.8.1 应用到一般参数的挠率表达式 (1.8.11) 上, 有

$$\tau=\frac{\left(\dot{\vec{r}}\times\ddot{\vec{r}}\right)\cdot\dddot{\vec{r}}}{\left|\dot{\vec{r}}\times\ddot{\vec{r}}\right|^2}=0$$

于是 $\vec{r}(t)$ 是一条平面曲线的充要条件是

$$\left(\dot{\vec{r}}\times\ddot{\vec{r}}\right)\cdot\dddot{\vec{r}}=0$$

利用 Frenet 坐标架、曲率、主法线和密切平面, 我们可以定义曲线方程 $\vec{r}=\vec{r}(s)$ 的几个相关概念.

(1) 曲率矢量 $k(s)\vec{N}(s)$. 曲率矢量方向是 Frenet 坐标架的主方向.

(2) 曲线在点 s 的曲率中心位置 $\vec{Q}(s)$ 是

$$\vec{Q}(s)=\vec{r}(s)+R(s)\vec{N}(s)\quad(R(s)=1/k(s))$$

(3) 密切圆. 在点 s 处, 以 $\vec{Q}(s)$ 为圆心、曲率半径 $R(s)$ 为半径所作出的圆 M, 称为曲线在点 s 的密切圆, 密切圆的示意图见图 1.14. 密切圆与曲线在点 s 处相切, 而且有相同的曲率, 所以密切圆是点 s 附近曲线的近似曲线. 用密切圆代替点 s 附近的曲线, 可以得到很好的近似效果, 这使得密切圆在工程实际中有广泛的应用.

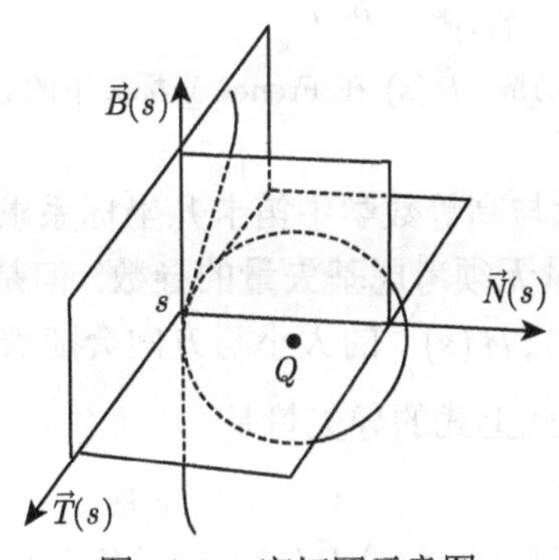

图 1.14 密切圆示意图

1.9 曲线论的基本公式与基本定理

本节讨论曲线论的核心问题: 曲线论的 Frenet 公式和曲线论的基本定理.

1. Frenet 公式

上节已经介绍了 Frenet 坐标架, 这是以弧 s 为原点的单位右手系的正交坐标架, 这个坐标架黏附处是曲线动点, 随着 $\vec{r}(s)$ 在曲线上流动, 通常记作

$$\left\{\vec{r}(s);\vec{T}(s),\vec{N}(s),\vec{B}(s)\right\}\tag{1.9.1}$$

在物理和工程应用中称为活动坐标架, 微分几何中称为 Frenet 标架.

Frenet 标架应用广泛, 实际情况下用活动坐标架比固定坐标架更方便一些. 例如运动车辆在测量飞机方位与距离时, 若用 Frenet 坐标架可以直接测量出飞机相对于车辆的坐标. 但是用固定坐标架, 必须先测量两者在固定坐标系中的位置, 再在固定坐标系中转换计算, 才能得到相对位置. 注意到在运动坐标系 (Frenet 标架) 中测量的问题实际上是在已知曲线 $\vec{r}(s)$ 中设定 Frenet 标架, 而另一条曲线 $\vec{R}(s)$ 在这个 Frenet 标架中的位置, 就是将矢量函数 $\vec{R}(s)$ 投影在 Frenet 标架 $\left(\vec{T}(s),\vec{N}(s),\vec{B}(s)\right)$ 上, 图 1.15 是这个投影的示意图. 根据图示, 可以列出 $\vec{R}(s)$ 的分解表达式是

$$\vec{R}(s)=\alpha(s)\vec{T}(s)+\beta(s)\vec{N}(s)+\gamma(s)\vec{B}(s) \tag{1.9.2}$$

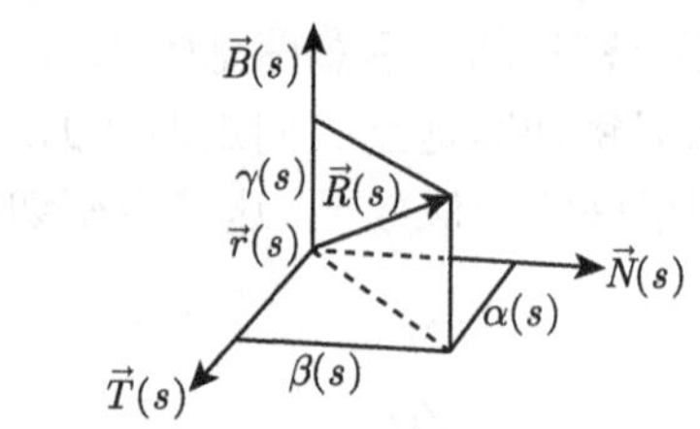

图 1.15　$\vec{R}(s)$ 在 Frenet 坐标架下的分解

求式 (1.9.2) 的导矢量与高等数学中笛卡儿坐标系求导是不同的. 笛卡儿坐标系是固定坐标系, 求导矢量无须考虑基矢量的导数. 但是 Frenet 坐标系是活动坐标系, 基矢量 $\left(\vec{T}(s),\vec{N}(s),\vec{B}(s)\right)$ 的大小与方向会随着弧 s 变化, 求导时必须考虑 Frenet 标架的变化. 因此上式的导矢量是

$$\frac{d\vec{R}}{ds}=\alpha'(s)\vec{T}(s)+\beta'(s)\vec{N}(s)+\gamma'(s)\vec{B}(s)+\alpha(s)\vec{T}'(s)+\beta(s)\vec{N}'(s)+\gamma(s)\vec{B}'(s) \tag{1.9.3}$$

这样在求解运动坐标参数时, 必须考虑 Frenet 标架的导数, 这是曲线论的核心问题之一.

Frenet 标架的导数计算如下. 根据式 (1.8.5) 得到

$$\vec{T}'(s)=k(s)\vec{N}(s) \tag{1.9.4}$$

再从式 (1.8.7) 得到

$$\vec{B}'(s)=-\tau(s)\vec{N}(s) \tag{1.9.5}$$

$\vec{N}'(s)$ 没有现成的公式可用. 注意到上一节已经给出 Frenet 标架是右手正交坐标系, 且有

$$\vec{N}(s)=\vec{B}(s)\times\vec{T}(s)$$

它的导矢量是

$$\vec{N}'(s)=\vec{B}'(s)\times\vec{T}(s)+\vec{B}(s)\times\vec{T}'(s)$$

式 (1.9.4) 和式 (1.9.5) 代入上式后得到

$$\vec{N}'(s)=-\tau(s)\vec{N}(s)\times\vec{T}(s)+k(s)\vec{B}(s)\times\vec{N}(s)$$

根据 Frenet 右手正交坐标系的性质, 又有

$$\vec{N}(s)\times\vec{T}(s)=-\vec{B}(s),\quad \vec{B}(s)\times\vec{N}(s)=-\vec{T}(s)$$

上两式代入式 $\vec{N}'(s)$ 后, 有下式

$$\vec{N}'(s)=\tau(s)\vec{B}(s)-k(s)\vec{T}(s)=-k(s)\vec{T}(s)+\tau(s)\vec{B}(s) \tag{1.9.6}$$

综合式 (1.9.4)—(1.9.6) 可以求出 Frenet 标架的导数是

$$\begin{cases}\vec{T}'(s)=k(s)\vec{N}(s)\\ \vec{N}'(s)=-k(s)\vec{T}(s)+\tau(s)\vec{B}(s)\\ \vec{B}'(s)=-\tau(s)\vec{N}(s)\end{cases} \tag{1.9.7a}$$

也可以写成矩阵, 是

$$\begin{bmatrix}\vec{T}'\\ \vec{N}'\\ \vec{B}'\end{bmatrix}=\begin{bmatrix}0 & k(s) & 0\\ -k(s) & 0 & \tau(s)\\ 0 & -\tau(s) & 0\end{bmatrix}\begin{bmatrix}\vec{T}\\ \vec{N}\\ \vec{B}\end{bmatrix} \tag{1.9.7b}$$

式 (1.9.7) 称为 Frenet 公式, 是曲线论最基本的公式, 曲线的性质基本上都可以通过 Frenet 公式导出, 因此式 (1.9.7) 又称作曲线论的基本公式. Frenet 标架的高阶导数可以利用 Frenet 公式循环导出, 这里不再推导.

利用式 (1.9.3) 和 (1.9.7) 可以写出相对位置矢量 $\vec{R}(s)$ 的导数是

$$\begin{aligned}\frac{d\vec{R}}{ds}=&[\alpha'(s)-k(s)\beta(s)]\vec{T}(s)+[\beta'(s)-\gamma(s)\tau(s)+\alpha(s)k(s)]\vec{N}(s)\\&+[\gamma'(s)+\tau(s)\beta(s)]\vec{B}(s)\end{aligned} \tag{1.9.8}$$

下面是 Frenet 公式的几个例子.

例 1.15 按照要求完成下面各题:

(1) 质点做曲线运动的速度是 $\dot{\vec{v}}(t)$, 求其加速度.

(2) 如果一条直线在各点密切平面上互相平行, 此直线一定是一条平面曲线.

解 (1) 质点的速度方向是它的切线方向, 因此有

$$\dot{\vec{v}}(t) = \dot{s}(t)\vec{T}(s)$$

其中 $\dot{s}(t)$ 表示曲线弧长对于时间的导数, 是质点的速率. 加速度 $\vec{a}$ 是

$$\vec{a} = \frac{d\vec{v}(t)}{dt} = \frac{d}{dt}\dot{s}(t)\vec{T}(s) = \ddot{s}(t)\vec{T}(s) + \dot{s}(t)\frac{d\vec{T}}{dt}$$

$$\frac{d\vec{T}}{dt} = \frac{d\vec{T}}{ds}\cdot\frac{ds}{dt} = \dot{s}(t)\frac{d\vec{T}}{ds} = \dot{s}(t)k(s)\vec{N}(s)$$

$$\begin{aligned}\vec{a} &= \ddot{s}(t)\vec{T}(s) + \dot{s}(t)\frac{d\vec{T}}{dt} = \ddot{s}(t)\vec{T}(s) + [\dot{s}(t)]^2k(s)\vec{N}(s)\\ &= \ddot{s}(t)\vec{T}(s) + \left[[\dot{s}(t)]^2/R(s)\right]\vec{N}(s) = \ddot{s}(t)\vec{T}(s) + \frac{[\dot{s}(t)]^2}{R(s(t))}\vec{N}(s)\end{aligned}$$

如果是匀速圆周运动, 曲率圆 R 是常数, $\ddot{s}(t) = 0$, 于是上式变成

$$\vec{a} = \frac{[\dot{s}(t)]^2}{R}\vec{N}(s)$$

上式为物理中经常用到的公式, 这里非常轻松地推导了出来, 由此可见 Frenet 公式的用处.

(2) **证** 由于密切平面互相平行, 则密切平面的法线 $\vec{B}(s)$ 与弧的位置无关, 是一常矢量 $\vec{B}(s) = \vec{B}_0$. 对此式求导得到

$$\frac{d\vec{B}(s)}{ds} = -\tau(s)\vec{N}(s) = \frac{d\vec{B}_0}{ds} = 0$$

由于 $\vec{N}(s) \neq 0$, 于是有挠率 $\tau(s) = 0$. 根据定理 1.8.1 可知, 这是一条平面曲线.

例 1.16 证明曲线是球面曲线的充要条件是曲线的所有法平面都过原点.

证明 先证必要性. 假定曲线的所有法平面都过定点 O, 如图 1.16 所示, 取该点为原点. 矢径 $\vec{r}(s)$ 与切向矢量 $\vec{T}(s)$ 垂直, 于是有

$$\vec{r}(s)\cdot\vec{T}(s) = 0,\quad \frac{d\vec{r}^{\,2}(s)}{ds} = 2\vec{r}(s)\cdot\vec{r}'(s) = 2\vec{r}(s)\cdot\vec{T}(s) = 0$$

对上式积分, 得到

$$\vec{r}^{\,2}(s)=\text{常数},\quad |\vec{r}(s)|^2=\text{常数}$$

因此 $\vec{r}(s)$ 的末端曲线是球面曲线.

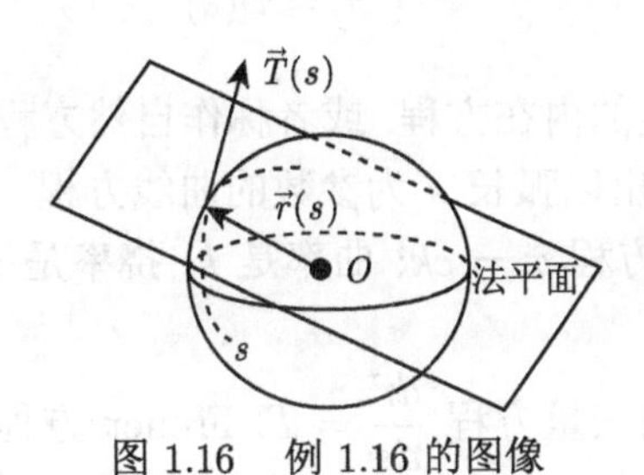

图 1.16 例 1.16 的图像

再证充分性. 曲线是球面曲线, 取球心 O 为原点. 这样有

$$\vec{r}^{\,2}(s)=|\vec{r}(s)|^2=\text{常数},\quad 2\vec{r}(s)\cdot\vec{r}\,'(s)=2\vec{r}(s)\cdot\vec{T}(s)=0$$

于是所有法平面过原点. [证毕]

2. 曲线论的基本定理和曲线的内在方程

给定一条空间曲线 $\vec{r}=\vec{r}(s)$, 根据前面各节讨论, 可以求出曲率 $\bar{k}(s)$ 和挠率 $\bar{\tau}(s)$. 这两个量是否描述空间曲线的完全量, 这个问题被称为曲线论的唯一性和存在性, 这两个问题的答案是下面的曲线论基本定理.

定理 1.9.1 区间 $(0,L)$ 上任意给定连续可微函数 $\bar{k}(s)$ 和连续函数 $\bar{\tau}(s)$ 以及初始正交坐标架 $\left\{\vec{r}_0;\vec{T}_0,\vec{N}_0,\vec{B}_0\right\}$, 其中 $\left(\vec{T}_0,\vec{N}_0,\vec{B}_0\right)$ 是单位正交右手 (旋) 矢量组. 则唯一存在一条 C^3 类的正则曲线 $C:\vec{r}=\vec{r}(s)$, 使得

(1) s 是曲线 C 的弧长常数;

(2) 曲线弧 $s=0$ 的 Frenet 坐标架是

$$\left\{\vec{r}(0);\vec{T}(0),\vec{N}(0),\vec{B}(0)\right\}=\left\{\vec{r}_0;\vec{T}_0,\vec{N}_0,\vec{B}_0\right\}$$

(3) 曲线 C 的曲率 $k(s)=\bar{k}(s)$, 挠率 $\tau(s)=\bar{\tau}(s)$.

上述定理有两个含义: 曲率 $k(s)$ 和挠率 $\tau(s)$ 可以完整、正确地唯一表示一条空间曲线, 不需要引入第三个几何量; 任意给定 $k(s)$ 和挠率 $\tau(s)$, 一定存在空间曲线 C, 其曲率 $k(s)=\bar{k}(s)$, 挠率 $\tau(s)=\bar{\tau}(s)$.

定理 1.9.1 的证明过程比较冗长和复杂, 这里略去这个证明过程, 直接引用, 感兴趣的读者请参考微分几何的教科书.

既然曲线只需要 $k(s)$ 和 $\tau(s)$ 就可以唯一、正确、完整地表达出来, 因此可以只用曲率和挠率来表达一条曲线:

$$C:\begin{cases} k=k(s) \\ \tau=\tau(s) \end{cases} \tag{1.9.9}$$

这种形式的方程称为曲线的内在方程, 或者称作自然方程. 有了内在方程, 通过解微分方程, 原则上可以求出以弧长 s 为参数的曲线方程.

例 1.17 已知内在方程 $\tau=ck$; 曲率是 k, 挠率是 τ, c 是比例系数, 均为常数. 求曲线方程.

解 通常是利用切向矢量方程 $\dfrac{d\vec{r}}{ds}=\vec{T}$, Frenet 方程 (1.9.7a), 再加上内在方程, 可以求出曲线方程. 根据式 (1.9.7a), 有以下方程

$$\begin{cases} \vec{T}'(s)=k\vec{N}(s) \\ \vec{N}'(s)=-k\vec{T}(s)+\tau\vec{B}(s) \\ \vec{B}'(s)=-\tau\vec{N}(s) \end{cases}$$

将内在方程 $\tau=ck$ 代入上式, 得到方程组

$$\vec{T}'(s)=k\vec{N}(s) \tag{1}$$

$$\vec{N}'(s)=-k\vec{T}(s)+ck\vec{B}(s) \tag{2}$$

$$\vec{B}'(s)=-ck\vec{N} \tag{3}$$

对式 (2) 求导, 并将式 (1) 和 (3) 代入, 得到

$$\frac{d^2\vec{N}}{ds^2}=-k\frac{d\vec{T}}{ds}+ck\frac{d\vec{B}}{ds}=-k\big(k\vec{N}\big)+ck\big(-ck\vec{N}\big)=-k^2\big(1+c^2\big)\vec{N}$$

令 $\omega^2=k^2\left(1+c^2\right)$, $\omega=k\sqrt{1+c^2}$ 代入上式, 得到方程

$$\frac{d^2\vec{N}}{ds^2}+\omega^2\vec{N}=0$$

$$\vec{N}=\vec{e}_1\cos\omega s+\vec{e}_2\sin\omega s \tag{4}$$

上述结果代入式 (1) 后得到方程

$$\frac{d\vec{T}}{ds}=k\left(\vec{e}_1\cos\omega s+\vec{e}_2\sin\omega s\right) \tag{5}$$

上式的解是

$$\vec{T}(s)=\vec{e}_1\frac{k}{\omega}\sin\omega s-\vec{e}_2\frac{k}{\omega}\cos\omega s+k\vec{e}_3 \tag{6}$$

再根据切向矢量定义, 可得到

$$\frac{d\vec{r}}{ds}=\vec{T}(s)=\vec{e}_1\frac{k}{\omega}\sin\omega s-\vec{e}_2\frac{k}{\omega}\cos\omega s+k\vec{e}_3$$

上式两边积分后有

$$\vec{r}(s)=\int\vec{T}(s)\,ds=-\vec{e}_1\frac{k}{\omega^2}\cos\omega s-\vec{e}_2\frac{k}{\omega^2}\sin\omega s+ks\vec{e}_3+\vec{f} \tag{7}$$

式 (7) 中 $\vec{e}_1, \vec{e}_2, \vec{e}_3$ 和 $\vec{f}$ 是常矢量. 取 $\vec{f}=0$, 则有

$$\vec{r}(s)=-\vec{e}_1\frac{k}{\omega^2}\cos\omega s-\vec{e}_2\frac{k}{\omega^2}\sin\omega s+ks\vec{e}_3 \tag{8}$$

令

$$\vec{i}=-\vec{e}_1,\quad \vec{j}=-\vec{e}_2,\quad \vec{k}=(k/b\omega)\,\vec{e}_3$$

是三个单位正交矢量. 常数 b 的引入是为了和圆柱螺旋线的标准方程相匹配, 上面 3 个式子解出 $\vec{e}_1$, $\vec{e}_2$ 和 $\vec{e}_3$, 再代入式 (8), 得到正交坐标架 $\left\{\vec{r}(s);\vec{i},\vec{j},\vec{k}\right\}$ 和曲线的自然参数表达式

$$\vec{r}(s)=\left(\frac{k}{\omega^2}\cos\omega s,\frac{k}{\omega^2}\sin\omega s,b\omega s\right)$$

令 $a=k/\omega^2$, 上式为

$$\vec{r}(s)=(a\cos\omega s,a\sin\omega s,b\omega s) \tag{9}$$

式 (9) 是圆柱螺旋线的标准方程, a 和 b 满足以下方程:

$$a^2+b^2=1/\omega^2 \tag{10}$$

可以解出

$$b=\frac{ck}{\omega^2}$$

如果取 $t=\omega s$, 可得到曲线的一般参数方程是

$$\vec{r}(t)=(a\cos t,a\sin t,bt) \tag{11}$$

比例 1.17 更复杂的曲线是一般螺线. 一般螺线的曲率 $k(s)$ 与挠率 $\tau(s)$ 之比是常数, 为

$$k(s) = \tau(s)\tan\alpha \quad (\alpha \text{ 是常数}) \tag{1.9.10}$$

Frenet 公式 $\vec{T}'(s) = k\vec{N}$ 两边乘以 $\cos\alpha$; $\vec{B}'(s) = -\tau\vec{N}$ 两边乘以 $\sin\alpha$, 得到

$$\frac{d\vec{T}}{ds}\cos\alpha = k\vec{N}\cos\alpha, \quad \frac{d\vec{B}}{ds}\sin\alpha = -\tau\vec{N}\sin\alpha$$

上两式相加后, 再将式 (1.9.10) 代入, 得到

$$\frac{d\vec{T}}{ds}\cos\alpha + \frac{d\vec{B}}{ds}\sin\alpha = (k\cos\alpha - \tau\sin\alpha)\vec{N} = \cos\alpha(k - \tau\tan\alpha)\vec{N} = 0$$

$$\frac{d}{ds}\left(\vec{T}\cos\alpha + \vec{B}\sin\alpha\right) = 0$$

$$\vec{e}_3 = \vec{T}\cos\alpha + \vec{B}\sin\alpha = \text{常矢量} \tag{1.9.11}$$

注意到 $\vec{T}$ 和 $\vec{B}$ 是单位正交矢量, 这样得到

$$|\vec{e}_3| = \sqrt{\left|\vec{T}\right|^2\cos^2\alpha + \left|\vec{B}\right|^2\sin^2\alpha} = \sqrt{\cos^2\alpha + \sin^2\alpha} = 1$$

所以 $\vec{e}_3$ 是单位矢量. Frenet 标架是右手正交坐标系架, 于是有

$$\vec{T}\cdot\vec{e}_3 = \vec{T}\cdot\vec{T}\cos\alpha + \vec{T}\cdot\vec{B}\sin\alpha = \cos\alpha \tag{1.9.12}$$

$$\vec{N}\cdot\vec{e}_3 = \vec{N}\cdot\vec{T}\cos\alpha + \vec{N}\cdot\vec{B}\sin\alpha = 0 \tag{1.9.13}$$

$$\vec{B}\cdot\vec{e}_3 = \vec{B}\cdot\vec{T}\cos\alpha + \vec{B}\cdot\vec{B}\sin\alpha = \sin\alpha \tag{1.9.14}$$

方程 (1.9.12)—(1.9.14) 有以下几何意义:

(1) 取 $\vec{e}_3$ 做定轴, 根据式 (1.9.12) 可知曲线的切线与定轴 z 相交于定角 α, 如图 1.17(a) 所示. 此条空间曲线的切向矢量与一固定方向成定角.

(2) 曲线法向矢量根据式 (1.9.13) 可知 $\vec{N}\perp\vec{e}_3$. 通过曲线上的点引平行于 $\vec{e}_3$ 轴的直线平行于 $\vec{e}_3$ 轴, 形成柱面 V. 空间曲线位于这个柱面上, 并与 V 的母线交于定角. 这种与柱面的母线交于定角的曲线, 称作一般螺线, 见图 1.17(b). 所以方程 (1.9.10) 决定了一般螺线.

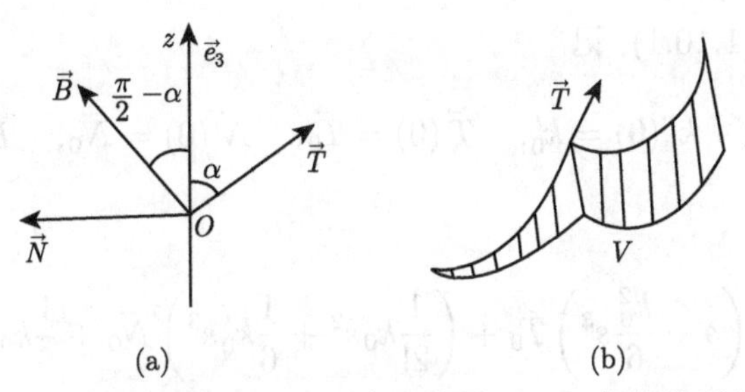

图 1.17 (a) $\vec{e}_3$ 矢量在 Frenet 坐标架位置; (b) 一般螺线所在的柱面

(3) 次法线 $\vec{B}$ 根据式 (1.9.14) 可知 $\vec{B}$ 与 z 轴交角是 $\dfrac{\pi}{2}-\alpha$, 也是一个定角, 见图 1.17(a).

上述三条是一般螺线的特征, 方程 (1.9.10) 所描述的曲线可以满足这三条, 因此方程 (1.9.10) 称作一般螺线的特征方程. 可证明这个特征方程是一般螺线所必须满足的充要条件, 请读者自己完成这个证明.

1.10 曲线在一点的标准展开和应用

1.2 节已经介绍了一元矢量函数的泰勒展开式, 这一节将利用矢量的泰勒展开式计算空间曲线, 然后用曲线展开式的结果讨论空间曲线挠率的意义; 最后介绍 Bertrand 曲线.

1. 曲线在一点的展开和曲线的旋向

设有自然参数空间正则曲线 $\vec{r}(s)$, 用式 (1.2.7) 把 $\vec{r}(s)$ 在弧 $s=0$ 处 Frenet 标架下展开, 展开式中忽略 4 阶以上的无穷小量, 只考虑 3 阶及以下无穷小量. $\vec{r}(s)$ 在 $s=0$ 处的泰勒展开式是

$$\vec{r}(s)=\vec{r}(0)+s\vec{r}'(0)+\frac{1}{2!}s^2\vec{r}''(0)+\frac{1}{3!}s^3\vec{r}'''(0) \tag{1.10.1}$$

式中导数项用 Frenet 公式表达成

$$\vec{r}'(s)=\vec{T}(s)$$

$$\vec{r}''(s)=\vec{T}'(s)=k(s)\vec{N}(s)$$

$$\begin{aligned}\vec{r}'''(s)&=T''(s)=k'(s)\vec{N}(s)+k(s)\vec{N}'(s)\\&=-k^2(s)\vec{T}(s)+k'(s)\vec{N}(s)+k(s)\tau(s)\vec{B}(s)\end{aligned}$$

上述三式代入式 (1.10.1), 记

$$k(0)=k_0,\quad k'(0)=k'_0,\quad \vec{T}(0)=\vec{T}_0,\quad \vec{N}(0)=\vec{N}_0,\quad \vec{B}(0)=\vec{B}_0$$

于是得到

$$\vec{r}(s)=\vec{r}(0)+\left(s-\frac{k_0^2}{6}s^3\right)\vec{T}_0+\left(\frac{1}{2!}k_0s^2+\frac{1}{6}k'_0s^3\right)\vec{N}_0+\frac{1}{6}k_0\tau_0s^3\vec{B}_0 \tag{1.10.2}$$

现在把曲线在 $s=0$ 处的展开式 (1.10.2) 取作新坐标系 (x_T, y_N, z_B), 曲线在 $s=0$ 附近的参数方程是

$$\begin{cases} x_T=s-\dfrac{k_0^2}{6}s^3 \\ y_N=\dfrac{1}{2!}k_0s^2+\dfrac{1}{6}k'_0s^3 \\ z_B=\dfrac{1}{6}k_0\tau_0s^3 \end{cases} \tag{1.10.3}$$

式 (1.10.3) 称为曲线在一点 $s=0$ 的展开式. 取每一个展开式的无穷小量主部, 也就是展开式的第一项, 得到曲线方程 $\vec{r}_1(s)=\vec{r}(s)-\vec{r}(0)$ 是

$$\vec{r}_1(s)=\left(s,\frac{1}{2}k_0s^2,\frac{1}{6}k_0\tau_0s^3\right) \tag{1.10.4}$$

$\vec{r}_1(s)$ 的初始条件是

$$\vec{r}_1(0)=(0,0,0)\,,\quad \vec{r}\,'_1(0)=(1,0,0)\,,\quad \vec{r}\,''_1(0)=(0,k_0,0)\,,\quad \vec{r}\,'''_1(0)=(0,0,k_0\tau_0)$$

用式 (1.7.5) 和 (1.8.10) 可以求出 $\vec{r}_1(s)$ 在 $s=0$ 处的曲率是 k_0, 挠率是 τ_0, Frenet 坐标架是

$$\left\{\vec{r}_1(0);\vec{T}_0,\vec{N}_0,\vec{B}_0\right\}$$

上面的结果表明曲线 $\{C_1:\vec{r}_1(s)\}$ 与原曲线有相同的曲率、挠率和 Frenet 坐标架, 于是两组曲线在 O 点有相同的密切平面、法平面和从切平面.

注意曲线 $\{C_1:\vec{r}_1(s)\}$ 中的参数 s 是原曲线的弧长, 而不是曲线 C_1 的弧长, 这说明式 (1.10.4) 的弧是一般参数, 于是设新坐标是 (x,y,z), 曲线 C_1 的参数方程是

$$x=s,\quad y=\frac{1}{2}k_0s^2,\quad z=\frac{1}{6}k_0\tau_0s^3 \tag{1.10.5}$$

新坐标系 (x,y,z) 的坐标架与 Frenet 坐标架 $\left\{\vec{r}_1(0);\vec{T}_0,\vec{N}_0,\vec{B}_0\right\}$ 是相同的.

图 1.18 画出了式 (1.10.5) 的曲线, 其中参数取 $k_0 > 0$ 和 $\tau_0 > 0$, 有以下结论.

(1) 密切平面上投影的参数方程是 $x = s$ 和 $y = \frac{1}{2}k_0 s^2$, 投影方程是

$$y = \frac{1}{2}k_0 x^2, \quad z = 0 \tag{1.10.6}$$

由于 $k_0 > 0$, 曲线走向都在坐标 $y > 0$, 即 $\vec{N}_0$ 一侧, 与参量 τ_0 无关, 图像如图 1.18(a) 所示.

(2) 法平面上投影的参数方程是 $y = \frac{1}{2}k_0 s^2$ 和 $z = \frac{1}{6}k_0\tau_0 s^3$, 投影方程是

$$z^2 = \frac{2\tau_0^2}{9k_0}y^3, \quad x = 0 \tag{1.10.7}$$

上式可见, 曲线与 τ_0 取值正负无关, 但是与 τ_0 取值大小有关, 图像如图 1.18(b) 所示. 因为 $z^2 > 0$, 曲线走向都在坐标 $y > 0$, 即 $|\vec{N}_0| > 0$ 一侧.

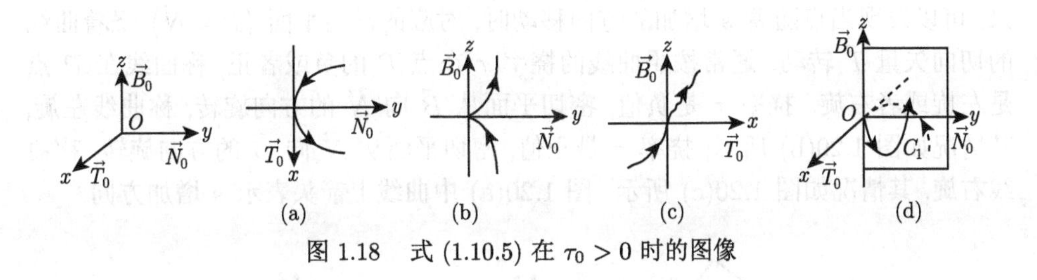

图 1.18 式 (1.10.5) 在 $\tau_0 > 0$ 时的图像

(3) 从切平面上投影的参数方程是 $x = s$ 和 $z = \frac{1}{6}k_0\tau_0 s^3$, 投影方程是

$$z = \frac{1}{6}k_0\tau_0 x^3, \quad y = 0 \tag{1.10.8}$$

由于 $k_0 > 0$, 曲线走向由 τ_0 决定, $\tau_0 > 0$ 使得曲线从 z 轴负方向指向正方向, 即 $\vec{B}_0$ 的负方向到正方向, 图像如图 1.18(c) 所示.

把 $\tau_0 > 0$ 投影的三幅图像合成起来得到空间曲线如图 1.18(d) 所示, 曲线从密切平面下方穿出到密切平面上方.

$\tau_0 < 0$ 的曲线图像如图 1.19 所示. 图 1.19(a) 是曲线在密切平面的投影; 图 1.19(b) 是曲线在法平面的投影; 图 1.19(c) 是曲线在次切平面的投影; 图 1.19(d) 是曲线的三维图像, 但是 $\tau_0 < 0$, 曲线从密切平面上方穿到密切平面下方.

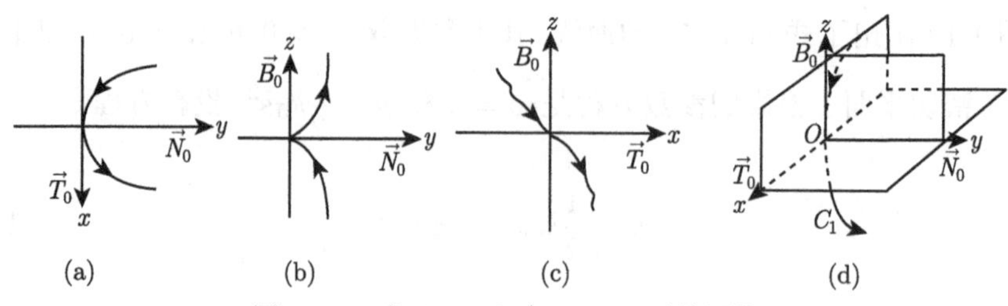

图 1.19　式 (1.10.5) 在 $\tau_0 < 0$ 时的图像

对比图 1.18 和图 1.19 可知, $\tau_0 > 0$, 曲线 C_1 沿着弧长增加方向, 从下往上穿过密切平面, 指向 $\vec{B}_0$ 正方向; $\tau_0 < 0$, 曲线 C_1 沿着弧长增加方向, 从上往下穿过密切平面, 指向 $\vec{B}_0$ 负方向. 由于 C_1 是原曲线 C 的近似曲线, 所以 C_1 实际上反映了曲线 C 在原点附近的性质. 对于曲线 C 的任意点 s_0, 只要在矢量函数泰勒展开式中将展开点取为 s_0, 就可以用上述方法来研究它在该点附近的曲线特征, 这里不再重复.

由于曲线是扭曲的, Frenet 标架是流动的, 标架的三根基矢量方向会随着曲线的扭曲方向变化而转动. 把 Frenet 标架随着弧长 s 增加而变化的情况完全画出来, 可以发现当点随着 s 增加的方向移动时, 对应的密切平面 $(\vec{T} \times \vec{N})$ 绕着曲线的切向矢量 $\vec{T}$ 转动. 通常按照曲线的挠率 τ 在点 P 的负或者正, 称曲线在 P 点是左旋或者右旋. 挠率 τ 是负值, 密切平面从 $\vec{B}$ 向 $\vec{N}$ 的方向旋转, 称曲线左旋, 其情况如图 1.20(b) 所示; 挠率 τ 是正值, 密切平面从 $\vec{N}$ 向 $\vec{B}$ 的方向旋转, 称曲线右旋, 其情况如图 1.20(c) 所示. 图 1.20(a) 中曲线上箭头表示 s 增加方向.

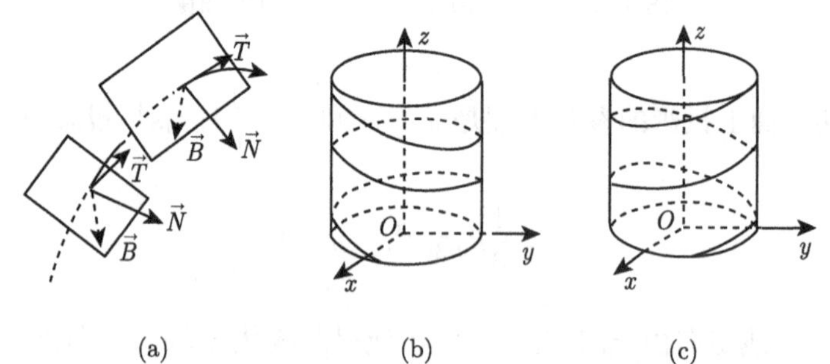

图 1.20　Frenet 标架转动产生左旋和右旋. (a) 曲线增长方向与坐标架; (b) $\tau < 0$, 左旋圆柱螺旋线; (c) $\tau > 0$, 右旋圆柱螺旋线

图 1.20(b) 和 (c) 的圆柱螺旋线是曲线旋向的一个例子. 圆柱螺旋线矢量方程是

$$\vec{r}(s) = (a\cos\omega s, a\sin\omega s, b\omega s)$$

例 1.13 已经计算了此圆柱螺线的挠率是

$$\tau = \frac{b}{a^2 + b^2}$$

当 $b < 0, \tau < 0$ 时, 挠率为负, 圆柱螺旋线左旋, 如图 1.20(b); $b > 0, \tau > 0$, 挠率为正, 圆柱螺旋线右旋, 如图 1.20(c). 随着弧 s 增加, 螺旋线旋转方向分别向左、向右, 即使把圆柱螺旋线倒过来后, 它们的旋转方向仍然不变. 只有对照镜子里的象, 曲线的旋向才会变化. 由于旋向是用挠率 τ 表示的, 所以称 τ 是刚体运动的不变量, 只有在反射变换下, 挠率才会改变符号.

科学研究经常遇到曲线旋向变化的例子. 如果把分子结构当作螺旋线, 就有右旋和左旋的差异, 所以在药品中经常看到左旋药品和右旋药品, DNA 分子也有左旋与右旋之分.

2. Bertrand 曲线

从内在方程的形式来看, 最简单的空间曲线是螺线, 其次就是 Bertrand 曲线, 下面求解它的内在方程. 先看 Bertrand 曲线定义.

Bertrand 曲线定义: 假定有两条曲线 C 和 C^*, 它们之间点与点是一一对应的. 如果对应点的主法线重合, 称 C 和 C^* 是 Bertrand 曲线.

注意这两条曲线是共轭的, 见图 1.21. 下面的方法与螺线问题反过来, 按照曲线的定义求 Bertrand 曲线内在方程. 设曲线 C 的方程是

$$\vec{r} = \vec{r}(s) \tag{1.10.9}$$

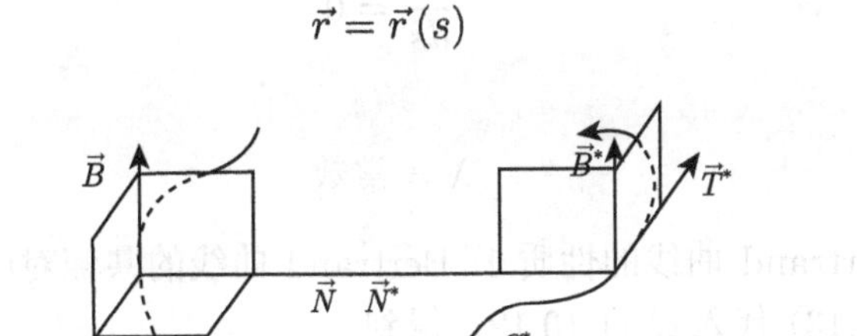

图 1.21 Bertrand 曲线示意图

共轭曲线的方程是

$$\vec{r}^* = \vec{r}(s) + \lambda(s)\vec{N}(s) \tag{1.10.10}$$

式中 $|\lambda(s)| = \left|(\vec{r}^* - \vec{r}(s)) \cdot \vec{N}(s)\right|$, 是两条曲线对应点之间的距离.

为了分辨两条曲线, 令 C^* 的参数分别是 k^* 和 τ^*, Frenet 标架是 $\left\{\vec{T}^*, \vec{N}^*, \vec{B}^*\right\}$, s^* 是曲线 C^* 的弧长. 对于式 (1.10.10) 两边求导, 得到

$$\vec{T}^* = \frac{d\vec{r}^*}{ds^*} = \left[\vec{r}'(s) + \lambda'(s)\vec{N}(s) + \lambda(s)\vec{N}'(s)\right]\frac{ds}{ds^*} \tag{1.10.11}$$

将 Frenet 公式

$$\vec{r}'(s)=\vec{T}(s),\quad \frac{d\vec{N}}{ds}=-k(s)\vec{T}+\tau(s)\vec{B}$$

代入式 (1.10.11), 得到

$$\vec{T}^*(s)=\left[(1-\lambda k)\vec{T}(s)+\lambda'(s)\vec{N}(s)+\lambda(s)\tau(s)\vec{B}(s)\right]\frac{ds}{ds^*} \tag{1.10.12}$$

由于曲线 C 和曲线 C^* 有共同的主法线 $\vec{N}$, 所以 $\vec{T}^*\cdot\vec{N}=0$, 上式两边应用此式, 有

$$\vec{T}^*(s)\cdot\vec{N}(s)=\left[(1-\lambda k)\vec{T}(s)+\lambda'(s)\vec{N}(s)+\lambda(s)\tau(s)\vec{B}(s)\right]\frac{ds}{ds^*}\cdot\vec{N}(s)=0$$

注意到 $\vec{T}\cdot\vec{N}=0$, $\vec{B}\cdot\vec{N}=0$, $\vec{N}\cdot\vec{N}=1$, 于是上式可以化简为

$$\frac{d\lambda}{ds}\cdot\frac{ds}{ds^*}=0$$

但是 $\dfrac{ds}{ds^*}\neq 0$, 故有

$$\frac{d\lambda}{ds}=0 \tag{1.10.13}$$

于是得到

$$\lambda=\text{常数} \tag{1.10.14}$$

这样就得到 Bertrand 曲线的性质 1: Bertrand 曲线的共轭对应点的距离是常数.

将式 (1.10.13) 代入式 (1.10.12), 得到

$$\vec{T}^*(s)=\left[(1-\lambda k)\vec{T}(s)+\lambda(s)\tau(s)\vec{B}(s)\right]\frac{ds}{ds^*} \tag{1.10.15}$$

假定两曲线对应点的两条切线的交角是 θ, 如图 1.22 所示. 从图中可知矢量 $\vec{T}^*$ 被分解为

$$\vec{T}^*=\vec{T}\cos\theta+\vec{B}\sin\theta \tag{1.10.16}$$

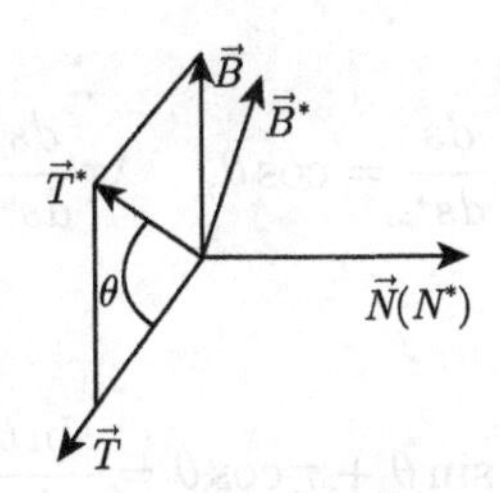

图 1.22 对应点坐标示意图

对于上式求导, 并应用 Frenet 公式, 得到

$$\begin{aligned}\frac{d\vec{T}^*}{ds} &= \left[-\vec{T}\sin\theta + \vec{B}\cos\theta\right]\frac{d\theta}{ds} + \left[\frac{d\vec{T}}{ds}\sin\theta + \frac{d\vec{B}}{ds}\sin\theta\right] \\ &= \left[-\vec{T}\sin\theta + \vec{B}\cos\theta\right]\frac{d\theta}{ds} + \left[k\vec{N}\sin\theta - \tau\vec{N}\sin\theta\right] \\ &= \left[-\vec{T}\sin\theta + \vec{B}\cos\theta\right]\frac{d\theta}{ds} + \left[k\sin\theta - \tau\sin\theta\right]\vec{N}\end{aligned}$$

$\vec{T}^*$ 的导矢量用复合函数求导, Frenet 公式又可写成

$$\frac{d\vec{T}^*}{ds} = \frac{d\vec{T}^*}{ds^*}\cdot\frac{ds^*}{ds} = \frac{ds^*}{ds}k^*\vec{N}^*$$

上两式联立得到

$$\frac{ds^*}{ds}k^*\vec{N}^* = \left[-\vec{T}\sin\theta + \vec{B}\cos\theta\right]\frac{d\theta}{ds} + \left[k\sin\theta - \tau\sin\theta\right]\vec{N} \tag{1.10.17}$$

$\vec{N}\perp\vec{T}$, $\vec{N}\perp\vec{B}$, $\vec{N}//\vec{N}^*$, 按照 Frenet 公式, $d\vec{T}^*/ds$ 应当只有 $\vec{N}$ 方向分量, 所以式 (1.10.17) 成立的条件是

$$\frac{d\theta}{ds} = 0, \quad \theta = 常数 \tag{1.10.18}$$

这样就得到 Bertrand 曲线的性质 2: Bertrand 曲线的共轭对应点的切线交角是常数.

联立方程 (1.10.15) 和 (1.10.16)

$$\begin{cases}\vec{T}^*(s) = \left[(1-\lambda k)\vec{T}(s) + \lambda(s)\tau(s)\vec{B}(s)\right]\dfrac{ds}{ds^*} \\ \vec{T}^*(s) = \cos\theta\vec{T}(s) + \sin\theta\vec{B}(s)\end{cases}$$

得到

$$(1-\lambda k)\frac{ds}{ds^*}=\cos\theta,\quad \lambda\tau\frac{ds}{ds^*}=\sin\theta$$

上两式相除整理后, 有下式

$$k\sin\theta+\tau\cos\theta=\frac{\sin\theta}{\lambda} \tag{1.10.19}$$

根据性质 1 和性质 2 可知, θ 和 λ 为常数. 上式有两种情况:

(1) $\sin\theta=0$, τ 必定是零, 否则式 (1.10.19) 不成立. C 是平面曲线, 令曲线 C^* 对应点的距离 $\lambda(s)=$ 常数 a. 式 (1.10.10) 变成

$$\vec{r}^*=\vec{r}(s)+a\vec{N}(s) \tag{1.10.20}$$

曲线 C^* 是平面曲线. 由于 $\tau=0$, 曲线 C^* 的切线斜率式 (1.10.15) 简化为

$$\vec{T}^*(s)=\left[(1-ak)\frac{ds}{ds^*}\right]\vec{T}(s) \tag{1.10.21}$$

两条曲线对应点的切线平行.

两条曲线的距离

$$|\Delta\vec{r}|=|\vec{r}^*-\vec{r}(s)|=\left|a\vec{N}(s)\right|=|a| \tag{1.10.22}$$

是一常数.

综合式 (1.10.21) 和 (1.10.22) 可知两条曲线 C 和 C^* 有公共法线, 因此它们是 Bertrand 曲线.

(2) $\sin\theta\neq 0$, 记 $\mu=\lambda\cot\theta$, λ 和 θ 都是常数, 所以 μ 也是常数, 式 (1.10.19) 可以写成

$$\lambda k+\mu\tau=1 \tag{1.10.23}$$

证明式 (1.10.23) 也是 Bertrand 曲线的充分条件比上述必要性的证明要简单得多, 留给读者自己完成, 也可从相关的微分几何教材中查到. 这样就证明了 Bertrand 曲线的内在方程是 (1.10.23) 式.

1.11　平面曲线的曲率和 Frenet 标架

这一节将要详细地讨论平面曲线的曲率、Frenet 标架以及 Frenet 公式, 然后再用这些理论计算几个例题.

1. 平面 Frenet 标架

平面曲线如果当作挠率 $\tau = 0$ 的空间曲线, 则无法判断曲线的完整特性. 图 1.23(a) 和 (b) 分别是半径是 R 的一个圆和两个半圆, 图中画出了它的 Frenet 标架. 图 1.23(a) 的 $\vec{N}$ 指向圆心, $\vec{T}$ 指向弧长增加的方向. 图 1.23 (b) 的曲线弧 s 在区间 $[0, \pi]$, Frenet 标架法方向 $\vec{N}$ 指向曲线的凹侧. 曲线弧在区间 $[\pi, 2\pi]$, Frenet 标架中 $\vec{B}$ 向 $\vec{N}$ 转动, 因此 $\vec{N}$ 和 $\vec{B}$ 反向, $\vec{N}$ 又一次指向曲线凹侧.

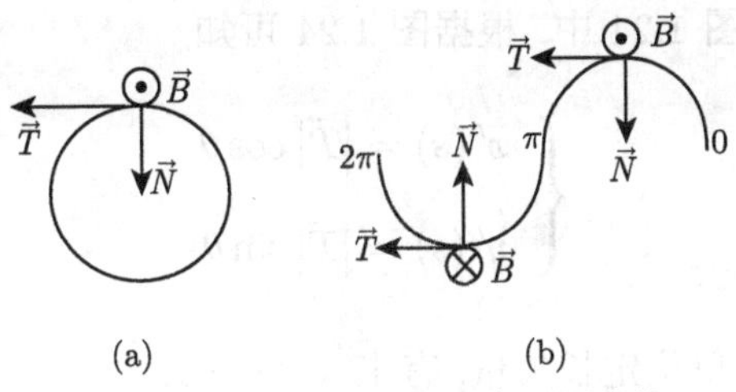

图 1.23 用 Frenet 标架表示圆曲线

对于图 1.23 的曲线分析可知, 如果直接套用空间曲线理论, 当 $\tau = 0$ 时可以省略挠率, 则 $\vec{B}$ 不存在. 这两条曲线的 Frenet 标架 $\vec{T}$ 和 $\vec{N}$ 分别都指向弧前进方向和曲线凹侧, 又因为两条曲线的曲率都是 $1/R$, 所以无法分辨两条曲线. 除此以外, 图 1.23(b) 中曲线在 $s = \pi$ 处两侧的 $\vec{B}$ 和 $\vec{N}$ 方向相反, 这说明此点处的 $\vec{B}$ 和 $\vec{N}$ 不连续, Frenet 标架不存在. 由此可见, 把空间曲线的 Frenet 标架直接应用到平面曲线是不妥当的. 为此需要对于平面曲线的曲率和右手坐标架重新定义.

平面 Frenet 标架定义如下:

(1) 次法线 $\vec{B}$ 总是垂直于曲线所在的平面, 于是将 $\vec{B}$ 省略.

(2) 平面曲线切向矢量 $\vec{T}$ 指向弧长增加方向.

(3) 定义法向矢量 $\vec{N}_r$, 使得

$$\left\{\vec{r}\,(s)\,; T\,(s)\,, \vec{N}_r\,(s)\right\}$$

在每一点弧 s 处都是单位正交右手坐标架.

下面求平面 Frenet 标架表达式. 设平面直角坐标系 $\left\{O; \vec{i}, \vec{j}\right\}$ 中一条曲线 C, 如图 1.24 所示. 这样得到矢径是

$$\vec{r}\,(s) = (x(s), y(s)) \tag{1.11.1}$$

其中 s 是弧长参数, 它的单位切向矢量是

$$\vec{T}\,(s) = \vec{r}\,'\,(s) = (x'(s), y'(s)) \tag{1.11.2}$$

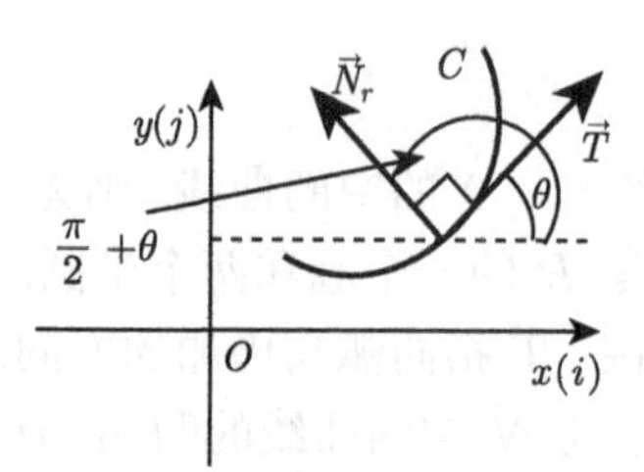

图 1.24　平面 Frenet 标架

切向矢量已经标注在图 1.24 中. 根据图 1.24 可知

$$\begin{cases} x'(s) = \left|\vec{T}\right| \cos\theta \\ y'(s) = \left|\vec{T}\right| \sin\theta \end{cases} \tag{1.11.3}$$

从前面章节可知 $\vec{T}$ 是单位定长矢量, 有 $\left|\vec{T}(s)\right| = 1$.

$\vec{N}_r$ 是切向矢量 $\vec{T}$ 逆时针旋转后的矢量, 将 $\vec{T}$ 旋转 90° , 见图 1.24. 从图可知, $\vec{N}_r \perp \vec{T}$, 于是得到 $\vec{N}_r$ 的坐标, 对比式 (1.11.3) 后, 有

$$\begin{cases} x_{N_r} = \left|\vec{T}\right| \cos(\pi/2+\theta) = -\left|\vec{T}\right| \sin\theta = -y'(s) \\ y_{N_r} = \left|\vec{T}\right| \sin(\pi/2+\theta) = \left|\vec{T}\right| \cos\theta = x'(s) \end{cases} \tag{1.11.4}$$

因此得到

$$\vec{N}_r = (-y'(s), x'(s)) \tag{1.11.5}$$

$\left|\vec{N}_r\right| = \sqrt{\left|\vec{T}\right|^2 \left(\cos^2\theta + \sin^2\theta\right)} = 1$, $\vec{N}_r$ 是单位矢量.

将两个矢量点乘, 得到

$$\vec{T} \cdot \vec{N}_r = (x'(s), y'(s)) \cdot (-y'(s), x'(s)) = -x'(s) \cdot y'(s) + x'(s) \cdot y'(s) = 0$$

$\vec{T}(s)$ 和 $\vec{N}_r(s)$ 是单位正交矢量. 这样就得到了平面 Frenet 标架

$$\left\{\vec{r}(s); T(s), \vec{N}_r(s)\right\} \tag{1.11.6}$$

2. 平面曲线的曲率

由于 $\vec{T}(s)$ 是单位定长矢量, 故有 $\vec{T} \perp \vec{T}'$. $\vec{T}'(s)$ 和 $\vec{N}_r(s)$ 都垂直于 $\vec{T}(s)$, 因此 $\vec{T}'(s)$ 和 $\vec{N}_r(s)$ 共线平行, 于是有

$$\vec{T}'(s) = k_r(s) \vec{N}_r(s) \tag{1.11.7}$$

上式两边用 $\vec{N}_r(s)$ 点乘, 且有 $\left|\vec{N}_r(s)\right| = 1$, 于是得到

$$k_r(s) = \vec{T}'(s) \cdot \vec{N}_r(s) \tag{1.11.8}$$

现在考虑 $k_r(s)$ 的意义. 从图 1.24 知道

$$\vec{T}(s) = \left(|\vec{T}|\cos\theta, |\vec{T}|\sin\theta\right)$$

对于上式两边求导, 并利用式 (1.11.3) 可以得到

$$\frac{d\vec{T}}{ds} = \left(-|\vec{T}|\sin\theta, |\vec{T}|\cos\theta\right)\frac{d\theta}{ds} = (-y'(s), x'(s))\frac{d\theta}{ds} = \vec{N}_r(s)\frac{d\theta}{ds} \tag{1.11.9}$$

上式两边用 $\vec{N}_r(s)$ 点乘, 又得到

$$\frac{d\theta}{ds} = \vec{T}'(s) \cdot \vec{N}_r(s) \tag{1.11.10}$$

综合式 (1.11.8) 与式 (1.11.10), 有

$$k_r(s) = \frac{d\theta}{ds} \tag{1.11.11}$$

上式对比 1.7 节式 (1.7.6) 可知, 1.7 节引入的曲率 k 是 k_r 的模值. 而本节的 $|k_r| = k$, k_r 本身有正负号, 因此称 k_r 是相对曲率. 按照式 (1.11.8) 计算 k_r, 其结果会自动出现正负号. 图 1.25 画出了图 1.23(b) 曲线的平面 Frenet 标架. 从图中可见 k_r 出现正负号的规律: 凡是 $\vec{N}_r$ 与矢量 $\vec{T}$ 同在一侧, $k_r < 0$, 此处是曲线的凸处; 凡是 $\vec{N}_r$ 与矢量 $\vec{T}$ 不在同一侧, $k_r > 0$, 此处是曲线的凹处; 在曲线的凸凹转折点 $k_r = 0$, 称为曲线的拐点, 图中用箭头标出了该点.

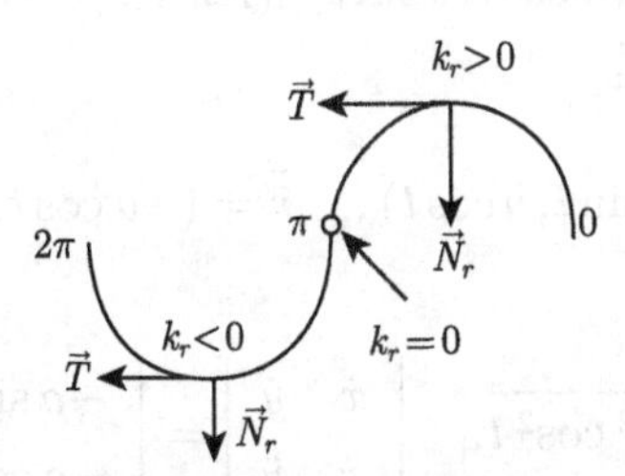

图 1.25 图 1.23(b) 的平面 Frenet 标架和平面曲率示意图

k_r 的计算可以用分量表示. 因为

$$\vec{T}'(s) = (x''(s), y''(s)), \quad \vec{N}_r(s) = (-y'(s), x'(s))$$

上面两式代入式 (1.11.8), 得到

$$k_r(s)=\vec{T}'(s)\cdot\vec{N}_r(s)=-x''(s)\,y'(s)+y''(s)\,x'(s)=\begin{vmatrix} x'(s) & y'(s) \\ x''(s) & y''(s)\end{vmatrix} \tag{1.11.12}$$

平面曲线的曲率半径是

$$\rho=\frac{1}{k_r(s)} \tag{1.11.13}$$

注意这个半径是有正负的.

与曲率半径相联系的概念是曲率中心. 在平面曲线的一个正常点 P, 若这点的曲率半径 ρ 是正的, 向正方向截取其上面一点 Q; 若这点的曲率半径 ρ 是负的, 向负方向截取其上面一点 Q, 使得

$$|PQ|=|\rho| \tag{1.11.14}$$

Q 被称为曲率中心. 上面的定义对照图 1.25 可见, Q 总是在曲线凹着的一侧.

如果是一般参数 t 的平面曲线, 可以证明弧长 s 与参数 t 有相同取向, 即 $\dfrac{ds}{dt}>0$, 则方程

$$\vec{r}=(x(t),y(t)) \tag{1.11.15}$$

的曲率是

$$k_r(t)=\frac{1}{(\dot{x}^2+\dot{y}^2)^{3/2}}\begin{vmatrix}\dot{x} & \dot{y} \\ \ddot{x} & \ddot{y}\end{vmatrix}=\frac{\dot{x}\ddot{y}-\ddot{x}\dot{y}}{(\dot{x}^2+\dot{y}^2)^{3/2}} \tag{1.11.16}$$

这个公式的证明留给读者完成.

例 1.18　求椭圆 $\vec{r}=(a\cos t,b\sin t)$ 的曲率.

解　参数方程的导数是

$$\dot{\vec{r}}=(-a\sin t,b\cos t)\,,\quad \ddot{\vec{r}}=(-a\cos t,-b\sin t)$$

$$|\dot{\vec{r}}|=\sqrt{a^2\sin^2 t+b^2\cos^2 t},\qquad \begin{vmatrix}\dot{x} & \dot{y} \\ \ddot{x} & \ddot{y}\end{vmatrix}=\begin{vmatrix}-a\sin t & b\cos t \\ -a\cos t & -b\sin t\end{vmatrix}=ab$$

曲率是

$$k_r=\frac{ab}{(a^2\sin^2 t+b^2\cos^2 t)^{3/2}}$$

3. 平面曲线的内在方程和 Frenet 公式

称平面曲线的曲率方程

$$k_r = k_r(s) \tag{1.11.17}$$

是平面曲线的内在方程.

平面曲线的 Frenet 标架和内在方程建立之后, 就可以导出它的平面曲线的 Frenet 公式. 在平面标架 (1.11.6) 定义下, 求 $\vec{N}_r(s)$ 的坐标. 从图 1.24 可知

$$\vec{N}_r = \left(|\vec{T}|\cos\left(\frac{\pi}{2}+\theta\right), |\vec{T}|\sin\left(\frac{\pi}{2}+\theta\right)\right) = \left(-|\vec{T}|\sin\theta, |\vec{T}|\cos\theta\right)$$

对于上式求导, 并用式 (1.11.11), 求出导矢量是

$$\frac{d\vec{N}_r}{ds} = \left(-|\vec{T}|\cos\theta, -|\vec{T}|\sin\theta\right)\frac{d\theta}{ds} = -\left(x'(s), y'(s)\right)\frac{d\theta}{ds} = -k_r(s)\vec{T}(s)$$

上式结合式 (1.11.7), 得到平面 Frenet 公式如下:

$$\begin{cases} \dfrac{d\vec{r}}{ds} = \vec{T}(s) \\ \dfrac{d\vec{T}}{ds} = k_r(s)\vec{N}_r(s) \\ \dfrac{d\vec{N}_r}{ds} = -k_r(s)\vec{T}(s) \end{cases} \tag{1.11.18}$$

定理 1.11.1 平面曲线基本定理: 唯一存在一条平面曲线 $\vec{r}(s) = (x(s), y(s))$ 满足内在方程 (1.11.17), 并且对应了曲线的初始条件和初始的坐标架. 反之也成立.

这个定理也不证明了, 读者可以很容易从微分几何的教科书中查阅.

例 1.19 平面曲线 $C : \vec{r} = \vec{r}(s)$, Frenet 标架是 $\left\{\vec{r}(s); \vec{T}(s), \vec{N}_r(s)\right\}$. 称曲线

$$\vec{r}_1(s) = \vec{r}(s) + a\vec{N}_r(s)$$

为曲线 C 的等距曲线, 其中 a 是常数. 已知平面曲线 $\vec{r} = \left(t, t^2\right)$, 求 $\vec{r}$ 的等距曲线.

解 这个问题如图 1.26 所示, 上节 Bertrand 曲线中已经遇到, 这里主要介绍如何求这一组共轭曲线. 参数方程是 $x = t, y = t^2$. 可求出曲线方程是 $y = x^2$. 曲线 C 的导矢量为

$$\dot{\vec{r}}(t) = (1, 2t)$$

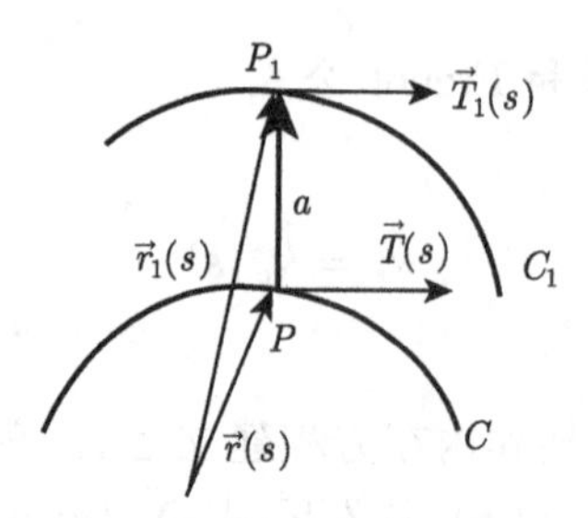

图 1.26　等距曲线示意图

其他所需要的值如下:

$$s=\int_0^t\left|\dot{\vec{r}}\right|dt=\int_0^t\sqrt{1+4t^2}dt,\quad \frac{dt}{ds}=\frac{1}{\sqrt{1+4t^2}}$$

$$\vec{T}=\frac{d\vec{r}}{ds}=\frac{d\vec{r}}{dt}\cdot\frac{dt}{ds}=\frac{1}{\sqrt{1+4t^2}}(1,2t)$$

$$\vec{N}_r(s)=(-y'(s),x'(s))=(-\dot{y}(t),\dot{x}(t))\frac{dt}{ds}=\frac{(-2t,1)}{\sqrt{1+4t^2}}$$

曲线 C_1 如下:

$$\vec{r}_1=\vec{r}(s)+a\vec{N}_r(s)=\left(t,t^2\right)+\frac{a(-2t,1)}{\sqrt{1+4t^2}}=\left(t-\frac{2at}{\sqrt{1+4t^2}},t^2+\frac{a}{\sqrt{1+4t^2}}\right)$$

上式表示 C_1 不是抛物线, 也就是说一条曲线的等距曲线一般不是自身的平移.

现在我们看一看等距曲线的特点. 注意到

$$\vec{T}_1=\frac{d\vec{r}_1(s)}{ds}=\frac{d\vec{r}(s)}{ds}+a\frac{d\vec{N}_r(s)}{ds}=\vec{T}(s)+a(-k_r)\vec{T}(s)=(1-ak_r)\vec{T}(s)$$

上式表明 C_1 与 C 在对应点处的切线平行, 所以又称它们是平行曲线. 但是要注意的是 $ak_r\neq1$, 否则在对应点的切线是不定的. 因此它们有公共法线 P_1P, 法线的长度就是它们的距离, 是

$$P_1P=\left|\vec{r}_1(s)-\vec{r}(s)\right|=\left|a\vec{N}_r(s)\right|=|a|$$

$|a|$ 是两条曲线的距离.

前面 1.9 节已经介绍了, 用空间曲线的内在方程计算空间曲线时, 通常需要联立 Frenet 公式, 才可以求出空间曲线. 而平面曲线则可以对于它的自然方程直接积分获取平面曲线, 称为自然方程积分法, 步骤如下. 从式 (1.11.11) 可知

$$\frac{d\theta}{ds}=k_r(s),\quad \theta=\int_{s_0}^{s}k_r(s)\,ds$$

再对平面曲线方程 $\vec{r}(s)$ 求导, 从图 1.22 可求出

$$\frac{d\vec{r}}{ds}=\left(\frac{dx}{ds},\frac{dy}{ds}\right)=(\cos\theta(s),\sin\theta(s))$$

从上式易得

$$\frac{dx}{ds}=\cos\theta\,(s),\quad \frac{dy}{ds}=\sin\theta\,(s)$$

$\theta\,(s)$ 表示 θ 是以 s 为自变量的函数. 直接对于上两式积分, 就有参数方程

$$x=\int_{s_0}^{s}\cos\theta(s)ds=\int_{s_0}^{s}\cos\left[\int_{s_0}^{s}k_r\,(s)\,ds\right]ds \tag{1.11.19}$$

$$y=\int_{s_0}^{s}\sin\theta(s)ds=\int_{s_0}^{s}\sin\left[\int_{s_0}^{s}k_r\,(s)\,ds\right]ds \tag{1.11.20}$$

例 1.20 求曲率 $k_r=$ 常数的平面曲线.

解 因为 $\dfrac{d\theta}{ds}=k_r$, 所以有

$$\theta=\int_0^s k_r ds=k_r s+\theta_0 \quad (k_r\neq 0)$$

$$\theta=\int_0^s k_r ds=\theta_0 \quad (k_r=0)$$

(1) $k_r\neq 0$

$$x=\int_{s_0}^{s}\cos\theta\,(s)\,ds=\int_{s_0}^{s}\cos\left(k_r s+\theta_0\right)ds=\frac{1}{k_r}\sin\left(k_r s+\theta_0\right)+x_0$$

$$y=\int_{s_0}^{s}\sin\theta\,(s)\,ds=\int_{s_0}^{s}\sin\left(k_r s+\theta_0\right)ds=-\frac{1}{k_r}\cos\left(k_r s+\theta_0\right)+y_0$$

消去参数 s, 得到

$$\left(x-x_0\right)^2+\left(y-y_0\right)^2=\frac{1}{k_r^2} \tag{1}$$

(2) $k_r=0$

$$x=\int_{s_0}^{s}\cos\theta\,(s)\,ds=\int_{s_0}^{s}\cos\theta_0 ds=s\cos\theta_0+x_0$$

$$y=\int_{s_0}^{s}\sin\theta(s)\,ds=\int_{s_0}^{s}\sin\theta_0 ds=s\sin\theta_0+y_0$$

消去参数 s, 得到

$$y-y_0=(x-x_0)\tan\theta_0 \tag{2}$$

式 (1) 和式 (2) 说明: 平面上常曲率曲线, 曲率不为零时是圆; 曲率为零时是一条任意直线.

1.12 整体微分几何和卵形线

本章到目前为止都是以微积分为工具, 讨论曲线上各点领域的性质, 即研究曲线的局部性质, 称为局部微分几何. 但是从曲线整体来看, 曲线是点的集合, 因此曲线上的整体性质应当是点性质的集合, 所以局部性质一定与整体性质紧密相关. 如果在局部微分几何性质的基础上研究几何图形的整体性质, 称为整体微分几何. 与局部微分几何相比较, 整体微分几何更复杂一些, 牵涉的知识更广泛, 常用到黎曼几何、拓扑学、变分法、李群理论等. 本书不准备详细讨论整体微分几何, 在这一章和下一章对于相关知识作初步的介绍.

本节将讨论整体微分几何的开山之作——卵形线的基本知识. 下面是几个将要用到的概念和定理.

(1) 闭曲线. 如果可微映射 $[a,b]\to E^3$ (欧氏空间), 将 t 映射为 $\vec{r}(t)$, $\vec{r}(t)$ 及其各阶导数在 a,b 之间相同, 称 $\vec{r}(t)$ 是闭曲线. 如果曲线 $\vec{r}(t)$ 自身不相交, 即当 $t_1\neq t_2$ 时, $\vec{r}(t_1)\neq\vec{r}(t_2)$, 则称为简单闭曲线.

(2) 凸曲线. 如果一条曲线在其每一点切线的同一侧, 称此曲线是凸的.

由凸曲线定义可知, 凸闭曲线是与平面上的任何直线交点不多于两点的闭曲线, 称此闭曲线是卵形线, 如图 1.27 所示.

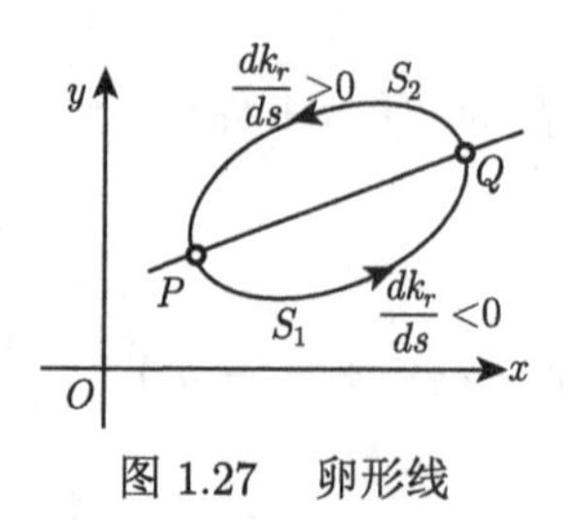

图 1.27 卵形线

(3) 顶点. 一条平面曲线上曲率取得极值的点称为顶点. 在顶点处有 $dk_r/ds=0$.

(4) 连续函数介质定理. 设有函数 $f(x)$ 在有界闭区间 $[a,b]$ 上连续, 则它在该区间上至少可以取得一个极大值与一个极小值, 而且极大值与极小值是交替出现的.

下面介绍四顶点定理和支持函数.

1. 四顶点定理

定理 1.12.1 卵形线上至少存在四个顶点.

证明 这个定理是印度人 S. Mukbopadhyaya 在 1909 年首先完成的, 是整体微分几何的开端. S. Mukbopadhyaya 教授的证明中, 只要求闭曲线的曲率是弧长的连续函数. 为了简化证明, 这里证明要求曲率 $k_r(s)$ 是连续可微的, 下面证明是 Herglotz 给出的.

设卵形线的周长是 L, 曲率 $k_r(s)$ 在 $[0,L]$ 上连续可微, 根据连续函数介质定理, 曲率 $k_r(s)$ 必有极值存在, 因此必定有顶点. 由于极值是偶数个, 所以顶点个数是偶数: 2, 4, 6, $\cdots$. 因此只要证明不存在两个顶点的卵形线即可, 反证法如下.

设卵形线上只有两个顶点 P 和 Q. 把 P 和 Q 连成一条直线, 为

$$PQ: ax+by+c=0 \quad (a,b,c \text{ 是常数}) \tag{1.12.1}$$

直线分卵形线为两部分, S_1 和 S_2 为有向弧, 方向是图 1.27 上箭头方向. 其中 P 点是曲率的极大值点, Q 点是极小值点, 因此 P 点和 Q 点处的 $\dfrac{dk_r}{ds}=0$.

根据卵形线定义, S_2 上的点都在 PQ 直线上方, 因此有

$$S_2: ax+by+c>0$$

又因为 S_2 上 k_r 在 P 点取得极大值, 由凸曲线性质可知 k_r 从 $Q\to P$ 单调增, 又有

$$\left.\frac{dk_r(s)}{ds}\right|_{S_2}>0$$

于是在弧 S_2 上有

$$(ax+by+c)\left.\frac{dk_r(s)}{ds}\right|_{S_2}>0 \tag{1.12.2}$$

S_1 上的点都在 PQ 直线下面, 因此有

$$S_1: ax+by+c<0$$

S_1 上 k_r 在 Q 点取得极小值, 由凸曲线性质可知 k_r 从 $P\to Q$ 单调减, 又有

$$\left.\frac{dk_r(s)}{ds}\right|_{S_1}<0$$

在弧 S_1 上有

$$(ax+by+c)\frac{dk_r(s)}{ds}\bigg|_{S_1}>0 \tag{1.12.3}$$

整个卵形线上都有 $(ax+by+c)\dfrac{dk_r}{ds}>0$, 沿卵形线正向积分是

$$\oint\limits_{S_1+S_2}(ax+by+c)\frac{dk_r(s)}{ds}ds>0 \tag{1.12.4}$$

下面直接计算沿弧 S_1+S_2 正向的积分. 设有平面曲线

$$\vec{r}(s)=(x(s),y(s))$$

求其切向矢量和法向矢量, 得到

$$\vec{T}=\vec{r}'(s)=(x'(s),y'(s)),\quad \vec{T}'=\vec{r}''(s)=(x''(s),y''(s)),\quad \vec{N}_r=(-y'(s),x'(s))$$

根据平面曲线的 Frenet 公式 $\vec{T}'=k_r\vec{N}_r$, 得到下面方程:

$$(x''(s),y''(s))=k_r(-y'(s),x'(s)) \tag{1.12.5}$$

上面方程写成分量方程是

$$\frac{d^2x}{ds^2}=-k_r\frac{dy}{ds},\quad \frac{d^2y}{ds^2}=k_r\frac{dx}{ds}$$

计算积分

$$\begin{aligned}&\oint\limits_{S_1+S_2}(ax+by+c)\frac{dk_r(s)}{ds}ds\\&=a\oint\limits_{S_1+S_2}x\frac{dk_r(s)}{ds}ds+b\oint\limits_{S_1+S_2}y\frac{dk_r(s)}{ds}ds+c\oint\limits_{S_1+S_2}\frac{dk_r(s)}{ds}ds\end{aligned}$$

设卵形线周长为 L, 则有

$$\oint x\frac{dk_r(s)}{ds}ds=xk_r|_0^L-\oint k_r\frac{dx}{ds}ds=-\oint\frac{d^2y}{ds^2}ds=-\oint d\left(\frac{dy}{ds}\right)=-\frac{dy}{ds}\bigg|_0^L=0$$

$$\oint y\frac{dk_r(s)}{ds}ds=yk_r|_0^L-\oint k_r\frac{dy}{ds}ds=\oint\frac{d^2x}{ds^2}ds=\oint d\left(\frac{dx}{ds}\right)=\frac{dx}{ds}\bigg|_0^L=0$$

$$\oint \frac{dk_r(s)}{ds}ds = k_r|_0^L = 0$$

于是得到

$$\oint_{S_1+S_2} (ax+by+c)\frac{dk_r(s)}{ds}ds = 0 \tag{1.12.6}$$

对比式 (1.12.4) 和 (1.12.6), 这两个值是矛盾的, 所以卵形线上只有两个顶点不成立. 定理 1.12.1 成立. [证毕]

椭圆仅有四个顶点, 落在长轴和短轴上, 请读者自己证明.

2. 卵形线的支持函数

理论研究和实际应用中经常会遇到卵形线的支持函数, 介绍如下.

设卵形线 C 上弧长增加的方向是逆时针方向, 在 C 上任意一点 $P(x,y)$ 作切线, 并从原点 O 引此切线的垂线. 设垂线长为 p, x 轴与垂线的夹角为有向角 θ, 如图 1.28 所示. p 是以 2π 为周期的函数, 即

$$p(\theta) = p(2\pi+\theta) \tag{1.12.7}$$

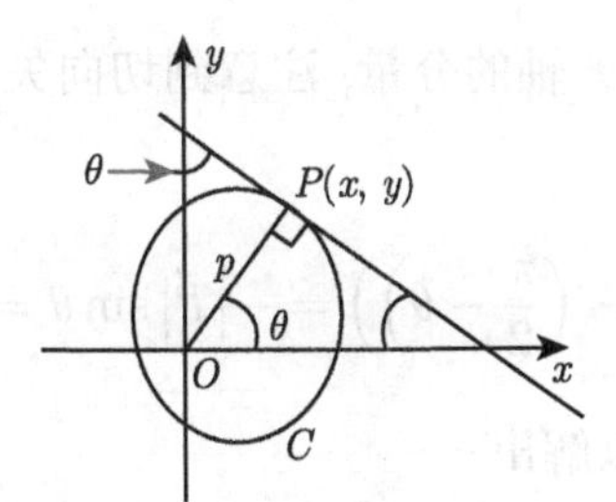

图 1.28　卵形线与切线

切线方程是

$$y = kx + b \tag{1.12.8}$$

直线方程中参数是

$$k = \tan(\pi - (\pi/2 - \theta)) = -\cot\theta, \quad b\sin\theta = p$$

参数代入式 (1.12.8) 后有

$$x\cos\theta + y\sin\theta - p(\theta) = 0 \tag{1.12.9}$$

式 (1.12.9) 是以 θ 为参数的切线族.

卵形线 C 可以当作切线族 (1.12.8) 的包络线. 令

$$F = x\cos\theta + y\sin\theta - p(\theta)$$

故有

$$\frac{\partial F}{\partial \theta} = \frac{\partial}{\partial \theta}(x\cos\theta + y\sin\theta - p(\theta)) = -x\sin\theta + y\cos\theta - p'(\theta) = 0 \tag{1.12.10}$$

联立式 (1.12.9) 和 (1.12.10), 得到

$$\begin{cases} x = p(\theta)\cos\theta - p'(\theta)\sin\theta \\ y = p(\theta)\sin\theta + p'(\theta)\cos\theta \end{cases} \tag{1.12.11}$$

式 (1.12.11) 解出

$$\frac{dx}{d\theta} = -(p + p'')\sin\theta \tag{1.12.12}$$

上式也可以写成

$$\frac{dx}{d\theta} = \frac{dx}{ds}\cdot\frac{ds}{d\theta} \tag{1.12.13}$$

dx/ds 是切向矢量 $\vec{r}(s)$ 在 x 轴的分量, 注意到切向矢量 $|\vec{T}| = 1$, 从图 1.28 得到其值是

$$\frac{dx}{ds} = |\vec{T}|\cos\left(\pi - \left(\frac{\pi}{2} - \theta\right)\right) = -|\vec{T}|\sin\theta = -\sin\theta \tag{1.12.14}$$

式 (1.12.12)—(1.12.14) 可以解出

$$\frac{ds}{d\theta} = p + p''$$

曲线 C 在 P 点的曲率是

$$k_r = \frac{d\theta}{ds} = \frac{1}{p + p''} \tag{1.12.15}$$

曲率半径是

$$R_r = \frac{1}{k_r} = p + p'' \tag{1.12.16}$$

根据平面曲线理论可知, 式 (1.12.15) 是平面曲线内在方程, 给定 $p(\theta)$ 后就可以决定卵形线; 反过来, 给定了曲线的曲率后, 解出 $p(\theta)$ 也就得到了卵形线.

现在证明卵形线的曲率大于零. 对于式 (1.12.11) 求导, 得到

$$x' = -\left(p(\theta) + p''(\theta)\right)\sin\theta; \quad x'' = -\left(p'(\theta) + p'''(\theta)\right)\sin\theta - \left(p(\theta) + p''(\theta)\right)\cos\theta$$

$$y' = \left(p(\theta) + p''(\theta)\right)\cos\theta; \quad y'' = \left(p'(\theta) + p'''(\theta)\right)\cos\theta - \left(p(\theta) + p''(\theta)\right)\sin\theta$$

由于 θ 是一般参数, 根据一般参数平面曲线曲率表达式 (1.11.16), 得到

$$k_r = \frac{\dot{x}\ddot{y} - \ddot{x}\dot{y}}{\left[(\dot{x})^2 + (\dot{y})^2\right]^{3/2}} = \frac{\left|p\left(\theta\right) + p''\left(\theta\right)\right|^2}{\left|p\left(\theta\right) + p''\left(\theta\right)\right|^3} = \frac{1}{\left|p(\theta) + p''(\theta)\right|} \tag{1.12.17}$$

由于 $k_r\left(\theta\right)$ 是连续可微的, 所以 $p\left(\theta\right) + p''\left(\theta\right) \neq 0$, $k_r\left(\theta\right) > 0$, 即 $p + p'' > 0$. 于是得到

$$\begin{cases} p\left(\theta\right) = p\left(2\pi + \theta\right) \\ p + p'' > 0 \end{cases} \tag{1.12.18}$$

称式 (1.12.18) 是卵形线的支持函数.

有了式 (1.12.18) 可以求出卵形线的周长 L 和面积 A. 容易从式 (1.12.15) 得到弧长是

$$L = \int\limits_C ds = \int_0^{2\pi} \left(p + p''\right) d\theta$$

因为 $p\left(\theta\right) = p\left(2\pi + \theta\right)$, $p'\left(\theta\right) = p'\left(2\pi + \theta\right)$. 上式可以简化为

$$L = \int\limits_C ds = \int_0^{2\pi} p\left(\theta\right) d\theta \tag{1.12.19}$$

求面积的方法如图 1.29 所示. 面积微元如图 1.29, 微元面积是 $dA = \dfrac{1}{2}pds$. 因此面积是

$$A = \int dA = \frac{1}{2}\int\limits_C pds = \frac{1}{2}\int_0^{2\pi} p\left(p + p''\right)d\theta = \frac{1}{2}\int_0^{2\pi} \left(p^2 - p'^2\right) d\theta \tag{1.12.20}$$

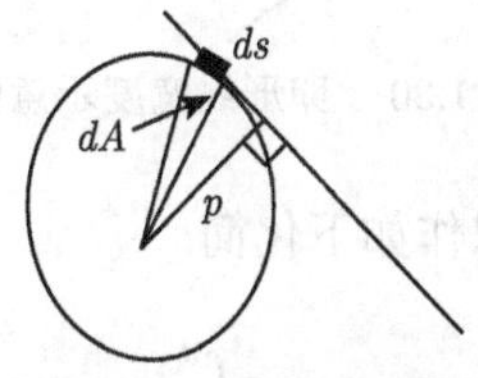

图 1.29 卵形线面元图

例 1.21　已知卵形线支持函数 $p=4+\sin 2\theta$, 求卵形线的周长和面积.

解　求支持函数的导数

$$p'=2\cos 2\theta,\quad p''=-4\sin 2\theta,\quad p+p''=4-3\sin 2\theta$$

p 和 p'' 代入式 (1.12.11) 得到卵形线的参数方程

$$\begin{cases} x=2\left(2\cos\theta+\sin^3\theta\right) \\ y=2\left(2\sin\theta+\cos^3\theta\right) \end{cases}$$

周长是

$$L=\int_0^{2\pi} p d\theta=\int_0^{2\pi}(4+\sin 2\theta)\, d\theta=8\pi$$

面积是

$$A=\frac{1}{2}\int_0^{2\pi}\left(p^2-p'^2\right) d\theta=\frac{1}{2}\int_0^{2\pi}\left[4\cos^2 2\theta-16\sin^2\theta\right] d\theta=14.5\pi$$

3. 卵形线宽度

定义: 卵形线 C 在一点 P 的宽度是 P 的切线 L_θ 与对应 $\pi+\theta$ 处的切线 $L_{\pi+\theta}$ 之间的距离, 记作 $W(\theta)$, 称 L_θ 与 $L_{\pi+\theta}$ 是曲线 C 的两条平行支持直线.

图 1.30 是卵形线宽度示意图. 从图中易见

$$W(\theta)=p(\theta)+p(\pi+\theta) \tag{1.12.21}$$

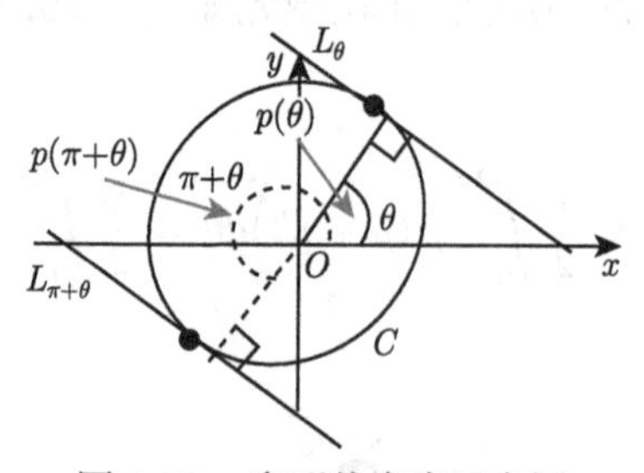

图 1.30　卵形线宽度示意图

周长积分式 (1.12.18) 可以作如下化简:

$$L=\int_0^{2\pi} p(\theta)\, d\theta=\int_0^{\pi} p(\theta)\, d\theta+\int_0^{\pi} p(\pi+\theta)\, d\theta$$

$$= \int_0^{\pi} [p(\theta) + p(\pi + \theta)]\, d\theta = \int_0^{\pi} W(\theta)\, d\theta \qquad (1.12.22)$$

宽度 W 是常数的卵形线, 称为常宽曲线. 常见的常宽曲线有圆, 如图 1.31 所示, $W = 2R$, 代入式 (1.12.22), 有

$$L = \int_0^{\pi} W(\theta)\, d\theta = \int_0^{\pi} [p(\theta) + p(\pi + \theta)]\, d\theta = \int_0^{\pi} 2R d\theta = 2\pi R$$

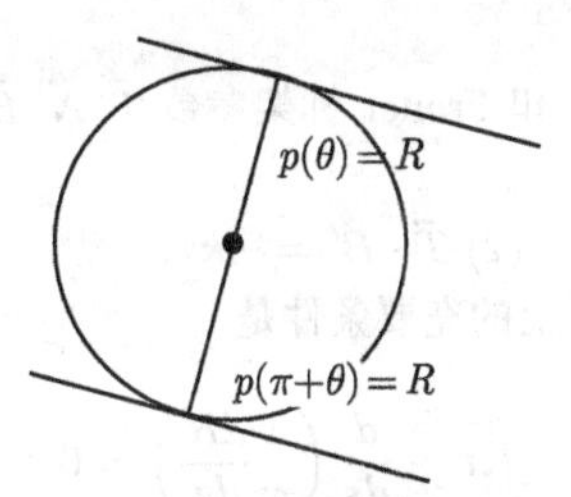

图 1.31 圆的宽度

习 题 1

1. 判断下列各式中哪些是矢量函数, 并求其导矢量.

(1) $\left[\dot{\vec{r}}(t)\right]^2$; (2) $\dot{\vec{r}}(t) \times \ddot{\vec{r}}(t)$;

(3) $\left(\dot{\vec{r}}(t), \ddot{\vec{r}}(t), \dddot{\vec{r}}(t)\right)$; (4) $\left[\dot{\vec{r}}(t) \times \ddot{\vec{r}}(t)\right] \times \dddot{\vec{r}}(t)$;

(5) $\vec{r}(t) \times \dot{\vec{r}}(t)$.

2. 求矢量函数

$$\vec{r}(t) = \cos t \vec{i} + \left(t^2 + 2t\right) \vec{j} + t^2 \vec{k}$$

在 $t = 0$ 处的泰勒展开式.

3. 设 $\vec{a}(t)$ 满足 $\vec{a} \cdot \dot{\vec{a}} = 0$, $\vec{a} \times \dot{\vec{a}} = 0$, 求证 $\vec{a}(t)$ 是常矢量.

4. 解矢量微分方程和微分方程组.

(1) $\dfrac{d\vec{r}}{dt} = \left(t^3, 2t^2 - 1, \cos t\right)$; (2) $\dfrac{d^2\vec{r}}{dt^2} = -k\vec{r}$ (k 是常数);

(3) $\dfrac{d^2\vec{r}}{dt^2} + \omega^2 \vec{r} = 0$ (ω 是常数); (4) $\dfrac{d\vec{e}_1}{dt} = k\vec{e}_2$, $\dfrac{d\vec{e}_2}{dt} = -k\vec{e}_1$ (k 是常数).

5. 记 $(\vec{u}\vec{v}\vec{w}) = (\vec{u} \times \vec{v}) \cdot \vec{w}$, 证明

$$\frac{d}{dt}(\vec{u}\vec{v}\vec{w}) = \left(\dot{\vec{u}}\vec{v}\vec{w}\right) + \left(\vec{u}\dot{\vec{v}}\vec{w}\right) + \left(\vec{u}\vec{v}\dot{\vec{w}}\right)$$

6. 计算下面各段曲线弧长.

(1) 圆锥螺线 $\vec{r} = \left(e^t \cos t, e^t \sin t, e^t\right)$ $(0 \leqslant t)$;

(2) 双曲螺线 $\vec{r} = (a\cosh t, a\sinh t, at)$ $(0 \leqslant t)$;

(3) 对数螺线 $\rho=e^{a\varphi}\,(0\leqslant\varphi\leqslant\varphi_0)$.

7. 求题 6.(2) 双曲螺线的自然参数表达式、曲率和挠率.

8. 求旋轮线 $x=a\,(\theta-\sin\theta)$, $y=a\,(1-\cos\theta)$ 的自然方程.

9. 求 $\vec{r}\,(t)=(\cos t,\sin t,t)$ 在点 $(1,0,0)$ 的密切平面、法向矢量、次法向矢量、法平面方程.

10. 求下列曲线的曲率 k 和挠率 τ.

(1) $\vec{r}=(t-\sin t,-\cos t,t)$; (2) $\vec{r}=\left(at,bt^2,t^3\right)$.

11. 求 $\vec{r}\,(t)=(a\cos t,a\sin t,f(t))$ 中 $f(t)$ 是何种形式时, 曲线是平面曲线.

12. 证明

$$\vec{r}=\frac{1}{\sqrt{5}}\left(\sqrt{1+s^2},2s,\ln(s+\sqrt{1+s^2})\right)$$

是自然方程, 并求曲率 k、挠率 τ 和 Frenet 标架参数 $\vec{T},\vec{N},\vec{B}$.

13. 已知曲线 $\vec{r}=\vec{r}\,(s)$, 试证

(1) $\left(\vec{r}\,'\times\vec{r}\,''\right)\cdot\vec{r}\,'''=k^2\tau$; (2) $\vec{T}\cdot\vec{B}'=-k\tau$.

14. 求证一条空间曲线在球面上的充要条件是

$$R\tau+\frac{d}{ds}\left(\frac{1}{\tau}\frac{dR}{ds}\right)=0$$

式中 R 是空间曲线的曲率半径, τ 是挠率, s 是弧长.

15. 求曲率半径等于弧长的平面曲线.

16. 已知内在方程与初始条件, 求相应的平面曲线.

(1) $k_r=\dfrac{a}{\sqrt{a^2-s^2}}$, $\theta_0=0,x_0=0,y_0=0$;

(2) $k_r=\dfrac{1}{\sqrt{2as}}$, $\theta_0=0,x_0=a,y_0=0$.

17. 求平面曲线的相对曲率.

(1) $\vec{r}=(a(t-\sin t),a(1-\cos t))$;

(2) $\vec{r}=(a\cos\varphi,a\ln(\sec\varphi+\tan\varphi)-a\sin\varphi)$, $0\leqslant\varphi<\dfrac{\pi}{2}$.

18. 曲线的相对曲率是

$$k_r=\frac{1}{1+s^2}$$

求平面曲线的参数方程.

19. 平面曲线是 $\vec{r}=(a\cosh t,b\sinh t)$, 求其等距曲线 C_1, 其中 a 和 b 都是常数.

20. 求平面极坐标系曲线 $\rho=\rho\,(\theta)$ 的相对曲率表达式.

21. 证明椭圆有四个顶点.

22. 证明平面曲线

$$x^4+y^4=1$$

有 8 个顶点, 它们分别在下列四条直线上

$$x=0;\quad y=0;\quad x\pm y=0.$$

第 2 章　曲面论基础与应用

微分几何的基本内容有两部分: 曲线论和曲面论. 第 1 章已经介绍了曲线论的基本理论, 这一章将转到曲面理论. 首先介绍如何用二元矢量函数表达曲面, 接着讨论如何用导数表达任意一个曲面, 即曲面的第一基本形式和第二基本形式; 然后用例题详细介绍有重要的理论和应用背景的等距映射和保角映射, 并对于曲面的法曲率和测地曲率作详细的分析. 最后, 本章对应用广泛的曲面测地线、Gauss 映射和 Gauss-Bonnet 定理作细致的分析. 由于本书的目的是将微分几何应用到研究和工程中, 而曲面理论的很多证明占用的篇幅过多, 所以本章与第 1 章曲线论一样, 对于过分繁杂的理论, 仅作概括性的描述和说明, 省去了证明过程.

2.1　二元矢量函数和曲面的矢量表示

这一节我们要讨论两个问题: 二元矢量函数和它的几何意义以及曲线坐标.

1. 二元矢量函数和曲面的表示

前面一章已经介绍了一元函数, 本节引入二元矢量函数. 设 $u, v \in D$, 有参数方程是

$$x = x(u,v), \quad y = y(u,v), \quad z = z(u,v), \quad u, v \in D \tag{2.1.1}$$

设上述三个函数分别是一个矢量的三个分量, 则有

$$\vec{r}(u,v) = x(u,v)\,\vec{e}_1 + y(u,v)\,\vec{e}_2 + z(u,v)\,\vec{e}_3, \quad u, v \in D \tag{2.1.2}$$

上式也可以记作

$$\vec{r} = (x(u,v), y(u,v), z(u,v)) \tag{2.1.3}$$

式 (2.1.2) 和 (2.1.3) 都仅有两个独立变元, 称为二元矢量函数.

二元矢量函数存在着偏微分与全微分的概念. 偏微分形式与记号如下:

$$\vec{r}_u = \frac{\partial \vec{r}}{\partial u} = \left(\frac{\partial x}{\partial u}, \frac{\partial y}{\partial u}, \frac{\partial z}{\partial u}\right), \quad \vec{r}_{uv} = \frac{\partial^2 \vec{r}}{\partial u \partial v} = \left(\frac{\partial^2 x}{\partial u \partial v}, \frac{\partial^2 y}{\partial u \partial v}, \frac{\partial^2 z}{\partial u \partial v}\right)$$

类似可以定义

$$\vec{r}_v = \frac{\partial \vec{r}}{\partial v}, \quad \vec{r}_{uu} = \frac{\partial^2 \vec{r}}{\partial u^2}, \quad \vec{r}_{vv} = \frac{\partial^2 \vec{r}}{\partial v^2}, \quad \vec{r}_{vu} = \frac{\partial^2 \vec{r}}{\partial v \partial u}$$

等矢量函数的偏微分.

矢量函数的全微分如下:

$$d\vec{r} = \vec{r}_u du + \vec{r}_v dv; \quad d^2\vec{r} = \vec{r}_{uu} d^2 u + 2\vec{r}_{uv} du dv + \vec{r}_{vv} d^2 v$$

上式中假定 $\vec{r}_{uv} = \vec{r}_{vu}$, 类似可以定义更高阶全微分.

现在考虑二元矢量函数的几何意义. 设 u, v 是二维平面 R^2 上的点区域 D; 再定义二元矢量函数 (2.1.2) 是一个映射, 映射的点在三维空间 E^3 (欧氏空间) 中, 就是曲面 S, 图 2.1 是 S 对应 D 的图形.

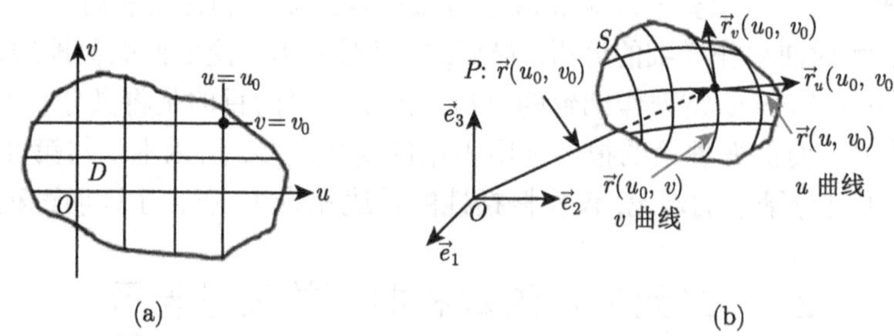

图 2.1 二元矢量函数的几何意义. (a) 二维平面区域 D; (b) 经过二元矢量函数映射后的三维空间曲面

实际上, 对于直角坐标系曲面显方程

$$z = f(x, y) \tag{2.1.4}$$

令 $x = u, y = v$. 则有 $z = f(x, y)$, 于是显方程图形对应的二元矢量函数可以写成

$$\vec{r} = (u, v, f(u, v)) = \vec{r}(u, v) \tag{2.1.5}$$

为了简单起见, 本章也称二元矢量函数为矢量函数.

矢量函数满足什么条件可以用来表示一个曲面块? 下面分析这个问题. 设式 (2.1.1) 定义的参数方程组在 (u, v) 平面区域 D 是连续可微的, 将此式的前两个参数方程写成

$$\begin{cases} F(u, v; x, y) = x(u, v) - x = 0 \\ G(u, v; x, y) = y(u, v) - y = 0 \end{cases} \tag{2.1.6}$$

由于上两个函数是连续可微函数, 并有

$$F(u_0, v_0; x_0, y_0) = 0, \quad G(u_0, v_0; x_0, y_0) = 0$$

根据隐函数存在定理, 如果点 $P(u_0, v_0)$ 上有

$$\frac{\partial(F,G)}{\partial(u,v)}=\begin{vmatrix} x_u & y_u \\ x_v & y_v \end{vmatrix}\Bigg|_{(u_0,v_0)}\neq 0 \tag{2.1.7}$$

则存在唯一的两个单值连续可微函数

$$u=u(x,y),\quad v=v(x,y) \tag{2.1.8}$$

在 x,y 平面上点 (x_0,y_0) 的邻域, 使得式 (2.1.6) 恒成立, 且 $u(x_0,y_0)=u_0$, $v(x_0,y_0)=v_0$. 将式 (2.1.8) 代入式 (2.1.1) 的第三式, 又有

$$z=(u(x,y),v(x,y))=f(x,y)$$

上式正是 (x_0,y_0) 充分小的邻域内的简单曲面块. 上述过程可见, 式 (2.1.7) 是矢量函数必须满足的条件.

考虑下面的函数矩阵

$$PM=\begin{pmatrix} x_u & y_u & z_u \\ x_v & y_v & z_v \end{pmatrix}\Bigg|_{(u_0,v_0)} \tag{2.1.9}$$

式 (2.1.7) 是矩阵 (2.1.9) 秩为 2 的充要条件. 如果式 (2.1.9) 的秩为 2, 矩阵 PM 的两个行向量线性无关, 于是两个行向量的矢量积不为零, 这样得到

$$(x_u,y_u,z_u)\times(x_v,y_v,z_v)|_{(u_0,v_0)}=\vec{r}_u\times\vec{r}_v|_{(u_0,v_0)}\neq 0 \tag{2.1.10}$$

上式是曲面矢量方程定义一个简单曲面块的条件. 如果满足上述条件, 称 $\vec{r}(u_0,v_0)$ 是曲面 S 的正则点, 否则称为奇点. 无奇点的曲面称为正则曲面, 本书若无特别说明, 所称的曲面都是正则曲面.

2. 曲线坐标

下面考虑曲面上的曲线表达式. 对于用 $\vec{r}(u,v)$ 表示的曲面 S 上的曲线, 设 t 是曲线方程的参数, 曲线方程是

$$u=u(t),\quad v=v(t) \tag{2.1.11}$$

上述方程消去参数 t, 得到曲线方程是

$$f(u,v)=0 \tag{2.1.12}$$

对于上式微分得到

$$\frac{\partial f}{\partial u}du+\frac{\partial f}{\partial v}dv=0$$

上式可以写成

$$A(u,v)\,du+B(u,v)\,dv=0 \tag{2.1.13}$$

或者写成

$$\frac{du}{dv}=F(u,v),\quad A\neq 0 \tag{2.1.14}$$

式 (2.1.13) 和 (2.1.14) 表示了曲面上一族曲线所需要满足的方程.

如果 $A(u,v)=0$, 则由式 (2.1.13) 可以得到

$$dv=0 \tag{2.1.15}$$

上式的解是 $v=v_0$ (常数). 矢量函数 $\vec{r}(u,v)$ 中 v 是固定值 v_0, 只有变量 u 变动, $\vec{r}(u,v_0)$ 在曲面 S 上轨迹是一条曲线, 如图 2.1(b) 所示, 称作 u 曲线.

同样 $B(u,v)=0$, 则有

$$du=0 \tag{2.1.16}$$

此式的解是 $u=u_0$ (常数). 矢量函数 $\vec{r}(u,v)$ 中 u 是固定值 u_0, 只有变量 v 变动, $\vec{r}(u_0,v)$ 在曲面 S 上轨迹是一条曲线, 如图 2.1(b) 所示, 称作 v 曲线.

u 曲线和 v 曲线在曲面上组成一族曲线网. 综合式 (2.1.15) 和式 (2.1.16) 可知, 如果

$$\vec{r}=\vec{r}(u,v),\quad dudv=0 \tag{2.1.17}$$

当 $du=0$ 时, 则 $u=u_0$; 而当 $dv=0$ 时, 则 $v=v_0$. 前者是 v 曲线族, 后者是 u 曲线族. 因此式 (2.1.17) 总可以在曲面上绘出一族曲线网, 曲线网图形如图 2.1(b) 所示.

从图 2.1(b) 中可见, 曲面上任意一点都可以用

$$\vec{r}=\vec{r}(u,v) \tag{2.1.18a}$$

表示. 写成分量表达式就是

$$\vec{r}=x(u,v)\vec{e}_1+y(u,v)\vec{e}_2+z(u,v)\vec{e}_3 \tag{2.1.18b}$$

于是曲面上任意一点 $P(x_0,y_0,z_0)$ 都可用 u 曲线和 v 曲线上的值 (u_0,v_0) 表示出来, 为

$$P(x_0,y_0,z_0):\vec{r}_0=\vec{r}(x_0,y_0,z_0)=x(u_0,v_0)\vec{e}_1+y(u_0,v_0)\vec{e}_2+z(u_0,v_0)\vec{e}_3$$

因此, 称 u 曲线族和 v 曲线族是点 P 的曲线坐标, 这两个曲线族构成的曲线网是坐标网, 式 (2.1.17) 计算得到的 $\vec{r}(u,v)$ 是坐标网必须满足的方程. 如果 u 曲线和 v 曲线本身都不自交, 对于 $u=u_0$, $v=v_0$, u 曲线和 v 曲线只交于一点 $\vec{r}(u_0,v_0)$, 称此坐标网是正则坐标网.

由于坐标网也是映射得到的曲面, 所以要求坐标网也是正则的. 若某一点上坐标网不满足条件 (2.1.10), 这个点称作坐标网的奇异点. 极坐标网

$$\vec{r}(\rho,\theta)=(\rho\cos\theta,\rho\sin\theta)$$

的导矢量是

$$\vec{r}_\rho = (\cos\theta, \sin\theta)\,, \quad \vec{r}_\theta = (-\rho\sin\theta, \rho\cos\theta)$$

在 $\rho = 0$ 处 $\vec{r}_\theta = (0,0)$, 不满足式 (2.1.10), 此点是坐标网的奇点.

2.2　曲面的切平面和法线矢量

这一节将要讨论如何定义曲面在一点的几何形状, 包括曲面的坐标矢量、切平面和曲面的法向矢量, 以及曲面的切平面方程和法线方程, 最后介绍几个典型的曲面和相关的几何特点.

1. 坐标矢量、切平面和法向矢量

从式 (2.1.11) 可知, 曲面上曲线 C 的映射是

$$t \in D \to (u(t), v(t)) \to \vec{r}(u(t), v(t)) \tag{2.2.1}$$

于是得到曲线 C 的矢量方程是

$$\vec{r} = \vec{r}(u(t), v(t)) \tag{2.2.2}$$

根据曲线论可知, 曲线 C 在一点 $P(u,v)$ 的切向矢量是

$$\frac{d\vec{r}}{dt} = \vec{r}_u\frac{du}{dt} + \vec{r}_v\frac{dv}{dt} \tag{2.2.3}$$

上式中 $\vec{r}_u$ 与 $\vec{r}_v$ 分别表示 u 曲线与 v 曲线在同一点不同方向的切向矢量, 它们是按照方程 (2.2.2) 计算的. 由于它们是坐标曲线的切向矢量, 称之为坐标矢量, 如图 2.2 所示.

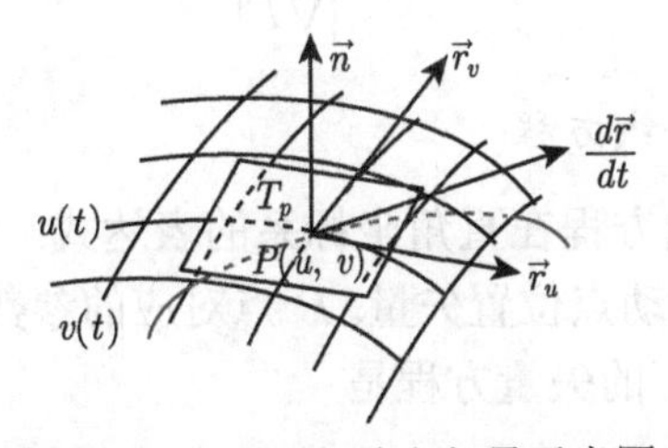

图 2.2　切平面与法向矢量示意图

从式 (2.2.3) 中可以看到, 对于 $u =$ 常数, $\dfrac{du}{dt} = 0$, $\dfrac{d\vec{r}}{dt} = \vec{r}_v\dfrac{dv}{dt}$; $v =$ 常数, $\dfrac{dv}{dt} = 0$, $\dfrac{d\vec{r}}{dt} = \vec{r}_u\dfrac{du}{dt}$. 这说明 $\dfrac{du}{dt}$ 和 $\dfrac{dv}{dt}$ 是 $\dfrac{d\vec{r}}{dt}$ 在坐标矢量上的投影坐标, 这两个

标量类似于笛卡儿坐标系的坐标, 而坐标矢量类似于笛卡儿坐标系的基矢量 $\vec{i}$, $\vec{j}$, $\vec{k}$. 如果点 P 的

$$\vec{r}_u \times \vec{r}_v \neq 0$$

$\vec{r}_u$ 和 $\vec{r}_v$ 具有不同的方向, 曲面 S 上过 P 点的任意曲线 C 的切向矢量 $\dfrac{d\vec{r}}{dt}$ 都会落在 $\vec{r}_u$ 和 $\vec{r}_v$ 张成的平面 T_p 上, 因此通过曲面上该点的所有曲面曲线落在这个平面上, 称 T_p 是曲面 S 在 P 点的切平面.

在 $\vec{r}_u \times \vec{r}_v \neq 0$ 时, 此矢量是切平面 T_p 的法向矢量, 定义这个法向矢量也是曲面 S 在 P 点的法向矢量, 单位法向矢量是

$$\vec{n} = \frac{\vec{r}_u \times \vec{r}_v}{|\vec{r}_u \times \vec{r}_v|} \tag{2.2.4}$$

前面已经说明了 $\vec{r}_u \times \vec{r}_v \neq 0$, 即讨论的曲面必须是正则曲面. 上式也表明正则曲面一定存在着切平面和法向矢量.

直角坐标系中曲面方程是 $F(x, y, z) = 0$. 曲面上任意一条曲线是

$$C : \vec{r} = (x(t), y(t), z(t))$$

于是有 $F(x(t), y(t), z(t)) = 0$. 此式两边求导, 得到

$$\frac{\partial F}{\partial x}\frac{dx}{dt} + \frac{\partial F}{\partial y}\frac{dy}{dt} + \frac{\partial F}{\partial z}\frac{dz}{dt} = 0, \quad \nabla F \cdot \frac{d\vec{r}}{dt} = 0$$

上式说明梯度 ∇F 垂直于曲线 C 的切向矢量, 由于曲线的任意性, 梯度就是曲面的方向数, 由此得到单位法向矢量是

$$\vec{n} = \frac{\nabla F}{|\nabla F|} \tag{2.2.5}$$

2. 切平面和曲面的法线方程

下面求切平面和法线方程在直角坐标系的表达式. 切平面如图 2.3 所示, 设 $\vec{\rho}(x, y, z)$ 是切平面 T_p 的动点位置矢量, P 点对应的参数是 (x_p, y_p, z_p), $\vec{n}$ 是切平面的法向矢量. 切平面 T_p 的矢量方程是

$$(\vec{\rho} - \vec{r}(u, v)) \cdot \vec{n}(u, v) = 0 \tag{2.2.6}$$

上式用坐标展开, 有

$$(x - x_p, y - y_p, z - z_p) \cdot \vec{n}(u, v) = (x - x_p, y - y_p, z - z_p) \cdot (\vec{r}_u \times \vec{r}_v) = 0$$

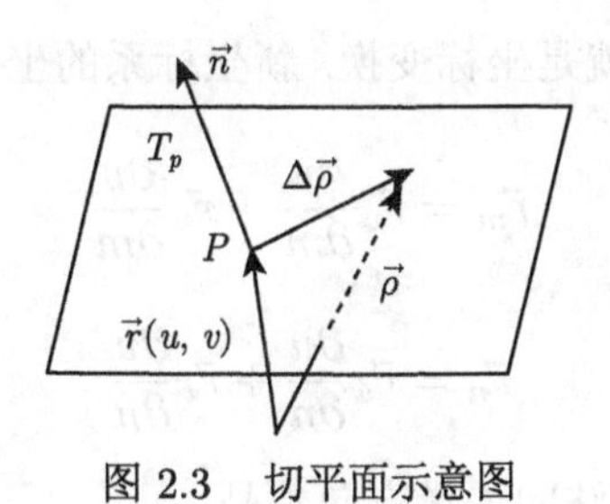

图 2.3 切平面示意图

$\vec{r}_u\times\vec{r}_v$ 的坐标表达式是

$$\vec{r}_u\times\vec{r}_v=(x_u,y_u,z_u)\times(x_v,y_v,z_v)=\left(\begin{vmatrix}y_u & z_u\\ y_v & z_v\end{vmatrix},\begin{vmatrix}z_u & x_u\\ z_v & x_v\end{vmatrix},\begin{vmatrix}x_u & y_u\\ x_v & y_v\end{vmatrix}\right) \tag{2.2.7}$$

切平面的坐标表达式是

$$(x-x_p)\begin{vmatrix}y_u & z_u\\ y_v & z_v\end{vmatrix}+(y-y_p)\begin{vmatrix}z_u & x_u\\ z_v & x_v\end{vmatrix}+(z-z_p)\begin{vmatrix}x_u & y_u\\ x_v & y_v\end{vmatrix}=0 \tag{2.2.8}$$

曲面的法线过点 P, 且平行于法向矢量 $\vec{n}$, 设 t 是直线参数, 法线的矢量方程是

$$\vec{\rho}(t)-\vec{r}(u,v)=t\vec{n}(u,v),\quad -\infty<t<\infty \tag{2.2.9}$$

式中 (u,v) 是固定参数. 坐标表达式求法如下. 设 $\vec{n}$ 的方向数 $\vec{N}=\vec{r}_u\times\vec{r}_v$, 从式 (2.2.7) 可知是

$$\vec{N}=\left(\begin{vmatrix}y_u & z_u\\ y_v & z_v\end{vmatrix},\begin{vmatrix}z_u & x_u\\ z_v & x_v\end{vmatrix},\begin{vmatrix}x_u & y_u\\ x_v & y_v\end{vmatrix}\right) \tag{2.2.10}$$

于是坐标表达的直线方程是

$$\frac{x-x_p}{\begin{vmatrix}y_u & z_u\\ y_v & z_v\end{vmatrix}}=\frac{y-y_p}{\begin{vmatrix}z_u & x_u\\ z_v & x_v\end{vmatrix}}=\frac{z-z_p}{\begin{vmatrix}x_u & y_u\\ x_v & y_v\end{vmatrix}} \tag{2.2.11}$$

3. 矢量方程的参数变换

矢量方程中参数允许是多个种类, 这样参数方程就存在着参数变换问题. 设矢量方程是 $\vec{r}(u,v)$, 参数变换方程是

$$u=u(m,n),\quad v=v(m,n)$$

参数变换对应于几何空间就是坐标变换. 新坐标系的坐标矢量是

$$\vec{r}_m = \vec{r}_u \frac{\partial u}{\partial m} + \vec{r}_v \frac{\partial v}{\partial m} \tag{2.2.12}$$

$$\vec{r}_n = \vec{r}_u \frac{\partial u}{\partial n} + \vec{r}_v \frac{\partial v}{\partial n} \tag{2.2.13}$$

变换后的曲面 S_{mn} 的法向矢量方向数是

$$\begin{aligned}\vec{N}_{mn} &= \vec{r}_m \times \vec{r}_n = \left(\vec{r}_u \frac{\partial u}{\partial m} + \vec{r}_v \frac{\partial v}{\partial m}\right) \times \left(\vec{r}_u \frac{\partial u}{\partial n} + \vec{r}_v \frac{\partial v}{\partial n}\right) \\ &= (\vec{r}_u \times \vec{r}_v) \frac{\partial u}{\partial m}\frac{\partial v}{\partial n} + (\vec{r}_v \times \vec{r}_u) \frac{\partial v}{\partial m}\frac{\partial u}{\partial n} = (\vec{r}_u \times \vec{r}_v)\left[\frac{\partial u}{\partial m}\frac{\partial v}{\partial n} - \frac{\partial u}{\partial n}\frac{\partial v}{\partial m}\right] \\ &= (\vec{r}_u \times \vec{r}_v)\begin{vmatrix} \partial u/\partial m & \partial v/\partial m \\ \partial u/\partial n & \partial v/\partial n \end{vmatrix} = \frac{\partial (u,v)}{\partial (m,n)} (\vec{r}_u \times \vec{r}_v) = \frac{\partial (u,v)}{\partial (m,n)} \vec{N}\end{aligned} \tag{2.2.14}$$

式中 $\vec{N} = (\vec{r}_u \times \vec{r}_v)$ 是参数变换前的方程的方向数. 曲面 S_{mn} 的法向矢量 $\vec{n}_{mn}$ 是

$$\vec{n}_{mn} = \frac{\vec{N}_{mn}}{|\vec{N}_{mn}|} = \frac{\partial (u,v)}{\partial (m,n)}\vec{N} \Big/ \left|\frac{\partial (u,v)}{\partial (m,n)}\vec{N}\right| = \pm\frac{\vec{N}}{|\vec{N}|} = \pm\vec{n} \tag{2.2.15}$$

式 (2.2.14) 的意义如下.

(1) 变换后曲面 S_{mn} 的法向矢量存在条件是

$$\frac{\partial (u,v)}{\partial (m,n)} \neq 0, \quad \vec{r}_u \times \vec{r}_v \neq 0$$

(2) 曲面的法向矢量模值与参数变换无关.

坐标变换后法向矢量平行或者反平行变换前的法向矢量. 为此, 引入曲面的正侧与负侧的概念. 如果变换后的法线正方向矢量保持不变, 这个方向的曲面是曲面的正侧; 否则称此曲面为曲面负侧. 如果要求曲面正侧保持不变, 就要求变换的 Jacobi 行列式大于零.

下面是一些曲面的例子, 以及如何在直角坐标系中建立曲面的矢量方程.

例 2.1　求球面的矢量方程、单位法向矢量和切平面方程.

解　球面方程在球坐标下的矢量函数是

$$\vec{r} = (a\cos\varphi\cos\theta, a\cos\varphi\sin\theta, a\sin\varphi) \quad \left(0 < \theta < 2\pi, -\frac{\pi}{2} < \varphi < \frac{\pi}{2}\right)$$

图 2.4 是球面示意图. 球面的坐标矢量如下:

$$\vec{r}_\theta = (-a\cos\varphi\sin\theta, a\cos\varphi\cos\theta, 0)$$

$$\vec{r}_\varphi = (-a\sin\varphi\cos\theta, -a\sin\varphi\sin\theta, a\cos\varphi)$$

$$\vec{r}_\theta \times \vec{r}_\varphi = a\left(a\cos\varphi\cos\theta, a\cos\varphi\sin\theta, a\sin\varphi\right)\cos\varphi = a\vec{r}\cos\varphi$$

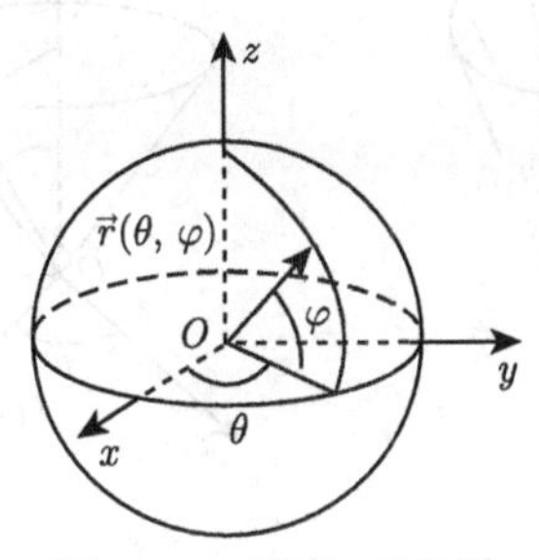

图 2.4　球面以及坐标

单位法向矢量是

$$\vec{n} = \frac{\vec{r}_\theta \times \vec{r}_\varphi}{|\vec{r}_\theta \times \vec{r}_\varphi|} = (\cos\varphi\cos\theta, \cos\varphi\sin\theta, \sin\varphi)$$

从式 (2.2.6) 可得到切平面的矢量方程是

$$(\vec{\rho} - \vec{r}(\theta,\varphi)) \cdot \vec{r}(\theta,\varphi) = 0$$

从 $\vec{r}_\theta$ 可知, 在球面两极点处有 $\vec{r}_\theta = (0,0,0)$, 所以这两点的法向矢量并不存在, 这一类奇点是由于坐标系的选择而产生的, 称为坐标网的非正则点.

例 2.2　锥面的定义如下: 当一条动直线 $L(u)$ 通过定点 P 时, 生成的曲面称为锥面, 求锥面的矢量方程. 动直线过原点与 $z = c$ 交线是圆的曲面称为圆锥面, 求它的矢量方程和单位法向量.

解　锥面生成示意图如图 2.5(a) 所示. 设 O 到定点的位置矢量是 $\vec{r}_0$, 动直线方向数是 $\vec{N}(u)$. 由矢量三角形封闭性可得到锥面方程是

$$\vec{r} = \vec{r}_0 + v\vec{N}(u)$$

图 2.5(b) 是圆锥面示意图. 由于定点是原点, 所求的实际上是过原点的矢量 $\vec{r}$, 只要写出图上所示的动点 L 的方向数即可. 从图上可知

$$x = v\cos u, \quad y = v\sin u, \quad z = v\cot\omega$$

其中 ω 称为半顶角. 于是得到矢量方程是

$$\vec{r} = (v\cos u, v\sin u, cv) \quad (0 < u < 2\pi, |v| < \infty)$$

式中 $c = \cot\omega$.

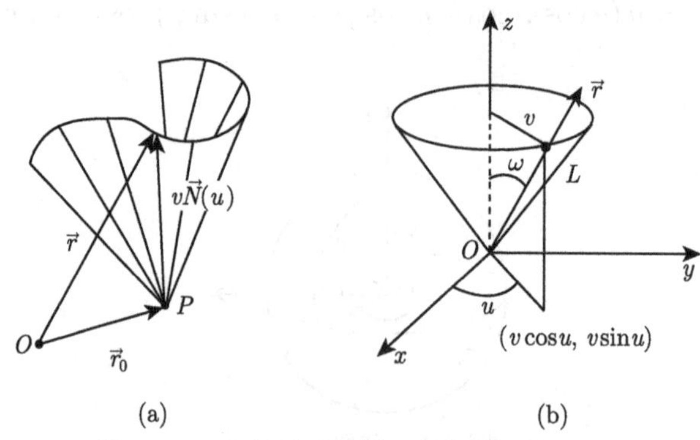

图 2.5　(a) 锥面示意图; (b) 圆锥面示意图

坐标矢量是

$$\vec{r}_u = (-v\sin u, v\cos u, 0)\,, \quad \vec{r}_v = (\cos u, \sin u, c)$$

法向矢量的方向数是

$$\vec{r}_u \times \vec{r}_v = (cv\cos u, cv\sin u, -v)$$

在顶点处 $v = 0$, $\vec{r}_u \times \vec{r}_v = (0, 0, 0)$, 这说明顶点是奇点. 为了保证曲面是正则曲面, 必须将顶点剔除, 即法向矢量不能包括 $v = 0$ 的点. 单位法向矢量是

$$\vec{n} = (\cos\omega\cos u, \cos\omega\sin u, -\sin\omega)$$

例 2.3　(1) 直角坐标系中 Oxz 平面内的一条曲线

$$C: x = f(v)\,, \quad z = g(v) \quad (\alpha < v < \beta)$$

绕 z 轴旋转一周, 所生成的曲面称为旋转面. 求其方程和单位法向矢量. 若 Oxz 平面曲线是

$$x = a\sin v, \quad z = -a\left(\cos v + \ln\tan\frac{v}{2}\right) \quad \left(0 < v < \frac{\pi}{2}\right)$$

这个曲线称为曳物线, 所形成的旋转面称为伪球面. 求其曲面方程.

(2) 如果题 (1) 中曲面在旋转 u 角度时, 旋转体还上升一段距离 au (a 是常数), 称这个曲面是螺旋面, 求曲面方程. 如果 $f(v)=v$, $g(v)=0$, 生成的螺面称正螺旋面, 求螺旋面方程和单位法向矢量.

解 (1) 旋转曲面如图 2.6(a) 所示. 从图中可以求出

$$x=f(v)\cos u,\quad y=f(v)\sin u,\quad z=g(v)$$

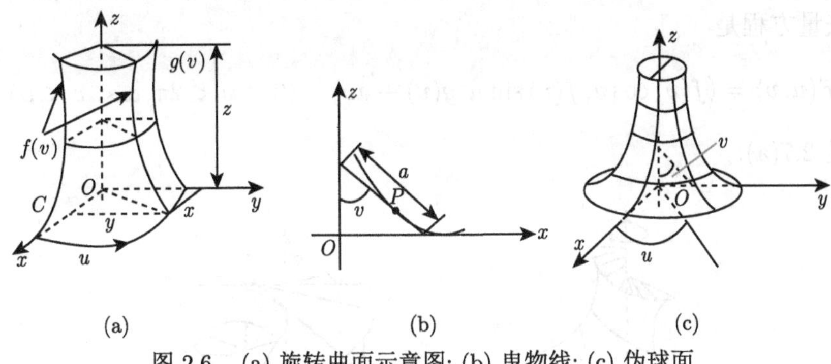

(a) (b) (c)

图 2.6 (a) 旋转曲面示意图; (b) 曳物线; (c) 伪球面

曲面方程是

$$\vec{r}(u,v)=(x,y,z)=(f(v)\cos u,f(v)\sin u,g(v))\quad (0<u<2\pi,\alpha<v<\beta)\quad (1)$$

坐标矢量是

$$\vec{r}_u=(-f(v)\sin u,f(v)\cos u,0),\quad \vec{r}_v=(f'(v)\cos u,f'(v)\sin u,g'(v))$$

法向矢量是

$$\vec{n}=\frac{(g'\cos u,g'\sin u,-f')}{\sqrt{f'^2+g'^2}}\quad (2)$$

曳物线中

$$f(v)=a\sin v,\quad g(v)=-a(\cos v+\ln\tan(v/2))$$

代入式 (1) 得到矢量方程

$$\vec{r}(u,v)=\left(a\sin v\cos u,a\sin v\sin u,-a\left(\cos v+\ln\tan\frac{v}{2}\right)\right)$$

$$(0<v<\pi/2,0<u<2\pi)$$

单位法向矢量是

$$\vec{n} = -(\cos v \cos u, \cos v \sin u, \sin v)$$

相应的图形见图 2.6(b) 和图 2.6 (c), 伪球面是微分几何中一种重要的曲面.

(2) 只有旋转的曲面方程是

$$\vec{r}(u, v) = (f(v)\cos u, f(v)\sin u, g(v))$$

旋转角度是 u 的同时上升 au, z 轴上运动曲面距离 Oxy 平面的距离是 $g(v) + au$, 所以矢量方程是

$$\vec{r}(u, v) = (f(v)\cos u, f(v)\sin u, g(v) + au) \quad (0 < u < 2\pi, \alpha < v < \beta) \tag{3}$$

图形是 2.7(a).

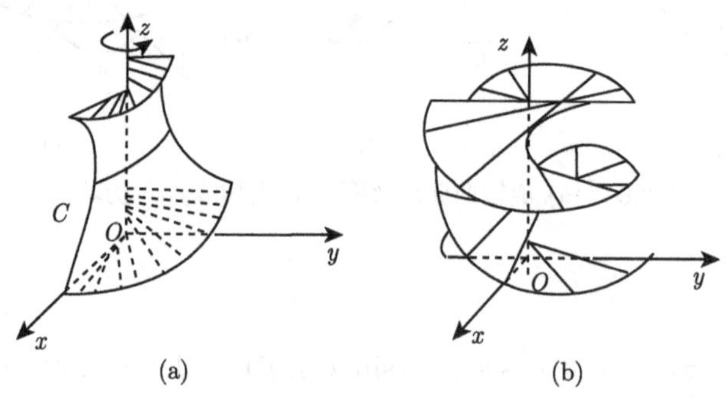

图 2.7　(a) 普通螺旋面; (b) 正螺旋面

坐标矢量是

$$\vec{r}_u = (-f(v)\sin u, f(v)\cos u, a), \quad \vec{r}_v = (f'(v)\cos u, f'(v)\sin u, g'(v))$$

法向矢量是

$$\vec{n} = \frac{(fg'\cos u - af'\sin u, af'\cos u + fg'\sin u, -ff')}{\sqrt{(fg')^2 + (af')^2 + (ff')^2}} \tag{4}$$

将 $f(v) = v$, $g(v) = 0$ 代入式 (3) 和 (4), 得到正螺面方程是

$$\vec{r} = (v\cos u, v\sin u, au)$$

图形是图 2.7(b).

单位法向矢量是

$$\vec{n} = \frac{(-a\sin u, a\cos u, -v)}{\sqrt{a^2 + v^2}}$$

2.3 曲面的第一基本形式

曲面有两种表示其性质的方式, 称为第一基本形式和第二基本形式, 这一节介绍曲面的第一基本形式. 设有曲面

$$S : \vec{r} = \vec{r}(u, v), \quad (u, v) \in D \tag{2.3.1}$$

曲面 S 上以弧长 s 为参数的曲线 C 的矢量方程是

$$C : \vec{r} = \vec{r}(u(t), v(t)), \quad \alpha < t < \beta \tag{2.3.2}$$

曲线 C 上任意点 $P(u, v)$ 的切向矢量是

$$\frac{d\vec{r}}{dt} = \vec{r}_u \frac{du}{dt} + \vec{r}_v \frac{dv}{dt}$$

上式的微分是

$$d\vec{r} = \vec{r}_u du + \vec{r}_v dv \tag{2.3.3}$$

曲线 C 的弧长是 s, 曲线论中已经知道了 $|d\vec{r}/ds| = 1$, $|d\vec{r}| = ds$, 所以弧长是

$$ds^2 = |d\vec{r}|^2 = d\vec{r}^{\,2} = (\vec{r}_u du + \vec{r}_v dv)^2 = \vec{r}_u^{\,2} du^2 + 2\vec{r}_u \cdot \vec{r}_v du dv + \vec{r}_v^{\,2} dv^2$$

令

$$E = \vec{r}_u^{\,2}, \quad F = \vec{r}_u \cdot \vec{r}_v, \quad G = \vec{r}_v^{\,2} \tag{2.3.4}$$

ds^2 可以写成

$$ds^2 = |d\vec{r}|^2 = d\vec{r}^{\,2} = Edu^2 + 2Fdudv + Gdv^2 \tag{2.3.5}$$

上式给出了曲面上曲线弧长的度量, 称此式是曲面的线素, 又称为曲面的第一基本形式. 系数 E, F, G 是变量 u 和 v 的函数, 又称为曲面的第一基本量. 通常记第一基本形式为 I, 则有

$$I = ds^2 = Edu^2 + 2Fdudv + Gdv^2 \tag{2.3.6}$$

第一基本形式可以写成矩阵表达形式, 是

$$I = ds^2 = (du, dv) \begin{pmatrix} E & F \\ F & G \end{pmatrix} \begin{pmatrix} du \\ dv \end{pmatrix} \tag{2.3.7}$$

因为

$$\begin{vmatrix} E & F \\ F & G \end{vmatrix} = EG - F^2 = \vec{r}_u^{\,2} \vec{r}_v^{\,2} - (\vec{r}_u \cdot \vec{r}_v)^2 = (\vec{r}_u \times \vec{r}_v)^2 > 0 \tag{2.3.8}$$

所以 I 是正定二次型.

曲面的第一基本形式能描述曲面的三大基本性质：弧长、曲面上曲线交角和曲面面积.

1. 曲面上的曲线弧长

二次多项式 (2.3.5) 可以写成

$$\left(\frac{ds}{dt}\right)^2 = E\left(\frac{du}{dt}\right)^2 + 2F\frac{du}{dt}\cdot\frac{dv}{dt} + G\left(\frac{dv}{dt}\right)^2$$

上式开方, 再积分得到 $t \in [a,b]$ 区间的弧长是

$$s = \int_a^b \sqrt{E\left(du/dt\right)^2 + 2F\left(du/dt\right)\cdot\left(dv/dt\right) + G\left(dv/dt\right)^2}dt \tag{2.3.9}$$

上式表明, 只要有了曲面的第一基本形式, 就能度量弧长.

度量弧长过程中 $EG - F^2 > 0$ 对于坐标变换是不变的, 证明如下.

将曲面的曲线作坐标变换, 有

$$u = u\left(m,n\right), \quad v = v\left(m,n\right)$$

根据式 (2.2.14) 可知

$$\vec{r}_m \times \vec{r}_n = \frac{\partial\left(u,v\right)}{\partial\left(m,n\right)}\left(\vec{r}_u \times \vec{r}_v\right)$$

新坐标系的第一基本形式是

$$ds_{mn}^2 = (dm,dn)\begin{pmatrix} E_{mn} & F_{mn} \\ F_{mn} & G_{mn} \end{pmatrix}\begin{pmatrix} dm \\ dn \end{pmatrix}$$

$$E_{mn}G_{mn} - F_{mn}^2 = \begin{vmatrix} E_{mn} & F_{mn} \\ F_{mn} & G_{mn} \end{vmatrix} = \left|\vec{r}_m \times \vec{r}_n\right|^2 = \left|\frac{\partial\left(u,v\right)}{\partial\left(m,n\right)}\right|^2 \left(\vec{r}_u \times \vec{r}_v\right)^2 > 0$$

因此, 变换后 $EF - G^2 > 0$ 是不变的. [证毕]

2. 曲面上曲线的交角

首先定义曲面上两条曲线的交角. 由曲面上一点 P 引出两条曲线, 这两条曲线的切线在该点交角 θ, 称为两条曲面曲线的交角, 如图 2.8 所示. 两条曲线分别是 $C: u = u\left(t\right)$, $v = v\left(t\right)$. 曲线方程是

$$\vec{r} = \vec{r}\left(u(t),v(t)\right)$$

$C^*: u = u^*(t^*), v = v^*(t^*)$. 曲线方程是

$$\vec{r}^* = \vec{r}(u^*(t^*), v^*(t^*))$$

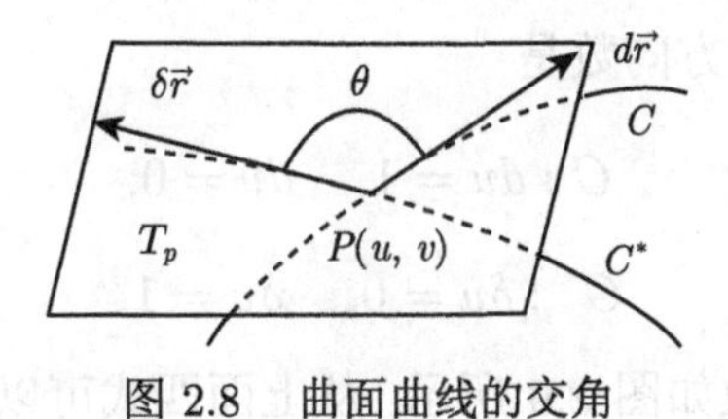

图 2.8　曲面曲线的交角

两条曲线 C 和 C^* 在 $P(u,v)$ 处的切向矢量分别是

$$\frac{d\vec{r}}{dt} = \vec{r}_u \frac{du}{dt} + \vec{r}_v \frac{dv}{dt} \tag{2.3.10}$$

$$\frac{d\vec{r}^*}{dt^*} = \vec{r}_u \frac{du^*}{dt^*} + \vec{r}_v \frac{dv^*}{dt^*} \tag{2.3.11}$$

式中两个切向矢量都在切平面 T_p 上, 如图 2.8 所示. 上两式的微分形式是

$$\begin{cases} d\vec{r} = \vec{r}_u du + \vec{r}_v dv \\ d\vec{r}^* = \vec{r}_u du^* + \vec{r}_v dv^* \end{cases} \tag{2.3.12}$$

为了表示式 (2.3.10) 和 (2.3.11) 式中的两个不同的方向, 记 $d\vec{r}^* = \delta\vec{r}$, $du^* = \delta u$, $dv^* = \delta v$. 于是得到

$$\begin{cases} d\vec{r} = \vec{r}_u du + \vec{r}_v dv \\ \delta\vec{r} = \vec{r}_u \delta u + \vec{r}_v \delta v \end{cases} \tag{2.3.13}$$

从式 (2.3.13) 可以求出

$$d\vec{r} \cdot \delta\vec{r} = Edu\delta u + F(du\delta v + dv\delta u) + Gdv\delta v$$

$$|d\vec{r}| = \sqrt{Edu^2 + 2Fdudv + Gdv^2}$$

$$|\delta\vec{r}| = \sqrt{E\delta u^2 + 2F\delta u\delta v + G\delta v^2}$$

$$\cos\theta = \frac{d\vec{r} \cdot \delta\vec{r}}{|d\vec{r}| \cdot |\delta\vec{r}|} = \frac{Edu\delta u + F(du\delta v + dv\delta u) + Gdv\delta v}{\sqrt{Edu^2 + 2Fdudv + Gdv^2}\sqrt{E\delta u^2 + 2F\delta u\delta v + G\delta v^2}} \tag{2.3.14}$$

式 (2.3.14) 易见, 两条曲线 C 和 C^* 正交 (夹角是 $\pi/2$) 的充要条件是 $d\vec{r}\cdot\delta\vec{r}=0$, 于是有

$$Edu\delta u+F\left(du\delta v+dv\delta u\right)+Gdv\delta v=0 \tag{2.3.15}$$

现在我们回到 2.1 节所讨论的坐标网曲线. 设 C 和 C^* 分别是坐标网的 u 曲线和 v 曲线, 因此它们的方向数是

$$C: du=1,\quad dv=0;$$

$$C^*: \delta u=0,\quad \delta v=1.$$

坐标曲线的交角与方向数如图 2.9 所示. 从上面四式可以得到

$$d\vec{r}\cdot\delta\vec{r}=E\cdot 0+F\cdot(1\cdot 1+0)+G\cdot 0=F$$

$$|d\vec{r}|\cdot|\delta\vec{r}|=\sqrt{G}\cdot\sqrt{E}$$

$$\cos\theta=\frac{F}{\sqrt{G}\sqrt{E}} \tag{2.3.16}$$

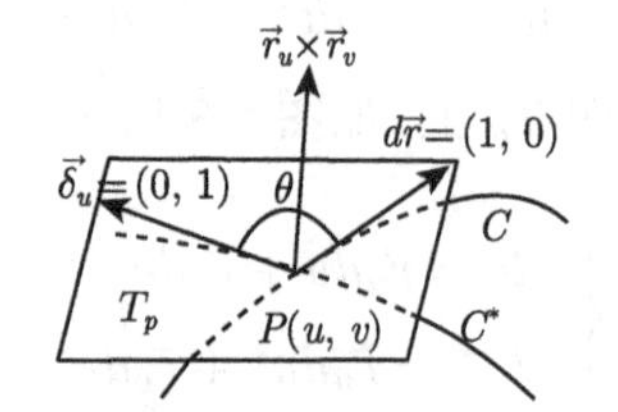

图 2.9　坐标曲线的交角与方向数

式 (2.3.16) 是两条坐标曲线的交角表达式, 如果两条坐标曲线正交, 则有 $\theta=\pi/2$, $\cos\theta=0$. 这样有下面结论: 曲面坐标网正交的充要条件是 $F=0$.

3. 曲面面积

设参数 $(u,v)\in D$, 曲面方程是

$$\vec{r}=\vec{r}\left(u,v\right),\quad (u,v)\in D \tag{2.3.17}$$

把曲面分成若干个小块 $S_1,S_2,\cdots,S_n$. 每一个小块投影到曲面在这个小块的某点的切平面上, 于是得到平面区域 $D_1,D_2,\cdots,D_n$. 图 2.10 是一个曲边多边形 $ABCP$, 投影的切平面是 $A'B'C'P$. 当曲面的块数 $n\to\infty$ 时, 每一个投影切平面与每一个曲边多边形面积相等. 投影切平面的边长分别是 $\vec{r}_udu$ 和 $\vec{r}_vdv$, 投影切平面是一个平行四边形, 面积是

$$dA=|\vec{r}_udu\times\vec{r}_vdv|=|\vec{r}_u\times\vec{r}_v|\,dudv \tag{2.3.18}$$

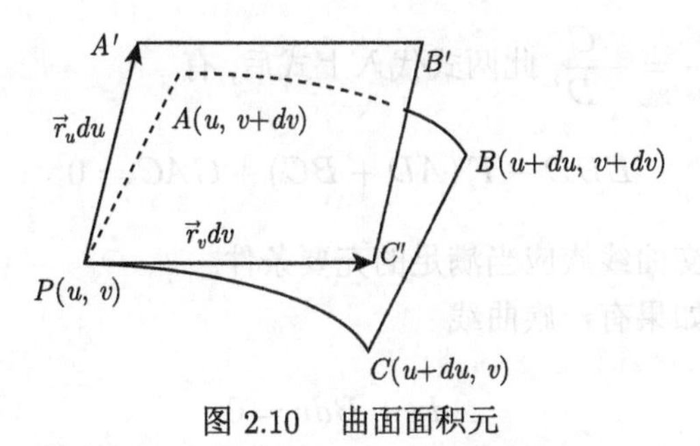

图 2.10 曲面面积元

根据式 (2.3.8) 可知, $|\vec{r}_u \times \vec{r}_v|^2 = EG - F^2$, 于是得到

$$|\vec{r}_u \times \vec{r}_v| = \sqrt{EG - F^2}$$

$$dA = |\vec{r}_u \times \vec{r}_v|\, dudv = \sqrt{EG - F^2} dudv \tag{2.3.19}$$

曲面面积是对于式 (2.3.19) 的积分, 为

$$A = \iint\limits_D \sqrt{EG - F^2} dudv \tag{2.3.20}$$

积分区域是曲面块对应的 $(u, v) \in D$ 区域.

如果曲面选取了两种坐标网 (u, v) 和 (u_1, v_1), 且它们之间存在着以下关系:

$$u = u\,(u_1, v_1)\,, \quad v = v\,(u_1, v_1)$$

(u, v) 坐标网的第一参数是 E, G, F; (u_1, v_1) 坐标网的第一参数是 E_1, G_1, F_1. 可以证明两种坐标网下面积元关系是

$$\sqrt{EG - F^2} dudv = \sqrt{E_1 G_1 - F_1^2} du_1 dv_1 \tag{2.3.21}$$

因此又有以下结论: 曲面面积与曲面所容许的参数变换无关.

现在我们把第一基本形式应用于后面将要使用的正交曲线族和正交轨线.

正交曲线. 从 2.1 节可知, 曲面上两族曲线方程是

$$Adu + Bdv = 0, \quad C\delta u + D\delta v = 0$$

两条曲线正交的充要条件是式 (2.3.15), 整理后有

$$E + F\left(\frac{dv}{du} + \frac{\delta v}{\delta u}\right) + G\frac{dv}{du} \cdot \frac{\delta v}{\delta u} = 0 \tag{2.3.22}$$

由于 $\dfrac{dv}{du} = -\dfrac{A}{B}, \dfrac{\delta v}{\delta u} = -\dfrac{C}{D}$, 此两式代入上式后, 有

$$EBD - F(AD + BC) + GAC = 0 \tag{2.3.23}$$

式 (2.3.23) 是两正交曲线族应当满足的充要条件.

正交轨线是指如果有一族曲线

$$Adu + Bdv = 0 \tag{2.3.24}$$

另一族与式 (2.3.24) 表示的曲线族正交, 称另一族曲线是式 (2.3.24) 表示的曲线族的正交轨线. 将上式中得到的 $\dfrac{dv}{du} = -\dfrac{A}{B}$ 代入式 (2.3.22), 有

$$E + F\left(-\frac{A}{B} + \frac{\delta v}{\delta u}\right) + G\left(-\frac{A}{B}\right)\frac{\delta v}{\delta u} = 0$$

$$\frac{\delta v}{\delta u} = -\frac{BE - AF}{BF - AG} \tag{2.3.25}$$

上式实际上是一个微分方程, 改写后得到正交轨线的微分方程

$$\frac{dv}{du} = -\frac{BE - AF}{BF - AG} \tag{2.3.26}$$

2.4　曲面的等距映射

曲面的第一基本形式给定了曲面的弧长、面积和曲面曲线的交角, 因此用第一基本形式可以建立两个曲面之间的映射关系, 在微分几何中称为内蕴几何. 微分几何中有三个基本的映射: 等距映射、保角映射和 Gauss 映射, 它们在理论研究和工程应用中都有重要的价值. 本节只讨论等距映射, 其他两个映射在后继内容中介绍.

等距映射定义. 给定了两张曲面:

$$S : \vec{r} = \vec{r}(u, v); \quad S^* : \vec{r} = \vec{r}^*(u^*, v^*) \tag{2.4.1}$$

对于曲面 S 的一点 P 与曲面 S^* 上一点 P^* 构成一一对应的映射

$$P(u, v) \to P^*(u^*, v^*)$$

即

$$u^* = u^*(u, v), \quad v^* = v^*(u, v) \tag{2.4.2}$$

并且满足 Jacobi 行列式

$$\frac{\partial\left(u^{*}, v^{*}\right)}{\partial\left(u, v\right)} \neq 0$$

如果此时曲面 S 的第一基本形式与曲面 S^* 的第一基本形式有关系

$$ds^2 = ds^{*2} \tag{2.4.3}$$

称式 (2.4.2) 是等距映射, S 和 S^* 是等距映射的曲面.

等距映射建立了两个曲面点一一对应的单值映射, 两个映射对应的曲面曲线长度不变, 曲线夹角不变. 对应曲面 S 和 S^* 形状尽管不同, 但是曲面 S 可以连续变形, 使之与曲面 S^* 贴合. 在曲面 S 变形贴合过程中, 曲面 S 不撕破、不折皱, 是无伸缩的贴合, 在几何学上称为变形.

如果 S 和 S^* 互为变形, 以同一组参数 u 和 v 表示两个曲面的对应点, 即 $u^* = u$, $v^* = v$. 曲面 S 的第一基本形式是

$$ds^2 = Edu^2 + 2Fdudv + Gdv^2 \tag{2.4.4}$$

S^* 的第一基本形式是

$$ds^{*2} = E^*du^{*2} + 2F^*du^*dv^* + G^*dv^{*2} = E^*du^2 + 2F^*dudv + G^*dv^2 \tag{2.4.5}$$

比较式 (2.4.4) 和 (2.4.5) 可知, 若要用 $ds^2 = ds^{*2}$ 实现等距变换, 必定有

$$E\left(u, v\right) = E^*\left(u, v\right), \quad F\left(u, v\right) = F^*\left(u, v\right), \quad G\left(u, v\right) = G^*\left(u, v\right) \tag{2.4.6}$$

上述结论可以总结成以下定理:

定理 2.4.1 两个曲面等距映射成立的充要条件是两个曲面有共同的第一基本量, 即式 (2.4.6) 成立.

等距映射非常直观的一个例子是下例.

例 2.4 试证单叶锥面

$$z = \cot\alpha\sqrt{x^2 + y^2}, \quad (x, y) \neq (0, 0)$$

是等距平面中的扇形.

解 单叶锥面的图形如图 2.11(a), 平面扇形的图形如图 2.11(b).

图 2.11(a) 中单叶扇形的参数方程是

$$x = u\sin\alpha\cos\left(\frac{v}{\sin\alpha}\right), \quad y = u\sin\alpha\sin\left(\frac{v}{\sin\alpha}\right), \quad z = u\cos\alpha$$

$$\vec{r}=\left(u\sin\alpha\cos\left(\frac{v}{\sin\alpha}\right),u\sin\alpha\sin\frac{v}{\sin\alpha},u\cos\alpha\right)$$

其中 $0<u<\infty$, $0<v<2\pi\sin\alpha$. 坐标矢量是

$$\vec{r}_u=\left(\sin\alpha\cos\left(\frac{v}{\sin\alpha}\right),\sin\alpha\sin\frac{v}{\sin\alpha},\cos\alpha\right)$$

$$\vec{r}_v=\left(-u\sin\left(\frac{v}{\sin\alpha}\right),u\cos\frac{v}{\sin\alpha},0\right)$$

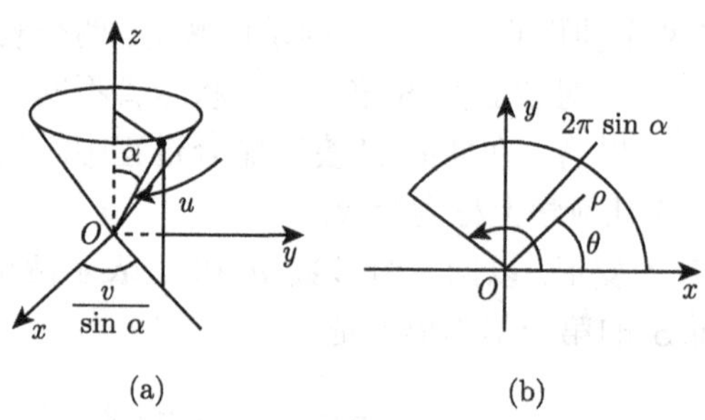

图 2.11　(a) 单叶锥面; (b) 平面扇形

第一基本量是

$$E=\vec{r}_u^{\,2}=1,\quad F=\vec{r}_u\cdot\vec{r}_v=0,\quad G=\vec{r}_v^{\,2}=u^2$$

锥面的第一基本形式是

$$ds^2=Edu^2+Gdv^2=du^2+u^2dv^2 \tag{1}$$

图 2.11(b) 中扇形的矢量方程是

$$\vec{r}=(\rho\cos\theta,\rho\sin\theta,0)\quad(0<\rho<+\infty,0<\theta<2\pi\sin\alpha)$$

扇形的矢量方程是

$$\vec{r}_\rho=(\cos\theta,\sin\theta,0),\quad \vec{r}_\theta=(-\rho\sin\theta,\rho\cos\theta,0)$$

第一基本量是

$$E=\vec{r}_\rho^{\,2}=1,\quad F=\vec{r}_\rho\cdot\vec{r}_\theta=0,\quad G=\vec{r}_\theta^{\,2}=\rho^2$$

扇形的第一基本形式是

$$ds^{*2}=Ed\rho^2+Gd\theta^2=d\rho^2+\rho^2d\theta^2 \tag{2}$$

联立式 (1) 和 (2) 得到微分方程组

$$ds^2 = du^2 + u^2 dv^2, \quad ds^{*2} = d\rho^2 + \rho^2 d\theta^2 \tag{3}$$

根据等距映射要求 $ds^2 = ds^{*2}$, 可在式 (3) 中取

$$\rho = u, \quad \theta = v \tag{4}$$

由于

$$\frac{\partial(u,v)}{\partial(\rho,\theta)} = \begin{vmatrix} 1 & 0 \\ 0 & 1 \end{vmatrix} = 1 \neq 0$$

又因 $0 < \rho < \infty$, $0 < \theta < 2\pi \sin\alpha$ 内扇形与锥面都是单值的, 所以映射是一一对应的, 这就证明了式 (4) 就是等距映射. 从等式 (4) 可以看到, 平面极坐标中极轴 ρ 就是锥面的母线 u, 而 $\theta/\sin\alpha$ 是单叶锥面的张角.

下面介绍一个非常典型的例子.

例 2.5 求正螺旋面与悬链面的等距映射

解 例 2.3 已经求出了正螺旋面方程如下:

$$\vec{r} = (v\cos u, v\sin u, au) \quad 0 < u < 2\pi, \quad |v| < +\infty \tag{1}$$

坐标矢量是

$$\vec{r}_u = (-v\sin u, v\cos u, a), \quad \vec{r}_v = (\cos u, \sin u, 0)$$

第一基本量是

$$E = \vec{r}_u^{\,2} = v^2 + a^2, \quad F = \vec{r}_u \cdot \vec{r}_v = 0, \quad G = \vec{r}_v^{\,2} = 1$$

第一基本形式是

$$ds^2 = Edu^2 + 2Fdudv + Gdv^2 = \left(v^2 + a^2\right) du^2 + dv^2 \tag{2}$$

悬链面是悬链线旋转而成. 图 2.12(a) 是悬链线, 方程是

$$x = a\cosh\frac{z}{a}$$

取一点, 以 MM' 为半径, 得到旋转半径是

$$MM' = r = a\cosh\frac{z}{a}$$

绕 z 轴旋转得到如图 2.12(b) 的旋转曲面, 其参数方程是

$$x = r\cos\theta = a\cosh\frac{z}{a}\cos\theta, \quad y = r\sin\theta = a\cosh\frac{z}{a}\sin\theta, \quad z = z$$

悬链面矢量方程是

$$\vec{r}(\theta, z) = \left(a\cosh\frac{z}{a}\cos\theta, a\cosh\frac{z}{a}\sin\theta, z\right), \quad 0 < \theta < 2\pi, \quad |z| < \infty \tag{3}$$

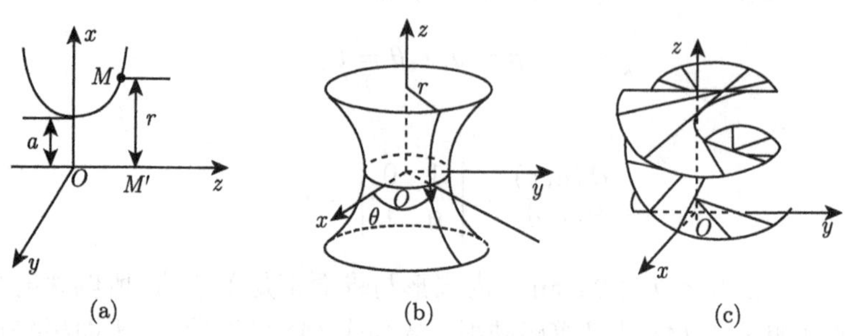

图 2.12　(a) 悬链线示意图; (b) 悬链面示意图; (c) 正螺面示意图

坐标矢量是

$$\vec{r}_\theta(\theta, z) = \left(-a\cosh\frac{z}{a}\sin\theta, a\cosh\frac{z}{a}\cos\theta, 0\right)$$

$$\vec{r}_z(\theta, z) = \left(\sinh\frac{z}{a}\cos\theta, \sinh\frac{z}{a}\sin\theta, 1\right)$$

第一基本量是

$$E = \vec{r}_\theta^{\,2} = a^2\cosh^2\frac{z}{a}, \quad F = \vec{r}_\theta\cdot\vec{r}_z = 0, \quad G = \vec{r}_z^{\,2} = \sinh^2\frac{z}{a} + 1 = \cosh^2\frac{z}{a}$$

第一基本形式是

$$ds^{*2} = Ed\theta^2 + Gdz^2 = a^2\cosh^2\frac{z}{a}d\theta^2 + \cosh^2\frac{z}{a}dz^2 \tag{4}$$

式 (2) 和式 (4) 联立起来, 得到微分方程组

$$\begin{cases} ds^2 = \left(v^2 + a^2\right)du^2 + dv^2 \\ ds^{*2} = a^2\cosh^2\dfrac{z}{a}d\theta^2 + \cosh^2\dfrac{z}{a}dz^2 \end{cases} \tag{5}$$

为了求解微分方程组 (5), 设 $du = d\theta$, 积分后有

$$u = \theta \tag{6}$$

再根据等距映射定义有 $ds^2 = ds^{*2}$, 从式 (4) 和 (5) 解出

$$v^2 + a^2 = a^2\cosh^2(z/a) \tag{7}$$

$$dv^2 = \cosh^2(z/a) \cdot dz^2 \tag{8}$$

从式 (7) 解得 $v = \pm a \sinh(z/a)$; 从式 (8) 也解得 $v = \pm a \sinh(z/a)$, 这两式并不矛盾, 说明 v 的解是正确的. 解取正号, 得到

$$v = a \sinh(z/a) \tag{9}$$

联立式 (6) 和 (9), 得到等距映射是

$$u = \theta, \quad v = a \sinh(z/a) \tag{10}$$

很明显式 (10) 对于正螺旋面到悬链面上点是一一对应的. 式 (10) 的 Jacobi 行列式是

$$\frac{\partial(u,v)}{\partial(\theta,z)} = \begin{vmatrix} 1 & 0 \\ 0 & \cosh(z/a) \end{vmatrix} = \cosh(z/a) > 0$$

综合以上结果可知式 (10) 是正螺旋面与悬链面的等距映射.

我们很难想到外观差别如此大的两个曲面, 可以通过变形贴合在一起. 但是正螺面经过转动和弯曲几个有限的步骤, 两个曲面确实可以贴合在一起, 图 2.13 是正螺面贴合到悬链面的过程示意图, 其中图 2.13(a) 是正螺面, 图 2.13(e) 是悬链面, 两个曲面确实贴合在一起.

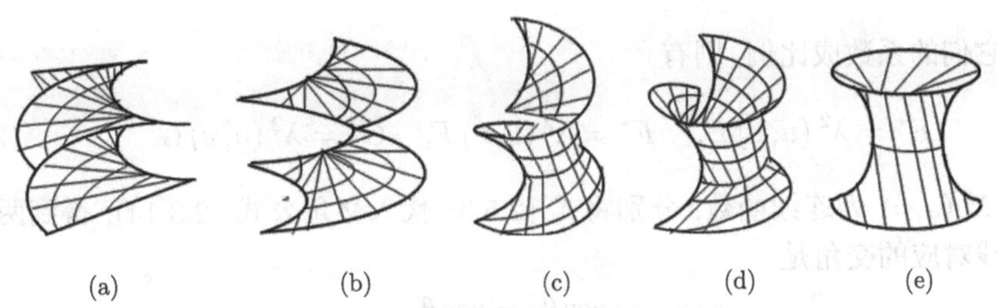

图 2.13 正螺旋面变形悬链面示意图.
(a) 正螺旋面; (b) 旋转; (c) 弯曲; (d) 弯曲加移动; (e) 悬链面

2.5 曲面的保角映射

一般来说, 由于等距映射的要求过于严格, 能够直接等距变换的曲面很少, 为此引入保角映射. 注意到线素的两个特点弧长与曲线交角在等距映射中保持不变, 减弱条件的变换是去掉映射中弧长保持不变, 仅保留曲面曲线交角保持不变, 这样的变换称为保角映射. 这样得到的两个曲面在充分小的区域内保持一阶相似, 有些像平面几何中相似图形的概念.

保角映射定义. 给定了两张曲面:

$$S:\vec{r}=\vec{r}(u,v);\quad S^*:\vec{r}=\vec{r}^*(u^*,v^*)$$

对于曲面 S 的一点 P 与曲面 S^* 上一点 P^* 之间的映射

$$u^*=u^*(u,v),\quad v^*=v^*(u,v)\tag{2.5.1}$$

使得两个曲面上对应曲线的交角保持不变, 反之也是如此. 称这个映射是保角映射.

定理 2.5.1 设曲面 S 与 S^* 之间的点建立了一一对应的映射

$$P(u,v)\to P^*(u^*,v^*)$$

且对应点有相同的坐标 u 和 v, 则所给的映射为保角映射的充要条件是两个曲面的第一基本量成比例, 即有

$$E^*=\lambda^2(u,v)E,\quad F^*=\lambda^2(u,v)F,\quad G^*=\lambda^2(u,v)G\tag{2.5.2}$$

证明 先证充分性. 设 S 和 S^* 的第一基本形式分别是 I 和 I^*, 则有

$$\begin{cases}I=ds^2=Edu^2+2Fdudv+Gdv^2\\ I^*=ds^{*2}=E^*du^2+2F^*dudv+G^*dv^2\end{cases}\tag{2.5.3}$$

如果它们的系数成比例, 则有

$$E^*=\lambda^2(u,v)E,\quad F^*=\lambda^2(u,v)F,\quad G^*=\lambda^2(u,v)G\tag{2.5.4}$$

其中 $\lambda^2(u,v)$ 为连续函数, 分别将式 (2.5.3) 代入交角公式 (2.3.14), 得到两个曲面曲线对应的交角是

$$\cos\theta_I=\cos\theta_{I^*}$$

即曲面曲线的交角保持不变.

必要性. 由于是保角映射, 曲线的正交性也应当保持不变, 根据式 (2.3.15) 有下列方程成立:

$$Edu\delta u+F(du\delta v+dv\delta u)+Gdv\delta v=0$$

$$E^*du\delta u+F^*(du\delta v+dv\delta u)+G^*dv\delta v=0$$

消去 δu 和 δv, 可以得到

$$\frac{Edu+Fdv}{E^*du+F^*dv}=\frac{Fdu+Gdv}{F^*du+G^*dv}$$

由于 du 和 dv 的任意性, 当 $dv=0$ 和 $du=0$ 时, 分别有

$$\frac{E}{E^*}=\frac{F}{F^*},\quad \frac{G}{G^*}=\frac{F}{F^*}$$

这样就有 $E:F:G=E^*:F^*:G^*$, 定理必要性成立. [证毕]

根据定理 2.5.1 可知, 映射前与映射后的两个曲面 S 和 S^* 的第一基本形式有以下关系

$$ds^{*2}=\lambda^2(u,v)\,ds^2 \tag{2.5.5}$$

当 $\lambda^2(u,v)=1$ 时, 保角映射是等距映射. 这说明保角不一定等距, 但是等距一定保角.

保角映射的等价定理是等温参数保角映射, 其内容如下:

定理 2.5.2 任何曲面 S 上一定存在着一组参数 (u,v), 使得曲面的第一基本形式是

$$ds^2=\rho^2(u,v)\left(du^2+dv^2\right) \tag{2.5.6}$$

这组参数称为等温参数. 由于证明过程较长, 这里略去证明, 感兴趣的读者可去参考微分几何的教科书.

定理 2.5.2 有重要的意义. 首先, 平面坐标系有两个独立变量, 这意味着平面图形的保角映射是等温形式. 任何曲面如能写成等温形式 (2.5.6) 式, 那么这个曲面就可以通过这个映射将曲面映射成平面的一个区域, 这个映射就是保角映射. 这样空间曲面的性质就可以通过平面图形来表达, 对于空间图形的性质理解就更方便了. 其次, 通常一个空间曲面映射成另一个空间曲面难度会很大, 但是将其映射成平面区域, 难度会小一些. 正是上述两个原因, 定理 2.5.2 被广泛用于保角变换中.

例 2.6 将伪球面映射为笛卡儿平面的上半平面.

解 伪球面的方程已在例 2.3 中给出, 为

$$\vec{r}(u,v)=\left(a\sin v\cos u, a\sin v\sin u, -a\left(\cos v+\ln\tan\frac{v}{2}\right)\right)$$

$$(0<v<\pi/2, 0<u<2\pi) \tag{1}$$

第一基本量是

$$E=a^2\sin^2 v,\quad F=0,\quad G=a^2\cot^2 v \tag{2}$$

由于 $F=0$, 坐标网是正交网. 第一基本形式是

$$ds^2=a^2\sin^2 v du^2+a^2\cot^2 v\cdot dv^2 \tag{3}$$

为了将式 (3) 映射到上半平面, 把式 (3) 改写成

$$ds^2 = \sin^2 v \left[a^2 du^2 + \frac{a^2 \cos^2 v}{\sin^4 v} dv^2\right] \tag{4}$$

对比等温表达式 $ds^{*2} = \rho\left(dx^2 + dy^2\right)$, 可以令

$$\rho^2 = \sin^2 v, \quad dx^2 = a^2 du^2, \quad dy^2 = \left(a^2 \cos^2 v/\sin^4 v\right) dv^2 \tag{5}$$

于是得到

$$dx = \pm a du, \quad dy = \pm\left(a \cos v/\sin^2 v\right) dv$$

解上述微分方程, 得到

$$x = \pm au, \quad y = \pm a/\sin v$$

上述两式都取正值, 半球面映射到上半平面, 如图 2.14(b) 上半平面所示. 于是得到映射是

$$\begin{cases} x = au, \\ y = a/\sin v, \end{cases} \quad y > 0 \tag{6}$$

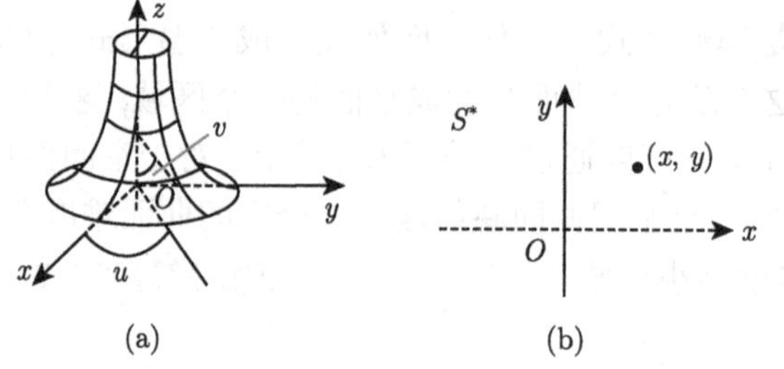

(a)　　(b)

图 2.14　(a) 伪球面及其参数; (b) 映射的 xOy 平面 $(y > 0)$

式 (6) 代入式 (5) 得到 $\rho^2 = a^2/y^2$. 保角映射后的线素是

$$ds^{*2} = \frac{a^2}{y^2}\left(dx^2 + dy^2\right) = ds^2 \tag{7}$$

上式表明 x 和 y 是等温参数. 显然式 (6) 的映射是一一对应的. 又因为

$$\frac{\partial(u, v)}{\partial(x, y)} = -\frac{1}{y\sqrt{y^2 - a^2}} \neq 0$$

以上推导可知式 (6) 是所求的保角映射.

本例题所得到的平面称为 Poincaré 半平面, 伪球面在非欧几何有一定作用.

本节最后考虑一个复变函数论会遇到的复球面在复平面上的投影问题. 复平面与复球面如图 2.15 所示. 在球面南极作一切平面 T_p^*, 从半径为 a 的北极 $(0,0,2a)$ 作射线与球面交于 P, 与复平面 Oxy 平面交于点 P^*, P 与 P^* 是对应点. 现在证这样得到的点映射

$$P \to P^*$$

是保角映射.

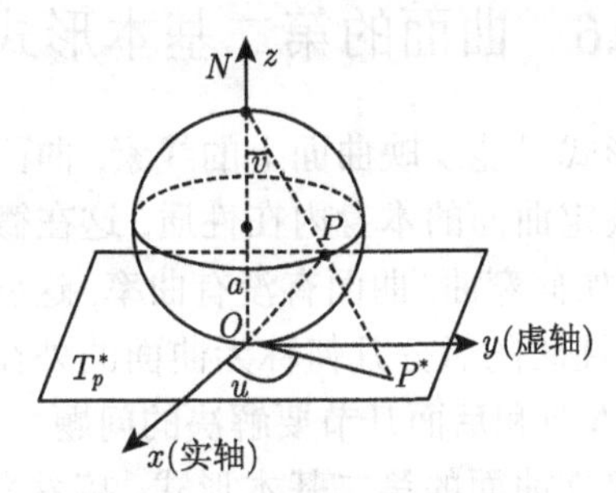

图 2.15 球极投影示意图

证明如下. 根据图 2.15 可知

$$OP = 2a\sin v \tag{2.5.7}$$

$$OP^* = 2a\tan v, \quad \angle POP^* = v \tag{2.5.8}$$

于是得到 P 点满足的球面方程是

$$\vec{r} = \left(2a\sin v\cos v\cos u, 2a\sin v\cos v\sin u, 2a\sin^2 v\right) \tag{2.5.9}$$

$z=0$ 的 xOy 平面是 P^* 所在的平面, P^* 满足的方程是

$$\vec{r}^* = (2a\tan v\cos u, 2a\tan v\sin u, 0) \quad \left(0<u<2\pi, 0<v<\frac{\pi}{2}\right) \tag{2.5.10}$$

于是得到球面的第一基本形式是

$$ds^2 = 4a^2\left(\sin^2 v\cos^2 v du^2 + dv^2\right)$$

平面上图形的第一基本形式是

$$ds^{*2} = \frac{4a^2}{\cos^4 v}\left(\sin^2 v\cos^2 v du^2 + dv^2\right)$$

比较上两式得到

$$ds^{*2} = \frac{1}{\cos^4 v} ds^2 \tag{2.5.11}$$

很明显映射是一对一单值的, 因此球极投影式 (2.5.10) 是保角映射.

保角映射有两种形式. 一是曲面到曲面的形式, 包括了曲面映射到平面; 二是平面到平面的图形映射. 前者本节已经做了介绍, 第二种形式的保角映射牵涉到解析函数论, 请读者参照复变函数论有关章节.

2.6 曲面的第二基本形式

曲面上的第一基本形式只能反映曲面上的线素, 曲面曲线夹角、面积等曲面上某点的一阶微分邻域决定曲面的本身内在性质, 这在微分几何中称为内蕴几何或内在几何. 曲面在空间如何弯曲, 曲面有没有曲率, 这些问题都不是第一基本形式所能表达的, 研究这些性质的微分几何称为曲面的外在几何. 外在几何要用到矢量的二阶导数, 这就是本节和后面几节要解决的问题.

本节首先讨论如何建立曲面的第二基本形式, 接着介绍常用曲面直纹面, 给出建立双曲抛物面具体过程, 并计算它的第二基本形式.

1. 曲面的第二基本形式

首先考虑曲面上一点到切平面的距离. 图 2.16 是曲面上一点 Q 到曲面上一点 P 的切平面距离 h 的示意图. 从图 2.16(a) 可以得到距离 h 是

$$h = \Delta\vec{r} \cdot \vec{n} \tag{2.6.1}$$

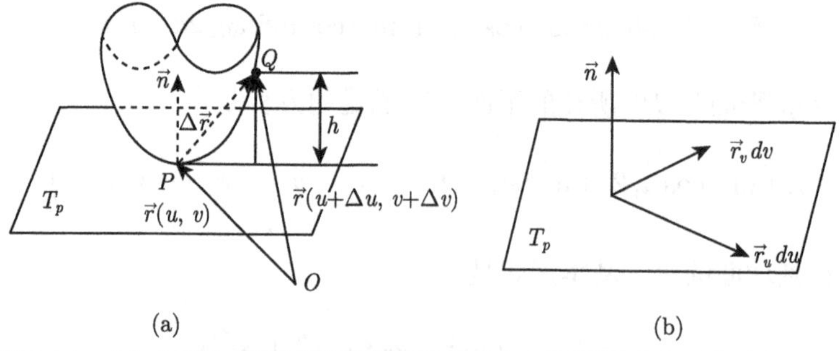

图 2.16 (a) 曲面上点到切平面的距离; (b) 切平面的法向矢量与坐标矢量

式中 $\vec{n}$ 是切点 P 的切平面的法向矢量. 从图 2.16(a) 可以看到

$$\Delta\vec{r} = \vec{r}(u + \Delta u, v + \Delta v) - \vec{r}(u, v)$$

用二元泰勒公式将 $\vec{r}(u+\Delta u, v+\Delta v)$ 展开至二阶小量, 得到

$$\vec{r}(u+\Delta u, v+\Delta v) = \vec{r}(u,v) + (\vec{r}_u du + \vec{r}_v dv) + \frac{1}{2}\left(\vec{r}_{uu}du^2 + 2\vec{r}_{uv}dudv + \vec{r}_{vv}dv^2\right)$$

令 $\Delta\vec{r} = \vec{r}(u+\Delta u, v+\Delta v) - \vec{r}(u,v)$, 上式变成

$$\Delta\vec{r} = \left[(\vec{r}_u du + \vec{r}_v dv) + \frac{1}{2}\left(\vec{r}_{uu}du^2 + 2\vec{r}_{uv}dudv + \vec{r}_{vv}dv^2\right)\right]$$

把 $\Delta\vec{r}$ 投影在 $\vec{n}$ 上, 得到

$$\Delta\vec{r}\cdot\vec{n} = \left[(\vec{r}_u du + \vec{r}_v dv)\cdot\vec{n} + \frac{1}{2}\left(\vec{r}_{uu}\cdot\vec{n}du^2 + 2\vec{r}_{uv}\cdot\vec{n}dudv + \vec{r}_{vv}\cdot\vec{n}dv^2\right)\right]$$

因为切平面上 $\vec{n}\perp\vec{r}_u du$, $\vec{n}\perp\vec{r}_v dv$, 如图 2.16(b) 所示, 所以上式右边第一项是零. 于是将上式代入式 (2.6.1) 后有

$$h = \Delta\vec{r}\cdot\vec{n} = \frac{1}{2}\left(\vec{r}_{uu}\cdot\vec{n}du^2 + 2\vec{r}_{uv}\cdot\vec{n}dudv + \vec{r}_{vv}\cdot\vec{n}dv^2\right)$$

$$2h = \vec{r}_{uu}\cdot\vec{n}du^2 + 2\vec{r}_{uv}\cdot\vec{n}dudv + \vec{r}_{vv}\cdot\vec{n}dv^2 \tag{2.6.2}$$

记 $2h$ 为 II, 并记

$$L = \vec{r}_{uu}\cdot\vec{n}, \quad M = \vec{r}_{uv}\cdot\vec{n}, \quad N = \vec{r}_{vv}\cdot\vec{n} \tag{2.6.3}$$

于是式 (2.6.2) 成为

$$II = Ldu^2 + 2Mdudv + Ndv^2 \tag{2.6.4}$$

称式 (2.6.4) 是曲面的第二基本形式, L, M 和 N 是第二基本量, 有的书也称为第二基本参数.

第二基本量 II 表示了曲面与一点 P 切平面的距离特征, 这是一个点积, 故有正负之分. 这个正负号反映了曲面在 P 点邻近的弯曲方向: 如果 $II > 0$, 邻近点 Q 落在切平面 T_p 顺着法向矢量一侧; 如果 $II < 0$, 邻近点 Q 则落在 T_p 的另一侧. $|II|$ 是曲面在 P 点邻近的弯曲程度.

式 (2.6.3) 的第二基本量中包含了法向矢量, 计算基本量时需要先计算其值, 有些复杂, 下面简化式 (2.6.3). 联立式 (2.2.4) 和 (2.3.8), 可得到法向矢量是

$$\vec{n} = \frac{\vec{r}_u\times\vec{r}_v}{|\vec{r}_u\times\vec{r}_v|} = \frac{\vec{r}_u\times\vec{r}_v}{\sqrt{EG-F^2}} \tag{2.6.5}$$

上式代入第二基本量表达式, 得到

$$L=\vec{r}_{uu}\cdot\vec{n}=\frac{(\vec{r}_u\times\vec{r}_v)\cdot\vec{r}_{uu}}{\sqrt{EG-F^2}}=\frac{(\vec{r}_u\vec{r}_v\vec{r}_{uu})}{\sqrt{EG-F^2}} \tag{2.6.6a}$$

$$M=\vec{r}_{uv}\cdot\vec{n}=\frac{(\vec{r}_u\times\vec{r}_v)\cdot\vec{r}_{uv}}{\sqrt{EG-F^2}}=\frac{(\vec{r}_u\vec{r}_v\vec{r}_{uv})}{\sqrt{EG-F^2}} \tag{2.6.6b}$$

$$N=\vec{r}_{vv}\cdot\vec{n}=\frac{(\vec{r}_u\times\vec{r}_v)\cdot\vec{r}_{vv}}{\sqrt{EG-F^2}}=\frac{(\vec{r}_u\vec{r}_v\vec{r}_{vv})}{\sqrt{EG-F^2}} \tag{2.6.6c}$$

式中 $\left(\vec{a}\vec{b}\vec{c}\right)=\left(\vec{a}\times\vec{b}\right)\cdot\vec{c}$ 表示三个矢量的混合积. 式 (2.6.6) 经常用于第二基本量的计算.

2. 曲面第二基本形式的第二种表达式

第二基本形式的另一表达形式可以从图 2.16(b) 中导出. 注意到图中坐标矢量 $\vec{r}_u$ 和 $\vec{r}_v$ 与法向矢量 $\vec{n}$ 垂直, 于是有

$$\vec{n}\cdot\vec{r}_u=0,\quad \vec{n}\cdot\vec{r}_v=0 \tag{2.6.7}$$

对于上式求导, 得到

$$\vec{n}_u\cdot\vec{r}_u+\vec{n}\cdot\vec{r}_{uu}=0,\quad \vec{n}_u\cdot\vec{r}_v+\vec{n}\cdot\vec{r}_{uv}=0$$

$$\vec{n}_v\cdot\vec{r}_u+\vec{n}\cdot\vec{r}_{uv}=0,\quad \vec{n}_v\cdot\vec{r}_v+\vec{n}\cdot\vec{r}_{vv}=0$$

假设 $\vec{r}$ 二阶连续可微, 于是求导过程中有 $\vec{r}_{uv}=\vec{r}_{vu}$. 上面结果代入第二基本量, 可得到第二基本量的第二种表达式是

$$L=\vec{r}_{uu}\cdot\vec{n}=-\vec{n}_u\cdot\vec{r}_u,\quad M=\vec{r}_{uv}\cdot\vec{n}=-\vec{n}_u\cdot\vec{r}_v,\quad N=\vec{r}_{vv}\cdot\vec{n}=-\vec{n}_v\cdot\vec{r}_v \tag{2.6.8}$$

式 (2.6.8) 代入式 (2.6.4), 第二基本形式又可以写成

$$\begin{aligned}I\!I&=Ldu^2+2Mdudv+Ndv^2=-\vec{n}_u\cdot\vec{r}_udu^2-2\vec{n}_u\cdot\vec{r}_vdudv-\vec{n}_v\cdot\vec{r}_vdv^2\\&=-(\vec{r}_udu+\vec{r}_vdv)\cdot(\vec{n}_udu+\vec{n}_vdv)=-d\vec{r}\cdot d\vec{n}\end{aligned} \tag{2.6.9}$$

上式表明第二基本形式确实反映了一点附近的弯曲形态.

下面是第二基本形式的例题.

例 2.7　求球面的第二基本形式.

解　图 2.17 中可以求出球面方程是

$$\vec{r}=(a\cos\varphi\cos\theta,a\cos\varphi\sin\theta,a\sin\varphi)\quad(0<\theta<2\pi,-\pi/2<\varphi<\pi/2)$$

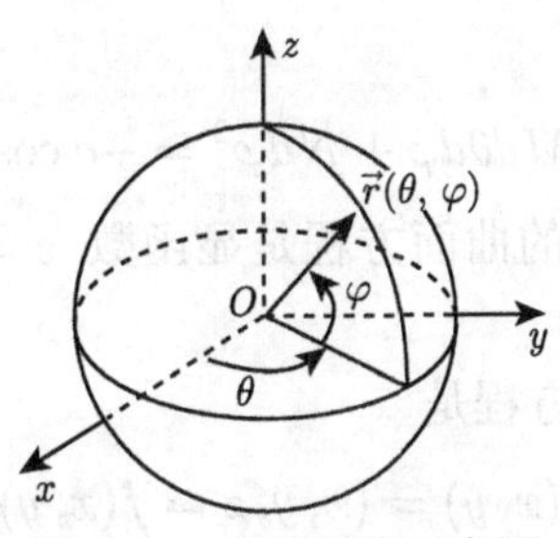

图 2.17 球面图像示意图

坐标矢量是

$$\vec{r}_\theta = (-a\cos\varphi\sin\theta, a\cos\varphi\cos\theta, 0)$$

$$\vec{r}_\varphi = (-a\sin\varphi\cos\theta, -a\sin\varphi\sin\theta, a\cos\varphi)$$

第一基本量和第一基本形式分别是

$$E = \vec{r}_\theta^{\,2} = a^2\cos^2\varphi, \quad F = 0, \quad G = \vec{r}_\varphi^{\,2} = a^2, \quad EG - F^2 = a^4\cos^2\varphi$$

第二基本量求解如下

$$\vec{r}_\theta \times \vec{r}_\varphi = \left(a^2\cos^2\varphi\cos\theta, a^2\cos^2\varphi\sin\theta, a^2\sin\varphi\cos\varphi\right)$$

$$\vec{n} = \frac{\vec{r}_\theta \times \vec{r}_\varphi}{\sqrt{EG - F^2}} = \frac{\vec{r}_\theta \times \vec{r}_\varphi}{a^2\cos\varphi} = (\cos\varphi\cos\theta, \cos\varphi\sin\theta, \sin\varphi)$$

$$\vec{r}_{\theta\theta} = (-a\cos\varphi\cos\theta, -a\cos\varphi\sin\theta, 0)$$

$$\vec{r}_{\theta\varphi} = (a\sin\varphi\sin\theta, -a\sin\varphi\cos\theta, 0)$$

$$\vec{r}_{\varphi\varphi} = (-a\cos\varphi\cos\theta, -a\cos\varphi\sin\theta, -a\sin\varphi)$$

$$L = \vec{r}_{\theta\theta}\cdot\vec{n} = (-a\cos\varphi\cos\theta, -a\cos\varphi\sin\theta, 0) \cdot (\cos\varphi\cos\theta, \cos\varphi\sin\theta, \sin\varphi) = -a\cos^2\varphi$$

$$M = \vec{r}_{\theta\varphi}\cdot\vec{n} = a\sin\varphi\cos\varphi\sin\theta\cos\theta - a\sin\varphi\cos\varphi\sin\theta\cos\theta = 0$$

$$N = \vec{r}_{\varphi\varphi}\cdot\vec{n} = -a\cos^2\varphi - a\sin^2\varphi = -a$$

第二基本形式是

$$II = Ld\theta^2 + 2Md\theta d\varphi + Nd\varphi^2 = -a\cos^2\varphi d\theta^2 - ad\varphi^2$$

例 2.8　直角坐标系中的曲面方程是显函数 $z = f(x,y)$, 求它的第二基本形式.

解　显函数的曲面矢量方程是

$$\vec{r}(x,y) = (x, y, z = f(x,y))$$

它的导矢量是

$$\vec{r}_x = (1,0,z_x), \quad \vec{r}_{xx} = (0,0,z_{xx}), \quad \vec{r}_{xy} = (0,0,z_{xy}),$$

$$\vec{r}_y = (0,1,z_y), \quad \vec{r}_{yy} = (0,0,z_{yy})$$

法向矢量是

$$\vec{n} = \frac{\vec{r}_x \times \vec{r}_y}{|\vec{r}_x \times \vec{r}_y|} = \frac{(-z_x, -z_y, 1)}{\sqrt{1+z_x^2+z_y^2}}$$

第二基本量是

$$L = \vec{r}_{xx}\cdot\vec{n} = \frac{z_{xx}}{\sqrt{1+z_x^2+z_y^2}}, \quad M = \vec{r}_{xy}\cdot\vec{n} = \frac{z_{xy}}{\sqrt{1+z_x^2+z_y^2}}$$

$$N = \vec{r}_{yy}\cdot\vec{n} = \frac{z_{yy}}{\sqrt{1+z_x^2+z_y^2}}$$

第二基本形式是

$$II = Ldx^2 + 2Mdxdy + Ndy^2 = \frac{z_{xx}dx^2 + 2z_{xy}dxdy + z_{yy}dy^2}{\sqrt{1+z_x^2+z_y^2}}$$

3. 直纹面

直纹面是一种简单但是常用的曲面. 由一族连续变动的直线构成的曲面称为直纹面, 这些连续的曲线称为直纹面的母线. 前面介绍的正螺面、锥面和柱面都是直纹面. 下面讨论如何写出直纹面方程.

直纹面如图 2.18 所示. 在直纹面上选取一条与每条母线都相交的曲线

$$C: \vec{a} = \vec{a}(u) \quad (\alpha < u < \beta)$$

这条曲线 C 称为准线. 过 C 上的 u 点引直纹面的母线, 设其方向是 $\vec{b}(u)$. 利用矢量三角形可以写出直纹面方程是

$$\vec{r} = \vec{a}(u) + v\vec{b}(u) \quad \alpha < u < \beta, \quad -\infty < v < \infty \tag{2.6.10}$$

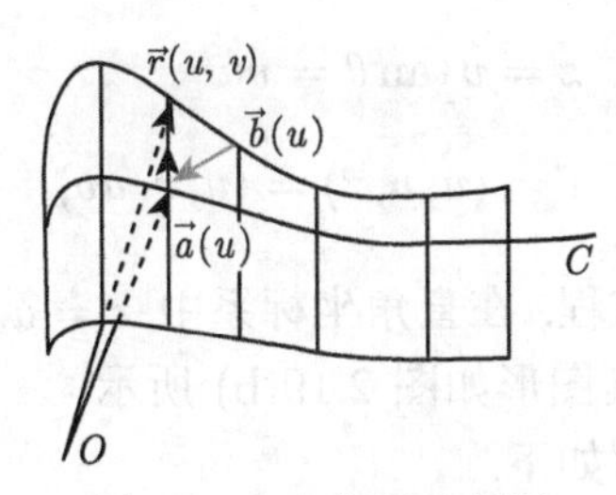

图 2.18 直纹面示意图

它的导矢量是

$$\vec{r}_u = \dot{\vec{a}}(u) + v\dot{\vec{b}}(u), \quad \vec{r}_v = \vec{b}(u)$$

单位法向矢量是

$$\vec{n} = \frac{\vec{r}_u \times \vec{r}_v}{|\vec{r}_u \times \vec{r}_v|} = \frac{\left(\dot{\vec{a}}(u) + v\dot{\vec{b}}(u)\right) \times \vec{b}(u)}{\left|\left(\dot{\vec{a}}(u) + v\dot{\vec{b}}(u)\right) \times \vec{b}(u)\right|} \tag{2.6.11}$$

下面是直纹面的例子

例 2.9 构造双曲抛物面, 然后计算第二基本形式.

解 在直角坐标系里, 取 x 轴为准线 C, 母线平行于 Oyz 平面, 如图 2.19(a) 所示. 图中虚线是母线, 母线与 Oxy 平面夹角是 θ, 并且 $\tan\theta = u$. 取变量 x 为 u, 变量 y 是 v.

准线是 $\overrightarrow{OA} = \vec{a}(u) = (u,0,0)$; 任意一条母线是 AP, $\overrightarrow{AP} = (u,v,z) - (u,0,0) = (0,v,z)$; 动矢量是 $\overrightarrow{OP} = \vec{r}$. 从图 2.19(a) 可知

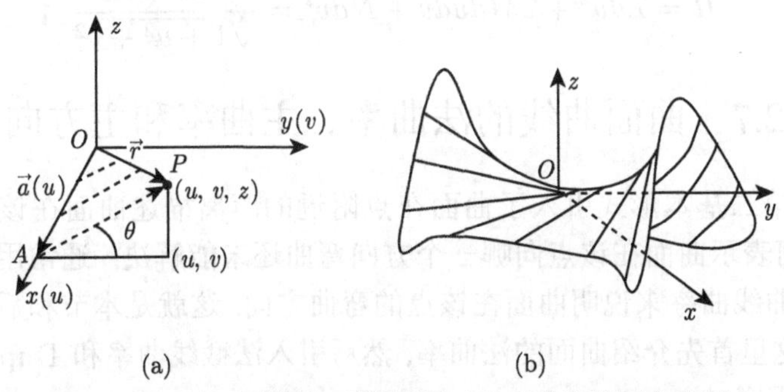

图 2.19 (a) 双曲抛物面推导图; (b) 双曲抛物面立体图

$$\overrightarrow{OA} + \overrightarrow{AP} = \overrightarrow{OP}$$

$$\vec{r} = \overrightarrow{OP} = (u,0,0) + (0,v,z) = (u,v,z)$$

$$z = v\tan\theta = vu$$

$$\vec{r} = (u, v, z) = (u, v, uv) \tag{1}$$

式 (1) 是所求的曲面矢量方程. 在直角坐标系中 $x = u, y = v$. 式 (1) 又可以写成 $z = xy$, 这是双曲抛物面, 其图形如图 2.19(b) 所示.

曲面第二基本形式求解如下.

$$\vec{r}_u = (1,0,v)\,,\quad \vec{r}_v = (0,1,u)\,,\quad \vec{r}_{uu} = (0,0,0)\,,\quad \vec{r}_{uv} = (0,0,1)\,,\quad \vec{r}_{vv} = (0,0,0)$$

第一基本量是

$$E = \vec{r}_u^{\,2} = v^2 + 1,\quad F = \vec{r}_u \cdot \vec{r}_v = uv,\quad G = \vec{r}_v^{\,2} = 1 + u^2$$

法向矢量是

$$\vec{n} = \frac{\vec{r}_u \times \vec{r}_v}{\sqrt{EG - F^2}} = \frac{(1,0,v)\times(0,1,u)}{\sqrt{1+u^2+v^2}} = \frac{(-v,-u,1)}{\sqrt{1+u^2+v^2}}$$

第二基本量是

$$L = \vec{r}_{uu}\cdot\vec{n} = (0,0,0)\cdot\vec{n} = 0,\quad N = \vec{r}_{vv}\cdot\vec{n} = (0,0,0)\cdot\vec{n} = 0$$

$$M = \vec{r}_{uv}\cdot\vec{n} = (0,0,1)\cdot\frac{(-v,-u,1)}{\sqrt{1+u^2+v^2}} = \frac{1}{\sqrt{1+u^2+v^2}}$$

第二基本形式是

$$II = Ldu^2 + 2Mdudv + Ndv^2 = \frac{2dudv}{\sqrt{1+u^2+v^2}}$$

2.7　曲面曲线的法曲率、主曲率和主方向

曲面的第二基本形式引入了曲面在点附近的距离描述曲面在该点的弯曲程度, 但是如何表示曲面在该点向哪一个方向弯曲还未能解决. 通常用曲面上过某一点不同的曲线曲率来说明曲面在该点的弯曲方向, 这就是本节和后面几节要讨论的内容. 这里首先介绍曲面的法曲率, 然后引入法截线曲率和 Dupin 标线分析曲面的弯曲程度.

1. 曲面的法曲率

设曲面 S 的方程是

$$\vec{r} = \vec{r}(u, v)$$

以弧长 s 为参数的曲面曲线参数方程是

$$C: u = u(s), \quad v = v(s)$$

因此曲线 C 的矢量方程为

$$C: \vec{r} = \vec{r}(u(s), v(s)) \tag{2.7.1}$$

又设曲面 S 在已知点 P 的单位法向矢量是 $\vec{n}$, 切平面是 T_p. 曲面曲线 C 在 P 点的曲率是 k, 曲面曲线的单位切向矢量和单位主法向矢量分别是 $\vec{T}(s)$ 和 $\vec{N}(s)$. 根据式 (1.7.5) 可以得到曲面曲线的曲率是

$$k = \left|\frac{d^2\vec{r}}{ds^2}\right| \tag{2.7.2}$$

由于 $\vec{T}'(s) = \vec{r}''(s)$, 根据 Frenet 公式 (1.9.7a), 有

$$\frac{d^2\vec{r}}{ds^2} = k\vec{N} \tag{2.7.3}$$

称 $\dfrac{d^2\vec{r}}{ds^2}$ 是曲线 C 在 P 点的曲率矢量. 注意到 $\vec{n}\perp T_p$, 切向矢量 $\vec{T}$ 在 T_p 上, 所以 $\vec{n}\perp\vec{T}$. 而 $\vec{N}$ 又是曲线 C 的法向矢量, 故又有 $\vec{N}\perp\vec{T}$. 一般来说 $\vec{n}$ 与 $\vec{N}$ 并不重合, 所以 $\vec{n}$ 与 $k\vec{N}$ 成一个角度, 如图 2.20 所示. 将 $k\vec{N}$ 分解成沿曲面法向矢量 $\vec{n}$ 方向分量 $\vec{\nu}$ 和在切平面上与 $\vec{T}$ 垂直的分量 $\vec{\tau}$, 得到

$$k\vec{N} = \vec{\nu} + \vec{\tau} \tag{2.7.4}$$

称 $\vec{\nu}$ 是曲线 C 在点 P 的法曲率矢量, $\vec{\tau}$ 是曲线 C 在点 P 的测地曲率矢量.

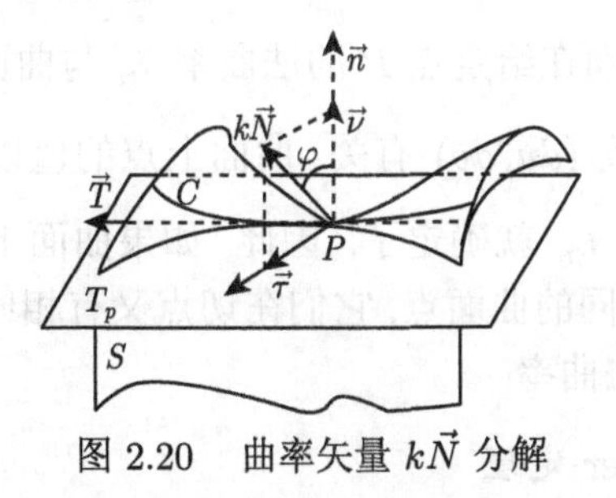

图 2.20　曲率矢量 $k\vec{N}$ 分解

从图 2.20 可知, $\vec{n}$ 是 T_p 的法向矢量, $\vec{n}\perp\vec{T}$, $\vec{n}\perp\vec{\tau}$, 故有 $\vec{\tau}//\left(\vec{n}\times\vec{T}\right)$, 令 k_g 是其分量数值, 则有

$$\vec{\tau} = k_g\left(\vec{n}\times\vec{T}\right) = k\sin\varphi\frac{\vec{\tau}}{|\vec{\tau}|} \tag{2.7.5}$$

其中 $k_g = k\sin\varphi$, 称它是测地曲率. 又有 $\vec{\nu}//\vec{n}$, $\vec{n}$ 与 $\vec{N}$ 都是单位矢量, 于是

$$\vec{\nu} = k_n\vec{n} = \left(k\vec{N}\cdot\vec{n}\right)\vec{n} = k\cos\varphi\vec{n} \tag{2.7.6}$$

称 $k_n = k\cos\varphi$ 是法曲率.

我们先讨论法曲率的计算和几何意义, 测地曲率的计算留待后面解决. 对于式 (2.7.6) 两边点乘 $\vec{n}$, 联立式 (2.7.3) 得到

$$k_n = k\cos\varphi = \vec{n}\cdot\vec{\nu} = \vec{n}\cdot\left(k\vec{N}\cdot\vec{n}\right)\vec{n} = k\vec{N}\cdot\vec{n} = \frac{d^2\vec{r}}{ds^2}\cdot\vec{n} \tag{2.7.7}$$

由于曲线 C 的切向矢量 $\vec{T} = \dfrac{d\vec{r}}{ds}$ 与 $\vec{n}$ 垂直, 故有 $\dfrac{d\vec{r}}{ds}\cdot\vec{n} = 0$, 对于此式两边求导后有下式:

$$\frac{d^2\vec{r}}{ds^2}\cdot\vec{n} + \frac{d\vec{r}}{ds}\cdot\frac{d\vec{n}}{ds} = 0$$

于是

$$k_n = k\cos\varphi = \frac{d^2\vec{r}}{ds^2}\cdot\vec{n} = -\frac{d\vec{r}}{ds}\cdot\frac{d\vec{n}}{ds} = -\frac{d\vec{r}\cdot d\vec{n}}{(ds)^2} \tag{2.7.8}$$

$(ds)^2 = I$ 是第一基本形式; 从式 (2.6.9) 可知 $-d\vec{r}\cdot d\vec{n} = II$ 是第二基本形式. 把两种基本形式代入上式, 得到

$$k_n = k\cos\varphi = \frac{-d\vec{r}\cdot d\vec{n}}{(ds)^2} = \frac{II}{I} = \frac{Ldu^2 + 2Mdudv + Ndv^2}{Edu^2 + 2Fdudv + Gdv^2} \tag{2.7.9a}$$

或者写成

$$k_n = k\cos\varphi = \frac{L(du/dv)^2 + 2M(du/dv) + N}{E(du/dv)^2 + 2F(du/dv) + G} \tag{2.7.9b}$$

式 (2.7.9b) 表示, 曲面在给定点 P 的法曲率 k_n 与曲面在点 P 的 I、II 和该点的切向矢量 $\dfrac{d\vec{r}}{ds}$ 的方向数 (du, dv) 有关, 曲面上点的值以及曲面曲线在该点的切向方向数确定后, 法曲率 k_n 就确定了. 因此, 如果曲面上一个给定点有两条相切的曲面曲线, 它们就有共同的曲面点, 它们在切点又有相同的切向方向数 (du, dv), 于是两条曲线有相同的法曲率.

2. 法曲率和 Meusnier 定理

为了解释法曲率引入法截线的概念.

法截线定义: 给定曲面 S 上一点 P 和 P 点的一个切线 $d\vec{r}(du/dv)$, $\vec{n}$ 是曲面在点 P 的法方向矢量, $d\vec{r}$ 与 $\vec{n}$ 决定的法平面 II 与曲面 S 的截线 C, 称作 S 在 P 点沿切线 $d\vec{r}$ 的法截线, 如图 2.21 所示.

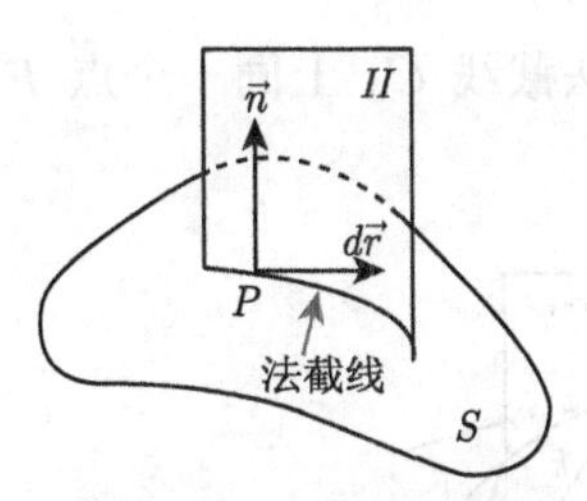

图 2.21 法截线示意图

如果方向 du/dv 所确定的法截线 C_0 在点 P 的法向矢量是 $k\vec{N}=\vec{N}_0$, 那么 $\vec{N}_0$ 与曲面的法向矢量 $\vec{n}$ 同在一个平面 II 内, 都垂直于切向矢量 $\vec{T}(d\vec{r})$, 它们之间是平行或者反平行, 如图 2.22 所示. 对照图 2.22 和图 2.20, 以及式 (2.7.5) 可知, $k_n=k\cos\varphi$ 中 $\varphi=0$ 或者 $\varphi=\pi$. 当 $\vec{N}_0$ 与 $\vec{n}$ 平行时, $\varphi=0$, $k_n=k$, 图 2.22 中是 $\vec{N}_{01}$, 说明法截线向 $\vec{n}$ 正方向弯曲; 当 $\vec{N}_0$ 与 $\vec{n}$ 反平行时, $\varphi=\pi$, $k_n=-k$, 图 2.22 中是 $\vec{N}_{02}$, 说明法截线向 $\vec{n}$ 负方向弯曲.

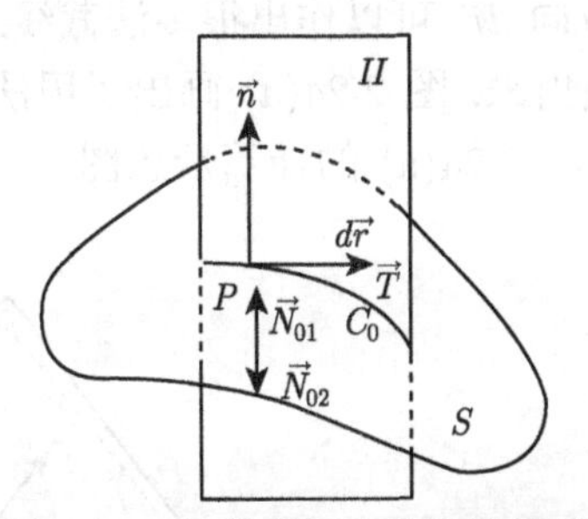

图 2.22 法曲率与法截线的关系

过点 P 可以作另一条曲线 C 与法截线 C_0 都相切于点 P, 两条曲线在点 P 有相同的斜率 du/dv, 那么曲线 C 在点 P 的曲率矢量 $k\vec{N}$ 如图 2.23(a) 所示. 对照图 2.20 可知, 曲线 C 的法曲率是

$$k_n = k\cos\varphi \tag{2.7.10}$$

于是曲面曲线 C 的曲率是法曲率. 用曲率半径来替换曲线 C 的曲率, 于是有

$$R_n=\frac{1}{k_n},\quad R=\frac{1}{k}$$

上两式代入式 (2.7.10) 得到

$$R = R_n\cos\varphi \tag{2.7.11}$$

式 (2.7.11) 是 **Meusnier 定理**: 曲面曲线 C 在给定点 P 的曲率中心 O_C 是

与曲线 C 具有共同切线的法截线 C_0 上同一个点 P 的曲率中心 O_{C_0} 在曲线 C 的密切平面投影.

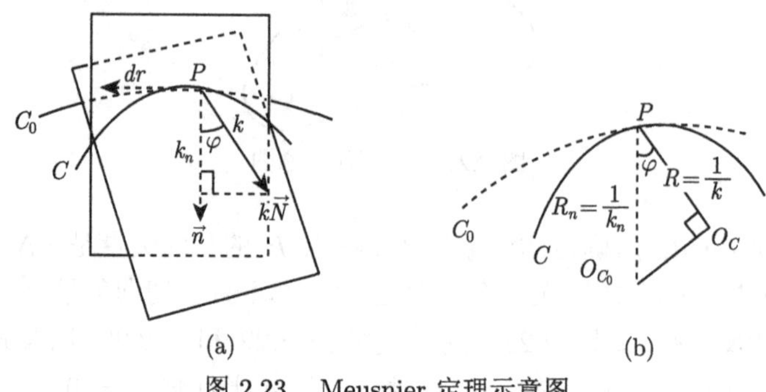

图 2.23 Meusnier 定理示意图

3. Dupin 标线

固定点 P, 变动切线方向 $d\vec{r}$, 可以作出很多法截线, 法截线的弯曲情况通过法曲率 k_n 随着 $d\vec{r}$ 变化反映出来, 图 2.24(a) 画出了用法截线反映曲面弯曲方向的示意图, 图 2.24(b) 是实现图 2.24(a) 的计算示意图.

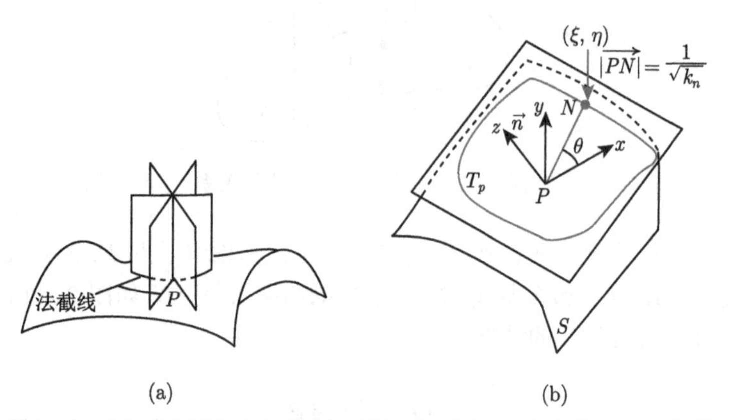

图 2.24 (a) 法截线与曲面弯曲示意图; (b) 图 (a) 产生的 Dupin 标线

取点 P 为原点, 取曲面在点 P 的切平面 T_p 为坐标平面 $z=0$, z 轴取在曲面的法线上, 曲面方程用显式表示, 为

$$z=f(x,y) \tag{2.7.12}$$

矢量方程是

$$\vec{r}(x,y)=(x,y,f(x,y)) \tag{2.7.13}$$

从例 2.8 可以得到第二基本形式是

$$II = \frac{z_{xx}dx^2 + 2z_{xy}dxdy + z_{yy}dy^2}{\sqrt{1+z_x^2+z_y^2}}$$

由于点 P 处 $z=0$ 的平面是曲面的切平面, 故而有 $z_x=0$, $z_y=0$, 上式化简成

$$II = z_{xx}dx^2 + 2z_{xy}dxdy + z_{yy}dy^2 \tag{2.7.14}$$

用式 (2.7.8) 可以求出点 P 的法截线曲率是

$$k_n = k\cos\varphi = -\frac{d\vec{r}\cdot d\vec{n}}{ds^2}$$

从式 (2.6.9) 可知 $II = -d\vec{r}\cdot d\vec{n}$, 代入上式后, 有

$$k_n = k\cos\varphi = \frac{II}{ds^2} \tag{2.7.15}$$

联立式 (2.7.14) 和式 (2.7.15) 得到

$$k_n = \frac{II}{ds^2} = \frac{z_{xx}dx^2 + 2z_{xy}dxdy + z_{yy}dy^2}{ds^2}$$

按照习惯令 $r=z_{xx}$, $s^*=z_{xy}$, $t=z_{yy}$, 请注意此处的 s^* 不是上式分母中的 s, 分母中的 s 是弧长. 将这些表达式代入上式, 于是上式简化为

$$k_n = \frac{rdx^2 + 2s^*dxdy + tdy^2}{ds^2} = r\left(\frac{dx}{ds}\right)^2 + 2s^*\frac{dx}{ds}\frac{dy}{ds} + t\left(\frac{dy}{ds}\right)^2 \tag{2.7.16}$$

法截线的切线在点 P 的切平面 P_{xy} 上, 所以有

$$\frac{dx}{ds} = \cos\theta, \quad \frac{dy}{ds} = \sin\theta$$

$\left(\dfrac{dx}{ds}, \dfrac{dy}{ds}\right)$ 是平面矢量 $\overrightarrow{PN}$ 的方向余弦, θ 是切线与 x 轴的交角, 如图 2.24(b) 所示. 这样式 (2.7.15) 就是下面方程

$$k_n = r\cos^2\theta + 2s^*\cos\theta\sin\theta + t\sin^2\theta \tag{2.7.17}$$

现在用图 2.24(b) 的坐标系化简式 (2.7.17). 在图 2.24(b) 中过 P 点沿着每一个 $d\vec{r}$ 画一条线段 $|\overrightarrow{PN}| = \sqrt{1/k_n}$, 线段的长度是曲面在 $d\vec{r}$ 方向上的法曲率半径

R_n. 这些线段的末端 N 点的轨迹就叫做曲面在点 P 的 Dupin 标线. 设标线上点的流动坐标是 (ξ,η), 则有

$$\xi=\sqrt{1/|k_n|}\cos\theta,\quad \eta=\sqrt{1/|k_n|}\sin\theta \tag{2.7.18}$$

上式可得到

$$\cos^2\theta=|k_n|\,\xi^2,\quad \sin^2\theta=|k_n|\,\eta^2,\quad \sin\theta\cos\theta=|k_n|\,\xi\eta$$

把这些结果代入式 (2.7.17), 有下式:

$$r\xi^2+2s^*\xi\eta+t\eta^2=\pm1 \tag{2.7.19}$$

式 (2.7.19) 称作 Dupin 标线方程. 其中 $r=z_{xx}$, $s^*=z_{xy}$, $t=z_{yy}$ 与曲面上的方向无关, 这三个值是常数, 式中不含 ξ 和 η 的一次项, 根据解析几何可知, 这是以 P 为中心的有心二次曲线. 这条曲线给出了半径 $\sqrt{1/k_n}$ 的变化情况, 也就反映了法曲率 $\sqrt{|k_n|}$ 的变化.

如果有心曲线取对称轴为 x 轴和 y 轴, 方程中没有 $\xi\eta$ 的乘积项, 即 $s^*=0$. 式 (2.7.17) 变为

$$k_n=r\cos^2\theta+t\sin^2\theta \tag{2.7.20}$$

上式中如果 $\theta=0$, 对照图 2.24(b) 可知, 这是切于 x 轴的法截线曲率, 记为 k_1, 从上式得到

$$r=k_1$$

若 $\theta=\pi/2$, 这是切于 y 轴的法截线曲率, 记为 k_2, 从式 (2.7.20) 又得到

$$t=k_2$$

于是式 (2.7.20) 成为

$$k_n=k_1\cos^2\theta+k_2\sin^2\theta \tag{2.7.21}$$

称 k_1 和 k_2 是曲面在点 P 的主曲率, 切平面上对应的这两个方向称为主方向, 式 (2.7.21) 称为**欧拉公式**.

如何判断 k_n 在 θ 为何值时有最值呢? 推导如下. 令 $\cos^2\theta=1-\sin^2\theta$, 式 (2.7.21) 成为

$$k_n=k_1+(k_2-k_1)\sin^2\theta \tag{2.7.22}$$

上式有三个特点:

(1) k_n 是以 π 为周期的函数.

(2) 当 $k_2 > k_1, \theta = 0$ 或者 π 时 k_n 有最小值 k_1; 当 $\theta = \pi/2$ 时 k_n 有最大值 k_2. 类似可以推导 $k_2 < k_1$ 的情况.

(3) 如果 $k_1 = k_2 = k$, $k_n = k$, 则定点 P 任何方向上的法曲率都是相等的一个常数 k, 这样的点 P 称为脐点. 脐点的任意方向都是主方向, 因此主方向是不定的. 从几何学的观点看, 曲面在脐点是各向均匀弯曲的.

现在考虑脐点存在的条件. 设对于任意方向数 du/dv 的法曲率 $k_n = \rho$ (常数), 式 (2.7.9) 为

$$\rho = \frac{Ldu^2 + 2Mdudv + Ndv^2}{Edu^2 + 2Fdudv + Gdv^2}$$

整理上式后又有

$$(L - \rho E)\, du^2 + 2\,(M - \rho F)\, dudv + (N - \rho G)\, dv^2 \equiv 0 \tag{2.7.23}$$

于是有

$$L - \rho E = 0, \quad M - \rho F = 0, \quad N - \rho G = 0$$

上述三式可以写成下面等式:

$$\frac{L}{E} = \frac{M}{F} = \frac{N}{G} \tag{2.7.24}$$

上式是脐点存在的条件.

2.8　曲面点的邻近结构分析

2.7 节已经分析了曲面上一点的弯曲方向, 但是对于这一点附近的弯曲我们并不了解, 这一节将利用 Dupin 标线方程和曲率线讨论在一点附近弯曲的问题.

1. 主曲率、Gauss 曲率和平均曲率

2.7 节已经介绍了一点各个方向的曲率是不同的, 由于主方向的曲率是曲率的最大值或者最小值, 计算较容易, 也是我们着手解决的问题的地方. 对于式 (2.7.9a) 右边在给定的方向 dv/du 求极值, 所得到的最值就是主曲率, 对应的方向就是主方向. 为了方便运算, 令 $k_n = k\cos\varphi$, $t = dv/du$, 代入式 (2.7.9b) 得到

$$\frac{1}{k_n} = \frac{E + 2Ft + Gt^2}{L + 2Mt + Nt^2} \tag{2.8.1}$$

下面求导等运算过程比较复杂, 这里不展示具体步骤, 只给出运算结果. 对于上式求导, 并取 $d\,(1/k_n)/dt = 0$, 得到主方向 $t = dv/du$ 应当满足的方程是

$$(EM - FL) + (EN - GL)\, t + (FN - GM)\, t^2 = 0 \tag{2.8.2}$$

上式的 t 解出后, 回代到方程 (2.8.1), 并且令 $k = k_n$, 得到主曲率的 k 满足的方程是

$$\left(EG - F^2\right) k^2 - (LG - 2MF + NE)\, k + \left(LN - M^2\right) = 0 \tag{2.8.3}$$

方程 (2.8.3) 的两个根 k_1 和 k_2 就是主曲率.

式 (2.8.3) 的系数都是 u 和 v 的函数, 但是对于某一点而言, 它们却是常数, 因此一元二次方程 (2.8.3) 不难求解, 将它们应用到曲面上点的几何特性也是不困难的. Gauss 对于一元二次方程式 (2.8.3) 引入 Gauss 曲率:

$$K = k_1 k_2 \tag{2.8.4}$$

K 也称作总曲率. 为了方便运算 Gauss 曲率, 定义另一个参数平均曲率, 它的定义式是

$$H = \frac{1}{2}\left(k_1 + k_2\right) \tag{2.8.5}$$

这也是一个非常有用的参数.

K 和 H 正好符合韦达定理, 解一元二次方程 (2.8.3), 然后按照式 (2.8.4) 和 (2.8.5) 的定义, 可以得到

$$K = \frac{LN - M^2}{EG - F^2} \tag{2.8.6}$$

$$H = \frac{LG - 2MF + NE}{2(EG - F^2)} \tag{2.8.7}$$

式 (2.8.3) 也变成了易于记忆的形式:

$$k^2 - 2Hk + K = 0 \tag{2.8.8}$$

2. Gauss 曲率与曲面点附近结构的关系

下面用 Gauss 曲率 K 与 Dupin 标线来研究曲面上一点附近的结构. 将式 (2.7.21) 表示成直角坐标形式. 令 $x = \cos\theta/\sqrt{|k_n|}$, $y = \sin\theta/\sqrt{|k_n|}$, 这两式代入式 (2.7.21), 得到 Dupin 标线方程是

$$k_1 x^2 + k_2 y^2 = \pm 1 \tag{2.8.9}$$

根据 Gauss 曲率 K 的取值, 可以把式 (2.8.9) 表示的 Dupin 标线分成三种形式, 以判断 $P\,(u, v)$ 附近点 $Q\,(u + \Delta u, v + \Delta v)$ 的情况.

(1) $K>0$

主曲率 k_1 与 k_2 同号, Dupin 标线方程 (2.8.9) 变成

$$|k_1|\,x^2+|k_2|\,y^2=1$$

上式在切平面 T_p 的曲线是椭圆, 称点 P 是椭圆点. 假设 $k_2\geqslant k_1>0$. 因此 $k_2>k_n\geqslant k_1>0$, $k_n>0$. 法曲率矢量是

$$\vec{\nu}=k_n\vec{n}$$

从上式可知 $\vec{\nu}$ 平行于平面法向矢量 $\vec{n}$, 曲面在点 P 附近朝着 $\vec{n}$ 正方向弯曲; 同理 $k_2\leqslant k_1<0$, 则所有法截线曲率 $k_n<0$, 曲面在点 P 附近朝着 $\vec{n}$ 反方向弯曲. 无论 $k_n>0$ 或者 $k_n<0$, 点 P 附近曲面都在切平面同一侧, 如图 2.25 所示.

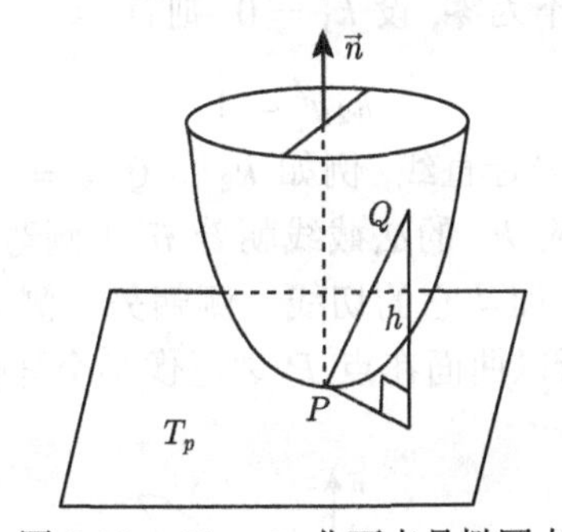

图 2.25　$K>0$, 曲面点是椭圆点

(2) $K<0$

主曲率 k_1 与 k_2 异号, Dupin 标线方程 (2.8.9) 变成

$$|k_1|\,x^2-|k_2|\,y^2=1,\quad 或者\quad -|k_1|\,x^2+|k_2|\,y^2=1$$

上式表示 T_p 上的曲线是双曲线, 称点 P 是双曲点. 主曲率 k_1 与 k_2 异号, 假定 $k_1>0$, $k_2<0$, $k_2\leqslant k_n\leqslant k_1$. 切线方向变动时, 法曲率 k_n 从 k_2 连续变动到 k_1, k_n 从一个负值连续变动到正值, 当中必有 $k_n=0$. 对应 $k_n=0$ 的切线方向可以从式 (2.7.21) 算出, 为

$$\theta_1=\arctan\sqrt{-\frac{k_1}{k_2}},\quad \theta_2=-\arctan\sqrt{-\frac{k_1}{k_2}} \tag{2.8.10}$$

$k_n=0$ 的方向称为渐近方向, 图 2.26(a) 是切平面上主方向 $\vec{e}_1$ 和 $\vec{e}_2$ 以及对应式 (2.8.10) 的两条渐近方向. 切平面被分成四个区域: 两个区域中 $k_n>0$, $h>0$; 另两个区域中 $k_n<0$, $h<0$. 图形如图 2.26(b) 所示. 曲面沿两个主方向的法截线向相反方向弯曲, 称为鞍面.

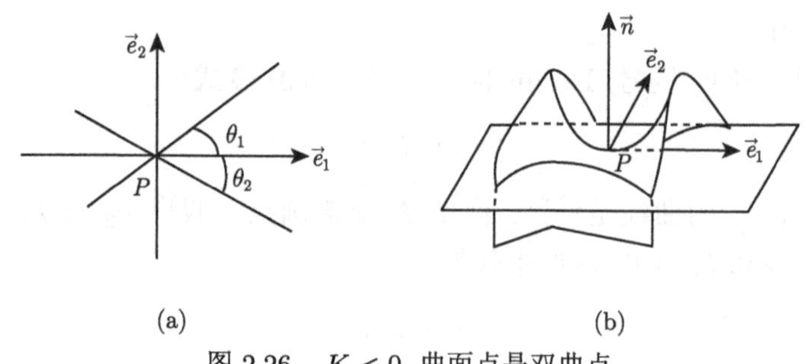

图 2.26　$K<0$, 曲面点是双曲点

(3) $K=0$

$K=0$ 时有两种情况: k_1 和 k_2 至少一个不为零; k_1 和 k_2 都是零.

1) k_1 和 k_2 至少一个不为零, 设 $k_1=0$, 则有

$$k_2y^2=1$$

Dupin 标线分解成为一对平行直线, 例如 $k_2>0$, $y=\pm\sqrt{1/k_2}$, 称这种点 P 为抛物点. 假设 $k_2>0$, 对应 k_2 的法截线朝着 $\vec{n}$ 正侧弯曲; 而第二条法截线则因 $\vec{r}''(s)=0$, 点 P 是拐点, 而从它的切线一侧朝另一侧 ($\vec{n}$负侧) 弯曲. 由于除了 $k_1=0$ 外, k_2 总取正值, 所以曲面在点 P 邻近像半个马鞍形状, 如图 2.27 所示.

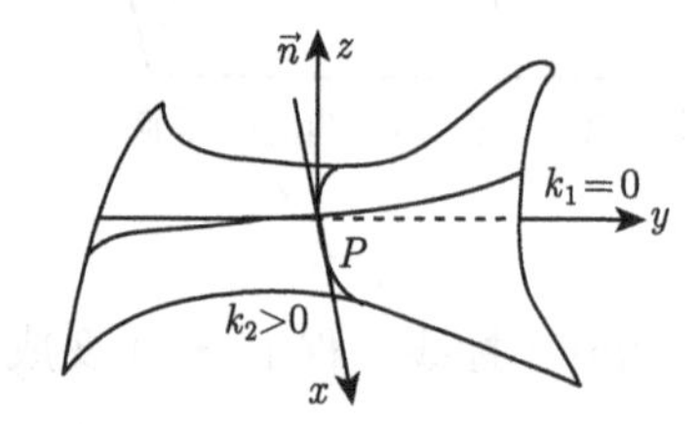

图 2.27　$k_1=0$, $k_2>0$ 导致的半马鞍形

2) k_1 和 k_2 都等于零, 点 P 称为平点. 平点附近的曲面有复杂的结构, 一个典型的例子是猴鞍面. 猴鞍面产生于曲面

$$z=x^3-3xy^2$$

在曲面的原点 $(0,0,0)$ 处, 第二基本量 $L=M=N=0$, 从式 (2.8.3) 解出 $k_1=k_2=0$, 也就是原点是平点. 图 2.28 是猴鞍面的形状, 曲面在 $O(0,0,0)$ 点处有三峰三谷, 两谷放猴子双腿, 一谷放猴子尾巴, 称之为猴鞍面.

例 2.10　设有曲线如图 2.29(a) 所示, Oxz 面上的圆, 中心是 $(a,0)$, 半径是 r, 绕 z 轴旋转一周, 所生成的旋转面称为环面, 其中 $0<r<a$, $0\leqslant u,v<2\pi$, 求环面方程. 然后求它的 Gauss 曲率 K, 并讨论环面上点的分类.

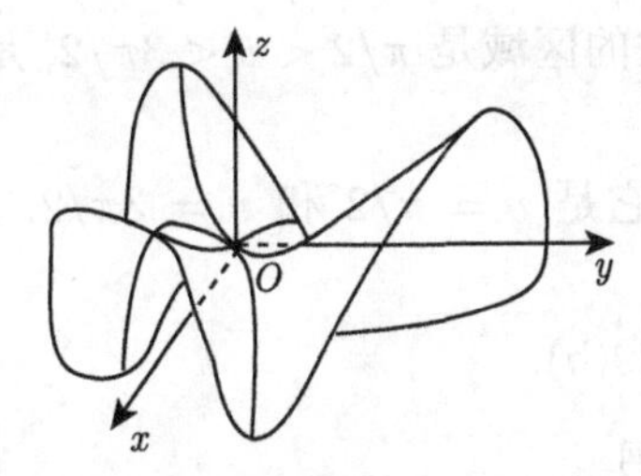

图 2.28 平点与猴鞍面, 点 O 是平点

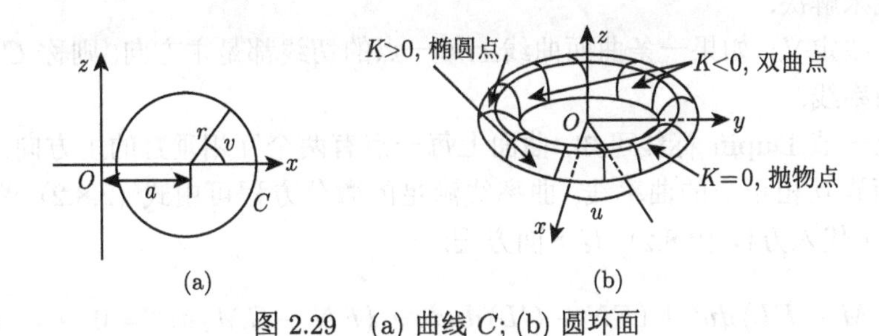

图 2.29 (a) 曲线 C; (b) 圆环面

解 对照图 2.29(a) 写出 Oxz 平面上的圆参数方程是

$$x = f(v) = a + r\cos v, \quad z = r\sin v \tag{1}$$

根据例 2.3 的式 (1), 可以写出旋转面方程是

$$\vec{r} = ((a + r\cos v)\cos u, (a + r\cos v)\sin u, r\sin v) \tag{2}$$

旋转曲面如图 2.29(b) 所示.

第一基本量与第二基本量如下:

$$E = \vec{r}_u^{\,2} = (a + r\cos v)^2, \quad F = \vec{r}_u \cdot \vec{r}_v = 0, \quad G = \vec{r}_v^{\,2} = r^2$$

$$L = \vec{r}_{uu} \cdot \vec{n} = (a + r\cos v)\cos v, \quad M = \vec{r}_{uv} \cdot \vec{n} = 0, \quad N = \vec{r}_{vv} \cdot \vec{n} = r$$

Gauss 曲率是

$$K = \frac{LN - M^2}{EG - F^2} = \frac{\cos v}{r(a + r\cos v)}$$

只要判断 $\cos v$ 值的分布情况, 就可以得到环面上点的分类, 共有三种情况:

(1) $K > 0$, 椭圆点. 它的区域是 $0 \leqslant v \leqslant \pi/2$ 和 $3\pi/2 \leqslant v \leqslant 2\pi$, 是环面的外侧面, 曲面是凸曲面.

(2) $K<0$, 双曲点. 它的区域是 $\pi/2<v<3\pi/2$, 是环面的内侧面, 曲面是双曲鞍面.

(3) $K=0$, 抛物点. 它是 $v=\pi/2$ 和 $v=3\pi/2$, 是环面的最高与最低处的纬线.

三种点的分布见图 2.29(b).

3. 曲率线和正交坐标网

前面讨论了曲面点 P 的邻近点结构, 但是还未涉及主方向, 这个问题通常引进曲率线来解决.

曲率线定义: 如果一条曲面曲线上每一点的切线都是主方向, 则称 C 为曲面上一条曲率线.

从上一节 Dupin 标线可知, 曲面上每一点有两个互相垂直的主方向, 因此曲面上有两族互相正交的曲率线, 曲率线满足的微分方程可由式 (2.8.2) 求出. 将 $t=dv/du$ 代入方程 (2.8.2), 有下面方程:

$$(EM-FL)\,du^2+(EN-GL)\,dudv+(FN-GM)\,dv^2=0 \tag{2.8.11}$$

为了方便记忆, 上式也可以写成便于记忆的行列式形式:

$$\begin{vmatrix} dv^2 & -dudv & du^2 \\ E & F & G \\ L & M & N \end{vmatrix}=0 \tag{2.8.12}$$

式 (2.8.11) 两边同除以 du^2, 就得到了微分方程形式, 为

$$(FN-GM)\left(\frac{dv}{du}\right)^2+(EN-GL)\frac{dv}{du}+(EM-FL)=0 \tag{2.8.13}$$

上式可以分解成两个一阶常微分方程, 方程的解就是曲率线, 曲率线上每一点的切线方向就是主方向.

由于曲率线是两族正交的曲线, 可以设想用这两族正交曲线作为正交坐标网, 这种坐标网称为曲率线网. 曲率线网成立的条件分析如下:

(1) 曲面的脐点处. 根据式 (2.7.24) 可知, 式 (2.8.11) 是恒等式, 任何方向都是主方向, 所以全脐点曲面的曲率线是不定的, 不能作为曲率线网.

(2) 没有脐点的曲面. 如果 $F=M=0$, $EN-GL\neq 0$, 式 (2.8.11) 变成 $(EN-GL)\,dudv=0$. 于是有

$$dudv=0$$

从式 (2.1.16) 可知, 恰好可以构成坐标网, 刚才讨论可知这也是正交网, 因此上式是曲率线网必须满足的条件.

反过来, 如果式 (2.8.11) 中有 $dudv = 0$, 那么式 (2.8.11) 可以写成

$$EM - FL = 0, \quad FN - GM = 0, \quad EN - GL \neq 0$$

上面三式可以导出 $F = 0, M = 0$.

根据以上讨论得到曲率线网的充要条件是在整个曲面上第一基本量 $F = 0$, 第二基本量 $M = 0$.

曲率线网的 u 曲线和 v 曲线对应的法曲率分别是主曲率 k_1 和 k_2, 可以从式 (2.8.2) 求出. 将 $F = M = 0$ 代入式 (2.8.1) 后得到

$$\frac{1}{k} = \frac{E + Gt^2}{L + Nt^2} = \frac{Edu^2 + Gdv^2}{Ldu^2 + Ndv^2}$$

对于 u 曲线而言 $dv = 0$, 于是 $k_1 = L/E$; 对于 v 曲线而言 $du = 0$, 于是 $k_2 = N/G$.

曲率线也有另一种定义方式, 这种方式是用曲面的法向矢量与坐标矢量来定义的, 这就是 Rodriques 定理: 曲率线存在的充要条件是

$$d\vec{n} = -\lambda(s)\, d\vec{r} \tag{2.8.14}$$

其中 $\lambda(s)$ 是曲面在 $\vec{r}(s)$ 处沿主方向 $d\vec{r}$ 的主曲率, $\vec{n}$ 是曲面的单位法向矢量. 由于推导过程较长, 这里不再证明.

如果用曲率线组成曲率线网. $dv = 0$ 的 u 曲线, 它的 $\lambda(s) = k_1$; $du = 0$ 的 v 曲线, 它的 $\lambda(s) = k_2$. 再把微分表达式

$$d\vec{n} = \vec{n}_u du + \vec{n}_v dv, \quad d\vec{r} = \vec{r}_u du + \vec{r}_v dv$$

代入式 (2.8.14), 然后解出结果, 就得到曲率线网存在的充要条件是

$$\begin{cases} \vec{n}_u = -k_1 \vec{r}_u \\ \vec{n}_v = -k_2 \vec{r}_v \end{cases} \tag{2.8.15}$$

式 (2.8.15) 应用非常方便.

例 2.11 柱面定义: 给定常矢量 $\vec{b}$ 和空间曲线

$$C : \vec{a} = \vec{a}(u), \quad \alpha < u < \beta$$

过 C 上每一点作一条方向为 $\vec{b}$ 的直线, 这些直线生成的曲面就是柱面. 求柱面方程、圆柱面方程和曲率线方程.

解　根据定义作出矢量图 2.30(a), 根据矢量图有

$$\vec{r}(u,v)=\vec{a}(u)+v\vec{b}$$

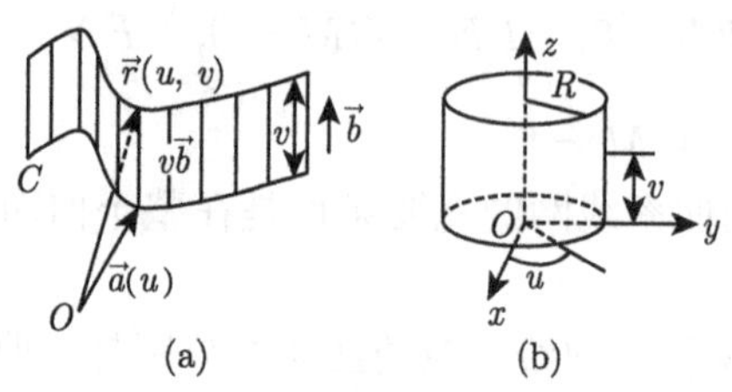

图 2.30　(a) 柱面; (b) 圆柱面

上式就是柱面方程.

圆柱面如图 2.30(b), 空间曲线的参数方程是

$$x=R\cos u,\quad y=R\sin u,\quad z=0$$

曲线矢量和常矢量分别是 $\vec{a}(u)=(R\cos u,R\sin u,0)$, $\vec{b}=(0,0,1)$. 于是得到圆柱面方程为

$$\vec{r}(u,v)=\vec{a}(u)+v\vec{b}=(R\cos u,R\sin u,v)$$

坐标矢量是

$$\vec{r}_u=(-R\sin u,R\cos u,0),\quad \vec{r}_v=(0,0,1)$$

二阶导矢量和法向矢量是

$$\vec{r}_{uu}=(-R\cos u,-R\sin u,0),\quad \vec{r}_{uv}=(0,0,0),$$

$$\vec{r}_{vv}=(0,0,0),\quad \vec{n}=\frac{\vec{r}_u\times\vec{r}_v}{|\vec{r}_u\times\vec{r}_v|}=(\cos u,\sin u,0)$$

第一基本量和第二基本量计算如下:

$$E=\vec{r}_u^{\,2}=R^2,\quad F=\vec{r}_u\cdot\vec{r}_v=0,\quad G=\vec{r}_v^{\,2}=1$$

$$L=\vec{r}_{uu}\cdot\vec{n}=-R,\quad M=\vec{r}_{uv}\cdot\vec{n}=0,\quad N=\vec{r}_{vv}\cdot\vec{n}=0$$

曲率线方程是

$$\begin{vmatrix} dv^2 & -dudv & du^2 \\ E & F & G \\ L & M & N \end{vmatrix}=\begin{vmatrix} dv^2 & -dudv & du^2 \\ R^2 & 0 & 1 \\ -R & 0 & 0 \end{vmatrix}=Rdudv=0$$

由 $R \neq 0$ 可得 $dudv = 0$ 就是所求的曲率线方程.

从以上讨论可知, 如果知道了曲面的第二基本形式, 就可以求出 Gauss 曲率和主方向, 从而获取曲面在空间如何弯曲的外在性质, 所以称这些内容是外在几何.

2.9 曲面论的基本公式、基本定理和基本方程

前面几节内容表明只要知道曲面的第一基本形式就可以解决曲面的内在几何问题, 比如等距映射、保角映射; 曲面的第一基本形式和第二基本形式可以决定曲面上点及其附近曲面的弯曲程度和弯曲方向等一系列外在几何. 现在自然会产生这样的问题: 这两个基本形式是不是可以确定一个曲面? 如果曲面存在, 是否一定要满足这两个基本形式? 这两个基本形式之间有没有某种联系? 这几个问题被称为曲面论的基本方程和基本理论, 也是曲面论的核心问题. 本节就要回答这几个问题, 由于曲面论的这些基本理论牵涉的数学方法较多, 证明过程也很复杂, 本节仅对这些基本理论给出说明和结论, 不做任何证明.

曲面论的基本方程和基本理论由三个部分组成: 曲面论的基本公式; Gauss 方程与 Codazzi 方程; 曲面存在与唯一性定理, 或者称为曲面基本定理.

1. 曲面的基本方程

曲线论中有 Frenet 标架, 曲面论中也有类似标架, 称为自然运动标架. 曲面上每一点 $P(u,v)$ 取三个不共面的矢量 $\vec{r}_u, \vec{r}_v$ 和 $\vec{n}$, 其中 $\vec{r}_u$ 和 $\vec{r}_v$ 是曲线的切向矢量, 就是我们在前几节已经常用的坐标矢量, 以及切平面上单位法向矢量 $\vec{n}$. 这三个矢量不是彼此互相垂直的, 但是由于 $\vec{r}_u$ 和 $\vec{r}_v$ 在切平面上, 而 $\vec{n}$ 是切平面上的单位法向矢量, 因而 $\vec{r}_u$ 和 $\vec{r}_v$ 是垂直于 $\vec{n}$ 的. $\vec{r}_u, \vec{r}_v$ 和 $\vec{n}$ 的几何图像如图 2.31 所示, 三个矢量之间的关系可用点积与第一基本量来表示, 列在表 2.9.1 中. 取这三个矢量作为空间的基矢量, 它们组成了三个相交的曲面, 称它们是曲面的伴随三面形.

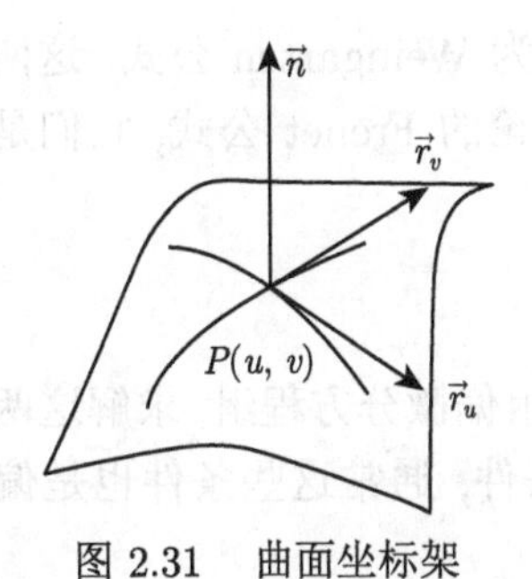

图 2.31 曲面坐标架

表 2.9.1 标架矢量关系

点积 $(\cdot)$	$\vec{r}_u$	$\vec{r}_v$	$\vec{n}$
$\vec{r}_u$	E	F	0
$\vec{r}_v$	F	G	0
$\vec{n}$	0	0	1

根据线性空间的理论可知, 空间的每一个矢量都可以用基矢量的线性组合表示. 而二阶导矢量 $\vec{r}_{uu}$, $\vec{r}_{uv}$, $\vec{r}_{vv}$ 和法向矢量的分量 $\vec{n}_u$, $\vec{n}_v$ 也是空间矢量, 所以这些矢量也可以用 $\vec{r}_u$, $\vec{r}_v$ 和 $\vec{n}$ 的线性组合表示. 于是得到曲面基本公式:

$$\vec{r}_{uu}=\Gamma_{11}^{1}\vec{r}_u+\Gamma_{11}^{2}\vec{r}_v+L\vec{n} \tag{2.9.1a}$$

$$\vec{r}_{uv}=\Gamma_{12}^{1}\vec{r}_u+\Gamma_{12}^{2}\vec{r}_v+M\vec{n} \tag{2.9.1b}$$

$$\vec{r}_{vv}=\Gamma_{22}^{1}\vec{r}_u+\Gamma_{22}^{2}\vec{r}_v+N\vec{n} \tag{2.9.1c}$$

其中 Γ_{ij}^{k} 的表达式是

$$\Gamma_{11}^{1}=\frac{GE_u-2FF_u+FE_v}{2(EG-F^2)},\quad \Gamma_{11}^{2}=\frac{2EF_u-EE_v-FE_u}{2(EG-F^2)}$$

$$\Gamma_{12}^{1}=\frac{GE_v-FG_u}{2(EG-F^2)},\qquad \Gamma_{12}^{2}=\frac{EG_u-FE_v}{2(EG-F^2)}$$

$$\Gamma_{22}^{1}=\frac{2GF_v-GG_u-FG_v}{2(EG-F^2)},\quad \Gamma_{22}^{2}=\frac{EG_v-2FF_v+FG_u}{2(EG-F^2)}$$

式中 $E_u=\dfrac{\partial E}{\partial u}$, 其他符号 X_y 也是类似意思. 上面六个系数 Γ_{ij}^{k} 仅用第一基本形式 E,F,G 和它们的偏导数表达, 称它们是第一基本形式的第二类 Christoffel 记号.

法向矢量 $\vec{n}$ 的表达式是

$$\vec{n}_u=\frac{MF-LG}{EG-F^2}\vec{r}_u+\frac{LF-ME}{EG-F^2}\vec{r}_v \tag{2.9.2a}$$

$$\vec{n}_v=\frac{NF-MG}{EG-F^2}\vec{r}_u+\frac{MF-NE}{EG-F^2}\vec{r}_v \tag{2.9.2b}$$

我们称式 (2.9.1) 为 Gauss 公式, 式 (2.9.2) 为 Weingarten 公式. 这两组公式仅与曲面的第一和第二基本量有关, 类似于曲线论的 Frenet 公式, 它们是曲面论的基本公式.

2. *曲面论的基本方程*

Gauss 公式与 Weingarten 公式实际上是两组偏微分方程组, 求解这两个方程组必须满足某些条件, 有时称这些条件是可积条件, 通常这些条件也是偏微分方程组.

Gauss 公式必须满足的条件称为 Gauss 方程, 为

$$KF = \left(\Gamma_{12}^1\right)_u - \left(\Gamma_{11}^1\right)_v + \Gamma_{12}^2\Gamma_{12}^1 - \Gamma_{11}^2\Gamma_{22}^1 \tag{2.9.3a}$$

$$KE = \left(\Gamma_{11}^2\right)_v - \left(\Gamma_{12}^2\right)_u + \Gamma_{11}^1\Gamma_{12}^2 + \Gamma_{11}^2\Gamma_{22}^2 - \Gamma_{11}^2\Gamma_{12}^1 - \left(\Gamma_{12}^2\right)^2 \tag{2.9.3b}$$

$$KG = \left(\Gamma_{22}^1\right)_u - \left(\Gamma_{12}^1\right)_v + \Gamma_{22}^2\Gamma_{12}^1 + \Gamma_{11}^1\Gamma_{22}^1 - \Gamma_{12}^2\Gamma_{22}^1 - \left(\Gamma_{12}^1\right)^2 \tag{2.9.3c}$$

$$KF = \left(\Gamma_{12}^2\right)_v - \left(\Gamma_{22}^2\right)_u + \Gamma_{12}^1\Gamma_{12}^2 - \Gamma_{11}^2\Gamma_{22}^1 \tag{2.9.3d}$$

式中 $K = k_1 k_2$ 是 Gauss 曲率, $(X)_y = \partial X/\partial y$. 式 (2.9.3) 的意义可以用下述定理表示:

定理 2.9.1 (Gauss 定理) 曲面的 Gauss 曲率 K 可以用第一基本量和它们的一阶和二阶偏导数表示, 因此 K 是曲面的等距不变量.

因为等距映射对应有相同的第一基本形式, 于是又有下面定理.

定理 2.9.2 等距映射下的曲面对应点的 Gauss 曲率 K 必定相同.

上面定理说明两点:

(1) Gauss 曲率不同的曲面即使允许曲面经过任意的弯曲, 这两个曲面也无法互相贴合. 例如, 球面上的小块无论如何弯曲也无法贴合到平面, 或者半径不同的曲面上.

(2) 曲面经过变形, 虽然形状改变了, 主曲率改变了, 但是由于 K 是曲面的等距不变量, 因此曲面的 K 是不变的, 这就是说曲面的 Gauss 曲率 K 是由它的内在几何确定的.

那么内在几何与外在几何有没有联系呢? 从式 (2.8.6) 可知

$$K = \frac{LN - M^2}{EG - F^2} \tag{2.9.4}$$

由于 K 是不变的, 第一基本量确定了以后, 第二基本量必须满足上式, 而不能任意选择, 因此式 (2.9.4) 实际上确定了这两个基本量之间的关系.

Weingarten 公式满足的条件是一个偏微分方程组, 称为 Codazzi 方程, 是

$$\frac{\partial L}{\partial v} - \frac{\partial M}{\partial u} = L\Gamma_{12}^1 + M\left(\Gamma_{12}^2 - \Gamma_{11}^1\right) - N\Gamma_{11}^2 \tag{2.9.5a}$$

$$\frac{\partial M}{\partial v} - \frac{\partial N}{\partial u} = L\Gamma_{22}^1 + M\left(\Gamma_{22}^2 - \Gamma_{12}^1\right) - N\Gamma_{12}^2 \tag{2.9.5b}$$

方程 (2.9.3), (2.9.4) 和 (2.9.5) 包括了曲面内在几何和它在空间弯曲量之间的联系, 任意曲面的内在几何量与外在几何量之间的一切联系均可由这三组方程确定, 称这三组方程是曲面的基本方程.

微分几何中一个重要的问题是如何确定正交坐标网的 Gauss 曲率, 基本方程给出了这个问题的答案. 将 $F=0$ 代入基本方程中, 则有

$$K=-\frac{1}{\sqrt{EG}}\left\{\left[\frac{(\sqrt{E})_v}{\sqrt{G}}\right]_v+\left[\frac{(\sqrt{G})_u}{\sqrt{E}}\right]_u\right\} \tag{2.9.6}$$

上式说明 Gauss 曲率是由第一基本量给出的, 推导是直接的, 这里不再给出, 这个公式也称为 Gauss 公式.

3. 曲面的存在性与唯一性

曲面的存在性与唯一性由下列定理确定.

定理 2.9.3　给定任意两个基本形式:

$$I=Edu^2+2Fdudv+Gdv^2, \quad II=Ldu^2+2Mdudv+Ndv^2$$

如果 I 是正定的, I 和 II 的系数满足曲面论方程 (2.9.3) 和 (2.9.5), 那么存在唯一一个曲面 S, 这个曲面除了空间位置可能有差异, 则以 I 和 II 分别作为曲面 S 的第一基本形式和第二基本形式.

以上所介绍的三个部分就是曲面理论的核心问题. 下面用以上的公式和定理证明有重要应用价值的可展曲面性质.

4. 可展曲面和单参数包络面

下面分析可展曲面存在的充要条件.

(1) 切线面

切线面的定义: 给定一条空间曲线

$$C:\vec{a}=\vec{a}(u)\quad(\alpha<u<\beta)$$

过 C 上每一点作切线, 切线全体组成的曲面称为 C 的切线面, C 称为切线面的脊线. 切线面如图 2.32 所示, 根据矢量加法, 得到的矢量方程是

$$\vec{r}=\vec{a}(u)+v\dot{\vec{a}}(u) \tag{2.9.7}$$

坐标矢量是

$$\vec{r}_u=\dot{\vec{a}}(u)+v\ddot{\vec{a}}(u), \quad \vec{r}_v=\dot{\vec{a}}(u)$$

法向矢量是

$$\vec{r}_u\times\vec{r}_v=\left(\dot{\vec{a}}(u)+v\ddot{\vec{a}}(u)\right)\times\dot{\vec{a}}(u)=\dot{\vec{a}}\times\dot{\vec{a}}+v\ddot{\vec{a}}\times\dot{\vec{a}}=v\ddot{\vec{a}}\times\dot{\vec{a}}$$

在 $v=0$ 处, $\vec{r}_u \times \vec{r}_v = 0$, 所以除了 $v=0$, 即脊线以外的曲面都是正则的. 单位法向矢量是

$$\vec{n} = \frac{\vec{r}_u \times \vec{r}_v}{|\vec{r}_u \times \vec{r}_v|} == \pm \frac{\ddot{\vec{a}} \times \dot{\vec{a}}}{|\dot{\vec{a}} \times \ddot{\vec{a}}|} \tag{2.9.8}$$

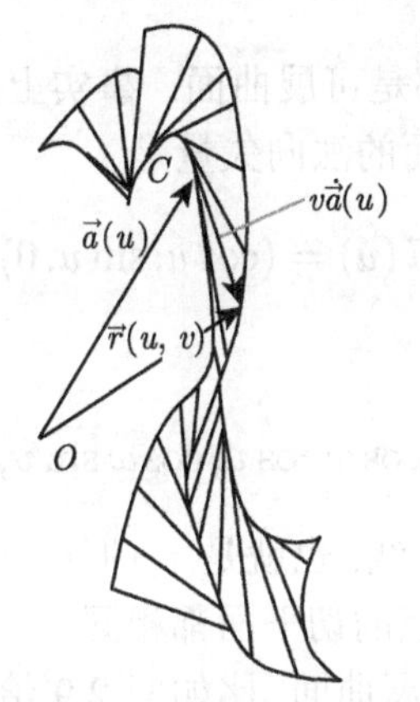

图 2.32 切线面示意图

(2) 包络面

包络面定义: 对于给定的正则曲面族 $\{S_\lambda\}$, 若存在曲面 S, 使得 S 上的每一点与族中某一张曲面 S_λ 相切, 则称 S 是 $\{S_\lambda\}$ 的包络面. 图 2.33 是包络面示意图.

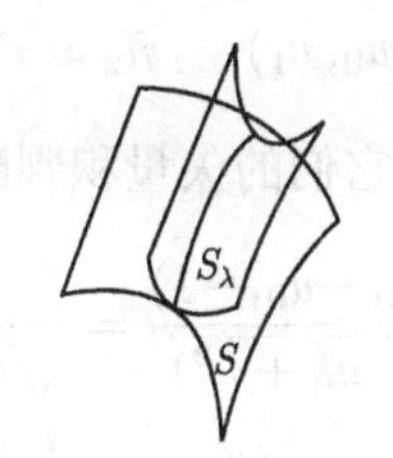

图 2.33 包络面示意图

设给定的曲面族 $\{S_\lambda\}$ 是

$$\{S_\lambda\} : F(x,y,z;\lambda) = 0$$

其中 (x,y,z) 是曲面 S_λ 的一点坐标, λ 是参数. 因为 $\{S_\lambda\}$ 只依赖于一个参数 λ, 所以称之为单参数曲面族. 单参数的包络面方程导出如包络线的情况类似, 这里不再重复, $\{S_\lambda\}$ 的包络面方程是

$$S : \begin{cases} F(x,y,z;\lambda) = 0 \\ \dfrac{\partial}{\partial \lambda} F(x,y,z;\lambda) = 0 \end{cases}$$

单参数的包络面成立的条件: 单参数平面族的包络面是直纹面. 这里略去证明.

(3) 可展曲面

可展曲面定义: 如果直纹面沿一条母线的所有切平面都相同, 称之为可展曲面.

前面讨论的柱面和锥面都是可展曲面. 事实上, 这两种曲面的单位法向矢量是单参数 u 的函数, 例如, 柱面的法向矢量是

$$\vec{n}(u) = (\cos u, \sin u, 0)$$

圆锥面的法向矢量是

$$\vec{n}(u) = (\cos\omega\cos u, \cos\omega\sin u, -\sin\omega)$$

同时一条母线只是参量 v 的曲线, 也就是 v 曲线. 这条母线沿着法向矢量有 $u = u_0$, 所以曲面在这条母线的各点的切平面都相同.

并不是所有直纹面都是可展曲面, 比如例 2.9 给出的双曲抛物面, 方程是

$$\vec{r} = (u, v, uv)$$

法向矢量是 $\vec{n} = (-v, -u, 1)/\sqrt{1+u^2+v^2}$. 同一条母线 $u = u_0$ 的上下不同两点 v_1 和 v_2 的法向矢量是

$$\vec{n}_1 = \vec{r}(u_0, v_1), \quad \vec{n}_2 = \vec{r}(u_0, v_2)$$

两条法向矢量是否平行可以通过它们的矢量积判断, 为

$$\vec{n}_1 \times \vec{n}_2 = \frac{(-v_1, -u_0, 1) \times (-v_2, -u_0, -1)}{\sqrt{(1+u_0^2+v_1^2)(1+u_0^2+v_2^2)}} = \frac{(v_1 - v_2)(0, 1, u_0)}{\sqrt{(1+u_0^2+v_1^2)(1+u_0^2+v_2^2)}} \neq \vec{0}$$

上式表明母线上的切平面并不平行, 因此切平面不相同, 故而不是可展平面.

可展曲面存在定理　曲面 S 是可展曲面的充要条件是 S 为单参数平面族的包络面. 这个结论的证明可以参考详细一些的微分几何教材, 这里不再证明.

可展曲面的重要性是这种曲面可以从空间曲面等距映射到平面, 而且可展曲面只有三种曲面: 柱面、锥面和切线面, 也就是说遇到这三种曲面时, 可以把它们映射成平面区域处理, 方便问题的解决.

现在证明可展曲面的 Gauss 曲率 $K = 0$.

先求 K 与曲面自然运动标架的关系. 利用式 (2.6.8), 并注意到 $\vec{n} \cdot \vec{r}_{vv} = -\vec{n}_v \cdot \vec{r}_u = -\vec{n}_u \cdot \vec{r}_v$, 于是有

$$LN - M^2 = (\vec{r}_u \cdot \vec{n}_u)(\vec{r}_v \cdot \vec{n}_v) - (\vec{r}_v \cdot \vec{n}_u)(\vec{r}_v \cdot \vec{n}_u)$$

$$= (\vec{r}_u \cdot \vec{n}_u)(\vec{r}_v \cdot \vec{n}_v) - (\vec{r}_u \cdot \vec{n}_v)(\vec{r}_v \cdot \vec{n}_u)$$

根据 Lagrange 等式

$$\left(\vec{a} \times \vec{b}\right) \cdot \left(\vec{c} \times \vec{d}\right) = \left(\vec{a} \cdot \vec{c}\right)\left(\vec{b} \cdot \vec{d}\right) - \left(\vec{a} \cdot \vec{d}\right)\left(\vec{b} \cdot \vec{c}\right)$$

于是有

$$LN - M^2 = (\vec{r}_u \times \vec{r}_v) \cdot (\vec{n}_u \times \vec{n}_v)$$

此结果代入式 (2.9.4), 得到 Gauss 曲率是

$$\begin{aligned} K &= \frac{LN - M^2}{EG - F^2} = \frac{(\vec{r}_u \times \vec{r}_v) \cdot (\vec{n}_u \times \vec{n}_v)}{EG - F^2} \\ &= \frac{\vec{r}_u \times \vec{r}_v}{\sqrt{EG - F^2}} \cdot \frac{\vec{n}_u \times \vec{n}_v}{\sqrt{EG - F^2}} = \frac{\vec{n} \cdot (\vec{n}_u \times \vec{n}_v)}{\sqrt{EG - F^2}} \end{aligned} \tag{2.9.9}$$

式 (2.9.9) 表明 $K = 0$, 等价于 $\vec{n} \cdot (\vec{n}_u \times \vec{n}_v) = 0$. 因为 $\vec{n}^2 = 1$, 于是得到

$$\vec{n} \cdot \vec{n}_u = 0, \quad \vec{n} \cdot \vec{n}_v = 0$$

这样等于 $\vec{n} \cdot (\vec{n}_u \times \vec{n}_v) = 0$ 只有两种情况: $\vec{n}_u = 0$ 或 $\vec{n}_v = 0$; 或者 $\vec{n}_u$ 与 $\vec{n}_v$ 平行共线.

1) $\vec{n}_u = 0$ 或者 $\vec{n}_v = 0$. $\vec{n}$ 只依赖于一个参数, 曲面 S 是一个单参数平面, 根据可展平面存在定理可知, 这是一个可展曲面.

2) $\vec{n}_u$ 或者 $\vec{n}_v$ 平行共线. 从式 (2.7.9a) 得到

$$k_n = k \cos \varphi = \frac{Ldu^2 + 2Mdudv + Ndv^2}{Edu^2 + 2Fdudv + Gdv^2}$$

根据 Dupin 标线理论式 (2.7.20) 和 (2.7.21) 的推导可知 $K = k_1 k_2 = 0$ 等价于 $k \cos \varphi = 0$, 于是又有

$$Ldu^2 + 2Mdudv + Ndv^2 = 0$$

又从式 (2.9.9) 可知 $K = 0$ 等价于 $LN = M^2$, $M = \sqrt{LN}$, 将此 M 代入上式, 得到

$$\left(\sqrt{L}du + \sqrt{N}dv\right)^2 = 0 \tag{2.9.10}$$

取满足式 (2.9.10) 的 u 和 v 作为坐标曲线. 在新坐标系下, $v =$ 常数, 式 (2.9.10) 中 $dv = 0$, $L = 0$, 于是 $M = 0$. 从式 (2.6.8) 可知

$$L = -\vec{n}_u \cdot \vec{r}_u = 0, \quad M = -\vec{n}_u \cdot \vec{r}_v = 0$$

因此只有 $\vec{n}_u = 0$, 这正是单参数包络面成立的条件, 再根据可展曲面成立的条件可知, 这也是一个可展曲面.

上述过程倒过来也成立, 所以 Gauss 曲率 $K = 0$ 是曲面为可展曲面的充要条件.

2.10 Gauss 映射和曲面的第三基本形式

微分几何有三个重要的映射: 等距映射、保角映射和 Gauss 映射. 等距映射与保角映射已经在 2.4 节和 2.5 节做了详细介绍, 这一节将讨论 Gauss 映射, 在 Gauss 映射的基础上讨论曲面的第三基本形式.

1. Gauss 映射

Gauss 映射又称曲面在球面上的表示, 它是把曲面表示到单位球面的映射, 其目的是解释 Gauss 曲率 K 如何表示曲面自身弯曲的情况.

Gauss 映射定义: 设有曲面 $\vec{r} = \vec{r}(u,v)$, 在曲面的每一点 $P(u,v)$ 作单位法向矢量 $\vec{n}(u,v)$. 平行移动 $\vec{n}$, 将单位法向矢量的起点合于原点 O, $\vec{n}$ 的端点被移动到以 O^* 为球心的单位球面 S^* 的一点 P^*, 称 S 到 S^* 的映射

$$P \to P^*$$

是曲面的 Gauss 映射.

Gauss 映射的结果为曲面 S 的象是单位球面 S^* 的一个点集 Σ, 映射是

$$\vec{n} = \vec{n}(u,v) \tag{2.10.1}$$

而象 Σ 可能是球面的一个区域、一条曲线, 甚至于一个点, 映射的示意图如图 2.34. Gauss 映射的结果是映射前后的两张曲面的面积元之比是 Gauss 曲率的绝对值 $|K|$, 这就是下面的定理 2.10.1.

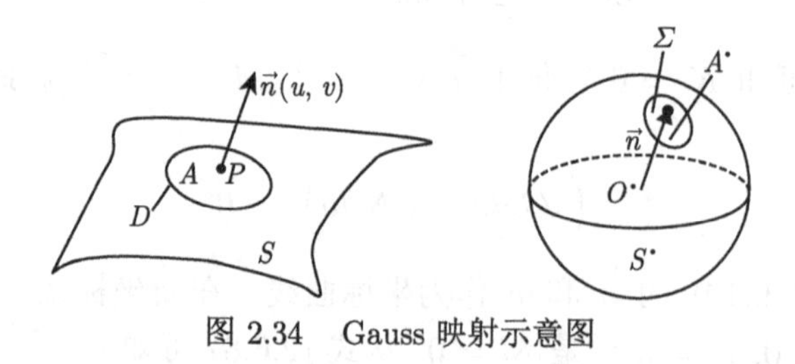

图 2.34　Gauss 映射示意图

定理 2.10.1　曲面 S 上的区域 D 面积是 A, Gauss 映射后的象球面对应区

域 Σ 的面积是 A^*, 在曲面 S 区域 $D \to P$ 时有

$$\lim_{D \to P} \frac{A^*}{A} = |K(p)| \tag{2.10.2}$$

证明 根据式 (2.3.20) 可以得到曲面 S 的区域 D 的面积是

$$A = \iint_D |\vec{r}_u \times \vec{r}_v| dudv \tag{1}$$

D 对应的象区域 Σ 的面积是

$$A^* = \iint_\Sigma |\vec{n}_u \times \vec{n}_v| dudv \tag{2}$$

映射过程中法向矢量是平行移动的, 映射对应区域 D 和 Σ 的法向矢量平行. 因为 $\vec{r}_u \times \vec{r}_v$ 是曲面 S 的法向矢量, $\vec{n}_u \times \vec{n}_v$ 是单位球面 S^* 的法向矢量, 所以两矢量共线, 故有

$$\vec{n}_u \times \vec{n}_v = \lambda (\vec{r}_u \times \vec{r}_v) \tag{3}$$

式 (3) 两边点乘 $\vec{r}_u \times \vec{r}_v$, 得到

$$(\vec{r}_u \times \vec{r}_v) \cdot (\vec{n}_u \times \vec{n}_v) = \lambda (\vec{r}_u \times \vec{r}_v)^2$$

$$\begin{aligned}(\vec{r}_u \times \vec{r}_v)^2 &= (\vec{r}_u \times \vec{r}_v) \cdot (\vec{r}_u \times \vec{r}_v) \quad (\text{用式 } (1.4.8)) \\ &= \vec{r}_u{}^2 \vec{r}_u{}^2 - (\vec{r}_u \cdot \vec{r}_v)^2 = EG - F^2\end{aligned}$$

用式 (1.4.7) 又有

$$\begin{aligned}(\vec{r}_u \times \vec{r}_v) \cdot (\vec{n}_u \times \vec{n}_v) &= \begin{vmatrix} \vec{r}_u \cdot \vec{n}_u & \vec{r}_u \cdot \vec{n}_v \\ \vec{r}_v \cdot \vec{n}_u & \vec{r}_v \cdot \vec{n}_v \end{vmatrix} \\ &= (\vec{r}_u \cdot \vec{n}_u)(\vec{r}_v \cdot \vec{n}_v) - (\vec{r}_u \cdot \vec{n}_v)(\vec{r}_v \cdot \vec{n}_u) = LN - M^2\end{aligned}$$

$$\lambda = \frac{(\vec{r}_u \times \vec{r}_v) \cdot (\vec{n}_u \times \vec{n}_v)}{(\vec{r}_u \times \vec{r}_v)^2} = \frac{LN - M^2}{EG - F^2} = K \tag{4}$$

将式 (3) 和 (4) 代入式 (2), 并利用定积分中值定理, 得到

$$A^* = \iint_\Sigma |\vec{n}_u \times \vec{n}_v| dudv = \iint_\Sigma |K| |\vec{r}_u \times \vec{r}_v| dudv = |K(\xi)| \iint_\Sigma |\vec{r}_u \times \vec{r}_v| dudv$$

于是映射前后的面积比是

$$\lim_{D\to P}\frac{A^*}{A}=\lim_{D\to P}\frac{|K(\xi)|\iint\limits_{\Sigma}|\vec{r}_u\times\vec{r}_v|\,dudv}{\iint\limits_{D}|\vec{r}_u\times\vec{r}_v|\,dudv}=|K(P)| \qquad \text{[证毕]}$$

Gauss 映射可以解释 Gauss 曲率的意义. 如图 2.35 所示. 用 Γ_D 表示区域 D 的边界, Γ_Σ 表示区域 Σ 的边界. $\vec{r}_u$ 沿着 Γ_D 的正向切线方向, $\vec{r}_v$ 指向围线 Γ_D 的内部; $\vec{n}_u$ 沿着 Γ_Σ 的切线方向, $\vec{n}_v$ 指向围线 Γ_Σ 的内部.

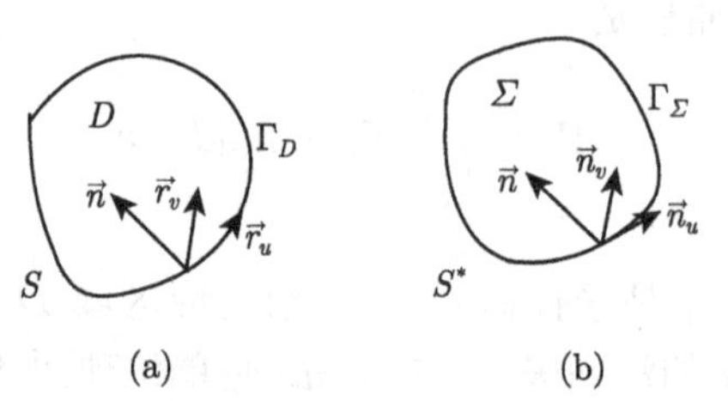

图 2.35 (a) 曲面 S 的区域 D; (b) 曲面 S^* 的区域 Σ

根据前面证明过程中式 (3) 和式 (4), 可知

$$\vec{n}_u\times\vec{n}_v=K(\vec{r}_u\times\vec{r}_v) \tag{2.10.3}$$

为了与此式对应, 绕围线旋转时, 逆时针方向为正, 顺时针方向为负. 当 $K>0$ 时 $\vec{r}_u\times\vec{r}_v$ 的方向与 $\vec{n}_u\times\vec{n}_v$ 方向一致, S 上曲线从 Γ_D 上一点正向旋转, 同时 S^* 上曲线也从 Γ_Σ 上一点正向旋转; 当 $K<0$ 时, 两个矢量积方向相反, S 上曲线从 Γ_D 上一点正向旋转, 而 S^* 上曲线沿负方向旋转.

Gauss 映射将曲面 S 映射到单位球面 S^* 上, 这也是 Gauss 映射被称为曲面的球面表示的原因.

2. 曲面的第三基本形式

曲面第一基本形式是 $I=ds^2$, 是无穷小弧的平方. 单位球面的无穷小是 $d\vec{n}$, 类似于第一基本形式, 引入单位球面的无穷小平方 $d\vec{n}^2$ 作为一种基本形式, 通常被称为曲面 S 的第三基本形式, 记为 $I\!I\!I$. 它的定义式是

$$\begin{aligned}I\!I\!I&=d\vec{n}^2=(\vec{n}_u du+\vec{n}_v dv)^2=\vec{n}_u^2du^2+2\vec{n}_u\cdot\vec{n}_v dudv+\vec{n}_v^2dv^2\\&=edu^2+2fdudv+gdv^2\end{aligned} \tag{2.10.4}$$

$$e=\vec{n}_u^2,\quad f=\vec{n}_u\cdot\vec{n}_v,\quad g=\vec{n}_v^2 \tag{2.10.5}$$

曲面的三个基本形式之间存在以下关系

$$KI - 2HII + III = 0 \tag{2.10.6}$$

式中, K 是 Gauss 曲率, H 是平均曲率, 证明如下.

证明 选取曲面上正交曲线族为坐标曲线网, 则有

$$I = Edu^2 + Gdv^2, \quad F = \vec{r}_u \cdot \vec{r}_v = 0, \quad II = Ldu^2 + 2Mdudv + Ndv^2$$

因为 $\vec{n} \cdot \vec{n} = 1$, 故有 $\vec{n} \cdot \vec{n}_u = 0$, $\vec{n} \cdot \vec{n}_v = 0$, 即 $\vec{n}$, $\vec{n}_u$ 和 $\vec{n}_v$ 是不共面的三个矢量. 又由 $F = 0$, 从式 (2.9.2) 可得到

$$\vec{n}_u = -\left(\frac{L}{E}\right)\vec{r}_u - \left(\frac{M}{G}\right)\vec{r}_v, \quad \vec{n}_v = -\left(\frac{M}{E}\right)\vec{r}_u - \left(\frac{N}{G}\right)\vec{r}_v \tag{2.10.7}$$

于是第三基本量是

$$\begin{aligned} e = \vec{n}_u \cdot \vec{n}_u &= \left(\frac{L}{E}\vec{r}_u + \frac{M}{G}\vec{r}_v\right)^2 \\ &= \left(\frac{L}{E}\right)^2 \vec{r}_u^{\,2} + \left(\frac{M}{G}\right)^2 \vec{r}_v^{\,2} = \left(\frac{L}{E}\right)^2 E + \left(\frac{M}{G}\right)^2 G \\ &= \frac{L^2G + LNE - LNE + M^2E}{EG} = 2HL - KE \end{aligned}$$

$$f = \vec{n}_u \cdot \vec{n}_v = \frac{M}{E}\frac{L}{E}\vec{r}_u^{\,2} + \frac{M}{G}\frac{N}{G}\vec{r}_v^{\,2} = \frac{LGM + NEM}{EG} = 2HM$$

$$\begin{aligned} g = \vec{n}_v \cdot \vec{n}_v &= \left(\frac{M}{E}\vec{r}_u + \frac{N}{G}\vec{r}_v\right)^2 = \frac{M^2G + N^2E}{EG} \\ &= \frac{N^2E + LGN - LGN + M^2G}{EG} = 2HN - KG \end{aligned}$$

将 e, f 和 g 的表达式代入 $III = edu^2 + 2fdudv + gdv^2$, 得到

$$III = (2HL - KE)\,du^2 + 2HMdudv + (2HN - KG)\,dv^2 = 2HII - KI$$

于是有

$$KI - 2HII + III = 0$$

由于三个基本形式与 H, K 都与坐标曲线选取无关, 所以式 (2.10.6) 也与坐标系选择无关. [证毕]

这里强调一下式 (2.10.6) 的意义, 此式可改写为

$$III = (-K)\,I + (2H)\,II$$

上式说明第一基本形式 I 与第二基本形式 II 适当组合可以得到第三基本形式 III, 也就是说第三基本形式不能获得曲面更多的曲面不变量.

下面是 Gauss 映射的例子.

例 2.12　求平面 $z = D - Ax - By$ 的 Gauss 映射.

解　令 $x = u, y = v$. 平面的矢量方程是

$$\vec{r} = (u, v, D - Au - Bv)$$

坐标矢量是

$$\vec{r}_u = (1, 0, -A), \quad \vec{r}_v = (0, 1, -B)$$

单位法向矢量是

$$\vec{n} = \frac{\vec{r}_u \times \vec{r}_v}{|\vec{r}_u \times \vec{r}_v|} = \frac{(A, B, 1)}{\sqrt{1 + A^2 + B^2}}$$

Gauss 映射的结果如图 2.36 (a) 和 (b) 所示, 其映射的象为单位球面上的一个点.

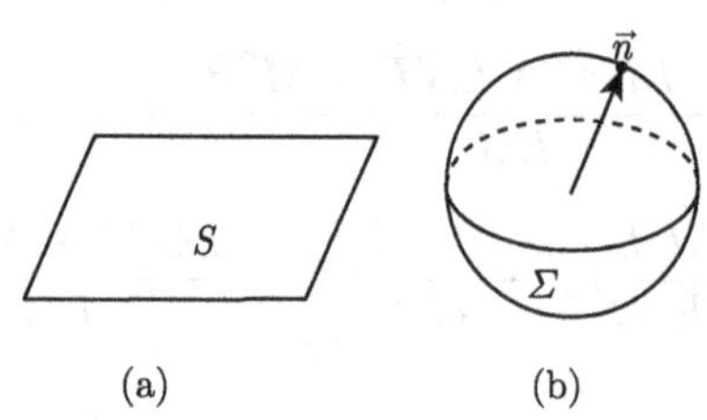

图 2.36　平面的映射. (a) 平面; (b) 图 (a) 映射成一点

例 2.13　求柱面 $\vec{r} = (a\cos u, a\sin u, v), 0 < u < 2\pi, -\infty < v < +\infty$ 的 Gauss 映射和 III.

解　坐标矢量是

$$\vec{r}_u = (-a\sin u, a\cos u, 0), \quad \vec{r}_v = (0, 0, 1)$$

单位法向矢量是

$$\vec{n} = \frac{\vec{r}_u \times \vec{r}_v}{|\vec{r}_u \times \vec{r}_v|} = (\cos u, \sin u, 0)$$

上式的参数方程是

$$x^2 + y^2 = 1, \quad z = 0$$

上式映射成 $z = 0$ 平面上的单位圆, 这个圆称为大圆, 映射图像如图 2.37 所示.

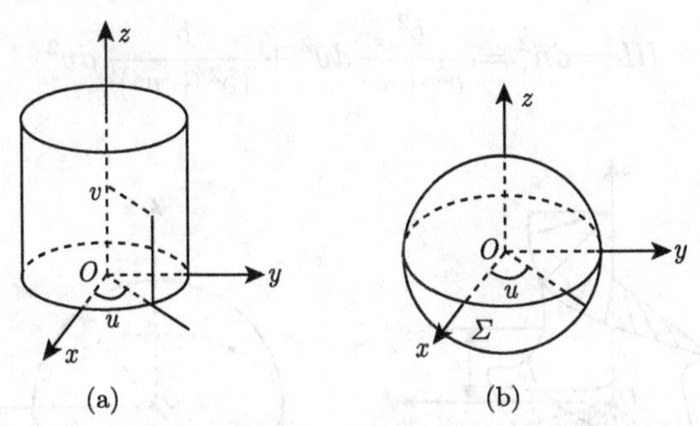

图 2.37 圆柱面映射. (a) 圆柱面; (b) 映射的大圆

又有

$$\vec{n}_u = (-\sin u, \cos u, 0), \quad \vec{n}_v = (0,0,0), \quad e = \vec{n}_u^2 = 1,$$
$$f = \vec{n}_u \cdot \vec{n}_v = 0, \quad g = \vec{n}_v^2 = 0$$

第三基本形式是

$$III = du^2$$

例 2.14 求正螺面 $\vec{r} = (v\cos u, v\sin u, bu), 0 < u < 2\pi, \alpha < v < \beta$ 的 Gauss 映射和 III.

解 坐标矢量是

$$\vec{r}_u = (-v\sin u, v\cos u, b), \quad \vec{r}_v = (\cos u, \sin u, 0)$$

象是

$$\vec{n} = \frac{\vec{r}_u \times \vec{r}_v}{|\vec{r}_u \times \vec{r}_v|} = \frac{(-b\sin u, b\cos u, -v)}{\sqrt{b^2 + v^2}}$$

象在直角坐标系中方程是

$$x^2 + y^2 + z^2 = \frac{b^2\sin^2 u + b^2\cos^2 u + v^2}{b^2 + v^2} = 1$$

上式表明象是一个单位球面, 映射前后的图像在图 2.38.

第三基本量求解如下:

$$\vec{n}_u = \frac{(-b\cos u, -b\sin u, 0)}{\sqrt{b^2 + v^2}}, \quad \vec{n}_v = \frac{(bv\sin u, -bv\cos u, -b^2)}{(b^2 + v^2)^{\frac{3}{2}}}$$

$$e = \vec{n}_u^2 = \frac{b^2}{b^2 + v^2}, \quad f = \vec{n}_u \cdot \vec{n}_v = 0, \quad g = \vec{n}_v^2 = \frac{b^2}{(b^2 + v^2)^2}$$

$$III = d\vec{n}^2 = \frac{b^2}{b^2+v^2}du^2 + \frac{b^2}{(b^2+v^2)^2}dv^2$$

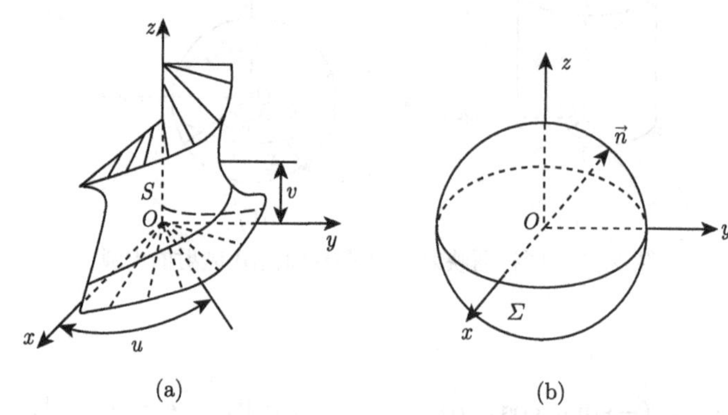

图 2.38　(a) 映射前的正螺面; (b) Gauss 映射后的单位球面

2.11　曲面的测地曲率与测地线

2.7 节已经介绍了测地曲率的概念, 这一部分将详细讨论如何计算测地曲率和它的应用, 共有两部分内容: 测地曲率和测地线.

1. 测地曲率的计算

2.7 节已经给出了一点的测地曲率是

$$k_g = k\sin\varphi \tag{2.11.1a}$$

法曲率是

$$k_n = k\cos\varphi \tag{2.11.1b}$$

测地曲率和法曲率满足

$$k^2 = k_g^2 + k_n^2 \tag{2.11.1c}$$

设 $\vec{N}$ 是单位曲率矢量. 我们对于曲面 S 的曲线 C 上一点 P 的曲率矢量 $k\vec{N}$ 分解成曲面的法向矢量 $\vec{n}$ 和切平面 T_p 上方向 $\vec{\tau}$ 上矢量, 如图 2.39 所示. 在垂直于切线 $\vec{T}$ 的平面上, 作 $\vec{n}\times\vec{T}=\vec{\tau}$, 令矢量

$$\begin{cases} \vec{\nu} = k_n\vec{n} \\ \vec{k}_g = k_g\vec{\tau} \end{cases} \tag{2.11.2}$$

$\vec{k}_g$ 是切向曲率矢量, 称为测地曲率矢量. 测地曲率在理论和应用中都有非常重要的价值, 下面导出它的计算公式.

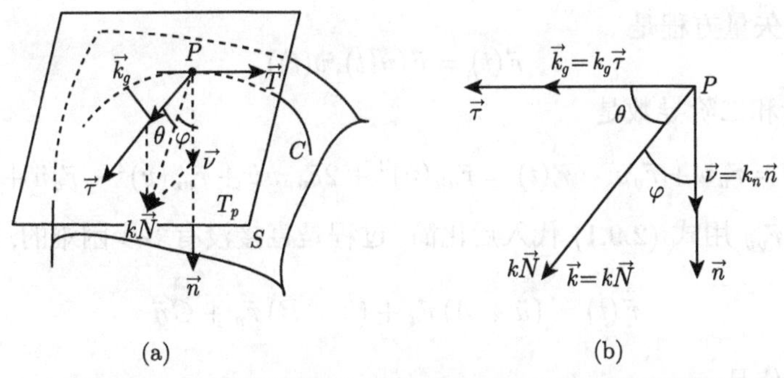

图 2.39 (a) 测地曲率矢量示意图; (b) 测地曲率计算图

从图 2.39 可知, $\vec{\tau}//\vec{T}\times\vec{n}$, 因此有

$$k_g = k\cos\theta = \vec{k}\cdot\vec{\tau} = k\vec{N}\cdot\left(\vec{T}\times\vec{n}\right)$$

如果参数用弧长 s, 曲线矢量是 $\vec{r}(s)$. 由曲线论可知, $\vec{T}=\vec{r}'(s)$, $k\vec{N}=\vec{r}''(s)$, 代入上式可得到

$$k_g = k\vec{N}\cdot\left(\vec{T}\times\vec{n}\right) = \vec{r}''(s)\cdot\left(\vec{r}'(s)\times\vec{n}\right) \tag{2.11.3}$$

下面将在一般坐标网和正交坐标网中计算测地曲率.

(1) 一般坐标网下的测地曲率

如果是一般参数 t, 则有 $\vec{r}=\vec{r}(t)$, 于是 $\dot{\vec{r}}(t)=\vec{r}'(s)(ds/dt)$. 因为 $|d\vec{r}/ds|=1$, $|d\vec{r}|=ds$. 这样就有

$$\dot{\vec{r}}(t) = \vec{r}'(s)\frac{ds}{dt} = \vec{r}'(s)\left|\frac{d\vec{r}}{dt}\right|,\quad \vec{r}'(s) = \frac{\dot{\vec{r}}(t)}{|\dot{\vec{r}}(t)|}$$

同理可以得到

$$\vec{r}''(s) = \ddot{\vec{r}}(t)\frac{1}{|\dot{\vec{r}}(t)|} + \dot{\vec{r}}(t)\frac{d}{dt}\left(\frac{1}{\dot{\vec{r}}}\right)$$

将 $\vec{r}'(s)$ 和 $\vec{r}''(s)$ 代入式 (2.11.3), 得到一般参数矢量方程 $\vec{r}=\vec{r}(t)$ 的测地曲率是

$$k_g = \frac{1}{|\dot{\vec{r}}|^3}\ddot{\vec{r}}\cdot\left(\dot{\vec{r}}\times\vec{n}\right) \tag{2.11.4}$$

如果曲面 S 的方程是 $\vec{r}=\vec{r}(u,v)$, 具有一般参数 t, 曲面曲线 C 的参数方程是

$$u=u(t),\quad v=v(t)$$

曲面曲线的矢量方程是

$$\vec{r}(t)=\vec{r}(u(t),v(t)) \tag{2.11.5}$$

$\vec{r}(t)$ 的一阶和二阶导数是

$$\dot{\vec{r}}(t)=\vec{r}_u\dot{u}+\vec{r}_v\dot{v},\quad \ddot{\vec{r}}(t)=\vec{r}_{uu}(\dot{u})^2+2\vec{r}_{uv}\dot{u}\dot{v}+\vec{r}_{vv}(\dot{v})^2+\vec{r}_u\ddot{u}+\vec{r}_v\ddot{v}$$

$\vec{r}_{uu}, \vec{r}_{uv}$ 和 $\vec{r}_{vv}$ 用式 (2.9.1) 代入后化简, 过程是直接没有多少困难的, 结果如下:

$$\ddot{\vec{r}}(t)=(\ddot{u}+A)\,\vec{r}_u+(\ddot{v}+B)\,\vec{r}_v+C\vec{n} \tag{2.11.6}$$

式中的系数值是

$$A=\Gamma_{11}^1(\dot{u})^2+2\Gamma_{12}^1\dot{u}\dot{v}+\Gamma_{22}^1(\dot{v})^2 \tag{2.11.7a}$$

$$B=\Gamma_{11}^2(\dot{u})^2+2\Gamma_{12}^2\dot{u}\dot{v}+\Gamma_{22}^2(\dot{v})^2 \tag{2.11.7b}$$

$$C=L(\dot{u})^2+2M\dot{u}\dot{v}+N(\dot{v})^2 \tag{2.11.7c}$$

将式 (2.11.5) 和 (2.11.6) 代入式 (2.11.4) 后, 得到测地曲率是

$$k_g=\frac{1}{\left|\dot{\vec{r}}\right|^3}\,(\ddot{u}\dot{v}-\ddot{v}\dot{u}+A\dot{v}-B\dot{u})\,\vec{r}_u\cdot(\vec{r}_v\times\vec{n}) \tag{2.11.8}$$

注意到 $ds^2=Edu^2+2Fdudv+Gdv^2$, $ds/dt=E(\dot{u})^2+2F\dot{u}\dot{v}+G(\dot{v})^2$, 于是有以下各式:

$$\frac{1}{\left|\dot{\vec{r}}\right|}=\frac{dt}{\left|d\vec{r}\right|}=\frac{dt}{ds}=\frac{1}{ds/dt}=\frac{1}{(E(\dot{u})^2+2F\dot{u}\dot{v}+G(\dot{v})^2)^{1/2}}$$

$$[\vec{r}_u\cdot(\vec{r}_v\times\vec{n})]^2=[(\vec{r}_u\times\vec{r}_v)\cdot\vec{n}]^2=(\vec{r}_u\times\vec{r}_v)^2\cdot\vec{n}^2=EG-F^2$$

$$\vec{r}_u\cdot(\vec{r}_v\times\vec{n})=\sqrt{EG-F^2}$$

以上各式代入式 (2.11.8), 测地曲率的表达式是

$$k_g=\frac{\sqrt{EG-F^2}\,(\ddot{u}\dot{v}-\ddot{v}\dot{u}+A\dot{v}-B\dot{u})}{(E\dot{u}^2+2F\dot{u}\dot{v}+G\dot{v}^2)^{3/2}} \tag{2.11.9}$$

如果曲线 C 以弧长 s 作为参数, 可以推导出测地曲率

$$k_g=\sqrt{EG-F^2}\,(u''v'-v''u'+Av'-Bu') \tag{2.11.10}$$

其中系数的值是

$$A=\Gamma_{11}^1u'^2+2\Gamma_{12}^1u'v'+\Gamma_{22}^1v'^2 \tag{2.11.11a}$$

$$B = \Gamma_{11}^2 u'^2 + 2\Gamma_{12}^2 u'v' + \Gamma_{22}^2 v'^2 \tag{2.11.11b}$$

式 (2.11.9) 和 (2.11.10) 称为 Beltrami 公式. 由此可见, 测地曲率只与第一基本量有关, 这是一个内在几何量.

(2) 正交坐标网下的测地曲率

实际应用中的坐标网大部分是正交坐标网. 正交网的 $F = 0$, 代入式 (2.11.10) 和 (2.11.11) 后, 有

$$\begin{aligned} k_g = \sqrt{EG}\Bigg[&\frac{du}{ds}\frac{d^2v}{ds^2} - \frac{dv}{ds}\frac{d^2u}{ds^2} - \frac{E_v}{2G}\left(\frac{du}{ds}\right)^3 + \frac{G_u}{G}\left(\frac{du}{ds}\right)^2\frac{dv}{ds} \\ &+\frac{G_v}{2G}\frac{du}{ds}\left(\frac{dv}{ds}\right)^2 - \frac{E_u}{2E}\left(\frac{dv}{ds}\right)^2\frac{dv}{ds} - \frac{E_v}{E}\frac{du}{ds}\left(\frac{dv}{ds}\right)^2 + \frac{G_v}{2E}\left(\frac{dv}{ds}\right)^3\Bigg] \end{aligned} \tag{2.11.12}$$

上式中有 $du/ds, dv/ds, d^2u/ds^2$ 和 d^2v/ds^2, 共四个未知量, 下面求这四个未知量.

用全微分可以求出

$$\frac{d\vec{r}}{ds} = \vec{r}_u\frac{du}{ds} + \vec{r}_v\frac{dv}{ds} \tag{2.11.13}$$

另一方面 $\vec{r}_u^{\,2} = E, \vec{r}_v^{\,2} = G$, 于是 $|\vec{r}_u| = \sqrt{E}, |\vec{r}_v| = \sqrt{G}$. 曲线坐标系中的单位基矢量是

$$\vec{e}_1 = \frac{\vec{r}_u}{|\vec{r}_u|} = \frac{\vec{r}_u}{\sqrt{E}}, \quad \vec{e}_2 = \frac{\vec{r}_v}{|\vec{r}_v|} = \frac{\vec{r}_v}{\sqrt{G}}$$

正交坐标网下的标架如图 2.40 所示. 从图中可以看到切向矢量 $d\vec{r}/ds$ 与 $\vec{r}_u$ 夹角是 θ, 因此切向矢量的表达式是

$$\begin{aligned} \frac{d\vec{r}}{ds} &= \left|\frac{d\vec{r}}{ds}\right|\cos\theta\vec{e}_1 + \left|\frac{d\vec{r}}{ds}\right|\sin\theta\vec{e}_2 \\ &= \cos\theta\vec{e}_1 + \sin\theta\vec{e}_2 = \frac{\vec{r}_u}{\sqrt{E}}\cos\theta + \frac{\vec{r}_v}{\sqrt{G}}\sin\theta \end{aligned} \tag{2.11.14}$$

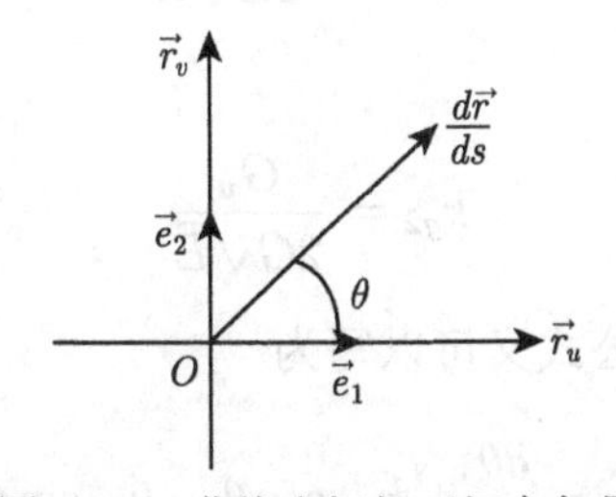

图 2.40 曲线坐标架下切向矢量

式中用到了曲线的切向弧参数导数 $|d\vec{r}/ds| = 1$.

比较式 (2.11.13) 和 (2.11.14), 于是得到

$$\frac{du}{ds} = \frac{\cos\theta}{\sqrt{E}}, \quad \frac{dv}{ds} = \frac{\sin\theta}{\sqrt{G}}$$

又有

$$\begin{aligned} d\frac{\cos\theta}{\sqrt{E}} &= \frac{\sqrt{E}d\cos\theta - \cos\theta d\sqrt{E}}{E} \\ &= \frac{-\sqrt{E}\sin\theta d\theta - (1/2)E^{-1/2}\cos\theta\left(E_u du + E_v dv\right)}{E} \end{aligned}$$

利用上面两式, 可得到

$$\frac{d^2u}{ds^2} = \frac{d}{ds}\frac{\cos\theta}{\sqrt{E}} = -\frac{\sin\theta}{\sqrt{E}}\frac{d\theta}{ds} - \frac{E_u\cos^2\theta}{2E^2} - \frac{E_v\cos\theta\sin\theta}{2E\sqrt{EG}}$$

类似上面方法, 可求出

$$\frac{d^2v}{ds^2} = \frac{\cos\theta}{\sqrt{G}}\frac{d\theta}{ds} - \frac{G_u\sin\theta\cos\theta}{2G\sqrt{EG}} - \frac{G_v\sin^2\theta}{2G^2}$$

将求出的 du/ds, dv/ds, d^2u/ds^2 和 d^2v/ds^2 代入式 (2.11.12), 略去中间的运算步骤, 得到测地曲率是

$$k_g = \frac{d\theta}{ds} - \frac{E_v}{2E\sqrt{G}}\cos\theta + \frac{G_u}{2G\sqrt{E}}\sin\theta \tag{2.11.15}$$

上式称为 Liouville 公式.

从图 2.40 可知, u 曲线的 $\theta = 0$, 因此, u 曲线的测地曲率是

$$k_{g1} = -\frac{E_v}{2E\sqrt{G}} \tag{2.11.16a}$$

v 曲线的 $\theta = \pi/2$, 又有

$$k_{g2} = \frac{G_u}{2G\sqrt{E}} \tag{2.11.16b}$$

于是测地曲率的 Liouville 公式又可以写为

$$k_g = \frac{d\theta}{ds} + k_{g1}\cos\theta + k_{g2}\sin\theta \tag{2.11.17}$$

2. 测地线的计算

曲面曲线的一个重要问题是如何计算曲面上两点之间最短或者最长的线段. 根据曲线论可知, 如果一条平面曲线的每一点的曲率都是零, 则这条平面曲线是一条直线, 直线是两点之间最短的距离. 仿照直线这个性质定义曲面上两点之间最短的曲线, 被称为测地线.

定义: 如果曲面上一条直线在它各点的测地曲率 k_g 都等于零, 则称这条曲线是测地线.

上述定义说明测地线的每一点 $P(u,v)$ 的曲率均小于与它在 P 点相切的任何曲线在该点的曲率, 从这个观点看测地线是"最直的直线".

下面我们就来求测地线. 设 $\vec{r}=\vec{r}(u,v)$, 将 $k_g=0$ 代入式 (2.11.10), 于是有

$$\ddot{u}\dot{v}-\ddot{v}\dot{u}+A\dot{v}-B\dot{u}=0 \tag{2.11.18}$$

把 A 和 B 的表达式 (2.11.11a) 和 (2.11.11b) 代入上式, 并经过适当化简后, 有下面微分方程成立:

$$\frac{d^2u}{ds^2}+\Gamma_{11}^1\left(\frac{du}{ds}\right)^2+2\Gamma_{12}^1\frac{du}{ds}\cdot\frac{dv}{ds}+\Gamma_{22}^1\left(\frac{dv}{ds}\right)^2=0 \tag{2.11.19a}$$

$$\frac{d^2v}{ds^2}+\Gamma_{11}^2\left(\frac{du}{ds}\right)^2+2\Gamma_{12}^2\frac{du}{ds}\cdot\frac{dv}{ds}+\Gamma_{22}^2\left(\frac{dv}{ds}\right)^2=0 \tag{2.11.19b}$$

这是一个常微分方程组. 若给出初始条件

$$u|_{s=s_0}=u(s_0),\quad \left.\frac{du}{ds}\right|_{s=s_0}=\frac{du}{ds}(s_0)$$

$$v|_{s=s_0}=v(s_0),\quad \left.\frac{dv}{ds}\right|_{s=s_0}=\frac{dv}{ds}(s_0)$$

可证方程组 (2.11.19) 有唯一的一组解 $u=u(s)$, $v=v(s)$.

上面结论说明 $\vec{r}(u(s),v(s))$ 是一条过 $\vec{r}(u(s_0),v(s_0))$ 且和初始方向 $\vec{T}=\left(\frac{du}{ds}(s_0),\frac{dv}{ds}(s_0)\right)$ 相切的测地线, 这样就得到了测地线存在定理.

定理 2.11.1 给定曲面一点和这点的切向矢量 $\vec{T}$, 过该点且切于 $\vec{T}$ 的测地线唯一存在.

虽然测地线唯一存在, 但是式 (2.11.19) 比较复杂, 一般情况下无法求出解析解, 只能给出方程的数值解, 比较简单的是参数 u 和 v 组成正交网的情况.

Liouville 公式 (2.11.15) 在 $k_g = 0$ 时, 为

$$\frac{d\theta}{ds} = \frac{E_v}{2E\sqrt{G}}\cos\theta - \frac{G_u}{2G\sqrt{E}}\sin\theta \tag{2.11.20}$$

再联立上一节得到的表达式

$$\frac{du}{ds} = \frac{\cos\theta}{\sqrt{E}}, \quad \frac{dv}{ds} = \frac{\sin\theta}{\sqrt{G}}$$

得到一个便于求解的常微分方程组

$$\frac{d\theta}{du} = \frac{1}{2\sqrt{G}}\left(\frac{E_v}{\sqrt{E}} - \frac{G_u}{\sqrt{G}}\tan\theta\right) \tag{2.11.21a}$$

$$\frac{dv}{du} = \sqrt{\frac{E}{G}}\tan\theta \tag{2.11.21b}$$

初始条件是 $\theta(u_0) = \theta_0$, $v(u_0) = v_0$. 解是

$$\theta = \theta(u), \quad v = v(u) \tag{2.11.22}$$

式 (2.11.21) 经常用于测地线求解.

测地线的几何特征可用式 (2.11.3)

$$k_g = k\vec{N}\cdot\left(\vec{T}\times\vec{n}\right) = -k\vec{T}\cdot\left(\vec{N}\times\vec{n}\right)$$

得到. 因 $k \neq 0$, $\vec{N}//\vec{n}$ 时 $k_g = 0$. 很明显这是 $k_g = 0$ 的充要条件, 这样就得到了下面的定理.

定理 2.11.2　一条曲面曲线 C 的每一点的主方向重合于该点的曲面法线, 即 C 的密切平面包含曲面法线, 则 C 是测地线.

下面是测地线的例题.

例 2.15　求球面的测地线.

解　过球心的平面截球面的圆称为大圆. 大圆的主法线与球面主法线是一致的, 根据定理 2.11.2, 大圆是球面上的测地线, 如图 2.41 所示. 球面上任意一点以及任意一个方向都可以作唯一的大圆弧, 根据定理 2.11.2, 球面上所有测地线都是大圆弧.

例 2.16　求圆柱面上的测地线.

解　柱面参数如图 2.42 所示, 柱面参数网是 u, v 网. 柱面方程是

$$\vec{r} = (a\cos u, a\sin u, v) \quad 0 < u < 2\pi, \quad -\infty < v < +\infty$$

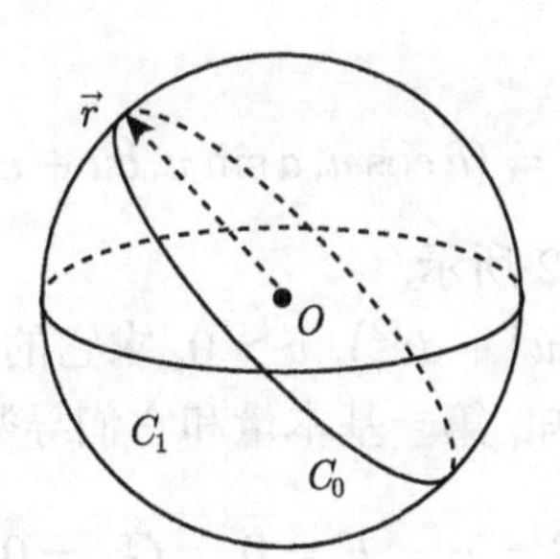

图 2.41 球面测地线

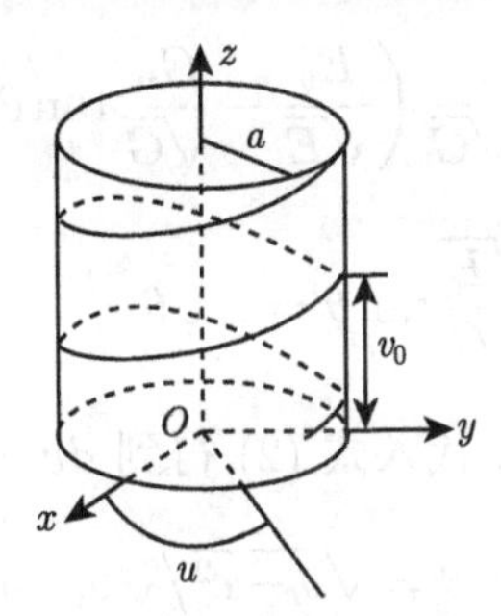

图 2.42 柱面测地线

第一基本量是

$$E=\vec{r}_u^{\,2}=a^2,\quad F=\vec{r}_u\cdot\vec{r}_v=0,\quad G=\vec{r}_v^{\,2}=1,\quad E_v=0,\quad G_u=0$$

因为 $F=0$, 参数曲线网是正交网, 于是可以将数据代入方程 (2.11.21) 后得

$$\frac{d\theta}{du}=0 \tag{1a}$$

$$\frac{dv}{du}=a\tan\theta \tag{1b}$$

初始条件是

$$\theta(u_0)=\theta_0,\quad v(u_0)=v_0$$

方程的解是

$$\theta=\theta_0,\quad v=bu+c \tag{2}$$

其中 $b=a\tan\theta_0$, $c=v_0-au_0\tan\theta_0$. 测地线的参数方程是

$$\vec{r}=(a\cos u, a\sin u, v),\quad v=bu+c$$

测地线的矢量方程是

$$\vec{r} = (a\cos u, a\sin u, bu + c) \tag{3}$$

这是圆柱螺线, 如图 2.42 所示.

例 2.17 已知 $I = v\left(du^2 + dv^2\right)$, $v > 0$, 求它的测地线.

解 从第一基本形式可知, 第一基本量和它们导数是

$$E = v, \quad G = v, \quad F = 0, \quad G_u = 0, \quad E_v = 1$$

$F = 0$, 说明参数网 (u, v) 是正交网. 根据式 (2.11.21) 得到测地线方程

$$\frac{d\theta}{du} = \frac{1}{2\sqrt{G}}\left(\frac{E_v}{\sqrt{E}} - \frac{G_u}{\sqrt{G}}\tan\theta\right) = \frac{1}{2v} \tag{1}$$

$$\frac{dv}{du} = \sqrt{\frac{E}{G}}\tan\theta = \tan\theta \tag{2}$$

由式 (1) 得到 $du = 2vd\theta$, 代入式 (2) 得到 $dv = 2v\tan\theta d\theta$, 解此式后有

$$\cos\theta = c/\sqrt{v}, \quad \sin\theta = \sqrt{v - c^2}/\sqrt{v}, \quad \tan\theta = \sqrt{v - c^2}/c$$

式中 c 是任意常数. 把 $\tan\theta$ 的值代入式 (2), 于是有

$$\frac{dv}{du} = \sqrt{v - c^2}/c$$

上式的解是

$$v = \frac{1}{4c^2}(u - d)^2 + c^2 \tag{3}$$

式 (3) 中 c 和 d 是任意常数, 式 (3) 是测地线方程.

2.12 测地坐标系、短程线和 Gauss-Bonnet 定理

这一节介绍如何用测地线建立测地坐标系和短程线; 最后用 Gauss-Bonnet 公式建立了测地三角形内角和的概念, 这是一个整体微分几何问题.

1. 测地坐标系

测地坐标系来源于定理 2.11.1, 它的图像如图 2.43. 作法如下:

(1) 在曲面上取任意一条曲线 C_0, 然后对于 C_0 上每一点作一条正交的测地线, 根据定理 2.11.1, 这种测地线是唯一存在的. 在设定的区域 D, 使得测地线不相交, 就得到了一个测地线族.

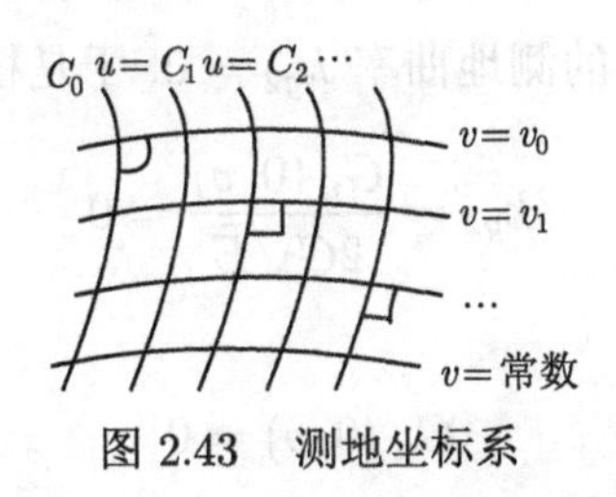

图 2.43 测地坐标系

(2) 对于 (1) 的一族测地线, 取它们的正交轨线作为 u 曲线.

(3) 取测地线族作为 $v=$ 常数, 测地线族的正交轨线作为 $u=$ 常数, 而曲线 C_0 取作 $u=0$, 就得到了一个正交参数网.

由于上述正交参数网的 $F=0$, 于是参数网的第一基本形式是

$$I=Edu^2+Gdv^2 \tag{2.12.1}$$

又因为每一条 u 曲线都是测地线, u 曲线的测地曲率是零, 根据式 (2.11.16a), 有

$$k_{g1}=-\frac{E_v}{2E\sqrt{G}}=0$$

于是 $E_v=\partial E/\partial v=0$, E 与 v 无关, 故有 $E=E(u)$. 作参数变换

$$\bar{u}=\int_0^u\sqrt{E(u)}du,\quad \bar{v}=v$$

则有

$$\begin{aligned} ds^2=I=Edu^2+Gdv^2&=E(u)\frac{d\bar{u}^2}{E(u)}+G(\bar{u},\bar{v})\,d\bar{v}^2\\ &=d\bar{u}^2+G(\bar{u},\bar{v})\,d\bar{v}^2=du^2+G(u,v)\,dv^2 \end{aligned} \tag{2.12.2a}$$

上式就是曲面在测地坐标系下的第一基本形式.

如果适当地选择参数, 式 (2.12.2a) 中 $G(u,v)$ 可以更简单一些. 选取曲线 C_0 的弧长 s 作为参数 v. 由于 C_0 上 $u=0$, $v=s$, 沿着 C_0 有 $du=0$, $dv=ds$, 把这两个表达式代入式 (2.12.2a), 得到

$$ds^2=G(0,v)\,ds^2$$

于是有

$$G(0,v)=1 \tag{2.12.2b}$$

又因为沿着测地线 C_0 的测地曲率 $k_{g2}=0$, 于是根据式 (2.11.16b), 又有

$$k_{g2}=\frac{G_u(0,v)}{2G\sqrt{E}}=0$$

$G\neq 0, E\neq 0$, 上式变成

$$G_u(0,v)=0 \tag{2.12.2c}$$

方程 (2.12.2a) 称为线素的测地形式, (u,v) 称作测地坐标, 坐标曲线叫半测地坐标网. 单参数测地线族的正交轨线称为该测地线族的测地平行线, $u=$ 常数的曲线族因而被称为测地平行线. 由于曲线 C_0 是任取的, 所以每一个曲面上有无限多组半测地坐标网.

现在看一看测地平行线性质. 沿着 $v=$ 常数曲线移动时 $dv=0$, 代入式 (2.12.2a) 得到 $ds^2=du^2$, 这样有

$$ds=du$$

固定 $v=v_0$, u_1 与 u_2 之间的测地线长度 L 是

$$L=\int_{u_1}^{u_2}du=u_2-u_1 \tag{2.12.3}$$

从上式可知, 任意两条正交轨线之间的测地线段是等长的, 若选定初始曲线 C_0 是 $u=0$, 那么 u 就是每一条测地线的弧长.

一个测坐标系的例子是测地极坐标系, 图 2.44 是其示意图. 曲面上任取一点作为极点 O, 以 O 作起点, 沿着所有方向作一个测地线族作为 $v=$ 常数的参数曲线. 在曲线族中任意取一条作为 $v=0$ 的基线, 曲线族中任意一条曲线与基线的交角 v 是参数 v; 其次, 从 O 沿每一条 $v=$ 常数曲线中截取弧长 u_0, 这些等弧长的端点轨迹是一条测地平行线.

图 2.44 中 u 是测地线弧长, v 是测地线与基线在 O 的交角. 这个坐标系叫测地极坐标系, $u=$ 常数, 是测地平行线, 又称测地圆. 测地极坐标的线素仍然是式 (2.12.2a).

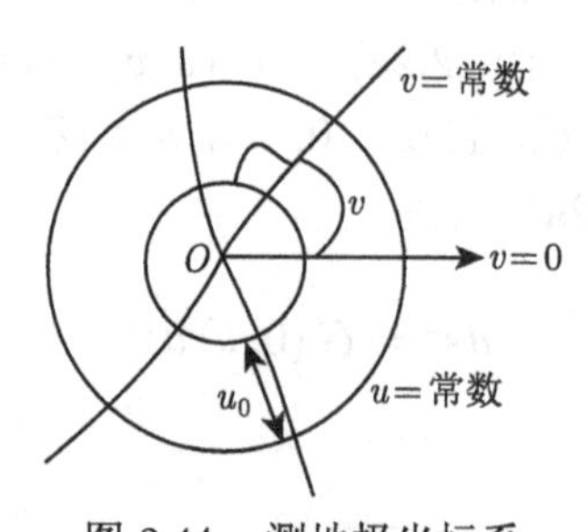

图 2.44　测地极坐标系

下面是测地坐标系的应用.

Gauss 曲率 $K=$ 常数的曲面, 称为常曲率曲面, 这是理论研究和实际应用中一种非常重要的曲面. 常曲率曲面的一个重要定理是下面例题要证明的定理.

例 2.18 试证常曲率定理. 如果两个曲面 S 和 S^* 的 Gauss 曲率 K 相等, 则它们是等距的, 并且第一基本形式是:

(1) 当 $K=0$ 时, 有 $ds^2=du^2+dv^2$;

(2) 当 $K=\dfrac{1}{a^2}>0$ 时, 有 $ds^2=du^2+\cos^2\dfrac{u}{a}dv^2$;

(3) 当 $K=-\dfrac{1}{a^2}<0$ 时, 有 $ds^2=du^2+\cos h^2\dfrac{u}{a}dv^2$.

证明 在曲面上选择式 (2.12.2a) 的测地坐标系, 则有第一基本形式是

$$ds^2=du^2+G(u,v)\,dv^2 \tag{1}$$

$$G(0,v)=1,\quad G_u(0,v)=0 \tag{2}$$

由于式 (1) 中 $E=1$, $F=0$, 从 Gauss 曲率计算公式 (2.9.6), 得到

$$K=-G^{-1/2}\left(\sqrt{G}\right)_{uu}$$

写成微分方程是

$$\frac{\partial^2\sqrt{G}}{\partial u^2}+K\sqrt{G}=0 \tag{3}$$

(1) 当 $K=0$ 时, 式 (3) 是 $\partial^2\sqrt{G}/\partial u^2=0$, 解是

$$G=(a(v)+ub(v))^2$$

式中 $a(v)$ 和 $b(v)$ 是未知函数, 代入初始条件式 (2), 得到 $a(v)=1$ 和 $b(v)=0$. 上式是

$$G(u,v)=1$$

从式 (1) 得到第一基本形式是 $ds^2=du^2+dv^2$.

(2) 当 $K=1/a^2$ 时, 式 (3) 是

$$\frac{\partial^2\sqrt{G}}{\partial u^2}+\frac{1}{a^2}\sqrt{G}=0$$

解是

$$G=\left(a(v)\cos\frac{u}{a}+b(v)\sin\frac{u}{a}\right)^2$$

代入初始条件式 (2), 得到 $a(v)=1$ 和 $b(v)=0$. 上式是

$$G(u,v)=\cos^2\frac{u}{a}$$

从式 (1) 得到第一基本形式是 $ds^2=du^2+\cos^2\frac{u}{a}dv^2$.

(3) 当 $K=-1/a^2$ 时, 式 (3) 是

$$\frac{\partial^2\sqrt{G}}{\partial u^2}-\frac{1}{a^2}\sqrt{G}=0$$

解是

$$G=\left(a(v)\cosh\frac{u}{a}+b(v)\sinh\frac{u}{a}\right)^2$$

代入初始条件式 (2), 得到 $a(v)=1$ 和 $b(v)=0$. 上式是

$$G(u,v)=\cosh^2\frac{u}{a}$$

从式 (1) 得到第一基本形式是 $ds^2=du^2+\cosh^2\frac{u}{a}dv^2$. [证毕]

现在考虑常曲率的曲面. Gauss 曲率是

$$K=\frac{LN-M^2}{EG-F^2}$$

(1) 从例 2.12 可计算平面的 Gauss 曲率: $\vec{r}_{uu}=0$, $\vec{r}_{uv}=0$, $\vec{r}_{vv}=0$. 所以有 $L=0,M=0,N=0$. 于是 $K=0$.

(2) 从例 2.7 可计算球面的 Gauss 曲率: $L=-a\cos^2\varphi$, $M=0$, $N=-a$; $EG-F^2=a^4\cos^2\varphi$. 于是 $K=\frac{1}{a^2}$.

(3) 从例 2.6 可计算伪球面的 Gauss 曲率: $E=a^2\sin^2 v$, $F=0$, $G=a^2\cot^2 v$, 用式 (2.9.6) 可以得到

$$K=-\frac{1}{a^2\cos v}\left[\frac{(a\sin v)_v}{a\cot v}\right]_v=-\frac{1}{a^2}$$

从例 2.17 可知, 从内在几何的观点来看, 常曲率曲面只有平面、球面和伪球面三种.

2. 短程线与变分

除了用测地曲率 $k_g=0$ 定义曲面上两点之间的 “直线” 外, 还有短程线的概念, 其定义如下.

定义: 连接曲面上两点之间所有的曲面曲线中, 长度最短的曲线, 称之为短程线.

短程线非常重要, 它将引出后面我们要学习的变分法. 短程线和测地线都在研究如何求出两点之间最短或者最长的曲线段, 它们之间是有联系的, 故有以下定理.

定理 2.12.1 充分小的邻域内, 测地线是短程线.

证明 测地极坐标系如图 2.45 所示. 在充分小的邻域内, 有两条曲线 C 和 C^*, C^* 是任意一条曲线. 曲线 C 的方程是

$$v = v_0 \quad (0 \leqslant u \leqslant L)$$

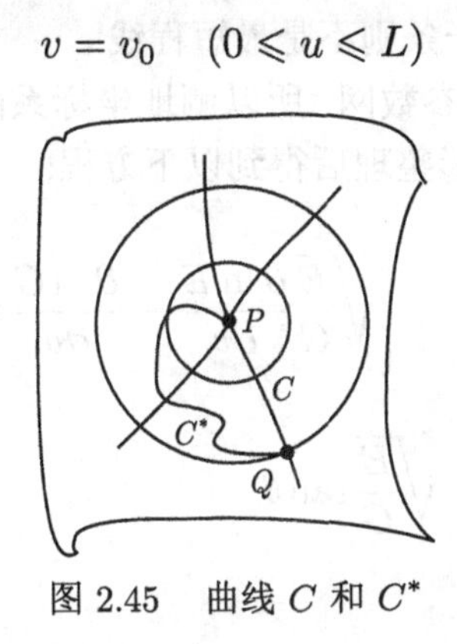

图 2.45 曲线 C 和 C^*

又设曲线 C^* 的方程是

$$\begin{cases} u = u(t), \\ v = v(t) \end{cases} \quad (t_0 \leqslant t \leqslant t_1), \quad \begin{cases} u(t_0) = 0 \\ u(t_1) = L \end{cases}$$

线素是 $ds^2 = du^2 + G(u,v)\,dv^2$. 注意到 $G = \vec{r}_v^{\,2}$, 因而有 $G(u,v) > 0$. 曲线 C^* 长度是

$$\widehat{PQ} = \int_{t_0}^{t_1} \sqrt{\left(\frac{du}{dt}\right)^2 + G(u,v)\left(\frac{dv}{dt}\right)^2}\,dt \geqslant \int_{t_0}^{t_1} \sqrt{\left(\frac{du}{dt}\right)^2}\,dt$$

$$= \int_{t_0}^{t_1} du = u(t_1) - u(t_0) = L$$

而测地线长度是 $u(t_1) - u(t_0) = L$, 所以上式说明测地线是局部范围内连接两点的最短线.

曲面上 s_1 和 s_2 两点间曲线的弧长是

$$J = \int_{s_1}^{s_2} ds = \int_{u_1}^{u_2} \sqrt{Edu^2 + 2Fdudv + Gdv^2} = \int_{u_1}^{u_2} \sqrt{E + 2Fv' + Gv'^2}du \tag{2.12.4}$$

曲面上 s_1 和 s_2 两点之间有多条线段, J 取不同的积分路径计算得到的值是不同曲线的弧长, 这些弧长中也包括了短程线. J 计算取哪一条路径可获得短程线, 按照定理 2.12.1 就是求测地线问题, 即测地线可以使 J 获得极值, 这称作关于 J 的变分问题, 记作

$$\delta J = 0$$

详细解法见后面变分法.

短程线与测地线的区别在哪里呢？这可以用下面的例子说明, 在球面上连接两点 A, B 的测地线都是大圆. 但是以 A, B 为端点的大圆弧有两条, 其中最短的一条弧是短程线, 而长的那一条则不是最短程线.

由于测地坐标系是正交参数网, 所以测地坐标系的短程线微分方程可以直接套用式 (2.11.21), 将该式变形整理后得到以下方程:

$$\begin{cases} \dfrac{d\theta}{du} = \dfrac{1}{2}\left[\sqrt{\dfrac{E}{G}}\dfrac{\partial \ln E}{\partial v} - \dfrac{\partial \ln G}{\partial u}\tan\theta\right] \\ \dfrac{dv}{du} = \sqrt{\dfrac{E}{G}}\tan\theta \end{cases} \tag{2.12.5}$$

例 2.19 求旋转曲面

$$\vec{r} = (u\cos v, u\sin v, f(u)), \quad u > 0, \quad 0 \leqslant v \leqslant 2\pi$$

的短程线.

解 旋转曲面的第一基本形式是

$$I = \left(1 + f'^2\right)du^2 + u^2 dv^2$$

考虑到短程线就是测地线, 又因为 $F = 0$, 参数网线是正交网线, 故可用式 (2.12.5). 于是得到微分方程组

$$\frac{d\theta}{du} = -\frac{1}{u}\tan\theta, \quad \frac{dv}{du} = \frac{1}{u}\sqrt{1 + f'^2}\tan\theta$$

上式的解是

$$v = c\int \frac{\sqrt{1 + f'^2}}{u\sqrt{u^2 - c^2}}du$$

其中 c 是积分常数. 后面要学到的变分法也可以导出同样的结果.

3. Gauss-Bonnet 定理和测地三角形

Gauss-Bonnet 公式是计算曲面多角形内角和的公式, 理论上属于整体微分几何, 应用中对于测量技术、遥测和遥感都有重要的意义. 现在我们来推导这个公式.

假设 G 为曲面 S 上一个单连通区域, 这个区域 G 的边界 C 是一条逐段光滑并且没有自交点的闭曲线, 如图 2.46(a) 所示. 图中 $\alpha_1, \alpha_2, \cdots, \alpha_n$ 是曲线 C 在角顶点的内角.

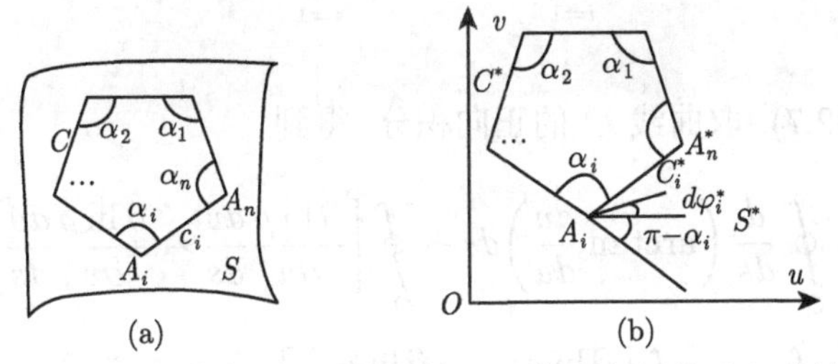

图 2.46 曲面多角形及其在平面上的映射. (a) 曲面多角形; (b) 映射后的多角形

现在求曲面多边形内角之和. 用等温参数形式的线素, 于是有

$$ds^2 = \rho^2(u,v)\left(du^2 + dv^2\right) \tag{2.12.6}$$

因为 $E = G = \rho^2$, $\rho = \sqrt{E} = \sqrt{G}$, $F = 0$. 将这些值代入式 (2.11.21a) 和 (2.11.15), 得到

$$\frac{dv}{du} = \tan\theta$$

$$k_g = \frac{d\theta}{ds} - \frac{2\rho}{2\rho}\frac{\partial \ln\rho}{\partial v}\frac{du}{ds} + \frac{2\rho}{2\rho}\frac{\partial \ln\rho}{\partial u}\frac{dv}{ds}$$

上两式可以写成

$$k_g = \frac{d}{ds}\left(\arctan\frac{dv}{du}\right) - \frac{\partial \ln\rho}{\partial v}\frac{du}{ds} + \frac{\partial \ln\rho}{\partial u}\frac{dv}{ds} \tag{2.12.7}$$

曲面 S 保角映射到 (u,v) 平面, 如图 2.46(b) 所示. 保角映射后的象曲线 C^* 也有 n 个角顶点, 内角 $\alpha_1, \alpha_2, \cdots, \alpha_n$ 是不变的. 令 $\varphi = \arctan\dfrac{dv}{du}$, 取曲线 C 的正向积分 (逆时针方向), 于是有

$$\oint_C d\varphi = \oint_{C^*} d\left[\arctan\frac{dv}{du}\right] = \sum_{i=1}^{n}\int_{C_i^*} d\varphi^* \tag{2.12.8}$$

因为

$$\sum_{i=1}^{n}(\pi-\alpha_i)+\sum_{i=1}^{n}\int_{C_i^*}d\varphi^*=\text{外角之和}=2\pi$$

这样就有

$$\sum_{i=1}^{n}\int_{C_i^*}d\varphi^*=2\pi-\sum_{i=1}^{n}(\pi-\alpha_i)=\sum_{i=1}^{n}\alpha_i-(n-2)\pi \tag{2.12.9}$$

对于式 (2.12.7), 取曲线 C 的正向积分, 得到

$$\begin{aligned}\oint_C k_g ds&=\oint_C\frac{d}{ds}\left(\arctan\frac{dv}{du}\right)ds+\oint_C\left[\frac{\partial\ln\rho}{\partial u}\frac{dv}{ds}-\frac{\partial\ln\rho}{\partial v}\frac{du}{ds}\right]ds\\&=\oint_C d\varphi+\oint_C\left[\frac{\partial\ln\rho}{\partial u}dv-\frac{\partial\ln\rho}{\partial v}du\right]\quad(\text{用 Green 公式})\\&=\sum_{i=1}^{n}\alpha_i-(n-2)\pi+\iint_G\left(\frac{\partial^2\ln\rho}{\partial u^2}+\frac{\partial^2\ln\rho}{\partial v^2}\right)dudv\end{aligned} \tag{2.12.10}$$

由于 $F=0$, 可以用式 (2.9.6) 计算曲率, 将 $E=G=\rho^2$ 代入该式后, 得到

$$K=-\frac{1}{\rho^2}\left\{\left[\frac{\rho_v}{\rho}\right]_v+\left[\frac{\rho_u}{\rho}\right]_u\right\}=-\frac{1}{\rho^2}\left[\frac{\partial^2\ln\rho}{\partial v^2}+\frac{\partial^2\ln\rho}{\partial u^2}\right]$$

$$\left[\frac{\partial^2\ln\rho}{\partial v^2}+\frac{\partial^2\ln\rho}{\partial u^2}\right]=-\rho^2K=-\sqrt{EG}K=-K\sqrt{EG-F^2}$$

$$\iint_G\left(\frac{\partial^2\ln\rho}{\partial u^2}+\frac{\partial^2\ln\rho}{\partial v^2}\right)dudv=-\iint_G K\sqrt{GE-F^2}dudv=-\iint_G KdS$$

注意 $dS=\sqrt{EG-F^2}dudv$, dS 是曲面的面元. 于是式 (2.12.10) 变成

$$\oint_C k_g ds=\sum_{i=1}^{n}\alpha_i-(n-2)\pi-\iint_G KdS$$

$$\sum_{i=1}^{n}\alpha_i=\oint_C k_g ds+(n-2)\pi+\iint_G KdS \tag{2.12.11}$$

式中 $\iint KdS$ 称为区域 G 的整曲率. 式 (2.12.11) 被称为 Gauss-Bonnet 公式.

如果曲面多边形的边都是测地线, 则 $k_g=0$, 于是式 (2.12.11) 为

$$\sum_{i=1}^{n}\alpha_i=(n-2)\pi+\iint_G KdS \tag{2.12.12}$$

$n=3$ 时的多边形称作测地三角形. 这样有以下结论:

(1) 平面 $K=0$, 有

$$\alpha_1+\alpha_2+\alpha_3=\pi \tag{2.12.13}$$

这就是平面几何中三角形内角之和等于 π 的来历, 注意平面上测地线是直线段.

(2) 曲面上 $K>0$, 这样就有

$$\alpha_1+\alpha_2+\alpha_3=\pi+\iint_G KdS>\pi \tag{2.12.14}$$

(3) 曲面上 $K<0$, 这样就有

$$\alpha_1+\alpha_2+\alpha_3=\pi-\iint_G |K|\,dS<\pi \tag{2.12.15}$$

$K=$ 常数, 测地三角形内角和是

$$\alpha_1+\alpha_2+\alpha_3=\pi+KS \tag{2.12.16}$$

例如, 球面 $K=\dfrac{1}{a^2}>0$ (a 是半径), 球面上三角形内角之和大于 π, 测量面积越大, 偏离 π 就越多.

地球可以看作半径 $a=6400\text{km}$ 的球, Gauss 曲率是

$$K=\frac{1}{a^2}\approx 2.5\times 10^{-8}$$

取广州、哈尔滨和乌鲁木齐三个城市作为测地三角形顶点, $S\approx 4\times 10^6\text{km}^2$, 于是三角形内角和是

$$\alpha_1+\alpha_2+\alpha_3=\pi+\iint KdS\approx\pi+2.5\times 10^{-8}\times 4\times 10^6\approx 1.1\text{弧度}$$

三个城市组成的球面三角形的内角之和是 1.1 弧度, 约为 198°. 这个例子说明了测地三角形的重要性.

习 题 2

1. 设曲面的表达式是 $z = f(x, y)$, 求它的矢量表达式和法向矢量 $\vec{n}$.

2. 双曲抛物线的参数方程是

$$x = u + v, \quad y = u - v, \quad z = uv$$

求其矢量方程、单位法向矢量和切平面方程.

3. 求下面曲面的单位法向矢量 $\vec{n}$:

(1) $\vec{r} = (u\cos v, u\sin v, \ln\cos(u+v))$;

(2) $\vec{r} = (v\cos\theta(u), v\sin\theta(u), u)$.

4. 求下面曲面第一基本形式:

(1) $\vec{r} = (a(u+v), b(u-v), 2uv)$;

(2) $\vec{r} = (u\cos u, v\sin u, \varphi(v))$;

(3) $\vec{r} = \left(a\sin v\cos u, a\sin v\sin u, -a\left(\cos v + \ln\tan\dfrac{v}{2}\right)\right)$;

(4) $\vec{r} = a(u) + v\vec{b}$;

(5) $\vec{r} = ((a + r\cos v)\cos u, (a + r\cos v)\sin u, r\sin v)$.

5. 曲面 S 的第一基本形式是 $ds^2 = du^2 + \left(u^2 + v^2\right)dv^2$, 求它上面两条曲线 $u + v = 0$, $u - v = 0$ 的交角.

6. 习题 5 的曲面上, 求三条曲线

$$u = \frac{1}{2}av^2, \quad u = -\frac{1}{2}av^2, \quad v = 1$$

所成三角形的三边长.

7. 曲面表达式是 $z = f(x, y)$, 求它的面积表达式.

8. 螺旋面上求 $du/dv = \sqrt{u^2 + a^2}$ 的积分曲线族的正交轨线.

9. (1) 求题 4(5) 的总面积 $(u > 0, v < 2\pi)$;

(2) 习题 5 的曲面上, 三条曲线

$$u = av, \quad u = -av, \quad v = 1$$

组成一个三角形, 求其面积.

10. (1) 求下面两个曲面之间的等距映射:

$$\vec{r} = (v\cos u, v\sin u, u + v); \quad \vec{r} = \left(\rho\cos\theta, \rho\sin\theta, \sqrt{\rho^2 - 1}\right)$$

(2) 已知曲面的第一基本形式是

$$ds^2 = \frac{1}{4\left(u - v^2\right)}\left(du^2 - 4vdudv + 4udv^2\right), \quad 其中\ u > v^2$$

将其曲面等距映射到平面上.

11. (1) 已知曲面的第一基本形式是 $ds^2 = a^2\left(d\theta^2 + \cos^2\theta d\varphi^2\right)$, 求它在平面上的保角映射图像, 并写出映射表达式.

(2) 证明平面上用矢径倒数而作的变换是保角映射.

12. 求球面

$$\vec{r} = (a\cos\varphi\cos\theta, a\cos\varphi\sin\theta, a\sin\varphi)$$

的第二基本形式, 证明球面上处处有 $L:M:N = E:F:G$.

13. 求证正螺面和悬链面处处有 $EN - 2FM + GL = 0$ 成立.

14. 证明下面的 Weingarten 变换, 其中 $D = \sqrt{EG - F^2}$:

$$\vec{n}_u = \frac{(FM - GL)\vec{r}_u + (FL - EM)\vec{r}_v}{D^2}$$

$$\vec{n}_v = \frac{(FN - GM)\vec{r}_u + (FM - EN)\vec{r}_v}{D^2}$$

15. (1) 求正螺面 $\vec{r} = (v\cos u, v\sin u, bu)$ 的第二基本形式;

(2) 求双曲抛物面 $\vec{r} = (a(u+v), b(u-v), 2uv)$ 的第二基本形式;

(3) 求 $y = 0$, $(x-b)^2 + z^2 = a^2\ (b > a)$ 绕 z 轴而成的旋转曲面的第二基本形式.

16. 求题 15 中的主曲率和曲率线、Gauss 曲率和平均曲率.

17. 求 $z = c \cdot \arctan\dfrac{y}{x}$ 的主曲率和平均曲率.

18. 求下面曲面的主曲率和 Gauss 曲率 K:

$$\vec{r} = (g(u)\cos v, g(u)\sin v, u), \quad g > 0$$

并且对于结果讨论椭圆点、双曲点和抛物点出现的条件.

19. 设曲面方程是 $z = f(x, y)$, 求 Gauss 曲率 $K = k_1 k_2$, 并将 z 用 k_1 和 k_2 作为参数表示出来.

20. 证明曲面 S 的第一基本形式是下列表达式时, S 一定是常曲率曲面, 式中 a 是常数. 并且写出 Gauss 曲率 K 的表达式.

(1) $I = \dfrac{du^2 + dv^2}{\left[1 + a(u^2 + v^2)/4\right]}$;

(2) $I = du^2 + e^{2u/a} dv^2$;

(3) $I = \dfrac{a}{v^2}\left(du^2 + dv^2\right)$.

21. 试证曲面的三个基本形式有以下关系成立:

$$\left(LN - M^2\right)^2 = \left(EG - F^2\right)\left(eg - f^2\right)$$

22. 求以下曲面的测地线:

(1) $\vec{r} = (v\cos u, v\sin u, bu)$;

(2) $I = \rho^2(u)\left(du^2 + dv^2\right)$;

(3) $I = v\left(du^2 + dv^2\right)$.

23. 球面方程是

$$\vec{r} = (a\cos\varphi\cos\theta, a\cos\varphi\sin\theta, a\sin\varphi), \quad -\frac{\pi}{2} \leqslant \varphi \leqslant \frac{\pi}{2}, \quad 0 \leqslant \theta \leqslant 2\pi$$

证明其上一条曲线的测地曲率是

$$k_g = \frac{d\theta}{ds} - \sin\varphi \frac{d\varphi}{ds}$$

24. (1) 求正螺面的短程线;

(2) 曲面的第一基本形式是

$$I = [\lambda(u)]^2 \left(du^2 + dv^2\right)$$

求短程线.

第 3 章 笛卡儿张量与应用

物理学与工程实践中经常会遇到比标量和矢量更复杂的量, 一种作用力或者物理量的表达方式超过了 3 个方向的量, 这种量被定义为张量. 张量的学习对于提高工程能力和研究能力非常必要, 也是增强科学素质的重要途径. 考虑到本书是面向工程类与应用物理类学生, 这里只介绍欧氏空间的张量. 本书的张量内容有两大部分: 第 3 章是笛卡儿坐标系的张量, 考虑到大家初次接触, 为了方便理解张量的内容和特点, 也为了一部分应用研究中会遇到的情况, 这一部分仍然沿用求和符号等高等数学中常用的记号. 第 4 章是更复杂一点的内容, 包括了张量的普遍定义下的张量和运算等, 因为已经有了第 3 章内容的基础, 这一部分引入张量独有的表示方法, 例如 Einstein 约定、求导符号等, 因张量内容庞大复杂, 本书只能介绍张量的基本内容. 更深入的内容如曲率张量、黎曼空间几何等读者可以在后续专业课中进一步学习.

3.1 矢量代数

作者认为读者在学习本课程时, 已经对于矢量分析有了一定的了解和基础. 之所以介绍矢量代数, 只是为了后面讨论张量理论更方便一些, 便于读者更容易接受张量的概念, 这里讨论了矢量的必要条件、矢量乘法, 以及后面要用到但是以前并没有接触过的内容.

1. 矢量的必要条件

首先讨论标量. 标量是一个由实数量确定的物理量, 其值与坐标系选择无关, 标量是一个不变量, 有时称作绝对标量.

矢量是既有大小, 又有方向的物理量. 数学上为了表达矢量, 通常用空间的一条有向直线段代表矢量, 如图 3.1(a) 所示. 矢量有三个基本性质, 即矢量模、方向性和可加性, 其内容如下:

(1) 矢量 $\vec{a}$ 的模是指其绝对值 $|\vec{a}|$, 几何上是指 $\vec{a}$ 的长度.

(2) 矢量 $\vec{a}$ 的方向性如图 3.1(a) 所示, 在笛卡儿坐标系中是方向余弦表示方向, 为

$$(\cos(\vec{a},x),\cos(\vec{a},y),\cos(\vec{a},z))$$

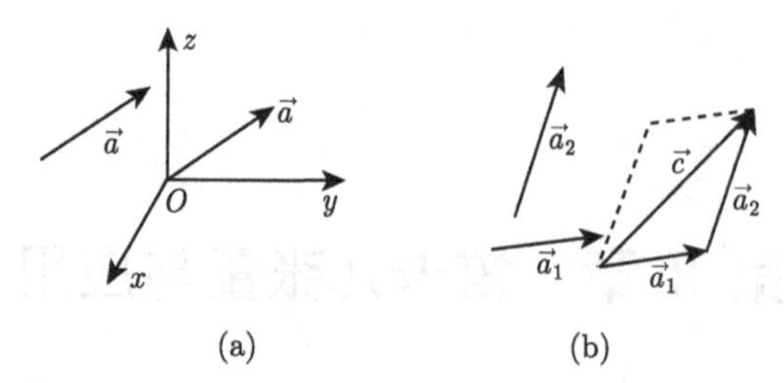

图 3.1　(a) 矢量的模和方向性; (b) 矢量的可加性

综合上述的模和方向性, 矢量可表示为

$$\vec{a} = |\vec{a}| \left(\cos(\vec{a}, x), \cos(\vec{a}, y), \cos(\vec{a}, z) \right) \tag{3.1.1}$$

(3) 矢量的加法遵守平行四边形法则.

通常有三类矢量: 固定于空间一个作用点的矢量称为固定矢量; 沿着某一直线作用, 但是没有一定作用点的矢量, 称为滑动矢量; 作用点可以移动的矢量, 称为自由矢量. 固定矢量和滑动矢量是自由矢量的特殊情况, 所以通常说的矢量都是指自由矢量.

自由矢量的作用点是可以移动的, 把图 3.1(b) 中的两个矢量 $\vec{a}_1$ 和 $\vec{a}_2$ 平行移动, 使得 $\vec{a}_1$ 的尾与 $\vec{a}_2$ 的起点相衔接, 然后连接 $\vec{a}_1$ 的起点与 $\vec{a}_2$ 尾端, 就有了第三个矢量 $\vec{c}$. 定义这样得到的矢量 $\vec{c}$ 是矢量 $\vec{a}_1$ 与 $\vec{a}_2$ 之和, 于是有

$$\vec{c} = \vec{a}_1 + \vec{a}_2 \tag{3.1.2}$$

从图 3.1(b) 可见, 平移后的矢量是平行四边形的两条边, 再作两条分别平行于两个矢量的辅助线, 就可以得到一个平行四边形, 称矢量的这种加法符合平行四边形法则.

多个矢量加法. 平行移动多个矢量使这些矢量一个接一个地衔接起来, 形成一条折线, 再用一条有向线段 $\vec{c}$ 将折线头尾连接起来, 这就是多个矢量加法，如图 3.2(a) 所示. 写成公式是

$$\vec{c} = \vec{a}_1 + \vec{a}_2 + \cdots + \vec{a}_n = \sum_{i=1}^{n} \vec{a}_i \tag{3.1.3}$$

矢量减法是加法的逆运算. 用 $-\vec{a}_2$ 表示与 $\vec{a}_2$ 模相等、方向相反的矢量. 于是 $\vec{a}_1$ 与 $-\vec{a}_2$ 相加的结果是

$$\vec{c} = \vec{a}_1 + (-\vec{a}_2) = \vec{a}_1 - \vec{a}_2 \tag{3.1.4}$$

上式表示了矢量减法恰好是加法的逆运算, 如图 3.2(b) 所示.

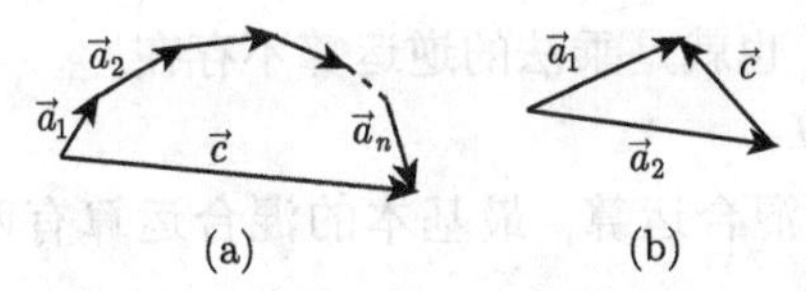

图 3.2 (a) 多个矢量加法; (b) 矢量减法 $\vec{c}=\vec{a}_1-\vec{a}_2$

矢量加法运算有交换律与结合律, 这里不再叙述. 一切物理量如果是矢量, 一定遵守上述三个基本性质, 因此这三个性质是矢量的必要条件.

2. 矢量乘法

矢量乘法有两种: 标积和矢量积.

(1) 标积

标积又称为点积. 矢量的标积是指矢量 $\vec{a}_1$ 在另一个矢量 $\vec{a}_2$ 上的投影, 于是有

$$c=\vec{a}_1\cdot\vec{a}_2=|\vec{a}_1|\cdot|\vec{a}_2|\cos(\vec{a}_1,\vec{a}_2) \tag{3.1.5}$$

标积也满足结合律与分配律.

(2) 矢量积

矢量积又称叉积. 设有矢量 $\vec{a}_1$ 和 $\vec{a}_2$ 是自由矢量, 定义矢量 $\vec{a}_1$ 与 $\vec{a}_2$ 的矢量积是自由矢量 $\vec{c}$. $\vec{c}$ 的模等于矢量 $\vec{a}_1$ 和 $\vec{a}_2$ 构成平行四边形面积, $\vec{c}$ 的方向垂直于矢量 $\vec{a}_1$ 和 $\vec{a}_2$ 组成的平面, 如图 3.3 所示. $\vec{a}_1$, $\vec{a}_2$ 和 $\vec{c}$ 是右手坐标系, 于是得到

$$\vec{c}=\vec{a}_1\times\vec{a}_2 \tag{3.1.6a}$$

$$|\vec{c}|=|\vec{a}_1|\cdot|\vec{a}_2|\sin(\vec{a}_1,\vec{a}_2) \tag{3.1.6b}$$

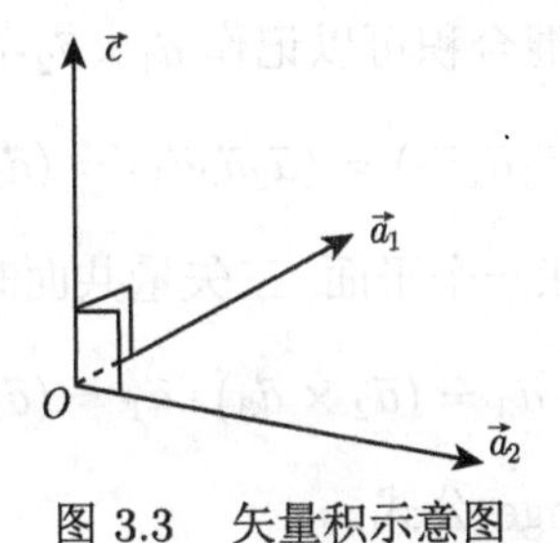

图 3.3 矢量积示意图

由于 $\vec{a}_1$, $\vec{a}_2$ 和 $\vec{c}$ 三个矢量符合右手坐标系规则, 所以 $\vec{a}_1\times\vec{a}_2$ 不符合交换律, 而是

$$\vec{a}_1\times\vec{a}_2=-\vec{a}_2\times\vec{a}_1$$

当 $\vec{a}_1$ 与 $\vec{a}_2$ 平行时, $\sin(\vec{a}_1,\vec{a}_2)=0$, $\vec{c}=0$.

注意矢量没有除法, 也就是乘法的逆运算不存在.

(3) 矢量的混合运算

标积与矢量积可以混合运算, 最基本的混合运算有两种: 混合积与二重矢量积.

1) 混合积

混合积的定义是

$$V = (\vec{a}_1 \times \vec{a}_2) \cdot \vec{a}_3 \tag{3.1.7}$$

V 的符号与 $\vec{a}_1$, $\vec{a}_2$ 和 $\vec{a}_3$ 的相互位置有关. 若 $\vec{a}_1 \times \vec{a}_2$ 与 $\vec{a}_3$ 成锐角, $V > 0$, 称三矢量 $\vec{a}_1$, $\vec{a}_2$ 和 $\vec{a}_3$ 为右旋系或右手系. 如果 $\vec{a}_1 \times \vec{a}_2$ 与 $\vec{a}_3$ 成钝角, $V < 0$, 称三矢量 $\vec{a}_1$, $\vec{a}_2$ 和 $\vec{a}_3$ 为左旋系或左手系.

图 3.4 画出了右手系的混合积情况, $\vec{a}_2 \times \vec{a}_3$ 与 $\vec{a}_1$ 成锐角, $\vec{a}_3 \times \vec{a}_1$ 与 $\vec{a}_2$ 成锐角, 因此都有 $V > 0$. 这样就得到了混合积的性质: 如果循环置换 $\vec{a}_1$, $\vec{a}_2$ 和 $\vec{a}_3$ 的次序, 混合积 V 不改变, 于是有下式成立.

$$V = (\vec{a}_1 \times \vec{a}_2) \cdot \vec{a}_3 = (\vec{a}_2 \times \vec{a}_3) \cdot \vec{a}_1 = (\vec{a}_3 \times \vec{a}_1) \cdot \vec{a}_2 \tag{3.1.8}$$

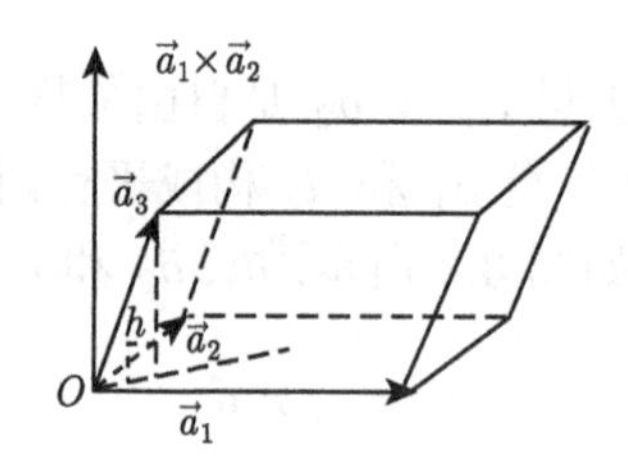

图 3.4 混合积示意图 (右手系)

第 1 章曲线论中已经介绍了混合积可以记作 $\vec{a}_1 \times \vec{a}_2 \cdot \vec{a}_3 = (\vec{a}_1\vec{a}_2\vec{a}_3)$, 上式也可写作

$$V = (\vec{a}_1\vec{a}_2\vec{a}_3) = (\vec{a}_2\vec{a}_3\vec{a}_1) = (\vec{a}_3\vec{a}_1\vec{a}_2)$$

当 $\vec{a}_1$, $\vec{a}_2$ 和 $\vec{a}_3$ 三矢量在一个平面, 三矢量共面时, 有

$$V = (\vec{a}_1 \times \vec{a}_2) \cdot \vec{a}_3 = (\vec{a}_2 \times \vec{a}_3) \cdot \vec{a}_1 = (\vec{a}_3 \times \vec{a}_1) \cdot \vec{a}_2 = 0 \tag{3.1.9}$$

2) 二重矢量积与 Lagrange 公式

二重矢量积的定义是

$$\vec{d} = \vec{a}_1 \times (\vec{a}_2 \times \vec{a}_3) \tag{3.1.10}$$

式 (3.1.10) 计算比较复杂, 实际计算中常用 Lagrange 公式简化运算. Lagrange 公式是

$$\vec{a}_1 \times (\vec{a}_2 \times \vec{a}_3) = \vec{a}_2 (\vec{a}_1 \cdot \vec{a}_3) - \vec{a}_3 (\vec{a}_1 \cdot \vec{a}_2) \tag{3.1.11}$$

上式证明如下.

证明 令 $\vec{a}_2\times\vec{a}_3=\vec{e}$, 然后将 $\vec{e}$ 标乘等式 (3.1.10) 两边, 得到

$$\vec{e}\cdot\vec{d}=\vec{e}\cdot[\vec{a}_1\times(\vec{a}_2\times\vec{a}_3)]=\vec{e}\cdot[\vec{a}_1\times\vec{e}]=0$$

上式说明 $\vec{d}$, $\vec{a}_2$ 和 $\vec{a}_3$ 共面, 于是 $\vec{d}$ 可以用 $\vec{a}_2$ 和 $\vec{a}_3$ 分解为

$$\vec{d}=\alpha\vec{a}_2+\beta\vec{a}_3 \tag{3.1.12}$$

上式两边标乘 $\vec{a}_1$, 图 3.5(a) 画出了 $\vec{d}\cdot\vec{a}_1$ 的示意图. 从图中可见 $\vec{d}\perp\vec{a}_1$, $\vec{d}\cdot\vec{a}_1=0$, 于是得到

$$\vec{d}\cdot\vec{a}_1=\alpha\vec{a}_2\cdot\vec{a}_1+\beta\vec{a}_3\cdot\vec{a}_1=0$$

$$\frac{\alpha}{\vec{a}_1\cdot\vec{a}_3}=-\frac{\beta}{\vec{a}_1\cdot\vec{a}_2}=\lambda$$

$$\alpha=\lambda\vec{a}_1\cdot\vec{a}_3,\quad \beta=-\lambda\vec{a}_1\cdot\vec{a}_2$$

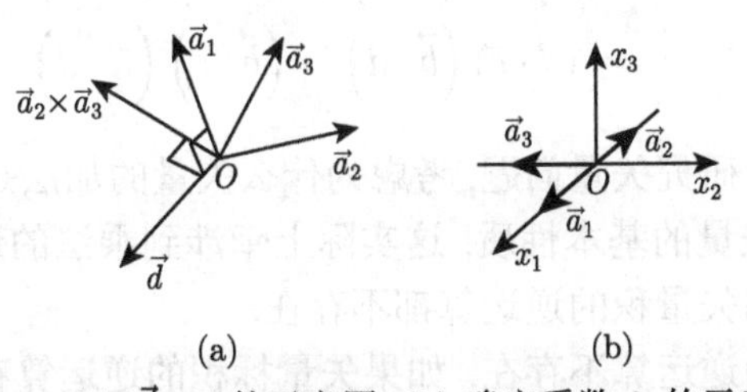

图 3.5 (a) $\vec{d}\cdot\vec{a}_1$ 的示意图; (b) 确定系数 λ 的示意图

上两式代入式 (3.1.12) 有下式成立:

$$\vec{d}=\alpha\vec{a}_2+\beta\vec{a}_3=\lambda\left[\vec{a}_2\left(\vec{a}_1\cdot\vec{a}_3\right)-\vec{a}_3\left(\vec{a}_1\cdot\vec{a}_2\right)\right] \tag{3.1.13}$$

为了确定 λ, 取 $\vec{a}_1$, $\vec{a}_2$ 和 $\vec{a}_3$ 是同一个平面 Ox_1x_2 的矢量, 如图 3.5(b) 所示. 设 $\vec{e}_1$, $\vec{e}_2$ 和 $\vec{e}_3$ 是直角坐标系 $Ox_1x_2x_3$ 三个坐标轴的单位矢量, 则有

$$\vec{a}_1=|\vec{a}_1|\,\vec{e}_1,\quad \vec{a}_2=-|\vec{a}_2|\,\vec{e}_1,\quad \vec{a}_3=-|\vec{a}_3|\,\vec{e}_2$$

于是有

$$\begin{aligned}\vec{d}&=\vec{a}_1\times(\vec{a}_2\times\vec{a}_3)=|\vec{a}_1|\cdot|\vec{a}_2|\cdot|\vec{a}_3|\,\vec{e}_1\times(\vec{e}_1\times\vec{e}_2)\\&=|\vec{a}_1|\cdot|\vec{a}_2|\cdot|\vec{a}_3|\,\vec{e}_1\times\vec{e}_3=-|\vec{a}_1|\cdot|\vec{a}_2|\cdot|\vec{a}_3|\,\vec{e}_2\\\vec{d}&=\lambda\left[\vec{a}_2\left(\vec{a}_1\cdot\vec{a}_3\right)-\vec{a}_3\left(\vec{a}_1\cdot\vec{a}_2\right)\right]\end{aligned}$$

$$
\begin{aligned}
&=\lambda|\vec{a}_1|\cdot|\vec{a}_2|\cdot|\vec{a}_3|\left[(-\vec{e}_1)(-\vec{e}_1\cdot\vec{e}_2)+\vec{e}_2(\vec{e}_1\cdot(-\vec{e}_1))\right]\\
&=-\lambda|\vec{a}_1|\cdot|\vec{a}_2|\cdot|\vec{a}_3|\,\vec{e}_2
\end{aligned}
$$

比较上两式得到

$$
\vec{e}_2=\lambda\vec{e}_2,\quad \lambda=1
$$

将 $\lambda=1$ 代入式 (3.1.13), 所得到的结果正是式 (3.1.11). [证毕]

例 3.1 试证 $\left(\vec{a}\times\vec{b}\right)\cdot\left(\vec{c}\times\vec{d}\right)=\left(\vec{a}\cdot\vec{c}\right)\left(\vec{b}\cdot\vec{d}\right)-\left(\vec{b}\cdot\vec{c}\right)\left(\vec{a}\cdot\vec{d}\right)$.

证明 设 $\vec{e}=\vec{a}\times\vec{b}$, 式子是

$$
\begin{aligned}
\left(\vec{a}\times\vec{b}\right)\cdot\left(\vec{c}\times\vec{d}\right)&=\left(\vec{c}\times\vec{d}\right)\cdot\vec{e}=\left(\vec{d}\times\vec{e}\right)\cdot\vec{c}\quad(\text{式}(3.1.8))\\
&=\vec{c}\cdot\left(\vec{d}\times\vec{e}\right)=\vec{c}\cdot\left[\vec{d}\times\left(\vec{a}\times\vec{b}\right)\right]\\
&=\vec{c}\cdot\left\{\vec{a}\left(\vec{d}\cdot\vec{b}\right)-\vec{b}\left(\vec{d}\cdot\vec{a}\right)\right\}\quad(\text{Lagrange公式})\\
&=(\vec{c}\cdot\vec{a})\left(\vec{d}\cdot\vec{b}\right)-\left(\vec{c}\cdot\vec{b}\right)\left(\vec{d}\cdot\vec{a}\right)\\
&=(\vec{a}\cdot\vec{c})\left(\vec{b}\cdot\vec{d}\right)-\left(\vec{b}\cdot\vec{c}\right)\left(\vec{a}\cdot\vec{d}\right)
\end{aligned}
$$

[证毕]

现在我们进一步研究矢量问题, 考虑为什么矢量的加法是矢量的基本性质, 而矢量乘法不能作为矢量的基本性质, 这实际上牵涉到乘法的逆运算——除法问题. 下面证明矢量标积和矢量积的逆运算都不存在.

首先证明标积的逆运算不存在. 如果矢量标积的逆运算存在, 那么下式

$$
\vec{a}\cdot\vec{x}=p \tag{3.1.14}
$$

的未知矢量 $\vec{x}$ 一定有一个唯一的解. 但是可以证明上式中的解矢量是不定的. 设有矢量

$$
\vec{x}_1=p\frac{\vec{b}}{\vec{a}\cdot\vec{b}} \tag{3.1.15}
$$

其中 $\vec{b}$ 是不垂直于矢量 $\vec{a}$ 的任意矢量. 上式两边同标乘矢量 $\vec{a}$, 则有

$$
\vec{a}\cdot\vec{x}_1=p\frac{\vec{a}\cdot\vec{b}}{\vec{a}\cdot\vec{b}}=p
$$

因此 $\vec{x}_1$ 是式 (3.1.14) 的解.

如果另一矢量 $\vec{c}\perp\vec{a}$, 则有 $\vec{c}\cdot\vec{a}=0$, 于是有

$$
\vec{a}\cdot\left(p\frac{\vec{b}}{\vec{a}\cdot\vec{b}}+\vec{c}\times\vec{a}\right)=\vec{a}\cdot p\frac{\vec{b}}{\vec{a}\cdot\vec{b}}+\vec{a}\cdot(\vec{c}\times\vec{a})=\vec{a}\cdot p\frac{\vec{b}}{\vec{a}\cdot\vec{b}}=p
$$

因此

$$\vec{x}_2 = p\frac{\vec{b}}{\vec{a}\cdot\vec{b}} + \vec{c}\times\vec{a} \tag{3.1.16}$$

也是式 (3.1.14) 的一个解.

式 (3.1.15) 和 (3.1.16) 说明式 (3.1.14) 有两个解, 即解是不定的, 也就是标积的逆运算是不存在的.

再证明矢量积的逆运算不存在. 若矢量积的逆运算存在, 那么下式

$$\vec{a}\times\vec{x} = \vec{q} \tag{3.1.17}$$

的未知矢量 $\vec{x}$ 一定有一个唯一的解. 先证明后面要用的一个关系. 上式两边标乘 $\vec{a}$, 得到

$$\vec{a}\cdot\vec{q} = \vec{a}\cdot(\vec{a}\times\vec{x}) = 0 \tag{3.1.18}$$

因此 $\vec{a}\perp\vec{q}$.

再设式 (3.1.17) 的解是

$$\vec{x} = \vec{b}\times\vec{d} \tag{3.1.19}$$

$\vec{b}$ 和 $\vec{d}$ 中之一可以是任意矢量. 上式代入式 (3.1.17), 有

$$\vec{q} = \vec{a}\times\vec{x} = \vec{a}\times\left(\vec{b}\times\vec{d}\right) = \vec{b}\left(\vec{a}\cdot\vec{d}\right) - \vec{d}\left(\vec{a}\cdot\vec{b}\right) \tag{3.1.20}$$

设 $\vec{b}$ 与 $\vec{q}$ 共线平行, 且 $\vec{a}\cdot\vec{d}\neq 0$. 上式两边标乘 $\vec{a}$, 得到

$$\vec{a}\cdot\vec{q} = \vec{a}\cdot(\vec{a}\times\vec{x}) = \vec{a}\cdot\left[\vec{a}\times\left(\vec{b}\times\vec{d}\right)\right] = \vec{a}\cdot\left[\vec{b}\left(\vec{a}\cdot\vec{d}\right)\right] - \vec{a}\cdot\left[\vec{d}\left(\vec{a}\cdot\vec{b}\right)\right] \tag{3.1.21}$$

$\vec{b}$ 与 $\vec{q}$ 共线平行, 而根据式 (3.1.18) 可知 $\vec{a}\perp\vec{q}$, 所以 $\vec{a}\perp\vec{b}$, 因此 $\vec{a}\cdot\vec{b} = 0$. 于是上式变为

$$\vec{a}\cdot\vec{q} = \vec{a}\cdot\left[\vec{b}\left(\vec{a}\cdot\vec{d}\right)\right]$$

比较上式两边, 有 $\vec{q} = \vec{b}\left(\vec{a}\cdot\vec{d}\right)$, 于是

$$\vec{b} = \frac{\vec{q}}{\vec{a}\cdot\vec{d}}$$

从式 (3.1.19) 可以得到式 (3.1.17) 的解是

$$\vec{x}_1 = \vec{b}\times\vec{d} = \frac{\vec{q}}{\vec{a}\cdot\vec{d}}\times\vec{d} \tag{3.1.22}$$

再设

$$\vec{x}_2 = \frac{\vec{q}}{\vec{a}\cdot\vec{d}}\times\vec{d} + k\vec{a} \tag{3.1.23}$$

式中 k 是任意实数, 于是有

$$\vec{a}\times\vec{x}_2=\vec{a}\times\left(\frac{\vec{q}}{\vec{a}\cdot\vec{d}}\times\vec{d}+k\vec{a}\right)=\vec{a}\times\left(\frac{\vec{q}}{\vec{a}\cdot\vec{d}}\times\vec{d}\right)=\vec{a}\times\vec{x}_1=\vec{q} \tag{3.1.24}$$

上式表示 $\vec{x}_2$ 也是式 (3.1.17) 的解. 方程 (3.1.17) 有两个解, 于是矢量积的逆运算不存在.

这样就证明了矢量乘法没有逆运算, 因此矢量乘法不能列入矢量的基本性质.

最后给出图 3.5(b) 的直角坐标系里两个矢量

$$\vec{a}=(a_1,a_2,a_3),\quad \vec{b}=(b_1,b_2,b_3)$$

加减法、乘法表达式如下:

$$\begin{aligned}\vec{c}=\vec{a}\pm\vec{b}&=(a_1\pm b_1,a_2\pm b_2,a_3\pm b_3)\\&=(a_1\pm b_1)\vec{e}_1+(a_2\pm b_2)\vec{e}_2+(a_3\pm b_3)\vec{e}_3\end{aligned} \tag{3.1.25}$$

$$c=\vec{a}\cdot\vec{b}=\sum_{i=1}^{3}a_ib_i \tag{3.1.26}$$

$$\begin{aligned}\vec{c}=\vec{a}\times\vec{b}&=(a_2b_3-a_3b_2)\vec{e}_1+(a_3b_1-a_1b_3)\vec{e}_2+(a_1b_2-a_2b_1)\vec{e}_3\\&=\begin{vmatrix}\vec{e}_1&\vec{e}_2&\vec{e}_3\\a_1&a_2&a_3\\b_1&b_2&b_3\end{vmatrix}\end{aligned} \tag{3.1.27}$$

这些计算公式已经在高等数学中证明过了, 这里不再叙述.

3.2 笛卡儿张量的概念

这一节将从矢量开始, 引入张量的概念, 并证明求和符号和坐标系旋转中重要的性质.

1. 矢量的坐标系旋转与求和符号性质

判断一个物理量是不是矢量, 就要看一看这个矢量是否满足可加性, 在几何学中就是坐标的平移, 在坐标系中是一个有序数组在一个方向上的作用. 从这一节开始, 将讨论一个有序数组在多个方向作用的情况, 典型的例子是矢量的旋转.

设有直角坐标系 $\varSigma: Ox_1x_2x_3$, 基矢量 $(\vec{e}_1,\vec{e}_2,\vec{e}_3)$ 是单位正交矢量. 坐标系旋转后的新直角坐标系是 $\varSigma': Ox_1'x_2'x_3'$, 单位正交基矢量是 $(\vec{e}_1',\vec{e}_2',\vec{e}_3')$. 两个坐标系的关系如图 3.6 所示. 坐标系中的矢量分别是

$$\varSigma:\vec{a}=a_1\vec{e}_1+a_2\vec{e}_2+a_3\vec{e}_3 \tag{3.2.1}$$

$$\Sigma' : \vec{a} = a_1'\vec{e}_1' + a_2'\vec{e}_2' + a_3'\vec{e}_3' \tag{3.2.2}$$

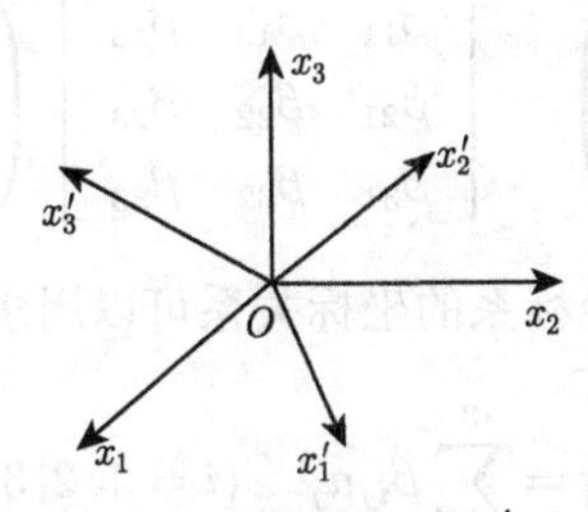

图 3.6　$\Sigma : Ox_1x_2x_3$ 坐标系旋转到 $\Sigma' : Ox_1'x_2'x_3'$ 坐标系

展开式 (3.2.2), 用 $\vec{e}_1'$ 标乘此式, 得到

$$\vec{a} \cdot \vec{e}_1' = (a_1'\vec{e}_1' + a_2'\vec{e}_2' + a_3'\vec{e}_3') \cdot \vec{e}_1' = a_1' \tag{3.2.3}$$

再用 $\vec{e}_1'$ 标乘式 (3.2.1), 有

$$\vec{a} \cdot \vec{e}_1' = (a_1\vec{e}_1 + a_2\vec{e}_2 + a_3\vec{e}_3) \cdot \vec{e}_1' = a_1\vec{e}_1 \cdot \vec{e}_1' + a_2\vec{e}_2 \cdot \vec{e}_1' + a_3\vec{e}_3 \cdot \vec{e}_1'$$

令

$$\beta_{11} = \vec{e}_1' \cdot \vec{e}_1, \quad \beta_{12} = \vec{e}_1' \cdot \vec{e}_2, \quad \beta_{13} = \vec{e}_1' \cdot \vec{e}_3$$

用上述三式, $\vec{a} \cdot \vec{e}_1'$ 可以写成

$$\vec{a} \cdot \vec{e}_1' = a_1\vec{e}_1' \cdot \vec{e}_1 + a_2\vec{e}_1' \cdot \vec{e}_2 + a_3\vec{e}_1' \cdot \vec{e}_3 = \beta_{11}a_1 + \beta_{12}a_2 + \beta_{13}a_3 \tag{3.2.4}$$

联立式 (3.2.3) 和 (3.2.4), 得到 Σ' 系与 Σ 系中的坐标关系是

$$a_1' = \beta_{11}a_1 + \beta_{12}a_2 + \beta_{13}a_3 \tag{3.2.5a}$$

同理令

$$\beta_{21} = \vec{e}_2' \cdot \vec{e}_1, \quad \beta_{22} = \vec{e}_2' \cdot \vec{e}_2, \quad \beta_{23} = \vec{e}_2' \cdot \vec{e}_3$$
$$\beta_{31} = \vec{e}_3' \cdot \vec{e}_1, \quad \beta_{32} = \vec{e}_3' \cdot \vec{e}_2, \quad \beta_{33} = \vec{e}_3' \cdot \vec{e}_3$$

则有 Σ' 系与 Σ 系中的其他两个坐标分别是

$$a_2' = \beta_{21}a_1 + \beta_{22}a_2 + \beta_{23}a_3 \tag{3.2.5b}$$

$$a_3' = \beta_{31}a_1 + \beta_{32}a_2 + \beta_{33}a_3 \tag{3.2.5c}$$

式 (3.2.5) 也可以用矩阵形式写出, 为

$$\begin{pmatrix} a_1' \\ a_2' \\ a_3' \end{pmatrix} = \begin{bmatrix} \beta_{11} & \beta_{12} & \beta_{13} \\ \beta_{21} & \beta_{22} & \beta_{23} \\ \beta_{31} & \beta_{32} & \beta_{33} \end{bmatrix} \begin{pmatrix} a_1 \\ a_2 \\ a_3 \end{pmatrix} \tag{3.2.6}$$

式 (3.2.5) 表示的两个坐标系的坐标关系可以用求和号记为

$$a_i' = \sum_{j=1}^{3} \beta_{ij} a_j \quad (i = 1, 2, 3) \tag{3.2.7a}$$

$$\beta_{ij} = \vec{e}_i' \cdot \vec{e}_j \tag{3.2.7b}$$

式 (3.2.7a) 在张量理论中常用 Einstein 约定来书写. 所谓 Einstein 约定是指某个指标在同一项中重复出现两次代表求和, 从而省略求和号 $\sum$, 于是式 (3.2.7a) 可以写成

$$a_i' = \beta_{ij} a_j \quad (i, j = 1, 2, 3) \tag{3.2.8}$$

上式中 j 是重复的下标, 称为哑标, 表示对于 j 求和. 也就是

$$\beta_{ij} a_j = \beta_{i1} a_1 + \beta_{i2} a_2 + \beta_{i3} a_3$$

若将 $\varSigma': Ox_1'x_2'x_3'$ 坐标系旋转到 $\varSigma: Ox_1x_2x_3$ 坐标系, 进行类似的推导可以得到在 $\varSigma: Ox_1x_2x_3$ 内的坐标是

$$a_i = \sum_{j=1}^{3} \beta_{ji} a_j' \quad (i = 1, 2, 3) \tag{3.2.9a}$$

$$\beta_{ji} = \vec{e}_j' \cdot \vec{e}_i \tag{3.2.9b}$$

式中系数 β_{ji} 也类似式 (3.2.7b) 的表达, 例如, 当 $i = 1$ 时，β_{j1} 是

$$\beta_{11} = \vec{e}_1' \cdot \vec{e}_1, \quad \beta_{21} = \vec{e}_2' \cdot \vec{e}_1, \quad \beta_{31} = \vec{e}_3' \cdot \vec{e}_1$$

式 (3.2.9a) 按照 Einstein 约定也可以写成

$$a_i = \beta_{ji} a_j' \quad (i = 1, 2, 3) \tag{3.2.10}$$

或者写成矩阵

$$\begin{pmatrix} a_1 \\ a_2 \\ a_3 \end{pmatrix} = \begin{bmatrix} \beta_{11} & \beta_{21} & \beta_{31} \\ \beta_{12} & \beta_{22} & \beta_{32} \\ \beta_{13} & \beta_{23} & \beta_{33} \end{bmatrix} \begin{pmatrix} a_1' \\ a_2' \\ a_3' \end{pmatrix} \tag{3.2.11}$$

2. 求和符号性质

为了后面张量的计算与推导, 考虑求和符号的运算性质. 设有两个数组

$$\sum_{i=1}^{3} a_i = a_1 + a_2 + a_3, \quad \sum_{i=1}^{3} b_i = b_1 + b_2 + b_3$$

两者相乘有以下性质.

性质 1 $\sum_{i=1}^{3}\sum_{j=1}^{3} a_i b_j = \sum_{i=1}^{3} a_i \sum_{j=1}^{3} b_j = \sum_{j=3}^{3} b_j \sum_{i=1}^{3} a_i$.

求和符号中的下标称为哑标, 哑标不代表任何特定值, 只表示有哪几个元素相加, 求和后哑标不再存在. 哑标只是表示对于某个角标求和, 是求和的记号, 可以换用任何记号. 当两个求和数组相乘时, 为了表示各个哑标代表的求和数组, 相乘的式子里不同求和数组的哑标字母不能重复, 因此 $\sum_i a_i \sum_i b_i$ 应当改为 $\sum_i a_i \sum_j b_j$. 性质 1 证明如下.

$$\begin{aligned}
\sum_{i=3}^{3} a_i \sum_{j=1}^{3} b_j &= (a_1 + a_2 + a_3)(b_1 + b_2 + b_3) \\
&= (a_1 b_1 + a_1 b_2 + a_1 b_3) + (a_2 b_1 + a_2 b_2 + a_2 b_3) + (a_3 b_1 + a_3 b_2 + a_3 b_3) \\
&= \sum_{i=1}^{3}\sum_{j=1}^{3} a_i b_j
\end{aligned}$$

$$\begin{aligned}
\sum_{i=3}^{3} a_i \sum_{j=1}^{3} b_j &= a_1 \sum_{j=1}^{3} b_j + a_2 \sum_{j=1}^{3} b_j + a_3 \sum_{j=1}^{3} b_j \\
&= \sum_{j=1}^{3} b_j (a_1 + a_2 + a_3) = \sum_{j=3}^{3} b_j \sum_{i=1}^{3} a_i
\end{aligned}$$

性质 2 定义

$$\delta_{ij} = \begin{cases} 1, & i = j \\ 0, & i \neq j \end{cases} \tag{3.2.12}$$

称 δ_{ij} 为 Kronecker 符号. 则有下式成立:

$$\sum_{i=1}^{3}\sum_{j=1}^{3} a_i b_j \delta_{ij} = \sum_{i=1}^{3} a_i b_i$$

证明 此性质既重要又简单, 证明如下:

$$\sum_{i=1}^{3}\sum_{j=1}^{3} a_i b_j \delta_{ij} = \sum_{i=1}^{3} a_i \sum_{j=1}^{3} b_j \delta_{ij} = \sum_{i=1}^{3} a_i b_i$$

[证毕]

3. 张量与坐标系旋转

(1) 张量概念的引入

实际工程应用与科学研究中, 会遇到比矢量更复杂的量. 晶体传导电流的计算就是一个例子. 晶体与我们常见的液体是有一些差别的, 它不是一个介质连续的物质. 最简单的晶体模型是把晶体看作由许多圆球堆积而成, 圆球之间有空隙, 电子在圆球之间运动, 因此晶体的导电性能是各向异性的. 当外加电场在晶体上时, 由于导电性能的各向异性, 不能用普通的欧姆定律计算电流, 必须按照不同方向有不同的电导率, 再根据微分欧姆定律计算电流.

为了计算电流, 建立直角坐标系, 单位矢量是 $(\vec{e}_1,\vec{e}_2,\vec{e}_3)$, 这样电场强度 $\vec{E}$ 和电流密度 $\vec{J}$ 在此坐标系中分解成

$$\vec{E} = E_1\vec{e}_1 + E_2\vec{e}_2 + E_3\vec{e}_3$$

$$\vec{J} = J_1\vec{e}_1 + J_2\vec{e}_2 + J_3\vec{e}_3$$

一般情况下, 式中三个电流密度分量在不同方向的电流密度 J_i 对应了不同的电导率 σ_i. 弱场情况下矢量的欧姆定律 $\vec{J} = \vec{\sigma}_i \cdot \vec{E}$ 成立, 于是得到

$$J_1 = \vec{\sigma}_1 \cdot \vec{E} = \left(\sum_{j=1}^{3}\sigma_{1j}\vec{e}_j\right)\cdot\left(\sum_{k=1}^{3}E_k\vec{e}_k\right) = \sigma_{11}E_1 + \sigma_{12}E_2 + \sigma_{13}E_3$$

$$J_2 = \vec{\sigma}_2 \cdot \vec{E} = \left(\sum_{j=1}^{3}\sigma_{2j}\vec{e}_j\right)\cdot\left(\sum_{k=1}^{3}E_k\vec{e}_k\right) = \sigma_{21}E_1 + \sigma_{22}E_2 + \sigma_{23}E_3$$

$$J_3 = \vec{\sigma}_3 \cdot \vec{E} = \left(\sum_{j=1}^{3}\sigma_{3j}\vec{e}_j\right)\cdot\left(\sum_{k=1}^{3}E_k\vec{e}_k\right) = \sigma_{31}E_1 + \sigma_{32}E_2 + \sigma_{33}E_3$$

这样得到电流密度与场强关系

$$\vec{J} = \begin{pmatrix} J_1 \\ J_2 \\ J_3 \end{pmatrix} = \begin{bmatrix} \sigma_{11} & \sigma_{12} & \sigma_{13} \\ \sigma_{21} & \sigma_{22} & \sigma_{23} \\ \sigma_{31} & \sigma_{32} & \sigma_{33} \end{bmatrix}\begin{pmatrix} E_1 \\ E_2 \\ E_3 \end{pmatrix} = \begin{bmatrix} \sigma_{11} & \sigma_{12} & \sigma_{13} \\ \sigma_{21} & \sigma_{22} & \sigma_{23} \\ \sigma_{31} & \sigma_{32} & \sigma_{33} \end{bmatrix}\vec{E} = [\sigma_{ij}]\,\vec{E}$$

按照矩阵理论, 上式的 $[\sigma_{ij}]$ 是 9 维量, 超出了矢量的概念, 称为电导率张量, 记作

$$\vec{\sigma} = [\sigma_{ij}] = \begin{bmatrix} \sigma_{11} & \sigma_{12} & \sigma_{13} \\ \sigma_{21} & \sigma_{22} & \sigma_{23} \\ \sigma_{31} & \sigma_{32} & \sigma_{33} \end{bmatrix}$$

上式表明, 确定电流密度与电场强度关系要 9 个量. 定义这样的 9 个量为二阶笛

卡儿张量, 本章简称二阶张量, 记作

$$\vec{T}=\begin{bmatrix}T_{11} & T_{12} & T_{13}\\ T_{21} & T_{22} & T_{23}\\ T_{31} & T_{32} & T_{33}\end{bmatrix}=[T_{ij}]=\sum_{i=1}^{3}\sum_{j=1}^{3}T_{ij}\vec{e}_i\vec{e}_j \tag{3.2.13}$$

标量、矢量和张量的区别如表 3.2.1 所示. 从表中可以看到三种量的特点和区别.

表 3.2.1 标量、矢量和二阶张量

标量	矢量	二阶张量
T	(T_1,T_2,T_3) 或 $\begin{pmatrix}T_1\\T_2\\T_3\end{pmatrix}$	$\begin{bmatrix}T_{11} & T_{12} & T_{13}\\ T_{21} & T_{22} & T_{23}\\ T_{31} & T_{32} & T_{33}\end{bmatrix}$

标量是一个没有方向的单一数值, 有 $3^0=1$ 个量; 三维空间矢量是 3^1 个分量组成的数组; 二阶张量是 3^2 个分量组成的数组.

(2) 张量的旋转

现在的问题是二阶张量的 9 个量在坐标轴旋转前后之间的关系, 详细证明这个问题有些繁琐, 这里用一个简单的方法加以说明.

设有坐标系 $\Sigma:Ox_1x_2x_3$ 旋转到坐标系 $\Sigma':Ox_1'x_2'x_3'$. Σ 坐标系下矢量是 $\vec{a}$, $\vec{a}$ 的分量为 a_i; Σ' 坐标系下矢量是 $\vec{a}'$, $\vec{a}'$ 的分量为 a_i'. 根据式 (3.2.7a) 可以得到两个坐标系中的分量有以下关系:

$$a_i'=\sum_{j=1}^{3}\beta_{ij}a_j \quad (i=1,2,3) \tag{3.2.14}$$

$a_ia_j\,(i,j=1,2,3)$ 共有 9 个, 组成张量 $\vec{T}=[T_{ij}]_{3\times3}$, 其中

$$T_{ij}=a_ia_j \tag{3.2.15}$$

$a_i'a_j'\,(i,j=1,2,3)$ 共有 9 个, 组成张量 $\vec{T}'=\left[T_{ij}'\right]_{3\times3}$, 其中

$$T_{ij}'=a_i'a_j' \tag{3.2.16}$$

张量 $\vec{T}\to\vec{T}'$ 的映射是式 (3.2.15) 与 (3.2.16) 表示的两个乘积之间的映射, 故有

$$a_i'=\sum_{k=1}^{3}\beta_{ik}a_k\,(i=1,2,3),\quad a_j'=\sum_{l=1}^{3}\beta_{jl}a_l\,(j=1,2,3)$$

$$a_i'\cdot a_j'=\sum_{k=1}^{3}\beta_{ik}a_k\cdot\sum_{l=1}^{3}\beta_{jl}a_l=\sum_{k,l=1}^{3}\beta_{ik}\beta_{jl}a_ka_l \tag{3.2.17}$$

张量 $\vec{T}'$, $\vec{T}$ 的分量分别是

$$T'_{ij} = a'_i a'_j, \quad T_{kl} = a_k a_l$$

上两个分量代入式 (3.2.17), 得到映射后两个张量分量之间有下式成立:

$$T'_{ij} = \sum_{k=1}^{3}\sum_{l=1}^{3} \beta_{ik}\beta_{jl}T_{kl} = \sum_{k,l=1}^{3} \beta_{ik}\beta_{jl}T_{kl} \tag{3.2.18a}$$

或用 Einstein 约定写成

$$T'_{ij} = \beta_{ik}\beta_{jl}T_{kl} \quad (i,j=1,2,3) \tag{3.2.18b}$$

根据式 (3.2.9) 可以得到类似式 (3.2.18) 的表达式, 为

$$T_{ij} = \sum_{k,l=1}^{3} \beta_{ki}\beta_{lj}T'_{kl} \tag{3.2.19}$$

二阶张量除了满足有 9 个分量外, 两个张量在坐标系变换时, 张量分量还要满足式 (3.2.18) 和 (3.2.19), 因此这两个公式也是二阶张量的定义式.

现在来证明一个非常重要的公式

$$\sum_{k=1}^{3} \beta_{ik}\beta_{jk} = \sum_{k=1}^{3} \beta_{ki}\beta_{kj} = \delta_{ij} \tag{3.2.20}$$

证明　Σ 坐标系中的 $\vec{e}_i$ 与 $\vec{e}_j$ 互相垂直, 且为单位矢量, 故有

$$\vec{e}_i \cdot \vec{e}_j = \delta_{ij} \tag{3.2.21}$$

Σ' 坐标系中的 $\vec{e}'_i$ 也是单位正交矢量, 用 Σ 坐标系中基矢量展开, 为

$$\vec{e}'_i = \sum_{k=1}^{3} c_{ik}\vec{e}_k$$

上式两边点乘 $\vec{e}_j$, 于是有

$$\vec{e}'_i \cdot \vec{e}_j = \sum_{k=1}^{3} c_{ik}\vec{e}_k \cdot \vec{e}_j = \sum_{k=1}^{3} c_{ik}\delta_{kj}$$

展开上式, 并用式 (3.2.7b), 可得到

$$c_{ik} = \vec{e}'_i \cdot \vec{e}_k = \beta_{ik} \tag{3.2.22}$$

$$\vec{e}_i' = \sum_{k=1}^{3} \beta_{ik} \vec{e}_k \quad (i = 1, 2, 3) \tag{3.2.23}$$

坐标系 Σ' 是正交坐标系, 也有类似于式 (3.2.21) 的性质, 即

$$\vec{e}_i' \cdot \vec{e}_j' = \begin{cases} 1, & i = j, \\ 0, & i \neq j \end{cases} = \delta_{ij} \tag{3.2.24}$$

将式 (3.2.23) 两边同乘以 $\vec{e}_j'$, 得到

$$\vec{e}_i' \cdot \vec{e}_j' = \sum_{k=1}^{3} \beta_{ik} \vec{e}_k \cdot \vec{e}_j' = \sum_{k=1}^{3} \beta_{ik} \left(\vec{e}_j' \cdot \vec{e}_k \right) = \sum_{k=1}^{3} \beta_{ik} \beta_{jk}$$

上式与式 (3.2.24) 相比较, 就有

$$\sum_{k=1}^{3} \beta_{ik} \beta_{jk} = \delta_{ij} \tag{3.2.25}$$

将坐标系 Σ 的基矢量在 Σ' 展开后, 得到

$$\vec{e}_i = \sum_{k=1}^{3} \beta_{ki} \vec{e}_k' \quad (i = 1, 2, 3) \tag{3.2.26}$$

再用类似式 (3.2.25) 的推导方法, 可以得到

$$\sum_{k=1}^{3} \beta_{ki} \beta_{kj} = \delta_{ij} \tag{3.2.27}$$

综合式 (3.2.25) 和 (3.2.26) 就得到要证明的命题. 这个公式在二阶张量有关证明中非常有用. [证毕]

3.3 笛卡儿张量定义与性质

处理具体问题时, 需要确定问题所在的坐标系, 大部分工程与科学研究中的问题都发生在三维欧氏空间直角笛卡儿坐标系中, 因此在此坐标系中的张量就显得非常重要, 通常称此坐标系的张量为笛卡儿张量. 本节将正式引入笛卡儿张量的定义, 并讨论它的基本性质. 为了简化, 本章称笛卡儿张量为张量.

设 $x_i\,(i = 1, 2, 3)$ 是三维欧氏空间的右手直角坐标系, 沿坐标轴正向依次取单位矢量 $\vec{e}_i\,(i = 1, 2, 3)$ 构成一组标准正交基, 在此坐标系中张量的定义如下: 张量是满足一定关系的一组元素组成的整体, 元素的个数由空间维数 N 和张量的阶数 n 所定义, 为 N^n; 每一个元素是张量的一个分量, 一个张量有 N^n 个分量.

下面详细讨论张量分量的计算、张量的表示和性质.

1. 零阶张量和一阶张量

零阶张量和一阶张量分别是标量和矢量, 推导如下.

(1) 零阶张量

空间维数 $N=3$, 张量的阶数 $n=0$, 有 $3^0=1$ 个分量, 这是标量. 标量是一个不变量, 因此零阶张量在坐标系转动中, 必须保持不变, 于是有

$$\varphi'\left(x_1', x_2', x_3'\right)=\varphi\left(x_1, x_2, x_3\right) \tag{3.3.1}$$

即零阶张量是转动不变量.

例 3.2 $\vec{a}$ 和 $\vec{b}$ 是矢量, 证明 $\vec{a}\cdot\vec{b}$ 是零阶张量.

证明 只需证明 $\vec{a}\cdot\vec{b}=\sum_{i=1}^3 a_i b_i$ 是坐标系转动的不变量. 转动对应的映射是 $\vec{a}\to\vec{a}'$, $\vec{b}\to\vec{b}'$. 因此映射后的标积是

$$\vec{a}'\cdot\vec{b}'=\sum_{i=1}^3 a_i' b_i'$$

根据式 (3.2.7) 可知分量在映射前后为

$$a_i'=\sum_{j=1}^3 \beta_{ij} a_j, \quad b_i'=\sum_{k=1}^3 \beta_{ik} a_k$$

于是转动后的矢量标积是

$$\begin{aligned}\vec{a}'\cdot\vec{b}' &=\sum_{i=1}^3 a_i' b_i'=\sum_{i=1}^3\left(\sum_{j=1}^3 \beta_{ij} a_j\right)\left(\sum_{k=1}^3 \beta_{ik} a_k\right) \\ &=\sum_{i=1}^3 \sum_{k=1}^3 \sum_{j=1}^3 \beta_{ij} \beta_{ik} a_j b_k=\sum_{j=1}^3 \sum_{k=1}^3\left(\sum_{i=1}^3 \beta_{ij} \beta_{ik}\right) a_j b_k\end{aligned}$$

再从式 (3.2.20) 可知 $\sum_k \beta_{ki}\beta_{kj}=\delta_{ij}$, 代入上式得到

$$\vec{a}'\cdot\vec{b}'=\sum_{j=1}^3 \sum_{k=1}^3 a_j b_k \delta_{jk}=\sum_{j=1}^3 a_j b_j=\sum_{i=1}^3 a_i b_i=\vec{a}\cdot\vec{b}$$

因此 $\vec{a}\cdot\vec{b}$ 是零阶张量, 是一个标量.

(2) 一阶张量

一阶张量中, 空间维数 $N=3$, 张量的阶数 $n=1$, 有 $3^1=3$ 个元素 (分量), 为 T_i $(i=1,2,3)$. 定义一阶张量分量要满足下式:

$$T_i'=\sum_{j=1}^3 \beta_{ij} T_j \quad (i=1,2,3) \tag{3.3.2}$$

或者

$$T_i = \sum_{j=1}^{3} \beta_{ji} T'_j \quad (i = 1, 2, 3) \tag{3.3.3}$$

三个分量 T_i 组成一阶张量, 记作 $\vec{T}$, 它的表达式是

$$\vec{T} = (T_1, T_2, T_3) \tag{3.3.4}$$

上式说明这是一个矢量, 即一阶张量就是矢量.

2. 二阶张量与张量表示

现在介绍应用最为广泛、最为重要的张量: 二阶张量. 二阶张量的空间维数 $N = 3$, 张量阶数 $n = 2$, $N^n = 3^2 = 9$, 张量 $\vec{T}$ 有 9 个分量, 为 T_{ij} $(i, j = 1, 2, 3)$. 二阶张量的定义式已在前面 (3.2.17) 介绍过了, 为了叙述方便重复如下:

$$T'_{ij} = \sum_{k,l=1}^{3} \beta_{ik} \beta_{jl} T_{kl} \quad (i, j = 1, 2, 3) \tag{3.3.5a}$$

为了简化表达, 式中 $\sum_{k,l}^{3} * = \sum_{k=1}^{3} \sum_{l=1}^{3} *$. 今后都用这种简化的表达多重求和符号, 有几个求和符号则用求和符号下标的数目表达, 如无特别的提示, 求和都从 1 开始, 到 3 结束. 上式也可以用 Einstein 约定写成

$$T'_{ij} = \beta_{ik} \beta_{jl} T_{kl} \quad (i, j, k, l = 1, 2, 3) \tag{3.3.5b}$$

$$T_{ij} = \beta_{ki} \beta_{lj} T'_{kl} \tag{3.3.6}$$

我们用二阶张量来介绍张量的表示方法. 张量有三种表示方法: 抽象表示法、指标表示法和矩阵表示法.

(1) 抽象表示法

抽象表示法是用带箭头的字母如 $\vec{T}$, $\vec{A}$, $\vec{B}$ 等表示张量.

(2) 指标表示法

指标表示法是最常用的张量表示方法. 指标法是用不同的下标指定张量不同的分量, 然后合成一个张量表达式. 二阶张量 $\vec{T}$, 有 9 个分量 T_{ij} $(i, j = 1, 2, 3)$, 其表达式是

$$\begin{aligned} \vec{T} &= T_{11}\vec{e}_1\vec{e}_1 + T_{12}\vec{e}_1\vec{e}_2 + T_{13}\vec{e}_1\vec{e}_3 + T_{21}\vec{e}_2\vec{e}_1 + T_{22}\vec{e}_2\vec{e}_2 + T_{23}\vec{e}_2\vec{e}_3 \\ &\quad + T_{31}\vec{e}_3\vec{e}_1 + T_{32}\vec{e}_3\vec{e}_2 + T_{33}\vec{e}_3\vec{e}_3 \\ &= \sum_{i,j=1}^{3} T_{ij}\vec{e}_i\vec{e}_j \end{aligned}$$

或用 Einstein 约定写成

$$\vec{T} = T_{ij}\vec{e}_i\vec{e}_j \quad (i, j = 1, 2, 3)$$

指标表示法又称并矢表示法.

(3) 矩阵表示法

矩阵表示法是指用矩阵表示张量, 如二阶张量 $\vec{T}$ 是

$$\vec{T} = \begin{bmatrix} T_{11} & T_{12} & T_{13} \\ T_{21} & T_{22} & T_{23} \\ T_{31} & T_{32} & T_{33} \end{bmatrix} \tag{3.3.7}$$

这三种表示法中以指标表示法最为常用, 后面推导中也以指标表示法为主. 下面讨论二阶张量中常用的 Kronecker 符号和并矢.

如果张量从一个坐标系过渡到另一个坐标系时保持不变, 则称这个张量为不变张量. 现在证明 Kronecker 符号 δ_{ij} 是二阶不变张量. 注意到 δ_{ij} 有两个下标, 且 $i, j = 1, 2, 3$, 因此 δ_{ij} 有 9 个分量, 于是根据式 (3.3.5), 可以写出它的定义式是

$$\delta'_{ij} = \sum_{k,l=1}^{3} \beta_{ik}\beta_{jl}\delta_{kl} = \sum_{k=1}^{3} \beta_{ik}\beta_{jk} = \delta_{ij}$$

上式最后一步用到了式 (3.2.20). 上式表明 δ_{ij} 是二阶张量, 且 δ_{ij} 是不变张量.

例 3.3 设有两个矢量

$$\vec{a} = a_1\vec{e}_1 + a_2\vec{e}_2 + a_3\vec{e}_3, \quad \vec{b} = b_1\vec{e}_1 + b_2\vec{e}_2 + b_3\vec{e}_3$$

试证明 a_ib_j 是二阶张量分量. 这些分量组成的张量 $\vec{ab}$ 称为并矢, 写出并矢的表达式.

解 本题已经在 3.2 节做了介绍, 为了帮助大家熟悉 Einstein 约定, 这里用该约定来证明本题. 本题的关键是要求坐标系转动前后张量的分量要遵守式 (3.3.5) 或者 (3.3.6). 在坐标系转动时, 按照式 (3.2.8) 有

$$a'_i = \beta_{ik}a_k \, (i, k = 1, 2, 3), \quad b'_j = \beta_{jl}b_l \, (j, l = 1, 2, 3)$$

$$a'_ib'_j = \beta_{ik}a_k \cdot \beta_{jl}b_l = \beta_{ik}\beta_{jl} \, (a_kb_l)$$

令 $T'_{ij} = a'_ib'_j$, $T_{kl} = a_kb_l$, 则上式可以写成

$$T'_{ij} = \beta_{ik}\beta_{jl}T_{kl} \quad (i, j, k, l = 1, 2, 3)$$

上式符合 (3.3.5), a_ib_j 是二阶张量的分量.

并矢可以写成

$$\vec{a}\vec{b}=\sum_{i,j=1}^{3}a_ib_j\vec{e}_i\vec{e}_j$$

例 3.4 求立方晶系模型中电导率张量的表达式.

解 所谓的立方晶系指晶体是由立方体堆积而成的, 立方体的 8 个顶角是大小相等的球形原子实, 如图 3.7(a) 所示, 图中直线代表原子实之间的作用力. 当立方晶体沿四条对角线旋转时, 每转过 $\frac{2}{3}\pi$ 就会与自身重合, 在物理学中称这四根轴为 3 度旋转轴, 现在考虑具有 3 度旋转轴晶体的电导率.

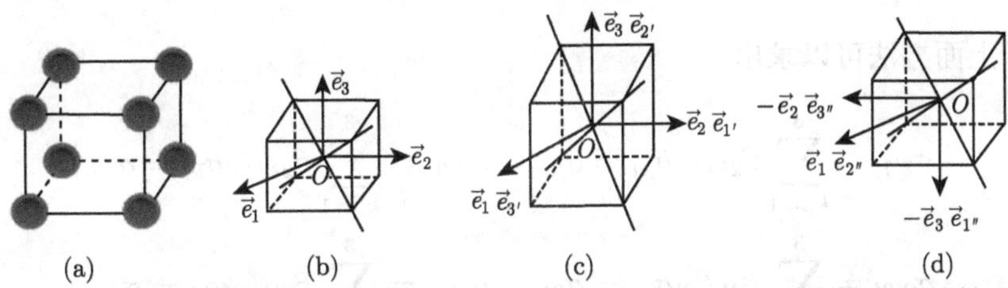

图 3.7 (a) 立方晶系示意图; (b) 电导率张量的直角坐标系; (c) 沿 3 度轴第一次旋转后的新坐标系 $O\vec{e}_{1'}\vec{e}_{2'}\vec{e}_{3'}$, 即图 (b) 旋转后的坐标系; (d) 沿 3 度旋转轴第二次旋转后的新坐标系 $O\vec{e}_{1''}\vec{e}_{2''}\vec{e}_{3''}$, 即图 (c) 旋转后的坐标系

如图 3.7(b) 坐标系, 3.2 节中已经导出这种情况下的晶体电导率张量是

$$\vec{\sigma}=\begin{bmatrix}\sigma_{11} & \sigma_{12} & \sigma_{13}\\ \sigma_{21} & \sigma_{22} & \sigma_{23}\\ \sigma_{31} & \sigma_{32} & \sigma_{33}\end{bmatrix}\tag{1}$$

将立方晶体沿 3 度旋转轴旋转 $\frac{2}{3}\pi$, 新坐标系 $O\vec{e}_{1'}\vec{e}_{2'}\vec{e}_{3'}$ 如图 3.7(c) 所示. 从图上可知两组基的关系如下:

$$\vec{e}_{1'}=\vec{e}_2,\quad \vec{e}_{2'}=\vec{e}_3,\quad \vec{e}_{3'}=\vec{e}_1\tag{2}$$

用二阶张量的定义式 (3.3.5a) 可以写出新坐标系下的二阶张量的分量如下:

$$\begin{aligned}\sigma_{1'1'}&=\sum_{k,l=1}^{3}\beta_{1l}\beta_{1k}\sigma_{kl}=\sum_{k,l=1}^{3}(\vec{e}_{1'}\cdot\vec{e}_k)(\vec{e}_{1'}\cdot\vec{e}_l)\sigma_{kl}\\&=\sum_{k,l=1}^{3}(\vec{e}_2\cdot\vec{e}_k)(\vec{e}_2\cdot\vec{e}_l)\sigma_{kl}=\sum_{k,l=1}^{3}\delta_{2k}\delta_{2l}\sigma_{kl}=\sigma_{22}\end{aligned}$$

$$\sigma_{1'2'} = \sum_{k,l=1}^{3} \beta_{1k}\beta_{2l}\sigma_{kl} = \sum_{k,l=1}^{3} (\vec{e}_{1'} \cdot \vec{e}_k)(\vec{e}_{2'} \cdot \vec{e}_l)\sigma_{kl}$$

$$= \sum_{k,l=1}^{3} (\vec{e}_2 \cdot \vec{e}_k)(\vec{e}_3 \cdot \vec{e}_l)\sigma_{kl} = \sum_{k,l=1}^{3} \delta_{2k}\delta_{3l}\sigma_{kl} = \sigma_{23}$$

$$\sigma_{1'3'} = \sum_{k,l=1}^{3} \beta_{1k}\beta_{3l}\sigma_{kl} = \sum_{k,l=1}^{3} (\vec{e}_{1'} \cdot \vec{e}_k)(\vec{e}_{3'} \cdot \vec{e}_l)\sigma_{kl}$$

$$= \sum_{k,l=1}^{3} (\vec{e}_2 \cdot \vec{e}_k)(\vec{e}_1 \cdot \vec{e}_l)\sigma_{kl} = \sum_{k,l=1}^{3} \delta_{2k}\delta_{1l}\sigma_{kl} = \sigma_{21}$$

类似于上面方法可以求出

$$\sigma_{2'1'} = \sum_{k,l=1}^{3} \beta_{2k}\beta_{1l}\sigma_{kl} = \sigma_{32}, \quad \sigma_{2'2'} = \sum_{k,l=1}^{3} \beta_{2k}\beta_{2l}\sigma_{kl} = \sigma_{33}$$

$$\sigma_{2'3'} = \sum_{k,l=1}^{3} \beta_{2k}\beta_{3l}\sigma_{kl} = \sigma_{31}, \quad \sigma_{3'1'} = \sum_{k,l=1}^{3} \beta_{3l}\beta_{1l}\sigma_{kl} = \sigma_{12}$$

$$\sigma_{3'2'} = \sum_{k,l=1}^{3} \beta_{3k}\beta_{2l}\sigma_{kl} = \sigma_{13}, \quad \sigma_{3'3'} = \sum_{k,l=1}^{3} \beta_{3k}\beta_{3l}\sigma_{kl} = \sigma_{11}$$

于是新坐标系下的电导率是

$$\vec{\sigma}' = \begin{bmatrix} \sigma_{1'1'} & \sigma_{1'2'} & \sigma_{1'3'} \\ \sigma_{2'1'} & \sigma_{2'2'} & \sigma_{2'3'} \\ \sigma_{3'1'} & \sigma_{3'2'} & \sigma_{3'3'} \end{bmatrix} = \begin{bmatrix} \sigma_{22} & \sigma_{23} & \sigma_{21} \\ \sigma_{32} & \sigma_{33} & \sigma_{31} \\ \sigma_{12} & \sigma_{13} & \sigma_{11} \end{bmatrix} \tag{3}$$

由于式 (3) 得到的旋转后的立方晶体与原晶体是重合的, 所以 $\vec{\sigma}'$ 与 $\vec{\sigma}$ 是同一个电导率, 因而式 (1) 和式 (3) 是相等的. 令 $\vec{\sigma}' = \vec{\sigma}$, 两个张量的每个分量应当相等, 故有

$$\sigma_{11} = \sigma_{22} = \sigma_{33}, \quad \sigma_{12} = \sigma_{23} = \sigma_{31}, \quad \sigma_{21} = \sigma_{32} = \sigma_{13} \tag{4}$$

把图 3.7(c) 的坐标系沿 3 度旋转轴再旋转 $\dfrac{2}{3}\pi$, 如图 3.7(d) 所示. 从图上可知第二次旋转后的坐标系基与未旋转坐标系的基之间关系是

$$\vec{e}_{1''} = -\vec{e}_3, \quad \vec{e}_{2''} = \vec{e}_1, \quad \vec{e}_{3''} = -\vec{e}_2 \tag{5}$$

用二阶张量的定义式 (3.3.5a) 可以写出二次旋转后坐标系下的二阶张量的分量

如下:

$$\begin{aligned}\sigma_{1''1''} &= \sum_{k,l=1}^{3} \beta_{1k}\beta_{1l}\sigma_{kl} = \sum_{k,l=1}^{3} (\vec{e}_{1''} \cdot \vec{e}_k)(\vec{e}_{1''} \cdot \vec{e}_l)\sigma_{kl} \\ &= \sum_{k,l=1}^{3} (-\vec{e}_3 \cdot \vec{e}_k)(-\vec{e}_3 \cdot \vec{e}_l)\sigma_{kl} = \sigma_{33} \\ \sigma_{1''2''} &= \sum_{k,l=1}^{3} \beta_{1k}\beta_{2l}\sigma_{kl} = \sum_{k,l=1}^{3} (\vec{e}_{1''} \cdot \vec{e}_k)(\vec{e}_{2''} \cdot \vec{e}_l)\sigma_{kl} \\ &= \sum_{k,l=1}^{3} (-\vec{e}_3 \cdot \vec{e}_k)(\vec{e}_1 \cdot \vec{e}_l)\sigma_{kl} = -\sigma_{31}\end{aligned}$$

$$\begin{aligned}&\sigma_{1''3''} = \sum_{k,l=1}^{3} \beta_{1k}\beta_{3l}\sigma_{kl} = \sigma_{32}, \quad \sigma_{2''1''} = \sum_{k,l=1}^{3} \beta_{2k}\beta_{1l}\sigma_{kl} = -\sigma_{13}, \\ &\sigma_{2''2''} = \sum_{k,l=1}^{3} \beta_{2k}\beta_{2l}\sigma_{kl} = \sigma_{11}, \quad \sigma_{2''3''} = \sum_{k,l=1}^{3} \beta_{2k}\beta_{3l}\sigma_{kl} = -\sigma_{12} \\ &\sigma_{3''1''} = \sum_{k,l=1}^{3} \beta_{3k}\beta_{1l}\sigma_{kl} = \sigma_{23}, \quad \sigma_{3''2''} = \sum_{k,l=1}^{3} \beta_{3k}\beta_{2l}\sigma_{kl} = -\sigma_{21} \\ &\sigma_{3''3''} = \sum_{k,l=1}^{3} \beta_{3k}\beta_{3l}\sigma_{kl} = \sigma_{22}\end{aligned}$$

于是第二次旋转后的坐标系下的电导率是

$$\vec{\sigma}'' = \begin{bmatrix} \sigma_{1''1''} & \sigma_{1''2''} & \sigma_{1''3''} \\ \sigma_{2''1''} & \sigma_{2''2''} & \sigma_{2''3''} \\ \sigma_{3''1''} & \sigma_{3''2''} & \sigma_{3''3''} \end{bmatrix} = \begin{bmatrix} \sigma_{33} & -\sigma_{31} & \sigma_{32} \\ -\sigma_{13} & \sigma_{11} & -\sigma_{12} \\ \sigma_{23} & -\sigma_{21} & \sigma_{22} \end{bmatrix} \tag{6}$$

同样, 旋转后的立方晶体与原晶体是重合的, 所以 $\vec{\sigma}''$ 与 $\vec{\sigma}$ 是同一个电导率, 因而式 (6) 和式 (1) 是相等的. 令 $\vec{\sigma}'' = \vec{\sigma}$, 两个张量的每个分量应当相等, 故有

$$\sigma_{11} = \sigma_{22} = \sigma_{33} = \sigma_0, \quad \sigma_{12} = -\sigma_{31} = -\sigma_{23}, \quad \sigma_{21} = -\sigma_{13} = -\sigma_{32} \tag{7}$$

注意式 (4) 和 (7) 的条件应当同时满足, 所以联立两式, 又得到电导率张量的分量是

$$\sigma_{11} = \sigma_{22} = \sigma_{33} = \sigma_0, \quad \sigma_{12} = \sigma_{31} = \sigma_{23} = \sigma_{21} = \sigma_{13} = \sigma_{32} = 0$$

于是电导率张量是

$$\vec{\sigma} = \sum_{i,j=1}^{3} \sigma_0 \delta_{ij} \vec{e}_i \vec{e}_j = \sigma_0 \begin{bmatrix} 1 & 0 & 0 \\ 0 & 1 & 0 \\ 0 & 0 & 1 \end{bmatrix} \tag{8}$$

电流的微分欧姆定律是 $\vec{J} = \vec{\sigma} \cdot \vec{E}$, 这样电流密度 $\vec{J}$ 与场强 $\vec{E}$ 的关系是

$$\vec{J} = \begin{pmatrix} J_1 \\ J_2 \\ J_3 \end{pmatrix} = \sigma_0 \begin{bmatrix} 1 & 0 & 0 \\ 0 & 1 & 0 \\ 0 & 0 & 1 \end{bmatrix} \begin{pmatrix} E_1 \\ E_2 \\ E_3 \end{pmatrix}$$

于是有下三式:

$$J_1 = \sigma_0 E_1, \quad J_2 = \sigma_0 E_2, \quad J_3 = \sigma_0 E_3$$

最后得到微分欧姆定律:

$$J = \sqrt{J_1^2 + J_2^2 + J_3^2} = \sigma_0 \sqrt{E_1^2 + E_2^2 + E_3^2} = \sigma_0 E$$

设电流流过的截面积是 A, 顺着电场强度方向的长度是 L. 上式两边同乘以 A, 得到

$$JA = \frac{A\sigma_0}{L} EL$$

上式中 $R = L/\sigma_0 A$ 是晶体的电阻, $JA = I$ 是电流, $V = EL$ 是电压, 于是得到

$$I = \frac{V}{R}$$

此式正是欧姆定律, 上述推导可知欧姆定律仅对于最简单的立方晶体模型才成立.

3. 高阶张量

n 阶张量 $\vec{T}$ 有 3^n 个分量, 每个分量有 n 个指标, 变换前后的张量分量变化必须符合以下规则:

$$T'_{i_1 \cdots i_n} = \sum_{j_1, j_2, \cdots, j_n = 1}^{3} \beta_{i_1 j_1} \beta_{i_2 j_2} \cdots \beta_{i_n j_n} T_{j_1 j_2 \cdots j_n} \quad (i_1, \cdots, i_n = 1, 2, 3) \tag{3.3.8}$$

为了书写简便, 采用符号

$$\prod \beta_{i_n j_n} = \beta_{i_1 j_1} \beta_{i_2 j_2} \cdots \beta_{i_n j_n}, \quad T_{i_n} = T_{i_1 i_2 \cdots i_n} \tag{3.3.9}$$

这样 n 阶张量表达式是

$$T'_{i_n} = \sum_{j_1, j_2, \cdots, j_n = 1}^{3} \prod \beta_{i_n j_n} T_{j_n} \tag{3.3.10}$$

或者是

$$T_{i_n}=\sum_{j_1,j_2,\cdots,j_n=1}^{3}\prod\beta_{j_ni_n}T'_{j_n}\tag{3.3.11}$$

现在考虑一个非常有用的三阶不变张量 $\varepsilon_{ijk}\,(i,j,k=1,2,3)$, 这个张量被称为 Levi-Civita. 为了证明这个张量是不变张量, 我们引入对换的概念. 排列 1, 2, 3 中两个符号的位置对调, 称为对换. 一个排列 i_1, i_2, i_3 需要经偶数次对换才能排列成 1, 2, 3, 称为偶排列. 奇数次对换才能排列成 1, 2, 3, 称为奇排列. 例如:

2, 1, 3→1, 2, 3, 称为奇排列;

2, 3, 1→2, 1, 3→1, 2, 3, 称为偶排列.

Levi-Civita 符号定义是

$$\varepsilon_{ijk}=\begin{cases}1, & i,j,k\ \text{为偶排列}\\ -1, & i,j,k\ \text{为奇排列}\\ 0, & i=j\ \text{或}\ k=i\end{cases}\tag{3.3.12}$$

上式除了 $\varepsilon_{123}=\varepsilon_{231}=\varepsilon_{312}=1$, $\varepsilon_{132}=\varepsilon_{213}=\varepsilon_{321}=-1$ 外, 其他剩余各项 $\varepsilon_{ijk}=0$.

不难证明 ε_{ijk} 是一个三阶张量, 现在证明 ε_{ijk} 也是一个三阶不变张量, 证明如下. 按照三阶张量定义, 有

$$\varepsilon'_{ijk}=\sum_{l,m,n=1}^{3}\beta_{il}\beta_{jm}\beta_{kn}\varepsilon_{lmn}\tag{3.3.13}$$

因为任意两个下标相同时 $\varepsilon_{lmn}=0$, 所以上式只有 6 项不等于零, 为

$$\begin{aligned}\varepsilon'_{ijk}=&(\beta_{i1}\beta_{j2}\beta_{k3}-\beta_{i1}\beta_{j3}\beta_{k2})+(\beta_{i2}\beta_{j3}\beta_{k1}-\beta_{i2}\beta_{j1}\beta_{k3})\\&+(\beta_{i3}\beta_{j1}\beta_{k2}-\beta_{i3}\beta_{j2}\beta_{k1})\\=&\beta_{i1}(\beta_{j2}\beta_{k3}-\beta_{j3}\beta_{k2})-\beta_{i2}(\beta_{k3}\beta_{j1}-\beta_{k1}\beta_{j3})+\beta_{i3}(\beta_{j1}\beta_{k2}-\beta_{j2}\beta_{k1})\\=&\beta_{i1}\begin{vmatrix}\beta_{j2}&\beta_{j3}\\\beta_{k2}&\beta_{k3}\end{vmatrix}-\beta_{i2}\begin{vmatrix}\beta_{j1}&\beta_{j3}\\\beta_{k1}&\beta_{k3}\end{vmatrix}+\beta_{i3}\begin{vmatrix}\beta_{j1}&\beta_{j2}\\\beta_{k1}&\beta_{k2}\end{vmatrix}\end{aligned}$$

于是得到

$$\varepsilon'_{ijk}=\begin{vmatrix}\beta_{i1}&\beta_{i2}&\beta_{i3}\\\beta_{j1}&\beta_{j2}&\beta_{j3}\\\beta_{k1}&\beta_{k2}&\beta_{k3}\end{vmatrix}\quad(i,j,k=1,2,3)\tag{3.3.14}$$

单位正交标架 $(\vec{e}_1, \vec{e}_2, \vec{e}_3)$ 旋转到单位标架 $(\vec{e}_1', \vec{e}_2', \vec{e}_3')$, 坐标变换公式按照式 (3.2.23) 和式 (3.2.26) 可以写成

$$\begin{pmatrix} \vec{e}_1' \\ \vec{e}_2' \\ \vec{e}_3' \end{pmatrix} = \begin{bmatrix} \beta_{11} & \beta_{12} & \beta_{13} \\ \beta_{21} & \beta_{22} & \beta_{23} \\ \beta_{31} & \beta_{32} & \beta_{33} \end{bmatrix} \begin{pmatrix} \vec{e}_1 \\ \vec{e}_2 \\ \vec{e}_3 \end{pmatrix}, \quad \begin{pmatrix} \vec{e}_1 \\ \vec{e}_2 \\ \vec{e}_3 \end{pmatrix} = \begin{bmatrix} \beta_{11} & \beta_{21} & \beta_{31} \\ \beta_{12} & \beta_{22} & \beta_{32} \\ \beta_{13} & \beta_{23} & \beta_{33} \end{bmatrix} \begin{pmatrix} \vec{e}_1' \\ \vec{e}_2' \\ \vec{e}_3' \end{pmatrix} \tag{3.3.15}$$

又因为 $V' = \vec{e}_1' \cdot (\vec{e}_2' \times \vec{e}_3') = 1$, 而又有

$$V' = \vec{e}_1' \cdot (\vec{e}_2' \times \vec{e}_3') = \begin{vmatrix} \beta_{11} & \beta_{12} & \beta_{13} \\ \beta_{21} & \beta_{22} & \beta_{23} \\ \beta_{31} & \beta_{32} & \beta_{33} \end{vmatrix} = 1 \tag{3.3.16}$$

比较式 (3.3.14) 与式 (3.3.16), 得到

$$\varepsilon_{123}' = 1$$

类似推导, 可以求出 ε_{ijk}' 的其余分量分别是

$$\varepsilon_{231}' = \varepsilon_{312}' = 1; \quad \varepsilon_{213}' = \varepsilon_{132}' = \varepsilon_{321}' = -1; \quad \varepsilon_{ijk}' = 0\,(i = j, j = k, i = k)$$

对照 Levi-Civita 定义, 有

$$\varepsilon_{ijk}' = \varepsilon_{ijk} \tag{3.3.17}$$

这样就证明了 ε_{ijk} 是三阶不变量.

我们在场论中可以用 Levi-Civita 表示矢量积, 以简化矢量的运算, 推导如下. 设有两个矢量 $\vec{a}$ 和 $\vec{b}$ 是

$$\vec{a} = a_1\vec{e}_1 + a_2\vec{e}_2 + a_3\vec{e}_3, \quad \vec{b} = b_1\vec{e}_1 + b_2\vec{e}_2 + b_3\vec{e}_3$$

注意到单位矢量的矢量积是

$$\vec{e}_i \times \vec{e}_j = \sum_{k=1}^{3} \varepsilon_{ijk}\vec{e}_k \quad (i, j = 1, 2, 3) \tag{3.3.18}$$

于是矢量积可以写成

$$\begin{aligned} \vec{a} \times \vec{b} &= \sum_{i=1}^{3} a_i\vec{e}_i \times \sum_{j=1}^{3} b_j\vec{e}_j = \sum_{i=1}^{3}\sum_{j=1}^{3} a_ib_j\vec{e}_i \times \vec{e}_j \\ &= \sum_{i=1}^{3}\sum_{j=1}^{3} a_ib_j \sum_{k=1}^{3} \varepsilon_{ijk}\vec{e}_k = \sum_{i=1}^{3}\sum_{j=1}^{3}\sum_{k=1}^{3} a_ib_j\varepsilon_{ijk}\vec{e}_k \end{aligned} \tag{3.3.19}$$

矢量的三个分量是

$$\left(\vec{a}\times\vec{b}\right)_k=\sum_{i=1}^{3}\sum_{j=1}^{3}a_ib_j\varepsilon_{ijk}\quad(k=1,2,3)\tag{3.3.20a}$$

或者

$$\left(\vec{a}\times\vec{b}\right)_k=\sum_{i=1}^{3}\sum_{j=1}^{3}a_ib_j\varepsilon_{kij}\quad(k=1,2,3)\tag{3.3.20b}$$

混合积 $\vec{a}\cdot(\vec{b}\times\vec{c})$ 也可以用 Levi-Civita 符号表示, 计算如下. 设

$$\vec{a}=\sum_{i=1}^{3}a_i\vec{e}_i,\quad \vec{b}=\sum_{i=1}^{3}b_i\vec{e}_i,\quad \vec{c}=\sum_{i=1}^{3}c_i\vec{e}_i,\quad \vec{u}=\vec{b}\times\vec{c}=\sum_{i=1}^{3}u_i\vec{e}_i$$

根据式 (3.3.20b) 可得到

$$u_i=\left(\vec{b}\times\vec{c}\right)_i=\sum_{j=1}^{3}\sum_{k=1}^{3}b_jc_k\varepsilon_{ijk}$$

$$\begin{aligned}\vec{a}\cdot\left(\vec{b}\times\vec{c}\right)&=\sum_{i=1}^{3}a_i\left(\vec{b}\times\vec{c}\right)_i=\sum_{i=1}^{3}a_iu_i\\&=\sum_{i=1}^{3}a_i\sum_{j=1}^{3}\sum_{k=1}^{3}b_jc_k\varepsilon_{ijk}=\sum_{i,j,k=1}^{3}a_ib_jc_k\varepsilon_{ijk}\end{aligned}\tag{3.3.21}$$

由于 ε_{ijk} 只有六个量不为零, 上式很容易展开, 得到

$$\begin{aligned}\vec{a}\cdot\left(\vec{b}\times\vec{c}\right)&=\sum_{i,j,k=1}^{3}a_ib_jc_k\varepsilon_{ijk}\\&=a_1b_2c_3-a_1b_3c_2+a_2b_3c_1-a_2b_1c_3+a_3b_1c_2-a_3b_2c_1\\&=a_1\left(b_2c_3-b_3c_2\right)-a_2\left(b_1c_3-b_3c_3\right)+a_3\left(b_1c_2-b_2c_1\right)\\&=\begin{vmatrix}a_1&a_2&a_3\\b_1&b_2&b_3\\c_1&c_2&c_3\end{vmatrix}\end{aligned}\tag{3.3.22}$$

Levi-Civita 可以用 Kronecker 展开, 其表达式是

$$\sum_{k=1}^{3}\varepsilon_{ijk}\varepsilon_{lmk}=\delta_{il}\delta_{jm}-\delta_{im}\delta_{jl}\tag{3.3.23}$$

上式不再证明, 留给读者完成.

例 3.5　判断下面张量的阶数:

(1) $a_ib_j, i,j=1,2,3$;

(2) $\varepsilon_{ijk}a_mb_n, i,j,k,m,n=1,2,3$;

(3) $\sum\limits_{j,k=1}^{3}\varepsilon_{ijk}a_jb_k, i,j,k=1,2,3$;

(4) $\sum\limits_{i,j,k=1}^{3}\varepsilon_{ijk}T_{ijk}$.

解　(1) $3^2=9$, 张量共有 9 个分量, 是二阶张量.

(2) $3^5=243$, 张量共有 243 个分量, 是 5 阶张量.

(3) 去掉哑标 j 和 k 后, $i=1,2,3$, $3^1=3$, 有 3 个分量, 是一阶张量, 即矢量.

(4) 去掉哑标后, $3^0=1$, 一个分量, 是零阶张量, 即常数.

例 3.6　张量所有的分量都是零, 记作 $\vec{0}=(0)$, 称为零张量. 证明 $\vec{0}$ 变换成任一张量, 都是零张量.

证明　$\vec{0}=(0)$ 变换的分量是

$$T'_{i_1\cdots i_n}=\sum_{j_1,j_2,\cdots,j_n}\beta_{i_1j_1}\beta_{i_2j_2}\cdots\beta_{i_nj_n}T_{j_1j_2\cdots j_n}=\sum_{j_1,j_2,\cdots,j_n}\beta_{i_1j_1}\beta_{i_2j_2}\cdots\beta_{i_nj_n}\cdot 0=0$$

$$\vec{T}=(0)$$

[证毕]

4. 张量的对称性

下面介绍有关张量的对称性问题.

(1) 对称与反对称张量

如果一个张量某两个指标交换后, 与这两个指标有关的分量值不变, 则称这两个张量关于这两个指标是对称的; 如果这两个指标交换以后, 与两个指标有关的分量值的绝对值不变, 但是符号相反, 则称这两个张量关于这两个指标是反对称的. 由于对称与反对称是按指标来分辨的, 这样就要把二阶张量与高阶张量的对称性分开讨论.

1) 二阶张量的对称性

二阶张量只有两个指标, 所以其对称性无须提及是关于某两个指标对称的. 对称张量分量表达式是

$$T_{ji}=T_{ij}$$

于是得到二阶对称张量是

$$\vec{T}=\begin{bmatrix}T_{11}&T_{12}&T_{13}\\T_{12}&T_{22}&T_{23}\\T_{13}&T_{23}&T_{33}\end{bmatrix}$$

这是一个对称矩阵, 只有六个独立分量.

反对称二阶张量分量是

$$T_{ji} = -T_{ij}$$

令 $j = i$, 则有 $T_{ii} = 0$, 反对称张量是

$$\vec{T} = \begin{bmatrix} 0 & T_{12} & T_{13} \\ -T_{12} & 0 & T_{23} \\ -T_{13} & -T_{23} & 0 \end{bmatrix}$$

上式可见, 反对称张量仅有 3 个独立分量.

2) 高阶张量对称性

高阶张量有多个下标, 下标的数目或奇或偶, 所以对称与反对称性都是指针对某两个指标而言. 例如:

$T_{ijkm} = T_{jikm}$, 张量 $\vec{T}$ 关于第 1 个指标与第 2 个指标对称.

$T_{ijkm} = -T_{ijmk}$, 张量 $\vec{T}$ 关于第 3 个指标与第 4 个指标反对称.

特别要提出的是三阶张量的对称性. 如果三阶张量对于所有指标都是反对称的, 则称这个张量是三阶完全反对称张量. 三阶完全反对称张量的典型例子是 ε_{ijk}, 从这个张量可以推出: 三阶完全反对称张量中凡是有两个或者两个以上下标相同的那些分量都是零, 而其余的分量受到以下关系的约束:

$$T_{ijk} = -T_{jik} = T_{jki} = -T_{kji} = \cdots = a$$

从上式可知, 三阶完全反对称张量只有一个独立分量, 如果 i, j, k 取 1, 2, 3, 偶排列时为 a, 取奇排列时为 $-a$. ε_{ijk} 取值情况正符合这种规律, 而 $a = 1$.

张量的对称性与反对称性是张量本身的特性, 与坐标系无关, 也就是说对称与反对称是坐标变换的不变量, 证明如下. 假设张量关于第一个下标与第二个下标对称或者反对称, 就有下式成立:

$$T_{i_1 i_2 \cdots i_m} = \pm T_{i_2 i_1 \cdots i_m}$$

$$\begin{aligned} T'_{i_1 i_2 \cdots i_m} &= \sum_{j_1, j_2, \cdots, j_m = 1}^{3} \beta_{i_1 j_1} \beta_{i_2 j_2} \cdots \beta_{i_m j_m} T_{j_1 j_2 \cdots j_m} \\ &= \sum_{j_1, j_2, \cdots, j_m = 1}^{3} \beta_{i_1 j_1} \beta_{i_2 j_2} \cdots \beta_{i_m j_m} (\pm T_{j_2 j_1 \cdots j_m}) \\ &= \pm \sum_{j_1, j_2, \cdots, j_m = 1}^{3} \beta_{i_2 j_2} \beta_{i_1 j_1} \cdots \beta_{i_m j_m} T_{j_2 j_1 \cdots j_m} = \pm T'_{i_2 i_1 \cdots i_m} \end{aligned}$$

上式可见, 坐标变换后对称与反对称不变.

(2) 真张量与赝张量

张量有真伪之分. 当坐标反演时, 三个坐标基矢量都改变符号, 右 (左) 手坐标系变换到左 (右) 手坐标系, 如图 3.8 所示. 反演坐标, 张量的分量不改变符号, 称这个张量是真张量; 如果这个张量分量的符号改变了, 这个张量是伪张量. 赝的意思就是伪, 所以反演坐标后张量的分量符号改变了, 称之为赝张量. 由此可见, 真张量与赝张量也是一个对称性问题.

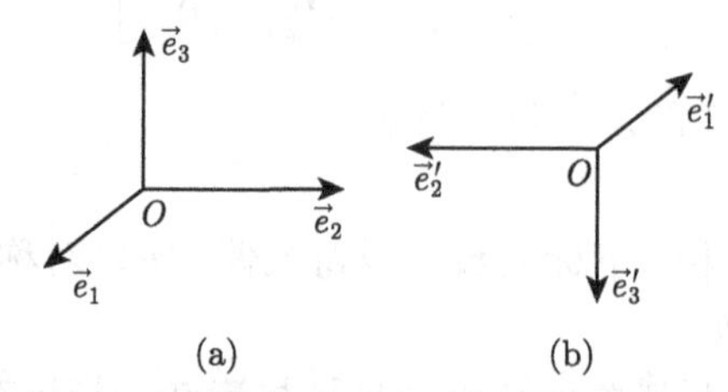

图 3.8　(a) 右手坐标系; (b) 坐标反演后左手坐标系

标量与矢量分别称为零阶和一阶张量, 因此它们也有真伪之分, 举例做如下分析.

标量 $V=\vec{e}_1\cdot(\vec{e}_2\times\vec{e}_3)$, 坐标系反演的结果是

$$V'=\vec{e}_1'\cdot(\vec{e}_2'\times\vec{e}_3')=-\vec{e}_1\cdot((-\vec{e}_2)\times(-\vec{e}_3))=-\vec{e}_1\cdot(\vec{e}_2\times\vec{e}_3)=-V$$

混合积改变了符号, 这个标量是伪标量.

矢量积反演后, 有

$$(-\vec{e}_i)\times(-\vec{e}_j)=\vec{e}_i'\times\vec{e}_j'=\vec{e}_k'=-\vec{e}_k$$

矢量积是赝矢量.

真张量与赝张量在物理学中有重要的应用.

3.4　笛卡儿张量的代数运算

张量的代数运算包含了张量相等、加减、乘法、缩并和内积等, 分别介绍如下.

1. 张量相等和张量的加减法

(1) 张量相等

如果两个同阶张量的对应分量都相等, 这两个张量相等. 即若有张量

$$\vec{A}=(A_{i_1\cdots i_n}),\quad \vec{B}=(B_{i_1\cdots i_n})$$

如果它们的分量

$$A_{i_1\cdots i_n}=B_{i_1\cdots i_n}$$

则有

$$\vec{A}=\vec{B} \tag{3.4.1}$$

考虑相等张量之间的变换. 如果相等张量 $\vec{A}$ 和 $\vec{B}$ 从 Σ 坐标系变换到坐标系 Σ', 变化后的张量分别是 $\vec{A}'=\left(A'_{i_1i_2\cdots i_n}\right)$ 和 $\vec{B}'=\left(B'_{i_1i_2\cdots i_n}\right)$, 则有

$$A'_{i_1i_2\cdots i_n}=\sum_{j_1,j_2,\cdots,j_n=1}^{3}\beta_{i_1j_1}\beta_{i_2j_2}\cdots\beta_{i_nj_n}A_{j_1j_2\cdots j_n}$$

$$B'_{i_1i_2\cdots i_n}=\sum_{j_1,j_2,\cdots,j_n=1}^{3}\beta_{i_1j_1}\beta_{i_2j_2}\cdots\beta_{i_nj_n}B_{j_1j_2\cdots j_n}$$

根据相等性质 $A_{j_1\cdots j_n}=B_{j_1\cdots j_n}$, 有 $A'_{i_1i_2\cdots i_n}=B'_{i_1i_2\cdots i_n}$, 于是变换后两个张量

$$\vec{A}'=\vec{B}'$$

即相等张量变换到新坐标系后也是相等的.

(2) 张量的加法与减法

张量加法与减法定义为张量对应分量的相加和相减, 因此同阶张量才可以相加减, 同阶张量的和与差仍然是同阶张量. 设 $\vec{A}=(A_{i_1\cdots i_n})$, $\vec{B}=(B_{i_1\cdots i_n})$, 则有

$$\vec{C}=\vec{A}\pm\vec{B} \tag{3.4.2}$$

其中 $\vec{C}=(C_{i_1\cdots i_n})$, 是 n 阶张量.

证明 在 Σ' 坐标系中, 按照 3.3 节关于张量的定义可知, 有

$$A'_{i_n}=\sum_{j_1,j_2,\cdots,j_n=1}^{3}\prod\beta_{i_nj_n}A_{j_n},\quad B'_{i_n}=\sum_{j_1,j_2,\cdots,j_n=1}^{3}\prod\beta_{i_nj_n}B_{j_n}$$

上两式相加减, 得到

$$C'_{i_n}=A'_{i_n}\pm B'_{i_n}=\sum_{j_1,j_2,\cdots,j_n=1}^{3}\prod\beta_{i_nj_n}\left(A_{j_n}\pm B_{j_n}\right)$$

令 $C_{jn}=A_{jn}\pm B_{jn}$, 则有

$$C'_{i_n}=A'_{i_n}\pm B'_{i_n}=\sum_{j_1,j_2,\cdots,j_n=1}^{3}\prod\beta_{i_nj_n}C_{j_n}$$

上式满足 n 阶张量定义, 所以 $\vec{C}$ 是 n 阶张量. [证毕]

上面证明过程可见张量的加减法服从交换律和结合律.

2. 张量乘积

张量乘积定义. 设张量 $\vec{A}=(A_{i_1\cdots i_m})$ 和 $\vec{B}=(B_{i_1\cdots i_n})$ 分别是 m 阶和 n 阶张量, $\vec{A}$ 与 $\vec{B}$ 的乘积是指 $\vec{A}$ 的每一个分量 $A_{i_1\cdots i_m}$ 与 $\vec{B}$ 的每一个分量 $B_{i_1\cdots i_n}$ 相乘得到的新张量 $\vec{T}$, 记作

$$\vec{T}=\vec{A}\vec{B}=(A_{i_1\cdots i_m})(B_{s_1\cdots s_n})=(AB)_{i_1\cdots i_m s_1\cdots s_n}=(T_{i_1\cdots i_m s_1\cdots s_n}) \tag{3.4.3}$$

其中 $T_{i_1\cdots i_m s_1\cdots s_n}$ 下标的写法是 A 的下标 $i_1\cdots i_m$ 在前面, B 的下标 $s_1\cdots s_n$ 在后面, 例如, $(A_{ij})(B_{pq})=(AB)_{ijpq}$. 称 $\vec{T}$ 为张量的并矢.

现在证明乘积张量 $\vec{T}$ 是 $m+n$ 阶张量. 首先, 由于 $\vec{A}$ 有 3^m 个分量, $\vec{B}$ 有 3^n 个分量, 因此 $\vec{A}\vec{B}$ 共有 $3^m\cdot 3^n=3^{m+n}$ 个分量. 其次按照乘积定义, 有

$$\begin{aligned}
T'_{i_1\cdots i_m s_1\cdots s_n}&=A_{i_1\cdots i_m}B_{s_1\cdots s_n}=(\beta_{i_1j_1}\cdots\beta_{i_mj_m}A_{j_1\cdots j_m})(\beta_{s_1k_1}\cdots\beta_{s_nk_n}B_{k_1\cdots k_n})\\
&=(\beta_{i_1j_1}\cdots\beta_{i_mj_m})(\beta_{s_1k_1}\cdots\beta_{s_nk_n})(A_{j_1\cdots j_m}B_{k_1\cdots k_n})\\
&=(\beta_{i_1j_1}\cdots\beta_{i_mj_m}\beta_{s_1k_1}\cdots\beta_{s_nk_n})(AB)_{j_1\cdots j_m k_1\cdots k_n}
\end{aligned}$$

根据定义, 上述结果确定了张量 $\vec{T}$ 是 $m+n$ 阶张量. 张量的乘积可以称为并矢, 或并积. 注意上式证明中引用了 Einstein 约定.

张量乘法符合分配律和结合律, 但是不符合交换律. 故有:

(1) $\left(\vec{A}+\vec{B}\right)\vec{C}=\vec{A}\vec{C}+\vec{B}\vec{C}$; (3.4.4)

(2) $\left(\vec{A}\vec{B}\right)\vec{C}=\vec{A}\left(\vec{B}\vec{C}\right)$; (3.4.5)

(3) $\vec{A}\vec{B}\neq\vec{B}\vec{A}$(两个张量均不是零阶张量). (3.4.6)

(1) 和 (2) 留给读者完成, 这里仅证明交换律的情况.

证明 设张量 $\vec{A}=(A_{i_1\cdots i_m})$ 和 $\vec{B}=(B_{i_1\cdots i_n})$ 分别是 m 阶和 n 阶张量, $\vec{A}\vec{B}$ 和 $\vec{B}\vec{A}$ 分量的数量是 $3^m\cdot 3^n=3^{m+n}$ 个, 都是 $m+n$ 阶张量. 但是

$$\vec{T}=\vec{A}\vec{B}=(T_{i_1\cdots i_m s_1\cdots s_n}),\quad T_{i_1\cdots i_m s_1\cdots s_n}=(A_{i_1\cdots i_m})(B_{s_1\cdots s_n})=A_{i_1\cdots i_m}B_{s_1\cdots s_n}$$

$$\vec{S}=\vec{B}\vec{A}=(S_{s_1\cdots s_n i_1\cdots i_m}),\quad S_{s_1\cdots s_n i_1\cdots i_m}=(B_{s_1\cdots s_n})(A_{i_1\cdots i_m})=B_{s_1\cdots s_n}A_{i_1\cdots i_m}$$

从上两式可知

$$A_{i_1\cdots i_m}B_{s_1\cdots s_n}=B_{s_1\cdots s_n}A_{i_1\cdots i_m}$$

这样就有 $T_{i_1\cdots i_m s_1\cdots s_n}=S_{s_1\cdots s_n i_1\cdots i_m}$, 而 $i_1\cdots i_m s_1\cdots s_n\neq s_1\cdots s_n i_1\cdots i_m$, 所以

$$T_{i_1\cdots i_m s_1\cdots s_n}\neq S_{i_1\cdots i_m s_1\cdots s_n}$$

$\vec{A}\vec{B}$ 和 $\vec{B}\vec{A}$ 在同一个位置的分量不相等, $\vec{A}\vec{B}\neq\vec{B}\vec{A}$ 成立.

如果两张量相乘时, 有一个张量是零或零阶张量, 即标量 λ, 张量的乘法符合交换律, 证明过程也是明显的, 这里不再给出. [证毕]

3. 张量的缩并与点积

缩并运算是张量独有的运算，它是指对于张量分量选择性求和，这是张量中非常重要的运算. 而张量的点积又是建立在并矢缩并基础上的复合运算，有多种点积方式，下面逐一讨论.

(1) 单缩并运算

选择张量要缩并的指标 i_1 和 i_2，将张量分量 $T_{i_1 i_2\cdots i_n}$ 乘以 $\delta_{i_1 i_2}$，然后对于 i_1，i_2 求和，这样的运算称为张量的单点积缩并. 设张量 $\vec{T}$ 的分量是 $T_{i_1 i_2\cdots i_n}$，缩并后的张量 $\vec{H}$ 的分量是 $H_{i_3 i_4\cdots i_n}$，则有运算公式

$$H_{i_3 i_4\cdots i_n} = \sum_{i_1,i_2=1}^{3} T_{i_1 i_2\cdots i_n}\delta_{i_1 i_2} \tag{3.4.7}$$

缩并运算选择的指标是任意的. 以三阶张量 $\vec{T}$ 为例，共有 $3^3 = 27$ 个分量. $\vec{T}$ 的分量是 T_{ijk}，$i,j,k = 1,2,3$. 选择指标 j 与 k 缩并，于是有

$$H_i = \sum_{j,k=1}^{3} T_{ijk}\delta_{jk} = \sum_{j=1}^{3} T_{ijj} = T_{i11} + T_{i22} + T_{i33}, \quad i = 1,2,3$$

这样张量 $\vec{H}$ 有三个分量，分别是

$$H_1 = T_{111} + T_{122} + T_{133};\quad H_2 = T_{211} + T_{222} + T_{233};\quad H_3 = T_{311} + T_{322} + T_{333}$$

对于单缩并运算的张量，有下面定理成立.

定理 3.4.1 任给一个 $n \geqslant 2$ 的张量 $\vec{T}$，它的每一个分量有 n 个自由指标. 如果对于它的某两个指定的指标相同的那些分量进行约定求和，而其余的指标固定不变，所得到的张量是有 $n-2$ 个指标的分量，构成一个 $n-2$ 阶张量.

证明 设未缩并以前的张量是 $\vec{T}$，缩并以后的张量是 $\vec{H}$. 对于 $\vec{T}$ 作缩并运算，缩并指标是 i_1 和 i_2 根据式 (3.4.7) 得到缩并后的分量表达式

$$\sum_{i_1=1}^{3}\sum_{i_2=1}^{3} T_{i_1 i_2\cdots i_n}\delta_{i_1 i_2} = \sum_{i_1=1}^{3} T_{i_1 i_1\cdots i_n} = H_{i_3 i_4\cdots i_n} \tag{3.4.8}$$

张量是 $\vec{H}$ 有 3^{n-2} 个分量. 注意上式中 i_1 是哑标.

再按照张量定义可得到

$$H'_{i_3 i_4\cdots i_n} = \sum_{i_1=1}^{3}\sum_{i_2=1}^{3} T_{i_1 i_2\cdots i_n}\delta_{i_1 i_2} = \sum_{i_1,i_2=1}^{3}\ \sum_{j_1,j_2,\cdots,j_n=1}^{3} \delta_{i_1 i_2}\beta_{i_1 j_1}\beta_{i_2 j_2}\beta_{i_3 j_3}\cdots\beta_{i_n j_n}T_{j_1 j_2\cdots j_n}$$

$$= \sum_{j_1,j_2,\cdots,j_n=1}^{3} \sum_{i_1=1}^{3} \beta_{i_1j_1}\beta_{i_1j_2}\beta_{i_3j_3}\cdots\beta_{i_nj_n}T_{j_1j_2\cdots j_n} \tag{3.4.9a}$$

根据式 (3.2.20) 有

$$\sum_{i_1=1}^{3} \beta_{i_1j_1}\beta_{i_1j_2} = \sum_{i_1=1}^{3} \beta_{j_1i_1}\beta_{j_2i_1} = \delta_{j_1j_2}$$

上式代入式 (3.4.9a), 得到

$$\begin{aligned} H'_{i_3i_4\cdots i_n} &= \sum_{j_1,j_2,\cdots,j_n=1}^{3} \delta_{j_1j_2}\beta_{i_3j_3}\cdots\beta_{i_nj_n}T_{j_1j_2\cdots j_n} \\ &= \sum_{j_1,j_2,\cdots,j_n=1}^{3} \beta_{i_3j_3}\cdots\beta_{i_nj_n}\left(\delta_{j_1j_2}T_{j_1j_2\cdots j_n}\right) \\ &= \sum_{j_3,j_4,\cdots,j_n=1}^{3} \beta_{i_3j_3}\cdots\beta_{i_nj_n}\left(\sum_{j_1,j_2=1}^{3} \delta_{j_1j_2}T_{j_1j_2\cdots j_n}\right) \\ &= \sum_{j_3,j_4,\cdots,j_n=1}^{3} \beta_{i_3j_3}\cdots\beta_{i_nj_n}H_{j_3j_4\cdots j_n} \end{aligned} \tag{3.4.9b}$$

根据式 (3.4.8) 和 (3.4.9b) 可知缩并后的张量是 $n-2$ 阶张量. [证毕]

(2) 张量的单点积

张量的单点积可以看作是并矢与单点积缩并的复合运算, 其方法如下. 设有张量 $\vec{A}$ 和 $\vec{B}$, 张量 $\vec{T}$ 是 $\vec{A}$ 与 $\vec{B}$ 的单点积, 记作

$$\vec{T} = \vec{A}\cdot\vec{B} \tag{3.4.10}$$

张量的点积也称为张量的内积. 式 (3.4.10) 的计算有两步:

1) 作张量 $\vec{A}$ 与 $\vec{B}$ 的并矢 $\vec{A}\vec{B}$.

2) 对于并积 $\vec{A}\vec{B}$ 作单点积缩并. 为了保持缩并的唯一性, 缩并的指标是 $\vec{A}$ 的最后一个指标, 后一个张量 $\vec{B}$ 的第一个指标.

张量单点积有两个特点:

1) 若 $\vec{A}$ 是 m 阶张量, $\vec{B}$ 是 n 阶张量, 张量并矢 $\vec{A}\vec{B}$ 是 $m+n$ 阶张量. 并矢缩并后, 张量 $\vec{A}\vec{B}$ 又会降低 2 阶, 最终的张量单点积 $\vec{T}$ 是 $m+n-2$ 阶张量.

2) 张量并矢运算不符合交换律, 单点积运算中有并矢运算, 因而张量单点积不符合交换律, 故一般情况下有

$$\vec{A}\cdot\vec{B} \neq \vec{B}\cdot\vec{A} \tag{3.4.11}$$

张量的单点积运算可以简化矢量运算, 下面是两个例题.

例 3.7 设 $\vec{a}, \vec{b}, \vec{c}$ 和 $\vec{d}$ 都是欧氏空间矢量, 试证

(1) $\vec{a}\cdot\left(\vec{b}\vec{c}\right)=\left(\vec{a}\cdot\vec{b}\right)\vec{c}$; (2) $\left(\vec{a}\vec{b}\right)\cdot\left(\vec{c}\vec{d}\right)=\left(\vec{b}\cdot\vec{c}\right)\vec{a}\vec{d}$.

解 设 $\vec{a}=(a_i), \vec{b}=(b_j), \vec{c}=(c_k), \vec{d}=(d_m), i,j,k,m=1,2,3$.

(1) 因 $\vec{a}=(a_i)$, $\vec{b}\vec{c}=(b_jc_k)$, 则有 $\vec{T}=\vec{a}\cdot\left(\vec{b}\vec{c}\right)$ 的阶数 $=3-2=1$. $\vec{a}\left(\vec{b}\vec{c}\right)$ 的每一项是 $a_i\left(b_jc_k\right)=a_ib_jc_k$, 缩并后得到

$$T_k=\sum_{i,j=1}^{3}a_ib_jc_k\delta_{ij}=\sum_{i=1}^{3}a_ib_ic_k=\left(\vec{a}\cdot\vec{b}\right)c_k,\quad k=1,2,3$$

$$\vec{T}=\left(\left(\vec{a}\cdot\vec{b}\right)c_1,\left(\vec{a}\cdot\vec{b}\right)c_2,\left(\vec{a}\cdot\vec{b}\right)c_3\right)=\left(\vec{a}\cdot\vec{b}\right)(c_1,c_2,c_3)=\left(\vec{a}\cdot\vec{b}\right)\vec{c}$$

(2) 因为 $\left(\vec{a}\vec{b}\right)=\sum_{i,j=1}^{3}a_ib_j\vec{e}_i\vec{e}_j$, $\left(\vec{c}\vec{d}\right)=\sum_{k,m=1}^{3}c_kd_m\vec{e}_k\vec{e}_m$, 则有

$$\vec{T}=\left(\vec{a}\vec{b}\right)\cdot\left(\vec{c}\vec{d}\right)$$

的乘积项是

$$\left(\vec{a}\vec{b}\right)\left(\vec{c}\vec{d}\right)=\left[\sum_{i,j=1}^{3}\left(a_ib_j\right)\vec{e}_i\vec{e}_j\right]\left[\sum_{k,m=1}^{3}\left(c_kd_m\right)\vec{e}_k\vec{e}_m\right]$$

$\left(\vec{a}\vec{b}\right)$ 和 $\left(\vec{c}\vec{d}\right)$ 看成是两个二阶张量, 它们的点积分量是

$$T_{im}=\sum_{j,k=1}^{3}\left(a_ib_j\right)\left(c_kd_m\right)\delta_{jk}=\sum_{j=1}^{3}a_ib_jc_jd_m=\left(\sum_{j=1}^{3}b_jc_j\right)a_id_m=\left(\vec{b}\cdot\vec{c}\right)a_id_m$$

其中 $i,m=1,2,3$. 于是有

$$\vec{T}=\left(\vec{a}\vec{b}\right)\cdot\left(\vec{c}\vec{d}\right)=\sum_{i,m=1}^{3}T_{im}\vec{e}_i\vec{e}_m=\sum_{i,m=1}^{3}\left(\vec{b}\cdot\vec{c}\right)a_id_m\vec{e}_i\vec{e}_m$$

$$=\left(\vec{b}\cdot\vec{c}\right)\sum_{i,m=1}^{3}a_id_m\vec{e}_i\vec{e}_m=\left(\vec{b}\cdot\vec{c}\right)\vec{a}\vec{d}$$

(3) 张量的双点积和多重点积

张量除了点积外, 还有双点积. 双点积是指对于并积后张量的两对自由指标合并, 双点积的阶数为参加点积的两个张量阶数和减 4. 双点积有串联点与并联点两种.

串联点 (横点):

$$\vec{A}\cdot\cdot\vec{B}=\left(\sum_{i,j,k,l,m,n}A_{ijk}B_{lmn}\right)^{(\cdot jm)(\cdot kl)}=\sum_{i,j,k,n}A_{ijk}B_{kjn} \tag{3.4.12}$$

式中右上角小括号里表明了缩并的自由指标, 即近–近、远–远缩并.

并联点 (竖点):

$$\vec{A}:\vec{B}=\left(\sum_{i,j,k,l,m,n}A_{ijk}B_{lmn}\right)^{(\cdot jl)(\cdot km)}=\sum_{i,j,k,n}A_{ijk}B_{jkn} \tag{3.4.13}$$

式中右上角小括号也是缩并的自由指标, 即近–远、远–近缩并.

类似于双点积的方式可以定义多重点积, 也分为串联点或者并联点, 其定义类似于上两式, 这里不再重复.

4. 张量的叉积

设有张量 $\vec{A}$ 和 $\vec{B}$, 它们的叉积定义式是

$$\vec{T}=\vec{A}\times\vec{B} \tag{3.4.14}$$

具体解法步骤如下:

(1) 按照张量乘法, 求两个张量的并矢.

(2) 对于并矢相邻的基矢量作叉积, 用 $\vec{A}$ 的最后一个基矢量叉乘 $\vec{B}$ 的第一个基矢量, 所得结果就是张量叉积.

下面以二阶张量为例, 解释张量的叉积计算. 设

$$\vec{A}=\sum_{i,j=1}^{3}A_{ij}\vec{e}_i\vec{e}_j,\quad \vec{B}=\sum_{k,l=1}^{3}B_{kl}\vec{e}_k\vec{e}_l$$

$$\vec{A}\times\vec{B}=\left(\sum_{i,j=1}^{3}A_{ij}\vec{e}_i\vec{e}_j\right)\times\left(\sum_{k,l=1}^{3}B_{kl}\vec{e}_k\vec{e}_l\right)=\sum_{i,j}\sum_{k,l}A_{ij}B_{kl}\vec{e}_i(\vec{e}_j\times\vec{e}_k)\vec{e}_l \tag{3.4.15}$$

根据式 (3.3.18) 可知

$$\vec{e}_j\times\vec{e}_k=\sum_{m=1}^{3}\varepsilon_{jkm}\vec{e}_m\quad (j,k=1,2,3)$$

而且 $\varepsilon_{jkm}=\varepsilon_{mjk}$, 此式代入上式, 得到

$$\vec{e}_j\times\vec{e}_k=\sum_{m=1}^{3}\varepsilon_{mjk}\vec{e}_m\quad (j,k=1,2,3) \tag{3.4.16}$$

将式 (3.4.16) 代入式 (3.4.15), 得到叉积是

$$
\begin{aligned}
\vec{A}\times\vec{B} &= \sum_{i,j,k,l} A_{ij}B_{kl}\vec{e}_i(\vec{e}_j\times\vec{e}_k)\vec{e}_l \\
&= \sum_{i,j,k,l} A_{ij}B_{kl}\vec{e}_i\left(\sum_m \varepsilon_{mjk}\vec{e}_m\right)\vec{e}_l = \sum_{i,j,k,l,m} A_{ij}B_{kl}\varepsilon_{mjk}\vec{e}_i\vec{e}_m\vec{e}_l
\end{aligned}
$$

上式表明, 叉积的缩并是相邻基矢量的叉积. 式中 $\sum_m \varepsilon_{mjk}\vec{e}_m$ 是选择性求和, 所以叉积也是缩并运算, 叉积运算结果的阶等于两张量阶的和减 1. 提醒大家注意的是作叉积运算时, 一般不要省略基矢量, 以免出错.

现在用张量的叉积证明 Lagrange 等式: $\vec{a}\times\left(\vec{b}\times\vec{c}\right)=(\vec{a}\cdot\vec{c})\,\vec{b}-\left(\vec{a}\cdot\vec{b}\right)\vec{c}$, 证明如下:

$$
\begin{aligned}
\vec{a}\times\left(\vec{b}\times\vec{c}\right) &= \sum_j a_j\vec{e}_j\times\left(\sum_l b_l\vec{e}_l\times\sum_m c_m\vec{e}_m\right) = \sum_{j,l,m} a_jb_lc_m\vec{e}_j\times(\vec{e}_l\times\vec{e}_m) \\
&= \sum_{j,l,m} a_jb_lc_m\vec{e}_j\times\left(\sum_k \varepsilon_{klm}\vec{e}_k\right) = \sum_{j,l,m}\sum_k a_jb_lc_m\varepsilon_{klm}\vec{e}_j\times\vec{e}_k \\
&= \sum_{j,l,m}\sum_k a_jb_lc_m\varepsilon_{klm}\sum_i \varepsilon_{ijk}\vec{e}_i = \sum_{i,j,l,m,k} a_jb_lc_m\varepsilon_{klm}\varepsilon_{ijk}\vec{e}_i \\
&= \sum_{i,j,l,m,k} a_jb_lc_m\varepsilon_{ijk}\varepsilon_{lmk}\vec{e}_i = \sum_{i,j,l,m}\left(\delta_{il}\delta_{jm}-\delta_{im}\delta_{jl}\right)a_jb_lc_m\vec{e}_i
\end{aligned}
$$

上式计算中用到了公式 $\sum\limits_k \varepsilon_{ijk}\varepsilon_{lmk}=\delta_{il}\delta_{jm}-\delta_{im}\delta_{jl}$. 又因为

$$
\begin{aligned}
\sum_{i,j,l,m}\delta_{il}\delta_{jm}a_jb_lc_m\vec{e}_i &= \sum_{i,l}\left(a_1c_1+a_2c_2+a_3c_3\right)\delta_{il}b_l\vec{e}_i \\
&= (\vec{a}\cdot\vec{c})\sum_i b_i\vec{e}_i = (\vec{a}\cdot\vec{c})\,\vec{b}
\end{aligned}
$$

$$
\begin{aligned}
\sum_{i,j,l,m}\delta_{im}\delta_{jl}a_jb_lc_m\vec{e}_i &= \sum_{i,m}\left(a_1b_1+a_2b_2+a_3b_3\right)\delta_{im}c_m\vec{e}_i \\
&= \left(\vec{a}\cdot\vec{b}\right)\sum_i c_i\vec{e}_i = \left(\vec{a}\cdot\vec{b}\right)\vec{c}
\end{aligned}
$$

综合上面三式, 就有 Lagrange 等式成立.

5. 张量的线性变换

设 $\vec{A}$ 是 m 阶张量, $\vec{B}$ 是 n 阶张量. 如果 $\vec{A}$ 的每一个分量都可以通过 $\vec{B}$ 的所有分量线性组合表示出来, 且这个表示是齐次的, 即

$$A_{i_1\cdots i_m}=\sum_{j_1,\cdots,j_n=1}^{3}T_{i_1\cdots i_m j_1\cdots j_n}B_{j_1\cdots j_n} \tag{3.4.17}$$

称 $\vec{T}$ 为 n 阶张量 $\vec{B}$ 到 m 阶张量 $\vec{A}$ 的线性变换, 记作

$$\vec{A}=T\left(\vec{B}\right)$$

线性变换张量与变换张量和被变换张量之间存在以下关系:

定理 3.4.2 设 $\vec{A}$ 和 $\vec{B}$ 分别是 m 阶张量和 n 阶张量, 它们之间有一个线性变换 $\vec{T}$ 存在, 即

$$A_{i_1\cdots i_m}=\sum_{j_1,\cdots,j_n=1}^{3}T_{i_1\cdots i_m j_1\cdots j_n}B_{j_1\cdots j_n}$$

恒成立, 则 $\vec{T}$ 是 $m+n$ 阶张量.

这个定理的证明较简单, 请读者自己完成. 定理 3.4.2 常用来判断张量的阶数, 又称作张量识别定理. 例如

$$\left(\vec{A}\times\vec{B}\right)_i=\sum_{j,k=1}^{3}\varepsilon_{ijk}\left(A_iB_k\right)$$

恒成立. $\vec{A}$ 和 $\vec{B}$ 都是一阶张量, 其并矢 A_iB_k 是二阶张量分量; $\vec{A}\times\vec{B}$ 是一个矢量, 为一阶张量. ε_{ijk} 张量的阶数是 $2+1=3$, 是 3 阶张量.

3.5 笛卡儿张量场论 1: 导数、梯度与散度

场的问题既与时间有关, 又与空间坐标有关, 称之为非稳场. 如果场量仅与坐标有关, 称为稳定场. 场的问题与导数、梯度、散度和旋度有关, 下面逐一分析讨论.

1. 张量函数的导数和偏导数

(1) 张量的导数与全微分

如果把一元张量函数写成并基展开式, 并基是一个不变量, 张量的分量是一个一元函数, 其求导法则与普通一元函数求导法则相同. 写成表达式是

$$\vec{T}'(x)=\frac{d}{dx}\sum_{i_1,\cdots,i_n}T_{i_1\cdots i_n}(x)\,\vec{e}_{i_1}\cdots\vec{e}_{i_n}=\sum_{i_1,\cdots,i_n}T'_{i_1\cdots i_n}(x)\,\vec{e}_{i_1}\cdots\vec{e}_{i_n} \tag{3.5.1}$$

上式易见, 一元张量函数导数的分量是原张量分量的导数, 它是一个与原张量同阶的张量.

张量函数的微分被定义为张量导数与自变量微分的乘积, 即

$$d\vec{T}(x) = \vec{T}'dx = \left(\sum_{i_1,\cdots,i_n} T'_{i_1\cdots i_n}(x)\,\vec{e}_{i_1}\cdots\vec{e}_{i_n}\right)dx \tag{3.5.2}$$

上式表明张量的微分是与原张量同阶的张量.

张量的微分与求导法则类似于普通矢量函数的求导法则, 这里不再一一列出.

(2) 张量场的偏导数

若 3^n 个函数 $T_{i_1\cdots i_n}(x_1,x_2,x_3)$ 在空间 (x_1,x_2,x_3) 的任意一点都是一个张量, 这 3^n 个函数就构成张量 $\vec{T}$ 的 3^n 个分量, 3^n 个函数就组成了一个稳定的张量场. 张量场因而可写成

$$\vec{T} = \vec{T}(x_1,x_2,x_3)$$

定义张量的偏导数是

$$\frac{\partial\vec{T}}{\partial x_i} = \sum_{i_1,\cdots,i_n=1}^{3}\frac{\partial}{\partial x_i}T_{i_1i_2\cdots i_n}\vec{e}_{i_1}\cdots\vec{e}_{i_n}\quad(i=1,2,3) \tag{3.5.3}$$

张量的全微分可以仿照矢量函数的全微分来定义, 分量全微分和张量全微分分别是

$$dT_{i_1i_2\cdots i_n} = \sum_{i=1}^{3}\frac{\partial}{\partial x_i}T_{i_1i_2\cdots i_n}dx_i \tag{3.5.4}$$

$$\begin{aligned}
d\vec{T} &= \sum_{i_1,\cdots,i_n=1}^{3} dT_{i_1i_2\cdots i_n}\vec{e}_{i_1}\cdots\vec{e}_{i_n} = \sum_{i=1}^{3}\sum_{i_1,\cdots,i_n=1}^{3}\frac{\partial}{\partial x_i}T_{i_1i_2\cdots i_n}dx_i\vec{e}_{i_1}\cdots\vec{e}_{i_n}\\
&= \left[\sum_{i=1}^{3}\left(\sum_{i_1,\cdots,i_n=1}^{3}\frac{\partial}{\partial x_i}T_{i_1i_2\cdots i_n}\vec{e}_{i_1}\cdots\vec{e}_{i_n}\right)\vec{e}_i\right]\cdot\left[\sum_{k=1}^{3}dx_k\vec{e}_k\right]\\
&= \left[\sum_{i=1}^{3}\frac{\partial\vec{T}}{\partial x_i}\vec{e}_i\right]\cdot\left[\sum_{k=1}^{3}dx_k\vec{e}_k\right] = \sum_{i=1}^{3}\frac{\partial\vec{T}}{\partial x_i}dx_i
\end{aligned} \tag{3.5.5}$$

张量场偏导数有下面基本定理成立.

定理 3.5.1 若 $\vec{T}$ 是 n 阶张量场, 即 $T_{i_1\cdots i_n}(x_1,x_2,x_3)\,(i_1,\cdots,i_n=1,2,3)$ 是 n 阶张量场, 则有

$$\frac{\partial}{\partial x_i}T_{i_1i_2\cdots i_n}\quad(i_1,i_2,\cdots,i_n,i=1,2,3)$$

是 $n+1$ 阶张量场.

证明　按照张量定义, 从坐标系 Σ 变换到 Σ' 时有

$$T'_{i_1 i_2 \cdots i_n} = \sum_{j_1, j_2, \cdots, j_n=1}^{3} \beta_{i_1 j_1} \beta_{i_2 j_2} \beta_{i_3 j_3} \cdots \beta_{i_n j_n} T_{j_1 j_2 \cdots j_n} \tag{1}$$

根据式 (3.2.9) 有以下关系

$$x_j = \sum_{i=1}^{3} \beta_{ij} x'_i \quad (j=1,2,3) \tag{2}$$

对于式 (1) 两边求导, 得到

$$\begin{aligned} \frac{\partial}{\partial x'_i} T'_{i_1 i_2 \cdots i_n} &= \frac{\partial}{\partial x'_i} \sum_{j_1, j_2, \cdots, j_n=1}^{3} \beta_{i_1 j_1} \beta_{i_2 j_2} \beta_{i_3 j_3} \cdots \beta_{i_n j_n} T_{j_1 j_2 \cdots j_n} \\ &= \sum_{j_1, j_2, \cdots, j_n=1}^{3} \beta_{i_1 j_1} \beta_{i_2 j_2} \beta_{i_3 j_3} \cdots \beta_{i_n j_n} \sum_{j=1}^{3} \frac{\partial}{\partial x_j} T_{j_1 j_2 \cdots j_n} \frac{\partial x_j}{\partial x'_i} \end{aligned}$$

从式 (2) 可以求出 $\partial x_j / \partial x'_i = \beta_{ij}$, 此值代入上式, 有

$$\frac{\partial}{\partial x'_i} T'_{i_1 i_2 \cdots i_n} = \sum_{j, j_1, j_2, \cdots, j_n=1}^{3} \beta_{ij} \beta_{i_1 j_1} \beta_{i_2 j_2} \beta_{i_3 j_3} \cdots \beta_{i_n j_n} \left(\frac{\partial}{\partial x_j} T_{j_1 j_2 \cdots j_n} \right) \tag{3}$$

张量原有 3^n 个分量, 需要对三个坐标量求导, 故每个分量变成了三个分量, 求导后分量数是 $3 \cdot 3^n = 3^{n+1}$, 结合式 (3) 可知: $\frac{\partial}{\partial x_i} T_{i_1 i_2 \cdots i_n} \, (i, i_1, i_2, \cdots, i_n = 1,2,3)$ 是 $n+1$ 阶张量. [证毕]

下面依据定理 3.5.1 计算稳定张量场的梯度、散度和旋度.

2. 张量场的梯度

定义 Del 算符是

$$\nabla = \vec{e}_1 \frac{\partial}{\partial x_1} + \vec{e}_2 \frac{\partial}{\partial x_2} + \vec{e}_3 \frac{\partial}{\partial x_3} = \sum_{i=1}^{3} \vec{e}_i \frac{\partial}{\partial x_i} \tag{3.5.6}$$

Del 算符是一个不变量. 下面的证明用到了式 (3.2.7) 和 (3.2.9), 证明如下:

$$\begin{aligned} \sum_{i=1}^{3} \vec{e}_i \frac{\partial}{\partial x_i} &= \sum_{i=1}^{3} \vec{e}_i \sum_{j=1}^{3} \frac{\partial}{\partial x'_j} \frac{\partial x'_j}{\partial x_i} = \sum_{i=1}^{3} \vec{e}_i \sum_{j=1}^{3} \beta_{ji} \frac{\partial}{\partial x'_j} \\ &= \sum_{j=1}^{3} \left[\sum_{i=1}^{3} \beta_{ji} \vec{e}_i \right] \frac{\partial}{\partial x'_j} = \sum_{j=1}^{3} \vec{e}'_j \frac{\partial}{\partial x'_j} \end{aligned}$$

上式表示 Del 是不变量.

张量的梯度的物理意义与矢量场类似, 都是描述一点的变化情况. 梯度看作 Del 算符与张量 $\vec{T}$ 的并矢, 并矢是不可交换的, 导致张量的梯度有两种: 左梯度和右梯度. 左梯度是

$$\mathrm{grad}\vec{T} = \nabla\vec{T} = \sum_{i=1}^{3} \vec{e}_i \frac{\partial \vec{T}}{\partial x_i} \tag{3.5.7}$$

将张量表达式代入上式, 得到的左梯度表达式是

$$\nabla\vec{T} = \left(\sum_{i=1}^{3} \vec{e}_i \frac{\partial}{\partial x_i}\right)\left(\sum_{i_1,\cdots,i_n=1}^{3} T_{i_1\cdots i_n} \vec{e}_{i_1}\cdots\vec{e}_{i_n}\right) = \sum_{i,i_1,\cdots,i_n=1}^{3} \frac{\partial T_{i_1\cdots i_n}}{\partial x_i} \vec{e}_i \vec{e}_{i_1}\cdots\vec{e}_{i_n} \tag{3.5.8}$$

右梯度是

$$\mathrm{grad}_{\mathrm{R}}\vec{T} = \vec{T}\nabla = \sum_{i=1}^{3} \frac{\partial \vec{T}}{\partial x_i} \vec{e}_i \tag{3.5.9}$$

将张量表达式代入上式, 得到右梯度的表达式是

$$\vec{T}\nabla = \left(\sum_{i_1,\cdots,i_n=1}^{3} T_{i_1\cdots i_n} \vec{e}_{i_1}\cdots\vec{e}_{i_n}\right)\left(\sum_{i=1}^{3} \vec{e}_i \frac{\partial}{\partial x_i}\right) = \sum_{i,i_1,\cdots,i_n=1}^{3} \frac{\partial T_{i_1\cdots i_n}}{\partial x_i} \vec{e}_{i_1}\cdots\vec{e}_{i_n}\vec{e}_i \tag{3.5.10}$$

根据张量的阶数不同, 可以得到相应的结果.

某些应用中, 例如场中坐标是时间 t 的函数, 于是张量场是时间的函数, 为

$$\vec{T} = \vec{T}\left(t; x_1(t), x_2(t), x_3(t)\right)$$

上式的全导数是

$$\frac{d\vec{T}}{dt} = \frac{\partial \vec{T}}{\partial t} + \sum_{i=1}^{3} \frac{\partial \vec{T}}{\partial x_i}\frac{dx_i}{dt} = \frac{\partial \vec{T}}{\partial t} + \left(\sum_{i=1}^{3} \frac{dx_i}{dt}\vec{e}_i\right)\cdot\left(\sum_{j=1}^{3} \frac{\partial \vec{T}}{\partial x_j}\vec{e}_j\right)$$

令 $\dot{\vec{x}} = \sum_{i=1}^{3} \dfrac{dx_i}{dt}\vec{e}_i$, 全导数可以用导数和梯度表示为

$$\frac{d\vec{T}}{dt} = \frac{\partial \vec{T}}{\partial t} + \dot{\vec{x}}\cdot\nabla\vec{T} \tag{3.5.11}$$

以下详细介绍如何求各阶张量的梯度.

(1) 数量函数的梯度

数量函数是零阶张量, 故有

$$\vec{T} = \varphi(x, y, z)$$

$$\mathrm{grad}\vec{T}=\nabla\vec{T}=\sum_{i=1}^{3}\vec{e}_i\frac{\partial}{\partial x_i}\varphi=\vec{e}_1\frac{\partial\varphi}{\partial x_1}+\vec{e}_2\frac{\partial\varphi}{\partial x_2}+\vec{e}_3\frac{\partial\varphi}{\partial x_3}$$

上式是矢量场论中常见的梯度表达式. 不难看到数量函数的左梯度等于右梯度.

(2) 矢量场梯度

矢量是一阶张量, Del 与之乘积实际上是求导, 根据定理 3.5.1 可知, 矢量场的梯度是 2 阶张量. 左梯度是

$$\begin{aligned}\mathrm{grad}\vec{T}&=\nabla\left(\sum_{j=1}^{3}\vec{e}_jT_j\right)=\left(\sum_{i=1}^{3}\vec{e}_i\frac{\partial}{\partial x_i}\right)\left(\sum_{j=1}^{3}\vec{e}_jT_j\right)=\sum_{i,j=1}^{3}\frac{\partial T_j}{\partial x_i}\vec{e}_i\vec{e}_j\\&=\sum_{j=1}^{3}\left(\frac{\partial T_j}{\partial x_1}\vec{e}_1\vec{e}_j+\frac{\partial T_j}{\partial x_2}\vec{e}_2\vec{e}_j+\frac{\partial T_j}{\partial x_3}\vec{e}_3\vec{e}_j\right)\end{aligned}\tag{3.5.12}$$

矢量场的右梯度是

$$\begin{aligned}\mathrm{grad_R}\vec{T}&=\left(\sum_{i=1}^{3}\vec{e}_iT_i\right)\nabla=\left(\sum_{i=1}^{3}\vec{e}_iT_i\right)\left(\sum_{j=1}^{3}\vec{e}_j\frac{\partial}{\partial x_j}\right)=\sum_{i,j=1}^{3}\frac{\partial T_i}{\partial x_j}\vec{e}_i\vec{e}_j\\&=\sum_{i=1}^{3}\left(\frac{\partial T_i}{\partial x_1}\vec{e}_i\vec{e}_1+\frac{\partial T_i}{\partial x_2}\vec{e}_i\vec{e}_2+\frac{\partial T_i}{\partial x_3}\vec{e}_i\vec{e}_3\right)\end{aligned}\tag{3.5.13}$$

为了看出矢量场两种梯度的关系, 将它们写成矩阵形式:

$$\nabla\vec{T}=\begin{bmatrix}\partial T_1/\partial x_1&\partial T_2/\partial x_1&\partial T_3/\partial x_1\\\partial T_1/\partial x_2&\partial T_2/\partial x_2&\partial T_3/\partial x_2\\\partial T_1/\partial x_3&\partial T_2/\partial x_3&\partial T_3/\partial x_3\end{bmatrix}$$

$$\vec{T}\nabla=\begin{bmatrix}\partial T_1/\partial x_1&\partial T_1/\partial x_2&\partial T_1/\partial x_3\\\partial T_2/\partial x_1&\partial T_2/\partial x_2&\partial T_2/\partial x_3\\\partial T_3/\partial x_1&\partial T_3/\partial x_2&\partial T_3/\partial x_3\end{bmatrix}$$

上面两式表明矢量场的左梯度与右梯度互为转置.

(3) 张量场的梯度

以二阶张量 $\vec{T}=\sum_{i,j=1}^{3}T_{ij}\vec{e}_i\vec{e}_j$ 为例, 左梯度是

$$\nabla\vec{T}=\left(\sum_{i=1}^{3}\vec{e}_i\frac{\partial}{\partial x_i}\right)\left(\sum_{j,k=1}^{3}T_{jk}\vec{e}_j\vec{e}_k\right)=\sum_{i,j,k=1}^{3}\frac{\partial T_{jk}}{\partial x_i}\vec{e}_i\vec{e}_j\vec{e}_k$$

右梯度是

$$\vec{T}\nabla=\left(\sum_{i,j=1}^{3}T_{ij}\vec{e}_i\vec{e}_j\right)\left(\sum_{k=1}^{3}\vec{e}_k\frac{\partial}{\partial x_k}\right)=\sum_{i,j,k=1}^{3}\frac{\partial T_{ij}}{\partial x_k}\vec{e}_i\vec{e}_j\vec{e}_k$$

这两个梯度根据定理 3.5.1 可知是 3 阶张量, 共有 $3^3 = 27$ 个分量.

例 3.8 矢量场 $\vec{T}$ 和矢径分别是

$$\vec{T} = \sum_{i=1}^{3} T_i \vec{e}_i, \quad \vec{r} = \sum_{i=1}^{3} x_i \vec{e}_i$$

试证

$$d\vec{T} = d\vec{r} \cdot \nabla \vec{T}$$

证明 对于矢径微分, 有 $d\vec{r} = \sum_{i=1}^{3} \vec{e}_i dx_i$. 根据式 (3.5.12), 有 $\nabla \vec{T} = \sum_{i,j=1}^{3} \frac{\partial T_j}{\partial x_i} \vec{e}_i \vec{e}_j$, 于是有

$$\left(d\vec{r}\right)\left(\nabla \vec{T}\right) = \left(\sum_{i=1}^{3} dx_i \vec{e}_i\right)\left(\sum_{j,k=1}^{3} \frac{\partial T_k}{\partial x_j} \vec{e}_j \vec{e}_k\right) = \sum_{i,j,k=1}^{3} dx_i \frac{\partial T_k}{\partial x_j} \vec{e}_i \vec{e}_j \vec{e}_k$$

这是单缩并运算, 缩并是对于指标 i 和 j, 有

$$\sum_{i,j=1}^{3} \delta_{ij} dx_i \frac{\partial T_k}{\partial x_j} = \sum_{j=1}^{3} dx_j \frac{\partial T_k}{\partial x_j}$$

因此

$$\begin{aligned} d\vec{r} \cdot \nabla \vec{T} &= \sum_{k=1}^{3} \sum_{j=1}^{3} dx_j \frac{\partial T_k}{\partial x_j} \vec{e}_k \\ &= \sum_{j=1}^{3} dx_j \frac{\partial T_1}{\partial x_j} \vec{e}_1 + \sum_{j=1}^{3} dx_j \frac{\partial T_2}{\partial x_j} \vec{e}_2 + \sum_{j=1}^{3} dx_j \frac{\partial T_3}{\partial x_j} \vec{e}_3 \\ &= \frac{\partial \vec{T}}{\partial x_1} dx_1 + \frac{\partial \vec{T}}{\partial x_2} dx_2 + \frac{\partial \vec{T}}{\partial x_3} dx_3 = d\vec{T} \end{aligned}$$

于是命题得证. 上式的意义是 $d\vec{r}$ 与梯度的点积是矢量的增量. [证毕]

张量左梯度的运算法则列举如下, 其中 $\vec{C}$ 是常张量, c 是常数, $\vec{u}$ 是矢量.

$$\nabla \vec{C} = 0 \tag{3.5.14a}$$

$$\nabla c\vec{T} = c\nabla \vec{T} \tag{3.5.14b}$$

$$\nabla\left(\vec{T} + \vec{S}\right) = \nabla \vec{T} + \nabla \vec{S} \tag{3.5.14c}$$

$$\nabla \varphi\psi = (\nabla\varphi)\,\psi + \varphi\nabla\psi \tag{3.5.14d}$$

$$\nabla\left(\frac{\vec{T}}{\varphi}\right) = \frac{1}{\varphi^2}\left[\left(\nabla\vec{T}\right)\varphi - \vec{T}\nabla\varphi\right] \tag{3.5.14e}$$

$$\vec{u}\cdot\left(\nabla\vec{T}\right)=\left(\vec{T}\nabla\right)\cdot\vec{u} \tag{3.5.14f}$$

这些公式与矢量场形式上类似, 但是计算更复杂, 为了减少错误, 计算时通常将张量写成并矢表达式, 然后再计算.

3. 张量场的散度

张量场散度的物理意义是指一点流出的通量, 与矢量场散度类似, 是张量与 Del 算符的点积. 点积要先求并矢, 而并矢不符合交换律, 所以张量与 Del 算符是不可以交换的, 与张量梯度情况类似, 有左散度和右散度. 左散度是

$$\mathrm{div}\vec{T}=\nabla\cdot\vec{T}=\left(\sum_{i=1}^{3}\vec{e}_i\frac{\partial}{\partial x_i}\right)\cdot\vec{T}=\sum_{i=1}^{3}\vec{e}_i\cdot\frac{\partial\vec{T}}{\partial x_i} \tag{3.5.15}$$

右散度是

$$\mathrm{div}_{\mathrm{R}}\vec{T}=\vec{T}\cdot\nabla=\vec{T}\cdot\left(\sum_{i=1}^{3}\vec{e}_i\frac{\partial}{\partial x_i}\right)=\sum_{i=1}^{3}\frac{\partial\vec{T}}{\partial x_i}\cdot\vec{e}_i \tag{3.5.16}$$

按前面对于点积的定义可知, 并积是先求两个量的并矢, 再作缩并运算. 如果 $\vec{T}$ 是零阶张量, $\nabla\vec{T}$ 是一阶张量, 缩并以后会降 2 阶, 最终的结果是 $1-2=-1$ 阶, 没有负阶数张量. 这样零阶张量, 即数量函数没有散度. 求散度的张量至少是一阶张量, 即矢量函数和更高阶的张量函数才会有散度.

下面求 n 阶张量 $\vec{T}=\left(\vec{T}_{i_1\cdots i_n}\right)$ 的左散度.

$$\mathrm{div}\vec{T}=\nabla\cdot\vec{T}=\nabla\cdot\sum_{i_1,\cdots,i_n=1}^{3}T_{i_1\cdots i_n}\vec{e}_{i_1}\cdots\vec{e}_{i_n}$$

先求并矢, 是

$$\begin{aligned}\nabla\vec{T}&=\sum_{i=1}^{3}\vec{e}_i\frac{\partial}{\partial x_i}\left(\sum_{i_1,\cdots,i_n=1}^{3}T_{i_1\cdots i_n}\vec{e}_{i_1}\cdots\vec{e}_{i_n}\right)\\&=\sum_{i=1}^{3}\sum_{i_1,\cdots,i_n=1}^{3}\left(\frac{\partial}{\partial x_i}T_{i_1\cdots i_n}\right)\vec{e}_i\vec{e}_{i_1}\cdots\vec{e}_{i_n}\\&=\sum_{i_2,\cdots,i_n=1}^{3}\left(\sum_{i,i_1=1}^{3}\frac{\partial}{\partial x_i}T_{i_1\cdots i_n}\vec{e}_i\vec{e}_{i_1}\right)\vec{e}_{i_2}\cdots\vec{e}_{i_n}\end{aligned} \tag{3.5.17}$$

要对上式括号里的项作缩并运算, 因此有

$$\nabla\cdot\vec{T}=\sum_{i=1}^{3}\vec{e}_i\cdot\frac{\partial}{\partial x_i}\left(\sum_{i_1,\cdots,i_n=1}^{3}T_{i_1\cdots i_n}\vec{e}_{i_1}\cdots\vec{e}_{i_n}\right)$$

$$= \sum_{i_2,\cdots,i_n=1}^{3}\left(\sum_{i,i_1=1}^{3}\left(\frac{\partial}{\partial x_i}T_{i_1\cdots i_n}\vec{e}_i\cdot\vec{e}_{i_1}\right)\right)\vec{e}_{i_2}\cdots\vec{e}_{i_n}$$

$$\sum_{i,i_1=1}^{3}\frac{\partial}{\partial x_i}T_{i_1i_2\cdots i_n}(\vec{e}_i\cdot\vec{e}_{i_1}) = \sum_{i,i_1=1}^{3}\frac{\partial}{\partial x_i}T_{i_1i_2\cdots i_n}\delta_{ii_1} = \sum_{i=1}^{3}\frac{\partial}{\partial x_i}T_{ii_2\cdots i_n}$$

利用上式对式 (3.5.15) 缩并, 得到左散度是

$$\nabla\cdot\vec{T} = \sum_{i_2,\cdots,i_n=1}^{3}\left(\sum_{i=1}^{3}\frac{\partial T_{ii_2\cdots i_n}}{\partial x_i}\right)\vec{e}_{i_2}\vec{e}_{i_3}\cdots\vec{e}_{i_n} = \sum_{i,i_2,\cdots,i_n=1}^{3}\frac{\partial T_{ii_2\cdots i_n}}{\partial x_i}\vec{e}_{i_2}\vec{e}_{i_3}\cdots\vec{e}_{i_n} \tag{3.5.18}$$

右散度是

$$\begin{aligned}
\mathrm{div_R}\vec{T} = \vec{T}\cdot\nabla &= \sum_{i_1,\cdots,i_n=1}^{3}T_{i_1\cdots i_n}\vec{e}_{i_1}\cdots\vec{e}_{i_n}\cdot\sum_{i=1}^{3}\frac{\partial}{\partial x_i}\vec{e}_i \\
&= \sum_{i_1,\cdots,i_{n-1}=1}^{3}\vec{e}_{i_1}\cdots\vec{e}_{i_{n-1}}\left(\sum_{i,i_n=1}^{3}\frac{\partial}{\partial x_i}T_{i_1\cdots i_n}\vec{e}_{i_n}\cdot\vec{e}_i\right) \\
&= \sum_{i,i_1,\cdots,i_{n-1}=1}^{3}\frac{\partial T_{i_1\cdots i_{n-1}i}}{\partial x_i}\vec{e}_{i_1}\cdots\vec{e}_{i_{n-1}}
\end{aligned} \tag{3.5.19}$$

下面是矢量和二阶张量的散度.

(1) 矢量场散度

式 (3.5.18) 可求左散度, $\vec{T}$ 中分量仅有一个指标 i_1, 所以式子只需保留 i 那一个求和指标, 于是有

$$\nabla\cdot\vec{T} = \sum_{i=1}^{3}\frac{\partial T_i}{\partial x_i} = \frac{\partial T_1}{\partial x_1} + \frac{\partial T_2}{\partial x_2} + \frac{\partial T_3}{\partial x_3} \tag{3.5.20}$$

易从式 (3.5.19) 中看出, 矢量场右散度的表达式与左散度相同, 所以矢量的左右散度是相等的.

(2) 二阶张量的散度

$\vec{T}$ 中分量有两个指标 i_1 和 i_2, 用式 (3.5.18) 求左散度时, 式子有 i_2 和 i 两个求和指标, 左散度是

$$\begin{aligned}
\nabla\cdot\vec{T} &= \sum_{i,i_2=1}^{3}\frac{\partial T_{ii_2}}{\partial x_i}\vec{e}_{i_2} = \sum_{i_2=1}^{3}\frac{\partial T_{1i_2}}{\partial x_1}\vec{e}_{i_2} + \sum_{i_2=1}^{3}\frac{\partial T_{2i_2}}{\partial x_2}\vec{e}_{i_2} + \sum_{i_2=1}^{3}\frac{\partial T_{3i_2}}{\partial x_3}\vec{e}_{i_2} \\
&= \sum_{j=1}^{3}\frac{\partial T_{1j}}{\partial x_1}\vec{e}_j + \sum_{j=1}^{3}\frac{\partial T_{2j}}{\partial x_2}\vec{e}_j + \sum_{j=1}^{3}\frac{\partial T_{3j}}{\partial x_3}\vec{e}_j
\end{aligned}$$

右散度情况与左散度类似, 只有 i_1 和 i 两个求和指标

$$\vec{T}\cdot\nabla=\sum_{i,i_1=1}^{3}\frac{\partial T_{i_1 i}}{\partial x_i}\vec{e}_{i_1}=\sum_{i_1=1}^{3}\frac{\partial T_{i_1 1}}{\partial x_1}\vec{e}_{i_1}+\sum_{i_1=1}^{3}\frac{\partial T_{i_1 2}}{\partial x_2}\vec{e}_{i_1}+\sum_{i_1=1}^{3}\frac{\partial T_{i_1 3}}{\partial x_3}\vec{e}_{i_1}$$
$$=\sum_{i=1}^{3}\frac{\partial T_{i1}}{\partial x_1}\vec{e}_i+\sum_{i=1}^{3}\frac{\partial T_{i2}}{\partial x_2}\vec{e}_i+\sum_{i=1}^{3}\frac{\partial T_{i3}}{\partial x_3}\vec{e}_i$$

二阶张量的散度写成矩阵是

$$\nabla\cdot\vec{T}=\begin{bmatrix}\partial T_{11}/\partial x_1 & \partial T_{12}/\partial x_1 & \partial T_{13}/\partial x_1\\ \partial T_{21}/\partial x_2 & \partial T_{22}/\partial x_2 & \partial T_{23}/\partial x_2\\ \partial T_{31}/\partial x_3 & \partial T_{32}/\partial x_3 & \partial T_{33}/\partial x_3\end{bmatrix}$$

$$\vec{T}\cdot\nabla=\begin{bmatrix}\partial T_{11}/\partial x_1 & \partial T_{21}/\partial x_1 & \partial T_{31}/\partial x_1\\ \partial T_{12}/\partial x_2 & \partial T_{22}/\partial x_2 & \partial T_{32}/\partial x_2\\ \partial T_{13}/\partial x_3 & \partial T_{23}/\partial x_3 & \partial T_{33}/\partial x_3\end{bmatrix}$$

二阶张量的左散度等于右散度的转置, 由此可知二阶对称张量的左右散度相等.

例 3.9　矢势的定义式是 $\nabla\cdot\left(\nabla\vec{T}\right)=0$, 求出具体表达式.

解　不难理解最终结果应当是一阶张量, 为一矢量方程, 解法如下. 设

$$\vec{T}=\sum_{i=1}^{3}T_i\vec{e}_i,\quad \nabla=\sum_{i=1}^{3}\vec{e}_i\frac{\partial}{\partial x_i}$$

于是有

$$\nabla\vec{T}=\sum_{i=1}^{3}\vec{e}_i\frac{\partial}{\partial x_i}\sum_{j=1}^{3}T_j\vec{e}_j=\sum_{i,j=1}^{3}\frac{\partial}{\partial x_i}T_j\vec{e}_i\vec{e}_j$$

$$\nabla\left(\nabla\vec{T}\right)=\sum_{k=1}^{3}\vec{e}_k\frac{\partial}{\partial x_k}\sum_{i,j=1}^{3}\frac{\partial}{\partial x_i}T_j\vec{e}_i\vec{e}_j=\sum_{k,i,j=1}^{3}\frac{\partial}{\partial x_k}\frac{\partial}{\partial x_i}T_j\vec{e}_k\vec{e}_i\vec{e}_j$$
$$=\sum_{j=1}^{3}\left(\sum_{k,i=1}^{3}\frac{\partial}{\partial x_k}\frac{\partial}{\partial x_i}\vec{e}_k\vec{e}_i\right)T_j\vec{e}_j$$

对于上式中括号里的算符作缩并运算, 得到

$$\sum_{k,i=1}^{3}\frac{\partial}{\partial x_k}\frac{\partial}{\partial x_i}\vec{e}_k\cdot\vec{e}_i=\sum_{k,i=1}^{3}\frac{\partial}{\partial x_k}\frac{\partial}{\partial x_i}\vec{e}_k\vec{e}_i\delta_{ki}$$
$$=\sum_{k,i=1}^{3}\frac{\partial}{\partial x_k}\frac{\partial}{\partial x_i}\delta_{ki}=\sum_{i=1}^{3}\frac{\partial}{\partial x_i}\frac{\partial}{\partial x_i}=\sum_{i=1}^{3}\frac{\partial^2}{\partial x_i^2}$$

$$\nabla \cdot \left(\nabla \vec{T}\right) = \sum_{j=1}^{3}\sum_{i=1}^{3} \frac{\partial^2}{\partial x_i^2} T_j \vec{e}_j = \sum_{j=1}^{3}\left(\sum_{i=1}^{3} \frac{\partial^2 T_j}{\partial x_i^2}\right)\vec{e}_j$$

$$\left(\frac{\partial^2 T_1}{\partial x_1^2} + \frac{\partial^2 T_1}{\partial x_2^2} + \frac{\partial^2 T_1}{\partial x_3^2}\right)\vec{e}_1 + \left(\frac{\partial^2 T_2}{\partial x_1^2} + \frac{\partial^2 T_2}{\partial x_2^2} + \frac{\partial^2 T_2}{\partial x_3^2}\right)\vec{e}_2 + \left(\frac{\partial^2 T_3}{\partial x_1^2} + \frac{\partial^2 T_3}{\partial x_2^2} + \frac{\partial^2 T_3}{\partial x_3^2}\right)\vec{e}_3 = 0$$

$$\sum_{i=1}^{3} \nabla^2 T_i \vec{e}_i = \nabla^2 \vec{T} = 0$$

上式称为矢势的 Laplace 方程.

经常应用的是左散度, 其运算规则如下, 其中 $\vec{C}$ 是常张量, c 是常数, $\vec{u}$ 是矢量.

$$\nabla \cdot \vec{C} = 0 \tag{3.5.21a}$$

$$\nabla \cdot c\vec{T} = c\nabla \cdot \vec{T} \tag{3.5.21b}$$

$$\nabla \cdot \left(\vec{T} + \vec{S}\right) = \nabla \cdot \vec{T} + \nabla \cdot \vec{S} \tag{3.5.21c}$$

$$\nabla \cdot \left(\vec{T}\vec{S}\right) = \left(\nabla \cdot \vec{T}\right)\vec{S} + \left(\vec{S}\nabla\right) \cdot \vec{T} \tag{3.5.21d}$$

$$\nabla \cdot \left(\frac{\vec{T}}{\varphi}\right) = \frac{1}{\varphi^2}\left[\left(\nabla \cdot \vec{T}\right)\varphi - \nabla\varphi \cdot \vec{T}\right] \tag{3.5.21e}$$

$$\nabla \cdot \left(\varphi \vec{C}\right) = \nabla\varphi \cdot \vec{C} \tag{3.5.21f}$$

3.6 笛卡儿张量场论 2: 旋度与张量的积分

3.5 节已经介绍了张量的导数、梯度和旋度, 这一节继续介绍张量场论, 我们将讨论张量的旋度和积分的计算.

1. 张量的旋度

旋度是场旋转效应的度量, 反映了场中一点的旋转强度. 张量的旋度仍然看作算符 ∇ 与张量 $\vec{T}$ 的叉积运算, 同样有左旋度与右旋度之分. 定义张量 $\vec{T}$ 的左旋度是

$$\mathrm{rot}\vec{T} = \nabla \times \vec{T} = \left(\sum_{i=1}^{3} \vec{e}_i \frac{\partial}{\partial x_i}\right) \times \vec{T} = \sum_{i=1}^{3} \vec{e}_i \times \frac{\partial \vec{T}}{\partial x_i} \tag{3.6.1}$$

可以证明算符

$$\nabla\times=\sum_{i=1}^{3}\vec{e}_i\times\frac{\partial}{\partial x_i}$$

是旋转不变量, 故左旋度是不变量 $\nabla\times$ 作用在张量 $\vec{T}$ 的结果. 类似可以有 $\times\nabla$ 算符, 这样就有右旋度是

$$\mathrm{rot}_{\mathrm{R}}\vec{T}=\vec{T}\times\nabla=\sum_{i=1}^{3}\frac{\partial\vec{T}}{\partial x_i}\times\vec{e}_i \tag{3.6.2}$$

(1) 矢量的旋度

实际应用中, 我们所遇到的旋度计算基本上都是一维张量, 即矢量的情况, 所以矢量的旋度非常重要. 首先看一看矢量的左、右旋度的关系. 矢量 $\vec{T}$ 的左旋度是

$$\mathrm{rot}\vec{T}=\nabla\times\vec{T}=\sum_{i=1}^{3}\vec{e}_i\times\frac{\partial\vec{T}}{\partial x_i}=-\sum_{i=1}^{3}\frac{\partial\vec{T}}{\partial x_i}\times\vec{e}_i=-\vec{T}\times\nabla=-\mathrm{rot}_{\mathrm{R}}\vec{T}$$

上式表示矢量的左旋度与右旋度仅仅差一个符号. 所以在下面矢量旋度讨论中, 只需要分析矢量的左旋度计算的情况.

3.4 节中已经给出了基矢量的叉积的计算公式 (3.4.16), 为统一指标符号, 将该式中 m 改成 i, 则有

$$\vec{e}_j\times\vec{e}_k=\sum_{i=1}^{3}\varepsilon_{ijk}\vec{e}_i \tag{3.4.16}$$

设矢量是 $\vec{T}=\sum_{k=1}^{3}T_k\vec{e}_k$, 它的左旋度是

$$\nabla\times\vec{T}=\sum_{j=1}^{3}\vec{e}_j\frac{\partial}{\partial x_j}\times\sum_{k=1}^{3}T_k\vec{e}_k=\sum_{j,k=1}^{3}\frac{\partial T_k}{\partial x_j}\vec{e}_j\times\vec{e}_k$$

将式 (3.4.16) 代入上式, 得到左旋度是

$$\nabla\times\vec{T}=\sum_{j,k=1}^{3}\frac{\partial T_k}{\partial x_j}\vec{e}_j\times\vec{e}_k=\sum_{j,k=1}^{3}\frac{\partial T_k}{\partial x_j}\sum_{i=1}^{3}\varepsilon_{ijk}\vec{e}_i=\sum_{i,j,k=1}^{3}\varepsilon_{ijk}\frac{\partial T_k}{\partial x_j}\vec{e}_i \tag{3.6.3}$$

式 (3.6.3) 是矢量的旋度的计算公式, 可以简化矢量积的计算.

例 3.10 证明:

(1) $\nabla\times(\nabla\phi)=0$; (2) $\nabla\cdot\left(\nabla\times\vec{T}\right)=0$,

其中 $\vec{T}$ 是矢量函数, ϕ 是数量函数, 并且它们都有二阶连续偏导数.

证明 (1) 因为

$$\nabla\phi=\sum_{k=1}^{3}\frac{\partial\phi}{\partial x_k}\vec{e}_k$$

令

$$T_k = \frac{\partial \phi}{\partial x_k}, \quad \vec{T} = \nabla \phi = \sum_{k=1}^{3} T_k \vec{e}_k$$

再用式 (3.6.3), 有

$$\begin{aligned}
\nabla \times (\nabla \phi) =& \nabla \times \vec{T} = \sum_{i,j,k=1}^{3} \varepsilon_{ijk} \frac{\partial T_k}{\partial x_j} \vec{e}_i \\
&= \sum_{i,j,k=1}^{3} \varepsilon_{ijk} \frac{\partial}{\partial x_j} \left(\frac{\partial \phi}{\partial x_k} \right) \vec{e}_i = \sum_{i,j,k=1}^{3} \varepsilon_{ijk} \frac{\partial^2 \phi}{\partial x_k \partial x_j} \vec{e}_i \\
&= \left[\frac{\partial^2 \phi}{\partial x_2 \partial x_3} - \frac{\partial^2 \phi}{\partial x_3 \partial x_2} \right] \vec{e}_1 + \left[\frac{\partial^2 \phi}{\partial x_3 \partial x_1} - \frac{\partial^2 \phi}{\partial x_1 \partial x_3} \right] \vec{e}_2 \\
&\quad + \left[\frac{\partial^2 \phi}{\partial x_1 \partial x_2} - \frac{\partial^2 \phi}{\partial x_2 \partial x_1} \right] \vec{e}_3 \\
&= \left[\frac{\partial^2 \phi}{\partial x_2 \partial x_3} - \frac{\partial^2 \phi}{\partial x_2 \partial x_3} \right] \vec{e}_1 + \left[\frac{\partial^2 \phi}{\partial x_1 \partial x_3} - \frac{\partial^2 \phi}{\partial x_1 \partial x_3} \right] \vec{e}_2 \\
&\quad + \left[\frac{\partial^2 \phi}{\partial x_1 \partial x_2} - \frac{\partial^2 \phi}{\partial x_1 \partial x_2} \right] \vec{e}_3 = 0
\end{aligned}$$

(2) 根据式 (3.6.3) 得到

$$\nabla \times \vec{T} = \sum_{i,j,k=1}^{3} \varepsilon_{ijk} \frac{\partial T_k}{\partial x_j} \vec{e}_i$$

因此

$$\begin{aligned}
\nabla \cdot \left(\nabla \times \vec{T} \right) =& \sum_{m=1}^{3} \frac{\partial}{\partial x_m} \vec{e}_m \cdot \sum_{i,j,k=1}^{3} \varepsilon_{ijk} \frac{\partial T_k}{\partial x_j} \vec{e}_i = \sum_{m,i,j,k=1}^{3} \frac{\partial}{\partial x_m} \varepsilon_{ijk} \frac{\partial T_k}{\partial x_j} \vec{e}_m \cdot \vec{e}_i \\
&= \sum_{m,i,j,k=1}^{3} \varepsilon_{ijk} \frac{\partial}{\partial x_m} \frac{\partial T_k}{\partial x_j} \delta_{mi} = \sum_{i,j,k=1}^{3} \varepsilon_{ijk} \frac{\partial}{\partial x_i} \frac{\partial T_k}{\partial x_j} \\
&= \frac{\partial}{\partial x_1} \sum_{j,k=1}^{3} \varepsilon_{1jk} \frac{\partial T_k}{\partial x_j} + \frac{\partial}{\partial x_2} \sum_{j,k=1}^{3} \varepsilon_{2jk} \frac{\partial T_k}{\partial x_j} + \frac{\partial}{\partial x_3} \sum_{j,k=1}^{3} \varepsilon_{3jk} \frac{\partial T_k}{\partial x_j} \\
&= \frac{\partial}{\partial x_1} \left(\frac{\partial T_3}{\partial x_2} - \frac{\partial T_2}{\partial x_3} \right) + \frac{\partial}{\partial x_2} \left(\frac{\partial T_1}{\partial x_3} - \frac{\partial T_3}{\partial x_1} \right) + \frac{\partial}{\partial x_3} \left(\frac{\partial T_2}{\partial x_1} - \frac{\partial T_1}{\partial x_2} \right) \\
&= \left[\frac{\partial^2 T_3}{\partial x_1 \partial x_2} - \frac{\partial^2 T_3}{\partial x_1 \partial x_2} \right] + \left[\frac{\partial^2 T_1}{\partial x_2 \partial x_3} - \frac{\partial^2 T_1}{\partial x_2 \partial x_3} \right] \\
&\quad + \left[\frac{\partial^2 T_2}{\partial x_1 \partial x_3} - \frac{\partial^2 T_2}{\partial x_1 \partial x_3} \right] = 0
\end{aligned}$$

例题的计算步骤比较详细，是为了让读者了解矢量的旋度计算方法. 用张量方法计算和证明矢量点积和叉积的复杂公式，概念清楚，步骤程序化，易于应用.

(2) 张量的左旋度与右旋度

张量的左旋度和右旋度推导如下.

1) 张量的左旋度

设有 n 阶张量

$$\vec{T}=\sum_{i_1,\cdots,i_n=1}^{3}T_{i_1\cdots i_n}\vec{e}_{i_1}\cdots\vec{e}_{i_n}$$

张量 $\vec{T}$ 的左旋度是

$$\begin{aligned}\mathrm{rot}\vec{T}=&\nabla\times\vec{T}=\sum_{m=1}^{3}\vec{e}_m\times\frac{\partial\vec{T}}{\partial x_m}=\sum_{m=1}^{3}\vec{e}_m\times\sum_{i_1,\cdots,i_n=1}^{3}\frac{\partial T_{i_1\cdots i_n}}{\partial x_m}\vec{e}_{i_1}\vec{e}_{i_2}\cdots\vec{e}_{i_n}\\ =&\sum_{i_1,\cdots,i_n=1}^{3}\sum_{m=1}^{3}\frac{\partial T_{i_1\cdots i_n}}{\partial x_m}\left(\vec{e}_m\times\vec{e}_{i_1}\right)\vec{e}_{i_2}\cdots\vec{e}_{i_n}\\ =&\sum_{i_1,\cdots,i_n=1}^{3}\sum_{m=1}^{3}\sum_{l=1}^{3}\varepsilon_{lmi_1}\frac{\partial T_{i_1\cdots i_n}}{\partial x_m}\vec{e}_l\vec{e}_{i_2}\cdots\vec{e}_{i_n}\\ =&\sum_{i_2,\cdots,i_n=1}^{3}\left\{\sum_{l,m,i_1=1}^{3}\varepsilon_{lmi_1}\frac{\partial T_{i_1\cdots i_n}}{\partial x_m}\vec{e}_l\right\}\vec{e}_{i_2}\cdots\vec{e}_{i_n}\end{aligned}\tag{3.6.4}$$

式 (3.6.4) 表明张量旋度的阶数等于张量的阶数，旋度运算前后张量的阶数没有变化. 考虑标量的旋度，标量是零阶张量，求旋度后它的阶数不变仍为零阶张量，即标量. 而标量是一个不变量，因此标量的旋度是没有意义的，这样可知旋度仅对一阶及以上的张量才存在，也就是矢量和二阶及以上的张量才需要计算旋度.

现在以二阶张量 $\vec{T}=\sum_{i,j=1}^{3}T_{ij}\vec{e}_i\vec{e}_j$ 为例，介绍张量旋度的具体运算过程与结果. 根据式 (3.6.4)，可以写出旋度是

$$\mathrm{rot}\vec{T}=\nabla\times\vec{T}=\sum_{j=1}^{3}\left\{\sum_{l,m,i=1}^{3}\varepsilon_{lmi}\frac{\partial T_{ij}}{\partial x_m}\vec{e}_l\right\}\vec{e}_j\tag{3.6.5}$$

ε_{lmi} 仅有六项不为零，对应于式 (3.6.5) 中大括号里的项分别是

$$\varepsilon_{123}=1,\quad\varepsilon_{231}=1,\quad\varepsilon_{312}=1\Rightarrow\frac{\partial T_{3j}}{\partial x_2}\vec{e}_1,\frac{\partial T_{1j}}{\partial x_3}\vec{e}_2,\frac{\partial T_{2j}}{\partial x_1}\vec{e}_3$$

$$\varepsilon_{132}=-1,\quad\varepsilon_{213}=-1,\quad\varepsilon_{321}=-1\Rightarrow-\frac{\partial T_{2j}}{\partial x_3}\vec{e}_1,-\frac{\partial T_{3j}}{\partial x_1}\vec{e}_2,-\frac{\partial T_{1j}}{\partial x_2}\vec{e}_3$$

$$\sum_{l,m,i=1}^{3}\varepsilon_{lmi}\frac{\partial T_{ij}}{\partial x_m}\vec{e}_l=\left(\frac{\partial T_{3j}}{\partial x_2}-\frac{\partial T_{2j}}{\partial x_3}\right)\vec{e}_1+\left(\frac{\partial T_{1j}}{\partial x_3}-\frac{\partial T_{3j}}{\partial x_1}\right)\vec{e}_2$$
$$+\left(\frac{\partial T_{2j}}{\partial x_1}-\frac{\partial T_{1j}}{\partial x_2}\right)\vec{e}_3,\quad j=1,2,3$$

$$\mathrm{rot}\vec{T}=\sum_{j=1}^{3}\left(\frac{\partial T_{3j}}{\partial x_2}-\frac{\partial T_{2j}}{\partial x_3}\right)\vec{e}_1\vec{e}_j+\left(\frac{\partial T_{1j}}{\partial x_3}-\frac{\partial T_{3j}}{\partial x_1}\right)\vec{e}_2\vec{e}_j+\left(\frac{\partial T_{2j}}{\partial x_1}-\frac{\partial T_{1j}}{\partial x_2}\right)\vec{e}_3\vec{e}_j$$

其结果仍然是二阶张量.

2) 张量的右旋度

张量的右旋度类似于左旋度. 设有 n 阶张量

$$\vec{T}=\sum_{i_1,\cdots,i_n=1}^{3}T_{i_1\cdots i_n}\vec{e}_{i_1}\cdots\vec{e}_{i_n}$$

张量 $\vec{T}$ 的右旋度是

$$\begin{aligned}\mathrm{rot}_{\mathrm{R}}\vec{T}=\vec{T}\times\nabla&=\sum_{m=1}^{3}\frac{\partial\vec{T}_m}{\partial x_m}\times\vec{e}_m=\sum_{i_1,\cdots,i_n=1}^{3}\frac{\partial T_{i_1\cdots i_n}}{\partial x_m}\vec{e}_{i_1}\vec{e}_{i_2}\cdots\vec{e}_{i_n}\times\sum_{m=1}^{3}\vec{e}_m\\&=\sum_{i_1,\cdots,i_n=1}^{3}\sum_{m=1}^{3}\frac{\partial T_{i_1\cdots i_n}}{\partial x_m}\vec{e}_{i_1}\vec{e}_{i_2}\cdots\vec{e}_{i_{n-1}}\left(\vec{e}_{i_n}\times\vec{e}_m\right)\\&=\sum_{i_1,\cdots,i_n=1}^{3}\sum_{m=1}^{3}\sum_{l=1}^{3}\varepsilon_{li_nm}\frac{\partial T_{i_1\cdots i_n}}{\partial x_m}\vec{e}_l\cdots\vec{e}_{i_{n-1}}\vec{e}_l\\&=\sum_{i_1,\cdots,i_{n-1}=1}^{3}\sum_{l,i_n,m=1}^{3}\varepsilon_{li_nm}\frac{\partial T_{i_1\cdots i_n}}{\partial x_m}\vec{e}_{i_1}\cdots\vec{e}_{i_{n-1}}\vec{e}_l\end{aligned}\tag{3.6.6}$$

张量右旋度的计算与左旋度类似, 这里不再叙述.

2. 张量的积分

(1) 张量函数的积分

1) 一元张量函数的积分

从并矢概念出发, 我们很容易知道张量定积分是与被积张量同阶的张量, 其分量为被积张量分量的定积分. 设有 n 阶张量

$$\vec{T}=\sum_{i_1,\cdots,i_n=1}^{3}T_{i_1\cdots i_n}(t)\,\vec{e}_{i_1}\cdots\vec{e}_{i_n}$$

张量的定积分是

$$\int_{t_1}^{t_2} \vec{T}(\tau)\, d\tau = \sum_{i_1,\cdots,i_n=1}^{3} \left[\int_{t_1}^{t_2} T_{i_1\cdots i_n}(\tau)\, d\tau\right] \vec{e}_{i_1}\cdots\vec{e}_{i_n} \tag{3.6.7}$$

张量也有原函数, 很容易从上式可知

$$\begin{aligned}\int_{t_1}^{t_2} \vec{T}(\tau)\, d\tau &= \sum_{i_1,\cdots,i_n=1}^{3} \left[\int_{t_1}^{t_2} T_{i_1\cdots i_n}(\tau)\, d\tau\right] \vec{e}_{i_1}\cdots\vec{e}_{i_n} \\ &= \sum_{i_1,\cdots,i_n=1}^{3} \left[F_{i_1\cdots i_n}(t_2) - F_{i_1\cdots i_n}(t_1)\right] \vec{e}_{i_1}\cdots\vec{e}_{i_n} \\ &= \vec{F}(t_2) - \vec{F}(t_1)\end{aligned} \tag{3.6.8}$$

张量原函数是与被积张量同阶的张量, 分量为被积张量分量的原函数.

一元张量积分的运算法则与矢量函数的积分法则类似, 只要把矢量的基矢看成张量的并基矢即可.

2) 多元张量函数的积分

多元张量函数的积分包括了张量函数的多重积分、面积分和线积分. 这些积分的计算类似于一元张量函数的积分. 通常在积分时, 将张量函数写成并矢表达式, 然后对于每一个分量逐个积分. 由于每一个分量函数都是普通的多元函数, 所以原则上这些积分的方法和手段与多元函数积分的过程是相同的, 处理过程可参考前面的一元张量函数的积分, 这里不再讨论.

(2) 张量场论的重要积分公式

由于张量场中存在着两种散度与两种旋度, 所以它的散度定理与旋度定理也与矢量场论有所不同, 下面逐一讨论.

1) Gauss 积分定理

多元张量函数的积分类似于一元张量函数的积分, 这可以从 Gauss 积分定理中得到体现. Gauss 积分定理是多元张量积分中最重要的定理, 它是矢量场的奥–高公式的直接推广.

定理 3.6.1 n 阶张量 $\vec{T} = (T_{i_1\cdots i_n})$ 在体积 V 内有连续的偏导数, 则有下式成立:

$$\oiint_S \vec{n}\cdot\vec{T} dS = \iiint_V \mathrm{div}\vec{T} dV \tag{3.6.9}$$

式 (3.6.9) 称为张量场的左通量 Gauss 定理.

证明 曲面的法向矢量与曲面微元关系如图 3.9 所示, $\vec{n}$ 是曲面的单位法向矢量, 微矢量元是 $d\vec{S} = \vec{n}dS$. 设 $\vec{F}$ 是矢量函数, 按照矢量分析中奥–高公式, 体积

分与曲面积分的关系是

$$\oiint_S \vec{n} \cdot \vec{F} dS = \iiint_V \mathrm{div} \vec{F} dV \tag{1}$$

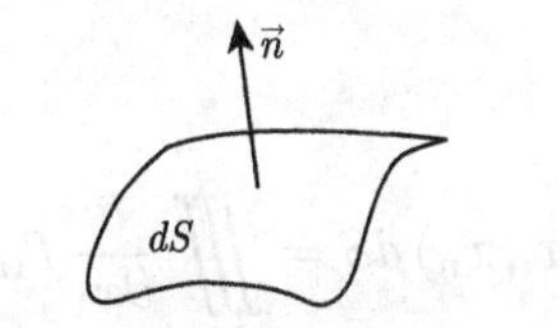

图 3.9 微矢量元与单位法向矢量

假设 $\vec{F}$ 仅有沿 $\vec{e}_i$ 轴的分量, 则有

$$\vec{F} = f\vec{e}_i \tag{2}$$

将式 (2) 代入式 (1) 的左边, 得到

$$\oiint_S \vec{n} \cdot \vec{F} dS = \oiint_S \vec{n} \cdot \vec{e}_i f dS = \oiint_S f \beta_i dS \tag{3}$$

其中 $\vec{n}$ 的表达式是

$$\vec{n} = \cos\alpha \vec{e}_1 + \cos\beta \vec{e}_2 + \cos\gamma \vec{e}_3 = \sum_{i=1}^{3} \beta_i \vec{e}_i$$

β_i 代表 3 个方向 $(\cos\alpha, \cos\beta, \cos\gamma)$ 中的一个.

由于 $\vec{F}$ 只有一个方向 β_i, 再根据式 (3.5.20), 式 (1) 的右边是

$$\iiint_V \mathrm{div} \vec{F} dV = \iiint_V \sum_{i=1}^{3} \frac{\partial F_i}{\partial x_i} dV = \iiint_V \frac{\partial f}{\partial x_i} dV \tag{4}$$

将式 (3) 和 (4) 代入式 (1), 有下面等式成立:

$$\oiint_S f \beta_i dS = \iiint_V \frac{\partial f}{\partial x_i} dV \tag{5}$$

由于 f 是 n 阶张量 $\vec{T}$ 的一个分量, 于是有

$$f = T_{i_1 \cdots i_n}$$

这样式 (5) 就变成

$$\oiint_S \beta_i T_{i_1\cdots i_n}(x_1,\cdots,x_i,x_n)\,dS=\iiint_V \frac{\partial}{\partial x_i}T_{i_1\cdots i_n}(x_1,\cdots,x_i,x_n)dV \tag{6}$$

上式中 $x_i=x_1,x_2,x_3$, $i_1,\cdots,i_n=1,2,3$. 在 x_1, x_2 和 x_3 三个方向积分, 于是得到:

$i_1=i$ =1, 则有

$$\oiint_S \beta_1 T_{1i_2\cdots i_n}(x_1,\cdots,x_i,x_n)\,dS=\iiint_V \frac{\partial}{\partial x_1}T_{1i_2\cdots i_n}(x_1,\cdots,x_i,x_n)dV$$

$i_1=i$ =2, 则有

$$\oiint_S \beta_2 T_{2i_2\cdots i_n}(x_1,\cdots,x_i,x_n)\,dS=\iiint_V \frac{\partial}{\partial x_2}T_{2i_2\cdots i_n}(x_1,\cdots,x_i,x_n)dV$$

$i_1=i$ =3, 则有

$$\oiint_S \beta_3 T_{3i_2}\cdots i_n(x_1,\cdots,x_i,x_n)\,dS=\iiint_V \frac{\partial}{\partial x_3}T_{3i_2\cdots i_n}(x_1,\cdots,x_i,x_n)dV$$

上面三式相加后, 有

$$\oiint_S \sum_{k=1}^{3}\beta_k T_{ki_2\cdots i_n}(x_1,\cdots,x_i,x_n)\,dS=\iiint_V \sum_{k=1}^{3}\frac{\partial}{\partial x_k}T_{ki_2\cdots i_n}(x_1,\cdots,x_i,x_n)\,dV \tag{3.6.10}$$

因为

$$\sum_{k=1}^{3}\beta_k T_{ki_2\cdots i_n}(x_1,\cdots,x_i,x_n)=\sum_{k,i_1=1}^{3}\beta_k T_{i_1i_2\cdots i_n}\delta_{ki_1}(x_1,\cdots,x_i,x_n)=\vec{n}\cdot\vec{T}$$

$$\sum_{k=1}^{3}\frac{\partial}{\partial x_k}T_{ki_2\cdots i_n}(x_1,\cdots,x_i,x_n)=\sum_{k,i_1=1}^{3}\frac{\partial}{\partial x_k}T_{i_1i_2\cdots i_n}(x_1,\cdots,x_i,x_n)\,\delta_{ki_1}=\nabla\cdot\vec{T}=\mathrm{div}\vec{T}$$

于是式 (3.6.10) 是

$$\oiint_S \vec{n}\cdot\vec{T}dS=\iiint_V \mathrm{div}\vec{T}dV$$

上式就是张量的左 Gauss 公式. 若合并 $\vec{n}$ 和 dS, 则有 $\vec{n}dS=d\vec{S}$, 张量的左 Gauss 公式也可写成

$$\oiint_S d\vec{S}\cdot\vec{T}=\iiint_V \mathrm{div}\vec{T}dV \tag{3.6.11}$$

这里强调的是张量分量计算积分公式 (3.6.10), 例如对于二阶张量 $\vec{T} = \sum_{i,j=1}^{3} T_{ij}\vec{e}_i\vec{e}_j$, 式 (3.6.10) 是

$$\oiint_S \sum_{k=1}^{3} \beta_k T_{ki_2}(x_1,x_2,x_3)\,dS = \iiint_V \sum_{k=1}^{3} \frac{\partial}{\partial x_k} T_{ki_2}(x_1,x_2,x_3)\,dV \quad (i_2 = 1,2,3)$$

令 $\beta_k dS = dS_k$, 曲面矢量是 $d\vec{S} = dS_1\vec{e}_1 + dS_2\vec{e}_2 + dS_3\vec{e}_3$, 于是上式成为

$$\oiint_S \sum_{k=1}^{3} T_{ki_2}(x_1,x_2,x_3)\,dS_k = \iiint_V \sum_{k=1}^{3} \frac{\partial}{\partial x_k} T_{ki_2}(x_1,x_2,x_3)\,dV$$

$$\sum_{k=1}^{3} \oiint_S T_{ki_2}(x_1,x_2,x_3)\,dS_k = \sum_{k=1}^{3} \iiint_V \frac{\partial}{\partial x_k} T_{ki_2}(x_1,x_2,x_3)\,dV$$

令 $k=i$, $i_2=j$, 则有积分计算公式是

$$\sum_{i=1}^{3} \oiint_S T_{ij}(x_1,x_2,x_3)\,dS_i = \sum_{i=1}^{3} \iiint_V \frac{\partial}{\partial x_i} T_{ij}(x_1,x_2,x_3)\,dV \tag{3.6.12}$$

[证毕]

上述公式之所以称为左通量 Gauss 定理, 其原因是公式里的散度是左散度 $\mathrm{div}\vec{T}$. 矢量场的左散度等于右散度, 所以只有一个 Gauss 公式. 而二阶以上张量的左散度不等于右散度, 因此还有右散度表示的 Gauss 定理, 为

$$\oiint_S \vec{T}\cdot\vec{n}dS = \iiint_V \mathrm{div_R}\vec{T}dV \tag{3.6.13}$$

上式称为张量场的右通量 Gauss 定理. 这个公式的证明过程不再给出, 请大家自己完成.

散度在某一个曲面上的积分称为通量. 根据 Gauss 定理可知, 张量 $\vec{T}$ 的通量会因左散度或者右散度不同而异, 张量的通量也因此分成左通量:

$$\Phi = \oiint_S \vec{n}\cdot\vec{T}dS \tag{3.6.14}$$

右通量:

$$\Phi_{\mathrm{R}} = \oiint_S \vec{T}\cdot\vec{n}dS \tag{3.6.15}$$

例 3.11 张量的 Gauss 公式应用在很多场合, 下面用 Gauss 公式推导连续介质力学的基本方程.

解　设连续介质的介质密度是 ρ, $\vec{f}$ 是作用在单位质量上的外力, 速度是 $\vec{v}$, 加速度是 $\dot{\vec{v}}$, 介质内的胁强 (单位表面积所受到的应力) 是 $\vec{T}$, 如图 3.10 所示. 对于介质内的一个区域 V 应用牛顿第二定律, 得到

$$\iiint\limits_V \rho\frac{d\vec{v}}{dt}dV = \iiint\limits_V \rho\vec{f}dV + \iint\limits_S d\vec{S}\cdot\vec{T}$$

应用式 (3.6.11) 将面积分转换为体积分, 上式变换为

$$\iiint\limits_V \left[\rho\left(\vec{f}-\frac{d\vec{v}}{dt}\right)+\nabla\cdot\vec{T}\right]dV = 0$$

由于 V 是任意的, 于是有

$$\rho\left(\vec{f}-\frac{d\vec{v}}{dt}\right)+\nabla\cdot\vec{T} = 0$$

上式是连续介质力学的基本方程.

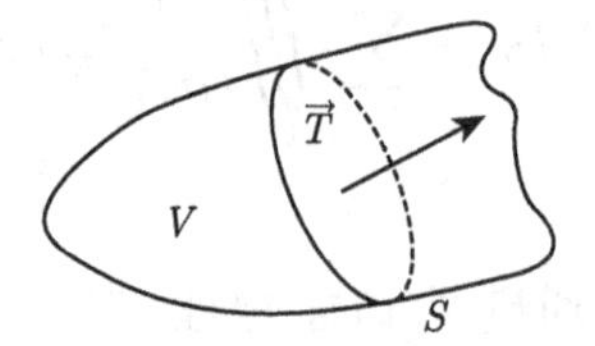

图 3.10　连续介质中的区域 V

2) Stokes 定理

张量场与矢量场类似也有环量. 张量 $\vec{T}$ 的环量积分如图 3.11 所示. 积分曲线 L 是积分曲面 S 的边界, 方向与曲面方向符合右手法则, 下面推导张量的 Stokes 公式.

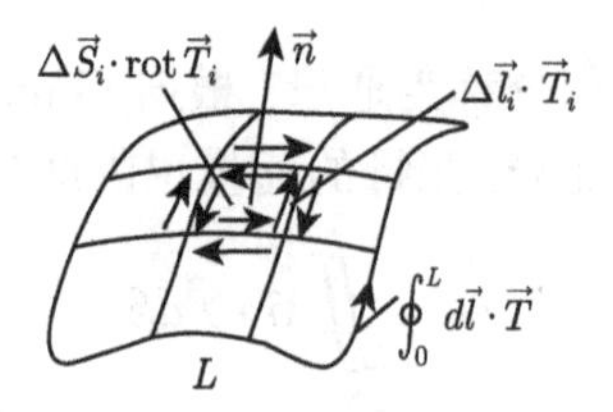

图 3.11　环量计算示意图

如图 3.11 所示, 把曲面划分为无穷个任意小形状的 $\Delta\vec{S}_i$, 每一个面元都是无穷小. 而在 $\Delta\vec{S}_i\to 0$ 时, 面元的环量由中心的旋度 $\mathrm{rot}\vec{T}_i$ 决定, 因此面元的环量是

$$\Delta\vec{l}_i\cdot\vec{T}_i = \Delta\vec{S}_i\cdot\mathrm{rot}\vec{T}_i$$

把曲面上所有的面元加起来, 得到

$$\sum_{i=1}^{\infty}\Delta\vec{l}_i\cdot\vec{T}=\sum_{i=1}^{\infty}\Delta\vec{S}_i\cdot\mathrm{rot}\vec{T}_i \tag{3.6.16}$$

上式的左边, 由于 S 内部微元相邻边 $\Delta\vec{l}_i\cdot\vec{T}_i$ 大小相等, 方向相反, 相加后抵消了, 仅有边界 L 的相加和存在. 当微元无限小, $i\to\infty$ 时, 边界上无限多个 $\Delta\vec{l}_i\cdot\vec{T}_i$ 的和变成边界的曲线积分, 故有

$$\sum_{i=1}^{\infty}\Delta\vec{l}_i\cdot\vec{T}=\oint_L d\vec{l}\cdot\vec{T}$$

当微元无限小, $i\to\infty$ 时, 式 (3.6.16) 右边是曲面积分, 又有

$$\sum_{i=1}^{\infty}\Delta\vec{S}_i\cdot\mathrm{rot}\vec{T}_i=\oiint_S d\vec{S}\cdot\mathrm{rot}\vec{T}$$

根据式 (3.6.16) 和上两式, 得到

$$\oint_L d\vec{l}\cdot\vec{T}=\oiint_S d\vec{S}\cdot\mathrm{rot}\vec{T} \tag{3.6.17}$$

式 (3.6.17) 称为张量的左环量 Stokes 定理.

由于左旋度与右旋度是不相等的, 用旋度求环量时, 采用右旋度, 将得到与式 (3.6.17) 不同的环量, 这就产生了张量的右环量 Stokes 定理, 如下式:

$$\oint_L \vec{T}\cdot d\vec{l}=-\oiint_S \mathrm{rot}_{\mathrm{R}}\vec{T}\cdot d\vec{S} \tag{3.6.18}$$

此式的证明类似于式 (3.6.17), 这里不再给出.

3.7 二阶笛卡儿张量

实际应用的张量主要是二阶笛卡儿张量, 所以这一节和下一节将介绍二阶笛卡儿张量的主要性质, 为了简便, 这两节称二阶笛卡儿张量为张量. 本节先介绍常见的二阶张量, 包括转置张量、逆张量和正交张量; 然后讨论张量的主值和主方向.

1. 常用的二阶笛卡儿张量及其性质

这里介绍三种二阶笛卡儿张量: 转置张量、逆张量、正交张量.

(1) 转置张量

如果 $\vec{T}=(T_{ij})$ 是二阶张量, 称

$$\vec{T}^{\mathrm{T}}=(T_{ij})^{\mathrm{T}}=(T_{ji})$$

为张量 $\vec{T}$ 的转置张量. 对于对称张量, 有

$$\vec{T}^{\mathrm{T}}=(T_{ji})=(T_{ij})=\vec{T}$$

如果是反对称张量, 则有

$$\vec{T}=(T_{ij})=-(T_{ji})=-\vec{T}^{\mathrm{T}}$$

矩阵里有矩阵乘积的转置. 张量可以写成矩阵形式, 张量乘积的转置与矩阵乘积转置类似, 下式是张量乘积的规则:

$$\left(\vec{T}_1\cdot\vec{T}_2\cdot\cdots\cdot\vec{T}_n\right)^{\mathrm{T}}=\vec{T}_n^{\mathrm{T}}\cdot\vec{T}_{n-1}^{\mathrm{T}}\cdot\cdots\cdot\vec{T}_2^{\mathrm{T}}\cdot\vec{T}_1^{\mathrm{T}} \tag{3.7.1}$$

(2) 逆张量

定义单位张量是

$$\vec{I}=\begin{pmatrix}1&0&0\\0&1&0\\0&0&1\end{pmatrix} \tag{3.7.2}$$

如果两个同阶矩阵乘积等于单位矩阵, 称两个矩阵互逆. 二阶笛卡儿张量可以写成一个 3×3 矩阵, 所以互逆的概念可以推广到张量. 若张量 $\vec{T}$ 和 $\vec{S}$ 都是二阶张量, 且有

$$\vec{T}\cdot\vec{S}=\vec{I}$$

称 $\vec{T}$ 和 $\vec{S}$ 互为逆张量, 记作

$$\vec{T}=\vec{S}^{-1},\quad \vec{S}^{-1}=\vec{T}$$

于是

$$\vec{T}\cdot\vec{T}^{-1}=\vec{T}^{-1}\cdot\vec{T}=\vec{I} \tag{3.7.3}$$

张量乘法求逆的规则与矩阵乘法求逆规则类似, 为

$$\left(\vec{T}_1\cdot\vec{T}_2\cdot\cdots\cdot\vec{T}_n\right)^{-1}=\vec{T}_n^{-1}\cdot\vec{T}_{n-1}^{-1}\cdot\cdots\cdot\vec{T}_2^{-1}\cdot\vec{T}_1^{-1} \tag{3.7.4}$$

(3) 正交张量

若一个张量的转置张量与它的逆张量相等, 称此张量为正交张量, 记作 $\vec{Q}$. 因此有

$$\vec{Q}^{\mathrm{T}} = \vec{Q}^{-1} \tag{3.7.5}$$

即

$$\vec{Q} \cdot \vec{Q}^{-1} = \vec{Q} \cdot \vec{Q}^{\mathrm{T}} = \vec{I} \tag{3.7.6}$$

二阶张量与一个 3×3 矩阵相同, 上式相当于两个 3×3 矩阵相乘, $\vec{I}$ 相当于单位矩阵, 于是上式可以求行列式. 因为 $\det\vec{Q}^{\mathrm{T}} = \det\vec{Q}$, 这样就有

$$\det \vec{Q} \cdot \det \vec{Q}^{\mathrm{T}} = \left(\det \vec{Q}\right)^2 = 1$$

故而正交张量的行列式值是

$$\det \vec{Q} = 1 \quad 或者 \quad \det \vec{Q}^{-1} = 1$$

称 $\det\vec{Q} = 1$ 的张量 $\vec{Q}$ 为正常正交张量, $\det\vec{Q} = -1$ 的张量 $\vec{Q}$ 是反常正交张量, 有重要应用的是正常正交张量.

式 (3.7.6) 的每一个张量的分量是 $\sum_{i=1}^{3} Q_{ij}Q_{ik}$, 根据式 (3.7.6) 有

$$\sum_{i=1}^{3} Q_{ij}Q_{ik} = \delta_{jk} \quad (j, k = 1, 2, 3) \tag{3.7.7}$$

正交张量 $\vec{T}$ 有如下性质:

1) $\vec{T}$ 的正交性不因坐标变换而改变;

2) 对于两个矢量 $\vec{u}$ 和 $\vec{v}$, 如果 $\vec{T}$ 是正交张量, 则有

$$\left(\vec{T} \cdot \vec{u}\right) \cdot \left(\vec{T} \cdot \vec{v}\right) = \vec{u} \cdot \vec{v} \tag{3.7.8}$$

称式 (3.6.8) 为保正积性质.

现仅证明性质 2). 因为

$$\vec{T} \cdot \vec{u} = \sum_{i,j=1}^{3} T_{ij}u_j\vec{e}_i, \quad \vec{T} \cdot \vec{v} = \sum_{p,q=1}^{3} T_{pq}v_q\vec{e}_p$$

于是有

$$\left(\vec{T} \cdot \vec{u}\right) \cdot \left(\vec{T} \cdot \vec{v}\right) = \sum_{i,j,p,q=1}^{3} T_{ij}u_jT_{pq}v_q\delta_{ip} = \sum_{i,j,q=1}^{3} T_{ij}u_jT_{iq}v_q = \sum_{i,j,q=1}^{3} T_{ij}T_{iq}u_jv_q$$

注意到正交矩阵的式 (3.7.7) 是 $\sum_{i=1}^{3} T_{ij}T_{iq} = \delta_{jq}$, 故上式为

$$\left(\vec{T} \cdot \vec{u}\right) \cdot \left(\vec{T} \cdot \vec{v}\right) = \sum_{i,j,q=1}^{3} T_{ij}T_{iq}u_jv_q = \sum_{j,q=1}^{3} \delta_{jq}u_jv_q = \sum_{j=1}^{3} u_jv_j = \vec{u} \cdot \vec{v}$$

上式中 $\vec{T}$ 相当于一个正交矩阵, 而 $\vec{T}\cdot\vec{u}$ 和 $\vec{T}\cdot\vec{v}$ 是对于 $\vec{u}$ 和 $\vec{v}$ 作了正交变换. 式 (3.7.8) 表明任意两个矢量 $\vec{u}$ 和 $\vec{v}$ 经过正交变换后点积不变, 即矢量长度和交角保持不变.

2. 各向同性张量

一般张量在经过坐标轴旋转后, 张量的值会发生变化. 但是如果张量 $\vec{T}$ 在坐标轴旋转后保持不变, 即张量的每一个分量都有

$$T'_{i_1\cdots i_n}=T_{i_1\cdots i_n} \tag{3.7.9}$$

则称张量 $\vec{T}$ 为各向同性张量.

(1) 置换准则

如何判断一个张量是不是各向同性张量? 下面用坐标轴旋转找出判断二阶张量分量 T_{13} 的方法. 依据定义, 对于二阶张量所在的坐标系旋转, 依次从 $Ox_1x_2x_3\to Ox'_1x'_2x'_3\to Ox''_1x''_2x''_3$, 如图 3.12 所示. 张量分量 T_{13} 在不同坐标系中的保持不变, 故有

$$T_{13}=T'_{13}=T''_{13} \tag{3.7.10}$$

T'_{13} 和 T''_{13} 在 $Ox_1x_2x_3$ 坐标系中对应的分量名如表 3.7.1 所示. 从此表和式 (3.7.10) 可知相等的各向同性分量是

$$T_{13}=T_{21}=T_{32} \tag{3.7.11}$$

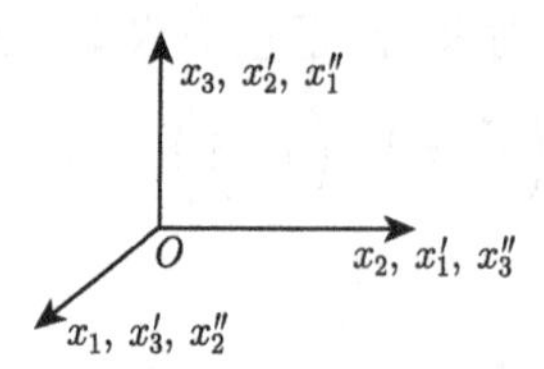

图 3.12　坐标系 $Ox_1x_2x_3\to Ox'_1x'_2x'_3\to Ox''_1x''_2x''_3$ 旋转示意图

表 3.7.1　不变量在不同坐标系中的分量名

坐标系	分量名	对应轴	
$Ox_1x_2x_3$	T_{13}	x_1 轴	x_3 轴
$Ox'_1x'_2x'_3$	T'_{13}	x'_1 轴	x'_3 轴
$Ox_1x_2x_3$	T_{21}	x_2 轴	x_1 轴
$Ox''_1x''_2x''_3$	T''_{13}	x''_1 轴	x''_3 轴
$Ox_1x_2x_3$	T_{32}	x_3 轴	x_2 轴

从式 (3.7.11) 可以看到各向同性张量 3 个相等分量下标有以下规律: 第一个分量 T_{13} 中第一个下标 1 用 2 替换, 第二个下标 3 用 1 替换, 得到第一个相等分量 T_{21}; 第二个分量 T_{21} 中第一个下标 2 用 3 替换, 第二个下标 1 用 2 替换, 得到第二个相等分量 T_{32}. 上述规律可以总结成所谓的替换准则.

置换准则. 如果张量 $\vec{T}$ 是各向同性张量, 对于它的任意一个分量 $T_{i_1\cdots i_n}$ 下标作如下置换:

$$1\to 2, 2\to 3, 3\to 1; \quad \text{或者} \quad 1\to 3, 3\to 2, 2\to 1$$

得到另一个张量, 这两个张量分量一定相等; 反之也成立. 也就是说置换准则是各向同性张量存在的充要条件.

下面是对于置换准则的解释. 各向同性二阶张量的分量有

$$T_{21}=T_{32}=T_{13}, \quad T_{22}=T_{33}=T_{11}, \quad T_{32}=T_{21}=T_{13}$$

各向同性四阶张量的分量必有

$$T_{1321}=T_{2132}=T_{3213}=T_{1321}$$

置换准则说明各向同性张量独立分量远小于张量分量的数目, 这为张量的实际应用带来了极大的方便.

(2) 各阶张量的各向同性性质

1) 零阶张量

很明显零阶张量是各向同性张量.

2) 一阶张量

易证一阶张量不是各向同性张量.

3) 二阶张量

若二阶张量 $\vec{T}=(T_{ij})$ 各分量满足

$$T_{ij}=\lambda\delta_{ij} \tag{3.7.12}$$

式中 λ 是标量, 则二阶张量是各向同性的.

证明 原坐标系 $Ox_1x_2x_3$ 绕 Ox_3 轴旋转 180°, 新坐标系如图 3.13 所示. 两个坐标系之间基矢量之间点积满足的关系如表 3.7.2 所示. 根据各向同性张量分量之间关系是

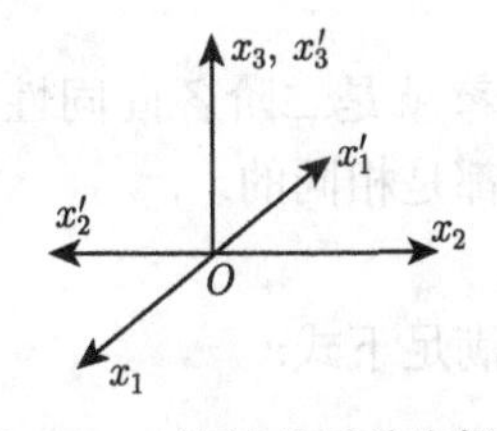

图 3.13 旋转前后的坐标系

表 3.7.2　旋转前后的基矢量之间的点积

点积 $(\cdot)$	$\vec{e}_1$	$\vec{e}_2$	$\vec{e}_3$
$\vec{e}_1'$	-1	0	0
$\vec{e}_2'$	0	-1	0
$\vec{e}_3'$	0	0	1

$$T_{23}' = T_{23}$$

根据 3.2 节可知

$$T_{23}' = \sum_{m,n=1}^{3} \beta_{2m}\beta_{3n}T_{mn} = \sum_{m,n=1}^{3} (\vec{e}_2' \cdot \vec{e}_m)(\vec{e}_3' \cdot \vec{e}_n)T_{mn} = -1 \cdot 1 \cdot T_{23}$$

$$2T_{23} = 0 \Rightarrow T_{23} = 0$$

根据置换准则得到

$$T_{23} = T_{31} = T_{12} = 0 \tag{3.7.13}$$

又有 $T_{32}' = T_{32}$, 类似上面推导, 可得

$$T_{32} = T_{13} = T_{21} = 0 \tag{3.7.14}$$

根据式 (3.7.13) 和 (3.7.14), 于是得到

$$T_{ij} = 0 \quad (i \neq j) \tag{3.7.15}$$

而

$$T_{11}' = \sum_{m,n=1}^{3} \beta_{1m}\beta_{1n}T_{mn} = \sum_{m,n=1}^{3} (\vec{e}_1' \cdot \vec{e}_m)(\vec{e}_1' \cdot \vec{e}_n)T_{mn} = -1 \cdot (-1) \cdot T_{11} = T_{11}$$

T_{11} 是不变量. 又从置换准则得到

$$T_{11} = T_{22} = T_{33} = \lambda \tag{3.7.16}$$

综合式 (3.7.15) 和 (3.7.16) 有下式成立:

$$T_{ij} = \lambda\delta_{ij}$$

命题得证. [证毕]

例 3.4 中的立方晶系电导率就是二阶各向同性张量的典型例子, 其意义是晶体在每一个方向上的导电阻力都是相同的.

4) 高阶各向同性张量特点

三阶各向同性张量的分量满足下式:

$$T_{ijk} = \mu\varepsilon_{ijk} \tag{3.7.17}$$

四阶各向同性张量分量满足

$$T_{ijkl} = \lambda\delta_{ij}\delta_{kl} + \alpha\delta_{ik}\delta_{jl} + \beta\delta_{il}\delta_{jk} \tag{3.7.18}$$

5) 各向同性张量的线性组合仍为各向同性张量

3. 二阶张量的主值、主方向和不变量

如果 $\vec{T}$ 是张量, $\vec{A}$ 是非零矢量, 存在着一个标量 λ, 使得

$$\vec{T} \cdot \vec{A} = \lambda\vec{A} \tag{3.7.19}$$

成立, 标量 λ 称为二阶张量 $\vec{T}$ 的主值, 非零矢量 $\vec{A}$ 称为 $\vec{T}$ 对应于主值 λ 的主方向.

下面求张量 $\vec{T} = (T_{ij})$ 的主值和主方向. 设 $\vec{A} = (A_i)$, $\vec{T} = (T_{ij})$, $i, j = 1, 2, 3$. 将 $\vec{T}$ 和 $\vec{A}$ 代入式 (3.7.19) 后, 得到

$$(T_{ij}) \cdot (A_k) = \lambda (A_k)$$

$\vec{T}$ 与 $\vec{A}$ 并矢的分量是 $T_{ij}A_k$, 单点积要作缩并运算, 得到点积是

$$\sum_{j,k=1}^{3} T_{ij}A_k\delta_{jk} = \sum_{k=1}^{3} T_{ik}A_k = \lambda A_i \quad (i = 1, 2, 3)$$

取 $i = 1, 2, 3$, 于是可以列出以下三个方程:

$$(T_{11} - \lambda) A_1 + T_{12}A_2 + T_{13}A_3 = 0 \tag{3.7.20a}$$

$$T_{21}A_1 + (T_{22} - \lambda) A_2 + T_{23}A_3 = 0 \tag{3.7.20b}$$

$$T_{31}A_1 + T_{32}A_2 + (T_{33} - \lambda) A_3 = 0 \tag{3.7.20c}$$

方程组 (3.7.20) 是齐次线性方程组, A_k 为非零解的条件是系数行列式为零. 从上式可列出方程

$$\begin{vmatrix} T_{11} - \lambda & T_{12} & T_{13} \\ T_{21} & T_{22} - \lambda & T_{23} \\ T_{31} & T_{32} & T_{33} - \lambda \end{vmatrix} = 0 \tag{3.7.21}$$

从以上方程中解出 λ, 再从式 (3.7.20) 求出 A_1:A_2 : A_3, 就可以得到对应于某一个 λ 的主方向.

展开式 (3.7.21), 得到三次方程

$$\lambda^3 - \sum_{k=1}^{3} T_{kk}\lambda^2 + \frac{1}{2}\sum_{i,j=1}^{3} (T_{ii}T_{jj} - T_{ij}T_{ji}) \lambda - \det T = 0 \tag{3.7.22}$$

$$\det T = \begin{vmatrix} T_{11} & T_{12} & T_{13} \\ T_{21} & T_{22} & T_{23} \\ T_{31} & T_{32} & T_{33} \end{vmatrix} \tag{3.7.23}$$

方程 (3.7.22) 是三次方程, 三次方程有一个实根或有三个实根. 每一个实根决定一个主方向, 也叫主轴, 所以二阶张量有一个或者三个主方向.

为了求主方向, 将式 (3.7.22) 求到的主值代入式 (3.7.19), 于是有

$$\vec{T} \cdot \vec{A} - \lambda \vec{A} = \vec{T} \cdot \vec{A} - \lambda \vec{I} \cdot \vec{A} = \left(\vec{T} - \lambda \vec{I}\right) \cdot \vec{A} = 0$$

$\vec{A}$ 为方向矢量, 则有 $\vec{A} = \theta \vec{n}$, $\vec{n} = \cos\alpha \vec{e}_1 + \cos\beta \vec{e}_2 + \cos\gamma \vec{e}_3 = n_1 \vec{e}_1 + n_2 \vec{e}_2 + n_3 \vec{e}_3$ 是 $\vec{A}$ 矢量的方向余弦, 为单位矢量. 将 $\vec{A} = \theta \vec{n}$ 代入上式, 得到

$$\left(\vec{T} - \lambda \vec{I}\right) \cdot \theta \vec{n} = 0$$

$$\left(\vec{T} - \lambda \vec{I}\right) \cdot \vec{n} = 0 \tag{3.7.24}$$

上式写成分量表达式是

$$\left\{ \begin{array}{l} \sum_{j=1}^{3} (T_{ij} - \lambda \delta_{ij})\, n_j = 0, \quad i = 1, 2, 3 \\ n_1^2 + n_2^2 + n_3^2 = 1 \end{array} \right. \tag{3.7.25}$$

式 (3.7.25) 第二式利用了方向余弦 $\cos^2\alpha + \cos^2\beta + \cos^2\gamma = 1$. 上式写成代数方程组是

$$(T_{11} - \lambda)\, n_1 + T_{12} n_2 + T_{13} n_3 = 0 \tag{3.7.26a}$$

$$T_{21} n_1 + (T_{22} - \lambda)\, n_2 + T_{23} n_3 = 0 \tag{3.7.26b}$$

$$T_{31} n_1 + T_{32} n_2 + (T_{33} - \lambda)\, n_3 = 0 \tag{3.7.26c}$$

上式的解 n_1, n_2 和 n_3 就是主方向.

主值与主方向的几何意义. 假设张量 $\vec{T}$、矢量 $\vec{A}$ 和 $\vec{B}$. 作 $\vec{T}$ 与 $\vec{A}$ 的点积, 此点积满足下式

$$\vec{T} \cdot \vec{A} = \vec{B} \tag{3.7.27}$$

如果矢量 $\vec{A}$ 和 $\vec{B}$ 共线, 则有

$$\vec{B} = \lambda \vec{A} \tag{3.7.28}$$

此式代入式 (3.7.27), 该式可写成

$$\vec{T} \cdot \vec{A} = \lambda \vec{A}$$

上式正是求主值与主方向的方程. 这说明任何与 $\vec{A}$ 共线的矢量 $\vec{B}$ 乘以 λ 后, 经过张量 $\vec{T}$ 的变换后只改变模值, 而不会改变方向.

二阶张量的不变量可以用式 (3.7.22) 解出. 根据三次方程韦达定理可得到

$$I = \lambda_1 + \lambda_2 + \lambda_3 = \sum_{k=1}^{3} T_{kk} \quad (\text{矩阵的迹}) \tag{3.7.29a}$$

$$II = \lambda_1\lambda_2 + \lambda_2\lambda_3 + \lambda_1\lambda_3 = \frac{1}{2}\sum_{i,j=1}^{3}(T_{ii}T_{jj} - T_{ij}T_{ji}) \tag{3.7.29b}$$

$$III = \lambda_1\lambda_2\lambda_3 = \det T \tag{3.7.29c}$$

方程的三个根是坐标变换下的不变量, I, II, III 也因此不随坐标变化, 所以 I, II, III 分别称为二阶张量的第一、第二和第三主不变量. 三个主不变量还可以构成其他形式的不变量, 例如

$$I^2 - 2II = \lambda_1^2 + \lambda_2^2 + \lambda_3^2$$

式 (3.7.20) 可以用三个主不变量写成

$$\lambda^3 - I\lambda^2 + II\lambda - III = 0 \tag{3.7.30}$$

例 3.12 求二阶张量

$$\vec{T} = \begin{bmatrix} 0 & 1 & 0 \\ 0 & 0 & 1 \\ 6 & -11 & 6 \end{bmatrix}$$

的主值与主方向.

解 主值方程是

$$\begin{bmatrix} -\lambda & 1 & 0 \\ 0 & -\lambda & 1 \\ 6 & -11 & 6-\lambda \end{bmatrix} = \lambda^3 - 6\lambda^2 + 11\lambda - 6 = 0$$

$$\lambda_1 = 1, \quad \lambda_2 = 2, \quad \lambda_3 = 3$$

主值是 1, 2, 3. 主方向解法如下.

将 $\lambda_1 = 1$ 代入式 (3.7.26), 得到四个方程:

$$-n_1 + n_2 = 0, \quad -n_2 + n_3 = 0,$$

$$6n_1 - 11n_2 + 5n_3 = 0, \quad n_1^2 + n_2^2 + n_3^2 = 1$$

方程组的解是 $n_1 = n_2 = n_3 = \pm\dfrac{1}{\sqrt{3}}$, 主方向是

$$\left(\pm\frac{1}{\sqrt{3}}, \pm\frac{1}{\sqrt{3}}, \pm\frac{1}{\sqrt{3}}\right)$$

将 $\lambda_2 = 2$ 代入式 (3.7.26), 得到四个方程:

$$-2n_1 + n_2 = 0, \quad -2n_2 + n_3 = 0,$$
$$6n_1 - 11n_2 + 4n_3 = 0, \quad n_1^2 + n_2^2 + n_3^2 = 1$$

方程组的解是 $n_1 = \pm\dfrac{1}{\sqrt{21}}, n_2 = \pm\dfrac{2}{\sqrt{21}}, n_3 = \pm\dfrac{4}{\sqrt{21}}$. 主方向是

$$\left(\pm\frac{1}{\sqrt{21}}, \pm\frac{2}{\sqrt{21}}, \pm\frac{4}{\sqrt{21}}\right)$$

将 $\lambda_3 = 3$ 代入式 (3.7.26), 得到四个方程:

$$-3n_1 + n_2 = 0, \quad -3n_2 + n_3 = 0,$$
$$6n_1 - 11n_2 + 3n_3 = 0, \quad n_1^2 + n_2^2 + n_3^2 = 1$$

方程组的解是 $n_1 = \pm\dfrac{1}{\sqrt{91}}, n_2 = \pm\dfrac{3}{\sqrt{91}}, n_3 = \pm\dfrac{9}{\sqrt{91}}$. 主方向是

$$\left(\pm\frac{1}{\sqrt{91}}, \pm\frac{3}{\sqrt{91}}, \pm\frac{9}{\sqrt{91}}\right)$$

从所得到结果可知, 这三个主方向不是互相垂直的.

3.8 二阶对称笛卡儿张量及其几何表示

工程与科学研究中广泛应用的二阶张量是以对称张量为主的, 因此有必要研究对称张量的性质和特点.

1. 对称笛卡儿张量的主值与主方向

从张量的矩阵表达式可知, 二阶对称张量实际上是一个三阶对称矩阵:

$$\vec{T} = (T_{ij})_{3\times3} = (T_{ji})_{3\times3}$$

从式 (3.7.19) 可知求主值和主方向的方程是

$$\vec{T}\cdot\vec{A}=\lambda\vec{A}$$

式中 λ 是主值, $\vec{A}=(A_i)_{3\times1}$ 是主方向. 上式写成矩阵方程是

$$\begin{bmatrix} T_{11} & T_{12} & T_{13} \\ T_{12} & T_{22} & T_{23} \\ T_{13} & T_{23} & T_{33} \end{bmatrix}\begin{pmatrix} A_1 \\ A_2 \\ A_3 \end{pmatrix}=\lambda\begin{pmatrix} A_1 \\ A_2 \\ A_3 \end{pmatrix} \tag{3.8.1}$$

式 (3.8.1) 表明求主值与主方向就是求矩阵的特征值和特征向量, 这样可用矩阵理论来分析对称笛卡儿张量的特点.

根据矩阵理论可知实对称矩阵有以下性质.

性质 1 实对称矩阵的特征值和特征向量必定是实值.

性质 2 实对称矩阵不同特征值的特征向量必定正交.

上述两个性质可以用来判断对称张量的主方向和主值, 即对称张量的主值和主方向一定是实值, 且主方向是正交的. 设对称张量有三个主值 λ_1, λ_2 和 λ_3, 则有三种情况:

(1) $\lambda_1\neq\lambda_2\neq\lambda_3$, 根据性质 2, 三个特征向量正交, 也就是有三个正交的主方向.

(2) 三个特征值中, 有两个二重特征值 $\lambda_1=\lambda_2$, 第三个特征值对应的特征向量 $\vec{n}_3$ 必定垂直于 λ_1 和 λ_2 对应的特征向量. 只要从二重特征值对应的诸多特征向量中选出互相垂直的两个特征向量 $\vec{n}_1$ 和 $\vec{n}_2$, $\vec{n}_3$ 必定垂直于 $\vec{n}_1$ 和 $\vec{n}_2$, 因此也能选出三个正交的特征向量. 也就是说这种情况下也有三个正交的主方向.

(3) 特征值是三重特征值 $\lambda_1=\lambda_2=\lambda_3$, 根据矩阵理论有无穷多个特征向量, 可用正交化的方法构造三个正交的特征向量, 这意味着此种情况下仍然可获得三个正交的主方向.

综上所述, 二阶对称张量中一定存在着三个相互垂直的主方向.

例 3.13 求二阶对称张量

$$\vec{T}=\begin{bmatrix} 3 & 2 & 2 \\ 2 & 3 & 2 \\ 2 & 2 & 3 \end{bmatrix}$$

的主值、不变量和主方向.

解 主值方程是

$$\begin{bmatrix} 3-\lambda & 2 & 2 \\ 2 & 3-\lambda & 2 \\ 2 & 2 & 3-\lambda \end{bmatrix}=(\lambda-1)^2(\lambda-7)=0,\quad \lambda_1=\lambda_2=1,\quad \lambda_3=7$$

主值是 1, 1 和 7.

不变量如下:

$$I = \sum_{i=1}^{3} T_{ii} = 3 + 3 + 3 = 9$$

$$II = \lambda_1\lambda_2 + \lambda_2\lambda_3 + \lambda_1\lambda_3 = 1 + 7 + 7 = 15$$

$$III = \lambda_1\lambda_2\lambda_3 = 1 \times 1 \times 7 = 7$$

主方向求解如下. 主值 $\lambda_1 = \lambda_2 = 1$ 的主方向方程是

$$n_1 + n_2 + n_3 = 0, \quad n_1^2 + n_2^2 + n_3^2 = 1$$

上述方程组可得到两个主方向是

$$\vec{n}_u = \left(-\frac{1}{2\sqrt{3}} - \frac{1}{2}, -\frac{1}{2\sqrt{3}} + \frac{1}{2}, \frac{1}{\sqrt{3}}\right), \quad \vec{n}_v = \left(-\frac{1}{2\sqrt{3}} + \frac{1}{2}, -\frac{1}{2\sqrt{3}} - \frac{1}{2}, \frac{1}{\sqrt{3}}\right)$$

不难验证这两个主方向正交.

主值 $\lambda_1 = 7$ 的主方向方程是

$$\begin{cases} 2n_1 - n_2 - n_3 = 0 \\ -n_1 + n_2 - n_3 = 0 \\ -n_1 - n_2 + 2n_3 = 0 \\ n_1^2 + n_2^2 + n_3^2 = 1 \end{cases}$$

上述方程组解出, 得到主方向是

$$\vec{n}_w = \left(\frac{1}{\sqrt{3}}, \frac{1}{\sqrt{3}}, \frac{1}{\sqrt{3}}\right)$$

三个主方向 $\vec{n}_u$, $\vec{n}_v$ 和 $\vec{n}_w$ 互相垂直, 因此它们是所求的主方向.

2. 二阶对称张量的几何表示

通常称三个互相垂直的主方向为主轴, 现在研究对称二阶张量在主轴坐标系下的几何意义. 考虑张量 $\vec{T} = (T_{ij}) = (T_{ji})$ 的二次型. 设矢量

$$\vec{r} = x_1\vec{e}_1 + x_2\vec{e}_2 + x_3\vec{e}_3$$

于是 T_{ij} 的二次型是

$$\vec{r} \cdot \left(\vec{T} \cdot \vec{r}\right) = \sum_{i,j=1}^{3} x_i T_{ij} x_j$$

$$= x_1^2T_{11} + x_2^2T_{22} + x_3^2T_{33} + 2x_1x_2T_{12} + 2x_2x_3T_{23} + 2x_3x_1T_{31} \quad (3.8.2)$$

令 $\vec{r}\cdot\left(\vec{T}\cdot\vec{r}\right) = \pm 1$, 于是得到以下方程:

$$x_1^2T_{11} + x_2^2T_{22} + x_3^2T_{33} + 2x_1x_2T_{12} + 2x_2x_3T_{23} + 2x_3x_1T_{31} = \pm 1 \quad (3.8.3)$$

称方程 (3.8.3) 在直角坐标系 $Ox_1x_2x_3$ 画出的图形为张量 $\vec{T}$ 的几何表示.

从解析几何可知, 式 (3.8.3) 的对应曲面是有心曲面, 曲面形状与所选的坐标系无关. 上面已经论证过了, 对称二阶张量有三个实的主值, 对应了三个互相垂直的主方向. 又根据线性代数知识, 由于式 (3.8.3) 中的 (T_{ij}) 是对称矩阵, 该二次曲面的形状可以用正交变换化成标准型, 即

$$\vec{r}\cdot\left(\vec{T}\cdot\vec{r}\right) = \lambda_1x_1^2 + \lambda_2x_2^2 + \lambda_3x_3^2 = \pm 1 \quad (3.8.4)$$

其中 λ_1, λ_2, λ_3 是式 (3.8.1) 求出的特征值, 也就是主值.

三个特征值有三种情况: 全为正值, 即正定; 全为负值, 即为负定; 正负相间, 即为不定. 实用中, 经常遇到的是正定或负定情况, 即三个特征值全为正值或负值, 称之为 $\vec{T}$ 恒定, 这里仅考虑恒定情况. 当 $\vec{T}$ 正定时式 (3.8.4) 右边取正值, 当 $\vec{T}$ 负定时式 (3.8.4) 右边取负值, 式 (3.8.4) 的图像是一个椭球面. 椭球面的三个轴的方向可在某个正交变换下对应互相垂直的三个主方向, 椭球面的半长轴分别是 $\dfrac{1}{\sqrt{|\lambda_1|}}$, $\dfrac{1}{\sqrt{|\lambda_2|}}$ 和 $\dfrac{1}{\sqrt{|\lambda_3|}}$, 坐标轴旋转时椭球面在空间的形状和位置不变, 这个椭球面就是张量的几何表示, 如图 3.14 所示.

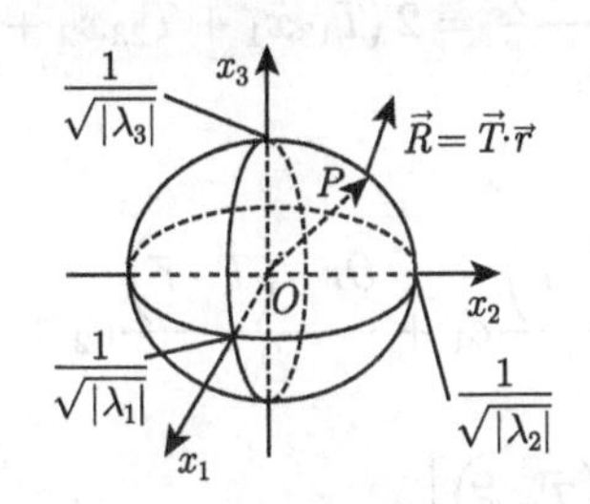

图 3.14 对称二阶张量的几何表示

从式 (3.8.4) 中可知, 主轴坐标系中的对称张量表达式是

$$\vec{T} = \begin{bmatrix} \lambda_1 & 0 & 0 \\ 0 & \lambda_2 & 0 \\ 0 & 0 & \lambda_3 \end{bmatrix} \quad (3.8.5)$$

只有主对角线上有 3 个主值, 其他都是零.

现在让我们看一看二次型中 $\vec{T}\cdot\vec{r}$ 的几何意义. 由于 $\vec{T}$ 是二阶张量, $\vec{T}\cdot\vec{r}$ 是矢量 $\vec{R}$, 有

$$
\begin{aligned}
\vec{R} = \vec{T}\cdot\vec{r} &= \sum_{i,j=1}^{3} T_{ij}\vec{e}_i\vec{e}_j \cdot \sum_{k=1}^{3} x_k\vec{e}_k = \sum_{i,j=1}^{3} T_{ij}x_j\vec{e}_i \\
&= (T_{11}x_1 + T_{12}x_2 + T_{13}x_3)\,\vec{e}_1 + (T_{21}x_1 + T_{22}x_2 + T_{23}x_3)\,\vec{e}_2 \\
&\quad + (T_{31}x_1 + T_{32}x_2 + T_{33}x_3)\,\vec{e}_3
\end{aligned}
$$

再用张量的对称性, 上式是

$$
\begin{aligned}
\vec{R} = &(T_{11}x_1 + T_{12}x_2 + T_{13}x_3)\,\vec{e}_1 + (T_{12}x_1 + T_{22}x_2 + T_{23}x_3)\,\vec{e}_2 \\
&+ (T_{13}x_1 + T_{23}x_2 + T_{33}x_3)\,\vec{e}_3
\end{aligned}
$$

求二次型式 (3.8.2) 的偏导数有

$$
\frac{\partial \vec{r}\cdot\left(\vec{T}\cdot\vec{r}\right)}{\partial x_1} = 2x_1T_{11} + 2x_2T_{12} + 2x_3T_{31} = 2\,(T_{11}x_1 + T_{12}x_2 + T_{13}x_3)
$$

$$
\frac{\partial \vec{r}\cdot\left(\vec{T}\cdot\vec{r}\right)}{\partial x_2} = 2\,(T_{12}x_1 + T_{22}x_2 + T_{23}x_3)
$$

$$
\frac{\partial \vec{r}\cdot\left(\vec{T}\cdot\vec{r}\right)}{\partial x_3} = 2\,(T_{13}x_1 + T_{23}x_2 + T_{33}x_3)
$$

于是得到

$$
\begin{aligned}
\vec{R} &= \frac{1}{2}\left[\frac{\partial \vec{r}\cdot\left(\vec{T}\cdot\vec{r}\right)}{\partial x_1}\vec{e}_1 + \frac{\partial \vec{r}\cdot\left(\vec{T}\cdot\vec{r}\right)}{\partial x_2}\vec{e}_2 + \frac{\partial \vec{r}\cdot\left(\vec{T}\cdot\vec{r}\right)}{\partial x_3}\vec{e}_3\right] \\
&= \frac{1}{2}\mathrm{grad}\left[\vec{r}\cdot\left(\vec{T}\cdot\vec{r}\right)\right]
\end{aligned}
$$

上式中右边的梯度 grad[·] 是式 (3.8.4) 椭球面的法向矢量方向数, 因此矢量 $\vec{R}$ 与椭球面的在点 $P\,(\vec{r})$ 的法方向矢量 (法线) 共线平行. 椭球面与矢量 $\vec{R}$ 如图 3.14 所示.

介电常数张量是二阶对称张量的典型例子. 设介电常数是 $\varepsilon = \varepsilon_r\varepsilon_0$, ε_r 是相对介电常数, ε_0 是真空介电常数. 各向同性介质中, 电位移矢量是

$$
\vec{D} = \varepsilon_r\varepsilon_0\vec{E}
$$

$\vec{E}$ 是电场强度. 由于 $\varepsilon_r\varepsilon_0$ 是一个常数, 因此电位移矢量与场强方向是一致的.

各向异性介质中, 极化矢量 $\vec{P}$ 与电场方向有关, 于是有

$$\vec{P}_i=\sum_{j=1}^{3}\chi_{ij}\vec{E}_j \quad (i=1,2,3)$$

电位移矢量是

$$\begin{aligned}\vec{D}_i&=\varepsilon_0\vec{E}_i+\vec{P}_i=\sum_{j=1}^{3}\left(\varepsilon_0\delta_{ij}+\chi_{ij}\right)\vec{E}_j\\&=\sum_{j=1}^{3}\varepsilon_0\left(\delta_{ij}+\chi_{ij}\,/\,\varepsilon_0\right)\vec{E}_j=\sum_{j=1}^{3}\varepsilon_0\varepsilon_{ij}\vec{E}_j,\quad (i=1,2,3)\end{aligned}\tag{3.8.6}$$

其中 $\varepsilon_{ij}=\delta_{ij}+\chi_{ij}\,/\,\varepsilon_0$. 根据张量识别定理 ε_{ij} 是二阶张量, 介电常数张量 $\vec{\varepsilon}$ 是

$$\vec{\varepsilon}=(\varepsilon_{ij})=\begin{bmatrix}\varepsilon_{11}&\varepsilon_{12}&\varepsilon_{13}\\\varepsilon_{21}&\varepsilon_{22}&\varepsilon_{23}\\\varepsilon_{31}&\varepsilon_{32}&\varepsilon_{33}\end{bmatrix}\tag{3.8.7}$$

位移电流的麦克斯韦方程组是

$$\nabla\times\vec{H}=\frac{\partial\vec{D}}{\partial t},\quad \nabla\times\vec{E}=-\mu_0\frac{\partial\vec{H}}{\partial t}$$

其中 $\vec{H}$ 是磁场强度矢量, μ_0 是真空磁导率. 电磁场能量守恒定律是

$$-\nabla\cdot\left(\vec{E}\times\vec{H}\right)=\vec{E}\cdot\left(\nabla\times\vec{H}\right)-\vec{H}\cdot\left(\nabla\times\vec{E}\right)$$

利用上面三式, 经过繁琐的推导, 可以求出

$$\sum_{i,j=1}^{3}E_i\varepsilon_{ij}\frac{\partial E_j}{\partial t}=\frac{1}{2}\sum_{i,j=1}^{3}\left(E_i\varepsilon_{ij}\frac{\partial E_j}{\partial t}+E_i\varepsilon_{ji}\frac{\partial E_j}{\partial t}\right)$$

$$\sum_{i,j=1}^{3}E_i\varepsilon_{ij}\frac{\partial E_j}{\partial t}=\sum_{i,j=1}^{3}E_i\varepsilon_{ji}\frac{\partial E_j}{\partial t}$$

于是有

$$\varepsilon_{ij}=\varepsilon_{ji}$$

从而得知, 介电常数张量是二阶对称张量.

主轴坐标系中, 介电常数张量可以简化为

$$\vec{\varepsilon}=\begin{bmatrix}\varepsilon_1 & 0 & 0\\ 0 & \varepsilon_2 & 0\\ 0 & 0 & \varepsilon_3\end{bmatrix} \tag{3.8.8}$$

式中 $\varepsilon_1, \varepsilon_2$ 和 ε_3 称为主介电常数. 这样主轴坐标系中电位移是

$$D_1=\varepsilon_0\varepsilon_1 E_1,\quad D_2=\varepsilon_0\varepsilon_2 E_2,\quad D_3=\varepsilon_0\varepsilon_3 E_3 \tag{3.8.9}$$

$\vec{D}=D_1\vec{e}_1+D_2\vec{e}_2+D_3\vec{e}_3$, 主轴方向上的电位移 $\vec{D}$ 与场强 $\vec{E}$ 方向相同.

现在我们来画介电常数张量的椭球面. 主轴坐标系中, 式 (3.8.9) 三式平方后相加得到

$$\frac{D_1^2}{\varepsilon_1^2}+\frac{D_2^2}{\varepsilon_2^2}+\frac{D_3^2}{\varepsilon_3^2}=\varepsilon_0^2E^2 \tag{3.8.10}$$

由于介质各向异性, $\vec{D}$ 和 $\vec{E}$ 并不重合, 如图 3.15(a) 所示. 方程 (3.8.10) 中, 令

$$x_1=\frac{D_1}{\varepsilon_0 E},\quad x_2=\frac{D_2}{\varepsilon_0 E},\quad x_3=\frac{D_3}{\varepsilon_0 E}$$

式 (3.8.10) 是

$$\frac{x_1^2}{\varepsilon_1^2}+\frac{x_2^2}{\varepsilon_2^2}+\frac{x_3^2}{\varepsilon_3^2}=1 \tag{3.8.11}$$

上式是一个标准的椭球面方程, 这个椭球面被称为介电常数椭球, 如图 3.15(b). 由坐标原点到椭球面上任意一点作矢径, 矢径长度是

$$\sqrt{x_1^2+x_2^2+x_3^2}=D/E\varepsilon_0 \tag{3.8.12}$$

其中 D 是电位移矢量长度, 这个矢径与矢量 $\vec{D}$ 平行, 因此椭球面的矢径代表了 $\vec{D}$ 沿着矢径方向的相对介电常数, 相对介电常数的 3 个主值恰好等于椭球 3 个主轴长度的一半.

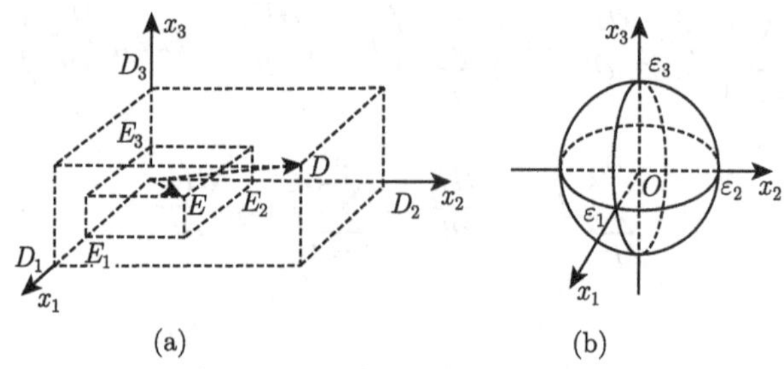

图 3.15 (a) $\vec{D}$ 和 $\vec{E}$ 在坐标系中示意图; (b) 介电常数椭球

习 题 3

1. 设有矢量方程

$$\vec{a}\cdot\vec{x}=p;\quad \vec{a}\times\vec{x}=\vec{q}$$

证明方程的解是

$$\vec{x}=p\frac{\vec{a}}{a^2}+\vec{q}\times\frac{\vec{a}}{a^2}$$

2. (1) 利用矢量的矢量积证明

$$\sin(\alpha+\beta)=\sin\alpha\cos\beta+\cos\alpha\sin\beta$$

(2) 证明

$$\left(\vec{a}\times\vec{b}\right)\times\left(\vec{c}\times\vec{d}\right)=\vec{b}\left[\vec{a}\cdot\left(\vec{c}\times\vec{d}\right)\right]-\vec{a}\left[\vec{b}\cdot\left(\vec{c}\times\vec{d}\right)\right]$$

3. 求以下各式的值

$$\delta_{ij}\delta_{ik}\delta_{jk};\quad \varepsilon_{ijk}\varepsilon_{kij};\quad \varepsilon_{ijk}\delta_{jk}$$

4. $\vec{a}$ 是一阶笛卡儿张量, $\vec{b}$ 是二阶笛卡儿张量, 写出 $\vec{a}\cdot\vec{b}$ 和 $\vec{b}\cdot\vec{a}$ 的并矢表达式.

5. 已知笛卡儿张量分别是

$$\vec{T}=\begin{bmatrix}3 & 1 & -2\\ 1 & 0 & 3\\ 2 & -1 & 4\end{bmatrix},\quad \vec{A}=(2,-3,2)$$

求 $\vec{A}\cdot\vec{T}$; $\vec{T}\cdot\vec{A}$; $\vec{A}\vec{T}$; $\vec{B}=\vec{T}\vec{A}$. 请注意此题反映了矩阵乘法与并矢的区别.

6. 求下面张量场的梯度、散度和旋度:

$$(1)\ \vec{T}=\begin{bmatrix}x_1 & x_1x_2 & x_3^2\\ x_1^2 & x_2^2 & 0\\ x_1x_3 & 0 & x_2x_3\end{bmatrix};\quad (2)\ \vec{T}=\begin{bmatrix}x_1x_3 & x_1-x_2 & x_1x_2\\ x_2+x_3 & x_1x_2^2 & x_1^2\\ x_2^2 & x_2-x_3 & x_1^2x_2\end{bmatrix}.$$

7. 证明对于任何二阶张量 $\vec{T}$, 任意两矢量 $\vec{u}$ 和 $\vec{v}$, 存在着张量 $\vec{S}$, 它们之间满足

$$\vec{S}\left(\vec{u}\times\vec{v}\right)=\left(\vec{T}\vec{u}\right)\times\left(\vec{T}\vec{v}\right)$$

求张量 $\vec{S}$ 的并矢表达式.

8. 设有矢量 $\vec{T}$, 试证明下式:

(1) $\nabla\cdot\left(\nabla\times\vec{T}\right)=0$;

(2) $\nabla\times\left(\nabla\times\vec{T}\right)=\nabla\left(\nabla\cdot\vec{T}\right)-\nabla^2\vec{T}$.

9. 将下面张量分解成对称张量和反对称张量:

$$\vec{T}=\begin{bmatrix}2 & 4 & -2\\ 0 & 3 & 2\\ 4 & 2 & 1\end{bmatrix}$$

10. 将笛卡儿矢量 $\vec{a}$ 和 $\vec{b}$ 的并矢分解成对称张量和反对称张量, 并写出并矢的不变量.

11. 求下列二阶笛卡儿张量的主值、主方向、不变量, 并写出在主轴坐标系中的表达式.

$$\vec{A}=\begin{bmatrix}2&0&0\\0&3&4\\0&4&-3\end{bmatrix};\quad \vec{B}=\begin{bmatrix}1&1&0\\1&1&0\\0&0&1\end{bmatrix};\quad \vec{C}=\begin{bmatrix}7&3&0\\3&7&4\\0&4&7\end{bmatrix}$$

第 4 章　张量的普遍理论

第 3 章介绍了直角坐标系中笛卡儿张量的性质和计算方法, 笛卡儿张量与坐标系有关. 我们能否找到一种与坐标系无关的张量, 这就是本章要涉及的内容. 这一章将定义与坐标系无关的张量, 并讨论它的性质和运算方法, 所以本章称为张量的普遍理论. 考虑到第 3 章已经介绍了很多有关张量的内容, 大家已经熟悉了张量的运算规则, 从本章起矢量与张量计算中不再用求和号, 而直接使用 Einstein 约定.

4.1　斜角直线坐标系中的协变量及其对偶量

这一节将讨论简单的非直角坐标系、斜角直线坐标系里的矢量计算方法, 以及相关概念、协变量和对偶量.

1. 平面斜角直线坐标系

设有平面斜角直线坐标系 Ox^1x^2 如图 4.1 所示, 注意按照张量普遍理论的约定, x 右上角的数字代表上标, 而不是幂次, 用以区别不同的坐标. 如果是幂次将用括号表达, 如 x^1 的平方是 $(x^1)^2$. 选取 x^1 轴与 x^2 轴的正向矢量 $(\vec{e}_1, \vec{e}_2)$ 作为斜角直线坐标系的基矢量.

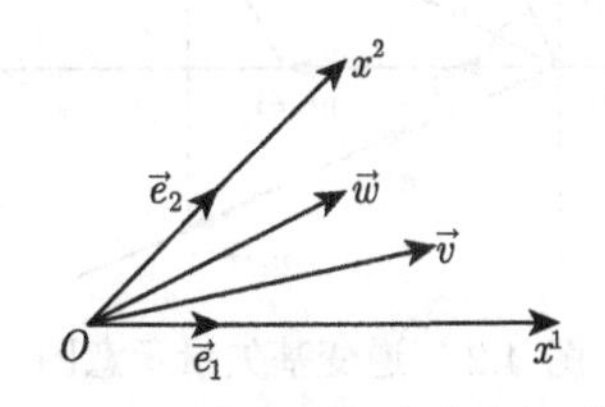

图 4.1　平面斜角直线坐标系

设有矢量 $\vec{v}$, $\vec{v}$ 在 $\vec{e}_1$ 和 $\vec{e}_2$ 方向的坐标分别是 v^1 和 v^2. 矢量加法遵守平行四边形法则, $\vec{v}$ 在斜直线坐标系的表达式是

$$\vec{v} = v^1\vec{e}_1 + v^2\vec{e}_2 \tag{4.1.1}$$

称 $\vec{v}$ 在基矢量 $\vec{e}_1$ 和 $\vec{e}_2$ 下分解得到的分量 v^1 和 v^2 为 $\vec{v}$ 的逆变量, $\vec{e}_1$ 和 $\vec{e}_2$ 称为协变基矢量, 简称基矢量, 矢量 $\vec{v}$ 也称为逆变矢量.

如果另一矢量 $\vec{w}$ 在基 $\vec{e}_1$ 和 $\vec{e}_2$ 下分解, 得到

$$\vec{w} = w^1\vec{e}_1 + w^2\vec{e}_2 \tag{4.1.2}$$

$\vec{v}$ 和 $\vec{w}$ 的内积是

$$\begin{aligned}\vec{v}\cdot\vec{w} &= \left(v^1\vec{e}_1 + v^2\vec{e}_2\right)\cdot\left(w^1\vec{e}_1 + w^2\vec{e}_2\right)\\ &= v^1w^1\left|\vec{e}_1\right|^2 + v^2w^2\left|\vec{e}_2\right|^2 + \left(v^1w^2 + v^2w^1\right)\left|\vec{e}_1\right|\left|\vec{e}_2\right|\cos\theta\end{aligned} \tag{4.1.3}$$

上述结果说明非正交坐标系的计算非常复杂难以实用, 引进一套方便而又实用、计算简单的基矢量在斜角直线坐标系非常必要.

笛卡儿坐标系有 $\vec{e}_i\cdot\vec{e}_j = 0, i \neq j$; $\vec{e}_i\cdot\vec{e}_i = 1$. 仿照此关系式, 引入一组矢量 $(\vec{e}^1, \vec{e}^2)$, $\vec{e}^1$ 和 $\vec{e}^2$ 与基矢量 $\vec{e}_1$ 和 $\vec{e}_2$ 关系如下:

$$\vec{e}^1\cdot\vec{e}_2 = 0, \quad \vec{e}^1\cdot\vec{e}_1 = 1 \tag{4.1.4a}$$

$$\vec{e}^2\cdot\vec{e}_1 = 0, \quad \vec{e}^2\cdot\vec{e}_2 = 1 \tag{4.1.4b}$$

式 (4.1.4) 的几何图形如图 4.2 所示.

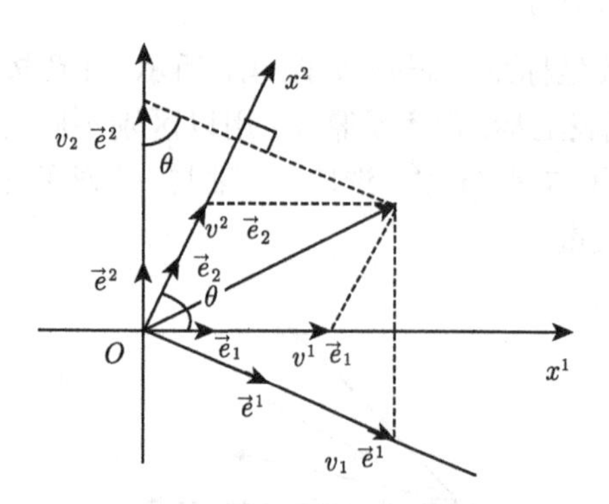

图 4.2　逆变基矢量示意图

定义 Kronecker 符号表达式是

$$\delta^\alpha_\beta = \begin{cases}1, & \alpha = \beta\\ 0, & \alpha \neq \beta\end{cases} \tag{4.1.5}$$

于是式 (4.1.4) 可以写成

$$\vec{e}^\alpha\cdot\vec{e}_\beta = \delta^\alpha_\beta \tag{4.1.6}$$

基矢量 $\vec{e}_1$ 和 $\vec{e}_2$ 根据式 (4.1.6) 唯一确定一组新基矢量 $(\vec{e}^1, \vec{e}^2)$, 称 $\vec{e}^1$, $\vec{e}^2$ 为 $\vec{e}_1$ 和 $\vec{e}_2$ 的对偶基, 也称之为逆变基矢量.

对偶基的好处可以从计算矢量点积 $\vec{v}\cdot\vec{w}$ 中看到. 将 $\vec{v}$ 在对偶基中分解成

$$\vec{v} = v_1\vec{e}^1 + v_2\vec{e}^2 \tag{4.1.7}$$

称 v_1 和 v_2 为矢量 $\vec{v}$ 的协变量. 矢量 $\vec{w}$ 仍然用式 (4.1.2), 于是有

$$\begin{aligned}\vec{v}\cdot\vec{w} &= \left(v_1\vec{e}^1 + v_2\vec{e}^2\right)\cdot\left(w^1\vec{e}_1 + w^2\vec{e}_2\right) = \left(v_i\vec{e}^i\right)\cdot\left(w^j\vec{e}_j\right)\\ &= v_i w^j \vec{e}^i\cdot\vec{e}_j = v_i w^j \delta^i_j = v_i w^i = v_1 w^1 + v_2 w^2\end{aligned}$$

上述计算过程显得很简单, 问题是这个值是否与式 (4.1.3) 相同, 下面的计算结果说明两者是相同的.

用基矢量 $\vec{e}_1$ 和 $\vec{e}_2$ 作矢量 $\vec{v}$ 的基矢量, 展开式 (4.1.7), 并利用式 (4.1.6), 有

$$\vec{v}\cdot\vec{e}_1 = v_1\vec{e}^1\cdot\vec{e}_1 + v_2\vec{e}^2\cdot\vec{e}_1 = v_1$$

又利用式 (4.1.1), 从图 4.2 得到

$$\begin{aligned}v_1 &= \vec{v}\cdot\vec{e}_1 = \left(v^1\vec{e}_1 + v^2\vec{e}_2\right)\cdot\vec{e}_1 = v^1\left|\vec{e}_1\right|^2 + v^2\left|\vec{e}_1\right|\cdot\left|\vec{e}_2\right|\cos\theta\\ v_2 &= \vec{v}\cdot\vec{e}_2 = \left(v^1\vec{e}_1 + v^2\vec{e}_2\right)\cdot\vec{e}_2 = v^2\left|\vec{e}_2\right|^2 + v^1\left|\vec{e}_1\right|\cdot\left|\vec{e}_2\right|\cos\theta\\ \vec{v}\cdot\vec{w} &= \left(v_1\vec{e}^1 + v_2\vec{e}^2\right)\cdot\left(w^1\vec{e}_1 + w^2\vec{e}_2\right) = v_1 w^1 + v_2 w^2\\ &= w^1\left[v^1\left|\vec{e}_1\right|^2 + v^2\left|\vec{e}_1\right|\cdot\left|\vec{e}_2\right|\cos\theta\right] + w^2\left[v^2\left|\vec{e}_2\right|^2 + v^1\left|\vec{e}_1\right|\cdot\left|\vec{e}_2\right|\cos\theta\right]\\ &= v^1 w^1\left|\vec{e}_1\right|^2 + v^2 w^2\left|\vec{e}_2\right|^2 + \left(w^1 v^2 + w^2 v^1\right)\left|\vec{e}_1\right|\cdot\left|\vec{e}_2\right|\cos\theta\end{aligned}$$

上式和式 (4.1.3) 是相同的, 说明采用对偶基表示方法简化了计算, 但是结果不变.

2. 三维斜直线坐标系

协变基与对偶基的概念可以直接推广到三维. 设有 $Ox^1x^2x^3$ 是三维斜角直线坐标系, 选取基矢量 $(\vec{e}_1, \vec{e}_2, \vec{e}_3)$, 如图 4.3 所示. 在这个坐标系中, 矢量表达式是

$$\vec{r} = x^1\vec{e}_1 + x^2\vec{e}_2 + x^3\vec{e}_3 = x^i\vec{e}_i \tag{4.1.8}$$

式中的 x^i 是矢量 $\vec{r}$ 的坐标分量, $x^i\vec{e}_i$ 称作逆变矢量.

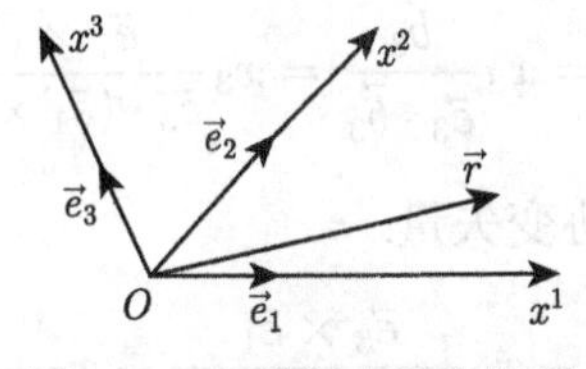

图 4.3 三维斜直线坐标系

对偶基是 $(\vec{e}^1,\vec{e}^2,\vec{e}^3)$, 用对偶基展开矢量 $\vec{r}$, 表达式是

$$\vec{r}=x_1\vec{e}^1+x_2\vec{e}^2+x_3\vec{e}^3=x_i\vec{e}^i \tag{4.1.9}$$

式中的 x_i 是对偶基的坐标分量, $x_i\vec{e}^i$ 称作协变矢量. 提醒读者注意的是上面两式都应用了 Einstein 求和约定.

定义基与对偶基 (逆变基) 满足

$$\vec{e}^{\,i}\cdot\vec{e}_j=\delta^i_j=\begin{cases}1, & i=j,\\ 0, & i\neq j,\end{cases}\qquad i,j=1,2,3 \tag{4.1.10}$$

现在求对偶基 $\vec{e}^{\,i}$ 的表达式. 实际上这是求

$$\vec{r}=x_i\vec{e}^i,\quad i=1,2,3 \tag{4.1.11a}$$

中满足

$$\vec{r}\cdot\vec{e}_i=x_i,\quad i=1,2,3 \tag{4.1.11b}$$

的协变矢量 $\vec{r}$.

用式 (3.1.14) 和 (3.1.15) 我们可以证明

$$\vec{r}=x_i\frac{\vec{b}_i}{\vec{e}_i\cdot\vec{b}_i}\quad(i\ \text{不求和})$$

是式 (4.1.11b) 的解, 其中 $\vec{b}_i$ 是任意矢量. 设 $\vec{b}_i$ 是以下三个分量中的一个:

$$(b_1,b_2,b_3)=(\vec{e}_2\times\vec{e}_3,\vec{e}_3\times\vec{e}_1,\vec{e}_1\times\vec{e}_2)$$

矢量 $\vec{r}$ 的 3 个分量分别是

$$\begin{aligned}\vec{r}_I&=x_1\frac{\vec{b}_1}{\vec{e}_1\cdot\vec{b}_1}=x_1\frac{\vec{e}_2\times\vec{e}_3}{\vec{e}_1\cdot(\vec{e}_2\times\vec{e}_3)}\\ \vec{r}_{II}&=x_2\frac{\vec{b}_2}{\vec{e}_2\cdot\vec{b}_2}=x_2\frac{\vec{e}_3\times\vec{e}_1}{\vec{e}_2\cdot(\vec{e}_3\times\vec{e}_1)}\\ \vec{r}_{III}&=x_3\frac{\vec{b}_3}{\vec{e}_3\cdot\vec{b}_3}=x_3\frac{\vec{e}_1\times\vec{e}_2}{\vec{e}_3\cdot(\vec{e}_1\times\vec{e}_2)}\end{aligned}$$

3 个矢量加起来就是所求的协变矢量:

$$\vec{r}=x_1\frac{\vec{e}_2\times\vec{e}_3}{\vec{e}_1\cdot(\vec{e}_2\times\vec{e}_3)}+x_2\frac{\vec{e}_3\times\vec{e}_1}{\vec{e}_2\cdot(\vec{e}_3\times\vec{e}_1)}+x_3\frac{\vec{e}_1\times\vec{e}_2}{\vec{e}_3\cdot(\vec{e}_1\times\vec{e}_2)} \tag{4.1.12}$$

很明显式 (4.1.12) 满足式 (4.1.11b).

根据式 (4.1.11b) 和式 (4.1.12), 可令斜角直线坐标系的对偶基矢量是

$$\vec{e}^i = \frac{\vec{e}_j \times \vec{e}_k}{\vec{e}_1 \cdot (\vec{e}_2 \times \vec{e}_3)}, \quad i,j,k = 1,2,3 \tag{4.1.13}$$

协变矢量 $\vec{r}$ 的分解式是

$$\vec{r} = x_1\vec{e}^1 + x_2\vec{e}^2 + x_3\vec{e}^3 = x_i\vec{e}^i \tag{4.1.14}$$

$$\vec{e}^i \cdot \vec{e}_j = \delta^i_j$$

式 (4.1.14) 是斜角直线坐标系的对偶基展开表达式.

现在求满足式 (4.1.13) 和式 (4.1.14) 的逆变矢量 $\vec{r}$ 在基下的表达式. 其在基下展开式是逆变矢量 (4.1.8), 重写如下:

$$\vec{r} = x^1\vec{e}_1 + x^2\vec{e}_2 + x^3\vec{e}_3 = x^i\vec{e}_i$$

此式两边用对偶基点乘, 得到

$$\vec{r} \cdot \vec{e}^j = x^i\vec{e}_i \cdot \vec{e}^j = x^i\delta^j_i = x^j$$

$$x^i = \vec{r} \cdot \vec{e}^i \tag{4.1.15}$$

在式 (4.1.12) 的推导中, 只需要把式中所有基改成对偶基, 就可以得到

$$\vec{r} = x^1\frac{\vec{e}^2 \times \vec{e}^3}{\vec{e}^1 \cdot (\vec{e}^2 \times \vec{e}^3)} + x^2\frac{\vec{e}^3 \times \vec{e}^1}{\vec{e}^1 \cdot (\vec{e}^2 \times \vec{e}^3)} + x^3\frac{\vec{e}^1 \times \vec{e}^2}{\vec{e}^1 \cdot (\vec{e}^2 \times \vec{e}^3)} \tag{4.1.16}$$

令斜角直线坐标系的基矢量是

$$\vec{e}_i = \frac{\vec{e}^j \times \vec{e}^k}{\vec{e}^1 \cdot (\vec{e}^2 \times \vec{e}^3)}, \quad i,j,k = 1,2,3 \tag{4.1.17}$$

于是就有逆变矢量 $\vec{r}$ 在基下的表达式 (4.1.8) 成立.

$V' = \vec{e}^1 \cdot (\vec{e}^2 \times \vec{e}^3)$ 是对偶基 $\vec{e}^i$ 作出的平行六面体体积, 而 $V = \vec{e}_1 \cdot (\vec{e}_2 \times \vec{e}_3)$ 是基 $\vec{e}_i$ 作出的平行六面体体积. 由于

$$\begin{aligned}
&[\vec{e}^1 \cdot (\vec{e}^2 \times \vec{e}^3)] \cdot [\vec{e}_1 \cdot (\vec{e}_2 \times \vec{e}_3)] \\
=&\vec{e}^1 \cdot \vec{e}_1 \cdot (\vec{e}^2 \times \vec{e}^3) \cdot (\vec{e}_2 \times \vec{e}_3) = (\vec{e}^2 \times \vec{e}^3) \cdot (\vec{e}_2 \times \vec{e}_3) \\
=&(\vec{e}_2 \cdot \vec{e}^2) \cdot (\vec{e}_3 \cdot \vec{e}^3) - (\vec{e}_2 \cdot \vec{e}^3) \cdot (\vec{e}_3 \cdot \vec{e}^2) \quad (1.4.7) \\
=&1 \cdot 1 = 1
\end{aligned} \tag{4.1.18}$$

于是这两个体积有以下关系:

$$V \cdot V' = 1 \tag{4.1.19}$$

上式在斜角直线坐标系的计算中非常有用.

例 4.1　斜角直线坐标系中 $|\vec{e}_i| = 1$, 基矢量之间是 30°, 求对偶基.

解　先求对偶基的模. 如图 4.4 所示, 各线段为

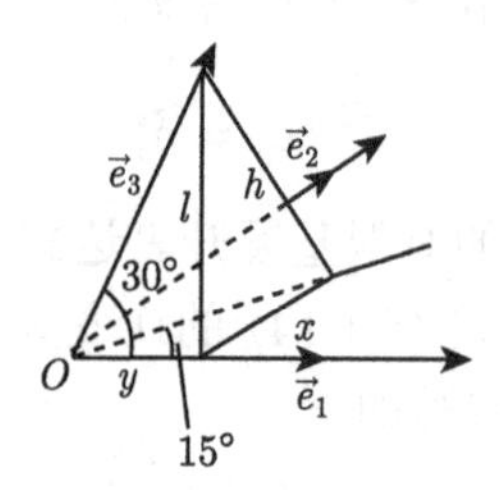

图 4.4　例 4.1 图

$$l = |\vec{e}_3| \sin 30°, \quad y = |\vec{e}_3| \cos 30°, \quad x = y \tan 15°, \quad h^2 + x^2 = l^2$$

$$h = \sqrt{(|\vec{e}_3| \sin 30°)^2 - (|\vec{e}_3| \cos 30° \tan 15°)^2} = 0.443$$

$$V = hS = h|\vec{e}_1||\vec{e}_2| \sin 30° = \frac{1}{2} \times 0.443 = 0.222$$

$$|\vec{e}^3| = \frac{|\vec{e}_1 \times \vec{e}_2|}{V} = \frac{|\vec{e}_1|\,|\vec{e}_2| \sin 30°}{V} = \frac{0.5}{0.222} = 2.252, \quad \text{方向是 } \vec{e}_1 \times \vec{e}_2$$

$$|\vec{e}^2| = \frac{|\vec{e}_3 \times \vec{e}_1|}{V} = \frac{|\vec{e}_1|\,|\vec{e}_3| \sin 30°}{V} = \frac{0.5}{0.222} = 2.252, \quad \text{方向是 } \vec{e}_3 \times \vec{e}_1$$

$$|\vec{e}^1| = \frac{|\vec{e}_2 \times \vec{e}_3|}{V} = \frac{|\vec{e}_3|\,|\vec{e}_2| \sin 30°}{V} = \frac{0.5}{0.222} = 2.252, \quad \text{方向是 } \vec{e}_2 \times \vec{e}_3$$

再求对偶基之间的夹角 φ. 因为

$$\vec{e}_k = \frac{\vec{e}^i \times \vec{e}^j}{V'} = V\left(\vec{e}^i \times \vec{e}^j\right)$$

所以有

$$|\vec{e}_k| = V\left|\vec{e}^i\right|\left|\vec{e}^j\right| \sin\left(\vec{e}^i, \vec{e}^j\right)$$

$$\varphi = \arcsin\left(\frac{|\vec{e}_k|}{V\left|\vec{e}^i\right|\left|\vec{e}^j\right|}\right) = \arcsin\left(\frac{1}{0.222 \times 2.252 \times 2.252}\right) = 62.68°$$

对偶基之间夹角是 62.68°.

3. 斜角坐标系中基与对偶基、协变量和逆变量

斜坐标系的基与对偶基是何种关系呢?图 4.3 坐标系下的任意一个逆变矢量是

$$\vec{r} = x^i \vec{e}_i \tag{4.1.20}$$

对 x^i 求导得到

$$\vec{e}_i = \frac{\partial \vec{r}}{\partial x^i} \tag{4.1.21}$$

上式表明基矢量是逆变矢量对于逆变量的导数. $\vec{r}$ 的微分是

$$d\vec{r} = \vec{e}_i dx^i \tag{4.1.22}$$

协变矢量也可以用逆变基展开, 如果

$$\vec{r} = x_i \vec{e}^i \tag{4.1.23}$$

对偶基矢量是

$$\vec{e}^i = \frac{\partial \vec{r}}{\partial x_i} \tag{4.1.24}$$

对偶基是协变矢量对于协变量的导数. $\vec{r}$ 的微分在对偶基下的表达式是

$$d\vec{r} = \vec{e}^i dx_i \tag{4.1.25}$$

将式 (4.1.21) 和式 (4.1.24) 代入式 (4.1.10), 得到基与对偶基关系是

$$\frac{\partial \vec{r}}{\partial x_i} \cdot \frac{\partial \vec{r}}{\partial x^i} = \vec{e}^i \cdot \vec{e}_j = \delta^i_j \tag{4.1.26}$$

下面讨论斜角直线坐标系中协变量 (x_1, x_2, x_3) 与逆变量 (x^1, x^2, x^3) 如何求出. 根据式 (4.1.8) 可以写出逆变矢量是

$$\vec{r} = x^i \vec{e}_i, \quad i = 1, 2, 3$$

上式两边点乘以对偶基, 并应用式 (4.1.10) 后得到逆变分量是

$$\vec{r} \cdot \vec{e}^j = x^i \vec{e}_i \cdot \vec{e}^j = x^i \delta^j_i = x^j$$

也就是

$$x^i = \vec{r} \cdot \vec{e}^i \tag{4.1.27}$$

如果协变矢量

$$\vec{r} = x_i \vec{e}^i, \quad i = 1, 2, 3$$

类似式 (4.1.27) 推导, 可以求出

$$x_i = \vec{r} \cdot \vec{e}_i \tag{4.1.28}$$

4.2　曲线坐标系矢量和基与坐标变换

1. 曲线坐标系简述

这一节进一步将斜角直线坐标系推广到曲线坐标系. 设直角坐标系一点坐标是 $\vec{r}(x,y,z)$, 用三个参数 x, y, z 可以确定空间点集 V 位置. 用下列方程变换点的笛卡儿坐标:

$$x = x\left(x^1, x^2, x^3\right), \quad y = y\left(x^1, x^2, x^3\right), \quad z = z\left(x^1, x^2, x^3\right)$$

于是空间一点新的坐标是

$$\begin{aligned}\vec{r} &= \vec{r}\,(x,y,z)\\ &= \vec{r}\left(x\left(x^1,x^2,x^3\right), y\left(x^1,x^2,x^3\right), z\left(x^1,x^2,x^3\right)\right)\\ &= \vec{r}\left(x^1,x^2,x^3\right)\end{aligned} \tag{4.2.1}$$

空间区域 V 中的点与参数 (x^1,x^2,x^3) 之间一一对应, 诸多空间点 (x^1,x^2,x^3) 组成了曲线坐标系, (x^1,x^2,x^3) 称为点的曲线坐标.

现在分析式 (4.2.1) 的曲线坐标几何图像. 固定其中一个坐标的值, 比如 $x^3 =$ 常数 c, 式 (4.2.1) 描出点的轨迹是

$$\vec{r} = \vec{r}\left(x^1, x^2, c\right) = \vec{r}\left(x^1, x^2\right) \tag{4.2.2}$$

从第 2 章可知这是一个曲面. 类似式 (4.2.2) 的原理可知, 曲面 $x^1 =$ 常数, $x^2 =$ 常数, $x^3 =$ 常数构成三个坐标曲面族, 不同族的两个曲面交线就是坐标曲线. 每一条坐标曲线只有一个参数变动, 而其他两个参数是常数, 图 4.5 是其示意图.

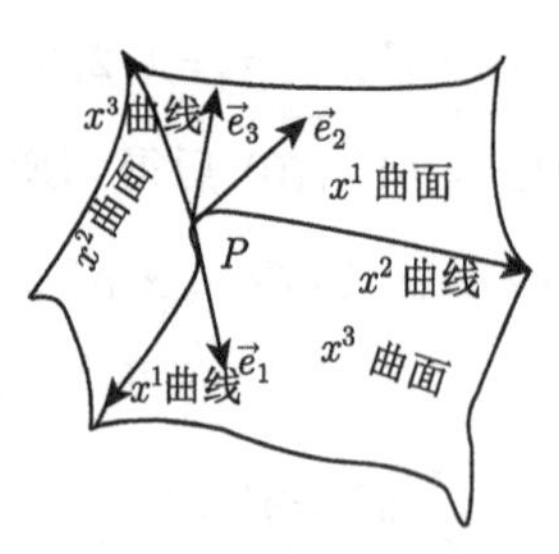

图 4.5　曲线坐标系

空间任意点 P 的矢径 $\vec{r}$ 的坐标是 (x^1,x^2,x^3), 其函数表达式是 (4.2.1), 它的微分是

$$d\vec{r} = \frac{\partial \vec{r}}{\partial x^1}dx^1 + \frac{\partial \vec{r}}{\partial x^2}dx^2 + \frac{\partial \vec{r}}{\partial x^3}dx^3 = \frac{\partial \vec{r}}{\partial x^i}dx^i \tag{4.2.3}$$

对比式 (4.1.21) 可知, 可以定义对于逆变量的偏导数为坐标系的基矢量, 令

$$\vec{e}_i = \frac{\partial \vec{r}}{\partial x^i} \quad (i = 1, 2, 3) \tag{4.2.4}$$

于是就有

$$d\vec{r} = \vec{e}_i dx^i \tag{4.2.5}$$

有的书称 $\vec{e}_i$ 为西矢量.

从第 1 章曲线论可知, 曲线方程是

$$\vec{r} = \vec{r}\left(x^1(t), x^2(t), x^3(t)\right)$$

此式代入式 (4.2.4) 后, 得到基矢量是

$$\vec{e}_i = \frac{\partial \vec{r}}{\partial x^i}(t)$$

此处的基矢量与参数 t 有关, 这说明

$$(\vec{e}_1(t), \vec{e}_2(t), \vec{e}_3(t))$$

不一定是单位常矢量, 从曲线论可知, 它是坐标曲线 P 点的切线方向, 随着点 $P(t)$ 的位置而变化. 上述过程也适合直线坐标系, 但是基矢量 $(\vec{e}_1, \vec{e}_2, \vec{e}_3)$ 是常矢量, 但不一定是单位矢量, 方向不随 P 点位置而变化, 这是曲线坐标系与直线坐标系的根本区别.

基矢量的几何意义何在? 由于 $\vec{e}_i$ 是坐标线的切线, 同时是第 i 个平面的法向矢量, 因此 $x^i =$ 常数的坐标面与 $\vec{e}_i$ 在该点的梯度方向是一致的, 这就是 $\vec{e}_i$ 的几何意义.

2. 曲线坐标系的基与对偶基

曲线坐标系的基矢量 $\vec{e}_i$ 与对偶基 $\vec{e}^i$ 推导如下. 对偶基类似于斜角直线坐标系对偶基, 它们是

$$\vec{e}^1 = \frac{\vec{e}_2 \times \vec{e}_3}{V}, \quad \vec{e}^2 = \frac{\vec{e}_3 \times \vec{e}_1}{V}, \quad \vec{e}^3 = \frac{\vec{e}_1 \times \vec{e}_2}{V}, \quad V = \vec{e}_1 \cdot (\vec{e}_2 \times \vec{e}_3) \tag{4.2.6}$$

通常写成

$$\vec{e}^i = \frac{\vec{e}_j \times \vec{e}_k}{V} \quad (i, j, k = 1, 2, 3) \tag{4.2.7}$$

对偶基的表达式 (4.2.7) 说明 $\vec{e}^i$ 垂直于 $\vec{e}_j$ 与 $\vec{e}_k$ 决定的平面, 但是 $\vec{e}^i$ 不一定平行于 $\vec{e}_i$. 那么基与对偶基之间存在着何种联系呢？下面我们来计算 $\vec{e}^i$ 与 $\vec{e}_j$ 的夹角:

$$\vec{e}^1\cdot\vec{e}_1=\frac{\vec{e}_2\times\vec{e}_3}{V}\cdot\vec{e}_1=\frac{\vec{e}_1\cdot(\vec{e}_2\times\vec{e}_3)}{V}=\frac{V}{V}=1$$
$$\vec{e}^2\cdot\vec{e}_1=\frac{\vec{e}_3\times\vec{e}_1}{V}\cdot\vec{e}_1=\frac{\vec{e}_1\cdot(\vec{e}_3\times\vec{e}_1)}{V}=0$$

继续类似于上述计算, 就可以得到

$$\vec{e}^i\cdot\vec{e}_j=\delta^i_j\quad(i,j=1,2,3)\tag{4.2.8}$$

上式说明当 $i=j$ 时 $\vec{e}^i$ 与 $\vec{e}_j$ 平行, 而当 $i\neq j$ 时 $\vec{e}^i$ 与 $\vec{e}_j$ 垂直.

基矢量是如何用对偶基表示的呢？利用双重矢量积表达式可知

$$\vec{e}^1\times\vec{e}^2=\vec{e}^1\times\frac{\vec{e}_3\times\vec{e}_1}{V}=\frac{1}{V}\left[\vec{e}_3\left(\vec{e}^1\cdot\vec{e}_1\right)-\vec{e}_1\left(\vec{e}^1\cdot\vec{e}_3\right)\right]$$

将 $\vec{e}^i\cdot\vec{e}_j=\delta^i_j$ 代入上式, 有

$$\vec{e}^1\times\vec{e}^2=\frac{1}{V}\left[\vec{e}_3\left(\vec{e}^1\cdot\vec{e}_1\right)-\vec{e}_1\left(\vec{e}^1\cdot\vec{e}_3\right)\right]=\frac{1}{V}\left[\vec{e}_3\delta^1_1-\vec{e}_1\delta^1_3\right]=\frac{\vec{e}_3}{V}$$

$$\vec{e}_3=V\left(\vec{e}^1\times\vec{e}^2\right)=\frac{\vec{e}^1\times\vec{e}^2}{V'}\tag{4.2.9a}$$

其中 $V\cdot V'=1$.

同理可得

$$\vec{e}_2=V\left(\vec{e}^3\times\vec{e}^1\right)=\frac{\vec{e}^3\times\vec{e}^1}{V'}\tag{4.2.9b}$$

$$\vec{e}_1=V\left(\vec{e}^2\times\vec{e}^3\right)=\frac{\vec{e}^2\times\vec{e}^3}{V'}\tag{4.2.9c}$$

由于 $\vec{e}_1,\vec{e}_2,\vec{e}_3$ 与 $\vec{e}^1,\vec{e}^2,\vec{e}^3$ 不共面, 因此 $\vec{e}^i$ 称作 $\vec{e}_i$ 的对偶基.

综上可知, 无论是直线坐标系还是曲线坐标系, 都有

$$\begin{cases}\vec{r}=x^i\vec{e}_i\\ \vec{r}=x_i\vec{e}^i\end{cases}\tag{4.2.10}$$

x^i 是 $\vec{r}$ 的逆变量, x_i 是 $\vec{r}$ 的协变量. 而基与对偶基之间符合以下关系:

$$\vec{e}^i\cdot\vec{e}_j=\delta^i_j\tag{4.2.11}$$

将式 (4.2.10) 两边用对偶基或者协变基作点积, 很容易算得以下结果:

$$\begin{cases} x^i = \vec{r} \cdot \vec{e}^i = x^j \vec{e}_j \cdot \vec{e}^i \\ x_i = \vec{r} \cdot \vec{e}_i = x_j \vec{e}^j \cdot \vec{e}_i \end{cases} \tag{4.2.12}$$

两个矢量的点积是指协变矢量 $\vec{u}$ 与逆变矢量 $\vec{v}$

$$\vec{u} = u_i \vec{e}^i, \quad \vec{v} = v^i \vec{e}_i$$

的点积, 为

$$\vec{u} \cdot \vec{v} = \left(u_i \vec{e}^i\right) \cdot \left(v^j \vec{e}_j\right) = u_i v^j \vec{e}^i \cdot \vec{e}_j = u_i v^j \delta^i_j = u_i v^i \tag{4.2.13}$$

3. 曲线坐标变换

设有老坐标系 $\Sigma: Ox^1x^2x^3$, 坐标系中逆变矢量是

$$\vec{r} = \vec{r}\left(x^1, x^2, x^3\right) = \vec{r}\left(x^i\right), \quad i = 1, 2, 3 \tag{4.2.14}$$

新坐标系是 Σ': $Ox^{1'}x^{2'}x^{3'}$, 坐标系中逆变矢量是

$$\vec{r} = \vec{r}\left(x^{1'}, x^{2'}, x^{3'}\right) = \vec{r}\left(x^{i'}\right), \quad i' = 1, 2, 3 \tag{4.2.15}$$

假设所讨论区域内函数单值连续, 有各阶连续偏导数, 满足坐标变换要求的所有条件.

老坐标系 Σ 的逆变矢量是 $\vec{r} = x^i \vec{e}_i$, 基矢量是

$$\vec{e}_i = \frac{\partial \vec{r}}{\partial x^i} \tag{4.2.16}$$

协变矢量在对偶基 $\vec{e}^i$ 下的展开式 $\vec{r} = x_i \vec{e}^i$, 对偶基是

$$\vec{e}^i = \frac{\partial \vec{r}}{\partial x_i} \tag{4.2.17}$$

新坐标系 Σ' 的逆变矢量是 $\vec{r} = x^{i'} \vec{e}_{i'}$, 新基矢量是

$$\vec{e}_{i'} = \frac{\partial \vec{r}}{\partial x^{i'}} \tag{4.2.18}$$

协变矢量在对偶基 $\vec{e}^{i'}$ 下的展开式 $\vec{r} = x_{i'} \vec{e}^{i'}$, 新对偶基是

$$\vec{e}^{i'} = \frac{\partial \vec{r}}{\partial x_{i'}} \tag{4.2.19}$$

(1) 坐标变换中的基与对偶基

老基矢量 $\vec{e}_i$ 变换到新基矢量 $\vec{e}_{i'}$ 的关系如下. 对于逆变矢量 $\vec{r}=\vec{r}(x^i)$ 求导, 得到

$$\begin{aligned}\vec{e}_{i'}&=\frac{\partial\vec{r}}{\partial x^1}\frac{\partial x^1}{\partial x^{i'}}+\frac{\partial\vec{r}}{\partial x^2}\frac{\partial x^2}{\partial x^{i'}}+\frac{\partial\vec{r}}{\partial x^3}\frac{\partial x^3}{\partial x^{i'}}\\&=\vec{e}_1\frac{\partial x^1}{\partial x^{i'}}+\vec{e}_2\frac{\partial x^2}{\partial x^{i'}}+\vec{e}_3\frac{\partial x^3}{\partial x^{i'}}=\vec{e}_j\frac{\partial x^j}{\partial x^{i'}}\end{aligned}$$

令

$$\beta_{i'}^j=\frac{\partial x^j}{\partial x^{i'}} \tag{4.2.20}$$

则有

$$\vec{e}_{i'}=\beta_{i'}^j\vec{e}_j\quad(i',j=1,2,3) \tag{4.2.21}$$

坐标变换系数 $\beta_{i'}^j$ 称作协变系数.

下面求新对偶基 $\vec{e}^{i'}$ 用老对偶基 $\vec{e}^j$ 分解的表达式. 设在笛卡儿坐标下逆变矢量表达式是

$$\vec{r}=\left(y^1,y^2,y^3\right) \tag{4.2.22}$$

$$\vec{e}_j=\frac{\partial\vec{r}}{\partial x^j}=\left(\frac{\partial y^1}{\partial x^j},\frac{\partial y^2}{\partial x^j},\frac{\partial y^3}{\partial x^j}\right)=\frac{\partial y^k}{\partial x^j}\vec{i}_k \tag{4.2.23}$$

老基矢量与老对偶基关系是

$$\vec{e}^i\cdot\vec{e}_j=\delta_j^i \tag{4.2.24}$$

逆变量之间的导数是

$$\begin{aligned}\frac{\partial x^i}{\partial x^j}&=\frac{\partial x^i}{\partial y^1}\frac{\partial y^1}{\partial x^j}+\frac{\partial x^i}{\partial y^2}\frac{\partial y^2}{\partial x^j}+\frac{\partial x^i}{\partial y^3}\frac{\partial y^3}{\partial x^j}\\&=\left(\frac{\partial x^i}{\partial y^1},\frac{\partial x^i}{\partial y^2},\frac{\partial x^i}{\partial y^3}\right)\cdot\left(\frac{\partial y^1}{\partial x^j},\frac{\partial y^2}{\partial x^j},\frac{\partial y^3}{\partial x^j}\right)\\&=\nabla x^i\cdot\left(\frac{\partial y^k}{\partial x^j}\vec{i}_k\right)=\nabla x^i\cdot\vec{e}_j\end{aligned} \tag{4.2.25}$$

注意到逆变量是各自独立的, 所以有

$$\frac{\partial x^i}{\partial x^i}=1;\quad\frac{\partial x^i}{\partial x^j}=0,i\neq j;\quad\frac{\partial x^i}{\partial x^j}=\delta_j^i$$

于是得到

$$\nabla x^i \cdot \vec{e}_j = \delta^i_j$$

对比上式和 (4.2.24) 可知

$$\vec{e}^i = \nabla x^i \tag{4.2.26}$$

其中 ∇x^i 是 x^i 的梯度. 于是新坐标系 Σ' 中对偶基矢量是

$$\begin{aligned}
\vec{e}^{i'} = \nabla x^{i'} &= \left(\frac{\partial x^{i'}}{\partial y^1}, \frac{\partial x^{i'}}{\partial y^2}, \frac{\partial x^{i'}}{\partial y^3}\right) = \left(\frac{\partial x^{i'}}{\partial x^j}\frac{\partial x^j}{\partial y^1}, \frac{\partial x^{i'}}{\partial x^j}\frac{\partial x^j}{\partial y^2}, \frac{\partial x^{i'}}{\partial x^j}\frac{\partial x^j}{\partial y^3}\right) \\
&= \frac{\partial x^{i'}}{\partial x^j}\left(\frac{\partial x^j}{\partial y^1}, \frac{\partial x^j}{\partial y^2}, \frac{\partial x^j}{\partial y^3}\right) = \frac{\partial x^{i'}}{\partial x^j}\nabla x^j \\
&= \frac{\partial x^{i'}}{\partial x^j}\vec{e}^j = \beta^{i'}_j \vec{e}^j \quad (i', j = 1, 2, 3)
\end{aligned}$$

其中

$$\beta^{i'}_j = \frac{\partial x^{i'}}{\partial x^j} \quad (i', j = 1, 2, 3) \tag{4.2.27}$$

称 $\beta^{i'}_j$ 为逆变系数. 于是新对偶基 $\vec{e}^{i'}$ 可用老对偶基表示成

$$\vec{e}^{i'} = \beta^{i'}_j \vec{e}^j \quad (i', j = 1, 2, 3) \tag{4.2.28}$$

式 (4.2.28) 可以导出一个非常重要关系. 注意到

$$\vec{e}^{i'} = \frac{\partial \vec{r}}{\partial x_{i'}} = \frac{\partial \vec{r}}{\partial x_j}\frac{\partial x_j}{\partial x_{i'}} = \frac{\partial x_j}{\partial x_{i'}}\vec{e}^j$$

对比上式与 (4.2.28), 可以得到

$$\beta^{i'}_j = \frac{\partial x^{i'}}{\partial x^j} = \frac{\partial x_j}{\partial x_{i'}} = \beta^j_{i'} \tag{4.2.29}$$

变换坐标系 Σ' 的新基矢量与新对偶基的关系推导如下. 将式 (4.2.21) 和式 (4.2.28) 联立

$$\begin{cases} \vec{e}_{i'} = \beta^j_{i'}\vec{e}_j \\ \vec{e}^{k'} = \beta^{k'}_m \vec{e}^m \end{cases}$$

$$\vec{e}_{i'} \cdot \vec{e}^{k'} = \left(\beta^j_{i'}\vec{e}_j\right) \cdot \left(\beta^{k'}_m \vec{e}^m\right) = \beta^j_{i'}\beta^{k'}_m \vec{e}^m \cdot \vec{e}_j = \beta^j_{i'}\beta^{k'}_m \delta^m_j$$

$$
\begin{aligned}
&= \beta_{i'}^{j}\beta_{j}^{k'} = \frac{\partial x^{j}}{\partial x^{i'}} \cdot \frac{\partial x^{k'}}{\partial x_{j}} = \frac{\partial x^{k'}}{\partial x_{j}} \cdot \frac{\partial x^{j}}{\partial x^{i'}} \\
&= \frac{\partial x^{k'}}{\partial x^{i'}} = \delta_{i'}^{k'} \quad (k', i' = 1, 2, 3)
\end{aligned}
$$

于是得到新基与新对偶基也符合 kronecker 关系:

$$
\vec{e}_{i'} \cdot \vec{e}^{k'} = \beta_{i'}^{j}\beta_{j}^{k'} = \delta_{i'}^{k'} \quad (k', i' = 1, 2, 3) \tag{4.2.30}
$$

上式后面的等式可以看成是矩阵的乘积形式, 于是有

$$
\left[\beta_{i'}^{j}\right]_{3\times 3} \cdot \left[\beta_{j}^{k'}\right]_{3\times 3} = I
$$

这说明两个矩阵互为逆矩阵, 可以交换乘积的次序, 上式又可以写成

$$
\left[\beta_{j}^{k'}\right]_{3\times 3} \cdot \left[\beta_{i'}^{j}\right]_{3\times 3} = I
$$

具体写出其表达式, 是

$$
\begin{bmatrix} \beta_{1}^{1'} & \beta_{1}^{2'} & \beta_{1}^{3'} \\ \beta_{2}^{1'} & \beta_{2}^{2'} & \beta_{2}^{3'} \\ \beta_{3}^{1'} & \beta_{3}^{2'} & \beta_{3}^{3'} \end{bmatrix} \cdot \begin{bmatrix} \beta_{1'}^{1} & \beta_{1'}^{2} & \beta_{1'}^{3} \\ \beta_{2'}^{1} & \beta_{2'}^{2} & \beta_{2'}^{3} \\ \beta_{3'}^{1} & \beta_{3'}^{2} & \beta_{3'}^{3} \end{bmatrix} = \left[\beta_{i}^{j'}\right] \cdot \left[\beta_{j'}^{k}\right] = I
$$

$$
\beta_{i}^{j'}\beta_{j'}^{k} = \delta_{i}^{k} \tag{4.2.31}
$$

上面讨论的是新基矢量在老基矢量下展开情况和新对偶基之间的关系, 现在考虑老坐标系 Σ 的基矢量用新坐标系基矢量展开的情况. 式 (4.2.21) 给出了新基矢量与老基矢量的关系:

$$
\vec{e}_{i'} = \beta_{i'}^{j}\vec{e}_{j}
$$

两边同乘以 $\beta_{k}^{i'}$, 有 $\beta_{k}^{i'}\vec{e}_{i'} = \beta_{k}^{i'}\beta_{i'}^{j}\vec{e}_{j}$, 用式 (4.2.31) 可得到

$$
\beta_{k}^{i'}\vec{e}_{i'} = \delta_{k}^{j}\vec{e}_{j}
$$

于是有老基矢量在新基矢量下展开式是

$$
\vec{e}_{j} = \beta_{j}^{i'}\vec{e}_{i'} \tag{4.2.32}
$$

同样方法可以根据式 (4.2.28) 和 (4.2.29) 求出老对偶基在新对偶基矢量下展开式是

$$
\vec{e}^{j} = \beta_{i'}^{j}\vec{e}^{i'} \tag{4.2.33}
$$

(2) 矢量的协变量与逆变量和一般张量概念

矢量的协变量与逆变量关系推导如下. 设协变矢量是

$$\vec{r} = r_i \vec{e}^i$$

将式 (4.2.33) 代入上式, 得到

$$\vec{r} = r_i \left(\beta^i_{i'} \vec{e}^{i'}\right) = r_i \beta^i_{i'} \vec{e}^{i'}$$

两边同乘以 $\vec{e}_{j'}$, 再将 $\vec{r} = r_{i'} \vec{e}^{i'}$ 代入上式右边, 上式变为

$$r_{i'} \vec{e}^{i'} \cdot \vec{e}_{j'} = r_i \beta^i_{i'} \vec{e}^{i'} \cdot \vec{e}_{j'}, \quad r_{i'} \delta^{i'}_{j'} = r_i \beta^i_{i'} \delta^{i'}_{j'}$$

$$r_{i'} = r_i \beta^i_{i'} = \beta^i_{i'} r_i \quad (i, i' = 1, 2, 3) \tag{4.2.34}$$

类似方法可以求出

$$r^{i'} = \beta^{i'}_i r^i \quad (i, i' = 1, 2, 3) \tag{4.2.35}$$

式 (4.2.34) 和 (4.2.35) 是两种标架下分量表达式. 式 (4.2.34) 中 $r_{i'}$ 是协变系数 $\beta^i_{i'}$ 转换得到的, 称这种方式具有协变性. 式 (4.2.35) 中 $r^{i'}$ 是逆变系数 $\beta^{i'}_i$ 转换而来的, 称这种变换具有逆变性.

有了矢量的协变性与逆变性, 可以引入一般张量的概念. 一般张量的概念类似于笛卡儿张量. 考虑以下两个逆变矢量:

$$\vec{a} = a^i \vec{e}_i, \quad \vec{b} = b^i \vec{e}_i$$

的乘积

$$\vec{T} = \vec{a}\vec{b} = a^i \vec{e}_i b^j \vec{e}_j = a^i b^j \vec{e}_i \vec{e}_j = \left(T^{ij}\right) \tag{4.2.36}$$

称 $\vec{T}$ 为二阶逆变张量, 每一个元素称为二阶逆变张量分量.

二阶逆变张量在坐标变换后的情况如下. 两个逆变矢量坐标变换后的分量分别是

$$a^{i'} = \beta^{i'}_i a^i, \quad b^{j'} = \beta^{j'}_m b^m$$

两者相乘后有

$$a^{i'} b^{j'} = \left(\beta^{i'}_i a^i\right) \cdot \left(\beta^{j'}_m b^m\right) = \beta^{i'}_i \beta^{j'}_m \left(a^i b^m\right)$$

令 $T^{i'j'} = a^{i'} b^{j'}$, $T^{im} = a^i b^m$, 上式可写成

$$T^{i'j'} = \beta^{i'}_i \beta^{j'}_m T^{im} \quad (i', j', i, m = 1, 2, 3) \tag{4.2.37}$$

令

$$\vec{T}' = \left(T^{i'j'}\right)$$

$T^{i'j'}$ 的全体 $\vec{T}'$ 是二阶逆变张量 $\vec{T}$ 坐标变换后的二阶逆变张量. 因此 (4.2.37) 可以看作二阶逆变张量的定义式.

类似于上面推导, 我们定义

$$\vec{T} = \vec{a}\vec{b} = a_i\vec{e}^i b_j\vec{e}^j = a_i b_j \vec{e}^i\vec{e}^j = (T_{ij}) \tag{4.2.38}$$

称 $\vec{T}$ 为二阶协变张量, 每一个元素称为二阶协变张量分量. 类似于式 (4.2.37) 又有

$$T_{i'j'} = \beta_{i'}^i \beta_{j'}^m T_{im} \quad (i', j', i, m = 1, 2, 3) \tag{4.2.39}$$

令

$$\vec{T}' = (T_{i'j'})$$

$T_{i'j'}$ 的全体 $\vec{T}'$ 是二阶张量 $\vec{T}$ 坐标变换后的二阶协变张量. 因此 (4.2.39) 可以看作二阶协变张量的定义式.

4.3 张量的普遍定义与度规张量

张量的普遍定义与 3.3 节笛卡儿张量类似: 一个张量有 N^n 个分量, 其中 N 是张量空间维数, n 是一个整数; 张量的定义式是 (4.2.37) 和 (4.2.39), 但是坐标变换系数有协变系数式 (4.2.20) 和逆变系数式 (4.2.27). 本章主要研究欧氏空间的张量, 如果没有特别提示, 所提到的张量空间维数 $N = 3$.

张量的表示法与笛卡儿张量相同, 分为抽象法、指标表示法和矩阵表示法, 其表达形式也相同, 这里不再重复.

1. 张量的普遍定义

(1) 零阶张量

零阶张量的 $n = 0$, $N^0 = 1$, 张量仅有一个分量. 零阶张量就是标量, 其值与坐标变换无关, 详细讨论请参考笛卡儿张量中的零阶张量一节.

(2) 一阶张量

一阶张量的 $n = 1$, $3^1 = 3$. 一阶张量分量等于张量空间维数, 这实际上就是前面讨论过的矢量, 由于曲线坐标系中存在基矢量 (协变基) 和对偶基, 矢量概念也拓展为逆变矢量和协变矢量两种, 下面是对于一阶张量的正式定义.

1) 一阶逆变张量

如果一阶张量整体用基矢量 (或称协变基) 表示, 为

$$\vec{T} = T^i \vec{e}_i = T^{i'} \vec{e}_{i'} \, (i, i' = 1, \cdots, N) \quad \text{或} \quad \vec{T} = (T_i) = (T_{i'}) \tag{4.3.1}$$

张量的分量是逆变量, 称之为一阶逆变张量, 实际上是逆变矢量.

一阶逆变张量分量的定义式是

$$T^{i'} = \beta_i^{i'} T^i = \frac{\partial x^{i'}}{\partial x^i} T^i \quad (i, i' = 1, \cdots, N) \tag{4.3.2}$$

式中 i 是老坐标系的指标, x^i 是其坐标的逆变分量; i' 是新坐标系的指标, $x^{i'}$ 是其坐标的逆变分量. 后面坐标分量的情况与此相同, 不再一一加以说明.

2) 一阶协变张量

一阶张量整体用对偶基矢量 (或称逆变基) 表示, 记作

$$\vec{T} = T_i \vec{e}^i = T_{i'} \vec{e}^{i'} \quad (i, i' = 1, \cdots, N) \tag{4.3.3}$$

称之为一阶协变张量. 定义式是

$$T_{i'} = \beta_{i'}^i T_i = \frac{\partial x^i}{\partial x^{i'}} T_i \quad (i, i' = 1, \cdots, N) \tag{4.3.4}$$

例 4.2 证明欧氏空间标量场的梯度是一阶协变张量.

证明 设标量场是 $\varphi(x^i)$, 因为标量是零阶张量与坐标变换无关, 故有

$$\varphi\left(x^i\right) = \varphi\left(x^{i'}\right)$$

标量场 φ 的梯度设为 $\vec{T}$, 依梯度定义有

$$\vec{T} = \nabla\varphi = \frac{\partial \varphi}{\partial x^k} \vec{e}_k$$

式中 $\vec{e}_k$ 是坐标的基矢量, 矢量的分量是 $T_k = \partial\varphi/\partial x^k$. 新坐标系下 φ 的偏导数是

$$\frac{\partial \varphi}{\partial x^{i'}} = \frac{\partial \varphi}{\partial x^i} \cdot \frac{\partial x^i}{\partial x^{i'}} = \frac{\partial x^i}{\partial x^{i'}} T_i = \beta_{i'}^i T_i$$

$\partial\varphi/\partial x^{i'}$ 是 φ 的梯度在新坐标系的第 i' 个分量, 于是

$$T_{i'} = \frac{\partial \varphi}{\partial x^{i'}} = \beta_{i'}^i T_i \quad (i, i' = 1, 2, 3)$$

上式符合 (4.3.4) 一阶张量的定义, 所以标量场的梯度是一阶协变张量. [证毕]

(3) 二阶张量与高阶张量

上一节已经介绍了普通二阶张量的两种情况: 依逆变基矢量而形成的协变张量; 依协变基而形成的逆变张量. 实际上, 还有逆变基矢量与协变基矢量混合并矢排列的混合张量, 下面先详细讨论二阶一般张量, 再介绍高阶张量.

1) 二阶逆变张量

二阶张量 $n = 2$, $N^2 = 3^2 = 9$, 共有 9 个分量. 逆变张量分量的定义式为

$$T^{i'j'} = \beta_i^{i'}\beta_j^{j'}T^{ij} = \frac{\partial x^{i'}}{\partial x^i}\frac{\partial x^{j'}}{\partial x^j}T^{ij} \quad (i, j, i', j' = 1, 2, 3) \tag{4.3.5}$$

二阶逆变一般张量是以基矢量 (协变基) 并矢作为张量基的, 为

$$\vec{T} = T^{ij}\vec{e}_i\vec{e}_j = T^{i'j'}\vec{e}_{i'}\vec{e}_{j'} \quad (i, i', j, j' = 1, 2, 3) \tag{4.3.6a}$$

或

$$\vec{T} = (T^{ij}) = (T^{i'j'}) \tag{4.3.6b}$$

前一种表达方法是指标法, 后一种是矩阵法.

2) 二阶协变张量

二阶协变张量分量的定义式是

$$T_{i'j'} = \beta_{i'}^{i}\beta_{j'}^{j}T_{ij} = \frac{\partial x^i}{\partial x^{i'}}\frac{\partial x^j}{\partial x^{j'}}T_{ij} \quad (i, j, i', j' = 1, 2, 3) \tag{4.3.7}$$

二阶协变一般张量是以对偶基矢量 (逆变基) 并矢作为张量基的, 为

$$\vec{T} = T_{ij}\vec{e}^i\vec{e}^j = T_{i'j'}\vec{e}^{i'}\vec{e}^{j'} \quad (i, i', j, j' = 1, 2, 3) \tag{4.3.8a}$$

或

$$\vec{T} = (T_{ij}) = (T_{i'j'}) \tag{4.3.8b}$$

3) 二阶混合张量

9 个分量的定义如下:

$$T^{i'}_{\bullet j'} = \beta_i^{i'}\beta_{j'}^{j}T^i_{\bullet j} = \frac{\partial x^{i'}}{\partial x^i}\frac{\partial x^j}{\partial x^{j'}}T^i_{\bullet j} \quad (i, i', j, j' = 1, 2, 3) \tag{4.3.9a}$$

$$T^i_{\bullet j} = \beta_{i'}^{i}\beta_j^{j'}T^{i'}_{\bullet j'} = \frac{\partial x^i}{\partial x^{i'}}\frac{\partial x^{j'}}{\partial x^j}T^{i'}_{\bullet j'} \tag{4.3.9b}$$

上式的第一个指标是逆变的, 第二个指标是协变的, "•" 是占位符, 称此种形式的分量组成的二阶张量为混合张量, 记作

$$\vec{T} = T^i_{\bullet j}\vec{e}_i\vec{e}^j \quad 或 \quad \vec{T} = \left(T^i_{\bullet j}\right) \tag{4.3.10}$$

另一个混合二阶张量与上面恰好相反, 分量的第一个指标是协变的, 第二个指标是逆变的, 定义式是

$$T_{i'}^{\bullet j'} = \beta_{i'}^{i}\beta_{j}^{j'}T_i^{\bullet j} = \frac{\partial x^i}{\partial x^{i'}}\frac{\partial x^{j'}}{\partial x^j}T_i^{\bullet j} \quad (i, i', j, j' = 1, 2, 3) \tag{4.3.11a}$$

$$T_i^{\bullet j} = \beta_i^{i'}\beta_{j'}^{j}T_{i'}^{\bullet j'} = \frac{\partial x^{i'}}{\partial x^i}\frac{\partial x^j}{\partial x^{j'}}T_{i'}^{\bullet j'} \tag{4.3.11b}$$

二阶分量记作

$$\vec{T} = T_i^{\bullet j}\vec{e}^i\vec{e}_j \quad 或 \quad \vec{T} = (T_i^{\bullet j}) \tag{4.3.12}$$

张量分量 T_{ij}, T^{ij}, $T_i^{\bullet j}$ 和 $T_{\bullet j}^{i}$ 是同一个张量的不同类型分量, 为了方便, 约定 $\vec{T}$ 可以表示同一张量的各种类型.

例 4.3 证明

$$\delta_j^i = \begin{cases} 1, & i = j \\ 0, & i \neq j \end{cases}$$

是一个混合二阶张量.

证明 从题给条件可知, 当 $i, j = 1, 2, 3$ 时共有 9 个数, 6 个零, 3 个 1, 且有

$$\delta_{j'}^{i'} = \frac{\partial x^{i'}}{\partial x^{j'}} = \frac{\partial x^{i'}}{\partial x^i}\cdot\frac{\partial x^i}{\partial x^{j'}} = \left(\frac{\partial x^{i'}}{\partial x^i}\right)\cdot\left(\frac{\partial x^j}{\partial x^{j'}}\delta_j^i\right) = \beta_i^{i'}\beta_{j'}^{j}\delta_j^i$$

上式表明 δ_j^i 是一个混合二阶张量. [证毕]

4) 高阶张量

高阶张量与二阶张量类似, 读者可以对照二阶张量的情况自己完成高阶协变张量和逆变张量的定义, 这里仅介绍高阶混合张量. 设张量的阶数是 $n = p + q$, 张量的分量有 N^{p+q}. 混合张量分量 $T^{i_1\cdots i_p}{}_{j_1\cdots j_q}$ 的定义式

$$\begin{aligned} T^{i'_1\cdots i'_p}{}_{j'_1\cdots j'_q} &= \beta_{i_1}^{i'_1}\beta_{i_2}^{i'_2}\cdots\beta_{i_p}^{i'_p}\beta_{j'_1}^{j_1}\beta_{j'_2}^{j_2}\cdots\beta_{j'_q}^{j_q}T^{i_1\cdots i_p}{}_{j'_1\cdots j'_q} \\ &= \left(\frac{\partial x^{i'_1}}{\partial x^{i_1}}\frac{\partial x^{i'_2}}{\partial x^{i_2}}\cdots\frac{\partial x^{i'_p}}{\partial x^{i_p}}\right)\cdot\left(\frac{\partial x^{j_1}}{\partial x^{j'_1}}\frac{\partial x^{j_2}}{\partial x^{j'_2}}\cdots\frac{\partial x^{j_q}}{\partial x^{j'_q}}\right)T^{i_1\cdots i_p}{}_{j_1\cdots j_q} \end{aligned}$$

$$(i_p, i'_p, j_q, j'_q = 1, \cdots, N) \tag{4.3.13}$$

$T^{i_1\cdots i_p}{}_{j_1\cdots j_q}$ 的 p 个指标是逆变的, q 个指标是协变的. 混合张量的指标法表达式是

$$\vec{T} = T^{i_1\cdots i_p}{}_{j_1\cdots j_q}\vec{e}_{i_1}\cdots\vec{e}_{i_p}\vec{e}^{j_1}\cdots\vec{e}^{j_q} \tag{4.3.14}$$

我们在上面已经定义了任意阶张量, 很容易识别张量的阶数, 只要看一看指标中有几个自由指标, 这个张量就是几阶张量. 例如, $T^{i_1\cdots i_p}$ 是 p 阶逆变张量; $T_{i_1\cdots i_q}$ 是 q 阶协变张量.

2. 度规张量

现在介绍在张量理论中占有重要地位的二阶张量: 度规张量. 度规张量是指为给定坐标系提供的一个度量的张量, 是张量计算所依赖空间的一个基本量, 用记号

$$\vec{G} = g\left(g_{ij}\right) \quad 或 \quad \vec{G} = g\left(g^{ij}\right)$$

表示, 现推导它的表达式.

考虑张量所在空间里的一个无穷小线元 ds, s 是弧长. 根据曲线论知识可知 $\left|\dfrac{d\vec{r}}{ds}\right| = 1$, 因此两点之间微间距 $ds^2 = |d\vec{r}|^2 = d\vec{r} \cdot d\vec{r}$. 而

$$d\vec{r} = \vec{e}_i dx^i \quad 或 \quad d\vec{r} = \vec{e}^i dx_i$$

若选用 $d\vec{r} = \vec{e}_i dx^i$, 则有

$$ds^2 = d\vec{r} \cdot d\vec{r} = \vec{e}_i dx^i \cdot \vec{e}_j dx^j = \vec{e}_i \cdot \vec{e}_j dx^i dx^j \quad (i, j = 1, 2, 3)$$

令

$$g_{ij} = \vec{e}_i \cdot \vec{e}_j \tag{4.3.15}$$

于是微间距是

$$ds^2 = g_{ij} dx^i dx^j \tag{4.3.16}$$

式中 g_{ij} 是度规张量的协变分量, ds^2 由度规张量决定.

若选用 $d\vec{r} = \vec{e}^i dx_i$, 则有

$$ds^2 = d\vec{r} \cdot d\vec{r} = \vec{e}^i dx_i \cdot \vec{e}^j dx_j = \vec{e}^i \cdot \vec{e}^j dx_i dx_j$$

令

$$g^{ij} = \vec{e}^i \cdot \vec{e}^j \tag{4.3.17}$$

上式是度规张量的逆变分量, 微间距是

$$ds^2 = g^{ij} dx_i dx_j \tag{4.3.18}$$

微间距也可以写成

$$ds^2 = d\vec{r} \cdot d\vec{r} = \vec{e}_i dx^i \cdot \vec{e}^j dx_j = \left(\vec{e}_i \cdot \vec{e}^j\right) dx^i dx_j = \delta_i^j dx^i dx_j = dx^i dx_i$$

这种情况下度规张量不存在, 故很少应用.

前面介绍的张量定义和性质是建立在仿射空间之上的, 本节在仿射空间中引入了度规张量, 这意味着现在的仿射空间可以被度量了, 这个度量由度规张量给定, 因而可以在仿射空间中定义所需要的某些运算, 加了度规张量的仿射空间就成了欧氏空间. 由于欧氏空间的基础是仿射空间, 因此前面所讨论的仿射空间关于曲线坐标张量的一切在欧氏空间中仍然成立. 但是度规张量的引入也产生了一些新的问题, 下面是对于与欧氏空间有关问题的分析.

定理 4.3.1 欧氏空间度规张量无论是逆变形式、协变形式还是混合形式, 其微间距 ds^2 是不变的.

证明 ds^2 可以写成

$$ds^2 = g_{ij} dx^i dx^j \tag{1}$$

新坐标系度规张量是

$$g_{i'j'} = \beta_{i'}^i \beta_{j'}^j g_{ij} = \frac{\partial x^i}{\partial x^{i'}} \cdot \frac{\partial x^j}{\partial x^{j'}} g_{ij} \tag{2}$$

$$dx^i = \beta_{i'}^i dx^{i'} = \frac{\partial x^i}{\partial x^{i'}} dx^{i'}, \quad dx^j = \beta_{j'}^j dx^{j'} = \frac{\partial x^j}{\partial x^{j'}} dx^{j'} \tag{3}$$

新坐标系的微间距是

$$\left(ds^{i'j'}\right)^2 = g_{i'j'} dx^{i'} dx^{j'} = \frac{\partial x^i}{\partial x^{i'}} \frac{\partial x^j}{\partial x^{j'}} g_{ij} dx^{i'} dx^{j'}$$

将式 (3) 代入上式得到

$$\left(ds^{i'j'}\right)^2 = g_{ij} \left(\frac{\partial x^i}{\partial x^{i'}} dx^{i'}\right) \cdot \left(\frac{\partial x^j}{\partial x^{j'}} dx^{j'}\right) = g_{ij} dx^i dx^j = ds^2$$

同理可证:

$$ds^2 = g^{ij} dx_i dx_j = g^{i'j'} dx_{i'} dx_{j'} = \left(ds_{i'j'}\right)^2$$

$$ds^2 = g^{ij} dx_i dx_j = dx^i dx_i$$

[证毕]

例 4.4 求直角坐标系 (x^1, x^2, x^3) 和球坐标系 (r, θ, φ) 的度规协变张量. 坐标系如图 4.6 所示.

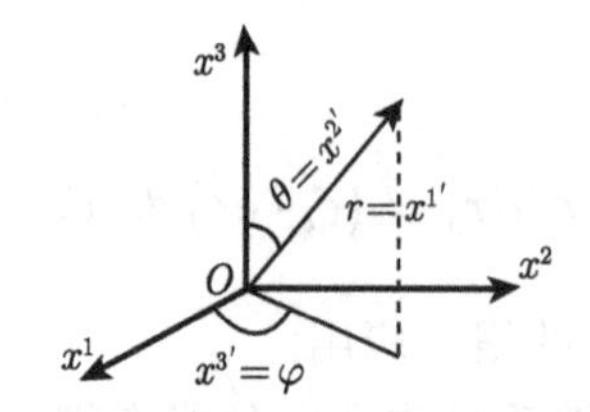

图 4.6 笛卡儿坐标系与球坐标系

解 笛卡儿坐标系的基矢量是 $\vec{i}_k$, 它的逆变矢量是

$$\vec{r}=x^k\vec{i}_k \tag{1}$$

根据式 (4.2.16) 和 (4.3.15) 可知

$$\vec{e}_k=\frac{\partial\vec{r}}{\partial x^k}=\vec{i}_k$$

$$g_{ij}=\vec{e}_i\cdot\vec{e}_j=\vec{i}_i\cdot\vec{i}_j=\delta_{ij}$$

笛卡儿坐标系的度规张量是

$$\vec{G}_D=(g_{ij})=\begin{bmatrix}1&0&0\\0&1&0\\0&0&1\end{bmatrix}$$

称上述的张量为单位张量. 微线元是

$$ds^2=g_{ij}dx^idx^j=\delta_{ij}dx^idx^j \tag{2}$$

直角坐标系变换到球坐标系如图 4.6 所示. 令

$$x^{1'}=r,\quad x^{2'}=\theta,\quad x^{3'}=\varphi \tag{3}$$

球坐标系下的直角坐标系方程是

$$\vec{r}=\left(x^{1'},x^{2'},x^{3'}\right) \tag{4}$$

坐标变换从图 4.6 可知, 满足以下关系

$$\begin{cases}x^2=r\sin\theta\sin\varphi=x^{1'}\sin x^{2'}\sin x^{3'}\\x^1=r\sin\theta\cos\varphi=x^{1'}\sin x^{2'}\cos x^{3'}\\x^3=r\cos\theta=x^{1'}\cos x^{2'}\end{cases} \tag{5}$$

球坐标系的度规张量 $g_{i'j'}$ 与直角坐标系的度规张量 g_{ij} 之间有下面关系

$$g_{i'j'}=\frac{\partial x^i}{\partial x^{i'}}\frac{\partial x^j}{\partial x^{j'}}g_{ij} \tag{6}$$

将 $g_{ij}=\delta_{ij}$ 代入上式得到

$$g_{i'j'}=\frac{\partial x^i}{\partial x^{i'}}\frac{\partial x^j}{\partial x^{j'}}\delta_{ij}=\frac{\partial x^i}{\partial x^{i'}}\frac{\partial x^i}{\partial x^{j'}}=\left[\frac{\partial x^1}{\partial x^{i'}}\frac{\partial x^1}{\partial x^{j'}}+\frac{\partial x^2}{\partial x^{i'}}\frac{\partial x^2}{\partial x^{j'}}+\frac{\partial x^3}{\partial x^{i'}}\frac{\partial x^3}{\partial x^{j'}}\right] \tag{7}$$

将式 (5) 代入式 (7) 计算, 可以求出以下各式:

$$\begin{aligned}
&\frac{\partial x^1}{\partial x^{1'}}=\sin x^{2'}\cos x^{3'}=\sin\theta\cos\varphi\\
&\frac{\partial x^1}{\partial x^{2'}}=x^{1'}\cos x^{2'}\cos x^{3'}=r\cos\theta\cos\varphi\\
&\frac{\partial x^2}{\partial x^{1'}}=\sin x^{2'}\sin x^{3'}=\sin\theta\sin\varphi\\
&\frac{\partial x^2}{\partial x^{2'}}=x^{1'}\cos x^{2'}\sin x^{3'}=r\cos\theta\sin\varphi\\
&\frac{\partial x^3}{\partial x^{1'}}=\cos x^{2'}=\cos\theta,\quad \frac{\partial x^3}{\partial x^{2'}}=-x^{1'}\sin x^{2'}=-r\sin\theta\\
&\frac{\partial x^1}{\partial x^{3'}}=-x^{1'}\sin x^{2'}\sin x^{3'}=-r\sin\theta\sin\varphi\\
&\frac{\partial x^2}{\partial x^{3'}}=x^{1'}\sin x^{2'}\cos x^{3'}=r\sin\theta\cos\varphi,\quad \frac{\partial x^3}{\partial x^{3'}}=0
\end{aligned}$$

将上述各式代入式 (7), 得到

$$\begin{aligned}
g_{1'1'}&=\left[\left(\frac{\partial x^1}{\partial x^{1'}}\right)^2+\left(\frac{\partial x^2}{\partial x^{1'}}\right)^2+\left(\frac{\partial x^3}{\partial x^{1'}}\right)^2\right]\\
&=\sin^2\theta\cos^2\varphi+\sin^2\theta\sin^2\varphi+\cos^2\theta=1\\
g_{2'2'}&=\left[\left(\frac{\partial x^1}{\partial x^{2'}}\right)^2+\left(\frac{\partial x^2}{\partial x^{2'}}\right)^2+\left(\frac{\partial x^3}{\partial x^{2'}}\right)^2\right]\\
&=r^2\cos^2\theta\cos^2\varphi+r^2\cos^2\theta\sin^2\varphi+r^2\sin^2\theta=r^2\\
g_{3'3'}&=\left[\left(\frac{\partial x^1}{\partial x^{3'}}\right)^2+\left(\frac{\partial x^2}{\partial x^{3'}}\right)^2+\left(\frac{\partial x^3}{\partial x^{3'}}\right)^2\right]\\
&=r^2\sin^2\theta\sin^2\varphi+r^2\sin^2\theta\cos^2\varphi=r^2\sin^2\theta\\
g_{i'j'}&=\delta_{i'j'}
\end{aligned}$$

综合以上计算结果, 球坐标系度规张量是

$$\vec{G}_P = (g_{i'j'}) = \begin{bmatrix} 1 & 0 & 0 \\ 0 & r^2 & 0 \\ 0 & 0 & r^2 \sin^2\theta \end{bmatrix} \tag{8}$$

球坐标系的微元是

$$dx^{1'} = dr, \quad dx^{2'} = d\theta, \quad dx^{3'} = d\varphi$$

球坐标系的微间距是

$$ds^2 = g_{i'j'}dx^{i'}dx^{j'} = g_{i'i'}dx^{i'}dx^{i'} = dr^2 + r^2 d\theta^2 + r^2\sin^2\theta d\varphi^2 \tag{9}$$

对比题中式 (2) 和 (9), 似乎它们的微间距是不等的, 但是如果将式 (5) 代入式 (2), 可以直接得到式 (9) 的结果, 从而证明了微间距是一个不变量.

欧氏空间的度规张量还有以下特点:

(1) 直线坐标系各点的局部标架相等, $\vec{e}_i$ 是常矢量, $g_{ij} = \vec{e}_i \cdot \vec{e}_j$ 是一常数, 因此可用 g_{ij} 是否为常数判断坐标架是直线坐标系还是曲线坐标系.

(2) $g_{ij} = \vec{e}_i \cdot \vec{e}_j = |g_{ij}|\cos(\vec{e}_i, \vec{e}_j)$, 正交坐标系的基矢量交角是 $\pi/2$, $g_{ij} = 0\,(i \neq j)$, 这些零正是矩阵的非对角元素, 所以正交坐标系的度规张量是一个主对角矩阵, 这个结论已在例 4.4 中得到验证.

3. 笛卡儿张量与一般张量之间的联系

现在我们可以来分析笛卡儿张量与一般张量之间的关系. 设三维直角坐标系 (x^1, x^2, x^3), 空间的单位正交基矢量是 $(\vec{e}_1, \vec{e}_2, \vec{e}_3)$, 对偶基是 $(\vec{e}^1, \vec{e}^2, \vec{e}^3)$. 根据对偶基定义, 有

$$\vec{e}^i \cdot \vec{e}_j = \delta^i_j$$

于是

$$\vec{e}^i \cdot \vec{e}_i = 1$$

又 $\vec{e}_i$ 是单位正交基 $|\vec{e}_i| = 1$, 故有 $|\vec{e}^i| = |\vec{e}_i| = 1$, $\cos(\vec{e}^i, \vec{e}_i) = 0$, $\vec{e}_i$ 与 $\vec{e}^i$ 大小相等, 方向相同. 这说明直角坐标系的对偶基与基矢量不但标架相同, 而且指标的次序也是相同的, 两者共用一套坐标架. 因此得到

$$\vec{e}^i = \vec{e}_i \quad (i = 1, 2, 3) \tag{4.3.19}$$

直角坐标系中矢量的协变矢量与逆变矢量表达式分别是

$$\vec{r} = x_1\vec{e}^1 + x_2\vec{e}^2 + x_3\vec{e}^3$$

$$\vec{r} = x^1\vec{e}_1 + x^2\vec{e}_2 + x^3\vec{e}_3$$

将 $\vec{e}_i = \vec{e}^i$ 代入上两式后, 又有

$$x_1 = x^1, \quad x_2 = x^2, \quad x_3 = x^3$$

于是 $r(x_1, x_2, x_3)$ 与 $r(x^1, x^2, x^3)$ 完全等价. 这说明求出的张量协变分量与逆变分量也是相同的, 只可能在排列次序上有所不同.

综上所述, 每一个直角坐标系都只需要取一组单位正交基, 张量的分量也只要取一组. 因为这两个原因, 笛卡儿张量取消了上标和下标、协变与逆变之分, 统一采取了下标表示法, 这就是第 3 章笛卡儿张量仅有下标的原因. 实际上, 笛卡儿张量是一般张量的一种特殊情况. 一切张量只要笛卡儿张量证明是正确的, 欧氏空间对应的其他类型张量应用中也一定是正确的. 另一方面, 工程和科学研究中绝大部分情况都是在直角坐标系下进行的, 研究笛卡儿张量在理论与实践中都非常重要.

4.4 张量的代数运算

张量与笛卡儿张量有类似的代数运算规则, 由于 3.4 节中已对笛卡儿张量代数运算作了详细讨论, 本节只对一般张量作简单叙述, 重点讲述两种情况下不同之处, 并且只考虑欧氏空间 $(N = 3)$ 的张量代数. 需要提醒的是, 一般张量定义在曲线坐标系, 各点是不同的, 因此, 一般张量的代数运算必须在同一点进行.

1. 张量相等与加减法

一般张量有协变、逆变和混合三种不同形式, 如果两个张量的指标及其上下标分布都相同, 称这样两个张量为同类型张量, 简称同型. 只有两个同型张量才能作相等、加减等代数运算. 两个同阶同型张量的分量一一对应相等, 就说两个张量相等. 张量 $\vec{T}$ 和 $\vec{S}$ 相等, 记作

$$\vec{T} = \vec{S} \tag{4.4.1}$$

两个张量只要一种类型相等, 它们其他类型的张量也相等.

张量的加法与减法只能在同型且同阶张量中进行, 所得到的结果称为和或者差. 例如:

$$\vec{T} = T^{i\cdots j}{}_{m\cdots n}\vec{e}_i\cdots\vec{e}_j\vec{e}^m\cdots\vec{e}^n, \quad \vec{S} = S^{i\cdots j}{}_{m\cdots n}\vec{e}_i\cdots\vec{e}_j\vec{e}^m\cdots\vec{e}^n$$

两个张量的和或者差是

$$\vec{T} \pm \vec{S} = T^{i\cdots j}{}_{m\cdots n}\vec{e}_i\cdots\vec{e}_j\vec{e}^m\cdots\vec{e}^n \pm S^{i\cdots j}{}_{m\cdots n}\vec{e}_i\cdots\vec{e}_j\vec{e}^m\cdots\vec{e}^n$$

$$= \left(T^{i\cdots j}{}_{m\cdots n} \pm S^{i\cdots j}{}_{m\cdots n}\right)\vec{e}_i\cdots\vec{e}_j\vec{e}^m\cdots\vec{e}^n \tag{4.4.2}$$

张量的和或者差还是张量.

如果两个张量每个分量都相等, $T^{i\cdots j}{}_{m\cdots n} = S^{i\cdots j}{}_{m\cdots n}$, 它们的差称为零张量, 记作

$$\left(T^{i\cdots j}{}_{m\cdots n} - S^{i\cdots j}{}_{m\cdots n}\right)\vec{e}_i\cdots\vec{e}_j\vec{e}^m\cdots\vec{e}^n = 0\vec{e}_i\cdots\vec{e}_j\vec{e}^m\cdots\vec{e}^n = \vec{0}$$

零张量的每一个分量都是零.

2. 张量指标的升降

张量分量的逆变分量、协变分量或者混合分量乘以度规分量, 可以实现不同型张量之间的转换, 称为张量指标的升降.

逆变分量转换成协变分量, 张量指标从上标变成下标, 称为指标下降. 下面是指标下降的原理. 因为 $g_{ij} = \vec{e}_i \cdot \vec{e}_j$, 于是

$$\vec{e}_j = g_{ij}\vec{e}^i$$

而矢量 $\vec{v}$ 可以写成

$$\vec{v} = v^j\vec{e}_j = v^j g_{ij}\vec{e}^i = v_i\vec{e}^i$$

比较上面的后两式, 得到

$$v_i = g_{ij}v^j \tag{4.4.3}$$

上面的计算结果表明矢量的逆变分量转换成了协变分量.

式 (4.4.3) 的矢量逆变分量转换成协变分量的方法对于张量也适用: 用 g_{mn} 乘以欲降标的那个分量, 欲降标那个指标写成哑指标, 自由指标由 g_{mn} 和欲降标分量中的自由指标确定, 然后再按 Einstein 规则求和.

例 4.5　(1) T^{ij} 的 j 降标, T^{ij} 中的 i 降标; (2) $T^{ij}_{\bullet\bullet k}$ 中的 j 降标.

解　(1) g_{mn} 中 m 改成 j, n 改为哑标 s, 有 g_{js}; T^{ij} 中的 j 改为哑标 s, 有 T^{is}. 降标计算式是

$$T^i_{\bullet j} = g_{js}T^{is}$$

g_{mn} 中 m 改成 i, n 改为哑标 s, 有 g_{is}; T^{ij} 中的 i 改为哑标 s, 有 T^{sj}. 降标计算式是

$$T_i^{\bullet j} = g_{is}T^{sj}$$

(2) g_{mn} 中 m 改成 j, n 改为哑标 s, 有 g_{js}; $T^{ij}_{\bullet\bullet k}$ 中 j 改成哑标 s, 有 $T^{is}_{\bullet\bullet k}$. 降标计算式是

$$T^i_{\bullet jk} = g_{js}T^{is}_{\bullet\bullet k}$$

协变分量转换成逆变分量称为升标. 用类似于式 (4.4.3) 的推导方法, 可以求出升标公式是

$$v^i = g^{ji} v_j \tag{4.4.4}$$

协变分量 v_j 被升标为逆变分量.

升标规则同样适用于高阶张量升标. 用逆变度规张量 g^{mn} 乘以欲升标的那个张量, 欲升标的那个下标改成哑标, 自由指标由度规张量 g^{mn} 和欲升标分量中自由指标确定, 然后再按 Einstein 约定求和.

例 4.6 T_{ij} 的 i 升标; $T^{i\bullet k}_{\bullet j}$ 的 j 升标.

解 把 g^{mn} 中 m 改成哑标 s, n 改成 i, 有 g^{si}; T_{ij} 中 i 改成哑标 s, 有 T_{sj}. 升标计算式是

$$T^{i}_{\bullet j} = g^{si} T_{sj}$$

把 g^{mn} 中 m 改成哑标 s, n 改成 j, 有 g^{sj}; $T^{i\bullet k}_{\bullet j}$ 的 j 改成哑标 s, 有 $T^{i\bullet k}_{\bullet s}$. 升标计算式是

$$T^{ijk} = g^{sj} T^{i\bullet k}_{\bullet s}$$

同理可有

$$T^{ij} = g^{si} g^{kj} T_{sk}, \quad T_{ij} = g_{is} g_{jk} T^{sk}$$

3. 张量的乘法

张量的乘积可以称为并积或并矢、外积. 一般张量乘积类似于笛卡儿张量, 同阶或不同阶, 同型或者不同型张量都可以作乘积. 例如, 混合张量是

$$\begin{aligned}
&\vec{T} = T^{i\cdots j}{}_{k\cdots l} \vec{e}_i \cdots \vec{e}_j \vec{e}^k \cdots \vec{e}^l, \quad \vec{S} = S^{p\cdots q}{}_{m\cdots n} \vec{e}_p \cdots \vec{e}_q \vec{e}^m \cdots \vec{e}^n \\
&\vec{M} = \vec{T}\vec{S} = \left(T^{i\cdots j}{}_{k\cdots l} \vec{e}_i \cdots \vec{e}_j \vec{e}^k \cdots \vec{e}^l\right)\left(S^{p\cdots q}{}_{m\cdots n} \vec{e}_p \cdots \vec{e}_q \vec{e}^m \cdots \vec{e}^n\right) \\
&\quad\; = T^{i\cdots j}{}_{k\cdots l} S^{p\cdots q}{}_{m\cdots n} \vec{e}_i \cdots \vec{e}_j \vec{e}^k \cdots \vec{e}^l \vec{e}_p \cdots \vec{e}_q \vec{e}^m \cdots \vec{e}^n
\end{aligned} \tag{4.4.5}$$

乘积张量的阶数是参加相乘的张量阶数之和, 乘积与次序有关, 不符合交换定律.

4. 张量的缩并

张量的缩并运算必须对于一个协并和一个逆变指标进行, 否则其结果可能不是张量. 一般张量的缩并方法与笛卡儿张量缩并类似, 将乘积中相应指标缩并, 然后对于重复指标求和, 其和就是缩并的张量. 缩并后的张量比原张量低两阶. 缩并算法如下:

(1) 将乘积中缩并的基 $\vec{e}^i$ 与对偶基 $\vec{e}_j$ 改成点积 $\vec{e}^i \cdot \vec{e}_j$;

(2) 将 $\vec{e}^i \cdot \vec{e}_j = \delta^i_j$ 代入原张量中求和, 得到缩并后的张量.

下面的例题是缩并算法的例子.

例 4.7 $\vec{T}=T^{ij}_{\bullet\bullet mn}\vec{e}_i\vec{e}_j\vec{e}^m\vec{e}^n$, 对于 j 和 n 缩并.

解 解法如下:

$$\vec{T}=T^{ij}_{\bullet\bullet mn}\left(\vec{e}_j\cdot\vec{e}^n\right)\vec{e}_i\vec{e}^m=T^{ij}_{\bullet\bullet mn}\delta^n_j\vec{e}_i\vec{e}^m=T^{ij}_{\bullet\bullet mj}\vec{e}_i\vec{e}^m=S^i_{\bullet m}\vec{e}_i\vec{e}^m$$

混合分量意义如下:

$$T^{ij}_{\bullet\bullet mj}=T^{i1}_{\bullet\bullet m1}+T^{i2}_{\bullet\bullet m2}+T^{i3}_{\bullet\bullet m3}=S^i_{\bullet m}$$

5. 张量内积

张量内积有单点积和多点积, 下面逐一介绍.

(1) 张量的单点积

单点积的定义为两个张量先求乘积, 然后将两个张量缩并, 缩并的指标是前一个张量分量的最后一个指标和后一个张量的第一个指标. 下面是一个示例.

$$\begin{aligned}
&\vec{T}=T^{ij}_{\bullet\bullet kl}\vec{e}_i\vec{e}_j\vec{e}^k\vec{e}^l,\quad \vec{S}=S^{pq}_{\bullet\bullet rs}\vec{e}_p\vec{e}_q\vec{e}^r\vec{e}^s\\
&\vec{M}=\vec{T}\cdot\vec{S}=\left(T^{ij}_{\bullet\bullet kl}\vec{e}_i\vec{e}_j\vec{e}^k\vec{e}^l\right)\cdot\left(S^{pq}_{\bullet\bullet rs}\vec{e}_p\vec{e}_q\vec{e}^r\vec{e}^s\right)\\
&\quad=T^{ij}_{\bullet\bullet kl}S^{pq}_{\bullet\bullet rs}\vec{e}_i\vec{e}_j\vec{e}^k\left(\vec{e}^l\cdot\vec{e}_p\right)\vec{e}_q\vec{e}^r\vec{e}^s=T^{ij}_{\bullet\bullet kl}S^{pq}_{\bullet\bullet rs}\delta^l_p\vec{e}_i\vec{e}_j\vec{e}^k\vec{e}_q\vec{e}^r\vec{e}^s\\
&\quad=T^{ij}_{\bullet\bullet kp}S^{pq}_{\bullet\bullet rs}\vec{e}_i\vec{e}_j\vec{e}^k\vec{e}_q\vec{e}^r\vec{e}^s=M^{ij\bullet q}_{\bullet\bullet k\bullet rs}\vec{e}_i\vec{e}_j\vec{e}^k\vec{e}_q\vec{e}^r\vec{e}^s
\end{aligned}$$

当两个张量都是一阶张量 (矢量) 时, 以上运算过程是矢量点积, 计算中两个矢量是可以交换的. 但是, 只要有一个是两阶以上的张量, 则点积是不可以交换的.

(2) 张量的多点积

这里以应用较多的双点积为例讨论多点积. 算法如下: 先把两个张量写成乘法形式, 然后把前一个张量中的并基中最后两个基矢量与后一个张量前两个基矢量分别进行缩并, 称为双点积. 一般张量的双点积与笛卡儿张量双点积类似, 分为串联式与并联式, 分别以例题形式介绍如下.

$$\vec{T}=T^{ij}_{\bullet\bullet kl}\vec{e}_i\vec{e}_j\vec{e}^k\vec{e}^l,\quad \vec{S}=S^{pq}_{\bullet\bullet rs}\vec{e}_p\vec{e}_q\vec{e}^r\vec{e}^s$$

并联式:

$$\begin{aligned}
\vec{M}&=\vec{T}:\vec{S}=\left(T^{ij}_{\bullet\bullet kl}\vec{e}_i\vec{e}_j\vec{e}^k\vec{e}^l\right):\left(S^{pq}_{\bullet\bullet rs}\vec{e}_p\vec{e}_q\vec{e}^r\vec{e}^s\right)\\
&=T^{ij}_{\bullet\bullet kl}S^{pq}_{\bullet\bullet rs}\vec{e}_i\vec{e}_j\left(\vec{e}^k\cdot\vec{e}_p\right)\left(\vec{e}^l\cdot\vec{e}_q\right)\vec{e}^r\vec{e}^s=T^{ij}_{\bullet\bullet kl}S^{pq}_{\bullet\bullet rs}\delta^k_p\delta^l_q\vec{e}_i\vec{e}_j\vec{e}^r\vec{e}^s\\
&=T^{ij}_{\bullet\bullet kl}S^{kl}_{\bullet\bullet rs}\vec{e}_i\vec{e}_j\vec{e}^r\vec{e}^s=M^{ij}_{\bullet\bullet rs}\vec{e}_i\vec{e}_j\vec{e}^r\vec{e}^s
\end{aligned}$$

串联式:

$$
\begin{aligned}
\vec{N}=\vec{T}\cdot\vec{S}&=\left(T^{ij}_{\bullet\bullet kl}\vec{e}_i\vec{e}_j\vec{e}^k\vec{e}^l\right)\cdot\left(S^{pq}_{\bullet\bullet rs}\vec{e}_p\vec{e}_q\vec{e}^r\vec{e}^s\right)\\
&=T^{ij}_{\bullet\bullet kl}S^{pq}_{\bullet\bullet rs}\vec{e}_i\vec{e}_j\left(\vec{e}^k\cdot\vec{e}_q\right)\left(\vec{e}^l\cdot\vec{e}_p\right)\vec{e}^r\vec{e}^s=T^{ij}_{\bullet\bullet kl}S^{pq}_{\bullet\bullet rs}\delta^k_q\delta^l_p\vec{e}_i\vec{e}_j\vec{e}^r\vec{e}^s\\
&=T^{ij}_{\bullet\bullet kl}S^{lk}_{\bullet\bullet rs}\vec{e}_i\vec{e}_j\vec{e}^r\vec{e}^s=N^{ij}_{\bullet\bullet rs}\vec{e}_i\vec{e}_j\vec{e}^r\vec{e}^s
\end{aligned}
$$

上面的计算结果说明并联式多点积与串联式多点积是不相等的.

6. 张量的叉积

笛卡儿张量的叉积需要用三阶张量 Levi-Civita, 一般张量的叉积也会用到一个类似的三阶张量 Eddington, 下面先引入此张量, 再计算叉积.

(1) Eddington 张量

度规张量 $\vec{G}$ 协变量写成矩阵形式为

$$
\vec{G}=\left(g_{ij}\right)_{3\times 3}
$$

此矩阵的行列式是

$$
g=\left|g_{ij}\right|=\begin{vmatrix} g_{11} & g_{12} & g_{13}\\ g_{21} & g_{22} & g_{23}\\ g_{31} & g_{32} & g_{33}\end{vmatrix} \tag{4.4.6}
$$

度规张量 $\vec{G}$ 逆变量也是一个 3×3 矩阵, 其行列式是

$$
\left|g^{ij}\right|=\begin{vmatrix} g^{11} & g^{12} & g^{13}\\ g^{21} & g^{22} & g^{23}\\ g^{31} & g^{32} & g^{33}\end{vmatrix} \tag{4.4.7}
$$

又因为 $\vec{e}_i\cdot\vec{e}_j=g_{ij}$, $\vec{e}_i=g_{ij}\vec{e}^j$, 于是

$$
\vec{e}_i\cdot\vec{e}^j=\left(g_{ik}\vec{e}^k\right)\cdot\left(\vec{e}^j\right)=g_{ik}\left(\vec{e}^k\cdot\vec{e}^j\right)=g_{ik}g^{kj}
$$

而 $\vec{e}_i\cdot\vec{e}^j=\delta^j_i$, 故有

$$
g_{ik}g^{kj}=\delta^j_i \tag{4.4.8}
$$

联立式 (4.4.6)—(4.4.8), 可得到

$$
\left|g_{ij}\right|\cdot\left|g^{ij}\right|=1 \tag{4.4.9}
$$

定义矢量的混合积是

$$\vec{a}\cdot\left(\vec{b}\times\vec{c}\right)=\left(\vec{a}\vec{b}\vec{c}\right)$$

可以证明

$$\left(\vec{e}_1\vec{e}_2\vec{e}_3\right)^2=\left|g_{ij}\right|=g$$

$$\left(\vec{e}^1\vec{e}^2\vec{e}^3\right)^2=\left|g^{ij}\right|=1/g$$

上两式联立式 (4.4.9) 可以得到

$$\left(\vec{e}_1\vec{e}_2\vec{e}_3\right)=\pm\sqrt{g} \tag{4.4.10a}$$

$$\left(\vec{e}^1\vec{e}^2\vec{e}^3\right)=\pm 1/\sqrt{g} \tag{4.4.10b}$$

根据式 (4.4.10) 的结果引入两个张量

$$\varepsilon_{ijk}=\left(\vec{e}_i\vec{e}_j\vec{e}_k\right)=\begin{cases}\sqrt{g}, & i,j,k\ \text{为偶排列}\\ -\sqrt{g}, & i,j,k\ \text{为奇排列}\\ 0, & i=j\ \text{或}\ i=k\ \text{或}\ j=k\end{cases} \tag{4.4.11}$$

$$\varepsilon^{ijk}=\left(\vec{e}^i\vec{e}^j\vec{e}^k\right)=\begin{cases}1/\sqrt{g}, & i,j,k\ \text{为偶排列}\\ -1/\sqrt{g}, & i,j,k\ \text{为奇排列}\\ 0, & i=j\ \text{或}\ i=k\ \text{或}\ j=k\end{cases} \tag{4.4.12}$$

ε_{ijk} 是三阶协变张量分量, 证明如下:

$$\begin{aligned}\varepsilon_{i'j'k'}&=\left(\vec{e}_{i'}\vec{e}_{j'}\vec{e}_{k'}\right)=\vec{e}_{i'}\cdot\left(\vec{e}_{j'}\times\vec{e}_{k'}\right)\\&=\left(\beta_{i'}^{i}\vec{e}_i\right)\cdot\left(\beta_{j'}^{j}\vec{e}_j\times\beta_{k'}^{k}\vec{e}_k\right)\\&=\beta_{i'}^{i}\beta_{j'}^{j}\beta_{k'}^{k}\vec{e}_i\cdot\left(\vec{e}_j\times\vec{e}_k\right)=\beta_{i'}^{i}\beta_{j'}^{j}\beta_{k'}^{k}\varepsilon_{ijk}\end{aligned}$$

同理可证

$$\varepsilon^{i'j'k'}=\beta_i^{i'}\beta_j^{j'}\beta_k^{k'}\varepsilon^{ijk}$$

即 ε^{ijk} 是三阶逆变张量分量.

由于

$$\begin{aligned}\varepsilon_{ijk}&=\vec{e}_i\cdot\left(\vec{e}_j\times\vec{e}_k\right)=g_{ir}\vec{e}^r\cdot\left(g_{js}\vec{e}^s\right)\times\left(g_{kt}\vec{e}^t\right)\\&=g_{ir}g_{js}g_{kt}\vec{e}^r\cdot\left(\vec{e}^s\times\vec{e}^t\right)=g_{ir}g_{js}g_{kt}\varepsilon^{rst}\end{aligned} \tag{4.4.13}$$

上式说明 ε_{ijk} 是 ε^{rst} 降标而来, 所以 ε_{ijk} 和 ε^{rst} 是同一个张量的协变分量和逆变分量, 称这个三阶张量为 Eddington 张量, 记作

$$\vec{\varepsilon}=\varepsilon_{ijk}\vec{e}^i\vec{e}^j\vec{e}^k=\varepsilon^{ijk}\vec{e}_i\vec{e}_j\vec{e}_k\quad(i,j,k=1,2,3) \tag{4.4.14}$$

(2) 张量的叉积

1) 单叉积和运算

通常称张量单叉积为叉积, 张量的叉积可以用 Eddington 张量表示出来. 设有矢量 $\vec{u}$, $\vec{v}$ 和 $\vec{w}$, 分别是

$$\vec{u} = u^i\vec{e}_i, \quad \vec{v} = v^i\vec{e}_i, \quad \vec{w} = w^i\vec{e}_i \tag{4.4.15}$$

$\vec{T} = \vec{u} \times \vec{v} = T_i\vec{e}^i$ 的协变分量是

$$\begin{aligned} T_i = \vec{T} \cdot \vec{e}_i &= (\vec{u} \times \vec{v}) \cdot \vec{e}_i = \left(u^j\vec{e}_j \times v^k\vec{e}_k\right) \cdot \vec{e}_i \\ &= u^j v^k \vec{e}_i \cdot (\vec{e}_j \times \vec{e}_k) = u^j v^k \varepsilon_{ijk} \end{aligned}$$

于是矢量 $\vec{T}$ 可以用 Eddington 张量表示为

$$\vec{T} = \vec{u} \times \vec{v} = u^j v^k \varepsilon_{ijk} \vec{e}^i \tag{4.4.16}$$

又因为

$$\vec{T} = \vec{u} \times \vec{v} = u^j v^k \vec{e}_j \times \vec{e}_k \tag{4.4.17}$$

式 (4.4.16) 和 (4.4.17) 两式是相等的, 比较两式得到基矢量的叉积表达式是

$$\vec{e}_j \times \vec{e}_k = \varepsilon_{ijk}\vec{e}^i \tag{4.4.18}$$

同理可得

$$\vec{e}^j \times \vec{e}^k = \varepsilon^{ijk}\vec{e}_i \tag{4.4.19}$$

式 (4.4.18) 和式 (4.4.19) 是非常重要的叉积表达式, 常用来计算张量的叉积.

张量的叉积与张量的点积是类似的. 首先对于两个张量作乘法, 得到它们的并矢表达式, 然后对于前一个张量最后一个指标的基 (或对偶基) 与后一个张量指标的第一个基 (或者对偶基) 作叉积运算. 叉积运算的两个基总是同型的, 如果不是同型基, 应当用度规张量将第二个基转换成同型基. 基或者对偶基的叉积运算可用式 (4.4.18) 或者式 (4.4.19). 下面以二阶张量为例说明叉积运算过程. 设

$$\vec{T} = T_{ij}\vec{e}^i\vec{e}^j, \quad \vec{S} = S_{mn}\vec{e}^m\vec{e}^n$$

$$\begin{aligned} \vec{M} = \vec{T} \times \vec{S} &= \left(T_{ij}\vec{e}^i\vec{e}^j\right) \times \left(S_{mn}\vec{e}^m\vec{e}^n\right) \\ &= T_{ij}S_{mn}\vec{e}^i\left(\vec{e}^j \times \vec{e}^m\right)\vec{e}^n = T_{ij}S_{mn}\vec{e}^i\varepsilon^{kjm}\vec{e}_k\vec{e}^n \\ &= T_{ij}S_{mn}\varepsilon^{kjm}\vec{e}^i\vec{e}_k\vec{e}^n \end{aligned}$$

上式值得注意的是叉积运算结果有可能改变张量的类型.

实际上叉积也是一种缩并, 但是缩并的项数是由 Eddington 张量决定的. 由于两个矢量的叉积仍然还是矢量, 所以张量叉积后得到的张量阶数是原张量乘积的阶数再减一. 上面示例张量 $\vec{M}$ 的阶数是 $2+2-1=3$.

2) 多叉积和混积

多叉积类似于多点积, 只是点积 “·” 改成了 “×”, 下面仍用例题说明多叉积运算过程. 设

$$\vec{T} = T_{ij}\vec{e}^{\,i}\vec{e}^{\,j}, \quad \vec{H} = H_{mn}\vec{e}^{\,m}\vec{e}^{\,n}$$

双叉积是

$$\begin{aligned}\vec{M} = \vec{T} \overset{\times}{\times} \vec{H} &= \left(T_{ij}\vec{e}^{\,i}\vec{e}^{\,j}\right) \overset{\times}{\times} \left(H_{mn}\vec{e}^{\,m}\vec{e}^{\,n}\right)\\ &= T_{ij}H_{mn}\left(\vec{e}^{\,i} \times \vec{e}^{\,m}\right)\left(\vec{e}^{\,j} \times \vec{e}^{\,n}\right) = T_{ij}H_{mn}\varepsilon^{sim}\vec{e}_s\varepsilon^{tjn}\vec{e}_t\\ &= T_{ij}H_{mn}\varepsilon^{sim}\varepsilon^{tjn}\vec{e}_s\vec{e}_t\end{aligned}$$

除了多叉积, 还有叉积与点积的混积. 设

$$\vec{T} = T_{ij}\vec{e}^{\,i}\vec{e}^{\,j}, \quad \vec{H} = H^{m}_{\bullet n}\vec{e}_m\vec{e}^{\,n}$$

第一种混积是

$$\begin{aligned}\vec{M} = \vec{T} \overset{\cdot}{\times} &= T_{ij}\vec{e}^{\,i}\vec{e}^{\,j} \overset{\cdot}{\times} H^{m}_{\bullet n}\vec{e}_m\vec{e}^{\,n}\\ &= T_{ij}H^{m}_{\bullet n}\left(\vec{e}^{\,i} \cdot \vec{e}_m\right)\left(\vec{e}^{\,j} \times \vec{e}^{\,n}\right) = T_{ij}H^{m}_{\bullet n}\delta^{i}_{m}\varepsilon^{sjn}\vec{e}_s\end{aligned}$$

第二种混积是

$$\vec{T} = T_{ij}\vec{e}^{\,i}\vec{e}^{\,j}, \quad \vec{H} = H^{\bullet n}_{m}\vec{e}^{\,m}\vec{e}_n$$

$$\begin{aligned}\vec{M} = \vec{T} \overset{\times}{\cdot} &= T_{ij}\vec{e}^{\,i}\vec{e}^{\,j} \overset{\times}{\cdot} H^{\bullet n}_{m}\vec{e}^{\,m}\vec{e}_n\\ &= T_{ij}H^{\bullet n}_{m}\left(\vec{e}^{\,i} \times \vec{e}^{\,m}\right)\left(\vec{e}^{\,j} \cdot \vec{e}_n\right) = T_{ij}H^{\bullet n}_{m}\delta^{j}_{n}\varepsilon^{sim}\vec{e}_s\end{aligned}$$

注意: 上面的所有点积、叉积和混积运算中, 运算的基或者对偶基不符合要求时, 均需要用度规张量化成所需要的基矢量或者对偶基.

7. 张量的转置、对称与反对称

(1) 张量的转置

张量的转置是指保持基矢量与对偶基矢量排列顺序不变, 每一个分量指标的水平位置不变, 调换张量分量的指标的次序, 称此张量为原张量的转置张量. 例如

$$\vec{T} = T^{ij}_{\bullet\bullet kmn}\vec{e}_i\vec{e}_j\vec{e}^k\vec{e}^m\vec{e}^n$$

求它的第 1 个指标和第 3 个指标的转置张量. 作转置张量时 i, j 必须保持在上水平线, k, m, n 必须在下水平线, 然后将第 1 个指标 i 调到第 3 个位置, 第 3 个指标 k 调到第 1 个位置, 于是转置后的张量分量是

$$S_{k\bullet\bullet mn}^{\bullet ji}$$

转置张量是

$$\vec{S} = S_{k\bullet\bullet mn}^{\bullet ji}\vec{e}_i\vec{e}_j\vec{e}^k\vec{e}^m\vec{e}^n$$

由于基矢量与对偶基矢量排列顺序保持不变, 转置张量并不等于原张量.

二阶张量仅有一个转置张量, 称此转置张量为原二阶张量的共轭张量.

(2) 张量的对称性与反对称性

一般张量的对称性与反对称性与笛卡儿张量相同, 请读者参考第 3 章有关内容.

4.5 基矢量的导数与 Christoffel 符号

直线坐标系中基矢量是一个常矢量, 基矢量在每一点都是不变的, 张量函数求导时无须考虑基矢量的变化. 曲线坐标系的情况比较复杂, 张量的基矢量与对偶基矢量是局域的, 会随着位置坐标而改变, 求导时不但要考虑张量分量随着坐标变化情况, 还要计算基矢量或者对偶基的导数.

例如 $\vec{T} = T(x^1, x^2, x^3)$, 假设 $\vec{T}$ 是二阶张量, 有

$$\vec{T} = T^{ij}\vec{e}_i\vec{e}_j$$

于是它的偏导数是

$$\frac{\partial \vec{T}}{\partial x^1} = \frac{\partial T^{ij}}{\partial x^1}\vec{e}_i\vec{e}_j + T^{ij}\frac{\partial \vec{e}_i}{\partial x^1}\vec{e}_j + T^{ij}\vec{e}_i\frac{\partial \vec{e}_j}{\partial x^1}$$

注意 $\dfrac{\partial \vec{e}_i}{\partial x^1}$ 是一个矢量导数, 基矢量的导数又生成了新的矢量, 所以张量的导数由两部分组成: 协变 (逆变) 分量导数与基矢量 (对偶基) 的导数. 为了简化求导过程和导数表达式, 张量理论中引入 Christoffel 符号记录基矢量 (对偶基) 导数, 下面先介绍 Christoffel 符号, 再计算张量的导数.

1. Christoffel 符号

曲线坐标中点 P 处的基矢量 $\vec{e}_i$ 是一个关于坐标 x^i 的变矢量, 其偏导数可以写成

$$\frac{\partial \vec{e}_i}{\partial x^j}=\Gamma_{ij}^k\vec{e}_k \quad (k=1,2,3) \tag{4.5.1}$$

Γ_{ij}^k 的定义如图 4.7(a) 所示, 此符号称为第二类 Christoffel 符号, 广泛用于欧氏空间的张量计算. 一个例子是矢量有两个方向 (x^1,x^2), 两个基矢量是 $\vec{e}_1$ 和 $\vec{e}_2$. $\vec{e}_1$ 在 x^2 方向导数有两个分量 $\Gamma_{12}^1=x^2$, $\Gamma_{12}^2=x^1$, 可以写出下式

$$\frac{\partial \vec{e}_1}{\partial x^2}=\Gamma_{12}^k\vec{e}_k=\Gamma_{12}^1\vec{e}_1+\Gamma_{12}^2\vec{e}_2=x^2\vec{e}_1+x^1\vec{e}_2$$

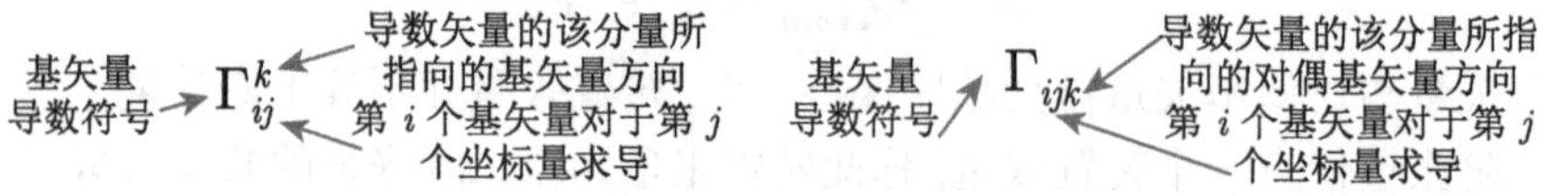

基矢量导数符号 → Γ_{ij}^k ← 导数矢量的该分量所指向的基矢量方向；← 第 i 个基矢量对于第 j 个坐标量求导

(a)

基矢量导数符号 → Γ_{ijk} ← 导数矢量的该分量所指向的对偶基矢量方向；← 第 i 个基矢量对于第 j 个坐标量求导

(b)

图 4.7 (a) 第二类 Christoffel 符号的意义; (b) 第一类 Christoffel 符号的意义

三维欧氏空间中基矢量的偏导数可以写成

$$\frac{\partial \vec{e}_1}{\partial x^1}=\Gamma_{11}^k\vec{e}_k,\quad \frac{\partial \vec{e}_1}{\partial x^2}=\Gamma_{12}^k\vec{e}_k,\quad \frac{\partial \vec{e}_1}{\partial x^3}=\Gamma_{13}^k\vec{e}_k$$

$$\frac{\partial \vec{e}_2}{\partial x^1}=\Gamma_{21}^k\vec{e}_k,\quad \frac{\partial \vec{e}_2}{\partial x^2}=\Gamma_{22}^k\vec{e}_k,\quad \frac{\partial \vec{e}_2}{\partial x^3}=\Gamma_{23}^k\vec{e}_k$$

$$\frac{\partial \vec{e}_3}{\partial x^1}=\Gamma_{31}^k\vec{e}_k,\quad \frac{\partial \vec{e}_3}{\partial x^2}=\Gamma_{32}^k\vec{e}_k,\quad \frac{\partial \vec{e}_3}{\partial x^3}=\Gamma_{13}^k\vec{e}_k$$

Γ_{ij}^k 共有 27 个量, 如果不用 Christoffel 符号, 无法写出全部表达式.

点 P 处的基矢量 $\vec{e}_i$ 是一个关于坐标 x^i 的偏导数, 还可以用对偶基写成

$$\frac{\partial \vec{e}_i}{\partial x^j}=\Gamma_{ijk}\vec{e}^k \quad (k=1,2,3) \tag{4.5.2}$$

Γ_{ijk} 的定义如图 4.7(b) 所示, 此符号称为第一类 Christoffel 符号, 第一类 Christoffel 符号常用在广义相对论中.

注意 Γ_{ij}^k 和 Γ_{ijk} 符号本身是一个标量, 后面跟着矢量, 这说明它们应当是相应方向的导数值, 无论哪一类 Christoffel 符号, 都很难从坐标系中直接求出它们的值.

2. 第二类 Christoffel 符号的性质

第二类 Christoffel 符号的性质如下.

(1) Γ_{ij}^k 不是张量, 证明如下.

直线坐标系中 $\vec{e}_i$ 是常矢量, 其导数都是零, 故有

$$\Gamma_{ij}^k = 0 \quad (i, j, k = 1, 2, 3)$$

很明显, 当 Γ_{ij}^k 变换到曲线坐标系时, 也是零张量, 它的每一个分量都是零. 但是曲线坐标系中 $\vec{e}_i$ 是变矢量, 于是

$$\Gamma_{ij}^k \neq 0 \quad (i, j, k = 1, 2, 3)$$

因此 Γ_{ij}^k 不是张量. 同理第一类 Christoffel 符号 Γ_{ijk} 也不是张量.

(2) 第二类 Christoffel 符号

$$\Gamma_{ij}^k = \Gamma_{ji}^k \tag{4.5.3}$$

根据基矢量的定义可知

$$\vec{e}_i = \frac{\partial \vec{r}}{\partial x^i}, \quad \vec{e}_j = \frac{\partial \vec{r}}{\partial x^j}$$

二阶导矢量分别是

$$\frac{\partial \vec{e}_i}{\partial x^j} = \frac{\partial^2 \vec{r}}{\partial x^i \partial x^j}, \quad \frac{\partial \vec{e}_j}{\partial x^i} = \frac{\partial^2 \vec{r}}{\partial x^j \partial x^i}$$

因为 $\vec{r}$ 有任意阶偏导数, 求导次序是可以交换的, 所以二阶偏导数是相等的, 即

$$\frac{\partial \vec{e}_i}{\partial x^j} = \frac{\partial^2 \vec{r}}{\partial x^i \partial x^j} = \frac{\partial^2 \vec{r}}{\partial x^j \partial x^i} = \frac{\partial \vec{e}_j}{\partial x^i} \Rightarrow \Gamma_{ij}^k \vec{e}_k = \Gamma_{ji}^k \vec{e}_k$$

于是有 $\Gamma_{ij}^k = \Gamma_{ji}^k$.

对于第一类 Christoffel 符号用类似于上面的推导有

$$\Gamma_{ijk} = \Gamma_{jik} \tag{4.5.4}$$

第 2 章曲面论中式 (2.9.1) 已经引入了第二类 Christoffel 符号. 对于 $\vec{r}_{uu}$, $\vec{r}_{uv}$ 和 $\vec{r}_{vv}$ 求导中包含了对于基矢量的求导, 曲面的基矢量只有两个, 这样 $i, j, k = 1, 2$, 有 Γ_{11}^1, Γ_{11}^2, Γ_{12}^1, Γ_{12}^2, Γ_{21}^1, Γ_{21}^2, Γ_{22}^1, Γ_{22}^2 共 8 个量. 而 $\Gamma_{21}^k = \Gamma_{12}^k$, 式 (2.9.1) 中仅有 6 个独立的 Γ_{ij}^k.

(3) 第二类 Christoffel 符号可以被表示成

$$\Gamma_{ij}^k = \vec{e}^k \cdot \frac{\partial \vec{e}_i}{\partial x^j} \tag{4.5.5}$$

证明　Christoffel 定义式 (4.5.1) 两边点乘 $\vec{e}^m$, 得到

$$\vec{e}^m \cdot \frac{\partial \vec{e}_i}{\partial x^j} = \vec{e}^m \cdot \Gamma_{ij}^k \vec{e}_k = \Gamma_{ij}^k \vec{e}^m \cdot \vec{e}_k = \Gamma_{ij}^k \delta_k^m$$

上式两边取 $m = k$, 即有

$$\vec{e}^k \cdot \frac{\partial \vec{e}_i}{\partial x^j} = \Gamma_{ij}^k$$

[证毕]

注意上式是可以作为定义式直接计算第二类 Christoffel 符号的.

同理可以求出第一类 Christoffel 符号计算公式

$$\vec{e}_k \cdot \frac{\partial \vec{e}_i}{\partial x^j} = \Gamma_{ijk} \tag{4.5.6}$$

(4) 对偶基矢量 $\vec{e}^i$ 偏导数与第二类 Christoffel 符号关系是

$$\frac{\partial \vec{e}^i}{\partial x^j} = -\Gamma_{jk}^i \vec{e}^k \tag{4.5.7}$$

证明　基与对偶基的关系是

$$\vec{e}^i \cdot \vec{e}_m = \delta_m^i$$

上式对于 x^j 的导数是

$$\frac{\partial \vec{e}^i}{\partial x^j} \cdot \vec{e}_m + \vec{e}^i \cdot \frac{\partial \vec{e}_m}{\partial x^j} = 0$$

将式 (4.5.5) 代入上式, 两边点乘 $\vec{e}^k$, 得到

$$\frac{\partial \vec{e}^i}{\partial x^j} \cdot \vec{e}_m \cdot \vec{e}^k = -\Gamma_{mj}^i \vec{e}^k, \quad \frac{\partial \vec{e}^i}{\partial x^j} \delta_m^k = -\Gamma_{mj}^i \vec{e}^k$$

$$\frac{\partial \vec{e}^i}{\partial x^j} = -\Gamma_{kj}^i \vec{e}^k = -\Gamma_{jk}^i \vec{e}^k$$

[证毕]

3. Christoffel 符号与度规张量的关系

从坐标中直接求 Christoffel 符号比较困难, 大部分情况下可以预先得知问题的度规张量, 如果能从度规张量中算出 Christoffel 符号, 就降低了求导过程的复杂程度. 下面就推导 Christoffel 符号与度规张量的关系.

根据式 (4.5.5) 可知

$$\Gamma_{ij}^m = \vec{e}^m \cdot \frac{\partial \vec{e}_i}{\partial x^j}$$

从式 (4.5.3) 的推导过程可知 $\dfrac{\partial \vec{e}_i}{\partial x^j} = \dfrac{\partial \vec{e}_j}{\partial x^i}$, 于是上式可以写成

$$\Gamma_{ij}^m = \frac{1}{2}\vec{e}^m \cdot \frac{\partial \vec{e}_i}{\partial x^j} + \frac{1}{2}\vec{e}^m \cdot \frac{\partial \vec{e}_j}{\partial x^i}$$

$$
\begin{aligned}
&=\frac{1}{2}\vec{e}^{m}\cdot\frac{\partial\vec{e}_i}{\partial x^j}+\left(\frac{1}{2}g^{km}\frac{\partial\vec{e}_k}{\partial x^j}\cdot\vec{e}_i-\frac{1}{2}g^{km}\frac{\partial\vec{e}_j}{\partial x^k}\cdot\vec{e}_i\right)\\
&\quad+\frac{1}{2}\vec{e}^{m}\cdot\frac{\partial\vec{e}_j}{\partial x^i}+\left(\frac{1}{2}g^{km}\frac{\partial\vec{e}_k}{\partial x^i}\cdot\vec{e}_j-\frac{1}{2}g^{km}\frac{\partial\vec{e}_i}{\partial x^k}\cdot\vec{e}_j\right)
\end{aligned}
\tag{4.5.8}
$$

由于 $\dfrac{\partial\vec{e}_k}{\partial x^j}=\dfrac{\partial\vec{e}_j}{\partial x^k},\dfrac{\partial\vec{e}_k}{\partial x^i}=\dfrac{\partial\vec{e}_i}{\partial x^k}$, 上式中括号的值都是零. 又因为 $\vec{e}^k\cdot\vec{e}^m=g^{km}$, 所以 $\vec{e}^m=g^{km}\vec{e}_k$, 将此式代入式 (4.5.8) 的右边, 得到

$$
\begin{aligned}
\Gamma_{ij}^m=&\frac{1}{2}g^{km}\vec{e}_k\cdot\frac{\partial\vec{e}_i}{\partial x^j}+\left(\frac{1}{2}g^{km}\frac{\partial\vec{e}_k}{\partial x^j}\cdot\vec{e}_i-\frac{1}{2}g^{km}\frac{\partial\vec{e}_j}{\partial x^k}\cdot\vec{e}_i\right)\\
&+\frac{1}{2}g^{km}\vec{e}_k\cdot\frac{\partial\vec{e}_j}{\partial x^i}+\left(\frac{1}{2}g^{km}\frac{\partial\vec{e}_k}{\partial x^i}\cdot\vec{e}_j-\frac{1}{2}g^{km}\frac{\partial\vec{e}_i}{\partial x^k}\cdot\vec{e}_j\right)\\
=&\frac{1}{2}g^{km}\left\{\left(\vec{e}_k\cdot\frac{\partial\vec{e}_i}{\partial x^j}+\vec{e}_i\cdot\frac{\partial\vec{e}_k}{\partial x^j}\right)+\left(\vec{e}_k\cdot\frac{\partial\vec{e}_j}{\partial x^i}+\frac{\partial\vec{e}_k}{\partial x^i}\cdot\vec{e}_j\right)-\left(\frac{\partial\vec{e}_j}{\partial x^k}\cdot\vec{e}_i+\frac{\partial\vec{e}_i}{\partial x^k}\cdot\vec{e}_j\right)\right\}\\
=&\frac{1}{2}g^{km}\left\{\frac{\partial}{\partial x^j}(\vec{e}_i\cdot\vec{e}_k)+\frac{\partial}{\partial x^i}(\vec{e}_j\cdot\vec{e}_k)-\frac{\partial}{\partial x^k}(\vec{e}_i\cdot\vec{e}_j)\right\}\\
=&\frac{1}{2}g^{km}\left\{\frac{\partial g_{ik}}{\partial x^j}+\frac{\partial g_{jk}}{\partial x^i}-\frac{\partial g_{ij}}{\partial x^k}\right\}
\end{aligned}
$$

最后的结论写出来就是

$$
\Gamma_{ij}^m=\frac{1}{2}g^{km}\left\{\frac{\partial g_{ik}}{\partial x^j}+\frac{\partial g_{jk}}{\partial x^i}-\frac{\partial g_{ij}}{\partial x^k}\right\}\tag{4.5.9}
$$

已知度规张量以后, 不需要逐次计算每一个基矢量的 Γ_{ij}^k, 可用式 (4.5.9) 直接计算 Γ_{ij}^k.

同样的方法可以推导出第一类 Christoffel 符号的度规张量表达式是

$$
\Gamma_{ijk}=\frac{1}{2}\left\{\frac{\partial g_{jk}}{\partial x^i}+\frac{\partial g_{ki}}{\partial x^j}-\frac{\partial g_{ij}}{\partial x^k}\right\}\tag{4.5.10}
$$

例 4.8 求球坐标系的基矢量导数 Γ_{ij}^k.

解 图 4.6 已经给出了球坐标系, 设

$$
x^1=r,\quad x^2=\theta,\quad x^3=\varphi
$$

例 4.4 求出了球坐标系的度规张量是

$$
\vec{G}=(g_{ij})=\begin{bmatrix}1&0&0\\0&r^2&0\\0&0&r^2\sin^2\theta\end{bmatrix}
$$

于是有

$$g_{11}=1,\quad g_{22}=r^2,\quad g_{33}=r^2\sin^2\theta,\quad g_{ij}=0\,(i\neq j)$$

根据式 (4.4.8), $g_{ik}g^{kj}=\delta_i^j$. 可以得到度规张量的逆变分量是

$$\begin{aligned}
&g_{i1}g^{1j}+g_{i2}g^{2j}+g_{i3}g^{3j}=\delta_i^j\quad(i,j=1,2,3)\\
i=1,\quad &g_{11}g^{1j}+g_{12}g^{2j}+g_{13}g^{3j}=\delta_1^j,\\
&g_{11}g^{1j}=\delta_1^j,\quad g^{1j}=\delta_1^j/g_{11},\quad g^{11}=1\\
i=2,\quad &g_{21}g^{1j}+g_{22}g^{2j}+g_{23}g^{3j}=\delta_2^j,\\
&g^{22}=\delta_2^j/g_{22}=1/r^2\\
i=3,\quad &g_{31}g^{1j}+g_{32}g^{2j}+g_{33}g^{3j}=\delta_3^j,\\
&g^{33}=\delta_3^j/g_{33}=1/r^2\sin^2\theta
\end{aligned}$$

于是又有

$$\vec{G}=\left(g^{ij}\right)=\begin{bmatrix}1&0&0\\0&1/r^2&0\\0&0&1/r^2\sin^2\theta\end{bmatrix}$$

度规张量的逆变分量 $g^{ij}=0\,(i\neq j)$, 只有 g^{ii} 三个分量. 用度规张量的逆变分量和式 (4.5.9), 并注意到 $g_{ij}=g_{ji}$, 可以求出第二类 Christoffel 符号是

$$\begin{aligned}
\Gamma_{22}^1&=\frac{1}{2}g^{k1}\left[\frac{\partial g_{2k}}{\partial x^2}+\frac{\partial g_{k2}}{\partial x^2}-\frac{\partial g_{22}}{\partial x^k}\right]\\
&=\frac{1}{2}g^{11}\left[-\frac{\partial g_{22}}{\partial x^1}\right]=\frac{1}{2}\left[-\frac{\partial r^2}{\partial r}\right]=-r\\
\Gamma_{33}^1&=\frac{1}{2}g^{k1}\left[\frac{\partial g_{3k}}{\partial x^3}+\frac{\partial g_{k3}}{\partial x^3}-\frac{\partial g_{33}}{\partial x^k}\right]=\frac{1}{2}g^{11}\left[-\frac{\partial g_{33}}{\partial x^1}\right]\\
&=\frac{1}{2}\left[-\frac{\partial r^2\sin^2\theta}{\partial r}\right]=-r\sin^2\theta\\
\Gamma_{33}^2&=\frac{1}{2}g^{k2}\left[\frac{\partial g_{3k}}{\partial x^3}+\frac{\partial g_{k3}}{\partial x^3}-\frac{\partial g_{33}}{\partial x^k}\right]=\frac{1}{2}g^{22}\left[\frac{\partial g_{32}}{\partial x^3}+\frac{\partial g_{23}}{\partial x^3}-\frac{\partial g_{33}}{\partial x^2}\right]\\
&=\frac{1}{2}\frac{1}{r^2}\left[0+0-\frac{\partial r^2\sin^2\theta}{\partial\theta}\right]=-\sin\theta\cos\theta\\
\Gamma_{12}^2&=\frac{1}{2}g^{k2}\left[\frac{\partial g_{1k}}{\partial x^2}+\frac{\partial g_{k2}}{\partial x^1}-\frac{\partial g_{12}}{\partial x^k}\right]\\
&=\frac{1}{2}g^{22}\left[\frac{\partial g_{22}}{\partial r}\right]=\frac{1}{2}\frac{1}{r^2}\frac{\partial r^2}{\partial r}=\frac{1}{r}
\end{aligned}$$

$$\Gamma_{13}^3 = \frac{1}{2}g^{k3}\left[\frac{\partial g_{1k}}{\partial x^3} + \frac{\partial g_{k3}}{\partial x^1} - \frac{\partial g_{13}}{\partial x^k}\right]$$
$$= \frac{1}{2}g^{33}\left[\frac{\partial g_{33}}{\partial r}\right] = \frac{1}{2}\frac{1}{r^2\sin^2\theta}\frac{\partial r^2\sin^2\theta}{\partial r} = \frac{1}{r}$$
$$\Gamma_{23}^3 = \frac{1}{2}g^{k3}\left[\frac{\partial g_{2k}}{\partial x^3} + \frac{\partial g_{k3}}{\partial x^2} - \frac{\partial g_{23}}{\partial x^k}\right]$$
$$= \frac{1}{2}g^{33}\left[\frac{\partial g_{33}}{\partial \theta}\right] = \frac{1}{2}\frac{1}{r^2\sin^2\theta}\frac{\partial r^2\sin^2\theta}{\partial \theta} = \cot\theta$$

除了 $\Gamma_{12}^2 = \Gamma_{21}^2, \Gamma_{13}^3 = \Gamma_{31}^3, \Gamma_{23}^3 = \Gamma_{32}^3$, 其余的 $\Gamma_{ij}^k = 0\ (i \neq j)$.

令下列矢量为单位矢量:

$$\vec{e}_1 = \vec{r}^\circ, \quad \vec{e}_2 = \vec{\theta}^\circ, \quad \vec{e}_3 = \vec{\varphi}^\circ$$

基矢量的导矢量是

$$\frac{\partial \vec{e}_1}{\partial \theta} = \frac{\partial \vec{e}_1}{\partial x^2} = \Gamma_{12}^k\vec{e}_k = \Gamma_{12}^2\vec{e}_2 = \frac{1}{r}\vec{\theta}^\circ, \quad \frac{\partial \vec{r}}{\partial \theta} = \frac{1}{r}\vec{\theta}^\circ$$
$$\frac{\partial \vec{e}_1}{\partial \varphi} = \frac{\partial \vec{e}_1}{\partial x^3} = \Gamma_{13}^k\vec{e}_k = \Gamma_{13}^3\vec{e}_3 = \frac{1}{r}\vec{\varphi}^\circ, \quad \frac{\partial \vec{r}}{\partial \varphi} = \frac{1}{r}\vec{\varphi}^\circ$$
$$\frac{\partial \vec{e}_2}{\partial \theta} = \frac{\partial \vec{e}_2}{\partial x^2} = \Gamma_{22}^k\vec{e}_k = \Gamma_{22}^1\vec{e}_1 = -r\vec{r}^\circ, \quad \frac{\partial \vec{\theta}}{\partial \theta} = -r\vec{r}^\circ$$
$$\frac{\partial \vec{e}_2}{\partial \varphi} = \frac{\partial \vec{e}_2}{\partial x^3} = \Gamma_{23}^k\vec{e}_k = \Gamma_{23}^3\vec{e}_3 = \cot\theta\vec{\varphi}^\circ, \quad \frac{\partial \vec{\theta}}{\partial \varphi} = \cot\theta\vec{\varphi}^\circ$$
$$\frac{\partial \vec{e}_3}{\partial \varphi} = \frac{\partial \vec{e}_3}{\partial x^3} = \Gamma_{33}^k\vec{e}_k = \Gamma_{33}^1\vec{e}_1 + \Gamma_{33}^2\vec{e}_2 = -r\sin^2\theta\vec{r}^\circ - \sin\theta\cos\theta\vec{\theta}^\circ$$
$$\frac{\partial \vec{\varphi}}{\partial \varphi} = -r\sin^2\theta\vec{r}^\circ - \frac{1}{2}\sin 2\theta\vec{\theta}^\circ$$

用上面的方法可以求出其他基矢量的导矢量.

4.6 张量场理论

张量场论类似于笛卡儿张量场论, 有梯度、散度和旋度. 但是由于它的基矢量与对偶基都是位置的变量, 求导时显得比笛卡儿张量场更繁琐, 为了简化计算, 通常将它们运算结果总结成规律直接引用.

1. 协变导数与梯度

张量求导必须要对基和张量分量都求导数, 因此一般张量的微分表达式比笛卡儿张量要复杂一些. 设张量是

$$\vec{T} = T^{i_1\cdots i_m}_{\bullet\cdots\bullet\ j_1\cdots j_n}\vec{e}_{i_1}\cdots\vec{e}_{i_m}\vec{e}^{j_1}\cdots\vec{e}^{j_n} \tag{4.6.1}$$

上式的微分是

$$
\begin{aligned}
d\vec{T} &= \frac{\partial \vec{T}}{\partial x^i}dx^i = \frac{\partial \vec{T}}{\partial x^1}dx^1 + \frac{\partial \vec{T}}{\partial x^2}dx^2 + \frac{\partial \vec{T}}{\partial x^3}dx^3 \\
&= \left(dx^1\vec{e}_1 + dx^2\vec{e}_2 + dx^3\vec{e}_3\right) \cdot \left(\vec{e}^1\frac{\partial \vec{T}}{\partial x^1} + \vec{e}^2\frac{\partial \vec{T}}{\partial x^2} + \vec{e}^3\frac{\partial \vec{T}}{\partial x^3}\right) \\
&= \left(dx^i\vec{e}_i\right) \cdot \left(\vec{e}^s\frac{\partial \vec{T}}{\partial x^s}\right)
\end{aligned}
\tag{4.6.2}
$$

用

$$
\nabla \equiv \vec{e}^s\frac{\partial}{\partial x^s} \quad (s = 1, 2, 3) \tag{4.6.3}
$$

表示微分矢量算子, 称作 Hamilton 算子. 又定义

$$
d\vec{r} = dx^i\vec{e}_i \tag{4.6.4}
$$

于是

$$
d\vec{T} = d\vec{r} \cdot \nabla\vec{T} \tag{4.6.5}
$$

$d\vec{T}$ 称为绝对微分, 此表达式对于高阶张量也成立.

称 Hamilton 算子与张量 $\vec{T}$ 的乘积

$$
\nabla\vec{T} = \vec{e}^s\frac{\partial \vec{T}}{\partial x^s} \tag{4.6.6}
$$

为张量 $\vec{T}$ 的绝对导数, 又称作推广了的张量梯度, 简称 $\vec{T}$ 的梯度.

将式 (4.6.1) 代入式 (4.6.6) 可以求出梯度. 为了简化推导过程, 取 $\vec{T}$ 是四阶张量

$$
\vec{T} = T^{ij}_{\bullet\bullet kl}\vec{e}_i\vec{e}_j\vec{e}^k\vec{e}^l
$$

于是 $\vec{T}$ 的梯度是

$$
\begin{aligned}
\nabla\vec{T} = \vec{e}^s\frac{\partial \vec{T}}{\partial x^s} = \vec{e}^s\frac{\partial T^{ij}_{\bullet\bullet kl}}{\partial x^s}\vec{e}_i\vec{e}_j\vec{e}^k\vec{e}^l + \vec{e}^s\Bigg[T^{ij}_{\bullet\bullet kl}\left(\frac{\partial \vec{e}_i}{\partial x^s}\right)\vec{e}_j\vec{e}^k\vec{e}^l + T^{ij}_{\bullet\bullet kl}\vec{e}_i\left(\frac{\partial \vec{e}_j}{\partial x^s}\right)\vec{e}^k\vec{e}^l \\
+ T^{ij}_{\bullet\bullet kl}\vec{e}_i\vec{e}_j\left(\frac{\partial \vec{e}^k}{\partial x^s}\right)\vec{e}^l + T^{ij}_{\bullet\bullet kl}\vec{e}_i\vec{e}_j\vec{e}^k\left(\frac{\partial \vec{e}^l}{\partial x^s}\right)\Bigg]
\end{aligned}
$$

上式中第一项是张量分量的导数. 中括号里是基矢量和对偶基的导数, 用 Christoffel 符号化简如下:

$$
T^{ij}_{\bullet\bullet kl}\left(\frac{\partial \vec{e}_i}{\partial x^s}\right)\vec{e}_j\vec{e}^k\vec{e}^l + T^{ij}_{\bullet\bullet kl}\vec{e}_i\left(\frac{\partial \vec{e}_j}{\partial x^s}\right)\vec{e}^k\vec{e}^l + T^{ij}_{\bullet\bullet kl}\vec{e}_i\vec{e}_j\left(\frac{\partial \vec{e}^k}{\partial x^s}\right)\vec{e}^l + T^{ij}_{\bullet\bullet kl}\vec{e}_i\vec{e}_j\vec{e}^k\left(\frac{\partial \vec{e}^l}{\partial x^s}\right)
$$

$$=T^{rj}_{\bullet\bullet kl}(\Gamma^i_{sr}\vec{e}_i)\vec{e}_j\vec{e}^k\vec{e}^l+T^{ir}_{\bullet\bullet kl}\vec{e}_i(\Gamma^j_{sr}\vec{e}_j)\vec{e}^k\vec{e}^l-T^{ij}_{\bullet\bullet rl}\vec{e}_i\vec{e}_j(\Gamma^r_{sk}\vec{e}^k)\vec{e}^l-T^{ij}_{\bullet\bullet kr}\vec{e}_i\vec{e}_j\vec{e}^k(\Gamma^r_{sl}\vec{e}^l)$$
$$=\left(\Gamma^i_{sr}T^{rj}_{\bullet\bullet kl}+\Gamma^j_{sr}T^{ir}_{\bullet\bullet kl}-\Gamma^r_{sk}T^{ij}_{\bullet\bullet rl}-\Gamma^r_{sl}T^{ij}_{\bullet\bullet kr}\right)\vec{e}_i\vec{e}_j\vec{e}^k\vec{e}^l$$

将上式代入梯度表达式中, 得到梯度是

$$\nabla\vec{T}=\vec{e}^s\frac{\partial\vec{T}}{\partial x^s}=\left(\frac{\partial T^{ij}_{\bullet\bullet kl}}{\partial x^s}+\Gamma^i_{sr}T^{rj}_{\bullet\bullet kl}+\Gamma^j_{sr}T^{ir}_{\bullet\bullet kl}-\Gamma^r_{sk}T^{ij}_{\bullet\bullet rl}-\Gamma^r_{sl}T^{ij}_{\bullet\bullet kr}\right)\vec{e}^s\vec{e}_i\vec{e}_j\vec{e}^k\vec{e}^l \tag{4.6.7}$$

令式 (4.6.7) 中括号里的系数是

$$\nabla_sT^{ij}_{\bullet\bullet kl}=\frac{\partial T^{ij}_{\bullet\bullet kl}}{\partial x^s}+\Gamma^i_{sr}T^{rj}_{\bullet\bullet kl}+\Gamma^j_{sr}T^{ir}_{\bullet\bullet kl}-\Gamma^r_{sk}T^{ij}_{\bullet\bullet rl}-\Gamma^r_{sl}T^{ij}_{\bullet\bullet kr}\quad(s=1,2,3) \tag{4.6.8}$$

称上式为协变导数, 它有三个分量, 分别是

$$\nabla_1T^{ij}_{\bullet\bullet kl}=\frac{\partial T^{ij}_{\bullet\bullet kl}}{\partial x^1}+\Gamma^i_{1r}T^{rj}_{\bullet\bullet kl}+\Gamma^j_{1r}T^{ir}_{\bullet\bullet kl}-\Gamma^r_{1k}T^{ij}_{\bullet\bullet rl}-\Gamma^r_{1l}T^{ij}_{\bullet\bullet kr} \tag{4.6.9a}$$

$$\nabla_2T^{ij}_{\bullet\bullet kl}=\frac{\partial T^{ij}_{\bullet\bullet kl}}{\partial x^2}+\Gamma^i_{2r}T^{rj}_{\bullet\bullet kl}+\Gamma^j_{2r}T^{ir}_{\bullet\bullet kl}-\Gamma^r_{2k}T^{ij}_{\bullet\bullet rl}-\Gamma^r_{2l}T^{ij}_{\bullet\bullet kr} \tag{4.6.9b}$$

$$\nabla_3T^{ij}_{\bullet\bullet kl}=\frac{\partial T^{ij}_{\bullet\bullet kl}}{\partial x^3}+\Gamma^i_{3r}T^{rj}_{\bullet\bullet kl}+\Gamma^j_{3r}T^{ir}_{\bullet\bullet kl}-\Gamma^r_{3k}T^{ij}_{\bullet\bullet rl}-\Gamma^r_{3l}T^{ij}_{\bullet\bullet kr} \tag{4.6.9c}$$

四阶混合张量的梯度可以写成

$$\nabla\vec{T}=\vec{e}^s\frac{\partial\vec{T}}{\partial x^s}=\nabla_sT^{ij}_{\bullet\bullet kl}\vec{e}^s\vec{e}_i\vec{e}_j\vec{e}^k\vec{e}^l$$

仿照上面计算结果我们可以写出一般张量 $\vec{T}=\left(T^{i_1\cdots i_m}{}_{j_1\cdots j_n}\right)$ 的梯度是

$$\nabla\vec{T}=\vec{e}^s\frac{\partial\vec{T}}{\partial x^s}=\nabla_sT^{i_1\cdots i_m}{}_{j_1\cdots j_n}\vec{e}^s\vec{e}_{i_1}\cdots\vec{e}_{i_m}\vec{e}^{j_1}\cdots\vec{e}^{j_n} \tag{4.6.10}$$

上式定义的梯度又被称为左梯度. 协变导数是

$$\begin{aligned}\nabla_sT^{i_1\cdots i_m}{}_{j_1\cdots j_n}=&\frac{\partial T^{i_1\cdots i_m}{}_{j_1\cdots j_n}}{\partial x^s}+\Gamma^{i_1}_{sr}T^{ri_2\cdots i_m}{}_{j_1\cdots j_n}+\cdots+\Gamma^{i_m}_{sr}T^{i_1\cdots i_{m-1}r}{}_{j_1\cdots j_n}\\&-\Gamma^r_{sj_1}T^{i_1\cdots i_m}{}_{rj_2\cdots j_n}-\cdots-\Gamma^r_{sj_n}T^{i_1\cdots i_m}{}_{j_1\cdots j_{n-1}r}\end{aligned} \tag{4.6.11}$$

一般张量也有右梯度, 右梯度算子定义是

$$\nabla_{\mathrm{R}}\vec{T}=\vec{T}\nabla=\nabla_sT^{i_1\cdots i_m}{}_{j_1\cdots j_n}\vec{e}_{i_1}\cdots\vec{e}_{i_m}\vec{e}^{j_1}\cdots\vec{e}^{j_n}\vec{e}^s \tag{4.6.12}$$

上式表明左梯度不等于右梯度, 更详细一些的计算细节请读者参考左梯度的计算过程, 自己推导.

2. 协变导数的性质

从上面计算结果可知, 求梯度的关键是求协变导数, 根据上面推导过程可以总结出协变导数求解规律. 为了方便, 以四阶混合张量为例, 介绍协变导数书写规则. 设有协变导数是

$$\nabla_s T^{ij}_{\bullet\bullet kl} = \frac{\partial T^{ij}_{\bullet\bullet kl}}{\partial x^s} + \Gamma^i_{sr} T^{rj}_{\bullet\bullet kl} + \Gamma^j_{sr} T^{ir}_{\bullet\bullet kl} - \Gamma^r_{sk} T^{ij}_{\bullet\bullet rl} - \Gamma^r_{sl} T^{ij}_{\bullet\bullet kr}$$

根据上式, 协变导数包括了偏导数与第二类 Christoffel 系数和新的张量分量两个步骤, 写法有 3 条规律.

(1) 第一项是分量的偏导数, 它的求法与直角坐标系里求偏导数的方法相同.

(2) 上标的协变导数分量写法. 图 4.8 是协变导数上标分量 $\Gamma^j_{sr} T^{ir}_{\bullet\bullet kl}$ 项的写法, 共有 3 个步骤:

1) Christoffel 符号第一个下标是协变导数算子坐标方向 s, 图 4.8 的 ①.

2) Christoffel 符号上标是张量分量上标, 图 4.8 的 ②.

3) Christoffel 符号第二个下标是哑标; 原分量上标相应的位置改成哑标, 其他的位置上、下标不变. 如图 4.8 的 ③.

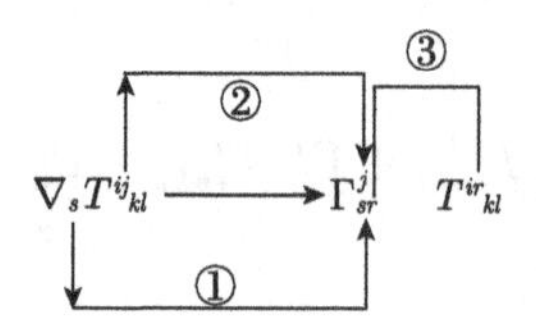

图 4.8 协变导数项的上指标项导数写法

例如 $T^{ijk}_{\bullet\bullet\bullet uv}$ 上标的协变导数分量是

$$\nabla_s T^{ijk}_{\bullet\bullet\bullet\ uv} = \cdots + \Gamma^i_{sr} T^{rjk}_{\bullet\bullet\bullet\ uv} + \Gamma^j_{sr} T^{irk}_{\bullet\bullet\bullet\ uv} + \Gamma^k_{sr} T^{ijr}_{\bullet\bullet\bullet uv} + \cdots$$

(3) 下标的协变导数分量写法. 图 4.9 是协变导数下标分量 $\Gamma^r_{sl} T^{ij}_{\bullet\bullet kr}$ 项的写法, 共有 3 个步骤:

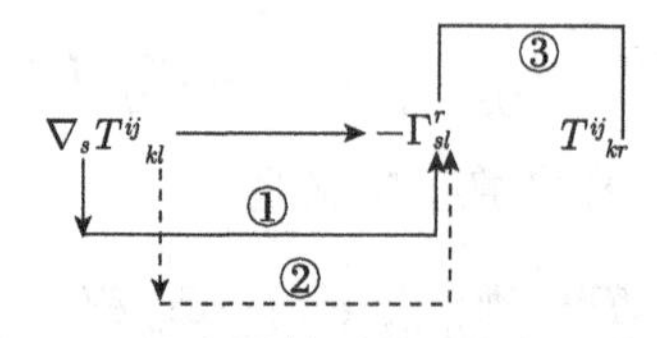

图 4.9 协变导数项的下指标导数写法

1) 新的导数项整体是负值.

2) Christoffel 符号第一个下标是协变导数算子坐标方向 s, 图 4.9 的 ①.

3) Christoffel 符号第二个标是张量分量下标, 图 4.9 的 ②.

4) Christoffel 符号上标是哑标; 原分量下标相应的位置改成哑标, 其他的位置上、下标不变. 图 4.9 的 ③.

例如 $T^{ijk}_{\bullet\bullet\bullet uvw}$ 下标的协变导数分量是

$$\nabla_s T^{ijk}_{\bullet\bullet\bullet\ uvw} = \cdots - \Gamma^r_{su} T^{ijk}_{\bullet\bullet\bullet rvw} - \Gamma^r_{sv} T^{ijk}_{\bullet\bullet\bullet\ urw} - \Gamma^r_{sw} T^{ijk}_{\bullet\bullet\bullet uvr} + \cdots$$

协变指数的指标是张量的指标, 可以用度规张量可以把指标上升, 得到逆变导数:

$$\nabla^r T^{ij}_{\bullet\bullet kl} = g^{rs} \nabla_s T^{ij}_{\bullet\bullet kl} \tag{4.6.13}$$

逆变梯度是

$$\nabla \vec{T} = \nabla^r T^{ij}_{\bullet\bullet kl} \vec{e}_r \vec{e}_i \vec{e}_j \vec{e}^k \vec{e}^l = g^{rs} \nabla_s T^{ij}_{\bullet\bullet kl} \vec{e}_r \vec{e}_i \vec{e}_j \vec{e}^k \vec{e}^l \tag{4.6.14}$$

于是 Hamilton 算子是

$$\nabla^r = g^{rs} \nabla_s \tag{4.6.15}$$

(4) 协变导数的运算法则.

协变导数的基本运算法则有 3 条.

1) 协变导数的运算是线性运算.

$$\nabla_s \alpha T^{i_1\cdots i_m}{}_{j_1\cdots j_n} + \nabla_s \beta H^{i_1\cdots i_m}{}_{j_1\cdots j_n} = \alpha \nabla_s T^{i_1\cdots i_m}{}_{j_1\cdots j_n} + \beta \nabla_s H^{i_1\cdots i_m}{}_{j_1\cdots j_n} \tag{4.6.16}$$

这个性质的成立是明显的, 无须证明.

2) 对乘积求协变导数的运算遵守普通导数的乘积求导法则.

$$\begin{aligned} &\nabla_s T^{i_1\cdots i_m}{}_{j_1\cdots j_n} H^{i_1\cdots i_m}{}_{j_1\cdots j_n} \\ &= H^{i_1\cdots i_m}{}_{j_1\cdots j_n} \nabla_s T^{i_1\cdots i_m}{}_{j_1\cdots j_n} + T^{i_1\cdots i_m}{}_{j_1\cdots j_n} \nabla_s H^{i_1\cdots i_m}{}_{j_1\cdots j_n} \end{aligned} \tag{4.6.17}$$

这里仅用二阶张量说明对于乘积求协变导数的法则. 设二阶混合张量是 $T^i_{\bullet j} = a^i b_j$,

$$\nabla_s T^i_{\bullet j} = \nabla_s a^i b_j = \frac{\partial a^i b_j}{\partial x^s} + \Gamma^i_{sr} a^r b_j - \Gamma^r_{sj} a^i b_r$$

$$
\begin{aligned}
&= b_j \frac{\partial a^i}{\partial x^s} + a^i \frac{\partial b_j}{\partial x^s} + \Gamma^i_{sr} a^r b_j - \Gamma^r_{sj} a^i b_r \\
&= b_j \left(\frac{\partial a^i}{\partial x^s} + \Gamma^i_{sr} a^r \right) + a^i \left(\frac{\partial b_j}{\partial x^s} - \Gamma^r_{sj} b_r \right) \\
&= b_j \nabla_s a^i + a^i \nabla_s b_j
\end{aligned}
$$

3) **Ricci 定理** 度规张量的协变分量 (g_{ij}) 和逆变分量 (g^{ij}) 的协变导数等于零.

我们仅证明直角正交坐标系的 Ricci 定理. 例 4.4 已经求出了此坐标系的度规张量是

$$
\vec{G} = \vec{e}_i \vec{e}_i
$$

注意 $\vec{e}_i$ 是单位常矢量. $\vec{G}$ 的梯度是

$$
\nabla_s \vec{G} = \vec{e}_s \frac{\partial G}{\partial x^s} = \vec{e}_s \left[\frac{\partial 1}{\partial x^s} \vec{e}_i \vec{e}_i + \frac{\partial \vec{e}_i}{\partial x^s} \vec{e}_i + \vec{e}_i \frac{\partial \vec{e}_i}{\partial x^s} \right] = \vec{e}_s \cdot 0 = \vec{0}
$$

上式易见, 其协变导数是零. 由于笛卡儿张量的逆变基矢量与基矢量相同, 所以它的逆变度量张量的协变导数也是零.

上述笛卡儿张量的情况推广到任意坐标系就是 Ricci 定理. 正因为度规张量的协变导数是零, 所以在协变求导时, 度规张量是当作常量的. 如果度规张量的梯度是零, 张量场的度规张量是一个不随位置变化的张量, 则称这样的张量场为均匀场, 因此笛卡儿张量场是均匀场.

3. 简单张量场的梯度与绝对微分

有了上述协变导数, 我们可以很容易讨论几种简单的张量场的梯度.

(1) 标量场的梯度

首先是标量场 $T(x^1, x^2, x^3)$, 由于标量场没有基矢量, 所以标量场的梯度没有 Christoffel 符号, 表达式是

$$
\nabla T = \vec{e}^s \nabla T = \frac{\partial T}{\partial x^s} \vec{e}^s \tag{4.6.18}
$$

(2) 矢量场的梯度

逆变矢量场表达式是

$$
\vec{T} = T^i \vec{e}_i
$$

协变导数是

$$
\nabla_s T^i = \frac{\partial T^i}{\partial x^s} + \Gamma^i_{sr} T^r
$$

矢量场的梯度是

$$\nabla\vec{T}=\nabla_s T^i\vec{e}^s\vec{e}_i=\left(\frac{\partial T^i}{\partial x^s}+\Gamma^i_{sr}T^r\right)\vec{e}^s\vec{e}_i$$

这是一个二阶张量.

绝对微分是

$$\begin{aligned}d\vec{T}&=d\vec{r}\cdot\nabla\vec{T}=dx^p\vec{e}_p\cdot\left(\frac{\partial T^i}{\partial x^s}+\Gamma^i_{sr}T^r\right)\vec{e}^s\vec{e}_i\\&=dx^p\left(\frac{\partial T^i}{\partial x^s}+\Gamma^i_{sr}T^r\right)(\vec{e}_p\cdot\vec{e}^s)\,\vec{e}_i\\&=dx^p\left(\frac{\partial T^i}{\partial x^s}+\Gamma^i_{sr}T^r\right)\delta^s_p\vec{e}_i=\left(\frac{\partial T^i}{\partial x^s}+\Gamma^i_{sr}T^r\right)dx^s\vec{e}_i\end{aligned}\tag{4.6.19}$$

矢量场的表达式如果是

$$\vec{T}=T_i\vec{e}^i$$

协变导数是

$$\nabla_s T_i=\frac{\partial T_i}{\partial x^s}-\Gamma^r_{si}T_r\tag{4.6.20}$$

例 4.9 求 ε^{ijk} 的梯度.

解 ε^{ijk} 的并矢表达式是

$$\vec{\varepsilon}=\varepsilon^{ijk}\vec{e}_i\vec{e}_j\vec{e}_k$$

协变导数是

$$\nabla_s\varepsilon^{ijk}=\frac{\partial\varepsilon^{ijk}}{\partial x^s}+\Gamma^i_{sr}\varepsilon^{rjk}+\Gamma^j_{sr}\varepsilon^{irk}+\Gamma^k_{sr}\varepsilon^{ijr}\tag{1}$$

又 $\varepsilon^{ijk}=\vec{e}^i\cdot(\vec{e}^j\times\vec{e}^k)$, 它的导数是

$$\begin{aligned}\frac{\partial\varepsilon^{ijk}}{\partial x^s}&=\frac{\partial}{\partial x^s}\left[\vec{e}^i\cdot(\vec{e}^j\times\vec{e}^k)\right]\\&=\frac{\partial\vec{e}^i}{\partial x^s}\cdot(\vec{e}^j\times\vec{e}^k)+\vec{e}^i\cdot\left(\frac{\partial\vec{e}^j}{\partial x^s}\times\vec{e}^k\right)+\vec{e}^i\cdot\left(\vec{e}^j\times\frac{\partial\vec{e}^k}{\partial x^s}\right)\\&=-\Gamma^i_{sr}\varepsilon^{rjk}-\Gamma^j_{sr}\varepsilon^{irk}-\Gamma^k_{sr}\varepsilon^{ijr}\end{aligned}\tag{2}$$

将式 (2) 代入式 (1) 后, 有 $\nabla_s\varepsilon^{ijk}=0$. 于是梯度是

$$\nabla_s\varepsilon^{ijk}=\vec{e}^s\nabla_s\varepsilon^{ijk}=0$$

同样方法可导出

$$\nabla_s\varepsilon_{ijk}=\vec{e}^s\nabla_s\varepsilon_{ijk}=0$$

上例的计算结果说明 Eddington 张量场是均匀场.

4. 张量场的散度

张量的散度定义是

$$\mathrm{div}\vec{T} = \nabla \cdot \vec{T} \tag{4.6.21}$$

将式 (4.6.3) 代入上式得到散度是

$$\mathrm{div}\vec{T} = \vec{e}^s \cdot \frac{\partial \vec{T}}{\partial x^s} = \vec{e}^s \cdot \nabla_s \vec{T} \tag{4.6.22}$$

设混合张量是

$$\vec{T} = T^{i_1 \cdots i_m}{}_{j_1 \cdots j_n} \vec{e}_{i_1} \cdots \vec{e}_{i_m} \vec{e}^{j_1} \cdots \vec{e}^{j_n}$$

注意散度计算时要先计算它的乘积, 然后作缩并运算, 计算过程如下:

$$\begin{aligned}\mathrm{div}\vec{T} &= \vec{e}^s \cdot \nabla_s \vec{T} = \nabla_s T^{i_1 \cdots i_m}{}_{j_1 \cdots j_n} (\vec{e}^s \cdot \vec{e}_{i_1}) \vec{e}_{i_2} \cdots \vec{e}_{i_m} \vec{e}^{j_1} \cdots \vec{e}^{j_n} \\ &= \nabla_s T^{i_1 \cdots i_m}{}_{j_1 \cdots j_n} \delta^s_{i_1} \vec{e}_{i_2} \cdots \vec{e}_{i_m} \vec{e}^{j_1} \cdots \vec{e}^{j_n} \\ &= \nabla_s T^{s i_2 \cdots i_m}{}_{j_1 \cdots j_n} \vec{e}_{i_2} \cdots \vec{e}_{i_m} \vec{e}^{j_1} \cdots \vec{e}^{j_n}\end{aligned} \tag{4.6.23}$$

如同笛卡儿张量场的散度, $\mathrm{div}\vec{T}$ 比 $\nabla\vec{T}$ 低两阶.

现在考虑矢量场的散度. 设有矢量场是

$$\vec{T} = T^i \vec{e}_i$$

它的协变导数是

$$\nabla_s T^i = \frac{\partial T^i}{\partial x^s} + \Gamma^i_{sr} T^r$$

根据式 (4.6.23) 得到散度是

$$\mathrm{div}\vec{T} = \nabla_s T^s = \frac{\partial T^s}{\partial x^s} + \Gamma^s_{sr} T^r \tag{4.6.24}$$

上式中 Γ^s_{sr} 是未知量, 可以用 Eddington 张量求出. 已知

$$\vec{\varepsilon} = \varepsilon_{ijk} \vec{e}^i \vec{e}^j \vec{e}^k$$

的协变导数是

$$\nabla_r \varepsilon_{ijk} = \frac{\partial \varepsilon_{ijk}}{\partial x^r} - \Gamma^s_{ri} \varepsilon_{sjk} - \Gamma^s_{rj} \varepsilon_{isk} - \Gamma^s_{rk} \varepsilon_{ijs} \tag{4.6.25}$$

由于 $\varepsilon_{ijk}=\vec{e}_i\cdot(\vec{e}_j\times\vec{e}_k)$, 其导数是

$$\frac{\partial\varepsilon_{ijk}}{\partial x^r}=\frac{\partial}{\partial x^r}\left[\vec{e}_i\cdot(\vec{e}_j\times\vec{e}_k)\right]=\Gamma^s_{ri}\varepsilon_{sjk}+\Gamma^s_{rj}\varepsilon_{isk}+\Gamma^s_{rk}\varepsilon_{ijs}$$

将上式代入式 (4.6.25), 得到

$$\nabla_r\varepsilon_{ijk}=\frac{\partial\varepsilon_{ijk}}{\partial x^r}-\Gamma^s_{ri}\varepsilon_{sjk}-\Gamma^s_{rj}\varepsilon_{isk}-\Gamma^s_{rk}\varepsilon_{ijs}=0$$

于是又有

$$\frac{\partial\varepsilon_{ijk}}{\partial x^r}=\Gamma^s_{ri}\varepsilon_{sjk}+\Gamma^s_{rj}\varepsilon_{isk}+\Gamma^s_{rk}\varepsilon_{ijs}$$

令 $i=1$, $j=2$, $k=3$, 上式变成

$$\begin{aligned}\frac{\partial\varepsilon_{123}}{\partial x^r}&=\Gamma^s_{r1}\varepsilon_{s23}+\Gamma^s_{r2}\varepsilon_{1s3}+\Gamma^s_{r3}\varepsilon_{12s}=\Gamma^1_{r1}\varepsilon_{123}+\Gamma^2_{r2}\varepsilon_{123}+\Gamma^3_{r3}\varepsilon_{123}\\&=\Gamma^s_{rs}\varepsilon_{123}=\Gamma^s_{sr}\varepsilon_{123}\end{aligned}$$

根据式 (4.4.11), $\varepsilon_{123}=\sqrt{g}=\vec{e}_1\cdot(\vec{e}_2\times\vec{e}_3)$, 此值代入上式得到

$$\frac{\partial\sqrt{g}}{\partial x^r}=\Gamma^s_{sr}\sqrt{g}$$

$$\Gamma^s_{sr}=\frac{1}{\sqrt{g}}\frac{\partial\sqrt{g}}{\partial x^r}$$

将上述结果代到式 (4.6.24), 得到矢量的散度是

$$\begin{aligned}\mathrm{div}\vec{T}&=\frac{\partial T^s}{\partial x^s}+\frac{1}{\sqrt{g}}\frac{\partial\sqrt{g}}{\partial x^r}T^r=\frac{1}{\sqrt{g}}\left[\sqrt{g}\frac{\partial T^r}{\partial x^r}+\frac{\partial\sqrt{g}}{\partial x^r}T^r\right]\\&=\frac{1}{\sqrt{g}}\frac{\partial\sqrt{g}T^r}{\partial x^r}\end{aligned}\tag{4.6.26}$$

上式经常用于曲线坐标系里矢量场的散度计算.

一般张量也有左散度和右散度之分, 前面定义的散度可以称为左散度, 现在讨论右散度的计算. 张量是

$$\vec{T}=T^{i_1\cdots i_m\bullet\cdots\bullet i}_{\bullet\cdots\bullet\, j_1\cdots j_n\bullet}\vec{e}_{i_1}\vec{e}_{i_2}\cdots\vec{e}_{i_m}\vec{e}^{j_1}\cdots\vec{e}^{j_n}\vec{e}_i\tag{4.6.27}$$

右散度定义为

$$\begin{aligned}\mathrm{div}_{\mathrm{R}}\vec{T}&=\vec{T}\cdot\nabla=\frac{\partial\vec{T}}{\partial x^s}\cdot\vec{e}^s\\&=\nabla_sT^{i_1\cdots i_m\bullet\cdots\bullet i}_{\bullet\cdots\bullet\, j_1\cdots j_n\bullet}\vec{e}_{i_1}\vec{e}_{i_2}\cdots\vec{e}_{i_m}\vec{e}^{j_1}\cdots\vec{e}^{j_n}\left(\vec{e}_i\cdot\vec{e}^s\right)\\&=\nabla_sT^{i_1\cdots i_m\bullet\cdots\bullet i}_{\bullet\cdots\bullet\, j_1\cdots j_n\bullet}\delta^s_i\vec{e}_{i_1}\vec{e}_{i_2}\cdots\vec{e}_{i_m}\vec{e}^{j_1}\cdots\vec{e}^{j_n}\\&=\nabla_sT^{i_1\cdots i_m\bullet\cdots\bullet s}_{\bullet\cdots\bullet\, j_1\cdots j_n\bullet}\vec{e}_{i_1}\vec{e}_{i_2}\cdots\vec{e}_{i_m}\vec{e}^{j_1}\cdots\vec{e}^{j_n}\end{aligned}\tag{4.6.28}$$

上式计算过程中易见, 一般情况下左右散度是不相等的.

5. 张量场的旋度

张量场的旋度分为左旋度和右旋度. 左旋度定义与矢量场论中的旋度定义相同, 定义如下:

$$\mathrm{rot}\vec{T} = \nabla \times \vec{T} \tag{4.6.29}$$

设张量是

$$\vec{T} = T_{i\bullet\cdots\bullet\ j_1\cdots j_n}^{\bullet i_1\cdots i_m}\vec{e}^i\vec{e}_{i_1}\cdots\vec{e}_{i_m}\vec{e}^{j_1}\cdots\vec{e}^{j_n} \tag{4.6.30}$$

下面计算中用到了张量叉积计算公式 $\vec{e}^j \times \vec{e}^k = \varepsilon^{ijk}\vec{e}_i$, $\vec{T}$ 的旋度是

$$\begin{aligned}\mathrm{rot}\vec{T} = \nabla \times \vec{T} &= \vec{e}^s \times \nabla_s T_{i\bullet\cdots\bullet\ j_1\cdots j_n}^{\bullet i_1\cdots i_m}\vec{e}^i\vec{e}_{i_1}\cdots\vec{e}_{i_m}\vec{e}^{j_1}\cdots\vec{e}^{j_n}\\ &= \nabla_s T_{i\bullet\cdots\bullet\ j_1\cdots j_n}^{\bullet i_1\cdots i_m}\left(\vec{e}^s \times \vec{e}^i\right)\vec{e}_{i_1}\cdots\vec{e}_{i_m}\vec{e}^{j_1}\cdots\vec{e}^{j_n}\\ &= \nabla_s T_{i\bullet\cdots\bullet\ j_1\cdots j_n}^{\bullet i_1\cdots i_m}\left(\varepsilon^{ksi}\vec{e}_k\right)\vec{e}_{i_1}\cdots\vec{e}_{i_m}\vec{e}^{j_1}\cdots\vec{e}^{j_n}\\ &= \varepsilon^{ksi}\nabla_s T_{i\bullet\cdots\bullet\ j_1\cdots j_n}^{\bullet i_1\cdots i_m}\vec{e}_k\vec{e}_{i_1}\cdots\vec{e}_{i_m}\vec{e}^{j_1}\cdots\vec{e}^{j_n}\end{aligned} \tag{4.6.31}$$

在 3.5 节笛卡儿张量旋度一节已经看到, $\mathrm{rot}\vec{T}$ 与 $\vec{T}$ 的张量阶数是相同的, 这里情况是相同的, 不再讨论.

矢量场 $\vec{T} = T_k\vec{e}^k$ 的旋度是

$$\mathrm{rot}\vec{T} = \nabla \times \vec{T} = \varepsilon^{ijk}\nabla_j T_k\vec{e}_i = \frac{1}{\sqrt{g}}\begin{vmatrix}\vec{e}_1 & \vec{e}_2 & \vec{e}_3\\ \dfrac{\partial}{\partial x^1} & \dfrac{\partial}{\partial x^2} & \dfrac{\partial}{\partial x^3}\\ T_1 & T_2 & T_3\end{vmatrix} \tag{4.6.32}$$

这个公式的证明请读者自己完成.

直角正交坐标系里 $\sqrt{g} = \vec{e}_1 \cdot (\vec{e}_2 \times \vec{e}_3) = \vec{i} \cdot \left(\vec{j} \times \vec{k}\right) = 1$, 笛卡儿张量计算中可令 $g = 1$, 第 3 章已对此种情况做了详细讨论, 这里不再重复.

设张量是

$$\vec{T} = T_{\bullet\cdots\bullet\ j_1\cdots j_n\, i}^{i_1\cdots i_m}\vec{e}_{i_1}\cdots\vec{e}_{i_m}\vec{e}^{j_1}\cdots\vec{e}^{j_n}\vec{e}^i \tag{4.6.33}$$

右旋度计算如下:

$$\begin{aligned}\mathrm{rot_R}\vec{T} = \vec{T} \times \nabla &= \frac{\partial\vec{T}}{\partial x^s} \times \vec{e}^s\\ &= \nabla_s T_{\bullet\cdots\bullet\ j_1\cdots j_n\, i}^{i_1\cdots i_m}\vec{e}_{i_1}\cdots\vec{e}_{i_m}\vec{e}^{j_1}\cdots\vec{e}^{j_n}\vec{e}^i \times \vec{e}^s\\ &= \nabla_s T_{\bullet\cdots\bullet\ j_1\cdots j_n\, i}^{i_1\cdots i_m}\vec{e}_{i_1}\cdots\vec{e}_{i_m}\vec{e}^{j_1}\cdots\vec{e}^{j_n}\varepsilon^{kis}\vec{e}_k\\ &= \varepsilon^{kis}\nabla_s T_{\bullet\cdots\bullet\ j_1\cdots j_n\, i}^{i_1\cdots i_m}\vec{e}_{i_1}\cdots\vec{e}_{i_m}\vec{e}^{j_1}\cdots\vec{e}^{j_n}\vec{e}_k\end{aligned} \tag{4.6.34}$$

同样左右旋度是不相等的.

4.7 物理标架下的张量场

给定坐标系 x^i, 按定义可以找到基矢量 $\vec{e}_i = \dfrac{\partial \vec{r}}{\partial x^i}$, 称之为完整坐标系, 前面所介绍的张量理论仅对于完整坐标系成立. 就一般情况而言, 给定了非共面矢量也不一定能找到一个完整坐标系. 而如果不在完整坐标系下, 前面所介绍的张量场理论就失去了存在的意义, 由此可见, 完整坐标系对于张量的实际应用十分重要.

让我们倍感幸运的是, 正交曲线坐标系是少数几个能找到的完整坐标系. 大致来说, 坐标系是建立在标架基础上的, 如果坐标系是完整的, 标架一定是完整的. 标架的完整性除了定义的基矢量必须是完备的外, 基矢量还要能方便地应用在各种场景. 正交坐标系的基矢量虽然是完备的, 但是由于正交的取向不同, 它的基矢量常常是带有量纲的, 坐标在基矢量下的分解也就不能按统一的方法进行, 坐标也变成了有量纲的量, 这给理论与实际应用都带来了极大不便. 为了统一张量的应用背景, 我们必须把基矢量变成无量纲的单位完备矢量, 称这种无量纲单位基矢量的标架为物理标架, 本节讨论如何建立物理标架, 并导出相应的梯度、散度和旋度计算公式.

1. 物理标架的建立

正交坐标系的度规张量 (g_{ij}) 分量是

$$g_{ij} = \vec{e}_i \cdot \vec{e}_j = \begin{cases} 0, & i \neq j \\ \vec{e}_i \cdot \vec{e}_i, & i = j\,(i \text{ 不求和}) \end{cases} \tag{4.7.1}$$

正交度规张量可以写成

$$\vec{G} = (g_{ij}) = \begin{bmatrix} \vec{e}_1 \cdot \vec{e}_1 & 0 & 0 \\ 0 & \vec{e}_2 \cdot \vec{e}_2 & 0 \\ 0 & 0 & \vec{e}_3 \cdot \vec{e}_3 \end{bmatrix} \tag{4.7.2}$$

度规张量的逆变分量根据式 (4.4.8) 可知, 为

$$g_{ik} g^{kj} = \delta_i^j$$

于是

$$g^{ij} = \begin{cases} \dfrac{1}{\vec{e}_i \cdot \vec{e}_i}, & i = j\,(i \text{ 不求和}) \\ 0, & i \neq j \end{cases}$$

$$\left(g^{ij}\right) = \begin{bmatrix} 1/\vec{e}_1 \cdot \vec{e}_1 & 0 & 0 \\ 0 & 1/\vec{e}_2 \cdot \vec{e}_2 & 0 \\ 0 & 0 & 1/\vec{e}_3 \cdot \vec{e}_3 \end{bmatrix} \tag{4.7.3}$$

这样得到

$$g^{ii}=\frac{1}{g_{ii}}=\frac{1}{\vec{e}_i\cdot\vec{e}_i}\quad (i\ 不求和) \tag{4.7.4}$$

单位化基矢量方法如下. 后面用加括号的下标表示单位化的量, 则单位基矢量是 $\vec{e}_{(i)}$, 其表达式是

$$\vec{e}_{(i)}=\frac{\vec{e}_i}{\sqrt{\vec{e}_i\cdot\vec{e}_i}}=\frac{\vec{e}_i}{\sqrt{g_{ii}}}\quad (i\ 不求和) \tag{4.7.5}$$

这样 $\vec{e}_{(i)}$ 是一组标准正交基, 即单位正交基, 称 $\vec{e}_{(i)}$ 为物理标架基. 由于物理标架每一点都确定了一组标准正交基, 因此标架每一点定义的张量都是笛卡儿张量, 张量上下标与笛卡儿张量相同, 可以只用下标表示. 任意张量的物理标架下的展开式是

$$\vec{T}=T_{i_1\cdots i_n}\vec{e}_{(i_1)\cdots(i_n)} \tag{4.7.6}$$

令

$$H_1=\sqrt{g_{11}}=\sqrt{\vec{e}_1\cdot\vec{e}_1}=|\vec{e}_1| \tag{4.7.7a}$$

$$H_2=\sqrt{g_{22}}=\sqrt{\vec{e}_2\cdot\vec{e}_2}=|\vec{e}_2| \tag{4.7.7b}$$

$$H_3=\sqrt{g_{33}}=\sqrt{\vec{e}_3\cdot\vec{e}_3}=|\vec{e}_3| \tag{4.7.7c}$$

单位基矢量是

$$\vec{e}_{(1)}=\frac{\vec{e}_1}{|\vec{e}_1|}=\frac{\vec{e}_1}{H_1},\quad \vec{e}_{(2)}=\frac{\vec{e}_2}{|\vec{e}_2|}=\frac{\vec{e}_2}{H_2},\quad \vec{e}_{(3)}=\frac{\vec{e}_3}{|\vec{e}_3|}=\frac{\vec{e}_3}{H_3} \tag{4.7.8}$$

称 H_1, H_2, H_3 为 Lamé 系数.

$$g_{ii}=\vec{e}_i\cdot\vec{e}_i=|\vec{e}_i|\cdot|\vec{e}_i|=H_iH_i\quad (i\ 不求和) \tag{4.7.9}$$

对偶基矢量与基矢量关系是

$$\vec{e}^{\,1}\cdot\vec{e}_1=1$$

从 3.1 节可知, 上式的解是

$$\vec{e}^{\,1}=\frac{\vec{b}}{\vec{e}_1\cdot\vec{b}}=\frac{\vec{b}}{H_1\vec{e}_{(1)}\cdot\vec{b}} \tag{4.7.10}$$

$\vec{b}$ 是任意矢量, 令 $\vec{b}=\vec{e}_{(1)}$, 代入上式得到

$$\vec{e}^{1}=\frac{\vec{b}}{\vec{e}_1\cdot\vec{b}}=\frac{\vec{e}_{(1)}}{H_1\vec{e}_{(1)}\cdot\vec{e}_{(1)}}=\frac{\vec{e}_{(1)}}{H_1}$$

同理可有

$$\vec{e}^{2}=\frac{\vec{e}_{(2)}}{H_2},\quad \vec{e}^{3}=\frac{\vec{e}_{(3)}}{H_3}$$

综上所述, 我们有单位正交基矢量与对偶基矢量关系

$$\vec{e}_{(i)}=H_i\vec{e}^{i}\quad (i\ 不求和) \tag{4.7.11}$$

从现在起, 我们约定 Lamé 系数的下标不用于 Einstein 约定, 不能求和.

Christoffel 符号与 Lamé 系数的关系可以从式 (4.5.9) 中求出, 为了推导连续, 将该式重写如下:

$$\Gamma_{ij}^{m}=\frac{1}{2}g^{km}\left[\frac{\partial g_{ik}}{\partial x^j}+\frac{\partial g_{jk}}{\partial x^i}-\frac{\partial g_{ij}}{\partial x^k}\right] \tag{4.7.12}$$

上式的 i,j,m 有三种情况.

(1) $i\neq j\neq m$. 根据 (4.7.1) 可知, $g_{ik}=g_{jk}=g_{ij}=0$, 有

$$\Gamma_{ij}^{m}=0 \tag{4.7.13}$$

(2) $i=j\neq m$. 式 (4.7.12) 是

$$\Gamma_{ii}^{m}=\frac{1}{2}g^{km}\left[\frac{\partial g_{ik}}{\partial x^i}+\frac{\partial g_{ik}}{\partial x^i}-\frac{\partial g_{ii}}{\partial x^k}\right]$$

仅有 $m=k$ 的项存在, 故有

$$\begin{aligned}\Gamma_{ii}^{k}&=\frac{1}{2}g^{kk}\left[2\frac{\partial g_{ik}}{\partial x^i}-\frac{\partial g_{ii}}{\partial x^k}\right]\quad (i\ 不求和,\ g_{ik}=0)\\&=\frac{1}{2g_{kk}}\left[-\frac{\partial g_{ii}}{\partial x^k}\right]=-\frac{1}{2g_{kk}}\frac{\partial g_{ii}}{\partial x^k}\end{aligned}$$

为了统一下标, 令 $k=j$, 于是上式变成

$$\Gamma_{ii}^{j}=-\frac{1}{2g_{jj}}\frac{\partial g_{ii}}{\partial x^j}\quad (i\neq j, i\ 和\ j\ 不求和) \tag{4.7.14}$$

把式 (4.7.9) 代入上式后, 又得到

$$\Gamma_{ii}^{j}=-\frac{1}{2H_jH_j}\frac{\partial H_iH_i}{\partial x^j}\quad (i\neq j, i\ 和\ j\ 不求和) \tag{4.7.15}$$

(3) $i=m$ 或者 $j=m$. 式 (4.7.12) 是

$$\Gamma^i_{ij}=\Gamma^i_{ji}=\frac{1}{2}g^{ki}\left[\frac{\partial g_{jk}}{\partial x^i}+\frac{\partial g_{ik}}{\partial x^j}-\frac{\partial g_{ji}}{\partial x^k}\right]$$

上式中仅有 $k=i$ 的项存在, 于是上式应当是

$$\Gamma^i_{ji}=\frac{1}{2}g^{ii}\left[\frac{\partial g_{ji}}{\partial x^i}+\frac{\partial g_{ii}}{\partial x^j}-\frac{\partial g_{ji}}{\partial x^i}\right]=\frac{1}{2}g^{ii}\frac{\partial g_{ii}}{\partial x^j}\quad (i\text{ 不求和})$$

式 (4.7.9) 代入上式后, 又有

$$\Gamma^i_{ij}=\Gamma^i_{ji}=\frac{1}{2g_{ii}}\frac{\partial g_{ii}}{\partial x^j}=\frac{1}{2H_iH_i}\frac{\partial H_iH_i}{\partial x^j}\quad (i\text{ 不求和})\tag{4.7.16}$$

2. 物理标架下的张量场梯度、散度和旋度

现在来讨论如何用上述结果计算张量场的梯度、散度和旋度.

(1) 标量场

标量 T 没有基矢量, 用式 (4.7.11), 梯度公式化简成

$$\begin{aligned}\nabla T&=\nabla_sT\vec{e}^s=\nabla_1T\vec{e}^1+\nabla_2T\vec{e}^2+\nabla_3T\vec{e}^3\\&=(\nabla_1T)\frac{1}{H_1}\vec{e}_{(1)}+\nabla_2T\frac{1}{H_2}\vec{e}_{(2)}+\nabla_3T\frac{1}{H_3}\vec{e}_{(3)}\\&=\frac{1}{H_1}(\nabla_1T)\vec{e}_{(1)}+\frac{1}{H_2}(\nabla_2T)\vec{e}_{(2)}+\frac{1}{H_3}(\nabla_3T)\vec{e}_{(3)}\end{aligned}\tag{4.7.17}$$

(2) 矢量场的梯度、散度与旋度

首先用式 (4.7.11) 把矢量表达式变成关于单位正交基的表达式:

$$\vec{T}=T_i\vec{e}^i=T_i\frac{1}{H_i}\vec{e}_{(i)}=\frac{T_i}{H_i}\vec{e}_{(i)}\tag{4.7.18}$$

令

$$T_{(i)}H_i=T_i\tag{4.7.19}$$

矢量 $\vec{T}$ 的表达式是

$$\vec{T}=T_{(i)}\vec{e}_{(i)}\tag{4.7.20}$$

1) 梯度

矢量的梯度是指一阶张量 $\vec{T}$ 的梯度, 从式 (4.6.6) 可知

$$\nabla\vec{T}=\vec{e}^s\nabla_sT_i\vec{e}^i=\left(\nabla_sT_i-\Gamma^k_{si}T_k\right)\vec{e}^s\vec{e}^i\quad (i,k,s=1,2,3)\tag{4.7.21}$$

协变导数是

$$\nabla_s T_i - \Gamma_{si}^k T_k = \frac{\partial}{\partial x^s} T_i - \Gamma_{si}^k T_k \tag{4.7.22}$$

梯度计算时将 $\vec{e}^s$ 和 $\vec{e}^i$ 用单位矢量表达式 (4.7.11) 替换, 式 (4.7.21) 变成

$$\nabla \vec{T} = \left(\nabla_s T_i - \Gamma_{si}^k T_k\right) \vec{e}^s \vec{e}^i = \frac{\nabla_s T_i - \Gamma_{si}^k T_k}{H_s H_i} \vec{e}_{(s)} \vec{e}_{(i)} \tag{4.7.23}$$

下面以 $(\nabla \vec{T})_{(11)}$ 为例介绍 $\nabla \vec{T} = (\nabla T_{si})$ 的具体计算方法. 将 $s = 1, i = 1$ 代入上式, 再用式 (4.7.13), (4.7.15) 和 (4.7.16) 代入计算, 得到

$$\begin{aligned}
\frac{\partial}{\partial x^1} T_1 - \Gamma_{11}^k T_k &= \frac{\partial}{\partial x^1} T_1 - \Gamma_{11}^1 T_1 - \Gamma_{11}^2 T_2 - \Gamma_{11}^3 T_3 \\
&= \frac{\partial T_1}{\partial x^1} - \frac{1}{2H_1 H_1} \frac{\partial H_1 H_1}{\partial x^1} T_1 + \frac{1}{2H_2 H_2} \frac{\partial H_1 H_1}{\partial x^2} T_2 + \frac{1}{2H_3 H_3} \frac{\partial H_1 H_1}{\partial x^3} T_3 \\
&= \frac{\partial H_1 T_{(1)}}{\partial x^1} - \frac{1}{H_1} \frac{\partial H_1}{\partial x^1} H_1 T_{(1)} + \frac{H_1}{(H_2)^2} \frac{\partial H_1}{\partial x^2} H_2 T_{(2)} + \frac{H_1}{(H_3)^2} \frac{\partial H_1}{\partial x^3} H_3 T_{(3)} \\
&= H_1 \frac{\partial T_{(1)}}{\partial x^1} + \frac{H_1}{H_2} \frac{\partial H_1}{\partial x^2} T_{(2)} + \frac{H_1}{H_3} \frac{\partial H_1}{\partial x^3} T_{(3)}
\end{aligned}$$

又因为

$$\vec{e}^1 \vec{e}^1 = \frac{1}{H_1} \vec{e}_{(1)} \frac{1}{H_1} \vec{e}_{(1)} = \frac{1}{(H_1)^2} \vec{e}_{(1)} \vec{e}_{(1)}$$

$(\nabla \vec{T})_{(11)}$ 的计算要考虑逆变基矢量变换成单位基矢量的影响, $\dfrac{\partial T_1}{\partial x^1} - \Gamma_{11}^k T_k$ 要乘以 $\dfrac{1}{(H_1)^2}$, 于是协变导数是

$$\begin{aligned}
\left(\nabla \vec{T}\right)_{(11)} &= \left(\frac{\partial}{\partial x^1} T_1 - \Gamma_{11}^k T_k\right) \frac{1}{(H_1)^2} \\
&= \frac{1}{H_1} \frac{\partial T_{(1)}}{\partial x^1} + \frac{1}{H_1 H_2} \frac{\partial H_1}{\partial x^2} T_{(2)} + \frac{1}{H_1 H_3} \frac{\partial H_1}{\partial x^3} T_{(3)}
\end{aligned} \tag{4.7.24}$$

张量分析中求导用记号

$$\frac{\partial T_{(i)}}{\partial x^j} = \partial_j T_{(i)} \quad \text{或者} \quad \frac{\partial H_i}{\partial x^j} = H_{i,j}$$

用以上求导记号, 式 (4.7.24) 记作

$$\left(\nabla \vec{T}\right)_{(11)} = \frac{1}{H_1 H_2 H_3} \left[H_2 H_3 \partial_1 T_{(1)} + H_3 H_{1,2} T_{(2)} + H_2 H_{1,3} T_{(3)}\right] \tag{4.7.25a}$$

类似的方法可以写出其他分量是

$$\left(\nabla\vec{T}\right)_{(22)}=\frac{1}{H_1H_2H_3}\left[H_3H_1\partial_2T_{(2)}+H_1H_{2,3}T_{(3)}+H_3H_{2,1}T_{(1)}\right] \tag{4.7.25b}$$

$$\left(\nabla\vec{T}\right)_{(33)}=\frac{1}{H_1H_2H_3}\left[H_1H_2\partial_3T_{(3)}+H_2H_{3,1}T_{(1)}+H_1H_{3,2}T_{(2)}\right] \tag{4.7.25c}$$

$$\left(\nabla\vec{T}\right)_{(12)}=\frac{1}{H_1H_2}\left[H_2\partial_1T_{(2)}-H_{1,2}T_{(1)}\right] \tag{4.7.25d}$$

$$\left(\nabla\vec{T}\right)_{(21)}=\frac{1}{H_1H_2}\left[H_1\partial_2T_{(1)}-H_{2,1}T_{(2)}\right] \tag{4.7.25e}$$

$$\left(\nabla\vec{T}\right)_{(13)}=\frac{1}{H_1H_3}\left[H_3\partial_1T_{(3)}-H_{1,3}T_{(1)}\right] \tag{4.7.25f}$$

$$\left(\nabla\vec{T}\right)_{(31)}=\frac{1}{H_1H_3}\left[H_3\partial_3T_{(1)}-H_{3,1}T_{(3)}\right] \tag{4.7.25g}$$

$$\left(\nabla\vec{T}\right)_{(23)}=\frac{1}{H_2H_3}\left[H_3\partial_2T_{(3)}-H_{2,3}T_{(2)}\right] \tag{4.7.25h}$$

$$\left(\nabla\vec{T}\right)_{(32)}=\frac{1}{H_2H_3}\left[H_2\partial_3T_{(2)}-H_{3,2}T_{(3)}\right] \tag{4.7.25i}$$

2) 散度

散度是对于乘积项的缩并, 实际上就是梯度的结果再缩并, 计算过程如下.

$$\mathrm{div}\vec{T}=\nabla\cdot\vec{T}=\left(\nabla\vec{T}\right)_{(si)}\vec{e}_{(s)}\cdot\vec{e}_{(i)}=\left(\nabla\vec{T}\right)_{(si)}\delta_{(s)(i)}=\left(\nabla\vec{T}\right)_{(ii)}$$

因此矢量的散度是

$$\begin{aligned}\mathrm{div}\vec{T}=&\left(\nabla\vec{T}\right)_{(ii)}=\left(\nabla\vec{T}\right)_{(11)}+\left(\nabla\vec{T}\right)_{(22)}+\left(\nabla\vec{T}\right)_{(33)}\\=&\frac{1}{H_1H_2H_3}\Big[H_2H_3\partial_1T_{(1)}+H_3H_{2,1}T_{(1)}+H_2H_{3,1}T_{(1)}+H_3H_1\partial_2T_{(2)}\\&+H_3H_{1,2}T_{(2)}+H_1H_{3,2}T_{(2)}+H_1H_2\partial_3T_{(3)}+H_2H_{1,3}T_{(3)}+H_1H_{2,3}T_{(3)}\Big]\\=&\frac{1}{H_1H_2H_3}\left[\partial_1\left(H_2H_3T_{(1)}\right)+\partial_2\left(H_1H_3T_{(2)}\right)+\partial_3\left(H_1H_2T_{(3)}\right)\right]\end{aligned} \tag{4.7.26}$$

3) 旋度

旋度是乘积后再缩并, 实际上也是梯度缩并, 但是缩并算符是 Levi-Civita 算符, 类似于笛卡儿张量的叉积运算. 表达式是

$$\mathrm{rot}\vec{T} = \nabla \times \vec{T} = \left(\nabla\vec{T}\right)_{(si)} \vec{e}_{(s)} \times \vec{e}_{(i)} = \varepsilon_{msi} \left(\nabla\vec{T}\right)_{(si)} \vec{e}_{(m)} \tag{4.7.27}$$

ε_{msi} 仅有下面六项不为零:

$$\varepsilon_{123} = 1, \quad \varepsilon_{231} = 1, \quad \varepsilon_{312} = 1$$

$$\varepsilon_{132} = -1, \quad \varepsilon_{213} = -1, \quad \varepsilon_{321} = -1$$

旋度是梯度项中 (si) 项, 其中 si 取 ε_{msi} 中相应的不为零的 (si) 六项, 为

$$\begin{aligned}\mathrm{rot}\vec{T} =& \varepsilon_{msi} \left(\nabla\vec{T}\right)_{(si)} \vec{e}_{(m)} \\ =& \vec{e}_{(1)} \left((\nabla\vec{T})_{(23)} - (\nabla\vec{T})_{(32)}\right) + \vec{e}_{(2)} \left((\nabla\vec{T})_{(31)} - (\nabla\vec{T})_{(13)}\right) \\ &+ \vec{e}_{(3)} \left((\nabla\vec{T})_{(12)} - (\nabla\vec{T})_{(21)}\right)\end{aligned} \tag{4.7.28}$$

将式 (4.7.25) 相应的项代入上式得到旋度表达式

$$\mathrm{rot}\vec{T} = \frac{1}{H_1H_2H_3} \begin{vmatrix} H_1\vec{e}_{(1)} & H_2\vec{e}_{(2)} & H_3\vec{e}_{(3)} \\ \partial_1 & \partial_2 & \partial_3 \\ H_1T_{(1)} & H_2T_{(2)} & H_3T_{(3)} \end{vmatrix} \tag{4.7.29}$$

(3) 二阶张量场的梯度、散度与旋度

二阶张量场设为

$$\vec{T} = T_{ij}\vec{e}^i\vec{e}^j \quad (i, j = 1, 2, 3) \tag{4.7.30}$$

由于二阶张量场的分量较多, 下面的计算中只给出对应项的表达式, 不再逐项列出.

1) 二阶张量的梯度

$$\begin{aligned}\nabla\vec{T} &= \vec{e}^s\nabla_s (T_{ij}) \vec{e}^i\vec{e}^j = \left(\partial_s T_{ij} - \Gamma^r_{si}T_{rj} - \Gamma^r_{sj}T_{ir}\right) \vec{e}^s\vec{e}^i\vec{e}^j \\ &= \frac{1}{H_sH_iH_j} \left(\partial_s T_{ij} - \Gamma^r_{si}T_{rj} - \Gamma^r_{sj}T_{ir}\right) \vec{e}_{(s)}\vec{e}_{(i)}\vec{e}_{(j)}\end{aligned}$$

令

$$T_{ij} = H_iH_jT_{(ij)} \tag{4.7.31}$$

将上式代入 $\nabla\vec{T}$ 表达式中, 得到梯度

$$\nabla\vec{T}=\frac{1}{H_sH_iH_j}\left[\partial_s\left(H_iH_jT_{(ij)}\right)-\Gamma^r_{si}H_rH_jT_{(rj)}-\Gamma^r_{sj}H_iH_rT_{(ir)}\right]\vec{e}_{(s)}\vec{e}_{(i)}\vec{e}_{(j)} \tag{4.7.32}$$

2) 二阶张量的散度

式 (4.7.32) 有 27 个分量. $\vec{T}$ 的散度是矢量的下标 s 与张量第一个下标 i 的缩并, 实际上是对于式 (4.7.32) 缩并, 缩并后的表达式是

$$\begin{aligned}\nabla\cdot\vec{T}&=\frac{1}{H_sH_iH_j}\left[\partial_s\left(H_iH_jT_{(ij)}\right)-\Gamma^r_{si}H_rH_jT_{(rj)}-\Gamma^r_{sj}H_iH_rT_{(ir)}\right]\left(\vec{e}_{(s)}\cdot\vec{e}_{(i)}\right)\vec{e}_{(j)}\\&=\frac{1}{H_sH_iH_j}\left[\partial_s\left(H_iH_jT_{(ij)}\right)-\Gamma^r_{si}H_rH_jT_{(rj)}-\Gamma^r_{sj}H_iH_rT_{(ir)}\right]\delta_{(s)(i)}\vec{e}_{(j)}\\&=\frac{1}{H_iH_iH_j}\left[\partial_i\left(H_iH_jT_{(ij)}\right)-\Gamma^r_{ii}H_rH_jT_{(rj)}-\Gamma^r_{ij}H_iH_rT_{(ir)}\right]\vec{e}_{(j)}\\&\qquad (r,i,j=1,2,3)\end{aligned} \tag{4.7.33}$$

上式表示散度在 $\vec{e}_{(1)}$, $\vec{e}_{(2)}$ 和 $\vec{e}_{(3)}$ 三个方向上都有分量, 是一个矢量, 这与矢量的散度是一个标量是有根本区别的.

3) 张量的旋度

旋度是梯度分量的缩并, 但是缩并项数由 Levi-Civita 决定. 旋度方程是

$$\mathrm{rot}\vec{T}=\nabla\times\vec{T}=\vec{e}^s\nabla_s\vec{T}$$

将式 (4.7.32) 代入上式, 得到

$$\begin{aligned}\nabla\times\vec{T}&=\frac{1}{H_sH_iH_j}\left[\partial_s\left(H_iH_jT_{(ij)}\right)-\Gamma^r_{si}H_rH_jT_{(rj)}-\Gamma^r_{sj}H_iH_rT_{(ir)}\right]\left(\vec{e}_{(s)}\times\vec{e}_{(i)}\right)\vec{e}_{(j)}\\&=\frac{1}{H_sH_iH_j}\left[\partial_s\left(H_iH_jT_{(ij)}\right)-\Gamma^r_{si}H_rH_jT_{(rj)}-\Gamma^r_{sj}H_iH_rT_{(ir)}\right]\varepsilon_{msi}\vec{e}_{(m)}\vec{e}_{(j)}\\&=\frac{\varepsilon_{msi}}{H_sH_iH_j}\left[\partial_s\left(H_iH_jT_{(ij)}\right)-\Gamma^r_{si}H_rH_jT_{(rj)}-\Gamma^r_{sj}H_iH_rT_{(ir)}\right]\vec{e}_{(m)}\vec{e}_{(j)}\\&\qquad (m,s,i,r,j=1,2,3)\end{aligned} \tag{4.7.34}$$

二阶张量旋度共有 9 个分量.

张量场的理论通常还包括 Laplace 算子 ∇^2, 用以下公式可以计算矢量 $\vec{T}$ 的结果:

$$\nabla^2\vec{T}=\nabla\left(\nabla\cdot\vec{T}\right)-\nabla\times\left(\nabla\times\vec{T}\right) \tag{4.7.35}$$

上述等式的成立留给读者作为练习题. 最常用的标量场 $T=(x^i)$ 的 Laplace 算子计算公式是

$$\nabla^2 T = g^{ij}\left(\partial_i\partial_j T - \Gamma^r_{ij}\partial_r T\right)$$

虽然有了 Laplace 算子的计算公式, 但是物理标架下的计算过程仍然非常繁杂, 这从下面的例题中可以看出.

例 4.10 求球坐标系下的矢量场梯度、散度和旋度.

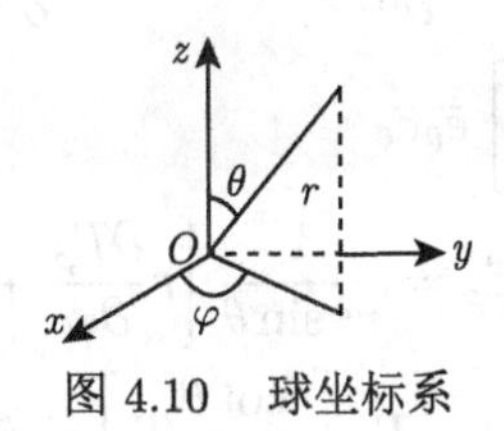

图 4.10 球坐标系

解 球坐标系如图 4.10 所示. 例 4.4 中求出了球坐标系的度规张量是

$$g_{11}=1,\quad g_{22}=r^2,\quad g_{33}=r^2\sin^2\theta$$

因此 Lamé 系数不是零的只有 3 项, 分别是

$$H_1=\sqrt{g_{11}}=1,\quad H_2=\sqrt{g_{22}}=r,\quad H_3=\sqrt{g_{33}}=r\sin\theta$$

其他的 $H_{ij}=0\,(i\neq j)$.

设单位矢量是 $\vec{e}_r$, $\vec{e}_\theta$, $\vec{e}_\varphi$, 则有 $\vec{e}_i\,(i=r,\theta,\varphi)$. 坐标是

$$x^1=r,\quad x^2=\theta,\quad x^3=\varphi;\quad r,\theta,\varphi \text{ 分别记为 } 1,2,3$$

矢量 $\vec{T}$ 的表达式是

$$\vec{T}=T_{(i)}\vec{e}_{(i)}=T_r\vec{e}_r+T_\theta\vec{e}_\theta+T_\varphi\vec{e}_\varphi=T_i\vec{e}_i$$

其中 T_r, T_θ 和 T_φ 都是单位矢量下的展开分量.

以下计算式中 Einstein 约定均不适用. 用式 (4.7.25) 可以直接计算梯度, 分量是

$$\begin{aligned}\left(\nabla\vec{T}\right)_{(11)} &= \frac{1}{H_1H_2H_3}\left[H_2H_3\partial_1T_{(1)}+H_3H_{1,2}T_{(2)}+H_2H_{1,3}T_{(3)}\right]\\ &= \frac{1}{r^2\sin\theta}\left[r^2\sin\theta\frac{\partial T_r}{\partial r}+0\right]=\frac{\partial T_r}{\partial r}\end{aligned}$$

于是有

$$\left(\nabla\vec{T}\right)\vec{e}_r\vec{e}_r=\left(\nabla\vec{T}\right)_{(11)}\vec{e}_r\vec{e}_r=\frac{\partial T_r}{\partial r}\vec{e}_r\vec{e}_r$$

类似上面计算方法, 用式 (4.7.25) 可以算得其他分量是

$$\begin{aligned}
\left(\nabla\vec{T}\right)\vec{e}_\theta\vec{e}_\theta&=\left(\nabla\vec{T}\right)_{(22)}\vec{e}_\theta\vec{e}_\theta\\
&=\frac{1}{r^2\sin\theta}\left[r\sin\theta\frac{\partial T_\theta}{\partial\theta}+0+r\sin\theta\frac{\partial r}{\partial r}T_r\right]\vec{e}_\theta\vec{e}_\theta\\
&=\frac{1}{r}\left[\frac{\partial T_\theta}{\partial\theta}+T_r\right]\vec{e}_\theta\vec{e}_\theta
\end{aligned}$$

$$\begin{aligned}
\left(\nabla\vec{T}\right)\vec{e}_\varphi\vec{e}_\varphi&=\left(\nabla\vec{T}\right)_{(33)}\vec{e}_\varphi\vec{e}_\varphi=\frac{1}{r^2\sin\theta}\left[r\frac{\partial T_\varphi}{\partial\varphi}+r\sin\theta T_r+r\cos\theta T_\theta\right]\vec{e}_\varphi\vec{e}_\varphi\\
&=\left[\frac{1}{r\sin\theta}\frac{\partial T_\varphi}{\partial\varphi}+\frac{1}{r}T_r+\frac{\cot\theta}{r}T_\theta\right]\vec{e}_\varphi\vec{e}_\varphi
\end{aligned}$$

$$\left(\nabla\vec{T}\right)\vec{e}_r\vec{e}_\theta=\left(\nabla\vec{T}\right)_{(12)}\vec{e}_r\vec{e}_\theta=\frac{1}{r}\left[r\frac{\partial T_\theta}{\partial r}-0\right]=\frac{\partial T_\theta}{\partial r}\vec{e}_r\vec{e}_\theta$$

$$\left(\nabla\vec{T}\right)\vec{e}_\theta\vec{e}_r=\left(\nabla\vec{T}\right)_{(21)}\vec{e}_\theta\vec{e}_r=\frac{1}{r}\left[\frac{\partial T_r}{\partial\theta}-T_\theta\right]\vec{e}_\theta\vec{e}_r$$

$$\left(\nabla\vec{T}\right)\vec{e}_r\vec{e}_\varphi=\left(\nabla\vec{T}\right)_{(13)}\vec{e}_r\vec{e}_\varphi=\frac{1}{r\sin\theta}\left[r\sin\theta\frac{\partial T_\varphi}{\partial r}-0\right]=\frac{\partial T_\varphi}{\partial r}\vec{e}_r\vec{e}_\varphi$$

$$\begin{aligned}
\left(\nabla\vec{T}\right)\vec{e}_\varphi\vec{e}_r&=\left(\nabla\vec{T}\right)_{(31)}\vec{e}_\varphi\vec{e}_r=\frac{1}{r\sin\theta}\left[\frac{\partial T_r}{\partial\varphi}-\frac{\partial r\sin\theta}{\partial r}T_\varphi\right]\vec{e}_\varphi\vec{e}_r\\
&=\left[\frac{1}{r\sin\theta}\frac{\partial T_r}{\partial\varphi}-\frac{1}{r}T_\varphi\right]\vec{e}_\varphi\vec{e}_r
\end{aligned}$$

$$\left(\nabla\vec{T}\right)\vec{e}_\theta\vec{e}_\varphi=\left(\nabla\vec{T}\right)_{(23)}\vec{e}_\theta\vec{e}_\varphi=\frac{1}{r^2\sin\theta}\left[r\sin\theta\frac{\partial T_\varphi}{\partial\theta}-0\right]\vec{e}_\theta\vec{e}_\varphi=\frac{1}{r}\frac{\partial T_\varphi}{\partial\theta}\vec{e}_\theta\vec{e}_\varphi$$

$$\begin{aligned}
\left(\nabla\vec{T}\right)\vec{e}_\varphi\vec{e}_\theta&=\left(\nabla\vec{T}\right)_{(32)}\vec{e}_\varphi\vec{e}_\theta=\frac{1}{r^2\sin\theta}\left[r\frac{\partial T_\theta}{\partial\varphi}-\frac{\partial r\sin\theta}{\partial\theta}T_\varphi\right]\vec{e}_\varphi\vec{e}_\theta\\
&=\left[\frac{1}{\sin\theta}\frac{\partial T_\theta}{\partial\varphi}-\frac{\cot\theta}{r}T_\varphi\right]\vec{e}_\varphi\vec{e}_\theta
\end{aligned}$$

矢量场的散度可以用式 (4.7.26) 直接计算, 下面是计算结果.

$$\partial_1\left(H_2H_3T_r\right)=\frac{\partial}{\partial r}\left(r\cdot r\sin\theta\cdot T_r\right)=\sin\theta\frac{\partial}{\partial r}r^2T_r$$

$$\partial_2\left(H_1H_3T_\theta\right)=\frac{\partial}{\partial\theta}\left(r\sin\theta\cdot T_\theta\right)=r\frac{\partial}{\partial\theta}\sin\theta T_\theta$$

$$\partial_3\left(H_1H_2T_\varphi\right)=\frac{\partial}{\partial\varphi}\left(r\cdot T_\varphi\right)=r\frac{\partial}{\partial\varphi}T_\varphi$$

$$\begin{aligned}\operatorname{div}\vec{T} &= \frac{1}{H_1H_2H_3}\left[\partial_1\left(H_2H_3T_r\right)+\partial_2\left(H_1H_3T_\theta\right)+\partial_3\left(H_1H_2T_\varphi\right)\right]\\ &= \frac{1}{r^2}\frac{\partial}{\partial r}r^2T_r+\frac{1}{r\sin\theta}\frac{\partial}{\partial\theta}\sin\theta T_\theta+\frac{1}{r\sin\theta}\frac{\partial T_\varphi}{\partial\varphi}\end{aligned}$$

式 (4.7.29) 可以直接计算矢量场的旋度, 于是有

$$\begin{aligned}\operatorname{rot}\vec{T} &= \nabla\times\vec{T}\\ &= \frac{1}{H_2H_3}\left[\partial_2\left(H_3T_\varphi\right)-\partial_3\left(H_2T_\theta\right)\right]\vec{e}_r\\ &\quad+\frac{1}{H_1H_3}\left[\partial_3\left(H_1T_r\right)-\partial_1\left(H_3T_\varphi\right)\right]\vec{e}_\theta+\frac{1}{H_1H_2}\left[\partial_1\left(H_2T_\theta\right)-\partial_2\left(H_1T_r\right)\right]\vec{e}_\varphi\\ &= \frac{1}{r^2\sin\theta}\left[\frac{\partial(r\sin\theta T_\varphi)}{\partial\theta}-\frac{\partial(rT_\theta)}{\partial\varphi}\right]\vec{e}_r+\frac{1}{r\sin\theta}\left[\frac{\partial T_r}{\partial\varphi}-\frac{\partial(r\sin\theta T_\varphi)}{\partial r}\right]\vec{e}_\theta\\ &\quad+\frac{1}{r}\left[\frac{\partial(rT_\theta)}{\partial r}-\frac{\partial T_r}{\partial\theta}\right]\vec{e}_\varphi\end{aligned}$$

习 题 4

1. 已知斜直线坐标系的基是

$$\vec{e}_1=2\vec{i}+\vec{k},\quad \vec{e}_2=\vec{i}+2\vec{j}+3\vec{k},\quad \vec{e}_3=\vec{i}+\vec{j}+\vec{k}$$

(1) 写出对偶基 $\vec{e}^1, \vec{e}^2, \vec{e}^3$ 的直角坐标系的表达式;

(2) 写出直角坐标系中矢径 $\vec{r}=2\vec{i}+3\vec{j}+4\vec{k}$ 在斜直角坐标系的表达式;

(3) 对比 (2) 在直角坐标系中的矢量模与斜直角坐标系里基的模.

2. 已知柱坐标系如习题 2 图, 设 $r=x^1$, $\theta=x^2$, $z=x^3$, 求

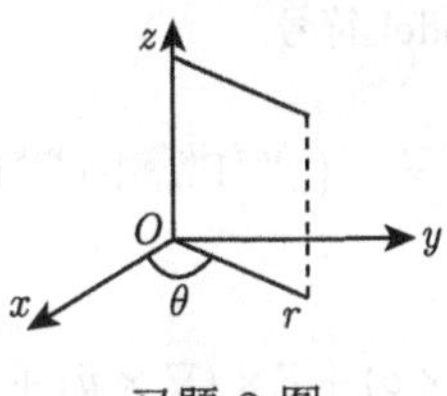

习题 2 图

(1) 基矢量 $\vec{e}_i$, 并求它在直角坐标系里的表达式;

(2) 求对偶基 $\vec{e}^i$, 并求它在直角坐标系里的表达式;

(3) 已知

$$\vec{a}=3\vec{e}_1+4\vec{e}_2+5\vec{e}_3,\quad \vec{b}=2\vec{e}_1-4\vec{e}_2+3\vec{e}_3$$

求 $\vec{a}$ 和 $\vec{b}$ 协变分量和逆变分量, 并且求出它们的夹角;

(4) 写出柱坐标系的度规张量 g_{ij} 和逆变量 g^{ij} 的表达式.

3. 已知矢量的基是

$$\vec{e}_1=\vec{i}+2\vec{j},\quad \vec{e}_2=-2\vec{i}-2\vec{j}$$

(1) 求矢量 $\vec{a} = -5\vec{i} + 6\vec{j}$ 的逆变分量 a^1 和 a^2, 协变分量 a_1 和 a_2;

(2) 求 $\vec{e}_1$ 和 $\vec{e}_2$ 的对偶基, 并将基矢量单位化.

4. 已知球坐标系 (r, θ, φ) 如习题 4 图.

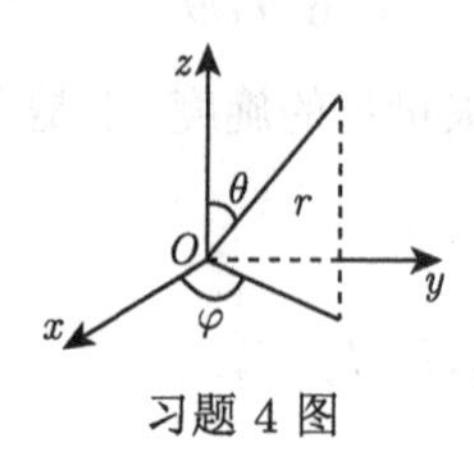

习题 4 图

(1) 求球坐标系与笛卡儿坐标 $x^{i'}$ 的变换系数 $\beta^i_{i'}$ 和 $\beta^{i'}_i$ 的表达式;

(2) 求矢量逆变分量 v^i 和协变分量 v_i.

5. 证明 $\dfrac{\partial u_i}{\partial x^j}$ 不是张量.

6. 平面极坐标系 $r = x^1$, $\theta = x^2$, 有矢量场

$$\vec{T} = A\cos x^2 \vec{e}_1 + \left(-\frac{A}{x^1}\sin x^2\right)\vec{e}_1$$

求其协变量导数.

7. 球坐标系 $r = x^1$, $\theta = x^2$, $\varphi = x^3$, 计算 g_{ij}, g^{ij}, Γ_{ijk} 和 Γ^k_{ij}.

8. (1) 三维欧氏空间中, 写出下列和式的所有项

$$a_{ij}x^i x^j, \quad a_i^{\bullet i} x^j x_j, \quad \left(a_i x^i\right)^2$$

(2) 求下列各式的运算结果

$$\delta^i_k a_i a^k a_j, \quad \delta^i_j A_{i\bullet k}^{\bullet j} \delta^k_m$$

9. 计算柱坐标系中两类 Christoffel 符号.

10. 证明

$$\partial_i g^{jk} = -\left(g^{mj}\Gamma^k_{im} + g^{mk}\Gamma^j_{im}\right)$$

11. $\vec{u}$ 和 $\vec{v}$ 为矢量场, 证明

$$\nabla(\vec{u}\cdot\vec{v}) = \vec{u}\times(\nabla\times\vec{v}) + \vec{v}\times(\nabla\times\vec{u}) + \vec{u}\cdot(\nabla\vec{v}) + \vec{v}\cdot(\nabla\vec{u})$$

12. (1) 求矢量 $\vec{u}$ 在柱坐标系下的梯度、散度和旋度;

(2) 求二阶张量 $\vec{T}$ 在柱坐标系下的梯度、散度和旋度.

第 5 章 变 分 法

变分法在现代科技与工程实践中应用很广，是一种非常有用的数学工具. 例如自动控制中常用的最佳线性系统的设计，纳米器件载流子散射的计算，量子力学中微观粒子的基态能量的计算，以及计算电磁学等方面都常常使用. 本章为电子、电气类和应用物理类专业读者所写，介绍变分法的基本概念和方法，为了能与实际应用相连接，在讨论变分法的基本理论的同时，也介绍了解变分问题的直接变分法，这些都是有关变分的最基本内容，仅为读者进一步学习专业知识提供必需的数学基础.

5.1 有关变分问题的实际例子

变分问题与微积分中求函数极大值和极小值问题有些相似，但又有些差别. 在微分学中求极值问题，例如求关于某一函数 $z = f(x)$ 的极大值或极小值，它是关于自变量 x 而言的. 而在实践中常常遇到的是更为复杂的极大值和极小值问题，即所谓泛函的极大值和极小值. 下面是泛函的定义.

变量的值是从一个或几个函数中选取，这种取决于某一类函数中的函数 $y(x)$ 所确定的变量 J，称为依赖于函数 $y(x)$ 的泛函 (或者称泛函数)，记作

$$J = J[y(x)] \tag{5.1.1}$$

式中 $[y(x)]$ 表示 J 的值依 $y(x)$ 而变化，其大小由一个函数决定. 变分法所研究的对象就是求解泛函的极值的方法. 在变分法发展过程有三个典型的问题：最佳降落线问题、短程线问题、等周问题. 下面就逐一讨论这三个问题.

例 5.1 最佳降落线问题. 连接不在同一铅直线上给定的两点 A 和 B，确定一条曲线，使得质点在重力作用下由较高的 A 点滑至 B 点时所需要的时间最小.

解 建立坐标系如图 5.1 所示. 设 A 点的坐标是 $A(0,0)$，B 点的坐标是 $B(a,b)$，$y=y(x)$ 是连接 A 和 B 两点间的任意一条光滑曲线. 设质点的质量是 m，根据能量守恒定理，在任意点 $M(x,y)$ 处有

$$\frac{1}{2}mv^2 = mgy$$

式中 v 是速度, g 是重力加速度. 化简上式得到

$$v = \sqrt{2gy}$$

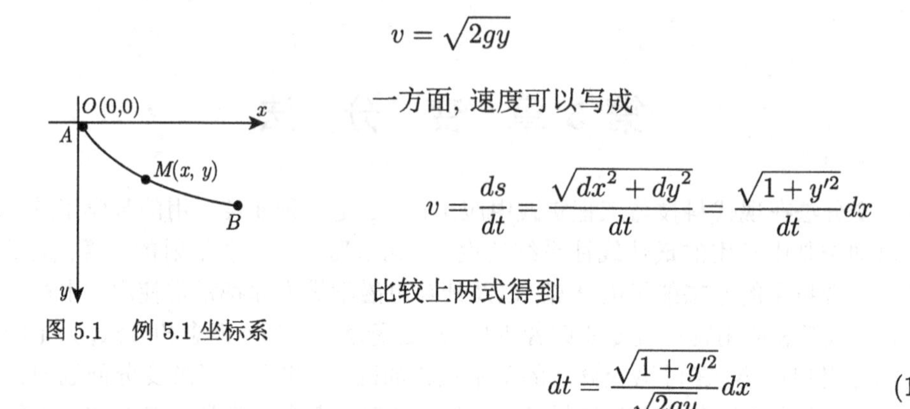

图 5.1　例 5.1 坐标系

一方面, 速度可以写成

$$v = \frac{ds}{dt} = \frac{\sqrt{dx^2 + dy^2}}{dt} = \frac{\sqrt{1 + y'^2}}{dt} dx$$

比较上两式得到

$$dt = \frac{\sqrt{1 + y'^2}}{\sqrt{2gy}} dx \tag{1}$$

质点沿曲线 $y = y(x)$ 由点 A 滑动到 B 所需的时间 t 是

$$t = \int_0^t dt = \int_0^a \frac{\sqrt{1 + y'^2}}{\sqrt{2gy}} dx \tag{2}$$

式 (2) 表明积分 (2) 的值与曲线 $y = y(x)$ 的选择有关. 因此最佳降落线问题的提法应当是求一条满足积分 (2) 取最小值的曲线 $y = y(x)$, 并且 $y(x)$ 要满足边界条件

$$y(0) = 0, \quad y(a) = b.$$

例 5.2　短程线问题. 在第 2 章已经介绍过短程线问题, 它属于整体微分几何的范畴, 最常用的解法是变分法, 先将问题归结如下: 已知曲面 $f(x, y, z) = 0$, 在曲面上给定两点 A 和 B, 求连接两点间长度最短的曲线, 这个曲线称为短程线.

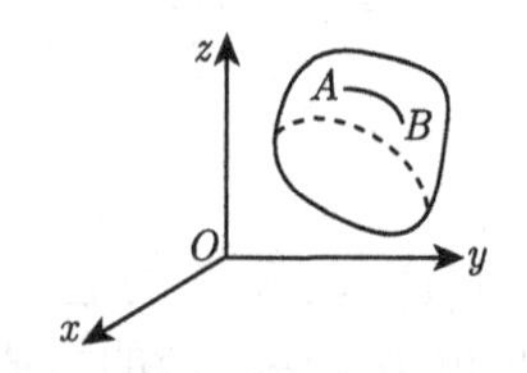

图 5.2　短程线问题图

解　设坐标系如图 5.2 所示. 在曲面上取微元弧长 ds, 则有

$$ds = \sqrt{dx^2 + dy^2 + dz^2} = \sqrt{1 + y_x'^2 + z_x'^2} dx$$

弧长 l 为

$$l = \int_{x_0}^{x_1} \sqrt{1 + \left(\frac{\partial z}{\partial x}\right)^2 + \left(\frac{\partial y}{\partial x}\right)^2} dx \tag{1}$$

弧长 l 的积分表明, 短程线问题的提法是求一条满足积分 (1) 取最小值的曲线 $y(x)$, $z(x)$, 并且它们要满足边界条件

$$\varphi(x,y,z)=0$$

除了力学与几何问题以外, 在电子工程领域内求变分问题的例子也很多. 例如通信理论中, 经常要讨论当功率给定时, 如何可以使传递信息达到最大. 这个问题实际上与信号的概率分布有关, 当信号的概率密度 $\varphi(x)$ 给定以后, 根据信息熵定理可知, 信息量可以由积分公式

$$J=-\int_{-\infty}^{+\infty}\varphi(x)\ln(r\varphi(x))\,dx \tag{5.1.2}$$

计算. 式中 r 是常数. 因此, 给定功率下求最大传递信息的数学问题提法是求使上述积分达到最大值的 $\varphi(x)$. 而 $\varphi(x)$ 是信号的概率密度, 应当关于 x 是归一的, 从而有附加条件

$$\int_{-\infty}^{+\infty}\varphi(x)\,dx=1 \tag{5.1.3}$$

与此同时信号功率也是个定值, 因此有附加条件

$$\int_{-\infty}^{+\infty}x^2\varphi(x)\,dx=\text{常数} \tag{5.1.4}$$

式 (5.1.3) 和 (5.1.4) 称为 $\varphi(x)$ 的等周条件.

综合上述例子可见, 所研究的问题都是在求一个函数, 使其在积分中取得极大值或极小值, 也就是求泛函的极值. 变分法的任务就是研究如何求解泛函的极值, 而这个极值在概念上与函数的极值类似, 但是有本质上的差别, 函数的极值求 x 为某一个常数时, 存在着极值. 而泛函的极值是求 $y(x)$ 为某一个函数时, 泛函存在着极值. 从几何意义来看是求一条曲线或一个曲面, 因而我们推测泛函的极值求解会更复杂些.

5.2 变分法的基本原理及性质

在讨论变分法基本原理前我们先定义了泛函 $J[y(x)]$. 泛函 $J[y(x)]$ 与 $y(x)$ 的关系类似于函数中的变量与自变量, 下面讨论它们的变分性质.

首先讨论函数的变分. 设有函数 $y(x)$, 它的变分是指 $y(x)$ 的增量, 即

$$\delta y=y(x)-y_0(x) \tag{5.2.1}$$

从上式易得到函数变分的规则. 导数 $y'(x)$ 的变分是

$$\delta y'(x) = y'(x) - y_0'(x) = (y(x) - y_0(x))' = (\delta y)' \tag{5.2.2}$$

式 (5.2.2) 表明变分与对函数自变量求导可以交换次序, 即函数导数的变分等于函数变分的导数. 同理可以得到 k 阶导数的变分为

$$\delta y^{(k)} = (\delta y)^{(k)} \tag{5.2.3}$$

泛函的变分通常是指线性泛函的变分, 线性泛函指泛函数 $J[y(x)]$ 满足条件

$$\begin{cases} J[cy(x)] = cJ[y(x)] \\ J[y_1(x) + y_2(x)] = J[y_1(x)] + J[y_2(x)] \end{cases} \tag{5.2.4}$$

式中 c 为任意常数. 函数 $y(x)$ 的增量可以写成 $y(x) + \alpha\eta(x)$, α 是小量, 因此 $y(x)$ 的增量是 $\delta y(x) = \alpha\eta(x)$, 泛函的增量是

$$\Delta J = J[y(x) + \alpha\eta(x)] - J[y(x)]$$

将上式按小量 α 展开, 对于满足线性泛函条件的泛函数 $J[y(x)]$ 的增量, 可以写成

$$\begin{aligned} \Delta J &= J[y(x)] + \frac{d}{d\alpha} J[y(x) + \alpha\eta(x)]\bigg|_{\alpha=0} \cdot \alpha + o\left(\alpha^2\right) - J[y(x)] \\ &= \frac{d}{d\alpha} J[y(x) + \alpha\eta(x)]\bigg|_{\alpha=0} \cdot \alpha + o\left(\alpha^2\right) \end{aligned}$$

ΔJ 的线性主部定义为泛函数的变分, 有

$$\delta J = \frac{d}{d\alpha} J[y(x) + \alpha\eta(x)]\bigg|_{\alpha=0} \cdot \alpha = \frac{\partial J}{\partial(y(x) + \alpha\eta(x))} \cdot \frac{d\alpha\eta(x)}{d\alpha}\bigg|_{\alpha=0} \cdot \alpha = \frac{\partial J}{\partial y}\delta y \tag{5.2.5}$$

式 (5.2.5) 是泛函变分的定义.

下面我们考虑更复杂一些泛函的变分. 例如泛函

$$F = F[x, y(x), y'(x)] \tag{5.2.6}$$

上式中固定 x, F 依赖于函数 $y(x)$ 和它的导数 $y'(x)$. 对应于 $y(x)$ 的变化量 $\delta y = \alpha\eta(x)$, 泛函 F 有一改变量 ΔF, 得到

$$\Delta F = F[x, y + \alpha\eta(x), y' + \alpha\eta'(x)] - F[x, y, y']$$

上式右端按 α 展开, 取其 α 的一次项, 根据式 (5.2.5) 得到变分是

$$\begin{aligned}\delta F &= \frac{d}{d\alpha}F\left[x, y+\alpha\eta(x), y'+\alpha\eta'(x)\right]\Big|_{\alpha=0}\cdot\alpha \\ &= \left[\frac{\partial F}{\partial y}\eta(x)+\frac{\partial F}{\partial y'}\eta'(x)\right]\alpha \\ &= \frac{\partial F}{\partial y}\alpha\eta(x)+\frac{\partial F}{\partial y'}\alpha\eta'(x)\end{aligned}$$

注意到 $\delta y = \alpha\eta(x)$, 所以

$$\delta y' = \alpha\eta'(x)$$

于是有变分

$$\delta F = \frac{\partial F}{\partial y}\delta y + \frac{\partial F}{\partial y'}\delta y' \tag{5.2.7}$$

如果我们依照式 (5.2.7) 也可以把 F 的变分写作 x, y, y' 的变分, 为

$$\delta F = \frac{\partial F}{\partial x}\delta x + \frac{\partial F}{\partial y}\delta y + \frac{\partial F}{\partial y'}\delta y'$$

注意到泛函变分是指当 $y(x)$ 的自变量 x 不变时, F 随 $y(x)$ 和 $y'(x)$ 变化的情况, 有

$$\delta x \equiv 0$$

故仍然得到式 (5.2.7). 这实际上告诉我们泛函的变分是从曲线到曲线的改变量的一次近似.

泛函变分的和、积、商、幂等其他运算规律很容易从定义中导出, 它们与微分的相应规律完全相似. 例如

$$\delta(F_1F_2) = F_1\delta F_2 + F_2\delta F_1$$

$$\delta\left(\frac{F_1}{F_2}\right) = \frac{F_2\delta F_1 - F_1\delta F_2}{F_2^2}$$

等等.

进一步可以把泛函变分推广到多元函数中去, 例如二元函数

$$F = F\left(x, y, u, v, \frac{\partial u}{\partial x}, \frac{\partial u}{\partial y}, \frac{\partial v}{\partial x}, \frac{\partial v}{\partial y}\right)$$

按式 (5.2.7) 可以直接求出它的变分量

$$\delta F = \frac{\partial F}{\partial u}\delta u + \frac{\partial F}{\partial v}\delta v + \frac{\partial F}{\partial u_x}\delta u_x + \frac{\partial F}{\partial u_y}\delta u_y + \frac{\partial F}{\partial v_x}\delta v_x + \frac{\partial F}{\partial v_y}\delta v_y$$

式中 $u_x = \dfrac{\partial u}{\partial x}, u_y = \dfrac{\partial u}{\partial y}, v_x = \dfrac{\partial v}{\partial x}, v_y = \dfrac{\partial v}{\partial y}$.

对于前面表示为定积分的泛函, 如

$$I = \int_{x_1}^{x_2} F(x, y, y')\, dx$$

式中 x 是自变量, 按照式 (5.2.7) 的推导过程和上面介绍的泛函变分的运算规则可证变分量可以与积分号和求导交换运算次序, 因此得到 I 的变分是

$$\delta I = \delta \int_{x_1}^{x_2} F dx = \int_{x_1}^{x_2} \delta F dx, \quad \delta \frac{d^n F}{dx^n} = \frac{d^n(\delta F)}{dx^n}$$

应用泛函变分原理可以很容易地导出泛函取极值的条件, 我们先定义函数的邻域. 设 $y_0(x)$ 是给定的函数, δ 是给定的正数, 函数的 i 阶导数是 $y^{(i)}(x)$, 对于函数定义域内每个 x, 若有

$$\left|y^{(i)}(x) - y_0(x)\right| < \delta \quad (i = 0, 1, \cdots, k) \tag{5.2.8}$$

全体 $y(x)$ 称为函数 $y_0(x)$ 的 k 阶 δ 邻域. 特别当 $i = 0$ 时称 $y(x)$ 为 $y_0(x)$ 的零阶 δ 邻域. 式 (5.2.8) 表明 $y(x)$ 与 $y_0(x)$ 之差以及直至 k 阶导数之差的最大绝对值不大于 δ.

那么泛函的极值是什么呢? 设 $y_0(x)$ 是泛函 $J[y(x)]$ 定义域 D 中的某一函数, 若存在一个正数 δ, 使得在泛函的定义域中的对 $y_0(x)$ 的 k 阶 δ 邻域内的一切函数 $y(x)$ 均有

$$J[y_0(x)] \leqslant J[y(x)] \quad 或 \quad J[y_0(x)] \geqslant J[y(x)]$$

则认为泛函 $J[y]$ 在 $y_0(x)$ 处有相对极小值或相对极大值. 当 $k = 0$ 时, $J[y_0(x)]$ 是 $J[y(x)]$ 在 $y_0(x)$ 处的强相对极小值, 否则称 $J[y(x)]$ 在 $y_0(x)$ 处有弱相对极值. 泛函极值的物理意义就是求一个函数, 这个函数是泛函的极值.

如何用变分来表达泛函极值存在的条件呢? 下面是变分极值存在的必要条件.

定理 5.2.1 泛函 $J[y(x)]$ 在 $y = y_0(x)$ 上达到极大值或极小值, 则在 $y(x) = y_0(x)$ 上有

$$\delta J[y_0(x)] = 0 \tag{5.2.9}$$

证明 设函数 $y(x)$ 是 $y_0(x)$ 的增量, 且有 $y(x) = y_0(x) + \alpha\eta(x)$, α 是一小量. 当 $y_0(x)$ 和 $\alpha\eta(x)$ 固定时有

$$\varphi(\alpha) = J[y_0(x) + \alpha\eta(x)]$$

根据假定, $y=y_0(x)$ 有极值, 即 $\varphi(\alpha)$ 在 $\alpha=0$ 有极值, 故有

$$\left.\frac{d\varphi(\alpha)}{d\alpha}\right|_{\alpha=0}=\left.\frac{d}{d\alpha}J\left[y_0(x)+\alpha\eta(x)\right]\right|_{\alpha=0}=0 \tag{1}$$

而从式 (5.2.5) 可知

$$\left.\frac{d}{d\alpha}J\left[y_0(x)+\alpha\eta(x)\right]\right|_{\alpha=0}\cdot\alpha=\left.\frac{\partial J}{\partial y}\right|_{y_0}\delta y=\delta J$$

这样式 (1) 就等价于

$$\delta J=\left.\frac{\partial J}{\partial y}\right|_{y_0}\delta y=0$$

[证毕]

从定理 5.2.1 可知, 若泛函复杂一些, 例如

$$J=J\left[x,y(x),y'(x)\right]$$

则 $\delta J=0$ 的条件是

$$\delta J=\frac{\partial J}{\partial y}\delta y+\frac{\partial J}{\partial y'}\delta y'=0$$

求泛函的极值函数只要解出上述微分方程, 就可以求出函数 $y(x)$.

5.3 泛函的欧拉方程

本节我们将讨论简单的泛函极值问题, 为了讨论问题的连续性, 先介绍一个变分法常用的引理.

定理 5.3.1 函数若满足

(1) 函数 $\varphi(x)$ 在区间 $[x_0,x_1]$ 上连续;

(2) 函数 $\eta(x)$ 在区间 $[x_0,x_1]$ 上连续可微, 且有 $\eta(x_0)=0,\eta(x_1)=0$;

如果 $\varphi(x)$ 与 $\eta(x)$ 乘积的积分为

$$\int_{x_0}^{x_1}\varphi(x)\eta(x)\,dx=0$$

则一定有

$$\varphi(x)\equiv 0 \tag{5.3.1}$$

证明 用反证法. 假设存在一点 c 使得 $\varphi(c)\neq 0$, 而 $\varphi(x)$ 连续, 故在点 c 附近有一个区间 $[\alpha,\beta]$ 存在, 而在区间内 $\varphi(x)$ 处处不为零, 因而符号不变.

如图 5.3 所示, 我们作函数 $\eta(x)$, 使它在区间 $[x_0, x_1]$ 上连续可微, 在 $[\alpha,\beta]$ 上恒为正, 而在 $[\alpha,\beta]$ 之外处处等于零, 即

$$\eta(x)=\begin{cases}0, & x\in[x_0,\alpha]\\ (x-\alpha)^2(\beta-x)^2, & x\in[\alpha,\beta]\\ 0, & x\in[\beta,x_1]\end{cases} \tag{1}$$

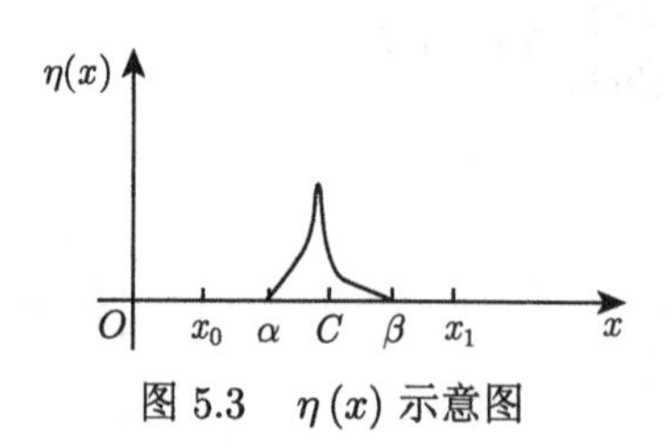

图 5.3 $\eta(x)$ 示意图

用式 (1) 的 $\eta(x)$ 与 $\varphi(x)$ 积分有

$$\int_{x_0}^{x_1}\varphi(x)\eta(x)\,dx=\int_{\alpha}^{\beta}\varphi(x)\eta(x)\,dx\neq 0 \tag{2}$$

由于式 (2) 表示的积分中 $\varphi(x)\eta(x)$ 或恒正, 或恒负, 故积分不为零, 这与已知条件相矛盾, 故必有 $\varphi(x)\equiv 0$. [证毕]

现在讨论一个简单的泛函极值问题. 设有一个连续可微函数 $y(x)$, 存在着积分

$$J=\int_{x_0}^{x_1}F(x,y,y')\,dx \tag{5.3.2a}$$

求使上述积分取极值, 并且满足边界条件

$$y(x_0)=y_0,\quad y(x_1)=y_1 \tag{5.3.2b}$$

的函数 $y(x)$.

根据泛函的理论可知, 求式 (5.3.2a) 的极值应当满足其变分 $\delta J=0$. 对式 (5.3.2a) 求变分得到

$$\begin{aligned}\delta J&=\delta\int_{x_0}^{x_1}F(x,y,y')dx=\int_{x_0}^{x_1}\delta F(x,y,y')dx=\int_{x_0}^{x_1}\left[\frac{\partial F}{\partial y}\delta y+\frac{\partial F}{\partial y'}\delta y'\right]dx\\&=\int_{x_0}^{x_1}\frac{\partial F}{\partial y}\delta ydx+\int_{x_0}^{x}\frac{\partial F}{\partial y'}\frac{d\delta y}{dx}dx=\int_{x_0}^{x_1}\frac{\partial F}{\partial y}\delta ydx+\int_{x_0}^{x_1}\frac{\partial F}{\partial y'}d\delta y\\&=\int_{x_0}^{x_1}\frac{\partial F}{\partial y}\delta ydx+\frac{\partial F}{\partial y'}\delta y\Big|_{x_0}^{x_1}-\int_{x_0}^{x_1}\delta yd\frac{\partial F}{\partial y'}\\&=\frac{\partial F}{\partial y'}\delta y\Big|_{x_0}^{x_1}+\int_{x_0}^{x_1}\left[\frac{\partial F}{\partial y}-\frac{d}{dx}\frac{\partial F}{\partial y'}\right]\delta ydx\\&=\left[\frac{\partial F}{\partial y'}\delta y\right]\Bigg|_{x=x_1}-\left[\frac{\partial F}{\partial y'}\delta y\right]\Bigg|_{x=x_0}+\int_{x_0}^{x_1}\left[\frac{\partial F}{\partial y}-\frac{d}{dx}\frac{\partial F}{\partial y'}\right]\delta ydx\end{aligned} \tag{5.3.3}$$

下面计算 $\delta y(x_1)$ 和 $\delta y(x_0)$. 变分的几何意义是取一族靠近 $y(x)$ 的曲线求出一条能使积分 J 取极值的曲线, 如图 5.4 所示, 由于固定边界条件在 x_0 和 x_1 处都经过一点, 所以有

$$\delta y(x_0)=0,\quad \delta y(x_1)=0 \tag{5.3.4}$$

将式 (5.3.4) 代入式 (5.3.3), 可以得到泛函极值条件

$$\delta J=\int_{x_0}^{x_1}\left[\frac{\partial F}{\partial y}-\frac{d}{dx}\frac{\partial F}{\partial y'}\right]\delta y dx=0 \tag{5.3.5}$$

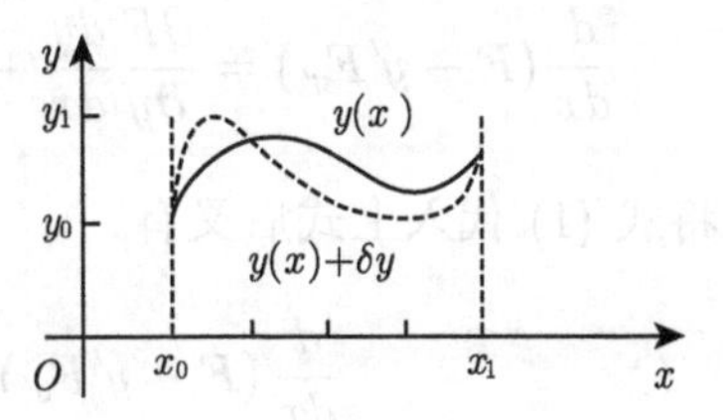

图 5.4 变分法曲线示意图

由于 $y(x)$ 是连续可微函数, 所以 δy 是连续可微的, 再结合式 (5.3.4), 可知 (5.3.5) 满足定理 5.3.1, 这样有微分方程

$$\frac{\partial F}{\partial y}-\frac{d}{dx}\frac{\partial F}{\partial y'}=0 \tag{5.3.6}$$

称式 (5.3.6) 为欧拉方程.

将式 (5.3.6) 展开, 注意到 $\dfrac{\partial F}{\partial y'}$ 显含 x, 并通过 y 和 $y'=\dfrac{dy}{dx}$ 隐含 x, 故有

$$\frac{d}{dx}\frac{\partial F}{\partial y'}=\frac{\partial}{\partial x}\left(\frac{\partial F}{\partial y'}\right)+\frac{\partial}{\partial y}\left(\frac{\partial F}{\partial y'}\right)\frac{dy}{dx}+\frac{\partial}{\partial y'}\left(\frac{\partial F}{\partial y'}\right)\frac{dy'}{dx}$$

因此式 (5.3.6) 等价于方程

$$F_{y'y'}\frac{d^2y}{dx^2}+F_{y'y}\frac{dy}{dx}+(F_{y'x}-F_y)=0 \tag{5.3.7}$$

式 (5.3.7) 是二阶微分方程, 求解这个方程还必须提两个边界条件, 这两个边界条件就是式 (5.3.2b) 给出的 $y(x_0)=y_0$, $y(x_1)=y_1$.

例 5.3 求例 5.1 的最速下降线. 最速下降线的泛函是

$$J=\int_0^a\frac{\sqrt{1+y'^2}}{\sqrt{2gy}}dx$$

边界条件是

$$y(0)=0,\quad y(a)=b$$

求函数 $y=y(x)$.

解 函数 F 是

$$F(x,y,y')=\frac{\sqrt{1+y'^2}}{\sqrt{2gy}}$$

由于 F 与 x 无关, 根据式 (5.3.7) 知 F 满足方程

$$F_{y'y'}y'' + F_{y'y}y' - F_y = 0 \tag{1}$$

而

$$\frac{d}{dx}(F - y'F_{y'}) = \frac{\partial F}{\partial y}\frac{dy}{dx} + \frac{\partial F}{\partial y'}\frac{dy'}{dx} - y''F_{y'} - y'\frac{\partial F_{y'}}{y'} \cdot \frac{dy'}{dx} - y'\frac{\partial F_{y'}}{\partial y} \cdot \frac{dy}{dx}$$

将式 (1) 代入上式后又有

$$\frac{d}{dx}(F - y'F_{y'}) = -y'\left[y''F_{y'y'} + y'F_{y'y} - F_y\right] = 0$$

这样得到首积分是 $F - y'F_{y'} = c$, 于是有

$$\frac{\sqrt{1+y'^2}}{\sqrt{2gy}} - \frac{y'^2}{\sqrt{2gy}\sqrt{1+y'^2}} = c$$

化简上式, 记 $c_1 = 1/2gc^2$, 则有

$$y(1+y'^2) = c_1$$

可以用参数法解此方程. 令 $y' = \cot(\theta/2)$, 方程化为

$$y = \frac{c_1}{1+y'^2} = c_1\sin^2\frac{\theta}{2} = \frac{1}{2}c_1(1-\cos\theta) \tag{2}$$

又因为

$$dx = \frac{dy}{y'} = \frac{c_1\sin\dfrac{\theta}{2}\cos\dfrac{\theta}{2}d\theta}{\cot\dfrac{\theta}{2}} = \frac{1}{2}c_1(1-\cos\theta)d\theta$$

所以有

$$x = \frac{1}{2}c_1(\theta - \sin\theta) + c_2 \tag{3}$$

综合式 (2) 和 (3) 可以得到解是

$$x = \frac{1}{2}c_1(\theta - \sin\theta) + c_2, \quad y = \frac{1}{2}c_1(1-\cos\theta)$$

将 $y(0) = 0$ 代入上两式得到

$$c_1(1-\cos\theta) = 0, \quad c_2 = -\frac{1}{2}c_1(\theta - \sin\theta)$$

故有 $\theta=0, c_2=0$. 解是

$$\begin{cases} x=\dfrac{1}{2}c_1(\theta-\sin\theta) \\ y=\dfrac{1}{2}c_1(1-\cos\theta) \end{cases}$$

常数 c_1 可以用另一边界条件 $y(a)=b$ 给出.

我们必须注意 $\delta J=0$ 是极值存在的必要条件, 所求的极值函数是否一定使泛函取极值呢？这个不一定, 只是有可能是泛函并取得极值. 对于实际问题的泛函, 我们并不需要做数学上的分析, 而只需要从物理概念上判定泛函的极值函数是否一定存在. 若同时求出几个函数, 我们可以对这几个函数对应的泛函值逐一计算, 再通过比较就能找出正确答案.

5.4 含有多个未知函数与高阶导数的泛函

在实际问题中往往需要讨论含有多个未知函数的泛函极值问题, 下面先讨论两个未知函数的泛函, 这时的泛函极值问题提法是求

$$J=\int_{x_0}^{x_1} F(x,y,y',z,z')dx \tag{5.4.1a}$$

$$y(x_0)=y_0,\quad y(x_1)=y_1 \tag{5.4.1b}$$

$$z(x_0)=z_0,\quad z(x_1)=z_1 \tag{5.4.1c}$$

的极值问题.

在上述极值问题的泛函数中 x 是固定自变量, 故有 $\delta x=0$, 因此变分为

$$\begin{aligned}\delta J&=\int_{x_0}^{x_1}\delta F(x,y,y',z,z')dx\\&=\int_{x_0}^{x_1}\left[\frac{\partial F}{\partial y}\delta y+\frac{\partial F}{\partial y'}\delta y'+\frac{\partial F}{\partial z}\delta z+\frac{\partial F}{\partial z'}\delta z'\right]dx\end{aligned}$$

用类似于式 (5.3.3) 的推导过程, 可以得到

$$\delta J=\frac{\partial F}{\partial y'}\delta y\bigg|_{x_0}^{x_1}+\frac{\partial F}{\partial z'}\delta z\bigg|_{x_0}^{x_1}+\int_{x_0}^{x_1}\left[\frac{\partial F}{\partial y}-\frac{d}{dx}\frac{\partial F}{\partial y'}\right]\delta y dx+\int_{x_0}^{x_1}\left[\frac{\partial F}{\partial z}-\frac{d}{dx}\frac{\partial F}{\partial z'}\right]\delta z dx$$

因为是固定边界条件, 所以 $\delta y(x_1)=\delta y(x_0)=0$, $\delta z(x_0)=\delta z(x_1)=0$. 变分为

$$\delta J=\int_{x_0}^{x_1}\left[\frac{\partial F}{\partial y}-\frac{d}{dx}\frac{\partial F}{\partial y'}\right]\delta y dx+\int_{x_0}^{x_1}\left[\frac{\partial F}{\partial z}-\frac{d}{dx}\frac{\partial F}{\partial z'}\right]\delta z dx$$

根据极值存在的必要条件 $\delta J = 0$, 得到

$$\int_{x_0}^{x_1} \left[\frac{\partial F}{\partial y} - \frac{d}{dx} \frac{\partial F}{\partial y'} \right] \delta y dx + \int_{x_0}^{x_1} \left[\frac{\partial F}{\partial z} - \frac{d}{dx} \frac{\partial F}{\partial z'} \right] \delta z dx = 0$$

再引用定理 5.3.1, 得到方程组

$$\begin{cases} \dfrac{\partial F}{\partial y} - \dfrac{d}{dx} \dfrac{\partial F}{\partial y'} = 0 \\ \dfrac{\partial F}{\partial z} - \dfrac{d}{dx} \dfrac{\partial F}{\partial z'} = 0 \end{cases} \tag{5.4.2}$$

从上述问题的推导过程中我们可以导出更一般的多个未知函数的变分问题的极值存在的必要条件. 设有泛函

$$J[y_1, y_2, \cdots, y_n] = \int_{x_0}^{x_1} F(x, y_1, y_2, \cdots, y_n; y_1', y_2', \cdots, y_n') dx \tag{5.4.3a}$$

它的边界条件是

$$y_1(x_0) = y_{10}, y_2(x_0) = y_{20}, \cdots, y_n(x_0) = y_{n0} \tag{5.4.3b}$$

$$y_1(x_1) = y_{11}, y_2(x_1) = y_{21}, \cdots, y_n(x_1) = y_{n1} \tag{5.4.3c}$$

其极值存在的条件是

$$\delta J = 0$$

因而可以得到一组二阶微分方程

$$\frac{\partial F}{\partial y_i} - \frac{d}{dx} \frac{\partial F}{\partial y_i'} = 0 \quad (i = 1, 2, \cdots, n) \tag{5.4.4}$$

一般说来, 这一组方程在 $x, y_1, y_2, \cdots, y_n$ 空间中确定一族含有 $2n$ 个参数的积分曲线, 这就是变分问题的极值曲线族.

例 5.4　求泛函的极值问题. 泛函是

$$J[y(x), z(x)] = \int_0^{\frac{\pi}{2}} \left[y'^2 + z'^2 + 2yz \right] dx$$

边界条件是 $y(0) = 0$, $y\left(\dfrac{\pi}{2}\right) = 1$; $z(0) = 0$, $z\left(\dfrac{\pi}{2}\right) = -1$.

解　根据式 (5.4.2) 得到一组欧拉方程是

$$\frac{\partial F}{\partial y} - \frac{d}{dx} \frac{\partial F}{\partial y'} = 2z - 2y'' = 0$$

$$\frac{\partial F}{\partial z} - \frac{d}{dx} \frac{\partial F}{\partial z'} = 2y - 2z'' = 0$$

有微分方程组

$$y'' - z = 0 \tag{1}$$

$$z'' - y = 0 \tag{2}$$

对式 (1) 求导两次, 再将式 (2) 代入, 得到常系数线性微分方程

$$y^{(4)} - y = 0$$

上式的解是

$$y = c_1 e^x + c_2 e^{-x} + c_3 \cos x + c_4 \sin x \tag{3}$$

又因为 $z = y''$, 故而得到

$$z = c_1 e^x + c_2 e^{-x} - c_3 \cos x - c_4 \sin x \tag{4}$$

将边界条件代入后, 有

$$c_1 = 0, \quad c_2 = 0, \quad c_3 = 0, \quad c_4 = 1$$

因而解是 $y = \sin x, z = -\sin x$.

下面以二阶导数作为自变量来分析高阶导数作为自变量的泛函极值问题, 设有泛函和边界条件

$$J[y(x)] = \int_{x_0}^{x} F[x, y(x), y'(x), y''(x)]\, dx \tag{5.4.5}$$

$$y(x_0) = y_0, \quad y'(x_0) = y_0'; \quad y(x_1) = y_1, \quad y'(x_1) = y_1'$$

求式 (5.4.5) 变分, 因此有

$$\begin{aligned} \delta J &= \int_{x_0}^{x_1} \delta F[x, y(x), y'(x), y''(x)]\, dx \\ &= \int_{x_0}^{x_1} \left[\frac{\partial F}{\partial y}\delta y + \frac{\partial F}{\partial y'}\delta y' + \frac{\partial F}{\partial y''}\delta y''\right] dx \end{aligned} \tag{5.4.6}$$

下面计算上式的第二项和第三项积分. 计算时注意 $\delta y(x_0) = \delta y'(x_0) = \delta y(x_1) = \delta y'(x_1) = 0$, 则有

$$\int_{x_0}^{x_1} \frac{\partial F}{\partial y'}\delta y' dx = \int_{x_0}^{x_1} \frac{\partial F}{\partial y'} d\delta y = \left.\frac{\partial F}{\partial y'}\delta y\right|_{x_0}^{x_1} - \int_{x_0}^{x_1} \frac{d}{dx}\frac{\partial F}{\partial y'}\delta y dx$$

$$
\begin{aligned}
&= -\int_{x_0}^{x_1} \frac{d}{dx}\frac{\partial F}{\partial y'}\delta y dx \\
\int_{x_0}^{x_1} \frac{\partial F}{\partial y''}\delta y'' dx &= \int_{x_0}^{x_1} \frac{\partial F}{\partial y''}\delta \frac{dy'}{dx} dx = \int_{x_0}^{x} \frac{\partial F}{\partial y''} d\delta y' \\
&= \frac{\partial F}{\partial y''}\delta y'\bigg|_{x_0}^{x_1} - \int_{x_0}^{x_1} \frac{d}{dx}\frac{\partial F}{\partial y''}\delta y' dx \\
&= -\int_{x_0}^{x_1} \frac{d}{dx}\frac{\partial F}{\partial y''} d\delta y = \int_{x_0}^{x_1} \frac{d^2}{dx^2}\frac{\partial F}{\partial y''}\delta y dx
\end{aligned}
$$

将上两式代入式 (5.4.6) 得到

$$
\begin{aligned}
\delta J &= \int_{x_0}^{x_1} \frac{\partial F}{\partial y}\delta y dx - \int_{x_0}^{x_1} \frac{d}{dx}\frac{\partial F}{\partial y'}\delta y dx + \int_{x_0}^{x_1} \frac{d^2}{dx^2}\frac{\partial F}{\partial y''}\delta y dx \\
&= \int_{x_0}^{x_1} \left[\frac{\partial F}{\partial y} - \frac{d}{dx}\frac{\partial F}{\partial y'} + \frac{d^2}{dx^2}\frac{\partial F}{\partial y''}\right]\delta y dx
\end{aligned}
$$

引用定理 5.3.1, 可以得到常微分方程

$$
\frac{\partial F}{\partial y} - \frac{d}{dx}\frac{\partial F}{\partial y'} + \frac{d^2}{dx^2}\frac{\partial F}{\partial y''} = 0 \tag{5.4.7}
$$

类似可以导出泛函

$$
J[y(x)] = \int_{x_0}^{x_1} F\left[x, y(x), y'(x), \cdots, y^{(n)}(x)\right] dx \tag{5.4.8}
$$

边界条件为

$$
\begin{aligned}
y(x_0) = y_0, y'(x_0) = y_0', \cdots, y^{(n-1)}(x_0) = y_0^{(n-1)} \\
y(x_1) = y_1, y'(x_1) = y_1', \cdots, y^{(n-1)}(x_1) = y_1^{(n-1)}
\end{aligned}
$$

的欧拉方程是

$$
\frac{\partial F}{\partial y} - \frac{d}{dx}\frac{\partial F}{\partial y'} + \frac{d^2}{dx^2}\frac{\partial F}{\partial y''} - \frac{d^3}{dx^3}\frac{\partial F}{\partial y^{(3)}} + \cdots + (-1)^n \frac{d^n}{dx^n}\frac{\partial F}{\partial y^{(n)}} = 0 \tag{5.4.9}
$$

方程式 (5.4.9) 又称为欧拉-泊松方程, 是 $2n$ 阶常微分方程, 解这个方程需要 $2n$ 个边界条件.

如果是多个自变量固定边界的高阶导数泛函边值问题, 例如

$$
J[y(x), z(x)] = \int_{x_0}^{x_1} F(x, y, y', y''; z, z', z'') dx
$$

则只要对 $y(x)$ 变分时认为 $z(x)$ 是固定的, 然后对 $z(x)$ 变分时认为 $y(x)$ 是固定的, 就可以得到类似于式 (5.4.7) 的欧拉方程组

$$\begin{cases} \dfrac{\partial F}{\partial y} - \dfrac{d}{dx}\dfrac{\partial F}{\partial y'} + \dfrac{d^2}{dx^2}\dfrac{\partial F}{\partial y''} = 0 \\ \dfrac{\partial F}{\partial z} - \dfrac{d}{dx}\dfrac{\partial F}{\partial z'} + \dfrac{d^2}{dx^2}\dfrac{\partial F}{\partial z''} = 0 \end{cases} \tag{5.4.10}$$

例 5.5 确定泛函

$$J[y(x)] = \int_{-l}^{l} \left(\frac{1}{2}\mu y''^2 + \rho y\right) dx$$

边界条件是 $y(-l) = 0, y'(-l) = 0; y(l) = 0, y'(l) = 0$ 的极值曲线.

解 $F = \dfrac{1}{2}\mu y''^2 + \rho y$, 根据式 (5.4.7) 可以写出欧拉-泊松方程

$$\rho + \frac{d^2}{dx^2}\mu y'' = 0$$

因此得到一个四阶常微分方程, 解是

$$y = -\frac{\rho x^4}{24\mu} + c_1 x^3 + c_2 x^2 + c_3 x + c_4$$

利用边界条件可以写出解是

$$y = -\frac{\rho}{24\mu}\left(x^2 - l^2\right)^2$$

5.5 多元函数的泛函数极值问题

本节将考虑多个自变量函数的泛函极值问题, 这样的泛函数是重积分. 例如, 有二元函数 $z(x, y)$, 它的泛函是

$$J[z(x,y)] = \iint\limits_D F\left(x, y, z, \frac{\partial z}{\partial x}, \frac{\partial z}{\partial y}\right) dxdy \tag{5.5.1}$$

类似于一元函数的泛函极值问题, 其积分域 D 边界 C 上的值已经给定, 也就是说空间围线 $\tilde{C}$ 是已知的, 所有的允许曲面都要经过这根围线, 示意图如图 5.5 所示.

下面推导过程中假设函数三阶可导, $z(x, y)$ 是二阶可导, 记

$$\frac{\partial z}{\partial x} = z'_x, \quad \frac{\partial z}{\partial y} = z'_y$$

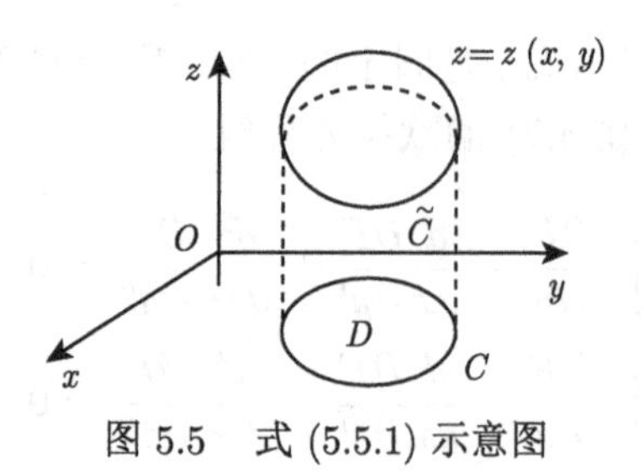

图 5.5　式 (5.5.1) 示意图

且有

$$\delta\frac{\partial z}{\partial x}=\frac{\partial \delta z}{\partial x},\quad \delta\frac{\partial z}{\partial y}=\frac{\partial \delta z}{\partial y}$$

即求函数的偏导与变分可以交换运算次序. 对式 (5.5.1) 求变分时, 把 x, y 当作常量, 则有

$$\begin{aligned}\delta J(x,y)&=\iint\limits_{D}\left[\frac{\partial F}{\partial z}\delta z+\frac{\partial F}{\partial z'_x}\delta z'_x+\frac{\partial F}{\partial z'_y}\delta z'_y\right]dxdy\\&=\iint\limits_{D}\left[\frac{\partial F}{\partial z}\delta z+\frac{\partial F}{\partial z'_x}\frac{\partial \delta z}{\partial x}+\frac{\partial F}{\partial z'_y}\frac{\partial \delta z}{\partial y}\right]dxdy\end{aligned}\tag{5.5.2}$$

注意到

$$\frac{\partial}{\partial x}\left[\frac{\partial F}{\partial z'_x}\delta z\right]=\frac{\partial}{\partial x}\frac{\partial F}{\partial z'_x}\cdot\delta z+\frac{\partial F}{\partial z'_x}\frac{\partial \delta z}{\partial x}$$

则有

$$\frac{\partial F}{\partial z'_x}\frac{\partial \delta z}{\partial x}=\frac{\partial}{\partial x}\left[\frac{\partial F}{\partial z'_x}\delta z\right]-\frac{\partial}{\partial x}\frac{\partial F}{\partial z'_x}\delta z$$

类似有

$$\frac{\partial F}{\partial z'_y}\frac{\partial \delta z}{\partial y}=\frac{\partial}{\partial y}\left[\frac{\partial F}{\partial z'_y}\delta z\right]-\frac{\partial}{\partial y}\frac{\partial F}{\partial z'_y}\delta z$$

将上两式代入 (5.5.2) 得到

$$\begin{aligned}\delta J(x,y)=&\iint\limits_{D}\left[\frac{\partial F}{\partial z}-\frac{\partial}{\partial x}\frac{\partial F}{\partial z'_x}-\frac{\partial}{\partial y}\frac{\partial F}{\partial z'_y}\right]\delta zdxdy\\&+\iint\limits_{D}\left\{\frac{\partial}{\partial x}\left[\frac{\partial F}{\partial z'_x}\delta z\right]+\frac{\partial}{\partial y}\left[\frac{\partial F}{\partial z'_y}\delta z\right]\right\}dxdy\end{aligned}\tag{5.5.3}$$

根据 Green 公式

$$\iint\limits_D \left[\frac{\partial M}{\partial x}-\frac{\partial N}{\partial y}\right]dxdy=\int_C (Ndx+Mdy)$$

式 (5.5.3) 的右边的第二项是

$$\iint\limits_D \left\{\frac{\partial}{\partial x}\left[\frac{\partial F}{\partial z'_x}\delta z\right]-\frac{\partial}{\partial y}\left[-\frac{\partial F}{\partial z'_y}\delta z\right]\right\}dxdy=\int_C \left[\frac{\partial F}{\partial z'_x}\delta zdy-\frac{\partial F}{\partial z'_y}\delta zdx\right]=0$$

由于曲线 C 上 $\delta z=0$, 所以上式的积分是零. 将上式的结果代入 (5.5.3) 得到

$$\delta J=\iint\limits_D \left[\frac{\partial F}{\partial z}-\frac{\partial}{\partial x}\frac{\partial F}{\partial z'_x}-\frac{\partial}{\partial y}\frac{\partial F}{\partial z'_y}\right]\delta zdxdy$$

因此泛函的极值条件是

$$\delta J=\iint\limits_D \left[\frac{\partial F}{\partial z}-\frac{\partial}{\partial x}\frac{\partial F}{\partial z'_x}-\frac{\partial}{\partial y}\frac{\partial F}{\partial z'_y}\right]\delta zdxdy=0 \tag{5.5.4}$$

下面给出类似于定理 5.3.1 的一个定理, 以计算 (5.5.4) 式.

定理 5.5.1 若函数 $\varphi(x,y)$ 在 (x,y) 平面上连续, 而 $\eta(x,y)$ 连续且一阶可微, 若

$$\iint\limits_D \varphi(x,y)\,\eta(x,y)\,dxdy=0$$

而 $\eta(x,y)$ 在区域 D 的边界上为零, 则必有

$$\varphi(x,y)\equiv 0 \tag{5.5.5}$$

注意上述结果对于 n 重积分都是成立的, 其证明过程类似于定理 5.3.1, 这里不再给出.

对式 (5.5.4) 应用定理 5.5.1 可以得到偏微分方程

$$\frac{\partial F}{\partial z}-\frac{\partial}{\partial x}\frac{\partial F}{\partial z'_x}-\frac{\partial}{\partial y}\frac{\partial F}{\partial z'_y}=0$$

即有所谓的奥氏方程

$$\frac{\partial F}{\partial z}-\frac{\partial}{\partial x}\frac{\partial F}{\partial\left(\dfrac{\partial z}{\partial x}\right)}-\frac{\partial}{\partial y}\frac{\partial F}{\partial\left(\dfrac{\partial z}{\partial y}\right)}=0 \tag{5.5.6}$$

上述结论可以直接推广到高维固定边值问题中. 如有泛函

$$
\begin{aligned}
&J\left[u\left(x_1, x_2, \cdots, x_n\right)\right] \\
&=\iint \cdots \iint_D F\left(x_1, \cdots, x_n, u, \frac{\partial u}{\partial x_1}, \cdots, \frac{\partial u}{\partial x_n}\right) d x_1 d x_2 \cdots d x_n
\end{aligned} \tag{5.5.7}
$$

D 是 n 维空间中的一个给定区域, 而 u 在 D 的 $n-1$ 维边界上是给定的已知函数, 则有奥氏方程

$$
\frac{\partial F}{\partial u}-\sum_{i=1}^n \frac{\partial}{\partial x_i} \frac{\partial F}{\partial\left(\dfrac{\partial u}{\partial x_i}\right)}=0 \tag{5.5.8}
$$

例 5.6　泛函

$$
J[z(x, y)]=\iint_D\left[\left(\frac{\partial z}{\partial x}\right)^2+\left(\frac{\partial z}{\partial y}\right)^2+2 z f(x, y)\right] d x d y
$$

在域 D 的边界上函数 z 是已知的, 求奥氏方程.

解　式 (5.5.4) 中偏导数是

$$
\frac{\partial F}{\partial z}=2 f(x, y), \quad \frac{\partial}{\partial x} \frac{\partial F}{\dfrac{\partial z}{\partial x}}=2 \frac{\partial^2 z}{\partial x^2}, \quad \frac{\partial}{\partial y} \frac{\partial F}{\dfrac{\partial z}{\partial y}}=2 \frac{\partial^2 z}{\partial y^2}
$$

将上述结果代入式 (5.5.6) 得到

$$
\frac{\partial^2 z}{\partial x^2}+\frac{\partial^2 z}{\partial y^2}=f(x, y)
$$

上述方程是泊松方程, 是电磁学问题中常遇到的方程.

例 5.7　泛函

$$
J[z(x, y)]=\iint_D F\left(x, y, z, \frac{\partial z}{\partial x}, \frac{\partial z}{\partial y}, \frac{\partial^2 z}{\partial x^2}, \frac{\partial^2 z}{\partial x \partial y}, \frac{\partial^2 z}{\partial y^2}\right) d x d y
$$

在域 D 的边界上函数 z 是已知的, 求奥氏方程.

解　将偏导数简写如下:

$$
z_x^{\prime}=\frac{\partial z}{\partial x}, \quad z_y^{\prime}=\frac{\partial z}{\partial y}, \quad z_{x x}^{\prime \prime}=\frac{\partial^2 z}{\partial x^2}, \quad z_{x y}^{\prime \prime}=\frac{\partial^2 z}{\partial x \partial y}, \quad z_{y y}^{\prime \prime}=\frac{\partial^2 z}{\partial y^2}
$$

依照式 (5.5.6) 的推导过程可以得到奥氏方程是

$$\frac{\partial F}{\partial z}-\frac{\partial}{\partial x}\frac{\partial F}{\partial z'_x}-\frac{\partial}{\partial y}\frac{\partial F}{\partial z'_y}+\frac{\partial^2}{\partial x^2}\frac{\partial F}{\partial z''_{xx}}+\frac{\partial^2}{\partial x\partial y}\frac{\partial F}{\partial z''_{xy}}+\frac{\partial^2}{\partial y^2}\frac{\partial F}{\partial z''_{yy}}=0$$

例 5.8 求泛函

$$J\left[z\left(x,y,z\right)\right]=\iint\limits_{D}\left[\left(\frac{\partial u}{\partial x}\right)^2+\left(\frac{\partial u}{\partial y}\right)^2+\left(\frac{\partial u}{\partial z}\right)^2\right]dxdydz$$

的奥氏方程, u 在域 D 的边界上是给定的已知函数.

解 此题可以直接套用式 (5.5.8), 因为

$$\frac{\partial F}{\partial u}=0,\quad \frac{\partial}{\partial x}\frac{\partial F}{\partial u'_x}=\frac{\partial}{\partial x}2\frac{\partial u}{\partial x}=2\frac{\partial^2 u}{\partial x^2},$$

$$\frac{\partial}{\partial y}\frac{\partial F}{\partial u'_y}=2\frac{\partial^2 u}{\partial y^2},\quad \frac{\partial}{\partial z}\frac{\partial F}{\partial u'_z}=2\frac{\partial^2 u}{\partial z^2}$$

上述四式代入式 (5.5.8), 即

$$\frac{\partial F}{\partial u}-\frac{\partial}{\partial x}\frac{\partial F}{\partial\left(\dfrac{\partial u}{\partial x}\right)}-\frac{\partial}{\partial y}\frac{\partial F}{\partial\left(\dfrac{\partial u}{\partial y}\right)}-\frac{\partial}{\partial z}\frac{\partial F}{\partial\left(\dfrac{\partial u}{\partial z}\right)}=0$$

得到

$$\frac{\partial^2 u}{\partial x^2}+\frac{\partial^2 u}{\partial y^2}+\frac{\partial^2 u}{\partial z^2}=0$$

这是 Laplace 方程.

5.6 端点不变的自然边界条件和自然过渡条件下的变分法

现在考虑未知函数 $y(x)$ 的端点值没有预先给定的情况下如何求泛函的极值, 即非固定边界条件下的泛函变分问题. 设有泛函数

$$J\left[y\left(x\right)\right]=\int_{x_0}^{x_1}F\left(x,y,y'\right)dx \tag{5.6.1}$$

$$\delta J=\int_{x_0}^{x_1}\delta F\left(x,y,y'\right)dx=\left[\frac{\partial F}{\partial y'}\delta y\right]\Bigg|_{x_0}^{x_1}+\int_{x_0}^{x_1}\left[\frac{\partial F}{\partial y}-\frac{d}{dx}\frac{\partial F}{\partial y'}\right]\delta ydx$$

极值存在的条件是变分为零, 这样得到

$$\left[\frac{\partial F}{\partial y'}\delta y\right]\bigg|_{x=x_1} - \left[\frac{\partial F}{\partial y'}\delta y\right]\bigg|_{x=x_0} + \int_{x_0}^{x_1}\left[\frac{\partial F}{\partial y} - \frac{d}{dx}\frac{\partial F}{\partial y'}\right]\delta y dx = 0 \tag{5.6.2}$$

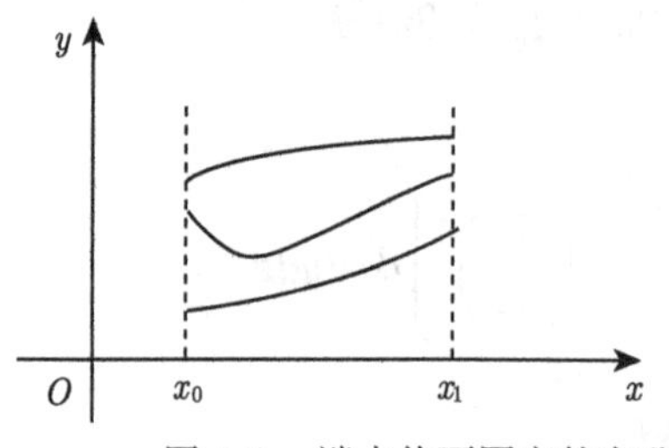

图 5.6 端点值不固定的变分

现在给定的变分问题中端点值未确定, 如图 5.6 所示, 这时 $\delta y(x_0)$ 和 $\delta y(x_1)$ 不为零, 式 (5.6.2) 成立的条件应当比固定边界条件时有所不同, 函数在满足欧拉方程的同时, $\delta y(x_0)$ 和 $\delta y(x_1)$ 的系数应当为零, 所以泛函极值条件应当是

$$\frac{\partial F}{\partial y} - \frac{d}{dx}\frac{\partial F}{\partial y'} = 0 \tag{5.6.3a}$$

$$\left.\frac{\partial F}{\partial y'}\right|_{x=x_0} = 0 \tag{5.6.3b}$$

$$\left.\frac{\partial F}{\partial y'}\right|_{x=x_1} = 0 \tag{5.6.3c}$$

式 (5.6.3b) 和 (5.6.3c) 称作自然边界条件. 注意, 若有一端是固定边界条件, 例如 x_0 是固定边界条件, 自然边界条件仅存在于 x_1 一端, 所以边界条件是

$$\begin{cases} y(x_0) = y_0 \\ \left.\dfrac{\partial F}{\partial y'}\right|_{x=x_1} = 0 \end{cases}$$

数理方程中存在衔接条件, 函数极值与此类似, 也有衔接条件. 如果 $F(x,y,y')$ 在 $x \in (x_0,x_1)$ 之间有一点不连续, 例如 C 点不连续是间断点, 这时的极值问题与式 (5.6.3) 类似. 为叙述简便, 取端点 x_0 和 x_1 处是固定边界条件, 则积分区域是 (x_0,c) 和 (c,x_1), 泛函的极值问题提法是

$$J[y(x)] = \int_{x_0}^{x_1} F(x,y,y')dx$$

$$y(x_0) = y_0, \quad y(x_1) = y_1$$

其中 $F(x,y,y')$ 在 $x = c$ 处不连续 $(c \in (x_0,x_1))$.

易导出 $\delta J = 0$ 的极值条件是

$$\int_{x_0}^{c-}\left[\frac{\partial F}{\partial y} - \frac{d}{dx}\left(\frac{\partial F}{\partial y'}\right)\right]\delta y dx + \int_{c+}^{x_1}\left[\frac{\partial F}{\partial y} - \frac{d}{dx}\left(\frac{\partial F}{\partial y'}\right)\right]\delta y dx$$

$$+\left[\frac{\partial F}{\partial y'}\delta y\right]\Big|_{x_0}^{c-}+\left[\frac{\partial F}{\partial y'}\delta y\right]\Big|_{c+}^{x_1}=0 \tag{5.6.4}$$

通过点 c 的极带曲线 $y(x)$ 的变分为 $\delta y(c_1)$, 应当有

$$\delta y(c_+)=\delta y(c_-)=\delta y(c)$$

再将两个端点的变分 $\delta y(x_0)=0$, $\delta y(x_1)=0$ 和上式代入式 (5.6.4), 得到

$$\begin{aligned}&\int_{x_0}^{c-}\left[\frac{\partial F}{\partial y}-\frac{d}{dx}\left(\frac{\partial F}{\partial y'}\right)\right]\delta y dx+\int_{c+}^{x_1}\left[\frac{\partial F}{\partial y}-\frac{d}{dx}\left(\frac{\partial F}{\partial y'}\right)\right]\delta y dx\\&-\left\{\left[\frac{\partial F}{\partial y'}\delta y\right]\Big|_{x=c+}-\left[\frac{\partial F}{\partial y'}\delta y\right]\Big|_{x=c-}\right\}\delta y(c)=0\end{aligned} \tag{5.6.5}$$

欧拉方程应当在 (x_0,c) 和 (c,x_1) 的每一个区间都成立, 故有

$$\frac{\partial F}{\partial y}-\frac{d}{dx}\left(\frac{\partial F}{\partial y'}\right)=0 \tag{5.6.6}$$

当要求函数 $y(x)$ 连续时, 则有 $\delta y(c)=0$, 故应附加衔接条件

$$y(c_+)=y(c_-) \tag{5.6.7}$$

而要求函数 $F(x)$ 有一阶连续偏导数时, 则应当附加条件

$$\lim_{x\to c_+}\frac{\partial F}{\partial y'}=\lim_{x\to c_-}\frac{\partial F}{\partial y'} \tag{5.6.8}$$

式 (5.6.7) 和 (5.6.8) 称为自然衔接条件, 具体用 (5.6.7) 还是 (5.6.8), 还是两者都需要, 则应视所提出的具体问题而定.

例 5.9 求泛函

$$J[y(x)]=\int_0^1\left(y'^2-\omega^2y^2\right)dx$$

在下列条件下的极值:

(1) 边界条件是 $y(0)=0$, $y(1)=1$;

(2) 边界条件是 $y(1)=1$;

(3) $0<c<1$, $\omega=\begin{cases}\omega_1, & 0<x<c,\\ \omega_2, & c<x<1,\end{cases}$ $y(0)=0$, $y(1)=0$.

解 (1) 无论边界条件如何变化, 其微分方程可以从

$$\frac{\partial F}{\partial y}-\frac{d}{dx}\left(\frac{\partial F}{\partial y'}\right)=0$$

中导出, 为

$$\frac{d^2y}{dx^2}+\omega^2y=0$$

上式的解是 $y=c_1\cos\omega x+c_2\sin\omega x$. 将边界条件 $y(0)=0$, $y(1)=1$ 代入后, 得到

$$c_1=0,\quad c_2=\frac{1}{\sin\omega},\quad \omega\neq 0,\pi,2\pi,\cdots$$

所以解是

$$y=\frac{\cos\omega x}{\sin\omega}$$

当 $\omega=0,\pi,2\pi,\cdots$ 时有 $y=1/0=\infty$, 此时无解. 所以本小题的解是

$$y=\frac{\cos\omega x}{\sin\omega},\quad \omega\neq 0,\pi,2\pi,\cdots$$

$$y=\text{无解},\quad \omega=0,\pi,2\pi,\cdots$$

(2) 微分方程仍是从 $\frac{\partial F}{\partial y}-\frac{d}{dx}\left(\frac{\partial F}{\partial y'}\right)=0$ 导出, 与 (1) 的方程相同. 而边界条件是 $y(1)=1$. $x=0$ 的边界条件是自然边界条件, 从式 (5.6.3b) 可知

$$\left.\frac{\partial F}{\partial y'}\right|_{x=0}=2y'|_{x=0}=0,\quad y'|_{x=0}=0$$

所以现在定解问题是

$$\frac{d^2y}{dx^2}+\omega^2y=0,\quad y'(0)=0,\quad y(1)=1$$

上述方程的解是

$$y=\frac{\cos\omega x}{\cos\omega}\quad\left(\omega\neq\frac{\pi}{2},\frac{3}{2}\pi,\frac{5}{2}\pi,\cdots\right)$$

$$y=\text{无解}\quad\left(\omega=\frac{\pi}{2},\frac{3}{2}\pi,\frac{5}{2}\pi,\cdots\right)$$

(3) 根据泛函极值条件 (5.6.6), 有方程

$$\frac{d^2y}{dx^2}+\omega_1^2y=0,\quad 0<x<c$$

$$\frac{d^2y}{dx^2}+\omega_2^2y=0,\quad c<x<1$$

上述方程的解是

$$y=\begin{cases}c_1\cos\omega_1x+c_2\sin\omega_1x, & 0\leqslant x<c\\ d_1\cos\omega_2x+d_2\sin\omega_2x, & c<x\leqslant 1\end{cases}$$

将 $y(0)=0$, $y(1)=0$ 代入上式, 得到

$$y=\begin{cases}c_2\sin\omega_1x, & 0\leqslant x<c\\ d_2\dfrac{\sin\omega_2(x-1)}{\cos\omega_2}, & c<x\leqslant 1\end{cases}\tag{1}$$

有两个未知数, 应当有两个衔接条件. 在 c 点 y 值应当连续, 从式 (5.6.7) 可知

$$y(c_-)=y(c_+)\tag{2}$$

而由式 (5.6.8) 可知

$$y'(c_-)=y'(c_+)\tag{3}$$

将式 (1) 代入式 (2) 和式 (3) 后, 得到

$$\begin{cases}c_2\sin\omega_1c-d_2\dfrac{\sin\omega_2(c-1)}{\cos\omega_2}=0\\ c_2\omega_1\cos\omega_1c-d_2\dfrac{\omega_2\cos\omega_2(c-1)}{\cos\omega_2}=0\end{cases}\tag{4}$$

式 (4) 有非零解的条件是系数行列式为零, 故有

$$\begin{vmatrix}\sin\omega_1c & \dfrac{\sin\omega_2(c-1)}{\cos\omega_2}\\ \omega_1\cos\omega_1c & \dfrac{\omega_2\cos\omega_2(c-1)}{\cos\omega_2}\end{vmatrix}=0$$

上式的解是

$$\frac{\tan\omega_1c}{\omega_1}=\frac{\tan\omega_2(c-1)}{\omega_2}\tag{5}$$

上式说明 c 的坐标不能随意指定, 而应由式 (5) 解出.

根据式 (1) 和 (5) 得到解是

$$y=\begin{cases} c_2\sin\omega_1 x, & 0\leqslant x<c \\ d_2\dfrac{\sin\omega_2(x-1)}{\cos\omega_2}, & c<x\leqslant 1 \end{cases}$$

c_2 和 d_2 是任意常数, 说明解是两族曲线, 这个边值问题称为角点问题.

依赖于多元泛函极值问题与前面介绍的 (5.6.1) 问题类似, 下面以二元函数的泛函在非固定边界条件下的极值问题为例介绍其求解过程. 设有二元函数的泛函

$$J[u(x,y)]=\iint\limits_D F\left(x,y,u,\frac{\partial u}{\partial x},\frac{\partial u}{\partial y}\right)dxdy \tag{5.6.9}$$

其中区域是 D, 但 $u(x,y)$ 在 D 的边界 C 上的值未给定, 也就是允许 $u(x,y)$ 在 C 上变化, 因此变分 δu 不为零.

为简便记 $\dfrac{\partial u}{\partial x}=u'_x$, $\dfrac{\partial u}{\partial y}=u'_y$. 根据式 (5.5.3) 并且应用平面上 Green 公式, 得到式 (5.6.9) 极值存在的必要条件是

$$\delta J(x,y)=\iint\limits_D\left[\frac{\partial F}{\partial u}-\frac{\partial}{\partial x}\frac{\partial F}{\partial u'_x}-\frac{\partial}{\partial y}\frac{\partial F}{\partial u'_y}\right]\delta u dxdy+\oint\limits_C\left[\frac{\partial F}{\partial u'_x}dy-\frac{\partial F}{\partial u'_y}dx\right]\delta u=0$$

这样得到奥氏方程和边界条件分别是

$$\frac{\partial F}{\partial u}-\frac{\partial}{\partial x}\frac{\partial F}{\partial u'_x}-\frac{\partial}{\partial y}\frac{\partial F}{\partial u'_y}=0 \tag{5.6.10}$$

$$\oint\limits_C\left[\frac{\partial F}{\partial u'_x}dy-\frac{\partial F}{\partial u'_y}dx\right]\delta u=0 \tag{5.6.11}$$

式 (5.6.10) 与固定边界条件下情况相同, 都是欧拉方程. 但是 δu 不为零, 所以要对式 (5.6.11) 作一些变换才能看出边界条件. 式 (5.6.11) 可以写成

$$\oint\limits_C\left[\frac{\partial F}{\partial u'_x}dy-\frac{\partial F}{\partial u'_y}dx\right]\delta u=\oint\limits_C\left[\frac{\partial F}{\partial u'_x}\frac{dy}{ds}-\frac{\partial F}{\partial u'_y}\frac{dx}{ds}\right]\delta u ds \tag{5.6.12}$$

图 5.7 画出了边界 C 上微元与方向余弦对应的情况. 从图中可知 $\dfrac{dy}{ds}$ 和 $-\dfrac{dx}{ds}$ 正好是边界曲线法线的方向余弦, 因此有

$$\frac{dy}{ds}=\cos\alpha=\cos(\vec{n},\vec{x}),\quad -\frac{dx}{ds}=\cos(\pi-\beta)=\cos(\vec{n},\vec{y})$$

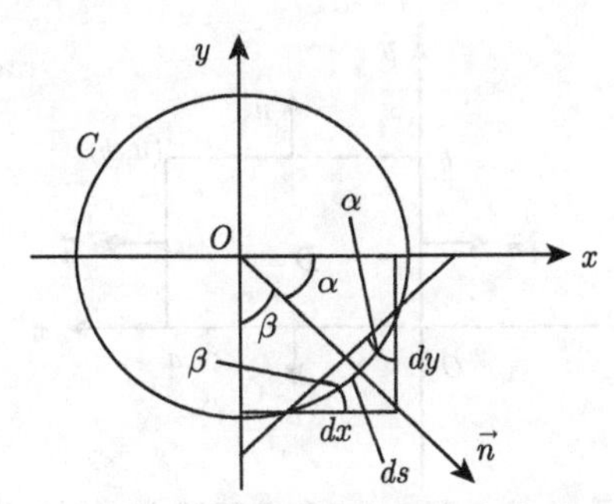

图 5.7 边界 C 上微元对应的方向余弦示意图

式 (5.6.12) 因此可以写成

$$\oint_C \left[\frac{\partial F}{\partial u'_x}dy - \frac{\partial F}{\partial u'_y}dx\right]\delta u = \oint_C \left[\frac{\partial F}{\partial u'_x}\cos(\vec{n},\vec{x}) + \frac{\partial F}{\partial u'_y}\cos(\vec{n},\vec{y})\right]\delta u ds = 0$$

应用定理 5.3.1, 可以得到

$$\frac{\partial F}{\partial u'_x}\cos(\vec{n},\vec{x}) + \frac{\partial F}{\partial u'_y}\cos(\vec{n},\vec{y}) = 0 \tag{5.6.13}$$

上式称为二元函数泛函极值的自然边界条件. 所以式 (5.6.9) 的极值问题应当满足的边界问题是

$$\begin{cases} \dfrac{\partial F}{\partial u} - \dfrac{\partial}{\partial x}\dfrac{\partial F}{\partial u'_x} - \dfrac{\partial}{\partial y}\dfrac{\partial F}{\partial u'_y} = 0 \\ \dfrac{\partial F}{\partial u'_x}\cos(\vec{n},\vec{x}) + \dfrac{\partial F}{\partial u'_y}\cos(\vec{n},\vec{y}) = 0 \end{cases} \tag{5.6.14}$$

例 5.10 求泛函

$$J[u(x,y)] = \iint_D \left[\left(\frac{\partial u}{\partial x}\right)^2 + \left(\frac{\partial u}{\partial y}\right)^2 - 2f(x,y)u\right]dxdy$$

的极值, 其中区域 D 如图 5.8 所示.

解 $F = \left(\dfrac{\partial u}{\partial x}\right)^2 + \left(\dfrac{\partial u}{\partial y}\right)^2 - 2f(x,y)u$, 根据 (5.6.14) 得到二维奥氏方程

$$\frac{\partial^2 u}{\partial x^2} + \frac{\partial^2 u}{\partial y^2} = f(x,y) \tag{1}$$

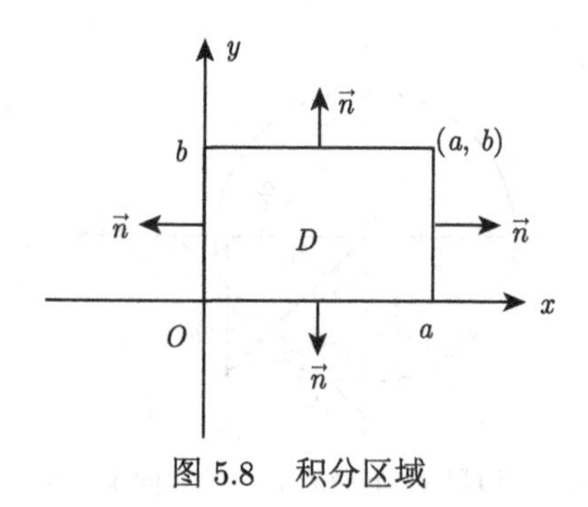

图 5.8　积分区域

在 $y=0,\ 0\leqslant x\leqslant a$ 的边界上, 有

$$\frac{\partial F}{\partial u_x'}=2\frac{\partial u}{\partial x},\quad \frac{\partial F}{\partial u_y'}=2\frac{\partial u}{\partial y},\quad \cos(\vec{n},\vec{x})=0,\quad \cos(\vec{n},\vec{y})=\cos\pi=-1$$

根据式 (5.6.14) 得到边界条件满足以下方程:

$$2\frac{\partial u}{\partial x}\cos(\vec{n},\vec{x})+2\frac{\partial u}{\partial y}\cos(\vec{n},\vec{y})=2\cdot 0+2\frac{\partial u}{\partial y}\cdot(-1)=0$$

即有 $\left.\dfrac{\partial u}{\partial y}\right|_{y=0}=0$. 同理可以得到 $\left.\dfrac{\partial u}{\partial y}\right|_{y=b}=0$.

在 $x=0,\ 0\leqslant y\leqslant b$ 的边界上, 有

$$\cos(\vec{n},\vec{y})=0,\quad \cos(\vec{n},\vec{x})=\cos\pi=-1$$

即有 $\left.\dfrac{\partial u}{\partial x}\right|_{x=0}=0$. 同理可以得到 $\left.\dfrac{\partial u}{\partial x}\right|_{x=a}=0$.

综合上述结果, 可以得到

$$\begin{cases}\dfrac{\partial^2 u}{\partial x^2}+\dfrac{\partial^2 u}{\partial y^2}=f(x,y)\\ \left.\dfrac{\partial u}{\partial x}\right|_{x=0}=0,\ \left.\dfrac{\partial u}{\partial x}\right|_{x=a}=0,\ \left.\dfrac{\partial u}{\partial y}\right|_{y=0}=0,\ \left.\dfrac{\partial u}{\partial y}\right|_{y=b}=0\end{cases}$$

上述边值问题的解就是泛函的极值.

5.7　可动边界的变分问题

一些变分问题中, 积分域的边界不是完全指定的, 而是要和未知函数一起确定, 这里以端点是可变的泛函极值问题为例介绍解法. 常见的积分边界可变有两

种情况: 一种边界是任意变动的, 由于可动边界问题中极值只有在欧拉方程解的积分曲线中选取, 所以只能在这一族函数上考虑泛函的极值问题; 另一类问题则更简单一些, 其边界沿着指定的曲线运动, 求这种情况下的极值问题.

设有泛函

$$J\left[y\left(x\right)\right]=\int_{x_0}^{x_1} F\left(x,y,y'\right)dx \tag{5.7.1}$$

为了简便起见, 设 x_0 是固定端点, 而 x_1 的边界是变化的, 它的边界如图 5.9 所示. 与上节中图 5.6 不同的是, 图 5.6 中的边界点 x_1 是不变的, 只是变动 $y\left(x_1\right)$, 而现在图 5.9 中 x_1 和 y_1 都是可变的. 现在我们考虑这种情况下的泛函极值.

如图 5.9 所示, 假设边界点由 (x_1,y_1) 变动到 $(x_1+\delta x_1,y_1+\delta y_1)$, 在这个变动中设 $|\delta y|$ 和 $|\delta y'|$, $|\delta x_1|$ 和 $|\delta y_1|$ 是微变量, 所以允许曲线 $y=y\left(x\right)$ 和 $y=y\left(x\right)+\delta y\left(x\right)$ 是互相接近的. 式 (5.7.1) 中 $y\left(x\right)$ 和积分上限 x_1 都是可变的, 根据 5.2 节变分原理可知, 式 (5.7.1) 是变上限的积分, 对于它的变分, 根据 5.2 节可知其方法与变上限的求导相同, 所以变分结果是

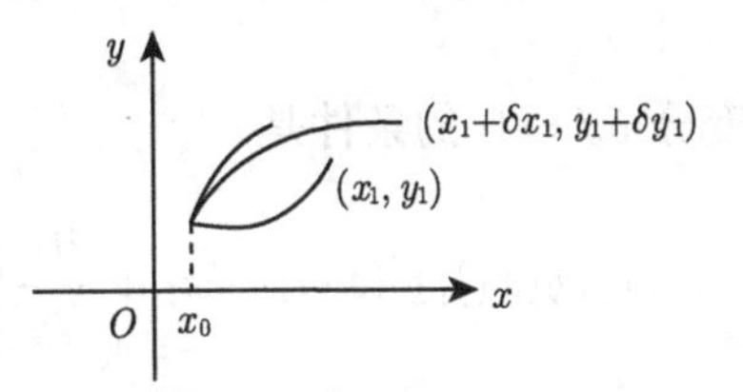

图 5.9 可动边界示意图

$$\delta J=\int_{x_0}^{x_1} \delta F\left(x,y,y'\right)dx+\Delta J_1 \tag{5.7.2}$$

其中

$$\Delta J_1=\int_{x_0}^{x_1+\delta x_1} F\left(x,y,y'\right)dx-\int_{x_0}^{x_1} F\left(x,y,y'\right)dx$$

而 ΔJ_1 可以写成

$$\begin{aligned}\Delta J_1&=\int_{x_0}^{x_1} F\left(x,y,y'\right)dx+\int_{x_1}^{x_1+\delta x_1} F\left(x,y,y'\right)dx-\int_{x_0}^{x_1} F\left(x,y,y'\right)dx\\&=\int_{x_1}^{x_1+\delta x_1} F\left(x,y,y'\right)dx=F\left(x,y,y'\right)\big|_{x=\xi}\left(x_1+\delta x_1-x_1\right)\\&=F\left(x,y,y'\right)\big|_{x=\xi}\delta x_1\end{aligned}$$

上式用了积分中值定理, 其中 $x_1\leqslant\xi\leqslant x_1+\delta x_1$. 当 $\delta x_1\to 0$ 时

$$\Delta J_1=F\left(x,y,y'\right)\big|_{x=\xi}\delta x_1=\frac{\partial}{\partial x_1}\int_{x_0}^{x_1} F\left(x,y,y'\right)dx\cdot\delta x_1=\left.\frac{\partial J}{\partial x}\right|_{x=x_1}\cdot\delta x_1$$

将上式代入 (5.7.2), 得到

$$
\begin{aligned}
\delta J &= \int_{x_0}^{x_1} \delta F(x,y,y')\,dx + \left.\frac{\partial J}{\partial x}\right|_{x=x_1} \cdot \delta x_1 \\
&= \frac{\partial}{\partial x_1}\int_{x_0}^{x_1} F(x,y,y')\,dx\bigg|_{x=x_1} \cdot \delta x_1 + \left[\frac{\partial F}{\partial y'}\delta y\right]\bigg|_{x_0}^{x_1} \\
&\quad + \int_{x_0}^{x_1}\left(\frac{\partial F}{\partial y} - \frac{d}{dx}\frac{\partial F}{\partial y'}\right)\delta y dx \\
&= F(x_1, y(x_1), y'(x_1)) \cdot \delta x_1 + \left.\frac{\partial F}{\partial y'}\right|_{x=x_1} \delta y(x_1) + \int_{x_0}^{x_1}\left(\frac{\partial F}{\partial y} - \frac{d}{dx}\frac{\partial F}{\partial y'}\right)\delta y dx
\end{aligned}
$$

变分 $\delta J = 0$ 的条件是

$$
F(x_1, y(x_1), y'(x_1)) \cdot \delta x_1 + \left.\frac{\partial F}{\partial y'}\right|_{x=x_1} \delta y(x_1) + \int_{x_0}^{x_1}\left(\frac{\partial F}{\partial y} - \frac{d}{dx}\frac{\partial F}{\partial y'}\right)\delta y dx = 0 \tag{5.7.3}
$$

下面计算式中的 $\delta y(x_1)$. 注意到 x_1 是一个变化的端点, 相应的曲线 $y(x_1)$ 和 $y_1(x)$ 不是同一个值, 其曲线如图 5.10 所示. 从图中可见: $\delta y_1 = FC$, $\delta y(x_1) = BD$. 作一个微元矩形 $BDEF$, $BD = EF$, 故 $EF = \delta y(x_1)$. ECD 是一个曲边三角形, 故有

$$
\tan\alpha \approx \frac{EC}{DE} = \frac{EC}{\delta x_1}
$$

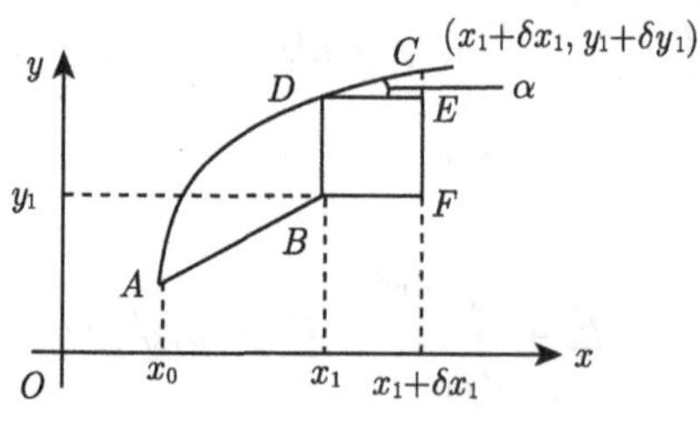

图 5.10　$y(x)$ 与 y_1 的关系

认为当 δx_1 和 δy_1 是微变量时, $y(x)$ 与 y_1 紧密相连, 于是得到

$$
\tan\alpha \approx y'(x_1)
$$

从上两式得到

$$
EC = \tan\alpha\,\delta x_1 = y'(x_1)\,\delta x_1 \tag{5.7.4}
$$

$$\delta y_1 = FC = EF + EC = \delta y(x_1) + y'(x_1)\delta x_1$$

因而有

$$\delta y(x_1) = \delta y_1 - y'(x_1)\delta x_1 \tag{5.7.5}$$

将式 (5.7.5) 代入式 (5.7.3) 后, 得到极值存在的必要条件是

$$\left[F(x,y,y') - y'\frac{\partial F}{\partial y'}\right]\bigg|_{x=x_1}\delta x_1 + \frac{\partial F}{\partial y'}\bigg|_{x=x_1}\delta y_1 + \int_{x_0}^{x_1}\left(\frac{\partial F}{\partial y} - \frac{d}{dx}\frac{\partial F}{\partial y'}\right)\delta y dx = 0 \tag{5.7.6}$$

引用定理 5.3.1 得到

$$\frac{d}{dx}\frac{\partial F}{\partial y'} - \frac{\partial F}{\partial y} = 0 \tag{5.7.7}$$

$$\left[F(x,y,y') - y'\frac{\partial F}{\partial y'}\right]\bigg|_{x=x_1} = 0 \tag{5.7.8}$$

$$\frac{\partial F}{\partial y'}\bigg|_{x=x_1} = 0 \tag{5.7.9}$$

若 (x_1, y_1) 可以沿着一条曲线 $y_1 = \varphi(x_1)$ 移动, 于是 δy_1 可以写成

$$\delta y_1 = \varphi(x_1 + \delta x_1) - \varphi(x_1) = \varphi'(x_1)\delta x_1 + \varphi(x_1) - \varphi(x_1) = \varphi'(x_1)\delta x_1$$

将上式代入 (5.7.6) 得到

$$\frac{d}{dx}\frac{\partial F}{\partial y'} - \frac{\partial F}{\partial y} = 0 \tag{5.7.10}$$

$$\left[F(x,y,y') + (\varphi'(x) - y')\frac{\partial F}{\partial y'}\right]\bigg|_{x=x_1} = 0 \tag{5.7.11}$$

称式 (5.7.11) 为横截条件. $y_1 = \varphi(x_1)$ 与横截条件一起可以确定所需要的极值曲线.

同理, 若 x_0 是可动端点, 沿曲线 $y_0 = \psi(x_0)$ 移动, 横截条件是

$$\left[F(x,y,y') + (\psi'(x) - y')\frac{\partial F}{\partial y'}\right]\bigg|_{x=x_0} = 0$$

例 5.11 求例 5.1 的最速降线 $J = \displaystyle\int_0^{x_1}\frac{\sqrt{1+y'^2}}{\sqrt{2gy}}dx$ 的极值, 其中 x_1 是可变端点, 符合下列条件:

(1) 点 (x_1, y_1) 沿着 $y = -x + 2$ 运动;

(2) 点 (x_1, y_1) 沿着 $x_1 = \frac{\pi}{2}, \pi$ 的直线运动.

解 (1) 这一小题可用公式 (5.7.10) 和 (5.7.11) 来解, 其极值问题的欧拉方程是

$$\frac{d}{dx}\frac{\partial F}{\partial y'} - \frac{\partial F}{\partial y} = 0 \tag{1}$$

边界条件是

$$y(0) = 0 \tag{2}$$

$$\left[F(x, y, y') + (\varphi'(x) - y')\frac{\partial F}{\partial y'}\right]\bigg|_{x=x_1} = 0 \tag{3}$$

式 (1) 加上式 (2) 的解已在例 5.3 中解出, 是

$$\begin{cases} x = \dfrac{1}{2}c_1(\theta - \sin\theta) \\ y = \dfrac{1}{2}c_1(1 - \cos\theta) \end{cases} \tag{4}$$

c_1 可以由横截条件 (3) 定出. 现在 $\varphi(x) = -x + 2$, 故有 $\varphi'(x) = -1$, 代入式 (3) 得到

$$\left[\frac{\sqrt{1+y'^2}}{\sqrt{2gy}} + (-1 - y')\frac{\partial F}{\partial y'}\right]\bigg|_{x=x_1} = 0$$

上式的解是

$$\frac{dy}{dx}\bigg|_{x=x_1} = 1$$

对 (4) 式求导, 并将上式结果代入, 得到

$$\frac{dy}{dx} = \frac{\sin\theta}{1 - \cos\theta} = \cot\frac{\theta}{2} = 1, \quad \theta = \frac{\pi}{2}$$

将 $\theta = \frac{\pi}{2}$ 代入式 (4) 求出 $x = \frac{c_1}{2}\left(\frac{\pi}{2} - 1\right)$, $y = \frac{c_1}{2}$. 再将结果代入变动端点曲线 $y = -x + 2$, 有

$$\frac{c_1\pi}{4} = 2, \quad c_1 = \frac{8}{\pi}$$

因此本题的结果是

$$x = \frac{4}{\pi}(\theta - \sin\theta), \quad y = \frac{4}{\pi}(1 - \cos\theta)$$

其中定义域是 $\left(0 \leqslant \theta \leqslant \dfrac{\pi}{2}\right)$. 其曲线如图 5.11(a) 所示.

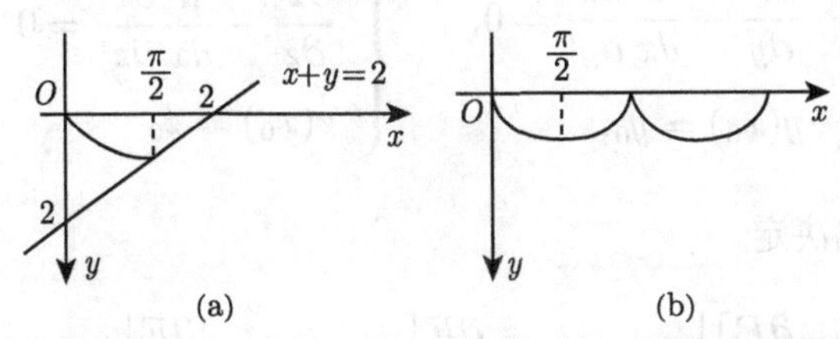

图 5.11 (a) 例 5.11(a) 示意图; (b) 例 5.11(b) 示意图

(2) 本题只有横截条件与题 (1) 的 (3) 式不同. 因为 $\delta x_1 = 0$, 这样式 (5.7.6) 中第一项是零, 横截条件只有一项 $\left.\dfrac{\partial F}{\partial y'}\right|_{x=x_1} = 0$. 而 $\dfrac{\partial F}{\partial y'} = y'$, 故有下列方程成立

$$\frac{\partial F}{\partial y} - \frac{d}{dx}\frac{\partial F}{\partial y'} = 0 \tag{5}$$

$$y(0) = 0, \quad \left.y'\right|_{x=\pi/2} = 0 \tag{6}$$

得到解

$$x = \frac{1}{2}c_1(\theta - \sin\theta), \quad y = \frac{1}{2}c_1(1 - \cos\theta)$$

又因为

$$\frac{dy}{dx} = \cot\frac{\theta}{2} = 0$$

解上式得到 $\theta = \pi$. 将 $\theta = \pi$ 代入 x 的表达式得到 $x = \dfrac{\pi}{2}c_1$, 因此在 $x_1 = \dfrac{\pi}{2}$ 时得到 $c_1 = 1$, 圆滚线方程是

$$x = \frac{1}{2}(\theta - \sin\theta), \quad y = \frac{1}{2}(1 - \cos\theta)$$

其中 $0 \leqslant \theta \leqslant \pi$. 当 $x_1 = \pi$ 时, $c_1 = 2$. 圆滚线方程是

$$x = \theta - \sin\theta, \quad y = 1 - \cos\theta \quad (0 \leqslant \theta \leqslant \pi)$$

对于依赖于多个函数的泛函, 结论是类似的. 例如

$$J[y(x), z(x)] = \int_{x_0}^{x_1} F(x, y, z, y', z')dx \tag{5.7.12}$$

如果 x_0 是固定的, x_1 的端点是可动的, 则有

$$\begin{cases} \frac{\partial F}{\partial y} - \frac{d}{dx}\frac{\partial F}{\partial y'} = 0, \\ y(x_0) = y_0, \end{cases} \qquad \begin{cases} \frac{\partial F}{\partial z} - \frac{d}{dx}\frac{\partial F}{\partial z'} = 0 \\ z(x_0) = z_0 \end{cases}$$

横截条件要由下式决定

$$\left[F - y'\frac{\partial F}{\partial y'} - z'\frac{\partial F}{\partial z'}\right]\Bigg|_{x=x_1}\delta x_1 + \frac{\partial F}{\partial y'}\Bigg|_{x=x_1}\delta y_1 + \frac{\partial F}{\partial z'}\Bigg|_{x=x_1}\delta z_1 = 0 \tag{5.7.13}$$

式 (5.7.13) 有三种情况:

(1) 若 x_1, y_1 和 z_1 独立变化, δx_1, δy_1 和 δz_1 互相无关, 为了保证式 (5.7.13) 成立, 有

$$\begin{cases} \left[F - y'\frac{\partial F}{\partial y'} - z'\frac{\partial F}{\partial z'}\right]\Bigg|_{x=x_1} = 0 \\ \frac{\partial F}{\partial y'}\Bigg|_{x=x_1} = 0, \quad \frac{\partial F}{\partial z'}\Bigg|_{x=x_1} = 0 \end{cases} \tag{5.7.14}$$

上式是极值函数 $y(x)$ 和 $z(x)$ 应满足的边界条件.

(2) 若 (x_1, y_1, z_1) 沿光滑曲线

$$\begin{cases} y = \varphi(x) \\ z = \psi(x) \end{cases} \tag{5.7.15}$$

移动, 用得到式 (5.7.11) 的方法可以得到横截条件是

$$\left[F + (\varphi' - y')\frac{\partial F}{\partial y'} + (\psi' - \varphi')\frac{\partial F}{\partial z'}\right]\Bigg|_{x=x_1} = 0 \tag{5.7.16}$$

(3) 若端点不是沿着曲线移动, 而是沿着已知曲面

$$z = \varphi(x, y) \tag{5.7.17}$$

移动. 式 (5.7.13) 中的 z_1 变分为

$$\delta z_1 = \frac{\partial \varphi}{\partial x}\Bigg|_{x=x_1}\delta x_1 + \frac{\partial \varphi}{\partial y}\Bigg|_{x=x_1}\delta y_1$$

将上式代入 (5.7.13) 后得到

$$\left\{\begin{array}{l}\left.\left[F-y'\frac{\partial F}{\partial y'}+\left(\frac{\partial \varphi}{\partial x}-z'\right)\frac{\partial F}{\partial z'}\right]\right|_{x=x_1}=0\\ \left.\left[\frac{\partial F}{\partial y'}+\frac{\partial \varphi}{\partial y}\frac{\partial F}{\partial z'}\right]\right|_{x=x_1}=0\end{array}\right. \tag{5.7.18}$$

例 5.12 求泛函

$$J=\int_0^{x_1}\left(y'^2+z'^2+2yz\right)dx$$

的极值, 已知 $y(0)=0$, $z(0)=0$, 且点 (x_1,y_1,z_1) 可以沿着平面 $x=x_1$ 移动.

解 根据 $\delta J=0$, 可以得到

$$\left\{\begin{array}{l}\frac{d}{dx}\frac{\partial F}{\partial y'}-\frac{\partial F}{\partial y}=0\\ \frac{d}{dx}\frac{\partial F}{\partial z'}-\frac{\partial F}{\partial z}=0\end{array}\right.$$

微分方程和边界条件是

$$\left\{\begin{array}{l}y''-z=0\\ z''-y=0\end{array}\right. \tag{1}$$

$$\left\{\begin{array}{l}y(0)=0\\ z(0)=0\end{array}\right. \tag{2}$$

点 (x_1,y_1,z_1) 沿着 $x=x_1$ 平面移动, $\delta x_1=0$. 横截条件可以直接从式 (5.7.13) 中导出, 有

$$\left.\frac{\partial F}{\partial y'}\right|_{x=x_1}=0,\quad \left.\frac{\partial F}{\partial z'}\right|_{x=x_1}=0$$

将 $F=y'^2+z'^2+2yz$ 代入上两式, 得到

$$\left\{\begin{array}{l}y'(x_1)=0\\ z'(x_1)=0\end{array}\right. \tag{3}$$

从式 (1) 中可以解出

$$y=c_1\cosh x+c_2\sinh x+c_3\cos x+c_4\sin x$$

$$z=c_1\cosh x+c_2\sinh x-c_3\cos x-c_4\sin x$$

将上两式代入上式 (2) 得到

$$y = c_2 \sinh x + c_4 \sin x, \quad z = c_2 \sinh x - c_4 \sin x$$

将上两式代入式 (3) 得到

$$c_2 \cosh x_1 + c_4 \cos x_1 = 0, \quad c_2 \cosh x_1 - c_4 \cos x_1 = 0 \tag{4}$$

式 (4) 有非零解的条件是

$$\begin{vmatrix} \cosh x_1 & \cos x_1 \\ \cosh x_1 & -\cos x_1 \end{vmatrix} = -2 \cosh x_1 \cos x_1 = 0$$

解为 $x_1 = \dfrac{\pi}{2} + n\pi \, (n = 0, 1, 2, \cdots)$. 再将此式代入式 (4) 后有

$$c_2 \cosh\left(\frac{\pi}{2} + n\pi\right) + c_4 \cos\left(\frac{\pi}{2} + n\pi\right) = 0, \quad c_2 = 0$$

而 c_4 是任意常数, 故本题的解是

$$y = c_4 \sin x, \quad z = -c_4 \sin x$$

5.8 条件极值的变分问题——测地线问题

前面介绍变分问题中的函数是任意可变的, 但是在有些场合下, 变分法确定的函数要由一个或多个外加条件来约束, 这种泛函的极值称为条件极值. 条件极值的**约束条件有两种情况: 约束是若干个函数, 称为测地线问题; 约束条件是一个积分, 这个积分称为等周条件**. 条件极值变分问题的处理方法与微积分中用 Lagrange 乘数法求极值类似, 都是引入一个参数 λ 将条件极值化为无条件极值, 然后再用求无条件极值的方法求极值.

本节将讨论约束条件是函数的测地线问题. 设有泛函

$$J[y(x)] = \int_{x_0}^{x_1} F(x, u, v, u'_x, v'_x) dx \tag{5.8.1}$$

而 u 和 v 的约束函数是

$$\varPhi(x, u, v) = 0 \tag{5.8.2}$$

式 (5.8.1) 中的 $u'_x = \dfrac{\partial u}{\partial x}$, $v'_x = \dfrac{\partial v}{\partial x}$. 边界条件是固定边界条件, 即 $u(x_0) = u_0$, $u(x_1) = u_1$, $v(x_0) = v_0$, $v(x_0) = v_0$, 并且这些边界条件的取值与式 (5.8.2) 是一致

的, 没有冲突. 为了求式 (5.8.1) 的极值, 对其变分得到

$$\int_{x_0}^{x_1}\left\{\left[\frac{\partial F}{\partial u}-\frac{d}{dx}\frac{\partial F}{\partial u'_x}\right]\delta u+\left[\frac{\partial F}{\partial v}-\frac{d}{dx}\frac{\partial F}{\partial v'_x}\right]\delta v\right\}dx=0 \tag{5.8.3}$$

式中 u 和 v 必须同时满足式 (5.8.2), 这样 δu 和 δv 不能在 (x_1,x_2) 内独立地任意赋值, 所以式 (5.8.3) 中 δu 和 δv 的系数不为零. 同样式 (5.8.2) 也满足极值条件, 故有

$$\delta\phi=\frac{\partial\phi}{\partial u}\delta u+\frac{\partial\phi}{\partial v}\delta v=0 \tag{5.8.4}$$

为了求出极值存在条件, 必须将式 (5.8.3) 和式 (5.8.4) 合并成一个式子. 将 $\lambda(x)$ 乘以式 (5.8.4), 然后再积分, 则有

$$\int_{x_0}^{x_1}\left[\lambda(x)\frac{\partial\phi}{\partial u}\delta u+\lambda(x)\frac{\partial\phi}{\partial v}\delta v\right]dx=0 \tag{5.8.5}$$

将式 (5.8.3) 和式 (5.8.5) 相加后得到

$$\int_{x_0}^{x_1}\left\{\left[\frac{\partial F}{\partial u}-\frac{d}{dx}\frac{\partial F}{\partial u'_x}+\lambda(x)\frac{\partial\phi}{\partial u}\right]\delta u+\left[\frac{\partial F}{\partial v}-\frac{d}{dx}\frac{\partial F}{\partial v'_x}+\lambda(x)\frac{\partial\phi}{\partial v}\right]\delta v\right\}dx=0 \tag{5.8.6}$$

式 (5.8.6) 中的 δu 和 δv 同样不能独立地任意赋值, 只能取某些特定值, 所以无法直接让其系数为零, 得到欧拉方程. 但是由式 (5.8.4) 可知, $\partial\phi/\partial u$ 和 $\partial\phi/\partial v$ 不能同时为零, 所以可以通过选定 $\lambda(x)$ 使 δu 和 δv 前面的某一个系数为零. 假设 $\partial\phi/\partial u$ 不为零, 选取 $\lambda(x)$ 使得 δu 的系数为零, 则有

$$\frac{\partial F}{\partial u}-\frac{d}{dx}\left(\frac{\partial F}{\partial u'_x}\right)+\lambda(x)\frac{\partial\phi}{\partial u}=0 \tag{5.8.7}$$

将上式代入 (5.8.6) 得到

$$\int_{x_0}^{x_1}\left[\frac{\partial F}{\partial v}-\frac{d}{dx}\left(\frac{\partial F}{\partial v'_x}\right)+\lambda(x)\frac{\partial\phi}{\partial v}\right]\delta v dx=0$$

引用定理 5.3.1, 可以得到

$$\frac{\partial F}{\partial v}-\frac{d}{dx}\left(\frac{\partial F}{\partial v'_x}\right)+\lambda(x)\frac{\partial\phi}{\partial v}=0 \tag{5.8.8}$$

式 (5.8.7) 和式 (5.8.8) 是泛函条件极值存在的必要条件. 将 (5.8.7), (5.8.8) 和 (5.8.2) 和边界条件联立起来可以得到 $u(x)$ 和 $v(x)$, 即有

$$\begin{cases} \dfrac{\partial F}{\partial u} - \dfrac{d}{dx}\left(\dfrac{\partial F}{\partial u'_x}\right) + \lambda(x)\dfrac{\partial \phi}{\partial u} = 0 \\ \dfrac{\partial F}{\partial v} - \dfrac{d}{dx}\left(\dfrac{\partial F}{\partial v'_x}\right) + \lambda(x)\dfrac{\partial \phi}{\partial v} = 0 \\ \phi(x,u,v) = 0 \\ u(x_0) = u_0, u(x_1) = u_1, v(x_0) = v_0, v(x_1) = v_1 \end{cases} \tag{5.8.9}$$

进一步考虑, 若约束条件可以写成变分形式

$$f\delta u + g\delta v = 0$$

则需代入式 (5.8.9) 中 $\partial\phi/\partial u = f$, $\partial\phi/\partial v = g$, 这样有欧拉方程

$$\begin{cases} \dfrac{\partial F}{\partial u} - \dfrac{d}{dx}\left(\dfrac{\partial F}{\partial u'_x}\right) + \lambda(x) f = 0 \\ \dfrac{\partial F}{\partial v} - \dfrac{d}{dx}\left(\dfrac{\partial F}{\partial v'_x}\right) + \lambda(x) g = 0 \end{cases} \tag{5.8.10}$$

上式配合约束条件和边界条件可以解出 $u(x)$ 和 $v(x)$.

对于依赖 n 个函数的泛函

$$J[y_1, y_2, \cdots, y_n] = \int_{x_0}^{x_1} F(x_1, y_1, y_2, \cdots, y_n; y'_1, y'_2, \cdots, y'_n)\, dx \tag{5.8.11}$$

约束条件是

$$\varphi_i(y_1, y_2, \cdots, y_n) = 0, \quad i = 1, 2, \cdots, m < n \tag{5.8.12}$$

若 $y_k(x)$ 为固定边界条件, 则有欧拉方程

$$\frac{\partial F}{\partial y_k} + \sum_{i=1}^{m} \lambda_i(x)\left(\frac{\partial \phi_i}{\partial y_k} - \frac{d}{dx}\frac{\partial F}{\partial y'_k}\right) = 0 \quad (k = 1, 2, \cdots, n) \tag{5.8.13}$$

上述 n 个方程、m 个约束条件和固定边界条件联立后可以解出所求的极值曲线.

例 5.13　如图 5.12 所示, 柱面 $y = \sqrt{1 - x^2}$ 上有两点 $A(1,0,0)$ 与 $B(0,1,1)$, 求 A 与 B 两点间的最短线 (短程线).

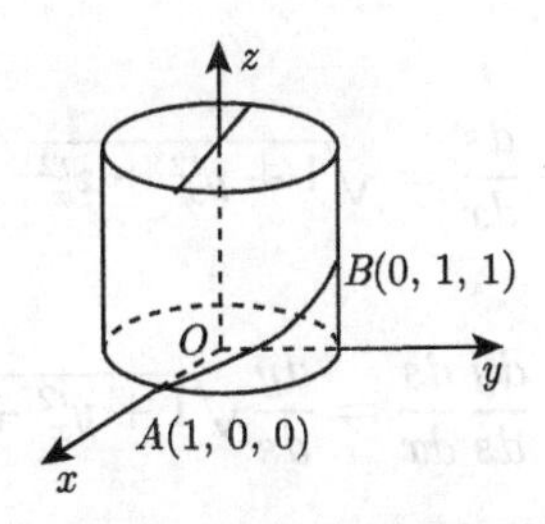

图 5.12 柱面上的最短线

解 曲面上微元弧长是

$$ds=\sqrt{dx^2+dy^2+dz^2}=\sqrt{1+y_x'^2+z_x'^2}dx \tag{1}$$

因泛函是

$$J\left[y\left(x\right),z\left(x\right)\right]=\int_1^0 ds=\int_1^0\sqrt{1+y_x'^2+z_x'^2}dx \tag{2}$$

约束条件是柱面

$$\phi=y-\sqrt{1-x^2}=0 \tag{3}$$

$F=\sqrt{1+y_x'^2+z_x'^2}$, 故有

$$\frac{\partial F}{\partial z_x'}=\frac{z_x'}{\sqrt{1+y_x'^2+z_x'^2}},\quad \frac{\partial\phi}{\partial z}=0,\quad \frac{\partial F}{\partial z}=0$$

$$\frac{\partial F}{\partial y_x'}=\frac{y_x'}{\sqrt{1+y_x'^2+z_x'^2}},\quad \frac{\partial\phi}{\partial y}=1,\quad \frac{\partial F}{\partial y}=0$$

根据式 (5.8.9) 可以得到欧拉方程是

$$\begin{cases}\dfrac{d}{dx}\left(\dfrac{\partial F}{\partial y_x'}\right)-\lambda\left(x\right)\dfrac{\partial\phi}{\partial y}=0\\ \dfrac{d}{dx}\left(\dfrac{\partial F}{\partial z_x'}\right)-\lambda\left(x\right)\dfrac{\partial\phi}{\partial z}=0\end{cases}$$

将求导的结果代入后, 得到一组方程

$$\begin{cases}\dfrac{d}{dx}\dfrac{y_x'}{\sqrt{1+y_x'^2+z_x'^2}}=\lambda(x)\\ \dfrac{d}{dx}\dfrac{z_x'}{\sqrt{1+y_x'^2+z_x'^2}}=0\\ y=\sqrt{1-x^2}\end{cases} \tag{4}$$

从式 (1) 可以得到

$$\frac{ds}{dx} = \sqrt{1 + y_x'^2 + z_x'^2}$$

而

$$y_x' = \frac{dy}{ds}\frac{ds}{dx} = \frac{dy}{ds}\sqrt{1 + y_x'^2 + z_x'^2}$$

于是有

$$\frac{dy}{ds} = \frac{y_x'}{\sqrt{1 + y_x'^2 + z_x'^2}} \tag{5}$$

同理可得

$$\frac{dz}{ds} = \frac{z_x'}{\sqrt{1 + y_x'^2 + z_x'^2}} \tag{6}$$

将式 (5) 和式 (6) 代入式 (4) 得到

$$\begin{cases} \dfrac{d}{dx}\left(\dfrac{dz}{ds}\right) = 0 \\ \dfrac{d}{dx}\left(\dfrac{dy}{ds}\right) = \lambda(x) \\ y = \sqrt{1 - x^2} \end{cases} \Rightarrow \begin{cases} \dfrac{dz}{ds} = c_1 \\ \dfrac{dy}{ds} = \displaystyle\int_0^x \lambda(x)\, dx + c_2 = N(x) \\ y = \sqrt{1 - x^2} \end{cases} \tag{7}$$

从式 (7) 的最后一式得到 $dx = \left(-\sqrt{1 - x^2}/x\right) dy$, 结合式 (7) 的前两式有

$$dz = c_1 ds, \quad dy = N(x)\, ds, \quad dx = -\frac{\sqrt{1 - x^2}}{x} N(x)\, ds$$

将上述 3 式代入式 (1) 后, 有

$$ds^2 = dx^2 + dy^2 + dz^2 = \left[\frac{1 - x^2}{x^2} N^2(x) + c_1^2 + N^2(x)\right] ds^2$$

从上式中可以解出

$$N(x) = \sqrt{1 - c_1^2}\, x$$

因此得到

$$dx = -\frac{\sqrt{1 - x^2}}{x} \cdot \sqrt{1 - c_1^2}\, x ds$$

$$-\frac{dx}{\sqrt{1 - x^2}} = \sqrt{1 - c_1^2} ds$$

$$\arccos x = \sqrt{1-c_1^2}s + c_2$$

解是

$$\left\{\begin{array}{l} x = \cos(\sqrt{1-c_1^2}s + c_2) \\ y = \sqrt{1-x^2} = \sin(\sqrt{1-c_1^2}s + c_2) \\ z = c_1 s + c_3 \end{array}\right. \tag{8}$$

又因为 (1,0,0) 和 (0,1,1) 两点已知, 代入式 (8) 可以解出

$$c_1 = 2/\sqrt{4+\pi^2}, \quad c_2 = 0, \quad c_3 = 0$$

所以短程线的参数方程是

$$\left\{\begin{array}{l} x = \cos\dfrac{\pi s}{\sqrt{4+\pi^2}}, \\ y = \sin\dfrac{\pi s}{\sqrt{4+\pi^2}}, \\ z = \dfrac{2s}{\sqrt{4+\pi^2}} \end{array}\right. \quad \left(0 \leqslant s \leqslant \sqrt{1+\frac{\pi^2}{4}}\right)$$

上式是螺旋线, 即最短柱面曲线方程是螺旋线.

5.9 条件极值的变分问题——等周问题

另一类问题是等周问题, 历史上这个问题起源于求一条通过 A 和 B 两点长度 L 固定的曲线 $y = y(x)$, 使面积 $\int_{x_0}^{x_1} F(x, y, y')dx$ 取最大值. 近代发展起来的等周问题是指类似的更为一般的问题, 也就是求具有固定边界条件的泛函

$$\left\{\begin{array}{l} J = \displaystyle\int_{x_0}^{x_1} F(x, y, y')dx \\ y(x_0) = y_0, y(x_1) = y_1 \end{array}\right. \tag{5.9.1}$$

在条件

$$\int_{x_0}^{x_1} G(x, y, y')dx = l \tag{5.9.2}$$

下的极值. 条件 (5.9.2) 称为等周条件.

下面来求解泛函极值条件, 为了推导简便, 假定函数 F 和 G 满足推导过程中必须满足的条件. 现在引入新未知函数来求解等周问题. 令

$$g(x)=\int_{x_0}^{x_1}G(x,y,y')dx \tag{5.9.3}$$

上式中 $g(x_0)=0$, $g(x_1)=l$. 对 $g(x)$ 求导得到

$$g'(x)=G(x,y,y')$$

现在等周关系可以写成函数

$$\phi(x,y,y')=G(x,y,y')-g'(x) \tag{5.9.4}$$

对式 (5.9.1) 和 (5.9.4) 变分, 根据变分后极值存在的必要条件令其为零, 得到

$$\delta J=\int_{x_0}^{x_1}\left[\frac{\partial F}{\partial y}\delta y+\frac{\partial F}{\partial y'}\delta y'\right]dx=0$$

$$\delta \phi=\int_{x_0}^{x_1}\left[\frac{\partial G}{\partial y}\delta y+\frac{\partial G}{\partial y'}\delta y'\right]dx=0$$

类似于测地线问题求解, 引入 $\lambda(x)$, 并将 $\delta\phi$ 积分加到 δJ 两侧, 有

$$\begin{aligned}
&\int_{x_0}^{x_1}\left\{\left[\frac{\partial F}{\partial y}\delta y+\frac{\partial F}{\partial y'}\delta y'\right]+\lambda(x)\left[\frac{\partial G}{\partial y}\delta y+\frac{\partial G}{\partial y'}\delta y'\right]\right\}dx\\
=&\int_{x_0}^{x_1}\left\{\left[\frac{\partial F}{\partial y}\delta y+\lambda(x)\frac{\partial G}{\partial y}\delta y\right]+\left[\frac{\partial F}{\partial y'}\delta y'+\lambda(x)\frac{\partial G}{\partial y'}\delta y'\right]\right\}dx\\
=&\int_{x_0}^{x_1}\left[\frac{\partial F}{\partial y}+\lambda(x)\frac{\partial G}{\partial y}\right]\delta y dx+\int_{x_0}^{x_1}\left[\frac{\partial F}{\partial y'}+\lambda(x)\frac{\partial G}{\partial y'}\right]d\delta y\\
=&\int_{x_0}^{x_1}\left\{\left[\frac{\partial F}{\partial y}+\lambda(x)\frac{\partial G}{\partial y}\right]-\frac{d}{dx}\left[\frac{\partial F}{\partial y'}+\lambda(x)\frac{\partial G}{\partial y'}\right]\right\}\delta y dx\\
&+\left[\left(\frac{\partial F}{\partial y'}+\lambda(x)\frac{\partial G}{\partial y'}\right)\delta y\right]\Bigg|_{x_0}^{x_1}=0
\end{aligned} \tag{5.9.5}$$

上式附加条件是

$$\frac{d}{dx}\lambda(x)=0$$

即 $\lambda(x)=\lambda$ 为一常数.

注意到现在是固定边界条件即 $y(x_0)=y_0, y(x_1)=y_1$, 这样有 $\delta y(x_0)=0$ 和 $\delta y(x_1)=0$. 式 (5.9.5) 为

$$\int_{x_0}^{x_1}\left\{\left[\frac{\partial F}{\partial y}+\lambda\frac{\partial G}{\partial y}\right]-\frac{d}{dx}\left[\frac{\partial F}{\partial y'}+\lambda\frac{\partial G}{\partial y'}\right]\right\}\delta y dx=0$$

$$\int_{x_0}^{x_1}\left[\frac{\partial}{\partial y}(F+\lambda G)-\frac{d}{dx}\frac{\partial}{\partial y'}(F+\lambda G)\right]\delta y dx=0 \tag{5.9.6}$$

引用定理 5.3.1, 得到等周问题的欧拉方程是

$$\frac{d}{dx}\frac{\partial}{\partial y'}(F+\lambda G)-\frac{\partial}{\partial y}(F+\lambda G)=0 \tag{5.9.7}$$

现在将等周问题求解过程简述如下. 对于固定边值问题 (5.9.1) 和 (5.9.2) 的极值, 可令 $H=F+\lambda G$ (λ 为一常数), 然后求 $\displaystyle\int_{x_0}^{x_1}H(x,y,y')dx$ 的极值, 得到下面方程

$$\frac{d}{dx}\frac{\partial H}{\partial y'}-\frac{\partial H}{\partial y}=0 \tag{5.9.8a}$$

$$\int_{x_0}^{x_1}G(x,y,y')dx=l \tag{5.9.8b}$$

$$y(x_0)=y_0,\quad y(x_1)=y_1 \tag{5.9.8c}$$

如果不是固定边界条件, 从式 (5.6.3) 可以求出边界条件是

$$\left.\frac{\partial H}{\partial y'}\right|_{x_1}=0,\quad \left.\frac{\partial H}{\partial y'}\right|_{x_0}=0 \tag{5.9.9}$$

上述结果可以推广到多个等周条件情况, 若有 m 个约束, 即

$$\int_{x_0}^{x_1}G_i(x,y,y')dx=l_i\quad (i=1,2,\cdots,m) \tag{5.9.10}$$

可令 $H=F+\sum_{i=1}^{m}\lambda_i G_i$, 则欧拉方程是

$$\frac{d}{dx}\frac{\partial H}{\partial y'}-\frac{\partial H}{\partial y}=0 \tag{5.9.11}$$

式 (5.9.10)、式 (5.9.11), 再加上相应的边界条件, 可以求出 $y(x)$.

若所求函数为多元函数也有类似结果. 以二元函数为例, 设

$$u'_x = \frac{\partial u}{\partial x}, \quad u'_y = \frac{\partial u}{\partial y}$$

泛函与约束条件分别是

$$J[u(x,y)] = \iint_D F\left(x,y,u,u'_x,u'_y\right) dxdy \tag{5.9.12}$$

$$\iint_D G\left(x,y,u,u'_x,u'_y\right) dxdy = k \tag{5.9.13}$$

则可设 $H = F + \lambda G$, 极值求解的方程是

$$\frac{\partial H}{\partial u} - \left(\frac{\partial}{\partial x}\frac{\partial H}{\partial u'_x} + \frac{\partial}{\partial y}\frac{\partial H}{\partial u'_y}\right) = 0 \tag{5.9.14}$$

上式加上约束条件 (5.9.13) 和相应的边界条件可以求出极值函数 $u(x,y)$. 注意现在式 (5.9.14) 是一个偏微分方程.

例 5.14 当连续信源在输出平均功率受限时, 它的信源输出信息速率与信源消息的概率有关, 设其概率密度为 $\varphi(x)$, 信源输出信息速率的泛函是

$$J[\varphi(x)] = -\int_{-\infty}^{+\infty} \varphi(x)\ln[r\varphi(x)]\,dx \tag{1}$$

由于 $\varphi(x)$ 是概率密度, 所以是归一化的, 应当有

$$\int_{-\infty}^{+\infty} \varphi(x)\,dx = 1 \tag{2}$$

而信源的输出功率受限, 定义为 σ^2, 这样得到

$$\int_{-\infty}^{+\infty} x^2\varphi(x)\,dx = \sigma^2 \tag{3}$$

求信源输出信息速率最大的概率分布.

解 式 (2) 和式 (3) 实际上是泛函 $J[\varphi(x)]$ 取最大值的约束条件, 即等周条件. 这里就是前面所述的 m 个约束时的情况. 令

$$F = -\varphi(x)\ln[r\varphi(x)], \quad G_1 = \varphi(x), \quad G_2 = x^2\varphi(x)$$

设函数为

$$H = F + \lambda_1 G_1 + \lambda_2 G_2 = -\varphi(x)\ln[r\varphi(x)] + \lambda_1\varphi(x) + \lambda_2 x^2\varphi(x)$$

所求的泛函是

$$J^*[\varphi(x)] = \int_{-\infty}^{+\infty} H dx$$

由式 (5.3.6) 得到欧拉方程

$$\frac{\partial H}{\partial \varphi} - \frac{d}{dx}\frac{\partial H}{\partial \varphi'} = 0$$

将 H 代入后, 有方程

$$-\ln[r\varphi(x)] - 1 + \lambda_1 + \lambda_2 x^2 = 0$$

上式解得

$$\varphi(x) = \frac{1}{r}e^{\lambda_1 - 1}e^{\lambda_2 x^2} \tag{1}$$

式 (1) 代入等周条件 $\int_{-\infty}^{+\infty}\varphi(x)dx = 1$, 得到

$$\frac{1}{r}e^{\lambda_1 - 1}\int_{-\infty}^{+\infty} e^{\lambda_2 x^2}dx = 1 \tag{2}$$

为保证上式积分存在, 要求 $\lambda_2 < 0$. 再将式 (1) 代入等周条件 $\int_{-\infty}^{+\infty} x^2\varphi(x)dx = \sigma^2$, 又有

$$\frac{1}{r}e^{\lambda_1 - 1}\int_{-\infty}^{+\infty} x^2 e^{\lambda_2 x^2}dx = -\frac{1}{r}e^{\lambda_1 - 1}\frac{1}{2\lambda_2}\int_{-\infty}^{+\infty} e^{\lambda_2 x^2}dx = \sigma^2 \tag{3}$$

式 (2) 除以式 (3) 得到

$$\lambda_2 = -\frac{1}{2\sigma^2}$$

再利用泊松积分 $\int_{-\infty}^{+\infty} e^{-x^2}dx = \sqrt{\pi}$, 将其代入式 (2) 有

$$e^{\lambda_1 - 1} = \frac{r}{\sqrt{2\pi}\sigma}$$

将 λ_2 和 e^{λ_1-1} 代入式 (1) 后有

$$\varphi(x)=\frac{1}{\sqrt{2\pi}}\frac{1}{\sigma}\exp\left(-\frac{x^2}{2\sigma^2}\right)$$

上式表明这是一个正态分布.

例 5.15　求

$$J[y(x)]=\int_{x_0}^{x_1}ydx,\quad y(x_0)=y_0,\quad y(x_1)=y_1$$

在等周条件 $\int_{x_0}^{x_1}\sqrt{1+y'^2}dx=l$ 下的极值.

解　$J[y(x)]$ 的意义如图 5.13 所示, 它是曲边梯形的面积. 而 AB 的微元弧长 $dl=\sqrt{dx^2+dy^2}=\sqrt{1+y'^2}dx$, 所以弧长为

$$l=\int_{x_0}^{x_1}\sqrt{1+y'^2}dx$$

因此本题的意义是求给定弧长 l 下的面积最大值的曲线 $y(x)$ 的方程, 所以称之为等周条件极值问题.

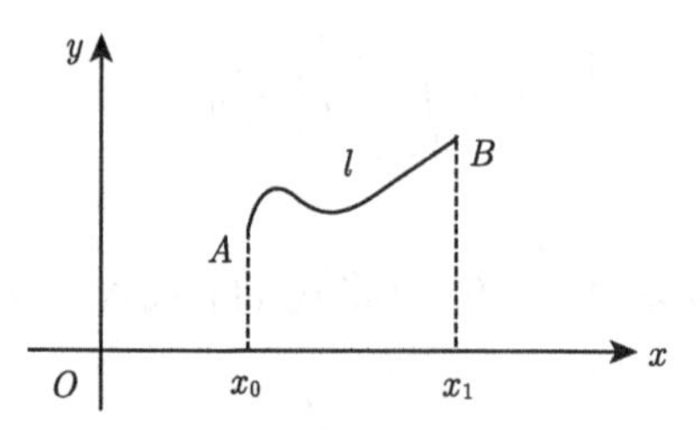

图 5.13　等周条件下的曲边梯形

设函数 $H=y+\lambda\sqrt{1+y'^2}$, 作辅助泛函

$$J^*[y(x)]=-\int_{-\infty}^{+\infty}\left(y+\lambda\sqrt{1+y'^2}\right)dx\tag{1}$$

式 (1) 的欧拉方程是

$$\frac{\partial H}{\partial y}-\frac{d}{dx}\frac{\partial H}{\partial y'}=0$$

$$\frac{d}{dy}\left(y+\lambda\sqrt{1+y'^2}\right)-\frac{d}{dx}\frac{\lambda y'}{\sqrt{1+y'^2}}=0$$

$$\frac{d}{dy}\left(y+\lambda\sqrt{1+y'^2}\right)-\frac{d}{dy}\frac{dy}{dx}\frac{\lambda y'}{\sqrt{1+y'^2}}=0$$

$$\frac{d}{dy}\left(y+\lambda\sqrt{1+y'^2}\right)-\frac{d}{dy}\frac{\lambda y'^2}{\sqrt{1+y'^2}}=0$$

$$y+\lambda\sqrt{1+y'^2}-\frac{\lambda y'^2}{\sqrt{1+y'^2}}=c_1$$

于是得到

$$y-c_1=\frac{-\lambda}{\sqrt{1+y'^2}}$$

引入参数 t, $y'=\tan t$, 于是有

$$y-c_1=-\lambda\cos t \tag{2}$$

注意到

$$\frac{dy}{dx}=\frac{dy}{dt}\cdot\frac{dt}{dx}=\frac{\lambda\sin t}{dx/dt},\quad \tan t=\frac{\lambda\sin t}{dx/dt},\quad \frac{dx}{dt}=\lambda\cos t$$

所以有

$$x=\lambda\sin t+c_2$$

$$x-c_2=\lambda\sin t \tag{3}$$

式 (2) 平方加式 (3) 平方, 得到

$$(x-c_2)^2+(y-c_1)^2=\lambda^2 \tag{4}$$

将 (x_0,y_0) 和 (x_1,y_1) 代入式 (4), 可以得系数值是

$$c_2=\frac{x_0+x_1}{2},\quad c_1=\frac{y_0+y_1}{2},\quad \lambda^2=\left(\frac{x_1-x_0}{2}\right)^2+\left(\frac{y_0-y_1}{2}\right)^2$$

例如, 取 $y(0)=0$, $y(1)=0$, 则有 $c_2=1/2$, $c_1=0$, $\lambda=1/2$. 极值曲线是

$$\left(x-\frac{1}{2}\right)^2+y^2=\frac{1}{4}$$

此时弧长 $l=\frac{1}{2}(2\pi r)=\pi r=\frac{\pi}{2}$.

5.10　直接变分法及其应用

前面各节讨论的变分问题都归结为求欧拉方程的解, 但是在很多实际应用中欧拉方程求解非常困难, 或者只要一个有一定精度的近似值, 这时可以用直接变分法或半直接变分法求解, 本节讨论直接变分法的最基本方法——里茨法及其应用.

1. 直接变分的里茨法

假定泛函是依赖一元函数的, 为

$$J=\int_{x_0}^{x_1} F\left(x, y, y'\right) dx \tag{5.10.1}$$

求其极值. 求这个极值的核心问题是, 对所给的泛函确定一个函数 $y\left(x\right)$, 使得 $y\left(x\right)$ 满足泛函的极值条件和边界条件. 里茨法的要点是选择适当函数的线性组合来逼近所求的函数. 一般可以设函数是

$$y\left(x\right)=\phi_0\left(x\right)+\sum_{k=1}^{n} c_k\phi_k\left(x\right) \tag{5.10.2}$$

式 (5.10.2) 的 c_k 是待定常数. $\phi_0\left(x\right)$ 的选择要满足所提的边界条件或初始条件. $\phi_k\left(x\right)$ 如何选择呢? $\phi_k\left(x\right)$ 是应当满足齐次边界条件的线性无关函数列. 称式 (5.10.2) 为逼近函数. 函数列可以是幂级数列和三角函数列, 如

$$\left\{\phi_k\left(x\right)\right\}=\left\{\left(x-x_0\right)\left(x-x_1\right)^k\right\}$$

$$\left\{\phi_k\left(x\right)\right\}=\left\{\sin\frac{k\pi\left(x-x_0\right)}{\left(x_1-x_0\right)}\right\}$$

为了确定 c_k, 可以将 (5.10.2) 式代入式 (5.10.1), 有

$$J\left(c_1, c_2, \cdots, c_n\right)=\int_{x_0}^{x_1}\left\{x, \phi_0\left(x\right)+\sum_{k=1}^{n} c_k\phi_k\left(x\right), \phi_0'\left(x\right)+\sum_{k=1}^{n} c_k\phi_k'\left(x\right)\right\} dx \tag{5.10.3}$$

从上式易见泛函现在是 c_k 的函数, 确定了 c_k 后泛函的极值函数就定了下来.

现在泛函变成了导数的极值问题, 函数 $J\left(c_1, c_2, \cdots, c_n\right)$ 取极值的条件是

$$\frac{\partial J}{\partial c_k}=0\quad\left(k=1, 2, \cdots, n\right) \tag{5.10.4}$$

上式解出的 c_k 回代到式 (5.10.2) 就得到了函数 $y(x)$, $y(x)$ 是所求变分问题的近似解. 因为泛函在任意允许曲线上的极小值不大于该泛函在这一类允许曲线的一部分上的极小值, 也就是在形如 $y(x)=\phi_0(x)+\sum_{k=1}^{n}c_k\phi_k(x)$ 的曲线上的泛函极小值, 所以现在求得的泛函的极小值的近似值是过剩的. 同理, 这样方法求得的泛函极大值是不足的.

例 5.16 用直接变分法计算泛函

$$J[y(x)]=\int_0^l\left(\frac{1}{2}py'^2+q\frac{x}{l}y\right)dx$$

的极值. 边界条件是 $y(0)=0$, $y(l)=h$.

解 选用函数列 $x^k(x-l)$, 则逼近函数是

$$y(x)=\phi_0(x)+\sum_{k=1}^{n}c_k(x-l)x^k \tag{1}$$

取 $\phi_0(x)=Ax+B$, 根据边界条件得到

$$y(0)=B=0;\quad y(l)=Al=h,\quad A=\frac{h}{l}$$

所以逼近函数是

$$y(x)=\frac{h}{l}x+\sum_{k=1}^{n}c_k(x-l)x^k \tag{2}$$

考虑双参数逼近, 即取到 $n=2$ 的项. 故有

$$y(x)=\frac{h}{l}x+\sum_{k=1}^{2}c_k(x-l)x^k=\frac{h}{l}x+\sum_{k=1}^{2}c_k\left(x^{k+1}-lx^k\right) \tag{3}$$

$$y'(x)=\frac{h}{l}+c_1(2x-l)+c_2\left(3x^2-2lx\right) \tag{4}$$

将式 (3) 和 (4) 代入 $J[y(x)]$ 表达式中, 有

$$J[y(x)]=\int_0^l\left\{\frac{p}{2}\left[\frac{h}{l}+c_1(2x-l)+c_2\left(3x^2-2lx\right)\right]^2\right\}dx$$
$$+\int_0^l\frac{qx}{l}\left[\frac{h}{l}x+c_1\left(x^2-lx\right)+c_2\left(x^3-lx^2\right)\right]dx \tag{5}$$

上式有两个变量 c_1 和 c_2, 式 (5) 的变分, 就是对其求导, 得到

$$\frac{\partial J}{\partial c_1}=\int_0^l\left\{p\left[\frac{h}{l}+c_1(2x-l)+c_2\left(3x^2-2lx\right)\right](2x-l)+\frac{qx}{l}\left(x^2-lx\right)\right\}dx$$
$$=0 \tag{6}$$

$$\frac{\partial J}{\partial c_2}=\int_0^l\left\{p\left[\frac{h}{l}+c_1(2x-l)+c_2\left(3x^2-2lx\right)\right]\left(3x^2-2lx\right)+\frac{qx}{l}\left(x^3-lx^2\right)\right\}dx$$
$$=0 \tag{7}$$

于是得到

$$\int_0^l\left\{p\left[\frac{h}{l}+c_1(2x-l)+c_2\left(3x^2-2lx\right)\right](2x-l)+\frac{qx}{l}\left(x^2-lx\right)\right\}dx$$
$$=p\left(\frac{1}{3}l^3c_1+\frac{1}{6}l^4c_2\right)-\frac{1}{12}ql^3=0 \tag{8}$$

$$\int_0^l\left\{p\left[\frac{h}{l}+c_1(2x-l)+c_2\left(3x^2-2lx\right)\right]\left(3x^2-2lx\right)+\frac{qx}{l}\left(x^3-lx^2\right)\right\}dx$$
$$=p\left(\frac{1}{6}l^4c_1+\frac{2}{15}l^5c_2\right)-\frac{1}{20}ql^4=0 \tag{9}$$

联立式 (8) 和 (9), 有

$$\left\{\begin{aligned}\frac{1}{3}c_1+\frac{1}{6}lc_2=\frac{1}{12}\frac{q}{p}\\ \frac{1}{6}c_1+\frac{2}{15}lc_2=\frac{1}{20}\frac{q}{p}\end{aligned}\right. \tag{10}$$

上式的解是

$$c_1=\frac{q}{6p},\quad c_2=\frac{q}{6pl}$$

将 c_1 和 c_2 代入式 (3), 得到泛函的极值是

$$y(x)=\frac{h}{l}x+\frac{q}{6pl}x\left(x^2-l^2\right) \tag{5.10.5}$$

上式正是泛函的欧拉方程

$$\frac{q}{l}x-py''=0,\quad y(0)=0,\quad y(l)=h$$

的解, 可见这个解也是泛函的真实解.

上例看来变分的直接解法是有一定精度的. 但是这个解法的计算量很大, 下面介绍在积分前计算变分来计算 c_1 和 c_2 可以减少计算量, 还是以例 5.16 为例说明这个方法的过程.

设有泛函

$$J\left[y\left(x\right)\right]=\int_0^l\left(\frac{1}{2}py'^2+q\frac{x}{l}y\right)dx \tag{5.10.6}$$

求其极值曲线, 边界条件是 $y\left(0\right)=0$, $y\left(l\right)=h$.

设 $F=\dfrac{1}{2}py'^2+q\dfrac{x}{l}y$, 对式 (5.10.6) 变分后有

$$\begin{aligned}\delta J\left[y\left(x\right)\right]&=\delta\int_0^l\left(\frac{1}{2}py'^2+q\frac{x}{l}y\right)dx\\&=\int_0^l\left[\frac{\partial F}{\partial y}-\frac{d}{dx}\frac{\partial F}{\partial y'}\right]\delta ydx=\int_0^l\left[\frac{q}{l}x-py''\right]\delta ydx\end{aligned} \tag{5.10.7}$$

上述泛函确定 $y\left(x\right)$ 的逼近函数由例 5.16 可知, 应设为

$$y\left(x\right)=\frac{h}{l}x+\sum_{k=1}^{2}c_k\left(x-l\right)x^k=\frac{h}{l}x+\sum_{k=1}^{2}c_k\left(x^{k+1}-lx^k\right) \tag{5.10.8}$$

其二阶导数为

$$y''=2c_1+c_2\left(6x-2l\right)$$

式 (5.10.8) 中 c_1 和 c_2 是变量, x 为自变量, 故 $y\left(x\right)$ 的逼近函数式 (5.10.8) 的变分为

$$\delta y=x\left(x-l\right)\delta c_1+x^2\left(x-l\right)\delta c_2$$

将上两式代入 (5.10.7), 得到

$$\delta J\left[y\left(x\right)\right]=\int_0^l\left\{\frac{q}{l}x-p\left[2c_1+c_2\left(6x-2l\right)\right]\right\}\left[x\left(x-l\right)\delta c_1+x^2\left(x-l\right)\delta c_2\right]dx$$

极值曲线存在的条件是 $\delta J=0$, 故有

$$\begin{aligned}&\int_0^l\left\{\frac{q}{l}x-p\left[2c_1+c_2\left(6x-2l\right)\right]\right\}x\left(x-l\right)dx\delta c_1\\&+\int_0^l\left\{\frac{q}{l}x-p\left[2c_1+c_2\left(6x-l\right)\right]\right\}x^2\left(x-l\right)dx\delta c_2=0\end{aligned}$$

由于 c_1 和 c_2 是任意的, 所以 δc_1 和 δc_2 前的系数为零, 于是得到

$$\int_0^l \left\{\frac{q}{l}x - p\left[2c_1 + c_2\left(6x - 2l\right)\right]\right\} x\left(x - l\right) dx = 0 \tag{5.10.9}$$

$$\int_0^l \left\{\frac{q}{l}x - p\left[2c_1 + c_2\left(6x - l\right)\right]\right\} x^2\left(x - l\right) dx = 0 \tag{5.10.10}$$

积分后得到线性方程组

$$\begin{cases} 2c_1 + lc_2 = \dfrac{q}{2p} \\ 5c_1 + 4lc_2 = \dfrac{3q}{2p} \end{cases} \tag{5.10.11}$$

上式的解为

$$c_1 = \frac{q}{6p}, \quad c_2 = \frac{q}{6pl}$$

将 c_1 和 c_2 代入式 (5.10.8), 得到逼近函数

$$y\left(x\right) = \frac{h}{l}x + \frac{q}{6pl}x\left(x^2 - l^2\right) \tag{5.10.12}$$

式 (5.10.12) 的解与它的真解相同, 但是计算量减少了很多.

2. 里茨法解常微分方程

直接变分法可以应用到常微分方程的边值问题中, 现在我们来讨论这个问题. 直接变分法针对的是对于积分形式的变分, 什么形式的微分方程可以变形成积分形式呢? 对于最常用的二阶线性微分方程而言, 就是所谓的自伴形式的微分方程:

$$\left(py'\right)' + qy = f \tag{5.10.13}$$

注意上式中 p, q 和 f 都是 x 的函数.

式 (5.10.13) 可以变形成积分形式. 设

$$Ly \equiv \left(py'\right)' + qy$$

式 (5.10.13) 两边同乘以 δy 并积分, 得到

$$I = \int_{x_1}^{x_2} \left(Ly - f\right) \delta y dx = 0 \tag{5.10.14}$$

$$
\begin{aligned}
I &= \int_{x_1}^{x_2} \left[\frac{d}{dx}(py') + qy - f \right] \delta y dx \\
&= \int_{x_1}^{x_2} \frac{d}{dx}(py') \cdot \delta y dx + \int_{x_1}^{x_2} qy\delta y dx - \int_{x_1}^{x_2} f\delta y dx \\
&= \Big[py'\delta y\Big]\Big|_{x_1}^{x_2} - \int_{x_1}^{x_2} py'\delta y' dx + \delta \int_{x_1}^{x_2} \frac{1}{2} qy^2 dx - \delta \int_{x_1}^{x_2} fy dx \\
&= \Big[py'\delta y\Big]\Big|_{x_1}^{x_2} - \delta \int_{x_1}^{x_2} \frac{1}{2} p(y')^2 dx + \delta \int_{x_1}^{x_2} \frac{1}{2} qy^2 dx - \delta \int_{x_1}^{x_2} fy dx \\
&= \delta \int_{x_1}^{x_2} \left[-\frac{1}{2} p(y')^2 + \frac{1}{2} qy^2 - fy \right] dx + \left[p\frac{dy}{dx}\delta y \right]\Bigg|_{x_1}^{x_2}
\end{aligned} \tag{5.10.15}
$$

上式有两种情况:

(1) $y(x)$ 满足自然边界条件, 即

$$
y|_{x_1} = c_1,\ \ y|_{x_2} = c_2;\ \text{或者}\ \ p\frac{dy}{dx}\bigg|_{x=x_1} = 0,\ \ p\frac{dy}{dx}\bigg|_{x=x_2} = 0
$$

那么有

$$
J[y(x)] = \int_{x_1}^{x_2} \left[-\frac{1}{2} p(y')^2 + \frac{1}{2} qy^2 - fy \right] dx \tag{5.10.16}
$$

$$
I = \delta J = \delta \int_{x_1}^{x_2} \left[-\frac{1}{2} p(y')^2 + \frac{1}{2} qy^2 - fy \right] dx = 0 \tag{5.10.17}
$$

也就是可以把边值问题变形成式 (5.10.16) 表示的积分, 然后用 (5.10.17) 变分求解微分方程, 这样就可以用直接变分法求变分极值, 求出的 $y(x)$ 就是微分方程 (5.10.13) 的解.

(2) 如果不满足自然边界条件, 或者

$$
p\frac{dy}{dx}\bigg|_{x=x_1} \neq 0,\quad p\frac{dy}{dx}\bigg|_{x=x_2} \neq 0
$$

这时的变分是

$$
I = \delta \int_{x_1}^{x_2} \left[-\frac{1}{2} p(y')^2 + \frac{1}{2} qy^2 - fy \right] dx + p\frac{dy}{dx}\delta y\bigg|_{x=x_2} - p\frac{dy}{dx}\delta y\bigg|_{x=x_1} \tag{5.10.18}
$$

显然上式的计算过程复杂一些.

一般情况下, 适当设置 $p(x)$ 和 $q(x)$, 任意一个二阶线性微分方程均可以写成自伴形式, 因此里茨法也是解二阶线性常微分方程的一种基本解法. 高阶常微分方程就没有这样幸运了, 例如, 四阶线性常微分方程的自伴形式是

$$(py'')'' + (qy')' + ry = f \tag{5.10.19}$$

但是一般情况下的四阶线性常微分方程无法写成自伴形式, 因此也无法用直接变分求解, 只有一些特定情况下的四阶线性常微分方程可以写成自伴形式, 可用直接变分法求解.

下面的例题给出了非自然边界条件下的直接变分法解常微分方程的方法.

例 5.17　用直接变分法求解常微分方程边值问题

$$py'' - \frac{q}{l}x = 0, \quad y'(0) = \alpha, \quad y(l) = h$$

解　先讨论如何求变分的积分函数. 将常微分方程写成

$$\frac{q}{l}x - py'' = 0 \tag{1}$$

式 (1) 两端乘以 δy, 然后在 $[0, l]$ 内积分, 得到

$$\int_0^l \left(\frac{q}{l}x - py''\right)\delta y dx = \int_0^l \frac{q}{l}x\delta y dx + \int_0^l -py''\delta y dx = 0 \tag{2}$$

注意到

$$\int_0^l \frac{q}{l}x\delta y dx = \delta\int_0^l \frac{q}{l}xy dx \tag{3}$$

$$\begin{aligned}\int_0^l py''\delta y dx &= [py'\delta y]\Big|_0^l - \int_0^l p\frac{dy}{dx}\delta\frac{dy}{dx}dx \\ &= py'(l)\delta y(l) - py'(0)\delta y(0) - \delta\int_0^l \frac{1}{2}p\left(\frac{dy}{dx}\right)^2 dx\end{aligned}$$

由于 $y(l) = h$, 故 $\delta y(l) = 0$, 所以有

$$\int_0^l py''\delta y dx = -py'(0)\delta y(0) - \delta\int_0^l \frac{1}{2}py'^2 dx \tag{4}$$

$$\delta\int_0^l \frac{1}{2}py'^2 dx = -py'(0)\delta y(0) - \int_0^l py''\delta y dx \tag{5}$$

将式 (3) 和 (4) 代入式 (2), 得到

$$\int_0^l \left(\frac{q}{l}x - py''\right)\delta y dx = \delta\left(\int_0^l \frac{q}{l}xydx + \int_0^l \frac{1}{2}py'^2 dx\right) + py'(0)\,\delta y(0) = 0$$

$$\delta\left\{\int_0^l \left[\frac{1}{2}py'^2 + \frac{q}{l}xy\right]dx + py'(0)\,y(0)\right\} = 0 \tag{6}$$

求变分时只用式 (6) 中的积分项, 因此需要消掉 $py'(0)\,y(0)$ 项, 所以泛函可以取

$$J = \int_0^l \left[\frac{1}{2}py'^2 + \frac{q}{l}xy\right]dx + p\alpha y(0)$$

由于式中 $y(0)$ 的值未给定, 变分过程中 $y(0)$ 是一个变量. 对上式变分并令其为零, 可得到

$$\delta J = \delta\int_0^l \left[\frac{1}{2}py'^2 + \frac{q}{l}xy\right]dx + p\alpha\delta y(0) = 0$$

将式 (3) 和 (5) 代入上式, 得到

$$\begin{aligned}\delta J &= \delta\int_0^l \left[\frac{1}{2}py'^2 + \frac{q}{l}xy\right]dx + p\alpha\delta y(0)\\ &= -\left\{\int_0^l \left(py'' - \frac{q}{l}x\right)\delta y dx + \left[p\left(y'(0) - \alpha\right)\right]\delta y(0)\right\} = 0\end{aligned}$$

即有

$$\int_0^l \left(py'' - \frac{q}{l}x\right)\delta y dx + \left[p\left(y'(0) - \alpha\right)\right]\delta y(0) = 0 \tag{7}$$

式 (7) 中 δy 和 $\delta y(0)$ 是任意值, 这样有

$$py'' - \frac{q}{l}x = 0, \quad y'(0) = \alpha$$

推导上两式时, 我们用到了 $y(l) = h$ 和 $\delta y(l) = 0$, 把此处边界条件代入上式, 得到

$$py'' - \frac{q}{l}x = 0, \quad y'(0) = \alpha, \quad y(l) = h \tag{8}$$

也就是说, 如果逼近函数 $y(x)$ 满足边界条件 $y'(0) = \alpha$ 和 $y(l) = h$ 后, 用直接变分法解

$$J = \int_0^l \left[\frac{1}{2}py'^2 + \frac{q}{l}xy\right]dx \tag{9}$$

所得到的逼近函数就是常微分方程的解.

为了满足边界条件, 选择逼近函数为

$$y(x)=\phi_0(x)+\sum_{k=1}^{n}c_k\phi_k(x)$$

函数选择原则是 $\phi_0(x)$ 满足边界条件, 而 $\phi_k(x)$ 满足齐次边界条件. 为此设

$$y(x)=Ax+B+\sum_{k=1}^{n}c_kx^{k+1}(x-l) \tag{10}$$

上式代入边界条件中, 可以写出以下方程

$$y(l)=Al+B=h,\quad y'(0)=A=\alpha$$

解上面两式得到 $A=\alpha$, $B=h-\alpha l$. 此结果代入式 (10), 得到逼近函数是

$$y(x)=\alpha x+(h-\alpha l)+\sum_{k=1}^{n}c_kx^{k+1}(x-l) \tag{11}$$

若取单参数逼近函数, 则有

$$y(x)\approx(h-\alpha l)+\alpha x+c_1x^2(x-l) \tag{12}$$

由于式 (12) 满足了边界条件, 所以泛函现在是

$$J[y(x)]=\int_0^l\left(\frac{1}{2}py'^2+\frac{q}{l}xy\right)dx$$

令上式中右边括号里的函数是 F, 用欧拉方程可得到

$$\delta J[y(x)]=\int_0^l\left(\frac{\partial F}{\partial y}-\frac{d}{dx}\frac{\partial F}{\partial y'}\right)\delta ydx=\int_0^l\left(\frac{q}{l}x-py''\right)\delta ydx=0 \tag{13}$$

上式中括号中的各项如下:

$$\delta y(x)=x^2(x-l)\delta c_1,\quad \frac{q}{l}x-py''=\frac{q}{l}x-pc_1(6x-2l)$$

将上两式代入式 (13), 有

$$\int_0^l\left\{\frac{q}{l}x-pc_1(6x-2l)\right\}x^2(x-l)\,dx\delta c_1=0$$

由于 δc_1 的任意性, 我们得到

$$\int_0^l \left\{\frac{q}{l}x - pc_1(6x-2l)\right\}x^2(x-l)\,dx = 0$$

$$-\frac{1}{20}ql^4 + c_1\left(\frac{3}{10}pl^5 - \frac{1}{6}pl^5\right) = 0$$

解上式可以得到 $c_1 = 3q/8pl$, 逼近函数是

$$y(x) = (h-\alpha l) + \alpha x + \frac{3q}{8pl}x^2(x-l)$$

3. 里茨法解特征值

特征值问题是数理方程中必须要计算的常微分方程. 我们用以下特征值问题介绍如何用直接变分法求特征值:

$$\begin{cases} \dfrac{d^2y}{dx^2} + \lambda xy = 0 \\ y(0)=0, \quad y(1)=0 \end{cases} \tag{5.10.20}$$

用例 5.17 的方法可以证明此式的微分方程相当于求

$$J = \int_0^1 \left[-\frac{1}{2}y'^2 + \frac{1}{2}\lambda xy^2\right]dx$$

的变分, 边界条件是 $y(0)=0$, $y(1)=0$. 因此变分后相当于求

$$\delta J = \int_0^1 (y'' + \lambda xy)\delta y dx = 0 \tag{5.10.21}$$

令逼近函数是

$$y(x) = c_1x(1-x) + c_2x^2(1-x) \tag{5.10.22}$$

上式满足所要求的边界条件. $y(x)$ 的变分是

$$\delta y = x(1-x)\delta c_1 + x^2(1-x)\delta c_2 \tag{5.10.23}$$

将上两式代入式 (5.10.21) 得到

$$\int_0^1 \{[-2c_1 + c_2(2-6x)] + \lambda x\left[c_1x(1-x) + c_2x^2(1-x)\right]\}$$

$$\times\left[x(1-x)\delta c_1+x^2(1-x)\delta c_2\right]dx=0$$

积分后有

$$\left[\left(-\frac{1}{3}+\frac{\lambda}{60}\right)c_1+\left(-\frac{1}{6}+\frac{\lambda}{105}\right)c_2\right]\delta c_1$$
$$+\left[\left(-\frac{1}{6}+\frac{\lambda}{105}\right)c_1+\left(-\frac{2}{15}+\frac{\lambda}{168}\right)c_2\right]\delta c_2=0$$

由于 δc_1 和 δc_2 的任意性, 有方程组

$$\begin{cases}\left(-\frac{1}{3}+\frac{\lambda}{60}\right)c_1+\left(-\frac{1}{6}+\frac{\lambda}{105}\right)c_2=0\\\left(-\frac{1}{6}+\frac{\lambda}{105}\right)c_1+\left(-\frac{2}{15}+\frac{\lambda}{168}\right)c_2=0\end{cases}\tag{5.10.24}$$

δc_1 和 δc_2 有非零解的条件是系数行列式为零, 故有

$$\begin{vmatrix}-\frac{1}{3}+\frac{\lambda}{60} & -\frac{1}{6}+\frac{\lambda}{105}\\-\frac{1}{6}+\frac{\lambda}{105} & -\frac{2}{15}+\frac{\lambda}{168}\end{vmatrix}=0$$

上式的解是 $\lambda_1\approx 19.2$, $\lambda_2\approx 102$.

注意式 (5.10.20) 按微分方程直接求解比上述方法困难得多, 因为这是一个 1/3 阶贝塞尔方程. 令 $y=x^v u$, 其中 v 是待定常数, 将其代入式 (5.10.20) 得到方程

$$x^2u''(x)+xu'(x)+\left[\left(\frac{2\sqrt{\lambda}}{3}\right)^2x^2-\left(\frac{1}{3}\right)^2\right]u(x)=0$$

即贝塞尔方程是

$$x^2y''(x)+xy'(x)+\left[\beta_n^2x^2-\left(\frac{1}{3}\right)^2\right]y(x)=0$$

式中 $\beta_n^2=2\lambda/3$. 此方程是 1/3 阶贝塞尔方程. 解是

$$y(x)=x^{\frac{1}{2}}J_{\frac{1}{3}}\left(\frac{2}{3}\lambda_n^{\frac{1}{2}}x^{\frac{3}{2}}\right)$$

特征值应用边界条件

$$J_{\frac{1}{3}}\left(\frac{2}{3}\lambda_n^{\frac{1}{2}}\right)=0$$

解出. 真解是

$$\lambda_1=18.9,\quad \lambda_2=81.8$$

与前面结果相比较, λ_1 的精确度较高.

5.11 偏微分方程边值问题的直接与半直接变分法

1. 偏微分方程边值问题的直接变分法

上一节已经介绍了依赖于一元函数泛函的直接变分法, 依赖于多元函数泛函的直接变分法与上节介绍的方法类似, 也是设定一个多元函数线性组合, 只是它的组合常数需要用变分法去确定, 下面用二元泛函极值的直接变分法来介绍其求解过程.

设二元逼近函数是

$$u(x,y)=\phi_0(x,y)+\sum_{k=1}^{n}c_k\phi_k(x,y) \tag{5.11.1}$$

在直接变分中 $\phi_0(x,y)$ 要根据边界条件来确定, 而 $\phi_k(x,y)$ 的选择通常是满足齐次边界条件, c_k 在变分中是一变量, 由变分决定. 下面用具体例子来介绍如何用式 (5.11.1) 实现直接变分.

例 5.18 用变分法求解泊松方程

$$\begin{cases}\dfrac{\partial^2u}{\partial x^2}+\dfrac{\partial^2u}{\partial y^2}=\rho(x,y), & 0<x<a,0<y<b\\ u|_{x=0}=0,u|_{x=a}=y; & u|_{y=0}=0,u|_{y=b}=\dfrac{b}{a}x\end{cases}$$

解 泊松方程定义的区域如图 5.14 所示, 积分区域为阴影区设为 D, 围住区域 D 的曲线为 C. 令

$$\frac{\partial^2u}{\partial x^2}+\frac{\partial^2u}{\partial y^2}-\rho(x,y)=0 \tag{1}$$

式 (1) 两边乘以 $\delta u(x,y)$, 在区域 D 内积分, 有

$$\iint_D\left\{\left(\frac{\partial^2u}{\partial x^2}+\frac{\partial^2u}{\partial y^2}\right)\delta u-\rho(x,y)\,\delta u\right\}dxdy=0 \tag{2}$$

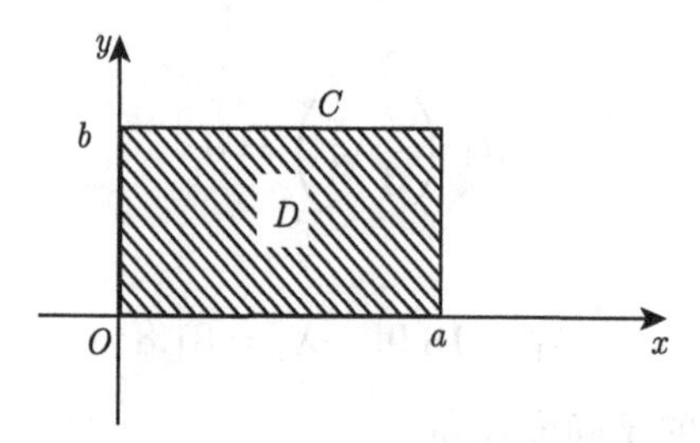

图 5.14　例 5.18 的定义域

注意到以下求导积分与变分的关系:

$$\iint_D \rho(x,y)\delta u dxdy = \delta \iint_D \rho(x,y)\, u dxdy$$

$$\begin{aligned}\frac{\partial}{\partial x}\left(\frac{\partial u}{\partial x}\delta u\right) &= \frac{\partial^2 u}{\partial u^2}\delta u + \frac{\partial u}{\partial x}\cdot\frac{\partial}{\partial x}\delta u = \frac{\partial^2 u}{\partial x^2}\delta u + \frac{\partial u}{\partial x}\delta\left(\frac{\partial u}{\partial x}\right)\\ &= \frac{\partial^2 u}{\partial x^2}\delta u + \frac{1}{2}\delta\left(\frac{\partial u}{\partial x}\right)^2\end{aligned}$$

于是有

$$\frac{\partial^2 u}{\partial x^2}\delta u = \frac{\partial}{\partial x}\left(\frac{\partial u}{\partial x}\delta u\right) - \frac{1}{2}\delta\left(\frac{\partial u}{\partial x}\right)$$

同理可得

$$\frac{\partial^2 u}{\partial y^2}\delta u = \frac{\partial}{\partial y}\left(\frac{\partial u}{\partial y}\delta u\right) - \frac{1}{2}\delta\left(\frac{\partial u}{\partial y}\right)^2$$

则式 (2) 可以写成

$$\begin{aligned}&\iint_D \left(\frac{\partial^2 u}{\partial x^2} + \frac{\partial^2 u}{\partial y^2}\right)\delta u dxdy\\ =&\iint_D \left[\frac{\partial}{\partial x}\left(\frac{\partial u}{\partial x}\delta u\right) + \frac{\partial}{\partial y}\left(\frac{\partial u}{\partial y}\delta u\right)\right]dxdy - \frac{1}{2}\iint_D \left[\delta\left(\frac{\partial u}{\partial x}\right)^2 + \delta\left(\frac{\partial u}{\partial y}\right)^2\right]dxdy\end{aligned} \tag{3}$$

用 Green 公式可以得到

$$\iint_D \left[\frac{\partial}{\partial x}\left(\frac{\partial u}{\partial x}\delta u\right) - \frac{\partial}{\partial y}\left(-\frac{\partial u}{\partial y}\delta u\right)\right]dxdy$$

$$=\oint_C\left[\frac{\partial u}{\partial x}\delta udy-\frac{\partial u}{\partial y}\delta udx\right]=\oint_C\left[\frac{\partial u}{\partial x}dy-\frac{\partial u}{\partial y}dx\right]\delta u \tag{4}$$

曲线 C 是图 5.14 的边界. 从边界条件可见, 取边界条件是零, 即齐次边界条件时式 (4) 的值为零. 于是式 (2) 为

$$-\frac{1}{2}\iint_D\delta\left[\left(\frac{\partial u}{\partial x}\right)^2+\left(\frac{\partial u}{\partial y}\right)^2\right]dxdy-\iint_D\delta\left[\rho(x,y)u\right]dxdy=0$$

即有

$$\delta\iint_D-\left\{\frac{1}{2}\left[\left(\frac{\partial u}{\partial x}\right)^2+\left(\frac{\partial u}{\partial y}\right)^2\right]+\rho(x,y)u\right\}dxdy=0 \tag{5}$$

令

$$F=-\left\{\frac{1}{2}\left[\left(\frac{\partial u}{\partial x}\right)^2+\left(\frac{\partial u}{\partial y}\right)^2\right]+\rho(x,y)u\right\}$$

从式 (5) 可见, 求偏微分方程的边值问题与求泛函 $J=\iint_D Fdxdy$ 的极值是等价的.

下面求这个泛函的变分.

$$\delta J=\iint_D\delta Fdxdy=\iint_D\left[\frac{\partial F}{\partial u}-\frac{\partial}{\partial x}\frac{\partial F}{\partial u'_x}-\frac{\partial}{\partial y}\frac{\partial F}{\partial u'_y}\right]\delta udxdy$$

$$=\iint_D\left[\frac{\partial^2 u}{\partial x^2}+\frac{\partial^2 u}{\partial y^2}-\rho(x,y)\right]\delta udxdy=0 \tag{6}$$

根据式 (5.11.1), 可令

$$\phi_0(x,y)=\frac{1}{a}xy \tag{7a}$$

满足边界条件. 而

$$\phi_k(x,y)=\alpha_{pq}\sin\frac{p\pi x}{a}\sin\frac{q\pi y}{b}\quad(p,q=1,2,\cdots) \tag{7b}$$

满足齐次边界条件. 式 (5.11.1) 的具体形式是

$$u(x,y)=\frac{1}{a}xy+\sum_{p=1}^{n}\sum_{q=1}^{m}\alpha_{pq}\sin\frac{p\pi x}{a}\sin\frac{q\pi y}{b} \tag{8}$$

$$\frac{\partial^2 u}{\partial x^2}+\frac{\partial^2 u}{\partial y^2}=-\sum_{p=1}^{n}\sum_{q=1}^{m}\left(\frac{p^2\pi^2}{a^2}+\frac{q^2\pi^2}{b^2}\right)\alpha_{pq}\sin\frac{p\pi x}{a}\sin\frac{q\pi y}{b} \tag{9}$$

将 $\rho(x,y)$ 展开成双重正弦级数, 且只取有限项, 可得到

$$\rho(x,y)=\sum_{p=1}^{n}\sum_{q=1}^{m}\rho_{pq}\sin\frac{p\pi x}{a}\sin\frac{q\pi y}{b} \tag{10}$$

其中

$$\rho_{pq}=\frac{1}{ab}\iint\limits_D \rho(x,y)\sin\frac{p\pi x}{a}\sin\frac{q\pi y}{b}dxdy\quad (p,q=1,2,\cdots) \tag{11}$$

为已知量.

对式 (8) 求变分, 这时 α_{pq} 是变量, 有

$$\delta u=\sum_{s=1}^{n}\sum_{t=1}^{m}\sin\frac{s\pi x}{a}\sin\frac{t\pi y}{b}\delta\alpha_{st} \tag{12}$$

将式 (9), (10) 和 (12) 代入式 (6) 得到

$$\begin{aligned}&\iint\limits_D\left\{\sum_{p=1}^{m}\sum_{q=1}^{n}\left[\left(\frac{p^2\pi^2}{a^2}+\frac{q^2\pi^2}{b^2}\right)\alpha_{pq}+\rho_{pq}\right]\sin\frac{p\pi x}{a}\sin\frac{q\pi y}{b}\right.\\&\left.\times\sum_{s=1}^{m}\sum_{t=1}^{n}\sin\frac{s\pi x}{a}\sin\frac{t\pi y}{b}\delta\alpha_{st}\right\}dxdy=0\\&\sum_{p=1}^{m}\sum_{q=1}^{n}\sum_{s=1}^{m}\sum_{t=1}^{n}\left[\left(\frac{p^2\pi^2}{a^2}+\frac{q^2\pi^2}{b^2}\right)\alpha_{pq}+\rho_{pq}\right]\\&\times\left[\iint\limits_D\sin\frac{p\pi x}{a}\sin\frac{q\pi y}{b}\sin\frac{s\pi x}{a}\sin\frac{t\pi y}{b}dxdy\right]\delta\alpha_{st}=0\end{aligned} \tag{13}$$

注意到正弦函数的正交性, 上式积分中 $p\neq s$, $q\neq t$ 时积分为零. $p=s$, $q=t$ 的积分为

$$\iint\limits_D \sin^2\frac{p\pi x}{a}\sin^2\frac{q\pi y}{b}dxdy=\frac{1}{4}ab$$

故有等式

$$\sum_{p=1}^{m}\sum_{q=1}^{n}\left\{\left(\frac{p^2\pi^2}{a^2}+\frac{q^2\pi^2}{b^2}\right)\alpha_{pq}+\rho_{pq}\right\}\delta\alpha_{pq}=0$$

上式可以得到

$$\left(\frac{p^2\pi^2}{a^2}+\frac{q^2\pi^2}{b^2}\right)\alpha_{pq}+\rho_{pq}=0$$

即有

$$\alpha_{pq}=-\frac{a^2b^2\rho_{pq}}{\pi^2(p^2b^2+a^2q^2)} \tag{14}$$

从式 (14) 得到本题的解是

$$u(x,y)=\frac{1}{a}xy-\sum_{p=1}^{n}\sum_{q=1}^{m}\frac{a^2b^2\rho_{pq}}{\pi^2(p^2b^2+a^2q^2)}\sin\frac{p\pi x}{a}\sin\frac{q\pi y}{b}$$

若取 $m\to\infty$, $n\to\infty$, 则此解是本题的准确解.

例 5.18 的结果是三角级数, 项数取得过多, 收敛速度也较慢, 不如多项式数表达式清晰. 下面仍用上面例题来讨论多项式解法.

例 5.19 已知条件同例 5.18, 并且设 $\rho(x,y)=\rho$(常数), 求其逼近函数.

解 本题中 $\phi_0(x,y)=xy/a$, 与上题一样. $\sum_{k=1}^{n}\phi_k(x,y)$ 可取如下形式:

$$\sum_{k=1}^{n}c_k\phi_k(x,y)=c_1xy(x-a)(y-b)$$
$$+c_2x^2y(x-a)(y-b)+c_3xy^2(x-a)(y-b)+\cdots$$

为了简单起见, 上式只取一项, 逼近函数是

$$u(x,y)=\frac{1}{a}xy+c_1xy(x-a)(y-b) \tag{1}$$

从例 5.18 中的式 (6) 可以得到 $\delta J=0$ 的条件是

$$\iint_D\left[\frac{\partial^2u}{\partial x^2}+\frac{\partial^2u}{\partial y^2}-\rho\right]\delta udxdy \tag{2}$$

将式 (1) 代入式 (2) 后, 得到

$$\iint_D\{2c_1(x^2-ax+y^2-by)-\rho\}xy(x-a)(y-b)dxdy\delta c_1=0$$

注意 $\delta u=xy(x-a)(y-b)\delta c_1$. 由于 δc_1 任意性, 故有

$$\iint_D\{2c_1[x(x-a)+y(y-b)]-\rho\}xy(x-a)(y-b)dxdy=0$$

上式积分后有

$$-\frac{1}{90}c_1a^3b^3\left(a^2+b^2\right)-\frac{1}{36}a^3b^3\rho=0$$

$$c_1=-\frac{5\rho}{2(a^2+b^2)}$$

将 c_1 代入式 (1) 后, 得到解为

$$\begin{aligned}u(x,y)&=\frac{1}{a}xy-\frac{5\rho}{2(a^2+b^2)}xy(x-a)(y-b)\\&=\left[\frac{1}{a}-\frac{5\rho ab}{2(a^2+b^2)}\right]xy+\frac{5\rho}{2(a^2+b^2)}(axy^2+bx^2y-x^2y^2)\end{aligned}$$

2. *偏微分方程边值问题的半直接变分法*

所谓的半直接法是对直接变分法的一个改进. 它是将直接变分法中所用的逼近函数式 (5.11.1) 的线性组合系数 c_k 改进得到一个新的逼近函数. 以依赖二元函数的泛函为例, 对某一方向, 例如 y 方向的 u 变化性质是已知的, 但是在 x 方向 u 的性质知道很少, 故而可以将 c_k 换成是 x 的未知函数 $f_k(x)$, 这样变分法的逼近函数成为

$$u_n(x,y)=\phi_0(x,y)+\sum_{k=1}^{n}f_k(x)\,\phi_k(x,y)\tag{5.11.2}$$

设积分区域如图 5.15 所示, 并且是固定边界条件. 泛函为

$$\begin{aligned}J&=\iint\limits_D F\left(x,y,u_n,\frac{\partial u_n}{\partial x},\frac{\partial u_n}{\partial y}\right)dxdy\\&=\int_{x_0}^{x_1}\int_{\varphi_1(x)}^{\varphi_2(x)}F\left(x,y,u_n,\frac{\partial u_n}{\partial x},\frac{\partial u_n}{\partial y}\right)dxdy\end{aligned}$$

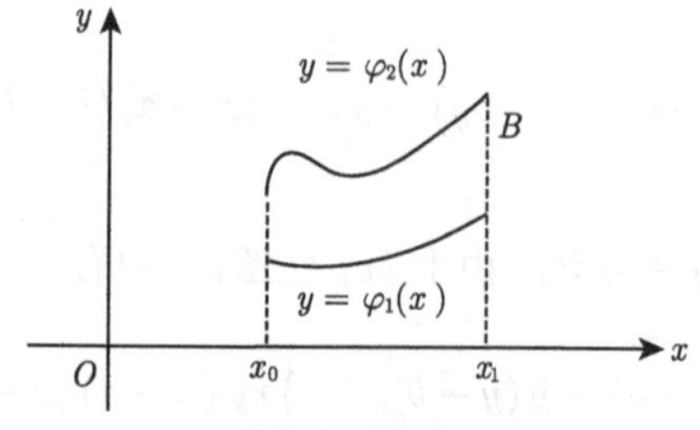

图 5.15　半直接法的积分区域

注意现在区域 D 是一个不规则的曲边形. 将式 (5.11.2) 代入上式后得到

$$
\begin{aligned}
J &= \int_{x_0}^{x_1} \int_{\varphi_1(x)}^{\varphi_2(x)} F\left(x, y, u_n, \frac{\partial u_n}{\partial x}, \frac{\partial u_n}{\partial y}\right) dxdy \\
&= \int_{x_0}^{x_1} \varphi\left[x, f_1(x), f_2(x), \cdots, f_n(x); f_1'(x), f_2'(x), \cdots, f_n'(x)\right] dx
\end{aligned}
$$

上述表达中, 在对泛函变分时变量是 $f_k(x)$ 和 $f_k'(x)\,(k=1,2,\cdots,n)$. 因此有

$$
\delta J = \int_{x_0}^{x_1} \sum_{k=1}^{n} \left[\frac{\partial \varphi}{\partial f_k(x)} - \frac{d}{dx}\frac{\partial \varphi}{\partial f_k'(x)}\right] \delta f_k dx = 0
$$

由于 $\delta f_k(x)$ 的任意性, 得到欧拉方程组

$$
\frac{\partial \varphi}{\partial f_k} - \frac{d}{dx}\frac{\partial \varphi}{\partial f_k'} = 0 \quad (k = 1, 2, \cdots, n) \tag{5.11.3}
$$

注意 $f_k(x)$ 的选择要使 $u_n(x,y)$ 满足边界条件. 下面的例子将表明在非固定边界条件下如何选择 ϕ_0 和 f_k.

例 5.20 解方程

$$
\frac{\partial^2 u}{\partial x^2} + \frac{\partial^2 u}{\partial y^2} = x(a-x)
$$

$$
u|_{x=0} = 0, \quad u|_{x=a} = y(y-a)^2, \quad u|_{y=0} = 0, \quad \left.\frac{\partial u}{\partial y}\right|_{y=a} = 0
$$

解 用例 5.18 的方法可以导出泊松方程的变分问题是

$$
\begin{aligned}
&-\delta \int_0^a \int_0^a \left\{\frac{1}{2}\left(\frac{\partial u}{\partial x}\right)^2 + \frac{1}{2}\left(\frac{\partial u}{\partial y}\right)^2 + x(a-x)u\right\} dxdy \\
&+ \oint_C \left[\frac{\partial u}{\partial x}\delta u dy - \frac{\partial u}{\partial y}\delta u dx\right] = 0
\end{aligned} \tag{1}
$$

$$
\oint_C \frac{\partial u}{\partial x}\delta u dy = \int_0^a \left.\left[\frac{\partial u}{\partial x}\delta u\right]\right|_{x=a} dy + \int_a^0 \left.\left[\frac{\partial u}{\partial x}\delta u\right]\right|_{x=0} dy = 0 \tag{2}
$$

$$
\oint_C \frac{\partial u}{\partial y}\delta u dx = \int_0^a \left.\left[\frac{\partial u}{\partial y}\delta u\right]\right|_{y=0} dx + \int_a^0 \left.\left[\frac{\partial u}{\partial y}\delta u\right]\right|_{y=a} dx = 0 \tag{3}
$$

其中式 (2) 和式 (3) 的计算中用到了齐次边界条件. 将式 (3) 和式 (2) 代入式 (1), 得到

$$\delta\int_0^a\int_0^a\left[\frac{1}{2}\left(\frac{\partial u}{\partial x}\right)^2+\frac{1}{2}\left(\frac{\partial u}{\partial y}\right)^2+x(a-x)u\right]dxdy=0$$

交换变分与积分号运算次序得到

$$\int_0^a\int_0^a\left[\frac{\partial^2 u}{\partial x^2}+\frac{\partial^2 u}{\partial y^2}-x(a-x)\right]\delta udxdy=0 \tag{4}$$

设逼近函数是

$$u(x,y)=\phi_0(x,y)+f(y)\phi(x)$$

又取

$$\phi_0(x,y)=\frac{1}{a}xy(y-a)^2,\quad \phi(x)=x(a-x)$$

逼近函数是

$$u(x,y)=\frac{1}{a}xy(y-a)^2+f(y)x(a-x) \tag{5}$$

将式 (5) 代入边界条件可以得到, 当 $f(0)=0$ 和 $f'(a)=0$ 时, $u(x,y)$ 满足边界条件. 因此 $f(y)$ 的端点条件是

$$f(0)=0,\quad f'(a)=0 \tag{6}$$

将式 (5) 代入式 (4) 得到

$$\int_0^a\int_0^a\Big[x(a-x)f''(y)-2f(y)$$

$$-x(a-x)+\frac{2}{a}x(3y-2a)\Big]x(a-x)\delta f(y)dxdy=0 \tag{7}$$

上式积分后, 有

$$\int_0^a\left[f''(y)-\frac{10}{a^2}f(y)+\frac{15}{a^2}y-\frac{10}{a}-1\right]\delta f(y)dy=0 \tag{8}$$

由于 $\delta f(y)$ 的任意性, 式 (8) 等价于

$$f''(y)-\frac{10}{a^2}f(y)=-\frac{15}{a^2}y+\left(1+\frac{10}{a}\right) \tag{9}$$

边界条件是式 (6). 解式 (9) 得到

$$f(y)=a\left(1+\frac{a}{10}\right)\cosh\frac{\sqrt{10}}{a}y-a\left[\frac{3}{2\sqrt{10}\cosh\sqrt{10}}+\left(1+\frac{a}{10}\right)\operatorname{th}\sqrt{10}\right]\sinh\frac{\sqrt{10}}{a}y$$
$$+\frac{3}{2}y-\left(\frac{a^2}{10}+a\right)$$

偏微分方程的解是

$$u(x,y)=\frac{1}{a}xy(y-a)+x(a-x)\left\{a\left(1+\frac{a}{10}\right)\cosh\frac{\sqrt{10}}{a}y\right.$$
$$\left.-a\left(\frac{3}{2\sqrt{10}\cosh\sqrt{10}}+\frac{10+a}{10}\operatorname{th}\sqrt{10}\right)\sinh\frac{\sqrt{10}}{a}y+\frac{3}{2}y-\left(\frac{a^2}{10}+a\right)\right\}$$

习 题 5

1. 将下列变分问题写成数学表达式, 并且写出边界条件和约束条件.

(1) 通过平面上某一轴同侧的两定点之间连接一条曲线, 使此曲线绕轴旋转所成的旋转曲面有最小的侧面积;

(2) 求固定在两个端点之间且有定长 l 的质量均匀的细绳, 在重力作用下的平衡位置;

(3) 求曲面 $\varphi(x,y,z)=0$ 上所给两点 $A(x_0,y_0,z_0)$ 和 $B(x_1,y_1,z_1)$ 之间长度最短的曲线.

2. 试在连接点 $A(1,3)$ 与 $B(2,5)$ 的曲线中, 求泛函

$$J=\int_1^2 y'\left(1+x^2y'\right)dx$$

的极值曲线.

3. 试在连接点 $A(0,1)$ 与 $B(1,4)$ 的曲线中, 求泛函

$$J=\int_0^1\left(12xy+yy'+y'^2\right)dx$$

的极值曲线.

4. 试在连接两点 $A(x_0,y_0)$ 和 $B(x_1,y_1)$ 的曲线中, 求泛函

$$J=\int_{x_0}^{x_1}\left(y'^2+2yy'-16y^2\right)dx$$

的极值曲线.

5. 求下列泛函的极值曲线:

(1) $J=\int_{x_0}^{x_1}\frac{1+y^2}{y'^2}dx$; (2) $J=\int_{x_0}^{x_1}(2xy+y'''^2)dx$;

(3) $J=\int_{x_0}^{x_1}(2yz-2y^2+y'^2-z^2)dx$; (4) $J=\int_{x_0}^{x_1}(y'^2+z'^2+y'z')dx$.

6. 求用极坐标 (ρ,φ) 表示的泛函

$$J=\int_{M_0}^{M_1}\rho^2 ds$$

的极值曲线.

7. 求在条件 $\int_0^1 y^2dx=2$, $y(0)=0$, $y(1)=0$ 下, 等周问题

$$J=\int_0^1(y'^2+x^2)dx$$

的极值曲线.

8. 在条件 $\int_{x_0}^{x_1}ydx=a(a$ 为常数) 下, 求泛函

$$J=\int_{x_0}^{x_1}y'^2dx$$

的极值曲线.

9. 通过空间已知闭曲线 C, 张一曲面, 使此曲面具有最小表面积, 试求变分问题的泛函表达式.

10. 试导出依赖于两个自变量 x,y 的泛函

$$J=\iint\limits_D F\left(x,y,u,\frac{\partial u}{\partial x},\frac{\partial u}{\partial y}\right)dxdy$$

取极值的必要条件是奥氏方程:

$$F_u-\frac{\partial}{\partial x}F_{u_x}-\frac{\partial}{\partial y}F_{u_y}=0$$

其中函数 $u(x,y)$ 在 D 的边界 C 上的值为已知: $\partial u/\partial x=u_x$, $\partial u/\partial y=u_y$.

11. 利用题 10 的结果, 试求下列泛函的奥氏方程

(1) $J=\iint\limits_D\left[\left(\frac{\partial u}{\partial x}\right)^2+\left(\frac{\partial u}{\partial y}\right)^2\right]dxdy$;

(2) $J=\iint\limits_D\left[\left(\frac{\partial u}{\partial x}\right)^2+\left(\frac{\partial u}{\partial y}\right)^2+2uf(x,y)\right]dxdy$.

12. 试求泛函

$$J=\int_{1}^{2}\left(xy'^{2}-\frac{x^{2}-1}{x}y^{2}-2x^{2}y\right)dx,\quad y(1)=0,\quad y(2)=0$$

变分问题的近似解, 并与精确解作一比较.

13. 试设第 12 题的近似解是

$$y=(x-2)(1-x)\sum_{i=0}^{n}a_{i}x^{i}$$

求其变分问题的近似解.

14. (1) 极值问题为

$$\delta\int_{x_1}^{x_2}\left[p(x)y'^{2}-q(x)y^{2}\right]dx=0,\quad \int_{x_1}^{x_2}r(x)y^{2}dx=1$$

其中 $y(x_1)$ 和 $y(x_2)$ 是给定的. 证明极带 y 是下述方程

$$\frac{d}{dx}\left(p\frac{dy}{dx}\right)+[q+\lambda r(x)]y=0$$

的解, 其中 λ 是一常数.

(2) 求证连带的自然边界条件是

$$\left[p\frac{dy}{dx}\delta y\right]\Bigg|_{x_1}^{x_2}=0$$

因而, 如果在一个端点处 y 未给定, 但是 py' 为零, 也可以导致相同的结果.

15. 判断泛函

$$J=\int_{0}^{1}\left(\varepsilon y'^{2}+y^{2}+x^{2}\right)dx,\quad y(0)=0,\quad y(1)=1$$

对于各种不同的参数 ε 的值是否存在极值.

16. (1) 试找出与微分方程边值问题

$$\begin{cases}x^{3}y''+3x^{2}y'+y-x=0\\ y(0)=0,y(1)=0\end{cases}$$

相应的变分问题;

(2) 如果 $x=x_0$ 与 $x=x_1$ 处满足适当的边界条件, 微分方程

$$(py'')''+(qy')'+ry=0$$

能转换为什么样的变分问题, 其中 p, q, r 是 x 的已知函数, 必要的边界条件是什么?

17. 求方程

$$\frac{\partial^2 u}{\partial x^2}+\frac{\partial^2 u}{\partial y^2}=-1 \quad (0\leqslant x\leqslant a, 0\leqslant y\leqslant b)$$

在矩形域内的近似解, 且 u 在矩形域的边界上等于零.

18. 用里茨法求边值问题

$$\frac{\partial^2 u}{\partial x^2}+\frac{\partial^2 u}{\partial y^2}=-\cos\frac{\pi x}{a} \quad (0\leqslant x\leqslant a,\ 0\leqslant y\leqslant b)$$

边界条件是

$$\left.\frac{\partial u}{\partial n}\right|_{\Gamma}=0$$

Γ 为矩形边界. 其中 n 是法方向

19. 求泛函

$$J=\int_0^1 \left[3y^2-(x+1)^2 y'^2\right]dx, \quad y(0)=0, \quad y(1)=0$$

的极值函数, 等周条件是 $\int_0^1 y^2 dx=1$.

20. 求下列泛函的极值曲线:

(1) $J[x,y]=\int_{(0,0)}^{(x_1,y_1)}\frac{\dot{y}^2-y^2\dot{x}^2}{\dot{x}}dt$;

(2) $J[x,y]=\int_0^{\frac{\pi}{4}}\left(\dot{x}\dot{y}+2x^2+2y^2\right)dt$, 边界条件是 $x(0)=y(0)=0$, $x(1)=y(1)=1$.

第 6 章　积分方程基础

在以往的学习中我们对微分方程是熟悉的, 例如, $y' = f(x,y)$ 满足初始条件 $y(x_0) = y_0$, 此方程很容易写成积分表达式

$$y(x) = y_0 + \int_{x_0}^{x} f(x,y)dx$$

此式中未知函数 $y(x)$ 在积分号中出现, 因此称为积分方程. 积分方程在物理、化学、电子学中有广泛应用, 可以求解很多微分方程. 本章仅对积分方程及其求解做初步介绍, 内容主要涉及线性积分方程求解, 对 Fredholm 方程、Volterra 方程做了详尽的讨论, 并给出了如何应用 Green 函数求解积分方程的方法. 读者有了这些基础知识后, 很容易将其应用到科研实践中.

6.1　积分方程的起源与概念

下面是物理学与电子学中常遇到的积分方程例子.

例 6.1　设有一条长为 l 的弹性弦线, 如图 6.1 所示. 弦的位移遵守胡克定理 $P = c\Delta l$, c 是弹性系数, P 是外力. 弦的两端固定在位于一条水平线上的两个定点 A 和 B 上, 设弦是轻弦, 即不受重力的作用. 假设在弦上 $x = \xi$ 的点 C 处加一个垂直于水平方向的外力 P, 则弦成为折线 ACB, 设垂直位移 $CC_0 = \delta$ 是一个小量, 可以认为弦的张力还是 T_0, 求弦的垂直运动.

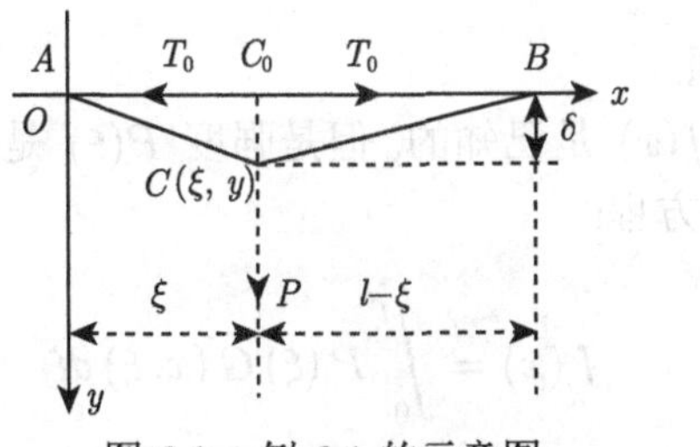

图 6.1　例 6.1 的示意图

解　把弦在 C 的张力 T_0 和垂直力 P 都投影在垂直方向, 略去二阶项 δ^2 的作用, 可有方程

$$T_0\frac{\delta}{\xi} + T_0\frac{\delta}{l-\xi} = P$$

垂直位移是

$$\delta = \frac{P(l-\xi)\xi}{T_0 l}$$

弦上任意一点位置是 x, 从上式可以得到此处的垂直位移是

$$y(x) = PG(x,\xi) \tag{1}$$

当 x 在 AC 上时, 有

$$G(x,\xi) = \frac{x(l-\xi)}{T_0 l}, \quad 0 \leqslant x \leqslant \xi$$

当 x 在 CB 上时, 则有

$$G(x,\xi) = \frac{(l-x)\xi}{T_0 l}, \quad \xi \leqslant x \leqslant l$$

上两式满足

$$G(x,\xi) = G(\xi,x)$$

如果作用在弦上的垂直力是连续的, 强度为 $P(\xi)$, 则在点 ξ 与点 $\xi+\Delta\xi$ 之间的垂直力是 $P(\xi)\Delta\xi$, 它的垂直位移是

$$\Delta y(x) = P(\xi)G(x,\xi)\Delta\xi$$

用叠加原理把所有位移加起来就是弦的垂直位移方程, 于是有

$$y(x) = \sum \Delta y(x) = \int_0^l P(\xi)G(x,\xi)\,d\xi \tag{2}$$

式 (2) 有两类问题:

(1) 位移 $y(x) = f(x)$ 是已知的, 但是强度 $P(\xi)$ 是未知的, 需要求垂直力分布, 这样得到一个积分方程:

$$f(x) = \int_0^l P(\xi)G(x,\xi)\,d\xi$$

令未知量是 y, 则有

$$f(x) = \int_0^l G(x,\xi)y(\xi)\,d\xi \tag{3}$$

此式被称为 Fredholm 第一类积分方程.

(2) 弦的作用力是时间的函数, 例如是 $P(\xi)\sin\omega t$, 为已知量. 需要求解力作用下弦的垂直位移. 这时弦不是静止的, 而在垂直方向做周期运动, 于是得到

$$y = y(x)\sin\omega t$$

运动弦的作用力可按牛顿第二定律计算为

$$-\Delta m\frac{d^2y}{dt^2} = -\rho(\xi)\Delta\xi\frac{d^2y}{dt^2} = \rho(\xi)y(\xi)\omega^2\sin\omega t\Delta\xi$$

式 (2) 是

$$y(x)\sin\omega t = \int_0^l G(x,\xi)\left[P(\xi)\sin\omega t + \rho(\xi)y(\xi)\omega^2\sin\omega t\right]d\xi$$

上式两边约去 $\sin\omega t$, 把已知量计算出来为

$$f(x) = \int_0^l G(x,\xi)P(\xi)d\xi$$

令

$$G(x,\xi)\rho(\xi) = K(x,\xi), \quad \lambda = \omega^2$$

于是得到

$$y(x) = f(x) + \lambda\int_0^l K(x,\xi)y(\xi)d\xi \tag{4}$$

式 (4) 被称作 Fredholm 第二类积分方程.

例 6.2 已知线性四端网络如图 6.2 所示. 当开关合上后外加一个单位阶跃电压 $h(t)$, 在电路输出端电流 $i(t) = \sigma(t)h(t)$, 其中 $\sigma(t)$ 是电导率. 若在电路输入端 K 加如图 6.2(b) 所示的任意电压 $U(t)$, 问这时输出电流 $i(t)$ 是多少?

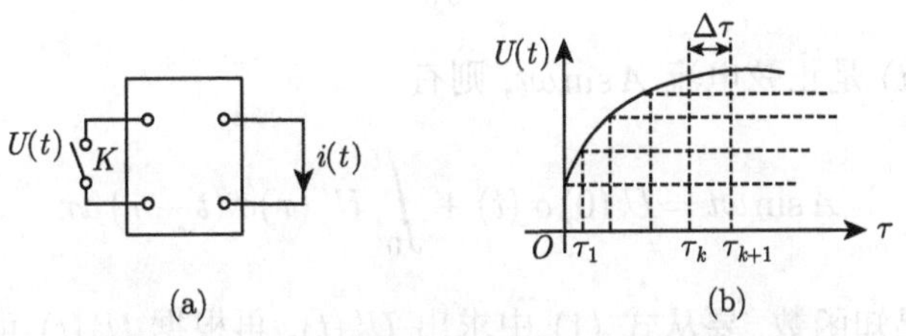

图 6.2 (a) 四端网络输入与输出; (b) 输出电压

解 首先把 $\tau = 0$ 到 $\tau = t$ 的时间分成长度为 $\Delta\tau$ 的 n 个相等间隔, 得到每点的坐标是 $(\tau_k, U(\tau_k))$, 这样得到一个阶梯曲线, 此阶梯曲线在 $n\to\infty$ 时, 即 $\Delta\tau\to 0$ 时就是外加电压 $U(\tau)$.

在外加电压的作用下, $\tau = 0$ 的外加电压是 $U(0)$; $\tau = \tau_1$ 时在 $U(0)$ 上叠加了电压 $\Delta U_1 = U(\tau_1) - U(0)$; $\tau = \tau_2$ 时又在 $U(0) + \Delta U_1$ 上叠加了电压 $\Delta U_2 = U(\tau_2) - U(\tau_1)$; 依次类推, 共有电压

$$U(0), \Delta U_1, \Delta U_2, \cdots, \Delta U_k, \cdots$$

加在电路输入端.

对应上述电压的作用, 根据 $i(t) = \sigma(t) h(t)$ 可知, $\tau = 0$ 时输出电流 $i(0) = U(0)\sigma(t)$, $\tau = \tau_1$ 时电流是 $i(0)$ 加上 ΔU_1 产生的电流, 这个电流是延迟了 τ_1 秒到达的, 为

$$\Delta U_1 \sigma(t - \tau_1)$$

根据叠加定理, 电流为

$$i(t) = i(0) + \sigma(t - \tau_1)\Delta U_1 = U(0)\sigma(t) + \sigma(t - \tau_1)\Delta U_1$$

同理, 依次类推得到时刻 τ_n 时产生的电流是

$$i(t) = U(0)\sigma(t) + \sum_{k=1}^{n} \sigma(t - \tau_k)\Delta U_k$$

ΔU_k 很小的时候 $\Delta U_k \to dU_k$, 故有 $\Delta U_k = U'(\tau_k)\Delta\tau$, 上式因此是

$$i(t) = U(0)\sigma(t) + \sum_{k=1}^{n} \sigma(t - \tau_k) U'(\tau_k)\Delta\tau$$

当 $n \to \infty$ 时, τ 从 0 至 t 时, 按定积分定义上式的值是

$$i(t) = U(0)\sigma(t) + \int_0^t U'(\tau)\sigma(t - \tau)\,d\tau$$

现在若要求 $i(t)$ 是正弦电流 $A\sin\omega t$, 则有

$$A\sin\omega t = U(0)\sigma(t) + \int_0^t U'(\tau)\sigma(t - \tau)\,d\tau \tag{1}$$

由于 $\sigma(t)$ 是已知函数, 要从式 (1) 中求出 $U'(t)$, 再根据 $U'(t)$ 可以解出外加的电压是多少, 显然这是一个积分方程的求解过程.

日常的物理和工程领域内还有大量的积分方程, 由此我们可以知道这类方程的理论和解法非常重要, 下面将介绍有关积分方程的概念, 在各类问题中常见到三种积分方程.

第一种是 Fredholm 积分方程, 它是

$$\alpha(x)\,y(x)=f(x)+\lambda\int_a^b K(x,\xi)y(\xi)\,d\xi \tag{6.1.1}$$

这里 $y(x)$ 是未知函数, $f(x)$ 和 $K(x,\xi)$ 是已知函数, 其中 $a\leqslant\xi\leqslant b$, $a\leqslant x\leqslant b$, λ 是一个常数, ξ 是流动变数. $K(x,\xi)$ 称为积分方程的核; $f(x)$ 是已知函数, 称为自由项. 若 $\alpha(x)=1$, 则有

$$y(x)=f(x)+\lambda\int_a^b K(x,\xi)y(\xi)\,d\xi \tag{6.1.2}$$

此方程称为 Fredholm 第二类积分方程. 若 $\alpha(x)=0$, 则有

$$f(x)+\lambda\int_a^b K(x,\xi)y(\xi)\,d\xi=0 \tag{6.1.3}$$

式 (6.1.3) 称为 Fredholm 第一类积分方程.

第二种积分方程被称为 Volterra 型积分方程, 形式为

$$\alpha(x)\,y(x)=f(x)+\lambda\int_a^x K(x,\xi)y(\xi)\,d\xi \tag{6.1.4}$$

上式中参数的意义与式 (6.1.1) 相同, 但是 x 与 ξ 的定义域是不同的, 为 $a\leqslant\xi\leqslant x$, 它定义在一个三角形区域上, 而式 (6.1.1) 的 x 与 ξ 定义在一个矩形区域中. 同样, $\alpha(x)=1$ 的方程称为 Volterra 第二类积分方程, 而 $\alpha(x)=0$ 的方程称为 Volterra 第一类积分方程.

当 $\alpha(x)$ 是一个预先给定的函数时, 无论式 (6.1.1) 还是式 (6.1.4) 统称为第三类积分方程, 这就是第三种积分方程形式. 对于第三类积分方程, 通常只要将未知函数与核适当地重新定义, 就能把方程改写成第二类积分方程. 例如, 对于式 (6.1.1) 中 $\alpha(x)$ 在 (a,b) 上恒大于零, 则有

$$\sqrt{\alpha(x)}y(x)=\frac{f(x)}{\sqrt{\alpha(x)}}+\lambda\int_a^b\frac{K(x,\xi)}{\sqrt{\alpha(x)\alpha(\xi)}}\sqrt{\alpha(\xi)}y(\xi)d\xi$$

令 $\sqrt{\alpha(x)}y(x)=\varphi(x)$, $\dfrac{f(x)}{\sqrt{\alpha(x)}}=g(x)$, $k(x,\xi)=\dfrac{K(x,\xi)}{\sqrt{\alpha(x)\alpha(\xi)}}$, 上式为

$$\varphi(x)=g(x)+\lambda\int_a^b k(x,\xi)\varphi(\xi)d\xi$$

上式正是第二类积分方程.

无论哪一类积分方程中的常数 λ 都可以合并到核 $K(x,\xi)$ 中去, 但是在许多应用中这个 λ 有非常重要的作用, 可以取便于讨论求解方程的各种值, 所以 λ 应当予以保留.

上述方程中的未知函数是一元函数. 如果一个未知函数为 $u(x,y)$, 依赖于两个流动变数, 那么积分方程是下面形式

$$\alpha(x,y)u(x,y)=f(x,y)+\lambda\iint_D K(x,y;\xi,\eta)u(\xi,\eta)\,d\xi d\eta \tag{6.1.5}$$

这是一个二维 Fredholm 方程, 解是二元函数. 本章主要讨论解是一元函数的积分方程解法.

在解微分方程时, 我们知道需要初始条件或者边界条件, 积分方程求解是否需要这些定解条件呢? **一般地, 一个积分方程包含了一个问题的全部表述, 边界条件或初始条件已经不需要再另外提出, 因此这些条件不必也不能再加以规定.**

积分方程与微分方程类似, 也有齐次方程与非齐次方程之分. 式 (6.1.1) 和式 (6.1.4) 里的已知函数 $f(x)$ 为零时就称为齐次方程, 否则称为非齐次方程, 例如

$$\alpha(x)y(x)=\lambda\int_a^b K(x,\xi)y(\xi)\,d\xi \tag{6.1.6}$$

就是齐次方程.

最后我们再讨论线性与非线性积分方程. 前面介绍的积分方程中未知函数都是一次的, 这样的方程称为线性方程. 若未知函数不是一次的, 就称为非线性积分方程, 例如质点做非线性振动, 势能为

$$V(x)=\frac{1}{2}kx^2+\frac{1}{3}ax^2$$

非线性振动的积分方程是

$$x(t)=x_0\cos\omega_0 t-\frac{\varepsilon}{\omega_0}\int_0^t \sin\omega_0(t-\xi)\,x^2(\xi)\,d\xi$$

式中的 ω_0 和 ε 是常数, 而函数 $x^2(\xi)$ 不是一次函数, 而是一个二次函数, 上式就是非线性积分方程, 它与线性积分方程有很多不同之处. 许多对于线性积分方程成立的规律, 对于非线性积分方程并不成立.

很容易证明叠加定理对于线性积分方程成立. 由于叠加定理对于线性积分方程成立, 我们有下列结论: 如果 $y_1(x)$, $y_2(x)$ 是齐次方程 (6.1.6) 的解, 那么 $c_1y_1(x)+c_2y_2(x)$ 也是它的解, 这里 c_1 和 c_2 是任意常数. 若 $\varphi(x)$ 是非齐次积

分方程 (6.1.1) 的一个特解, 而 $c_1y_1(x)+c_2y_2(x)+\cdots+c_my_m(x)$ 是对应的齐次方程 (6.1.6) 的通解, 则 $\varphi(x)+c_1y_1(x)+c_2y_2(x)+\cdots+c_my_m(x)$ 是非齐次方程 (6.1.1) 的通解, 而上述结论对于非线性积分方程不成立.

方程 (6.1.1) 中的每一个连续函数 $y(x)$ 与已知函数 $f(x)$ 可以由下式表示:

$$f(x)=\alpha(x)y(x)-\lambda\int_a^b K(x,\xi)y(\xi)d\xi$$

上式说明连续函数 $y(x)$ 变成了另一个连续函数 $f(x)$, 而且这是线性方程, 这样就把 $c_1y_1(x)+c_2y_2(x)$ 变换成了 $c_1f_1(x)+c_2f_2(x)$, 所以有时也称方程 (6.1.1) 为线性积分变换.

6.2 积分方程与微分方程的联系

6.1 节已经介绍了积分方程的一般表达形式, 现在介绍如何把一个微分方程写成一个积分方程, 从而说明积分方程的用途. 为了推导方便, 先讨论如何将多重积分写成参变量积分.

设有二重积分

$$I_2(x)=\int_a^x\int_a^x y(\xi)d\xi dx \tag{6.2.1}$$

下面我们考虑如何将此积分化成参变量的一重积分. 先对上式求导, 得到

$$\frac{dI_2}{dx}=\int_a^x y(\xi)d\xi=\int_a^x y(\xi)d\xi+(x-\xi)y(\xi)\Big|_{\xi=x}=\frac{d}{dx}\int_a^x(x-\xi)y(\xi)d\xi$$

将上式代入式 (6.2.1) 后, 有

$$\begin{aligned}I_2(x)&=\int_a^x\frac{dI_2}{dx}dx=\int_a^x d\int_a^x(x-\xi)y(\xi)d\xi\\&=\int_a^x(x-\xi)y(\xi)d\xi-\int_a^a(a-\xi)y(\xi)d\xi\\&=\int_a^x(x-\xi)y(\xi)d\xi\end{aligned} \tag{6.2.2}$$

对于三重积分

$$I_3(x)=\int_a^x\int_a^x\int_a^x y(\xi)d\xi dxdz$$

应用式 (6.2.2), 可以得到

$$I_3(x)=\int_a^x\int_a^x(x-\xi)y(\xi)d\xi dx$$

对于上式求导, 有

$$\frac{dI_3}{dx}=\int_a^x(x-\xi)y(\xi)\,d\xi=\int_a^x(x-\xi)y(\xi)\,d\xi+\frac{1}{2}(x-\xi)^2y(\xi)\Big|_{\xi=x}$$

$$=\frac{d}{dx}\frac{1}{2}\int_a^x(x-\xi)^2y(\xi)\,d\xi$$

$$I_3(x)=\int_a^x d\left[\frac{1}{2}\int_a^x(x-\xi)^2y(\xi)\,d\xi\right]=\frac{1}{2}\int_a^x(x-\xi)^2y(\xi)\,d\xi \tag{6.2.3}$$

依次类推, 用数学归纳法可以证得公式

$$\underbrace{\int_a^x\int_a^x\cdots\int_a^x}_{n重}y(\xi)\,d\xi dx_1dx_2\cdots dx_{n-1}=\frac{1}{(n-1)!}\int_a^x(x-\xi)^{n-1}y(\xi)\,d\xi \tag{6.2.4}$$

首先考虑边值问题的常微分方程如何写成积分方程. 设有二阶常系数常微分方程及其边界条件是

$$\begin{cases}\dfrac{d^2y}{dx^2}+A\dfrac{dy}{dx}+By=f(x)\\ y(0)=0,y(l)=0\end{cases} \tag{6.2.5}$$

把方程左边后两项移到右边, 再对方程两端积分, 可以得到

$$\frac{dy}{dx}=-\int_0^x Ady-\int_0^x By(\xi)d\xi+\int_0^x f(\xi)\,d\xi+c$$

$$=-Ay(x)-B\int_0^x y(\xi)d\xi+c+\int_0^x f(\xi)d\xi$$

上式两边积分, 又有

$$y(x)=-\int_0^x Ay(\xi)d\xi-B\int_0^x\int_0^x y(\xi)d\xi dx+cx+\int_0^x\int_0^x f(\xi)d\xi dx$$

对上式应用式 (6.2.2) 和 (6.2.1), 可以得到

$$y(x)=\int_0^x[-A-B(x-\xi)]y(\xi)\,d\xi+\int_0^x(x-\xi)f(\xi)d\xi+cx \tag{6.2.6}$$

注意上面推导已经用了 $y(0)=0$, 可以用 $y(l)=0$ 来确定上式中的任意常数 c.

$$y(l)=\int_0^l-[A+B(l-\xi)]y(\xi)\,d\xi+cl+\int_0^l(l-\xi)f(\xi)\,d\xi=0$$

于是常数 c 是

$$c=\frac{1}{l}\int_0^l [A+B(l-\xi)]y(\xi)\,d\xi-\frac{1}{l}\int_0^l (l-\xi)f(\xi)\,d\xi$$

将上式代入式 (6.2.6) 后, 有

$$\begin{aligned}y(x)=&\int_0^x \left[\frac{B}{l}\xi(l-x)+\frac{A}{l}(x-l)\right]y(\xi)\,d\xi+\int_x^l \frac{x}{l}[A+B(l-\xi)]\,y(\xi)\,d\xi\\&+\int_0^x \frac{1}{l}(x-l)\,\xi f(\xi)\,d\xi+\int_x^l \frac{x}{l}(\xi-l)\,f(\xi)\,d\xi\end{aligned}\tag{6.2.7}$$

令

$$K(x,\xi)=\begin{cases}\dfrac{B}{l}\xi(l-x)+\dfrac{A}{l}(x-l), & \xi<x\leqslant l\\ \dfrac{x}{l}[A+B(l-\xi)], & 0\leqslant x<\xi\end{cases}\tag{6.2.8}$$

$$g(x)=\int_0^x \frac{\xi}{l}(x-l)\,f(\xi)\,d\xi+\int_x^l \frac{x}{l}(\xi-l)\,f(\xi)\,d\xi\tag{6.2.9}$$

将式 (6.2.8) 和式 (6.2.9) 代入式 (6.2.7) 后得到

$$y(x)=g(x)+\int_0^l K(x,\xi)y(\xi)\,d\xi\tag{6.2.10}$$

式 (6.2.10) 正是 Fredholm 第二类积分方程. 这里要提醒读者注意的是式 (6.2.10) 包含了式 (6.2.5) 的所有信息. 边界条件是

$$\begin{aligned}y(0)=&\int_0^0 \left[\frac{B}{l}\xi(l-0)+\frac{A}{l}(-l)\right]y(\xi)\,d\xi+\int_0^l 0\cdot y(\xi)d\xi\\&+\int_0^0 \frac{1}{l}(-l)\,\xi f(\xi)\,d\xi+\int_0^l 0\cdot f(\xi)d\xi=0\\y(l)=&\int_0^l 0\cdot y(\xi)\,d\xi+\int_l^l [A+B(l-\xi)]y(\xi)\,d\xi+\int_0^l 0{\cdot}d\xi\\&+\int_l^l \frac{l}{l}(\xi-l)\,f(\xi)\,d\xi=0\end{aligned}$$

根据式 (6.2.10) 可以求得微分方程, 对式 (6.2.10) 求导数时应当用式 (6.2.7), 有

$$\frac{dy}{dx}=-Ay(x)+\int_0^x \frac{1}{l}(A-B\xi)\,y(\xi)\,d\xi+\int_x^l \frac{1}{l}[A+B(l-\xi)]\,y(\xi)\,d\xi$$

$$+\frac{1}{l}\int_0^x \xi f(\xi)d\xi+\int_x^l \frac{1}{l}(\xi-l)f(\xi)d\xi$$

$$\frac{d^2y}{dx^2}=-A\frac{dy}{dx}+\frac{1}{l}(A-Bx)y(x)-\frac{1}{l}[A+B(l-x)]y$$

$$+\frac{x}{l}f(x)-\frac{1}{l}(x-l)f(x)=-A\frac{dy}{dx}-By+f(x)$$

从最后一式得到微分方程

$$\frac{d^2y}{dx^2}+A\frac{dy}{dx}+By=f(x)$$

上面结果可以看到积分方程 (6.2.10) 已完全包含微分方程 (6.2.5) 所有内容: 两个代数方程和一个微分方程.

式 (6.2.10) 中的核 $K(x,\xi)$ 在 $\xi<x$ 和 $\xi>x$ 两个区间内是不同的, 而且在 $\xi=x$ 处也是不相等的, 因此固定 ξ, $K(x,\xi)$ 是 x 的函数, $K(x,\xi)$ 在 $x=\xi$ 处是不连续的. 而且导数是

$$\frac{\partial K}{\partial x}=\begin{cases}-\dfrac{B}{l}\xi+\dfrac{A}{l}, & \xi<x\\ -\dfrac{B}{l}\xi+\dfrac{A}{l}+B, & x<\xi\end{cases}\tag{6.2.11}$$

导数在 $x=\xi$ 处也是间断的, 当 x 增长通过 ξ 时, $\dfrac{\partial K}{\partial x}$ 有一个数量为 -1 的有限跳跃. 另外, 还有 K 在两个区间内都是 x 的线性函数, 满足微分方程

$$\frac{\partial^2 K}{\partial x^2}=0$$

最后要特别注意将 $K(x,\xi)$ 对调为 $K(\xi,x)$, 则有

$$K(\xi,x)=\begin{cases}\dfrac{\xi}{l}[A+B(l-x)], & \xi<x\\ \dfrac{B}{l}x(l-\xi)+\dfrac{A}{l}(\xi-l), & \xi>x\end{cases}$$

现在我们可以看到

$$K(x,\xi)\neq K(\xi,x)$$

称这种核为不对称核, 这种核有间断点的方程也称作奇异积分方程. 注意核与方程的自由项无关.

核对一个积分方程来说有重要的意义, 方程的性质可从核的性质反映出来. 考虑下面一个简单的情况:

$$\begin{cases} \dfrac{d^2y}{dx^2}+\lambda y=0 \\ y(0)=0, y(l)=0 \end{cases} \tag{6.2.12}$$

用与式 (6.2.5) 类似的方法可以得到积分方程

$$y(x)=\lambda\int_0^l K(x,\xi)y(\xi)\,d\xi \tag{6.2.13}$$

$$K(x,\xi)=\begin{cases} \dfrac{\xi}{l}(l-x), & \xi<x\leqslant l \\ \dfrac{x}{l}(l-\xi), & \xi>x\geqslant 0 \end{cases} \tag{6.2.14}$$

这是一个齐次 Fredholm 第二类积分方程. 它的核的性质与式 (6.2.8) 明显不同, 首先它在 $\xi=x$ 处是连续的; 其次 $\dfrac{\partial K}{\partial x}$ 在 $x=\xi$ 处是间断的; 在间断点处有 -1 的跃迁; 当 x 与 ξ 对调后有

$$K(\xi,x)=K(x,\xi)$$

而且 $K(0,\xi)=K(l,\xi)=0$. 具有上述性质的核称作对称核.

对比方程 (6.2.5) 和 (6.2.12) 的积分方程核可以得到一个重要结论: 具有齐次端点边界条件的二阶齐次方程的边值问题中, 如果方程的一阶项 $y'(x)$ 的系数不为零, 它转化的积分方程核是不连续的, 也是不对称的.

接着讨论一个初值问题的二阶常微分方程. 设有

$$\begin{cases} \dfrac{d^2y}{dx^2}+A(x)\dfrac{dy}{dx}+B(x)y=f(x) \\ y(0)=y_0, y'(0)=y_0' \end{cases} \tag{6.2.15}$$

假设 $A(x)$, $B(x)$, $f(x)$ 满足下面推导中要求的一切条件.

对式 (6.2.15) 积分得到

$$y'(x)-y_0'=-A(x)y(x)+A(0)y(0)-\int_0^x[B(\xi)-A'(\xi)]y(\xi)\,d\xi+\int_0^x f(\xi)d\xi$$

$$\begin{aligned} y(x)=&-\int_0^x A(\xi)y(\xi)\,d\xi-\int_0^x\int_0^x[B(\xi)-A'(\xi)]y(\xi)\,d\xi dx \\ &+\int_0^x\int_0^x f(\xi)d\xi dx+[A(0)y(0)+y_0']x+y_0 \end{aligned}$$

$$
\begin{aligned}
&= -\int_0^x A(\xi)y(\xi)\,d\xi - \int_0^x (x-\xi)\left[B(\xi)-A'(\xi)\right]y(\xi)\,d\xi \\
&\quad + \int_0^x (x-\xi)f(\xi)\,d\xi + \left[A(0)\,y_0 + y_0'\right]x + y_0
\end{aligned}
\tag{6.2.16}
$$

上式计算过程中用到了式 (6.2.4). 令

$$
K(x,\xi) = (\xi - x)\left[B(\xi) - A'(\xi)\right] - A(\xi)
$$

$$
g(x) = \int_0^x (x-\xi)f(\xi)\,d\xi + \left[A(0)\,y_0 + y_0'\right]x + y_0
$$

式 (6.2.16) 可以写成

$$
y(x) = g(x) + \int_0^x K(x,\xi)y(\xi)\,d\xi \tag{6.2.17}
$$

式 (6.2.17) 是 Volterra 第二类积分方程. 式 (6.2.17) 也包含了式 (6.2.15) 全部信息. 例如, 用式 (6.2.17) 求初值

$$
y(0) = y_0 + \int_0^0 K(x,\xi)y(\xi)\,d\xi = 0
$$

$$
y'(x) = \int_0^x f(\xi)d\xi - A(x)\,y(x) + \int_0^x \frac{\partial K}{\partial x}y(\xi)\,d\xi + y_0' + A(0)\,y(0)
$$

$$
y'(0) = -A(0)\,y(0) + A(0)\,y(0) + y_0' = y_0'
$$

对式 (6.2.17) 求导很容易导出式 (6.2.15) 的微分方程. 因此, 积分方程式 (6.2.17) 包含了全部初值问题的内容.

总结上述微分方程与积分方程的关系可知, 边值问题的常微分方程可以化成 Fredholm 型方程, 而初值问题则可以写成 Volterra 型方程.

6.3 逐次逼近法解 Volterra 方程

这一节将研究 Volterra 方程的解法. 为了下面证明的方便, 我们先叙述函数项级数可以逐项积分的条件, 即级数若是一致收敛级数则可以逐项积分. 但是实际应用中用一致收敛级数定义去判定级数一致收敛性是比较困难的, 可以用下面的定理去判定一个级数是否一致收敛.

定理 6.3.1 魏尔斯特拉斯一致收敛级数判定准则: 对于函数项级数 $\sum_{n=1}^{\infty} u_n(x)$, $a \leqslant x \leqslant b$, 若

(1) $|u_n(x)| \leqslant M_n$(常数), $(a \leqslant x \leqslant b, n = 1, 2, \cdots)$;

(2) 数项级数 $\sum_{n=1}^{\infty} M_n$ 收敛,

则级数 $\sum_{n=1}^{\infty} u_n(x)$ 在 $x \in [a, b]$ 上一致收敛.

现在讨论 Volterra 第二类方程

$$y(x) = f(x) + \lambda \int_a^x K(x, \xi) y(\xi) d\xi \tag{6.3.1}$$

的解法. 这里用逐次逼近法来解, 先叙述求解的算法, 再证明算法的正确性.

先将 $y(x)$ 展开成关于 λ 的幂级数, 为

$$y(x) = \sum_{n=0}^{\infty} y_n(x) \lambda^n \tag{6.3.2}$$

式 (6.3.2) 的 $y_n(x)(n = 0, 1, \cdots)$ 是待定函数. 为了能定出 $y_n(x)$ 的形式, 把式 (6.3.2) 代入式 (6.3.1), 得到

$$\sum_{n=0}^{\infty} y_n(x) \lambda^n = f(x) + \lambda \int_a^x K(x, \xi) \sum_{n=0}^{\infty} y_n(\xi) \lambda^n d\xi$$

假设上式中级数是一致收敛的, 故可以交换积分与求和次序, 于是得到

$$\sum_{n=0}^{\infty} y_n(x) \lambda^n = f(x) + \sum_{n=0}^{\infty} \left[\int_a^x K(x, \xi) y_n(\xi) d\xi \right] \lambda^{n+1}$$

$$y_0(x) + \sum_{n=1}^{\infty} y_n(x) \lambda^n = f(x) + \sum_{n=0}^{\infty} \left[\int_a^x K(x, \xi) y_n(\xi) d\xi \right] \lambda^{n+1} \tag{6.3.3}$$

因为幂级数只有幂相同的项才能合并和运算, 所以对上式的右边作一些变换. 令 $n + 1 = m$, $m = 1 \to \infty$, 所以有

$$\begin{aligned} \sum_{n=0}^{\infty} \left[\int_a^x K(x, \xi) y_n(\xi) d\xi \right] \lambda^{n+1} &= \sum_{m=1}^{\infty} \left[\int_a^x K(x, \xi) y_{m-1}(\xi) d\xi \right] \lambda^m \\ &= \sum_{n=1}^{\infty} \left[\int_a^x K(x, \xi) y_{n-1}(\xi) d\xi \right] \lambda^n \end{aligned}$$

上式代入式 (6.3.3) 得到

$$y_0(x) + \sum_{n=1}^{\infty} y_n(x) \lambda^n = f(x) + \sum_{n=1}^{\infty} \left[\int_a^x K(x, \xi) y_{n-1}(\xi) d\xi \right] \lambda^n$$

比较上式两边, 有

$$\begin{cases} y_0(x) = f(x) \\ y_n(x) = \displaystyle\int_a^x K(x,\xi) y_{n-1}(\xi)\, d\xi \end{cases} \tag{6.3.4}$$

从式 (6.3.4) 可知由于 $y_0(x)$ 是已知的, 所以计算出 $y_1(x)$ 后, 从 $y_1(x)$ 可计算出 $y_2(x)$, 依次递推, 可算出所有的 $y_n(x)$, 从而得到积分方程的解. 此解法称作逐次逼近法.

上面介绍的解法的一个重要问题是所求的级数解是否能逐项积分, 解是否收敛. 这里可以证明这样得到的解在 $x \in [a,b]$ 上是收敛的, 且是唯一的, 有下面定理.

定理 6.3.2　设有积分方程

$$y(x) = f(x) + \lambda \int_a^x K(x,\xi)\, y(\xi)\, d\xi, \quad x \in [a,b] \tag{6.3.5}$$

如果 $f(x)$ 和 $K(x,\xi)$ 是 x 的连续函数, 它的解是

$$y(x) = \sum_{n=0}^{\infty} y_n(x)\, \lambda^n \tag{6.3.6}$$

其中

$$\begin{cases} y_0(x) = f(x) \\ y_n(x) = \displaystyle\int_a^x K(x,\xi)\, y_{n-1}(\xi)\, d\xi \end{cases} \tag{6.3.7}$$

式 (6.3.6) 的无穷级数在 $x \in [a,b]$ 上一致收敛, 且是唯一的.

证明　由于 $f(x)$ 和 $K(x,\xi)$ 是 $x \in [a,b]$ 的连续函数, 故可以设 $|f(x)| \leqslant M$, $|K(x,\xi)| \leqslant M_1$, 则有

$$|y_1(x)| \leqslant \int_a^x |K(x,\xi)|\,|f(\xi)|\, d\xi \leqslant MM_1 \int_a^x dx = MM_1(x-a)$$

$$|y_2(x)| \leqslant \int_a^x |K(x,\xi)|\,|y_1(\xi)|\, d\xi \leqslant MM_1^2 \int_a^x (\xi - a) d\xi = M \cdot M_1^2 \frac{(x-a)^2}{2}$$

$$\cdots\cdots$$

$$|y_n(x)| \leqslant \frac{1}{n!} MM_1^n (x-a)^n$$

所以级数 (6.3.6) 的一般项 $y_n(x)\,\lambda^n$ 的绝对值满足不等式

$$|y_n(x)\,\lambda^n| \leqslant |\lambda^n| \frac{1}{n!} MM_1^n (x-a)^n \leqslant M \cdot \frac{[M_1 |\lambda| (b-a)]^n}{n!}, \quad x \in [a,b] \tag{6.3.8}$$

对无穷级数有

$$\sum_{n=1}^{\infty} |y_n(x)\lambda^n| \leqslant \sum_{n=1}^{\infty} M \frac{[M_1 |\lambda| (b-a)]^n}{n!} \tag{6.3.9}$$

式 (6.3.9) 右侧级数可以用达朗贝尔判定法得到

$$\rho = \lim_{n\to\infty} \frac{[|\lambda| M_1 (b-a)]^{n+1}}{(n+1)!} \bigg/ \frac{[|\lambda| M_1 (b-a)]^n}{n!} = 0 < 1$$

因此级数 $\sum_{n=1}^{\infty} M \dfrac{[M_1 |\lambda| (b-a)]^n}{n!}$ 收敛. 根据 (6.3.8) 和式 (6.3.9), 从定理 6.3.1 可知, 级数 $\sum_{n=0}^{\infty} y_n(x)\lambda^n$ 在 $x \in [a,b]$ 上一致收敛.

现在证级数 $\sum_{n=0}^{\infty} y_n(x)\lambda^n$ 是积分方程 (6.3.5) 的解. 将级数 (6.3.6) 代入式 (6.3.5) 可以得到

$$\begin{aligned}
& f(x) + \sum_{n=1}^{\infty} y_n(x)\lambda^n \\
&= f(x) + \lambda \int_a^x K(x,\xi) \left[f(\xi) + \sum_{n=1}^{\infty} \lambda^n y_n(\xi) \right] d\xi \\
&= f(x) + \lambda \int_a^x K(x,\xi) f(\xi)\, d\xi + \sum_{n=1}^{\infty} \left[\int_a^x K(x,\xi) y_n(\xi)\, d\xi \right] \lambda^{n+1} \\
&= f(x) + \lambda \int_a^x K(x,\xi) y_0(\xi)\, d\xi + \sum_{n=2}^{\infty} \lambda^n \int_a^x K(x,\xi) y_{n-1}(\xi)\, d\xi \\
&= f(x) + \sum_{n=1}^{\infty} \left[\int_a^x K(x,\xi) y_{n-1}(\xi)\, d\xi \right] \lambda^n = f(x) + \sum_{n=1}^{\infty} y_n \lambda^n
\end{aligned}$$

上式表明式 (6.3.6) 和式 (6.3.7) 满足积分方程, 因此它们正是积分方程 (6.3.5) 的解.

最后证明解是唯一的. 设有两个解 $y_1(x)$ 和 $y_2(x)$, 则有

$$y_1(x) = f(x) + \lambda \int_a^x K(x,\xi) y_1(\xi)\, d\xi$$

$$y_2(x) = f(x) + \lambda \int_a^x K(x,\xi) y_2(\xi)\, d\xi$$

令 $\psi(x) = y_1(x) - y_2(x)$, 则有

$$\psi(x) = \lambda \int_a^x K(x,\xi)\, \psi(\xi)\, d\xi \tag{6.3.10}$$

因为 $y_1(x)$ 和 $y_2(x)$ 连续, 所以 $\psi(x)$ 连续, 故有 $|\psi(x)| \leqslant M$, 同时有

$$\psi_1(x) = \lambda \int_a^x K(x,\xi)\psi_0(\xi)\,d\xi$$

$$\psi_2(x) = \lambda \int_a^x K(x,\xi)\psi_1(\xi)\,d\xi$$

$$\cdots\cdots$$

$$\psi_n(x) = \lambda \int_a^x K(x,\xi)\psi_{n-1}(\xi)\,d\xi$$

仿照式 (6.3.8) 的证明, 可证

$$|\psi_n(x)| \leqslant \frac{MM_1^n(x-a)^n|\lambda|^n}{n!}$$

上式的右边在 $n\to\infty$ 时为零, 故有当 $n\to\infty$ 时, $\psi_n(x)=0$. 又因为 $\psi_n(x)$ 满足方程 (6.3.10), 故有

$$\psi_1(x) = \psi_2(x) = \cdots = \lim_{n\to\infty}\psi_n(x) = \psi(x)$$

上式表明

$$\psi(x)\equiv 0,\quad 即有 y_1(x) = y_2(x)$$

所以方程 (6.3.5) 的解是唯一的. [证毕]

下面是有关的例题.

例 6.3 求解积分方程

$$y(x) = x + \int_0^x (\xi - x)\,y(\xi)\,d\xi$$

解 本题的 $\lambda=1$. $y_0(x)=x$, 故有

$$y_1(x) = \int_0^x (\xi - x)\,\xi d\xi = \frac{1}{3}x^3 - \frac{1}{2}x^3 = -\frac{1}{3!}x^3$$

$$y_2(x) = \int_0^x (\xi - x)\left(-\frac{1}{3!}\xi^3\right)d\xi = -\frac{1}{3!}\left[\frac{1}{5}x^5 - \frac{1}{4}x^5\right] = \frac{1}{5!}x^5$$

$$y_3(x) = \int_0^x (\xi - x)\left(\frac{1}{5!}\xi^5\right)d\xi = -\frac{1}{7!}x^7$$

$$\cdots\cdots$$

$$y_n(x) = \int_0^x (\xi - x) y_{n-1}(\xi)\, d\xi = (-1)^n \frac{x^{2n+1}}{(2n+1)!}$$

现在方程的解是

$$y(x) = x - \frac{1}{3!}x^3 + \frac{1}{5!}x^5 - \frac{1}{7!}x^7 + \cdots + (-1)^n \frac{x^{2n+1}}{(2n+1)\,!} + \cdots = \sin x$$

6.4 Volterra 第一类方程的解法

Volterra 第一类方程解法的核心是将它转化为 Volterra 第二类方程, 然后再用逐次逼近法求解. 下面以方程

$$f(x) = \lambda \int_a^x K(x,\xi)\, y(\xi)\, d\xi \tag{6.4.1}$$

为例, 讨论它的两种解法. 很明显, 上式有解的条件是 $f(a) = 0$.

1. *求导法*

求导法是求导函数的方法, 将解写成 Volterra 第二类方程. 为此方程 (6.4.1) 两边对于 x 求导, 得到

$$f'(x) = \lambda K(x,x)\, y(x) + \lambda \int_a^x K'_x(x,\xi) y(\xi)\, d\xi \tag{6.4.2}$$

式中 $K'_x(x,\xi) = \dfrac{\partial K(x,\xi)}{\partial x}$. 设 $K(x,x) \neq 0$, 上式两边同乘以 $\dfrac{1}{\lambda K(x,x)}$ 后, 有

$$\frac{f'(x)}{\lambda K(x,x)} = y(x) + \int_a^x \frac{K'_x(x,\xi)}{K(x,x)} y(\xi)\, d\xi \tag{6.4.3}$$

令 $\dfrac{f'(x)}{\lambda K(x,x)} = F(x)$, $\dfrac{K'_x(x,\xi)}{K(x,x)} = k(x,\xi)$, 上式可以写成

$$F(x) = y(x) + \int_a^x k(x,\xi)\, y(\xi)\, d\xi \tag{6.4.4}$$

式 (6.4.4) 正是 Volterra 第二类方程, 可以用逐次逼近法求解.

2. *原函数法*

原函数法的要点是将解写成一个原函数代入积分方程, 将 (6.4.1) 式化成一个关于原函数的 Volterra 第二类方程, 用逐次逼近法解此方程, 求出的解是真正解

的原函数, 然后对原函数求导可以求出真正的解. 设 $\varphi(\xi)$ 是方程 (6.4.1) 解 $y(\xi)$ 的一个原函数, 那么式 (6.4.1) 的解可以写成

$$\varphi(\xi)=\int_a^{\xi} y(\xi)\,d\xi \tag{6.4.5}$$

方程 (6.4.1) 的右边可以用原函数表示出来, 化简过程如下:

$$\begin{aligned}\int_a^x \frac{\partial K(x,\xi)}{\partial\xi}\varphi(\xi)d\xi &= [K(x,\xi)\varphi(\xi)]\Big|_a^x-\int_a^x K(x,\xi)\varphi'(\xi)\,d\xi\\ &= K(x,x)\varphi(x)-\int_a^x K(x,\xi)\,y(\xi)d\xi\end{aligned}$$

即有

$$\int_a^x K(x,\xi)y(\xi)\,d\xi = K(x,x)\varphi(x)-\int_a^x K'_\xi(x,\xi)\varphi(\xi)\,d\xi$$

式中 $K'_\xi(x,\xi)=\dfrac{\partial K(x,\xi)}{\partial\xi}$. 将上式代入式 (6.4.1) 后得到

$$\begin{aligned}f(x)&=\lambda\int_a^x K(x,\xi)\,y(\xi)\,d\xi\\ &=\lambda K(x,x)\varphi(x)-\lambda\int_a^x K'_\xi(x,\xi)\varphi(\xi)\,d\xi\end{aligned} \tag{6.4.6}$$

若 $K(x,x)\neq 0$, 可将上式两边同除以 $\lambda K(x,x)$, 于是又有

$$\frac{f(x)}{\lambda K(x,x)}=\varphi(x)-\int_a^x \frac{K'_\xi(x,\xi)}{K(x,\xi)}\varphi(\xi)\,d\xi \tag{6.4.7}$$

令 $F(x)=\dfrac{f(x)}{\lambda K(x,x)}$, $k(x,\xi)=\dfrac{K'_\xi(x,\xi)}{K(x,x)}$, 上式可以写为

$$F(x)=\varphi(x)-\int_a^x k(x,\xi)\varphi(\xi)\,d\xi \tag{6.4.8}$$

式 (6.4.8) 正是 $\varphi(x)$ 的 Volterra 第二类方程. 用逐次逼近法解式 (6.4.8) 后, 再对 $\varphi(x)$ 求导就得到了 Volterra 第一类方程 (6.4.1) 的解.

上面导出的第一类 Volterra 方程求解方法中都假设了 $K(x,x)\neq 0$, 实际情况中 $K(x,x)$ 可能为零. 这里分两种情况, 第一种情况是当 $a\leqslant x\leqslant b$ 时, $K(x,x)\equiv 0$. 从式 (6.4.2) 和式 (6.4.6) 都可以得到变换后的方程分别是

$$f'(x)=\lambda\int_a^x K'_x(x,\xi)\,y(\xi)\,d\xi \tag{6.4.9}$$

$$f(x)=-\lambda\int_a^x K'_\xi(x,\xi)\varphi(\xi)\,d\xi \tag{6.4.10}$$

上面两式都是 Volterra 第一类方程, 只要式中积分方程核不为零, 那么仍可以用求导方法或原函数法将它们化成 Volterra 第二类方程, 然后再逐次逼近求解.

第二种情况是当 $x\in(a,b)$ 时, $K(x,x)$ 有一个或者若干个孤立零点, 因而新方程 $F(x)$ 和核 $K(x,\xi)$ 一般来说不是有限值, 所以会出现奇异性, 通常上述两种化归方法是无效的. 除非在某些特殊情况下, 例如对 $F(x)$ 加以适当的限制, 虽然核有奇异性, 但方程的解还是可以通过间接方法求出的.

例 6.4 求下列积分方程的解:

(1) $\sin x=\int_0^x(\xi-x+1)\,y(\xi)\,d\xi$;

(2) $x^3=\int_0^x\left[1+4(\xi-x)+\frac{3}{2}(\xi-x)^2\right]y(\xi)\,d\xi$.

解 (1) 令 $K(x,\xi)=\xi-x+1$, $\varphi(\xi)=\int_0^\xi y(\xi)\,d\xi$. 根据式 (6.4.6), 则有

$$\begin{aligned}\sin x&=K(x,x)\varphi(x)-\int_0^x\frac{\partial K}{\partial\xi}\varphi(\xi)\,d\xi\\&=(x-x+1)\varphi(x)-\int_0^x\varphi(\xi)\,d\xi=\varphi(x)-\int_0^x\varphi(\xi)d\xi\end{aligned}$$

此题可以不用逐次逼近法而直接求解. 对上式两边求导得到

$$\varphi'(x)-\varphi(x)=\cos x \tag{1}$$

上式是一阶线性微分方程, 求解的初始条件可以从 $\varphi(\xi)$ 的定义式中导出, 为

$$\varphi(0)=\int_0^0 y(\xi)\,d\xi=0$$

方程 (1) 的解是

$$\varphi(x)=e^x\left[c+\frac{1}{2}e^{-x}(\sin x-\cos x)\right]$$

将 $\varphi(0)=0$ 代入后得到

$$\varphi(x)=\frac{1}{2}\left[e^x+\sin x-\cos x\right]$$

对 $\varphi(x)$ 求导后得到的解是

$$y(x)=\varphi'(x)=\frac{1}{2}\left[e^x+\sin x+\cos x\right]$$

(2) 从题 (1) 可以看到如果 $K(x,\xi)$ 是 ξ 的多项式, 我们可以不用转化方法直接将积分方程化归成微分方程求解, 本小题就是这样的例子. 将方程两端对 x 求导, 得到

$$3x^2 = y(x) - \int_0^x [4 + 3(\xi - x)]\, y(\xi)\, d\xi \tag{2}$$

再对 x 求导两次得到

$$6x = y'(x) - 4y(x) + 3\int_0^x y(\xi)\, d\xi \tag{3}$$

$$6 = y''(x) - 4y'(x) + 3y(x) \tag{4}$$

式 (4) 已经是二阶常系数线性微分方程, 它的解是

$$y(x) = Ae^{3x} + Be^{x} + 2 \tag{5}$$

式 (5) 中的两个未知常数 A 和 B 可以由式 (2) 和 (3) 得到, 为

$$y(0) = 3\cdot 0^2 + \int_0^0 [4 + 3(\xi - x)]\, y(\xi)\, d\xi = 0$$

$$y'(0) = 6\cdot 0 + 4\cdot y(0) - 3\int_0^0 y(\xi)\, d\xi = 0$$

因而可以列出方程组

$$\begin{cases} A + B + 2 = 0 \\ 3A + B = 0 \end{cases}$$

解方程组得到 $A = 1$, $B = -3$. 因而积分方程的解是

$$y(x) = e^{3x} - 3e^{x} + 2$$

例 6.5 例 6.2 中已经给出线性四端网络激励与响应的函数关系是

$$i(t) = V(0)\,\mu(t) + \int_0^t V'(\tau)\mu(t-\tau)\, d\tau$$

其中 $V(t)$ 是激励函数, $i(t)$ 是响应函数. 假定 $V(0) = 1$, $i(t)$ 是已知量, 冲击响应 $\mu(t) = \sinh t$, 积分方程是

$$i(t) = \sinh t + \int_0^t \sinh(t-\tau)\, V'(\tau)\, d\tau$$

求这时激励电压 $V(t)$ 应当是多少?

解 将积分方程改写成

$$i(t)-\sinh t=\int_0^t \sinh(t-\tau)V'(\tau)\,d\tau \tag{1}$$

记 $V'(\tau)=y(\tau)$, $f(t)=i(t)-\sinh t$. 式 (1) 则化为 Volterra 第一类积分方程为

$$f(t)=\int_0^t \sinh(t-\tau)\,y(\tau)\,d\tau \tag{2}$$

上式用本节介绍的第一种方法求解. 对式 (2) 两端求导, 得到

$$f'(t)=\sinh(t-t)\,y(t)+\int_0^t \cosh(t-\tau)\,y(\tau)\,d\tau=\int_0^t \cosh(t-\tau)\,y(\tau)\,d\tau$$

上式仍是第一类积分方程, 继续求导有

$$f''(t)=y(t)+\int_0^t \sinh(t-\tau)\,y(\tau)\,d\tau$$

于是得到

$$y(t)=f''(t)-\int_0^t \sinh(t-\tau)\,y(\tau)\,d\tau \tag{3}$$

式 (3) 已是 Volterra 第二类方程, 其中 $\lambda=-1$. 用逐次逼近法求解时, 其解为

$$y(t)=\sum_{n=0}^{\infty}\lambda^n y_n(t) \tag{4}$$

其中

$$\begin{cases} y_0(t)=f''(t), \\ y_n(t)=\displaystyle\int_0^t \sinh(t-\tau)\,y_{n-1}(\tau)\,d\tau, \end{cases} \quad 其中\ n\geqslant 1 \tag{5}$$

下面求 $y(t)$ 的具体表达式, 记

$$K_1(t-\tau)=\sinh(t-\tau)$$

则有

$$\begin{cases} y_0(t)=f''(t) \\ y_n(t)=\displaystyle\int_0^t K_1(t,\tau)\,y_{n-1}(\tau)\,d\tau, \quad n=1,2,\cdots \end{cases}$$

现在可以求出

$$y_1(t)=\int_0^t K_1(t,\tau)\,y_0(\tau)\,d\tau$$

$$y_2(t)=\int_0^t K_1(t,\tau)\,y_1(\tau)\,d\tau=\int_0^t K_1(t,\tau)\left[\int_0^\tau K_1(\tau,\sigma)\,y_0(\sigma)\,d\sigma\right]d\tau$$

画出上式的二重积分区域如图 6.3 所示. 图中阴影区是积分区域, 交换积分次序后, 积分应当是

$$\int_0^t\left[\int_\sigma^t(\cdots)d\tau\right]y_0(\sigma)\,d\sigma$$

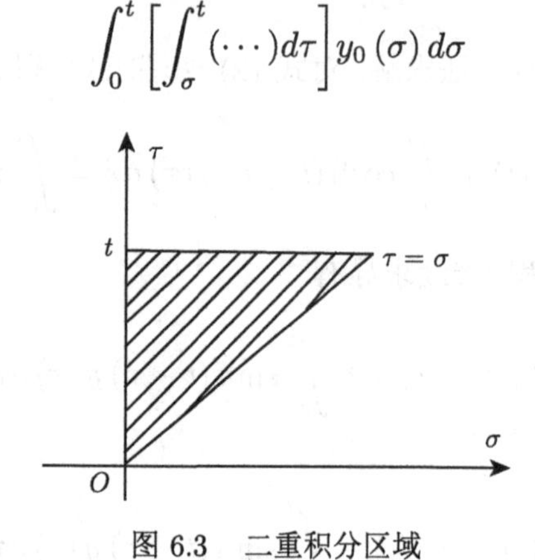

图 6.3　二重积分区域

所以有

$$y_2(t)=\int_0^t\left[\int_\sigma^t K_1(t,\tau)\,K_1(\tau,\sigma)\,d\tau\right]y_0(\sigma)\,d\sigma$$

记上式中括号里一项为

$$K_2(t,\sigma)=\int_\sigma^t K_1(t,\tau)\,K_1(\tau,\sigma)\,d\tau \tag{6}$$

这样有

$$y_2(t)=\int_0^t K_2(t,\sigma)\,y_0(\sigma)\,d\sigma \tag{7}$$

依照求式 (7) 的方法可以得到

$$y_3(t)=\int_0^t K_3(t,\sigma)\,y_0(\sigma)\,d\sigma,$$

$$y_4(t)=\int_0^t K_4(t,\sigma)\,y_0(\sigma)\,d\sigma$$

$$\cdots\cdots$$

$$y_n(t) = \int_0^t K_n(t,\sigma)y_0(\sigma)d\sigma \tag{8}$$

其中

$$K_1(t,\sigma) = \sinh(t-\sigma)$$

$$K_2(t,\sigma) = \int_\sigma^t K_1(t,\tau)K_1(\tau,\sigma)d\tau$$

$$K_3(t,\sigma) = \int_\sigma^t K_1(t,\tau)K_2(\tau,\sigma)d\tau$$

$$\cdots\cdots$$

$$K_n(t,\sigma) = \int_\sigma^t K_1(t,\tau)K_{n-1}(\tau,\sigma)d\tau \tag{9}$$

解 $y(t)$ 可表示为

$$\begin{aligned} y(t) &= y_0(t) + \sum_{n=1}^{\infty}\lambda^n y_n(t) \\ &= y_0(t) + \sum_{n=1}^{\infty}\lambda^n \int_0^t K_n(t,\sigma)y_0(\sigma)d\sigma \\ &= y_0(t) + \lambda\int_0^t \left[\sum_{n=1}^{\infty} K_n(t,\sigma)\lambda^{n-1}\right] y_0(\sigma)d\sigma \end{aligned} \tag{10}$$

令

$$R(t,\sigma;\lambda) = \sum_{n=1}^{\infty} K_n(t,\sigma)\lambda^{n-1} \tag{11}$$

称 $R(t,\sigma;\lambda)$ 为核 $K(t,\sigma)$ 的预解式. 于是有

$$y(t) = y_0(t) + \lambda\int_0^t R(t,\sigma;\lambda)y_0(\sigma)d\sigma$$

将 $y_0(t) = f''(t)$ 代入上式, 得到积分方程的解是

$$y(t) = f''(t) + \lambda\int_0^t R(t,\sigma;\lambda)f''(\sigma)d\sigma \tag{12}$$

式 (12) 是积分方程的解, 只要解出 $R(t,\sigma;\lambda)$ 就可以得到解.

下面求 $R(t,\sigma;\lambda)$. 将预解式 (11) 中的 t 换成 τ, 得到

$$R(\tau,\sigma;\lambda)=\sum_{n=1}^{\infty}K_n(\tau,\sigma)\lambda^{n-1}$$

上式两边同乘以 $\lambda K_1(t,\tau)$ 得到

$$\lambda K_1(t,\sigma)R(\tau,\sigma;\lambda)=\sum_{n=1}^{\infty}K_n(\tau,\sigma)K_1(t,\tau)\lambda^n$$

$$\int_\sigma^t\lambda K_1(t,\sigma)R(\tau,\sigma;\lambda)\,d\tau=\sum_{n=1}^{\infty}\lambda^n\int_\sigma^t K_1(t,\tau)K_n(\tau,\sigma)\,d\tau$$

上式中令 $n+1=m, m=2\to\infty, n=m-1$, 于是有

$$\begin{aligned}\int_\sigma^t\lambda K_1(t,\sigma)R(\tau,\sigma;\lambda)\,d\tau&=\sum_{m=2}^{\infty}\lambda^{m-1}\int_\sigma^t K_1(t,\tau)K_{m-1}(\tau,\sigma)\,d\tau\\&=\sum_{n=2}^{\infty}\lambda^{n-1}\int_\sigma^t K_1(t,\tau)K_{n-1}(\tau,\sigma)\,d\tau\\&=\sum_{n=1}^{\infty}\lambda^{n-1}K_n(t,\sigma)=R(t,\sigma;\lambda)-K_1(t,\sigma)\end{aligned}$$

得到

$$R(t,\sigma;\lambda)=K_1(t,\sigma)+\lambda\int_\sigma^t K_1(t,\tau)R(\tau,\sigma;\lambda)\,d\tau \tag{13}$$

为了求解式 (13), 作一辅助函数

$$H(t,\sigma;\lambda)=\lambda\int_\sigma^t R(u,\sigma;\lambda)\sinh(t-u)\,du+\sinh(t-\sigma) \tag{14a}$$

对 $H(t,\sigma;\lambda)$ 求导后有

$$\frac{dH}{dt}=\lambda\int_\sigma^t R(u,\sigma;\lambda)\cosh(t-u)\,du+\cosh(t-\sigma) \tag{14b}$$

$$\begin{aligned}\frac{d^2H}{dt^2}&=\lambda R(t,\sigma;\lambda)+\lambda\int_\sigma^t R(u,\sigma;\lambda)\sinh(t-u)\,du+\sinh(t-\sigma)\\&=\lambda R(t,\sigma;\lambda)+H(t,\sigma;\lambda)\end{aligned} \tag{15}$$

将 $\lambda R = \dfrac{d^2 H}{dt^2} - H$ 代入式 (13) 得到

$$\frac{d^2 H}{dt^2} - H = \lambda \sinh(t-\sigma) + \lambda \int_\sigma^t \sinh(t-z)\left[\frac{d^2 H(z,\sigma;\lambda)}{dz^2} - H(z,\sigma;\lambda)\right] dz$$

展开上式的右边积分里中括号的第一项, 可得到

$$\begin{aligned}
&\int_\sigma^t \sinh(t-\sigma)\frac{d^2 H(z,\sigma;\lambda)}{dz^2}\\
&= \sinh(t-z)\left.\frac{dH(z,\sigma;\lambda)}{dz}\right|_\sigma^t + \int_\sigma^t \cosh(t-z)\frac{dH(z,\sigma;\lambda)}{dz} dz\\
&= -\sinh(t-\sigma) + \left[\cosh(t-z) H(z,\sigma;\lambda)\Big|_\sigma^t + \int_\sigma^t \sinh(t-z) H(z,\sigma;\lambda)\, dz\right]\\
&= -\sinh(t-\sigma) + H(t,\sigma;\lambda) + \int_\sigma^t \sinh(t-z) H(z,\sigma;\lambda)\, dz
\end{aligned}$$

$$\begin{aligned}
\frac{d^2 H}{dt^2} - H &= \lambda \sinh(t-\sigma) - \lambda \sinh(t-\sigma) + \lambda H(t,\sigma;\lambda)\\
&\quad + \lambda \int_\sigma^t \sinh(t-z) H(z,\sigma;\lambda)\, dz - \lambda \int_\sigma^t \sinh(t-z) H(z,\sigma;\lambda)\, dz\\
&= \lambda H(t,\sigma;\lambda)
\end{aligned}$$

将 $\lambda = -1$ 代入上式后得到

$$\frac{d^2 H}{dt^2} = 0 \tag{16}$$

为了解式 (16) 需要初始条件, 可以从式 (14a) 和 (14b) 得到

$$H\Big|_{t=\sigma} = 0, \quad \left.\frac{dH}{dt}\right|_{t=\sigma} = 1 \tag{17}$$

联立式 (16) 和 (17), 得到 (16) 的解是

$$H = t - \sigma \tag{18}$$

将式 (18)、$\lambda = -1$ 和式 (16) 代入式 (15), 得到

$$R(t,\sigma;\lambda) = H(t,\sigma;\lambda) = t - \sigma \tag{19}$$

将式 (19) 的结果代入式 (12), 得到积分方程 (3) 的解是

$$y(t) = f''(t) + \lambda \int_0^t R(t,\sigma;\lambda) f''(\sigma)\, d\sigma = f''(t) - \int_0^t (t-\sigma) f''(\sigma)\, d\sigma$$

于是积分方程 (1) 的解是

$$V'(t) = f''(t) - \int_0^t (t-\sigma) f''(\sigma)\, d\sigma$$

积分上式得到

$$V(t) - V(0) = \int_0^t f''(\sigma)\, d\sigma - \int_0^t \int_0^s (s-\sigma) f''(\sigma)\, d\sigma ds$$

激励电压是

$$V(t) = 1 + \int_0^t [i(\sigma) - \sinh(\sigma)]''\, d\sigma - \int_0^t \int_0^s (s-\sigma)[i(\sigma) - \sinh(\sigma)]''\, d\sigma ds$$

6.5　Volterra 方程的其他解法

前面介绍的逐次逼近法解 Volterra 方程虽然适用面宽, 但是有一个显著缺点, 就是解是用级数表示的, 并且收敛速度慢. 为了使解的形式简单一些, 或者收敛快一些, 可以将积分方程转化成微分方程初值问题来求解, 前面一节的例题已经介绍了这样的例子. 通常将 Volterra 积分方程转化为微分方程要遵循下面两个原则:

(1) 如果 Volterra 方程的核 $K(x,\xi)$ 与自由项 $f(x)$ 是关于自变量 x 的连续函数, 可以通过对方程两端求导将其化成常微分方程. 当核 $K(x,\xi)$ 是关于 $(x-\xi)$ 的初等函数时, 特别是当核 $K(x,\xi)$ 是 $(x-\xi)$ 的多项式时, 积分方程转化的微分方程初值问题求解更容易一些.

(2) 称方程

$$f(x) = g(x) + \int_0^x K(x-\xi) f(\xi)\, d\xi \tag{6.5.1}$$

为线性卷积型积分方程. 而这类积分方程由于核的简单性, 大部分情况都可以转化为微分方程初值问题来求解.

下面用例题介绍这些解法.

例 6.6　求解下列积分方程:

(1) $y(x) = \cosh x + x^2 - \displaystyle\int_0^x \sinh(x-\xi) y(\xi)\, d\xi$;

(2) $y(x) = 6x + 1 + \displaystyle\int_0^x [6(x-\xi)+5] y(\xi)\, d\xi$.

解　(1) 原方程两端对 x 求导, 得到

$$y'(x) = \sinh x + 2x - \int_0^x \cosh(x-\xi)\, y(\xi)\, d\xi \tag{1}$$

$$y''(x) = \cosh x + 2 - \int_0^x \sinh(x-\xi)\, y(\xi)\, d\xi - y(x) \tag{2}$$

将 $y(x) = \cosh x + x^2 - \int_0^x \sinh(x-\xi)\, y(\xi)\, d\xi$ 代入上式得到

$$y''(x) = -x^2 + 2 \tag{3}$$

微分方程 (3) 的初值由式 (1) 和原方程得到, 为

$$y(0) = 1, \quad y'(0) = 0$$

解上述微分方程得到解是

$$y(x) = -\frac{1}{12}x^4 + x^2 + 1$$

(2) 原方程两端对 x 求导得到

$$y'(x) = (6x - 6x + 5)\, y(x) + \int_0^x 6y(\xi) d\xi + 6$$

$$y'(x) = 5y(x) + \int_0^x 6y(\xi) d\xi + 6 \tag{1}$$

$$y''(x) = 5y'(x) + 6y(x) \tag{2}$$

初值可以从原式和式 (1) 得到, 为

$$y(0) = 1, \quad y'(0) = 5y(0) + 6 = 5 + 6 = 11$$

所解的方程是

$$\begin{cases} y'' - 5y' - 6y = 0 \\ y(0) = 1, y'(0) = 11 \end{cases}$$

通解是

$$y = c_1 e^{6x} + c_2 e^{-x}$$

代入初始条件得到解是

$$y(x) = \frac{12}{7}e^{6x} - \frac{5}{7}e^{-x}$$

下面考虑核 $K(x-\xi)$ 在 $0 \leqslant \xi \leqslant x \leqslant b$ 内不连续的积分方程的解法, 称具有此类核的积分方程为奇异积分方程. 由于核的奇异性质, 所以前面介绍的逐次逼近法不能使用, 下面以阿贝尔方程为例介绍这类方程的求解.

称方程

$$f(x)=\int_0^x \frac{\alpha_0 y(\xi)}{(x-\xi)^\alpha}d\xi \quad (0<\alpha<1) \tag{6.5.2}$$

为阿贝尔方程. 很明显仅当 $f(0)=0$ 时方程才有解. 假设式 (6.5.2) 的解是

$$y(\xi)=\int_0^\xi f'(s)k(\xi-s)\,ds \tag{6.5.3}$$

这里的 $k(\xi-s)$ 是 $\xi-s$ 的函数. 因为式 (6.5.3) 是式 (6.5.2) 的解, 所以将它代入式 (6.5.2) 得到一个恒等式, 为

$$f(x)\equiv\int_0^x \frac{\alpha_0}{(x-\xi)^\alpha}\left[\int_0^\xi f'(s)\,k(\xi-s)\,ds\right]d\xi$$

交换上式的积分次序得到

$$f(x)\equiv\int_0^x f'(s)\left[\int_s^x \frac{\alpha_0}{(x-\xi)^\alpha}k(\xi-s)\,d\xi\right]ds \tag{6.5.4}$$

为使上式成立, 必需且只需

$$\int_s^x \frac{\alpha_0}{(x-\xi)^\alpha}k(\xi-s)\,d\xi\equiv 1 \tag{6.5.5}$$

成立.

下面用式 (6.5.4) 确定 $k(\xi-s)$. 令

$$t=\xi-s$$

将上式代入式 (6.5.5) 得到

$$\int_0^{x-s}\frac{\alpha_0}{(x-s-t)^\alpha}k(t)\,dt\equiv 1$$

再令 $a=x-s$, 则 a 是 $0\leqslant x\leqslant b$ 内任意值, 于是上式可以写成

$$\int_0^a \frac{\alpha_0}{(a-t)^\alpha}k(t)\,dt\equiv 1$$

对上式作变量替换 $t=a\xi$, 有

$$a\int_0^1\frac{\alpha_0 k(a\xi)}{(a-a\xi)^\alpha}d\xi=a\int_0^1\frac{\alpha_0 k(a\xi)}{a^\alpha(1-\xi)^\alpha}d\xi=a^{1-\alpha}\int_0^1(1-\xi)^{-\alpha}\alpha_0 k(a\xi)\,d\xi\equiv 1 \tag{6.5.6}$$

由于上式是恒等式, 而 a 又是任意值, 所以等式左边应当与 a 无关. 令

$$k(t) = ct^{\alpha-1} \tag{6.5.7}$$

于是得到

$$k(a\xi) = ca^{\alpha-1}\xi^{\alpha-1}$$

上式中 c 是待定常数. 将 $k(a\xi)$ 代入式 (6.5.6), 可以得到

$$\alpha_0 c\int_0^1 (1-\xi)^{-\alpha}\xi^{\alpha-1}d\xi \equiv 1 \tag{6.5.8}$$

根据 B 函数定义可知

$$\begin{aligned}\int_0^1 \xi^{\alpha-1}(1-\xi)^{-\alpha}d\xi = \mathrm{B}(\alpha,1-\alpha) &= \frac{\Gamma(\alpha)\Gamma(1-\alpha)}{\Gamma(1)}\\ &= \Gamma(\alpha)\Gamma(1-\alpha) = \frac{\pi}{\sin\alpha\pi}\end{aligned}$$

将上式代入式 (6.5.8) 后, 有

$$c = \frac{\sin\alpha\pi}{\alpha_0\pi}$$

将 c 代入式 (6.5.7) 后, 又有

$$k(t) = \frac{\sin\alpha\pi}{\alpha_0\pi}t^{\alpha-1} \tag{6.5.9}$$

因此有

$$k(\xi-s) = \frac{\sin\alpha\pi}{\alpha_0\pi}(\xi-s)^{\alpha-1}$$

将上式代入式 (6.5.3) 后, 得到

$$y(\xi) = \int_0^\xi f'(s)\frac{\sin\alpha\pi}{\alpha_0\pi}(\xi-s)^{\alpha-1}ds = \frac{\sin\alpha\pi}{\alpha_0\pi}\int_0^\xi f'(s)(\xi-s)^{\alpha-1}ds \tag{6.5.10}$$

式 (6.5.10) 正是阿贝尔方程 (6.5.2) 的解.

用其他的方法, 例如卷积与拉氏变换相结合也可以方便地求解某些第二类 Volterra 方程, 下面考虑当 $\alpha = 1/2$ 时的阿贝尔方程解法, 即求解

$$f(x) = \int_0^x (x-\xi)^{-\frac{1}{2}}y(\xi)d\xi \tag{6.5.11}$$

上式可以看成 $x^{-\frac{1}{2}}$ 与 $y(x)$ 的卷积, 所以有

$$f(x) = x^{-\frac{1}{2}} * y(x) \tag{6.5.12}$$

对式 (6.5.12) 两边求拉氏变换, 有

$$L[f(x)] = L\left[x^{-\frac{1}{2}} * y(x)\right] = L\left[x^{-1/2}\right] \cdot L[y(x)]$$

因为

$$L\left[x^{-1/2}\right] = \sqrt{\pi} s^{-\frac{1}{2}}$$

式中 s 是拉氏变换的象函数自变量. 于是得到

$$\begin{aligned} L[y(x)] &= \frac{1}{\sqrt{\pi}} s^{\frac{1}{2}} L[f(x)] \\ \frac{1}{s} L[y(x)] &= \frac{1}{\sqrt{\pi}} s^{-\frac{1}{2}} L[f(x)] = \frac{1}{\pi}\sqrt{\frac{\pi}{s}} L[f(x)] \\ &= \frac{1}{\pi} L\left[x^{-1/2}\right] \cdot L[f(x)] \end{aligned} \tag{6.5.13}$$

根据拉氏变换性质

$$L\left[\int_0^x y(\xi)\, d\xi\right] = \frac{1}{s} L[y(x)]$$

可以得到

$$\int_0^x y(\xi)\, d\xi = L^{-1}\left\{\frac{1}{s} L[y(x)]\right\}$$

对式 (6.5.13) 求拉氏逆变换得到

$$\begin{aligned} \int_0^x y(\xi)\, d\xi &= L^{-1}\left\{\frac{1}{\pi} L\left[x^{-1/2}\right] \cdot L[f(x)]\right\} = \frac{1}{\pi} L^{-1}\left\{L\left[x^{-1/2} * f(x)\right]\right\} \\ &= \frac{1}{\pi} x^{-\frac{1}{2}} * f(x) = \frac{1}{\pi}\int_0^x (x-\xi)^{-\frac{1}{2}} f(\xi) d\xi \end{aligned}$$

对上式求导得到

$$y(x) = \frac{1}{\pi}\frac{d}{dx}\int_0^x \frac{f(\xi)}{(x-\xi)^{\frac{1}{2}}} d\xi \tag{6.5.14}$$

式 (6.5.14) 正是阿贝尔方程 (6.5.11) 的解.

6.6 Fredholm 第二类方程的解法

逐次逼近法是求解微分方程、积分方程的有效工具之一, 与 Volterra 方程类似, Fredholm 方程也可以用逐次逼近法求解. 唯一的差别是积分方程的参数 λ 必须充分小, 下面首先讨论 Fredholm 第二类方程的解法.

定理 6.6.1 设有 Fredholm 第二类积分方程

$$y(x) = f(x) + \lambda \int_a^b K(x,\xi) y(\xi)\, d\xi, \quad x \in [a,b] \tag{6.6.1}$$

如果 $f(x)$ 和 $K(x,\xi)$ 是 x 的连续函数, 且 $|K(x,\xi)| < M$, 当 $|\lambda| < 1/M(b-a)$ 时, 方程 (6.6.1) 的解是

$$y(x) = \sum_{n=0}^{\infty} y_n(x)\lambda^n \tag{6.6.2}$$

其中

$$\begin{cases} y_0(x) = f(x) \\ y_n(x) = \displaystyle\int_a^b K(x,\xi) y_{n-1}(\xi)\, d\xi \end{cases} \tag{6.6.3}$$

证明 将未知函数 $y(x)$ 展开成参数 λ 的无穷级数, 则有

$$y(x) = \sum_{n=0}^{\infty} y_n(x)\lambda^n \tag{1}$$

将式 (1) 代入式 (6.6.1), 得到

$$\sum_{n=0}^{\infty} y_n(x)\lambda^n = f(x) + \lambda \int_a^b K(x,\xi) \sum_{n=0}^{\infty} y_n(\xi)\lambda^n d\xi$$

展开上式, 并且交换求和与积分次序得到

$$y_0 + \sum_{n=1}^{\infty} y_n(x)\lambda^n = f(x) + \sum_{n=0}^{\infty} \left[\int_a^b K(x,\xi) y_n(\xi)\, d\xi\right] \lambda^{n+1}$$

令 $n+1=m$, $m = 1 \to \infty$. 上式可写成

$$\sum_{n=0}^{\infty} y_n(x)\lambda^n = f(x) + \sum_{m=1}^{\infty} \left[\int_a^b K(x,\xi) y_{m-1}(\xi)\, d\xi\right] \lambda^m$$

令 $m=n$, 又有

$$y_0(x)+\sum_{n=1}^{\infty}y_n(x)\lambda^n=f(x)+\sum_{n=1}^{\infty}\left[\int_a^b K(x,\xi)y_{n-1}(\xi)\,d\xi\right]\lambda^n$$

$$[y_0(x)-f(x)]+\sum_{n=1}^{\infty}\left[y_n(x)-\int_a^b K(x,\xi)y_{n-1}(\xi)\,d\xi\right]\lambda^n=0$$

从上式得到

$$y_0(x)=f(x)$$

$$y_n(x)=\int_a^b K(x,\xi)y_{n-1}(\xi)\,d\xi,\quad n=1,2,\cdots \tag{2}$$

式 (2) 展开后有

$$y_1(x)=\int_a^b K(x,\xi)f(\xi)\,d\xi$$

$$y_2(x)=\int_a^b K(x,\xi_1)\int_a^b K(\xi_1,\xi_2)\,f(\xi_2)d\xi_1 d\xi_2$$

$$\cdots\cdots$$

$$y_n(x)=\int_a^b\cdots\int_a^b K(x,\xi_1)\,K(\xi_1,\xi_2)\cdots K(\xi_{n-1},\xi_n)\,f(\xi_n)\,d\xi_1 d\xi_2\cdots d\xi_n$$

令

$$\begin{cases} K^{(1)}(x,\xi)=K(x,\xi) \\ K^{(n)}(x,\xi)=\displaystyle\int_a^b\cdots\int_a^b K(x,\xi_1)\,K(\xi_1,\xi_2)\cdots K(\xi_{n-1},\xi)\,d\xi_1 d\xi_2\cdots d\xi_{n-1} \end{cases} \tag{3}$$

于是得到

$$y_n(x)=\int_a^b K^{(n)}(x,\xi)f(\xi)\,d\xi,\quad n=1,2,\cdots \tag{4}$$

由于 $K(x,\xi)$ 连续, 故有

$$\left|K^{(1)}(x,\xi)\right|=|K(x,\xi)|\leqslant M$$

$$\left|K^{(2)}(x,\xi)\right|=\int_a^b|K(x,t)\,K(t,\xi)|\,dt\leqslant M^2(b-a)$$

$$\cdots\cdots$$

$$\left|K^{(n)}(x,\xi)\right| \leqslant \int_a^b \left|K(x,t)K^{n-1}(t,\xi)\right| dt \leqslant M^n (b-a)^{n-1}$$

于是得到

$$\left|\int_a^b K^{(n)}(x,\xi) f(\xi) d\xi\right| \leqslant M^n (b-a)^{n-1} \int_a^b |f(\xi)| d\xi$$
$$\leqslant M^n (b-a)^n \cdot \max\{|f(x)|\}$$

由式 (4) 得到

$$|y_n(x)| = M^n (b-a)^n \cdot \max\{|f(x)|\}$$

设 $c = \max\{|f(x)|\}$, 现在对于级数 (6.6.2) 有

$$y(x) = \sum_{n=0}^{\infty} |y_n(x)\lambda^n| \leqslant \sum_{n=0}^{\infty} M^n (b-a)^n \cdot |\lambda|^n c$$

级数 $\sum_{n=0}^{\infty} M^n (b-a)^n \cdot |\lambda|^n c$ 是一个几何级数, 当公比 $M(b-a)|\lambda| < 1$ 时收敛. 根据级数比较判定法可以知道当 $|\lambda| < 1/M(b-a)$ 时 $\sum_{n=0}^{\infty} |y_n(x)\lambda^n|$ 收敛, 此时 $\sum_{n=0}^{\infty} y_n(x)\lambda^n$ 也收敛. [证毕]

上述证明过程用到了条件 $\sum_{n=0}^{\infty} y_n(x)\lambda^n$ 必须绝对收敛, 事实上, 级数可能不是绝对收敛而是条件收敛的, 所以条件 $|\lambda| < 1/M(b-a)$ 不是充要条件. 对于更一般的情况, 可以给出一个 $K(x,\xi)$ 和 $f(x)$ 更弱一些的条件, 这就是下面的定理 6.6.2.

定理 6.6.2 若有 $\displaystyle\int_a^b \left|K^2(x,\xi)\right| d\xi < c^2$, c 为常数; $\displaystyle\int_a^b \left|f^2(x)\right| dx = D^2$, D 为常数. 则定理 6.6.1 也成立.

定理 6.6.2 的证明较复杂, 这里略去.

例 6.7 在 $|\lambda| < 1$ 时求解下列积分方程:

(1) $y(x) = f(x) + \lambda \displaystyle\int_0^1 \xi y(\xi) d\xi$;

(2) $y(x) = 1 + \lambda \displaystyle\int_0^\pi \sin(x+\xi) y(\xi) d\xi$.

解 (1) 由于 $|K(x,\xi)| = |\xi| \leqslant 1$, $M = 1$. 根据 $|\lambda| < 1/M(b-a) = 1$, $y(x)$ 可以展开成幂级数

$$y(x) = \sum_{n=0}^{\infty} y_n(x)\lambda^n \tag{1}$$

根据定理 6.6.1, 有

$$y_0(x) = f(x)$$

$$y_1(x) = \int_0^1 \xi f(\xi) d\xi = k$$

$$y_2(x) = \int_0^1 \xi y_1(\xi) d\xi = \int_0^1 \xi k d\xi = \frac{1}{2}k$$

$$y_3(x) = \int_0^1 \xi y_2(\xi) d\xi = \int_0^1 \xi \frac{1}{2} k d\xi = \left(\frac{1}{2}\right)^2 k$$

$$\cdots\cdots$$

$$y_n(x) = \int_0^1 \xi y_{n-1}(\xi) d\xi = \int_0^1 \xi \frac{1}{2^{n-2}} k d\xi = \frac{1}{2^{n-1}} k$$

故所求的解为

$$\begin{aligned} y(x) &= f(x) + \lambda k + \frac{1}{2}\lambda^2 k + \cdots + \frac{1}{2^{n-1}}\lambda^n k + \cdots \\ &= f(x) + \lambda k + \frac{1}{2}\lambda^2 \left(1 + \frac{1}{2}\lambda + \frac{1}{2^2}\lambda^2 + \cdots\right) k \\ &= f(x) + \lambda k + \frac{1}{2}\lambda^2 k \cdot \frac{1}{1-\lambda/2} \\ &= f(x) + \frac{\lambda}{1-\lambda/2} \int_0^1 \xi f(\xi) d\xi \end{aligned}$$

(2) $K(x,\xi) = \sin(x+\xi)$, 有 $K(x,\xi) \leqslant 1$, 故 $M = 1$. 所以当

$$|\lambda| < \frac{1}{M(b-a)} = \frac{1}{1(\pi - 0)} = \frac{1}{\pi}$$

时可以用逐次逼近法求解. 用式 (6.6.3) 可以求出

$$y_0(x) = 1$$

$$y_1(x) = \int_0^\pi \sin(x+\xi) \cdot 1 d\xi = 2\cos x$$

$$y_2(x) = \int_0^\pi \sin(x+\xi) \cdot 2\cos\xi d\xi = \pi \sin x$$

$$y_3(x) = \int_0^\pi \sin(x+\xi) \cdot \pi \sin\xi d\xi = \frac{\pi^2}{2}\cos x$$

$$y_4(x) = \int_0^{\pi} \sin(x+\xi) \cdot \frac{\pi^2}{2} \cos\xi d\xi = \frac{1}{4}\pi^3 \sin x$$

$$y_5(x) = \int_0^{\pi} \sin(x+\xi) \cdot \frac{1}{4}\pi^3 \sin\xi d\xi = \frac{1}{8}\pi^4 \cos x$$

$$y_6(x) = \int_0^{\pi} \sin(x+\xi) \cdot \frac{1}{8}\pi^4 \cos\xi d\xi = \frac{1}{16}\pi^5 \sin x$$

$$\cdots\cdots$$

$$\begin{aligned}
y(x) &= \sum_{n=0}^{\infty} y_n(x)\lambda^n = y_0(x) + \sum_{n=1}^{\infty} y_{2n-1}(x)\lambda^{2n-1} + \sum_{n=1}^{\infty} y_{2n}(x)\lambda^{2n} \\
&= 1 + 2\lambda\cos x\left[1 + \frac{\pi^2}{4}\lambda^2 + \frac{\pi^4}{16}\lambda^4 + \cdots\right] \\
&\quad + \lambda^2\pi\sin x\left[1 + \frac{\pi^2}{4}\lambda^2 + \frac{\pi^4}{16}\lambda^4 + \cdots\right] \\
&= 1 + 2\lambda\cos x\left[\frac{1}{1-\pi^2\lambda^2/4}\right] + \lambda^2\pi\sin x\left[\frac{1}{1-\pi^2\lambda^2/4}\right] \\
&= 1 + \frac{2\lambda\cos x + \lambda^2\pi\sin x}{1-\pi^2\lambda^2/4}
\end{aligned}$$

虽然逐次逼近法能够求解 Fredholm 第二类方程, 但是由于它的收敛速度缓慢, 在实际应用中并不广泛. 最常用的是一种修正的逐次逼近法——泛函修正平均法. 这个解法的思想是在每次迭代求解时都引入一个平均值修正项, 这样会得到一个快速收敛的解.

首先设有 Fredholm 方程

$$y(x) = f(x) + \lambda\int_a^b K(x,\xi)y(\xi)\,d\xi \tag{6.6.4}$$

下面讨论方程 (6.6.4) 的近似解表达式. 我们用迭代法求解上式, 设零次近似解是

$$y_0(x) = f(x) \tag{6.6.5}$$

将式 (6.6.5) 代入方程 (6.6.4) 的右边, 其结果作为一次近似解, 则有

$$y_1(x) = f(x) + \lambda\int_a^b K(x,\xi)y_0(\xi)\,d\xi$$

再将 $y_1(x)$ 代入方程 (6.6.4) 的右端, 作为二次近似解, 又有

$$y_2(x) = f(x) + \lambda\int_a^b K(x,\xi)y_1(\xi)\,d\xi$$

依次类推, 得到 n 次解与 $n-1$ 次解的关系是

$$y_n(x) = f(x) + \lambda \int_a^b K(x,\xi) y_{n-1}(\xi)\, d\xi \tag{6.6.6}$$

当 $n \to \infty$ 时, 若 $\{y_n(x); n = 0, 1, 2, \cdots\}$ 一致收敛于某一极限, 则这个极限就是方程 (6.6.4) 的解. 但是一般并不作无穷多步, 而是规定一个误差 ε, 当

$$|y_n(x) - y_{n-1}(x)| < \varepsilon$$

时就认为求解结束, 用 $y_n(x)$ 作为真解 $y(x)$.

所谓的泛函平均法是将迭代表达式中的 $y_{n-1}(x)$ 代入式 (6.6.4) 时增加一个修正项 α_n. α_n 可以取为

$$\alpha_n = \frac{1}{b-a} \int_a^b \delta_n(x)\, dx \tag{6.6.7}$$

式中 δ_n 是两次解的差, 为

$$\delta_n = y_n(x) - y_{n-1}(x), \quad n = 1, 2, \cdots \tag{6.6.8}$$

其中 $\delta_0(x) = y_0(x)$, $\alpha_0 = 0$. 下面给出修正后的解表达式. 将式 (6.6.6) 右边积分号中 $y_{n-1}(\xi)$ 改为 $y_{n-1}(\xi) + \alpha_n$, 这样得到 $y_n(x)$ 的表达式是

$$y_n(x) = f(x) + \lambda \int_a^b K(x,\xi) [y_{n-1}(\xi) + \alpha_n]\, d\xi \tag{6.6.9}$$

上式中的 α_n 是未知的, 以下方法可以求出 α_n 表达式.

将 $\delta_n(x)$ 表达式 (6.6.8) 代入式 (6.6.7), 有

$$\begin{aligned}
\alpha_n &= \frac{1}{b-a} \int_a^b \delta_n(x)\, dx = \frac{1}{b-a} \int_a^b [y_n(x) - y_{n-1}(x)]\, dx \\
&= \frac{1}{b-a} \int_a^b \int_a^b \lambda K(x,\xi) [(y_{n-1}(\xi) + \alpha_n) - (y_{n-2}(\xi) + \alpha_{n-1})]\, d\xi dx \\
&= \frac{1}{b-a} \int_a^b \int_a^b \lambda K(x,\xi) [\delta_{n-1}(\xi) + \alpha_n - \alpha_{n-1}]\, d\xi dx \\
&= \frac{\lambda}{b-a} \int_a^b \int_a^b K(x,\xi) [\delta_{n-1}(\xi) - \alpha_{n-1}]\, d\xi dx + \frac{\lambda \alpha_n}{b-a} \int_a^b \int_a^b K(x,\xi) d\xi dx
\end{aligned}$$

上式合并同类项后得到

$$\alpha_n = \frac{\lambda \displaystyle\int_a^b \int_a^b K(x,\xi) [\delta_{n-1}(\xi) - \alpha_{n-1}]\, d\xi dx}{(b-a) - \lambda \displaystyle\int_a^b \int_a^b K(x,\xi) d\xi dx} \tag{6.6.10}$$

联立式 (6.6.9) 和式 (6.6.10) 就得到了所求的解.

例 6.8 用泛函平均法计算下列积分方程:

(1) $y(x)=f(x)+\lambda\int_0^1 \xi y(\xi)d\xi\ (|\lambda|<1)$;

(2) $y(x)=\dfrac{22}{75}\sqrt{x}+\dfrac{1}{10}\int_0^1 \sqrt{x}(10+\xi)y(\xi)d\xi$.

解 (1) 根据式 (6.6.9) 和 (6.6.10), 有

$$K(x,\xi)=\xi,\quad y_0(x)=f(x),\quad \delta_0(x)=y_0(x)=f(x),\quad \alpha_0=0$$

$$\alpha_1=\frac{\lambda\int_0^1\int_0^1 \xi[\delta_0-\alpha_0]d\xi dx}{1-\lambda\int_0^1\int_0^1 \xi d\xi dx}=\frac{\lambda\int_0^1\int_0^1 \xi f(\xi)d\xi dx}{1-\lambda/2}=\frac{\lambda}{1-\lambda/2}k$$

式中

$$k=\int_0^1 \xi f(\xi)d\xi$$

$$\begin{aligned}y_1(x)&=f(x)+\lambda\int_a^b \xi[y_0(\xi)+\alpha_1]d\xi\\&=f(x)+\lambda\int_a^b \xi\left[f(\xi)+\frac{\lambda k}{1-\lambda/2}\right]d\xi\\&=f(x)+k\left[\lambda+\frac{\lambda^2/2}{1-\lambda/2}\right]\\&=f(x)+\frac{1}{1-\lambda/2}\int_0^1 \xi f(\xi)d\xi\end{aligned}$$

本题的 $y_1(x)$ 与例 6.7 第 (1) 题求出的解 $y(x)$ 是相同的, 由此可见泛函平均法收敛速度之快.

(2) 因为 $\lambda=\dfrac{1}{10}$, 所以积分方程用逐次逼近法求解是收敛的. 根据式 (6.6.7) 可知

$$y_0(x)=\frac{22}{75}\sqrt{x},\quad \alpha_0=0,\quad \delta_0(x)=y_0(x)=\frac{22}{75}\sqrt{x}$$

$$\alpha_1=\frac{\frac{1}{10}\int_0^1\int_0^1 \sqrt{x}(10+\xi)\frac{22}{75}\sqrt{\xi}d\xi dx}{1-\frac{1}{10}\int_0^1\int_0^1 \sqrt{x}(10+\xi)d\xi dx}=\frac{4664}{10125}$$

$$y_1(x) = \frac{22}{75}\sqrt{x} + \frac{1}{10}\int_0^1 \sqrt{x}(10+\xi)\left(\frac{22}{75}\sqrt{\xi} + \frac{4664}{10125}\right)d\xi = 0.9843\sqrt{x}$$

$$\delta_1(x) = y_1(x) - y_0(x) = 0.9843\sqrt{x} - \frac{22}{75}\sqrt{x} = 0.6910\sqrt{x}$$

$$\alpha_2 = \frac{\dfrac{1}{10}\displaystyle\int_0^1\int_0^1 \sqrt{x}(10+\xi)\left(0.6910\sqrt{\xi} - \frac{4664}{10125}\right)d\xi dx}{1 - \dfrac{1}{10}\displaystyle\int_0^1\int_0^1 \sqrt{x}(10+\xi)\,d\xi dx} = 0.0103$$

$$y_2(x) = \frac{22}{75}\sqrt{x} + \frac{1}{10}\int_0^1 \sqrt{x}(10+\xi)\left(0.9843\sqrt{\xi} + 0.0103\right)d\xi = 0.9997\sqrt{x}$$

经过计算发现 $y_2(x)$ 与精确解的误差为 0.01390, 比逐次逼近法第 13 次解结果精度还要高.

6.7　可分核的 Fredholm 方程解法

首先引入可分核的概念. 若积分方程的核可以写成

$$K(x,\xi) = \sum_{n=1}^{N} g_n(x)\,h_n(\xi) \tag{6.7.1}$$

并且 $g_n(x)$ 与 $h_n(x)$ 是线性独立的, 则称核 $K(x,\xi)$ 为可分的. 有一些积分方程的核表面是不可分的, 实际上是可分的, 例如

$$\sin(x+\xi) = \sin x\cos\xi + \cos x\sin\xi$$

实际应用中可分核的积分方程并不多见, 但是有许多积分方程的核可以用级数展开或其他逼近法将核化成可分的. 下面将讨论可分核积分方程解法.

设积分方程是

$$y(x) = f(x) + \lambda\int_a^b K(x,\xi)y(\xi)\,d\xi \tag{6.7.2}$$

若核是可分的, 则核是式 (6.7.1) 所示的形式. 将式 (6.7.1) 代入上式得到

$$y(x) = f(x) + \lambda\sum_{n=1}^{N} g_n(x)\left[\int_a^b h_n(\xi)\,y(\xi)\,d\xi\right] \tag{6.7.3}$$

由于定积分 $\displaystyle\int_a^b h_n(\xi)\,y(\xi)\,d\xi$ 为常数, 所以 $g_n(x)$ 前面应当是一个与 n 有关的系数. 令

$$c_n = \int_a^b h_n(\xi)\, y(\xi)\, d\xi \quad (n = 1, 2, \cdots, N) \tag{6.7.4}$$

式 (6.7.3) 成为

$$y(x) = f(x) + \lambda \sum_{n=1}^{N} c_n g_n(x) \tag{6.7.5}$$

由上式可见, 只要能确定常数 $c_1, c_2, \cdots, c_N$ 的值, 式 (6.7.5) 就可以计算出 $y(x)$.

为了求解式 (6.7.5), 将 $h_m(x)\,(m = 1, 2, \cdots, N)$ 乘以式 (6.7.5) 两侧再积分, 得到

$$\lambda \sum_{n=1}^{N} c_n \int_a^b g_n(x)\, h_m(x)\, dx + \int_a^b h_m(x)\, f(x)\, dx = \int_a^b h_m(x)\, y(x)\, dx \tag{6.7.6}$$

再令

$$\alpha_{mn} = \int_a^b h_m(x)\, g_n(x)\, dx \tag{6.7.7}$$

$$\beta_m = \int_a^b h_m(x)\, f(x)\, dx \tag{6.7.8}$$

注意到式 (6.7.4), 则有

$$c_m = \int_a^b h_m(x)\, y(x)\, dx$$

所以式 (6.7.6) 可以写成

$$\lambda \sum_{n=1}^{N} \alpha_{mn} c_n - c_m = -\beta_m$$

即有

$$c_m - \lambda \sum_{n=1}^{N} \alpha_{mn} c_n = \beta_m \quad (m = 1, 2, \cdots, N) \tag{6.7.9}$$

式 (6.7.9) 展开后是一组线性方程, 为

$$\begin{cases} (1 - \lambda\alpha_{11})\, c_1 - \lambda\alpha_{12} c_2 - \lambda\alpha_{13} c_3 - \cdots - \lambda\alpha_{1N} c_N = \beta_1 \\ -\lambda\alpha_{21} c_1 + (1 - \lambda\alpha_{22})\, c_2 - \lambda\alpha_{23} c_3 - \cdots - \lambda\alpha_{2N} c_N = \beta_2 \\ \cdots\cdots \\ -\lambda\alpha_{N1} c_1 - \lambda\alpha_{N2} c_2 - \lambda\alpha_{N3} c_3 - \cdots - (1 - \lambda\alpha_{NN})\, c_N = \beta_N \end{cases}$$

上式写成矩阵方程为

$$\begin{bmatrix} 1 - \lambda\alpha_{11} & -\lambda\alpha_{12} & \cdots & -\lambda\alpha_{1N} \\ -\lambda\alpha_{21} & 1 - \lambda\alpha_{22} & \cdots & -\lambda\alpha_{2N} \\ \vdots & \vdots & & \vdots \\ -\lambda\alpha_{N1} & -\lambda\alpha_{N2} & \cdots & 1 - \lambda\alpha_{NN} \end{bmatrix} \begin{bmatrix} c_1 \\ c_2 \\ \vdots \\ c_N \end{bmatrix} = \begin{bmatrix} \beta_1 \\ \beta_2 \\ \vdots \\ \beta_N \end{bmatrix}$$

左侧矩阵可以拆分成两个矩阵, 有

$$\left\{\begin{bmatrix} 1 & 0 & 0 & 0 \\ 0 & 1 & 0 & 0 \\ \vdots & \vdots & \ddots & \vdots \\ 0 & 0 & 0 & 1 \end{bmatrix} - \lambda \begin{bmatrix} \alpha_{11} & \alpha_{12} & \cdots & \alpha_{1N} \\ \alpha_{21} & \alpha_{22} & \cdots & \alpha_{2N} \\ \vdots & \vdots & & \vdots \\ \alpha_{N1} & \alpha_{N2} & \cdots & \alpha_{NN} \end{bmatrix}\right\} \begin{bmatrix} c_1 \\ c_2 \\ \vdots \\ c_N \end{bmatrix} = \begin{bmatrix} \beta_1 \\ \beta_2 \\ \vdots \\ \beta_N \end{bmatrix} \tag{6.7.10}$$

记单位矩阵为 I, 且记系数矩阵为

$$\vec{A} = \begin{bmatrix} \alpha_{11} & \alpha_{12} & \cdots & \alpha_{1N} \\ \alpha_{21} & \alpha_{22} & \cdots & \alpha_{2N} \\ \vdots & \vdots & & \vdots \\ \alpha_{N1} & \alpha_{N2} & \cdots & \alpha_{NN} \end{bmatrix}$$

式 (6.7.10) 的矩阵方程可以写成

$$\left[I - \lambda\vec{A}\right]\vec{c} = \vec{\beta} \tag{6.7.11}$$

式中 $\vec{c}$ 和 $\vec{\beta}$ 是列向量.

下面讨论方程 (6.7.11) 的解, 共有 3 种情况如下:

(1) 积分方程是齐次方程. 此时有 $f(x) = 0$, 因此式 (6.7.9) 的自由项 β_m 为零, 方程 (6.7.11) 是齐次线性方程组, 为

$$\left[I - \lambda\vec{A}\right]\vec{c} = \vec{0} \tag{6.7.12}$$

若 $\vec{c}$ 有非零解, 则方程 (6.7.12) 的系数行列式为零, 故有

$$\Delta(\lambda) = \left|I - \lambda\vec{A}\right| = 0 \tag{6.7.13}$$

当式 (6.7.13) 成立时 $\vec{c}$ 有无穷多个解, 这样积分方程的解 (6.7.5) 有无穷多个. 由于式 (6.7.13) 是一个 N 次多项式, 所以最多只有 N 个 λ_i 值满足 (6.7.13), **称这些 λ_i 为积分方程的特征值, 与相应 λ_i 所对应的齐次方程的任何一个非平庸解为积分方程的特征函数**.

(2) 函数 $f(x)$ 不恒为零, 而是与函数 $h_n(x)$ 正交的函数, 这样有

$$\beta_n(x) = \int_a^b h_n(x) f(x)\,dx = 0$$

所以式 (6.7.11) 的右端也为零, 方程组 (6.7.11) 同样与 (1) 的情况相同, 是一个齐次线性代数方程组, 这样有解的条件仍然是式 (6.7.13) 成立. 前面齐次积分方程所

讨论的情况仍然成立, 当式 (6.7.13) 成立时, 仍然有无穷多组 $\vec{c}$, 但是从式 (6.7.5) 可以看出, 方程的解应当包含自由项 $f(x)$. 这样就得到了与齐次方程不同的情况, 即当 $\Delta(\lambda) = 0$ 时, 方程 (6.7.2) 有解

$$y(x) = f(x) + c_1 r(x) \tag{6.7.14}$$

式中 c_1 是不等于零的任意常数, $r(x)$ 是积分方程的特征函数.

而在 $\Delta(\lambda) \neq 0$ 时, 齐次线性方程组 (6.7.12) 只有零解 $\vec{c} = 0$, 将其代入式 (6.7.5) 可以得到积分方程的解是

$$y(x) = f(x) \tag{6.7.15}$$

综合式 (6.7.14) 和 (6.7.15), 得到 $f(x)$ 与 $h_n(x)$ 正交时的积分方程解是

$$y(x) = f(x) + cr(x) \tag{6.7.16}$$

式中 c 是任意常数, 或者是零.

(3) $\beta_n\,(n = 1, 2, \cdots, N)$ 中至少一个不为零. 此时有两种情况. 首先, $\Delta(\lambda) \neq 0$, 则式 (6.7.11) 有唯一的非平庸解, 于是积分方程 (6.7.2) 有唯一非零解. 其次, 若 $\Delta(\lambda) = 0$, 式 (6.7.13) 成立, 又有两种情况: 方程 (6.7.11) 是不相容的, 方程 (6.7.11) 无解, 故而积分方程 (6.7.2) 无解; 方程 (6.7.11) 是冗余的, 有无穷个 $\vec{c}$ 存在, 即方程 (6.7.2) 有无穷多个解.

例 6.9 讨论积分方程

$$y(x) = f(x) + \lambda \int_0^1 (1 - 2x\xi) y(\xi)\, d\xi \tag{1}$$

解的情况.

解 积分方程的核 $K(x, \xi) = 1 - 2x\xi$ 为可分核, 可以用代数方法求解. 将式 (1) 的积分号中各项分开, 得到

$$y(x) = f(x) + \lambda \int_0^1 y(\xi) d\xi - 2x\lambda \int_0^1 \xi y(\xi) d\xi$$

令

$$c_1 = \int_0^1 y(\xi) d\xi, \quad c_2 = \int_0^1 \xi y(\xi) d\xi \tag{2}$$

则有

$$y(x) = f(x) + \lambda c_1 - 2\lambda x c_2 \tag{3}$$

式 (3) 两边同乘以 1, 再积分得到

$$\int_0^1 y(x)dx = \int_0^1 f(x)dx + \lambda\int_0^1 c_1 dx - 2\lambda c_2\int_0^1 xdx$$

将式 (2) 代入后得到

$$(1-\lambda)c_1 + \lambda c_2 = \int_0^1 f(x)dx \tag{4}$$

式 (3) 两边同乘以 x 再积分, 然后将式 (2) 代入, 得到

$$-\frac{1}{2}\lambda c_1 + \left(1+\frac{2}{3}\lambda\right)c_2 = \int_0^1 xf(x)dx \tag{5}$$

由式 (4) 和式 (5) 解出 c_1 和 c_2 即可得到积分方程的解.

式 (4) 和式 (5) 是含有参变量 λ 的方程, 必须讨论参变量 λ 对于解的影响. 为此先求式 (4) 和式 (5) 的系数行列式, 其值是

$$\Delta(\lambda) = \begin{vmatrix} 1-\lambda & \lambda \\ -\dfrac{1}{2}\lambda & 1+\dfrac{2}{3}\lambda \end{vmatrix} = 1-\frac{1}{3}\lambda-\frac{1}{6}\lambda^2 \tag{6}$$

令 $\Delta(\lambda)=0$, 得到解是

$$\lambda = -1\pm\sqrt{7} \tag{7}$$

方程解有两种情况: $\Delta(\lambda)\neq 0$ 和 $\Delta(\lambda)=0$.

(1) $\Delta(\lambda)\neq 0$.

从式 (7) 可知, 当 $\lambda\neq -1\pm 7$ 时, 可以由式 (4) 和式 (5) 解出 c_1 和 c_2, 分别是

$$c_1 = \frac{6\displaystyle\int_0^1\left(\lambda x-\frac{2}{3}\lambda-1\right)f(x)\,dx}{\lambda^2+2\lambda-6}$$

$$c_2 = \frac{6\displaystyle\int_0^1\left(\lambda x-x-\frac{1}{2}\lambda\right)f(x)\,dx}{\lambda^2+2\lambda-6}$$

将 c_1 和 c_2 代入式 (3), 得到解是

$$y(x) = f(x) + \frac{6\lambda\displaystyle\int_0^1\left(\lambda x-\frac{2}{3}\lambda-1\right)f(x)\,dx}{\lambda^2+2\lambda-6} - \frac{12\lambda x\displaystyle\int_0^1\left(\lambda x-x-\frac{1}{2}\lambda\right)f(x)\,dx}{\lambda^2+2\lambda-6}$$

此解是积分方程的唯一解.

当 $f(x)=0$ 时, 由式 (6) 和 (7) 可知当 $\lambda \neq -1 \pm \sqrt{7}$ 时 $\Delta(\lambda) \neq 0$, 故齐次线性方程组 (4) 和 (5) 只有零解, 为

$$c_1 = 0, \quad c_2 = 0$$

从式 (3) 可以得到解是

$$y(x) = 0$$

即方程只有零解.

(2) $\Delta(\lambda) = 0$.

现在考虑系数行列式等于零的情况. 先讨论 $\lambda = \sqrt{7}-1$, 此时方程 (4) 和 (5) 为

$$\begin{cases} c_1 - \dfrac{1}{3}\left(5+\sqrt{7}\right)c_2 = -\dfrac{1}{3}\left(2+\sqrt{7}\right)\displaystyle\int_0^1 f(x)dx \\ c_1 - \dfrac{1}{3}\left(5+\sqrt{7}\right)c_2 = -\dfrac{1}{3}\left(1+\sqrt{7}\right)\displaystyle\int_0^1 xf(x)dx \end{cases} \tag{8}$$

方程组 (8) 有解的条件是

$$-\frac{1}{3}\left(2+\sqrt{7}\right)\int_0^1 f(x)dx = -\frac{1}{3}\left(1+\sqrt{7}\right)\int_0^1 xf(x)dx$$

即有

$$\int_0^1 \left[\left(2+\sqrt{7}\right) - \left(1+\sqrt{7}\right)x\right] f(x) = 0 \tag{9}$$

同理可得 $\lambda = -\sqrt{7}-1$ 有解的条件是

$$\int_0^1 \left[\left(\sqrt{7}-2\right) - \left(\sqrt{7}-1\right)x\right] f(x)\, dx = 0 \tag{10}$$

当 $f(x) \equiv 0$ 时, 方程 (9) 和 (10) 同时满足, 于是有

$$\lambda = \sqrt{7}-1, \quad c_1 = \frac{1}{3}\left(5+\sqrt{7}\right)c_2$$

$$\lambda = -\sqrt{7}-1, \quad c_1 = \frac{1}{3}\left(5-\sqrt{7}\right)c_2$$

这样得到 $\lambda = \sqrt{7}-1$ 时的积分方程解是

$$y(x) = \lambda(c_1 - 2xc_2) = \left(\sqrt{7}-1\right)\left[\frac{1}{3}\left(5+\sqrt{7}\right) - 2x\right]c_2 = A\left[2x - \frac{1}{3}\left(5+\sqrt{7}\right)\right]$$

A 是任意常数. 类似可以得到当 $\lambda=-\sqrt{7}-1$ 时的解是

$$y(x)=A\left[2x-\frac{1}{3}\left(5-\sqrt{7}\right)\right]$$

A 是任意常数.

另一种情况是 $f(x)$ 与 $\left[(2+\sqrt{7})-(1+\sqrt{7})x\right]$ 正交, 则有 $c_1=\dfrac{1}{3}(5+\sqrt{7})\,c_2$. 从式 (3) 得到积分方程的解是

$$y(x)=f(x)+A\left[2x-\frac{1}{3}\left(5+\sqrt{7}\right)\right]$$

而当 $f(x)$ 与 $\left(\sqrt{7}-2\right)-\left(\sqrt{7}-1\right)x$ 正交时, 积分方程的解是

$$y(x)=f(x)+A\left[2x-\frac{1}{3}\left(5-\sqrt{7}\right)\right]$$

6.8 Green 函数与对称核积分方程

这一节讨论在理论和实践应用中都很有用的一类积分方程, 即对称核积分方程的产生和解法. 设有齐次边值问题

$$\begin{cases}\dfrac{d}{dx}p(x)\dfrac{dG}{dx}+qG=-\delta(x-\xi), & a<\xi<b\\ \alpha_1G(a)+\beta_1G'(a)=0, \quad \alpha_2G(b)+\beta_2G'(b)=0\end{cases} \tag{6.8.1}$$

式中 $\delta(x-\xi)$ 是狄拉克函数, 定义为

$$\delta(x-\xi)=\begin{cases}0, & x\neq\xi\\ \infty, & x=\xi\end{cases}$$

$$\int_{-\infty}^{+\infty}\delta(x-\xi)\,dx=1 \tag{6.8.2}$$

为下面叙述方便, 令

$$L=\frac{d}{dx}\left(p\frac{d}{dx}\right)+q(x) \tag{6.8.3}$$

下面讨论式 (6.8.1) 的解 $G(x)$ 的性质. 定义 $x<\xi$, 解 $G(x)$ 的值是 $G_1(x)$; $x>\xi$, 解 $G(x)$ 的值是 $G_2(x)$. 显然解 $G_1(x)$ 和 $G_2(x)$ 应当满足以下四个性质:

(1) 当 $x<\xi$ 时, $LG_1=0$; 当 $x>\xi$ 时, $LG_2=0$.

(2) $G_1(a)$ 应当满足边界条件 $\alpha_1 G_1(a)+\beta_1 G_1'(a)=0$; 而 $G_2(b)$ 应当满足边界条件 $\alpha_2 G_2(b)+\beta_2 G_2'(b)=0$.

(3) 函数 $G(x)$ 在 $x=\xi$ 处连续, 即 $G_1(\xi)=G_2(\xi)$.

(4) G 的导数应当有什么样的性质呢? 由于 ξ 是区间 (a,b) 上的动点, 因此 $G'(\xi)$ 的性质就是 G 的导数性质.

现在推导 $G'(\xi)$ 的性质. 在 ξ 上取一个小区间 $(\xi-\varepsilon,\xi+\varepsilon)$, 对式 (6.8.1) 中微分方程积分, 得到

$$\left[p(x)\frac{dG}{dx}\right]\Bigg|_{\xi-\varepsilon}^{\xi+\varepsilon}+\int_{\xi-\varepsilon}^{\xi+\varepsilon}qG(x)dx=-1 \tag{6.8.4}$$

上式中取 $\varepsilon\to 0$, 则有

$$p(\xi)\left[G_2'(\xi)-G_1'(\xi)\right]=-1$$

即有

$$G_2'(\xi)-G_1'(\xi)=-\frac{1}{p(\xi)} \tag{6.8.5}$$

因此得到 $G(x)$ 的导数在 $x=\xi$ 处有一数量为 $-1/p(\xi)$ 的值, 这意味着从 $G_2(\xi)$ 到 $G_1(\xi)$ 有一跃迁.

满足上述四个性质的函数 $G(x)$ 是边值问题 (6.8.1) 的解, 通常称 G 为 Green 函数, 记为 $G(x,\xi)$. 请牢记 Green 函数的四条性质.

Green 函数的意义何在呢? 请见下面的结论.

定理 6.8.1 设有可积函数或连续函数 $f(x,y(x))$, 又有微分方程和齐次边界条件是

$$\begin{cases}\dfrac{d}{dx}\left(p\dfrac{d}{dx}\right)y+q(x)y=-f(x), & a<x<b\\ \alpha_1 y(a)+\beta_1 y'(a)=0, & \alpha_2 y(b)+\beta_2 y'(b)=0\end{cases} \tag{6.8.6}$$

所对应的齐次边界条件下的 Green 函数是 $G(x,\xi)$, 即有

$$\begin{cases}\dfrac{d}{dx}\left(p(x)\dfrac{d}{dx}\right)G(x,\xi)+qG(x,\xi)=-\delta(x-\xi)\\ \alpha_1 G(a,\xi)+\beta_1 G'(a,\xi)=0, \alpha_2 G(b,\xi)+\beta_2 G'(b,\xi)=0\end{cases} \tag{6.8.7}$$

成立. 那么式 (6.8.6) 的解是

$$y(x)=\int_a^b G(x,\xi)f(\xi)d\xi \tag{6.8.8}$$

定理 6.8.1 表明, 当 $f(x, y(x)) = f(x)$, 即 f 是一个由 x 直接给定的函数时, 式 (6.8.8) 就是方程 (6.8.6) 的解, 而当 $f(x, y(x))$ 包含了 $y(x)$ 时, 式 (6.8.8) 就把方程 (6.8.6) 化成了一个等价的积分方程.

定理 6.8.1 证明如下. 仍然用式 (6.8.3) 的算子 L 来表达微分方程 (6.8.6) 的左端运算. 假定 $y = u(x)$ 和 $v(x)$ 是方程 (4.8.6) 的两个非平庸解, 而 $u(x)$ 满足 $x = a$ 的齐次边界条件, $v(x)$ 满足 $x = b$ 的齐次边界条件, 根据前面所叙述的 Green 函数定义, 则有

$$G(x, \xi) = \begin{cases} c_1 u(x), & x < \xi \\ c_2 v(x), & x > \xi \end{cases} \tag{6.8.9}$$

再根据 Green 函数性质 (3), 又得到

$$c_1 u(\xi) - c_2 v(\xi) = 0 \tag{6.8.10}$$

确定上式中的任意常数 c_1 和 c_2 还少一个方程, 这可以根据 Green 函数性质 (4) 得到. 因为 $G_1'(\xi) = c_1 u'(\xi)$, $G_2'(\xi) = c_2 v'(\xi)$, 又有

$$c_2 v'(\xi) - c_1 u'(\xi) = -\frac{1}{p(\xi)} \tag{6.8.11}$$

将 (6.8.10) 代入上式得到

$$c_1 [u(\xi) v'(\xi) - v(\xi) u'(\xi)] = -\frac{v(\xi)}{p(\xi)}$$

注意到 $x \neq \xi$ 时 $L[G] = 0$, 将 $u(\xi)$ 和 $v(\xi)$ 分别代入此式, 有

$$u(\xi) v'(\xi) - v(\xi) u'(\xi) = \frac{-v(\xi)/c_1}{p(\xi)} = \frac{A}{p(\xi)} \quad (\text{见 Abel 公式}) \tag{6.8.12}$$

式中 A 是不为零的任意常数. 从式 (6.8.10) 和式 (6.8.12) 可以得到解是

$$c_1 = -\frac{v(\xi)}{A}, \quad c_2 = -\frac{u(\xi)}{A}$$

这样式 (6.8.9) 可以写成

$$G(x, \xi) = \begin{cases} -\dfrac{1}{A} u(x) v(\xi), & x < \xi \\ -\dfrac{1}{A} u(\xi) v(x), & x > \xi \end{cases} \tag{6.8.13}$$

上式中 A 由 (6.8.12) 确定是与 x 和 ξ 无关的一个常数. 上述 Green 函数的推导过程, 也是 Green 函数的求解方法.

下面从式 (6.8.13) 解出方程 (6.8.6). 将 Green 函数 (6.8.13) 代入式 (6.8.8), 有

$$y(x)=\int_a^b G(x,\xi)f(\xi)\,d\xi$$

$$=\int_a^x -\frac{1}{A}v(x)\,u(\xi)\,f(\xi)\,d\xi+\int_x^b -\frac{1}{A}u(x)\,v(\xi)\,f(\xi)\,d\xi \tag{6.8.14}$$

对上式求导数得到

$$y'(x)=-\frac{1}{A}\left[\int_a^x v'(x)\,u(\xi)\,f(\xi)\,d\xi+\int_x^b u'(x)\,v(\xi)\,f(\xi)d\xi\right] \tag{6.8.15}$$

$$y''(x)=-\frac{1}{A}\left[\int_a^x v''(x)\,u(\xi)\,f(\xi)\,d\xi+\int_x^b u''(x)v(\xi)\,f(\xi)\,d\xi\right]$$

$$-\frac{1}{A}\left[v'(x)\,u(x)-u'(x)\,v(x)\right]f(x) \tag{6.8.16}$$

将式 (6.8.15) 和 (6.8.16) 代入 $Ly=\dfrac{d}{dx}p(x)\dfrac{dy}{dx}+q(x)\,y(x)$, 并用 (6.8.12), 于是得到

$$L[y(x)]=-\frac{1}{A}\left\{\int_a^x L[v(x)]\,u(\xi)\,f(\xi)d\xi+\int_x^b L[u(x)]\,v(\xi)\,f(\xi)\,d\xi\right\}$$

$$-\frac{1}{A}\left[p(x)\cdot\frac{A}{p(x)}\cdot f(x)\right] \tag{6.8.17}$$

注意到在式 (6.8.17) 的积分中当 $x<\xi$ 时有 $L[u(x)]=0$; 当 $\xi<x$ 时有 $L[v(x)]=0$, 所以式中的积分为零, 因此式 (6.8.17) 成为

$$L[y(x)]=-f(x)$$

上式表明式 (6.8.14) 的 $y(x)$ 满足微分方程 (6.8.6) 和积分解 (6.8.8), 从而说明 (6.8.8) 满足方程 (6.8.6).

再证明式 (6.8.8) 也满足相应的边界条件. 将 $x=a$ 代入 (6.8.14) 和 (6.8.15) 得到

$$y(a) = -\frac{1}{A}u(a)\int_a^b v(\xi)f(\xi)\,d\xi, \quad y'(a) = -\frac{1}{A}u'(a)\int_a^b v(\xi)f(\xi)\,d\xi$$

将 α_1 乘以 $y(a)$, β_1 乘以 $y'(a)$, 再相加又得到

$$\alpha_1 y(a) + \beta_1 y'(a) = -\frac{1}{A}\left[\alpha_1 u(a) + \beta_1 u'(a)\right]\int_a^b v(\xi)f(\xi)\,d\xi \tag{6.8.18}$$

而 $u(x)$ 是方程 (6.8.7) 的一个解, 因此有

$$\alpha_1 u(a) + \beta_1 u'(a) = 0$$

上式代入式 (6.8.18) 又得到

$$\alpha_1 y(a) + \beta_1 y'(a) = 0$$

同理可以得到

$$\alpha_2 y(b) + \beta_2 y'(b) = 0$$

即式 (6.8.8) 也满足相应的边界条件.

上面证明过程说明了式 (6.8.8) 是方程 (6.8.6) 的解. 反之也可以证明方程 (6.8.6) 里包含了式 (6.8.8). 上述定理也称为 Hilbert 定理.

定理 6.8.1 中的 $f(x)$ 也可以进一步扩展为

$$f(x) = f(x, y(x))$$

那么方程 (6.8.6) 的右侧强迫函数与 $y(x)$ 有关, 解 (6.8.8) 成为

$$y(x) = \int_a^b G(x,\xi)f(\xi, y(\xi))\,d\xi \tag{6.8.19}$$

式 (6.8.19) 正是一个积分方程, 这说明边值问题的微分方程与一个积分方程是等价的. 如果把方程 (6.8.6) 的 $f(x)$ 写成

$$f(x) = \lambda r(x)y(x) - F(x)$$

微分方程 (6.8.6) 成为

$$Ly(x) + \lambda r(x)y(x) = F(x) \tag{6.8.20}$$

若在区间端点 $x=a$, $x=b$ 处满足齐次边界条件, 则有等价的 Fredholm 方程

$$y(x)=\lambda\int_a^b G(x,\xi)r(\xi)y(\xi)d\xi-\int_a^b G(x,\xi)F(\xi)d\xi \tag{6.8.21}$$

方程 (6.8.21) 的核 $K(x,\xi)=G(x,\xi)r(\xi)$, 在 $r(\xi)$ 不是常数时, 核不对称, 因此它不是 Green 函数. 实际应用中经常遇到这样一种情况, 即 $r(x)$ 在 (a,b) 上非负, 将式 (6.8.21) 两边同乘以 $\sqrt{r(x)}$, 可以得到

$$\begin{aligned}&\sqrt{r(x)}y(x)\\&=\lambda\int_a^b G(x,\xi)\sqrt{r(x)r(\xi)}\left(\sqrt{r(\xi)}y(\xi)\right)d\xi-\int_a^b G(x,\xi)\sqrt{r(x)r(\xi)}\frac{F(\xi)}{\sqrt{r(\xi)}}d\xi\end{aligned}$$

定义

$$\begin{cases}Y(x)=\sqrt{r(x)}y(x)\\ \overline{K(x,\xi)}=G(x,\xi)\sqrt{r(x)r(\xi)}\end{cases} \tag{6.8.22}$$

则有

$$Y(x)=\lambda\int_a^b \overline{K(x,\xi)}Y(\xi)d\xi-\int_a^b \overline{K(x,\xi)}\frac{F(\xi)}{\sqrt{r(\xi)}}d\xi \tag{6.8.23}$$

方程 (6.8.23) 是一个对称核积分方程, 即核有 $\overline{K(x,\xi)}=\overline{K(\xi,x)}$ 的等式成立.

前面讨论的 Green 函数 $A\neq 0$. 而在式 (6.8.13) 表示的 Green 函数中, 若 $A=0$, 则 Green 函数不存在. 实际上, 式 (6.8.11) 是朗斯基行列式的结果, 根据微分方程理论可知 $u(x)$ 和 $v(x)$ 线性相关, 它们都是某一非零函数 $\varphi(x)$ 的倍数, 这种情况下可以引入广义 Green 函数.

广义 Green 函数定义. 有一非平庸函数 $y=\Phi(x)$, 而 $\Phi(x)$ 满足方程 (6.8.1) 和相应的齐次边界条件, 若 $H(x,\xi)$ 有以下五个性质:

(1) 在 $x\in(a,\xi)$ 和 (ξ,b) 内有

$$LH=c\Phi(x)\Phi(\xi)$$

其中 c 为任意常数;

(2) $H(x,\xi)$ 满足齐次边界条件;

(3) $H(x,\xi)$ 在 $x=\xi$ 处连续;

(4) $H(x,\xi)$ 的导数有以下性质

$$\left.\frac{dH}{dx}\right|_{x=\xi^+}-\left.\frac{dH}{dx}\right|_{x=\xi^-}=-\frac{1}{p(\xi)}$$

(5) $H(x,\xi)$ 满足

$$\int_a^b H(x,\xi)\Phi(x)\,dx = 0$$

则 $H(x,\xi)$ 被称为广义 Green 函数.

方程 (6.8.6) 的解是

$$y(x) = \int_a^b H(x,\xi) f(\xi)\,d\xi + A\Phi(x)$$

上式中 A 是任意常数. 有关广义 Green 函数的理论这里不再阐述, 读者可以查阅相关文献. 下面我们用例题来介绍定理 6.8.1 的应用.

例 6.10　把贝塞尔方程

$$\begin{cases} x^2\dfrac{d^2y}{dx^2} + x\dfrac{dy}{dx} + (\lambda x^2 - 1)\,y = 0 \\ y(0) = 0, y(1) = 0 \end{cases}$$

化成积分方程.

解　先将积分方程写成

$$\frac{d}{dx}\left(x\frac{dy}{dx}\right) + \left(-\frac{1}{x} + \lambda x\right) y = 0 \tag{1}$$

因此得到

$$\frac{d}{dx}\left(x\frac{dy}{dx}\right) + \left(-\frac{1}{x}\right) y = -\lambda xy \tag{2}$$

这样 Green 函数求解的方程是

$$\frac{d}{dx}\left(x\frac{dy}{dx}\right) + \left(-\frac{1}{x}\right) y = -\delta(x-\xi), \quad 0 < \xi < 1 \tag{3}$$

方程 (3) 的伴齐次方程是 $\dfrac{d}{dx}\left(x\dfrac{dy_p}{dx}\right) + \left(-\dfrac{1}{x}\right) y_p = 0$, 解是

$$y_p(x) = c_1 x + c_2 x^{-1}$$

取一个解是

$$y_1(x) = u(x) = x$$

注意到 $u(0)=0$. 另一个解可以从 y_p 的线性组合中考虑, 又有

$$y_2(x)=v(x)=x^{-1}-x$$

上式中有 $v(1)=0$, 即取

$$G_1=c_1u(x)=c_1x,\quad u(0)=0,\quad x<\xi$$

$$G_2=c_2v(x)=c_2\left(x^{-1}-x\right),\quad v(1)=0,\quad x>\xi$$

根据 Green 函数的性质 (3), 又有 $G_1(\xi)=G_2(\xi)$, 即

$$c_1\xi=c_2\left(\frac{1}{\xi}-\xi\right)\tag{4}$$

再根据式 (6.8.5) 又有

$$G_2'(\xi)-G_1'(\xi)=c_2\left(-\frac{1}{\xi^2}-1\right)-c_1=-\frac{1}{\xi}\tag{5}$$

解式 (4) 和 (5) 得到

$$c_2=\frac{\xi}{2},\quad c_1=\frac{1}{2}\left(\frac{1}{\xi}-\xi\right)$$

这样得到

$$G_1=c_1x=\frac{x}{2\xi}\left(1-\xi^2\right),\quad x<\xi$$

$$G_2=c_2\left(\frac{1}{x}-x\right)=\frac{\xi}{2x}\left(1-x^2\right),\quad x>\xi$$

于是 Green 函数是

$$G(x,\xi)=\begin{cases}\dfrac{x}{2\xi}\left(1-\xi^2\right), & x<\xi\\[2mm] \dfrac{\xi}{2x}\left(1-x^2\right), & x>\xi\end{cases}\tag{6}$$

根据定理 6.8.1 可以写出积分方程是

$$y(x)=\lambda\int_a^b G(x,\xi)\xi y(\xi)\,d\xi$$

例 6.11 (1) 将边值问题

$$\begin{cases}y''=f\left[x,y(x)\right]\\ y(0)=0,\quad y(l)=0\end{cases}$$

化成积分方程.

(2) 求解边值问题

$$\begin{cases} y'' - y = x \\ y(0) = 0, \quad y(l) = 0 \end{cases}$$

解　(1) 求解 Green 函数的方程是

$$\begin{cases} y''(x) = -\delta(x) \\ y(0) = y(l) = 0 \end{cases}$$

注意到上式的齐次方程是

$$\frac{d}{dx}\left(\frac{dy_p}{dx}\right) = 0$$

因此得到

$$y_p = c_1 + c_2 x$$

取一个解是

$$y_1 = u(x) = c_1 x$$

上式满足 $y(0) = 0$. 另取

$$y_2 = v(x) = c_2(x - l)$$

上式又满足 $y_2(l) = 0$. 于是又有

$$G_1 = c_1 v(x) = c_1 x, \quad x < \xi$$

$$G_2 = c_2 v(x) = c_2(x - l), \quad x > \xi$$

按 Green 函数性质 (3), 有

$$c_1 \xi = c_2(\xi - l) \tag{1}$$

又根据 Green 函数性质 (4), 又有

$$G_2'(\xi) - G_1'(\xi) = -\frac{1}{p(\xi)} = -1 \tag{2}$$

这样得到方程组

$$\begin{cases} c_1 \xi = c_2(\xi - l) \\ c_2 - c_1 = -1 \end{cases}$$

于是有解 $c_1 = -(\xi - l)/l$, $c_2 = -\xi/l$. Green 函数为

$$G(x,\xi) = \begin{cases} -\dfrac{x(\xi - l)}{l}, & 0 \leqslant x \leqslant \xi \\ -\dfrac{\xi(x-l)}{l}, & \xi < x \leqslant l \end{cases} \tag{3}$$

这样得到边值问题的解是

$$y(x) = \int_0^l G(x,\xi) f[\xi, y(\xi)]\, d\xi$$

(2) 此题应先求方程

$$y_p'' - y_p = 0 \tag{1}$$

的解. 此时解为 $y_p = c_1' \cosh x + c_2' \sinh x$. 因此取 $y(0) = 0$ 的解是

$$y_1(x) = c_1 \sinh x$$

而取 $c_1' = c_1 \sinh l$, $c_2' = -c_2 \cosh l$, 这样又有

$$y_2(x) = c_1 (\cosh x \sinh l - \sinh x \cosh l) = c_1 \sinh(x - l)$$

因此得到

$$G = \begin{cases} c_1 \sinh x, & x < \xi \\ c_2 \sinh(x - l), & x > \xi \end{cases}$$

根据 Green 函数性质 (3), 有

$$c_1 \sinh \xi = c_2 \sinh(\xi - l) \tag{2}$$

又根据 Green 函数性质 (4), 得到

$$c_2 \cosh(\xi - l) - c_1 \cosh \xi = -1 \tag{3}$$

解式 (2) 和 (3) 得到常数是

$$c_1 = -\frac{\sinh(\xi - l)}{\sinh l}, \quad c_2 = -\frac{\sinh \xi}{\sinh l}$$

所以 Green 函数是

$$G(x,\xi) = \begin{cases} -\dfrac{\sinh x \sinh(\xi - l)}{\sinh l}, & 0 \leqslant x \leqslant \xi \\ -\dfrac{\sinh \xi \sinh(x - l)}{\sinh l}, & \xi < x \leqslant l \end{cases} \tag{4}$$

方程的解是

$$
\begin{aligned}
y(x) &= \int_0^l -G(x,\xi)\xi d\xi \\
&= \int_0^x \frac{\sinh\xi\sinh(x-l)}{\sinh l}\xi d\xi + \int_x^l \frac{\sinh x\sinh(\xi-l)}{\sinh l}\xi d\xi \\
&= \frac{\sinh(x-l)}{\sinh l}\int_0^x \xi\sinh\xi d\xi + \frac{\sinh x}{\sinh l}\int_x^l \xi\sinh(\xi-l)d\xi \\
&= -x + \frac{l\sinh x}{\sinh l}.
\end{aligned}
$$

6.9 Hilbert-Schmidt 理论与非齐次 Fredholm 方程的解法

6.7 节通过可分核解法引入了特征值和特征函数, 6.8 节又引入了对称核积分方程. 这一节我们将介绍如何用特征函数解对称核积分方程, 通常称之为 Hilbert-Schmidt 理论. 首先考虑齐次 Fredholm 积分方程的特征值和特征函数.

设所求解的齐次 Fredholm 方程的核 $K(x,\xi)$ 是对称核, 即有

$$K(x,\xi) = K(\xi,x)$$

并且 $K(x,\xi)$ 在 $x > \xi$ 和 $x < \xi$ 时有不同的表达式, 那么一般情况下它有无穷多个特征值和与之一一对应的特征函数, 并且特征值是实值, 特征函数组成一个正交函数系. 这就是下面的定理.

定理 6.9.1 特征值与特征函数定理. 设有齐次 Fredholm 方程

$$y(x) = \lambda\int_a^b K(x,\xi)\,y(\xi)d\xi \tag{6.9.1}$$

并且核是对称的, 即

$$K(x,\xi) = K(\xi,x) \tag{6.9.2}$$

如果 $y_m(x)$ 和 $y_n(x)$ 是方程 (6.9.1) 中相异的两个特征值 λ_m 和 λ_n 对应的特征函数, 那么 $y_m(x)$ 和 $y_n(x)$ 在 (a,b) 上正交, 并且特征值是实值.

证明 因为 $y_m(x)$ 和 $y_n(x)$ 是方程 (6.9.1) 中相异的两个特征值 λ_m 和 λ_n 对应的特征函数, 因此有

$$y_m(x) = \lambda_m\int_a^b K(x,\xi)y_m(\xi)\,d\xi \tag{6.9.3a}$$

$$y_n(x) = \lambda_n \int_a^b K(x,\xi) y_n(\xi)\, d\xi \tag{6.9.3b}$$

式 (6.9.3a) 两端乘以 $y_n(x)$, 再在 (a,b) 上对于 x 积分, 于是得到

$$\int_a^b y_m(x)\, y_n(x)\, dx = \lambda_m \int_a^b y_n(x) \left[\int_a^b K(x,\xi) y_m(\xi)\, d\xi\right] dx \tag{6.9.4}$$

交换上式右端积分的积分次序, 上式变换为

$$\int_a^b y_m(x)\, y_n(x)\, dx = \lambda_m \int_a^b y_m(\xi) \left[\int_a^b K(x,\xi) y_n(x)\, dx\right] d\xi \tag{6.9.5}$$

又因为核是对称的, 将式 (6.9.2) 代入上式, 上式右边括号里的式子可以写成

$$\int_a^b K(x,\xi) y_n(x)\, dx = \int_a^b K(\xi,x) y_n(x)\, dx$$

从式 (6.9.3b) 可知, 又有

$$\int_a^b K(\xi,x) y_n(x)\, dx = \frac{y_n(\xi)}{\lambda_n}$$

于是式 (6.9.5) 成为

$$\int_a^b y_m(x)\, y_n(x)\, dx = \frac{\lambda_m}{\lambda_n} \int_a^b y_m(\xi)\, y_n(\xi)\, d\xi = \frac{\lambda_m}{\lambda_n} \int_a^b y_m(x)\, y_n(x)\, dx$$

上式可以写成

$$(\lambda_m - \lambda_n) \int_a^b y_m(x)\, y_n(x)\, dx = 0 \tag{6.9.6}$$

由于 $\lambda_m \neq \lambda_n$, 故有

$$\int_a^b y_m(x)\, y_n(x)\, dx = 0$$

即 $y_m(x)$ 和 $y_n(x)$ 是正交的. 若有多个线性无关的特征函数对应于一个特征值, 则可以用 Schmidt 正交化的方法, 组成相等的正交函数, 详细证明见有关教材.

下面证明特征值 λ_m 是实数. 首先注意到当 $K(x,\xi)$ 是连续函数时, 方程至少有一个特征值. 假设 λ_m 为复特征值, 为

$$\lambda_m = \alpha_m + i\beta_m$$

对应的特征函数 $y_m(x)$ 为复变函数, 是

$$y_m = f_m(x) + ig_m(x)$$

那么 λ_m 的共轭复数 λ_m^* 必然也是方程 (6.9.1) 的特征值, 其对应的特征函数必然是 $y_m(x)$ 的共轭复数, 故有

$$\lambda_m^* = \alpha_m - i\beta_m$$

$$y_m^* = f_m(x) - ig_m(x)$$

因此式 (6.9.6) 可以写成

$$(\lambda_m - \lambda_m^*)\int_a^b y_m(x)\, y_m^*(x)\, dx = 0$$

$$2i\beta_m \int_a^b |y_m(x)|^2\, dx = 0$$

故有 $\beta_m = 0$, 即 λ_m 为实值. [证毕]

Hilbert 证明了若 $K(x,\xi)$ 是非对称核, 则 Fredholm 方程有非实数的特征值.

什么函数可以在定理 6.9.1 所得到的特征函数系里展开呢？更进一步的理论可以证明以下的结论.

定理 6.9.2 展开定理. 如果有

$$f(x) = \int_a^b K(x,\xi)\varphi(\xi)\, d\xi \tag{6.9.7}$$

其中 $K(x,\xi)$ 是连续、实值, 且对称的核, $\varphi(x)$ 连续, 那么 $f(x)$ 总可以展开为 (a,b) 上以 $K(x,\xi)$ 为核的齐次 Fredholm 方程

$$y(x) = \lambda\int_a^b K(x,\xi)y(\xi)\, d\xi \tag{6.9.8}$$

的特征函数 $\{y_n(x); n = 1, 2, \cdots\}$ 的线性组合, 即有

$$f(x) = \sum_{n=1}^{\infty} c_n y_n(x), \quad a \leqslant x \leqslant b \tag{6.9.9}$$

定理 6.9.2 证明较为复杂, 这里略去.

下面根据本节给出的两个定理, 来解 $K(x,\xi)$ 是实连续且对称的第二类非齐次 Fredholm 积分方程. 设有第二类实连续、对称核的非齐次 Fredholm 方程, 为

$$y(x)=f(x)+\lambda\int_a^b K(x,\xi)y(\xi)\,d\xi \tag{6.9.10}$$

而相应的伴齐次方程是

$$y(x)=\lambda\int_a^b K(x,\xi)y(\xi)\,d\xi \tag{6.9.11}$$

式 (6.9.11) 解出的特征函数系是 $\{y_n(x);n=1,2,\cdots\}$.

将方程 (6.9.10) 写成

$$y(x)-f(x)=\lambda\int_a^b K(x,\xi)y(\xi)\,d\xi$$

根据定理 6.9.2, $y(x)-f(x)$ 可以写成级数

$$y(x)-f(x)=\sum_{n=1}^{\infty}a_n y_n(x) \tag{6.9.12}$$

对于式 (6.9.12) 用正交函数系展开, 可以得到

$$a_n=\frac{\int_a^b[y(x)-f(x)]\,y_n(x)\,dx}{\int_a^b y_n^2(x)\,dx}=\frac{\int_a^b y(x)\,y_n(x)\,dx}{\int_a^b y_n^2(x)\,dx}-\frac{\int_a^b f(x)\,y_n(x)\,dx}{\int_a^b y_n^2(x)\,dx} \tag{6.9.13}$$

令

$$c_n=\frac{\int_a^b y(x)\,y_n(x)\,dx}{\int_a^b y_n^2(x)\,dx},\quad f_n=\frac{\int_a^b f(x)\,y_n(x)\,dx}{\int_a^b y_n^2(x)\,dx}$$

于是式 (6.9.13) 成为

$$a_n=c_n-f_n \tag{6.9.14}$$

注意式 (6.9.14) 中 $c_n\propto\int_a^b y(x)\,y_n(x)\,dx$, 而 $y(x)$ 是未知函数, 积分不能求解, 所以应当设法消去 $y(x)$. 用 $y_n(x)$ 乘以式 (6.9.10), 再积分可得到

$$\int_a^b y(x)\,y_n(x)\,dx=\int_a^b f(x)\,y_n(x)\,dx+\lambda\int_a^b y_n(x)\left[\int_a^b K(x,\xi)y(\xi)\,d\xi\right]dx$$

于是有

$$c_n \int_a^b y_n^2(x)\,dx = f_n \int_a^b y_n^2(x)\,dx + \lambda \int_a^b y_n(x) \left[\int_a^b K(x,\xi) y(\xi)\,d\xi \right] dx \tag{6.9.15}$$

而

$$\int_a^b y_n(x) \left[\int_a^b K(x,\xi) y(\xi)\,d\xi \right] dx = \int_a^b y(\xi) \left[\int_a^b K(x,\xi) y_n(x)\,dx \right] d\xi$$

$$= \int_a^b y(\xi) \left[\int_a^b K(\xi,x) y_n(x)\,dx \right] d\xi = \frac{1}{\lambda_n} \int_a^b y(\xi)\, y_n(\xi)\,d\xi = \frac{c_n \int_a^b y_n^2(x)\,dx}{\lambda_n}$$

上式代入式 (6.9.15) 后, 得到

$$c_n \int_a^b y_n^2(x)\,dx = f_n \int_a^b y_n^2(x)\,dx + \frac{\lambda}{\lambda_n} c_n \int_a^b y_n^2(x)\,dx$$

消去积分项, 有

$$c_n = f_n + \frac{\lambda}{\lambda_n} c_n \tag{6.9.16}$$

联立上式和式 (6.9.14), 可得到方程组

$$\begin{cases} a_n = c_n - f_n \\ c_n = f_n + \dfrac{\lambda}{\lambda_n} c_n \end{cases}$$

上式解出

$$a_n = \frac{\lambda}{\lambda_n - \lambda} f_n \tag{6.9.17}$$

如果 $\lambda_n \neq \lambda$, 可以把上式代入式 (6.9.12), 就得到方程 (6.9.10) 的解是

$$y(x) = f(x) + \sum_{n=1}^{\infty} a_n y_n(x) = f(x) + \sum_{n=1}^{\infty} \frac{\lambda}{\lambda_n - \lambda} f_n y_n(x) \tag{6.9.18}$$

其中

$$f_n = \frac{\int_a^b f(x)\, y_n(x)\,dx}{\int_a^b y_n^2(x)\,dx}, \quad n = 1, 2, \cdots \tag{6.9.19}$$

上面推导过程说明 $\lambda_n \neq \lambda$, 则解为式 (6.9.18). 但是在 $\lambda_n = \lambda$ 时, 式 (6.9.18) 不能成立, 解是什么样情况呢？若 $f_n \neq 0$, 则解不存在. 然而当 $f(x)$ 与 $y_n(x)$ 正交时, 这时也有 $f_n = 0$, 故有不定式

$$\frac{f_n}{\lambda_n - \lambda} \to \frac{0}{0}$$

因此非齐次方程 (6.9.10) 仍有解.

对于第二类 Fredholm 方程的解法有系统解法和理论. 而第一类 Fredholm 方程就没有这么幸运了. 一般情况下, 第一类 Fredholm 方程是没有解的, 而且即使有解常常也不是唯一的. 只有在某些特殊的情况下, 第一类 Fredholm 方程的解才存在. 一般解第一类 Fredholm 方程, 必须先确定它的解是否存在. 如果解存在, 通常有两种方法解第一类 Fredholm 方程: 逐次逼近法, 特征函数解法. 这里考虑用定理 6.9.2 解方程, 即用 Hilbert-Schmidt 理论解第一类 Fredholm 方程得到的结果.

设有实连续且对称核的第一类 Fredholm 方程:

$$f(x) = \int_a^b K(x,\xi) y(\xi)\, d\xi \tag{6.9.20}$$

我们注意到式 (6.9.20) 实际上是定理 6.9.2 的逆叙述, 即只有当 $f(x)$ 可以展开成第二类伴齐次积分方程

$$y(x) = \lambda \int_a^b K(x,\xi) y(\xi)\, d\xi \tag{6.9.21}$$

特征函数 $\{y_n(x)\}$ 的线性组合

$$f(x) = \sum_{n=1}^{\infty} c_n y_n(x), \quad a \leqslant x \leqslant b \tag{6.9.22}$$

时, 方程才有连续解. 此处级数可以有无穷项, 也可以只有有限项.

现在假设式 (6.9.22) 成立, 那么 $y_n(x)$ 应当满足式 (6.9.21), 这样得到

$$y_n(x) = \lambda_n \int_a^b K(x,\xi) y_n(\xi)\, d\xi \tag{6.9.23}$$

将式 (6.9.23) 代入式 (6.9.22), 可以得到

$$f(x) = \sum_{n=1}^{\infty} c_n \lambda_n \int_a^b K(x,\xi) y_n(\xi)\, d\xi \tag{6.9.24}$$

再把式 (6.9.20) 代入所求解的方程 (6.9.24), 可以得到

$$\int_a^b K(x,\xi)y(\xi)\,d\xi = \sum_{n=1}^{\infty} c_n\lambda_n \int_a^b K(x,\xi)y_n(\xi)\,d\xi$$

当 $K(x,\xi)$ 实连续对称时, 可以证明上式中的无穷级数是一致收敛的, 故求和与积分可以交换次序, 于是有

$$\int_a^b K(x,\xi)\left[y(\xi) - \sum_{n=1}^{\infty} c_n\lambda_n y_n(\xi)\right] d\xi = 0 \tag{6.9.25}$$

式 (6.9.25) 应当还有一个解, 可设 $\varphi(x)$ 是一连续函数, 则此特解是

$$\int_a^b K(x,\xi)\varphi(\xi)\,d\xi = 0 \tag{6.9.26}$$

将上式加到式 (6.9.25) 上, 可得到积分方程的解是

$$y(x) = \sum_{n=1}^{\infty} \lambda_n c_n y_n(x) + \varphi(x) \tag{6.9.27}$$

接着再考虑 $\varphi(x)$ 的取值. 将 $y_n(x)$ 乘以式 (6.9.26), 于是得到

$$\begin{aligned}
&\int_a^b y_n(x)\left[\int_a^b K(x,\xi)\varphi(\xi)\,d\xi\right] dx = \int_a^b \varphi(\xi)\left[\int_a^b K(x,\xi)y_n(x)\,dx\right] d\xi \\
=&\int_a^b \varphi(\xi)\left[\int_a^b K(\xi,x)y_n(x)\,dx\right] d\xi = \int_a^b \varphi(\xi)\,\frac{y_n(\xi)}{\lambda_n}d\xi \\
=&\frac{1}{\lambda_n}\int_a^b \varphi(\xi)\,y_n(\xi)\,d\xi = 0
\end{aligned} \tag{6.9.28}$$

式 (6.9.28) 表明, 若方程 (6.9.26) 有非零解 $\varphi(x)$, 则 $\varphi(x)$ 与 $y_n(x)$ 是正交的. 如果 (a,b) 上的 $y_n(x)$ 组成一个无穷的完备函数系, 则没有连续的不为零的函数能够同时与完备系中所有函数正交, 因此 $\varphi(x) \equiv 0$. 而若 (a,b) 上的特征函数只有有限个, 则必存在无穷多个线性无关函数满足式 (6.9.28), 因此 $\varphi(x)$ 有无穷多个, 所以积分方程的解 (6.9.27) 有无穷多个解.

前面的推导过程说明, 用本节理论解积分方程必须先确定伴齐次方程的特征值和特征函数, 但是这些特征值除了特殊情况外, 都必须用数值方法或者迭代方法求解.

除了 6.7 节所介绍的对称核情况下特征值的解法外, 我们还可以将齐次积分方程化为常微分方程来求解特征值和特征函数, 下面的例子就是这种方法.

例 6.12 求积分方程

$$y(x)=\int_0^\pi K(x,\xi)y(\xi)\,d\xi+x$$

的解, 其中核是对称的, 为

$$K(x,\xi)=\begin{cases}\cos x\sin\xi, & 0\leqslant x\leqslant\xi\\ \cos\xi\sin x, & \xi\leqslant x\leqslant\pi\end{cases}$$

解 如果用 Hilbert-Schmidt 方法求解, 必须先求齐次方程的特征值与特征函数. 齐次积分方程是

$$y(x)=\lambda\int_0^\pi K(x,\xi)y(\xi)\,d\xi \tag{1}$$

$$y(x)=\lambda\int_0^x\cos\xi\sin x\cdot y(\xi)\,d\xi+\lambda\int_x^\pi\cos x\sin\xi\cdot y(\xi)\,d\xi$$

$$y'(x)=\lambda\cos x\int_0^x y(\xi)\cos\xi d\xi-\lambda\sin x\int_x^\pi y(\xi)\sin\xi\cdot d\xi$$

$$\begin{aligned}y''(x)&=-\lambda\sin x\int_0^x\cos\xi\cdot y(\xi)\,d\xi+\lambda\cos^2 x\cdot y(x)\\&\quad-\lambda\cos x\int_x^\pi\sin\xi\cdot y(\xi)\,d\xi+\lambda\sin^2 x\cdot y(x)\\&=\lambda y(x)-\lambda\left[\int_0^x\cos\xi\sin x\cdot y(\xi)\,d\xi+\int_x^\pi\cos x\sin\xi\cdot y(\xi)\,d\xi\right]\\&=\lambda y(x)-y(x)=(\lambda-1)\,y(x)\end{aligned}$$

因此得到边值问题是

$$\begin{cases}y''(x)-(\lambda-1)\,y(x)=0\\ y(\pi)=0,\quad y'(0)=0\end{cases} \tag{2}$$

式 (2) 是 Sturm-Liouville 问题. 有以下几种情况:

(1) $\lambda-1=0$. 式 (2) 是

$$y''(x)=0,\quad y(\pi)=0,\quad y'(0)=0$$

上式得到解是 $y(x)\equiv 0$, 微分方程仅有平庸解, 所以有 $\lambda\neq 1$.

(2) $\lambda - 1 > 0$. 微分方程的解是

$$y(x) = c_1 \cosh\left(\sqrt{\lambda - 1}\, x\right) + c_2 \sinh\left(\sqrt{\lambda - 1}\, x\right) \tag{3}$$

将边界条件代入后, 得到

$$c_1 \cosh\left(\sqrt{\lambda - 1}\, \pi\right) + c_2 \sinh\left(\sqrt{\lambda - 1}\, \pi\right) = 0, \quad c_2 = 0$$

又有 $c_2 = c_1 = 0$, 微分方程又仅有平庸解, 所以有 $\lambda > 1$ 时方程也无解.

(3) $\lambda - 1 < 0$. 微分方程的解是

$$y(x) = c_1 \cos\left(\sqrt{1 - \lambda}\, x\right) + c_2 \sin\left(\sqrt{1 - \lambda}\, x\right)$$

将边界条件代入后, 得到

$$c_1 \cos\left(\sqrt{1 - \lambda}\, \pi\right) + c_2 \sin\left(\sqrt{1 - \lambda}\, \pi\right) = 0, \quad c_2\sqrt{1 - \lambda} = 0$$

于是有 $c_2 = 0$, 特征值方程是 $\cos\left(\sqrt{1 - \lambda}\, \pi\right) = 0$. 特征值是

$$\lambda_n = 1 - \left(n + \frac{1}{2}\right)^2, \quad n = 0, 1, 2, \cdots \tag{4}$$

特征函数是

$$y_n(x) = c_1 \cos\left(n + \frac{1}{2}\right)x, \quad n = 0, 1, 2, \cdots \tag{5}$$

根据式 (6.9.18) 可以得到积分方程的解是

$$y(x) = f(x) + \sum_{n=1}^{\infty} a_n y_n(x) = f(x) + \sum_{n=1}^{\infty} \frac{\lambda}{\lambda_n - \lambda} f_n y_n(x)$$

注意 λ 是积分方程积分号前面的系数, 现在是 1, 因此得到积分方程的解是

$$y(x) = f(x) + \sum_{n=1}^{\infty} a_n y_n(x) = f(x) + \sum_{n=1}^{\infty} \frac{1}{\lambda_n - 1} f_n y_n(x) \tag{6}$$

f_n 由式 (6.6.19) 求出, 为

$$f_n = \frac{\displaystyle\int_0^{\pi} x y_n(x)\, dx}{\displaystyle\int_0^{\pi} y_n^2(x)\, dx} = \frac{\displaystyle\int_0^{\pi} x \cos(n + 1/2)\, x dx}{\displaystyle\int_0^{\pi} \cos^2(n + 1/2)\, x dx} = -\frac{8}{\pi} \frac{1}{(2n+1)^2} + \frac{4}{2n+1}(-1)^n$$

所以解是

$$y(x)=x+\sum_{n=0}^{\infty}\frac{16}{(2n+1)^2}\left[\frac{2}{\pi}\frac{1}{(2n+1)^2}-\frac{1}{2n+1}(-1)^n\right]\cos\left(n+\frac{1}{2}\right)x.$$

6.10 诺伊曼级数与 Fredholm 理论

这一节介绍积分方程的更深入的理论——Fredholm 理论. 从 6.6 节已知第二类 Fredholm 方程是

$$y(x)=f(x)+\lambda\int_a^b K(x,\xi)y(\xi)\,d\xi \tag{6.10.1}$$

在 λ 充分小的情况下, 它的解是

$$y(x)=\sum_{n=0}^{\infty}y_n(x)\lambda^n \tag{6.10.2}$$

而

$$\begin{cases} y_0(x)=f(x) \\ y_n(x)=\int_a^b K^{(n)}(x,\xi)f(\xi)\,d\xi, \quad n=1,2,\cdots \end{cases} \tag{6.10.3}$$

其中

$$\begin{cases} K^{(1)}(x,\xi)=K(x,\xi) \\ K^{(n)}(x,\xi)=\int_a^b\cdots\int_a^b K(x,\xi_1)K(\xi_1,\xi_2)\cdots K(\xi_{n-1},\xi)\,d\xi_1d\xi_2\cdots d\xi_{n-1} \end{cases} \tag{6.10.4}$$

上述结果可以导出诺伊曼级数. 上述各式代入式 (6.10.2), 则有

$$\begin{aligned} y(x)&=f(x)+\sum_{n=1}^{\infty}y_n(x)\lambda^n=f(x)+\sum_{n=1}^{\infty}\lambda^n\int_a^b K^{(n)}(x,\xi)f(\xi)\,d\xi \\ &=f(x)+\sum_{n=1}^{\infty}\lambda^n\int_a^b\left[\int_a^b\cdots\int_a^b K(x,\xi_1)K(\xi_1,\xi_2)\right. \\ &\qquad\left.\cdots K(\xi_{n-1},\xi)\,d\xi_1d\xi_2\cdots d\xi_{n-1}\right]f(\xi)\,d\xi \end{aligned} \tag{6.10.5}$$

记

$$K_1(x,\xi_1)=K(x,\xi_1) \tag{6.10.6}$$

式 (6.10.5) 中 λ^2 的系数是

$$\begin{aligned}&\int_a^b\int_a^b K(x,\xi_1)K(\xi_1,\xi)f(\xi)d\xi_1 f(\xi)d\xi\\=&\int_a^b\left[\int_a^b K(x,\xi_1)K(\xi_1,\xi)d\xi_1\right]f(\xi)d\xi\end{aligned}$$

那么又有

$$K_2(x,\xi)=\int_a^b K(x,\xi_1)K(\xi_1,\xi)d\xi_1=\int_a^b K(x,\xi_1)K_1(\xi_1,\xi)d\xi_1$$

于是 λ^2 的系数可以记作

$$\int_a^b\left[\int_a^b K(x,\xi_1)K(\xi_1,\xi)d\xi_1\right]f(\xi)d\xi=\int_a^b K_2(x,\xi)f(\xi)d\xi$$

考虑式 (6.10.5) 中 λ^3 的系数是

$$\begin{aligned}&\int_a^b\left[\int_a^b\int_a^b K(x,\xi_1)K(\xi_1,\xi_2)K(\xi_2,\xi)d\xi_1d\xi_2\right]f(\xi)d\xi\\=&\int_a^b\left\{\int_a^b K(x,\xi_1)\left[\int_a^b K(\xi_1,\xi_2)K(\xi_2,\xi)d\xi_2\right]d\xi_1\right\}f(\xi)d\xi\\=&\int_a^b\left\{\int_a^b K(x,\xi_1)K_2(\xi_1,\xi)d\xi_1\right\}f(\xi)d\xi\end{aligned}$$

又记

$$K_3(x,\xi)=\int_a^b K(x,\xi_1)K_2(\xi_1,\xi)d\xi_1$$

那么 λ^3 前面的系数是

$$\int_a^b\left[\int_a^b\int_a^b K(x,\xi_1)K(\xi_1,\xi_2)K(\xi_2,\xi)d\xi_1d\xi_2\right]f(\xi)d\xi=\int_a^b K_3(x,\xi)f(\xi)d\xi$$

$$\cdots\cdots$$

类推可知, 如果定义

$$K_n(x,\xi)=\int_a^b K(x,\xi_1)K_{n-1}(\xi_1,\xi)\,d\xi_1 \tag{6.10.7}$$

λ^n 前面的系数是

$$\int_a^b\left[\int_a^b\cdots\int_a^b K(x,\xi_1)K(\xi_1,\xi_2)\cdots K(\xi_{n-1},\xi)\,d\xi_1 d\xi_2\cdots d\xi_{n-1}\right]f(\xi)\,d\xi$$

$$=\int_a^b K_n(x,\xi)f(\xi)\,d\xi$$

积分方程的解是

$$\begin{aligned}y(x)&=f(x)+\sum_{n=1}^{\infty}\lambda^n\int_a^b K_n(x,\xi)f(\xi)\,d\xi\\&=f(x)+\sum_{n=0}^{\infty}\lambda^{n+1}\int_a^b K_{n+1}(x,\xi)f(\xi)\,d\xi\\&=f(x)+\lambda\int_a^b\left[\sum_{n=0}^{\infty}\lambda^n K_{n+1}(x,\xi)\right]f(\xi)\,d\xi\end{aligned} \tag{6.10.8}$$

定义

$$\begin{aligned}\Gamma(x,\xi;\lambda)&=\sum_{n=0}^{\infty}\lambda^n K_{n+1}(x,\xi)\\&=K_1(x,\xi)+\lambda K_2(x,\xi)+\lambda^2K_3(x,\xi)+\cdots\end{aligned} \tag{6.10.9}$$

注意 $K_1(x,\xi)=K(x,\xi)$. 积分方程的解 (6.10.8) 可以写成

$$y(x)=f(x)+\lambda\int_a^b\Gamma(x,\xi;\lambda)f(\xi)\,d\xi \tag{6.10.10}$$

称 $\Gamma(x,\xi;\lambda)$ 为区间 (a,b) 内与核 $K(x,\xi)$ 连带的逆核或预解核. 预解核的表达式 (6.10.9) 被称为诺伊曼级数, 可以证明当 $|\lambda|$ 小于最小特征值时, 诺伊曼级数是收敛的. 实际应用中如果能够确定诺伊曼级数, 那么积分方程的解也就确定了. 下面的例子讨论了如何用诺伊曼级数解积分方程.

例 6.13　求解第二类 Fredholm 积分方程

$$y(x)=1+\lambda\int_0^1(1-3x\xi)y(\xi)\,d\xi$$

解 因为 $K_1(x,\xi)=K(x,\xi)=1-3x\xi$, 所以可以写出

$$K_2(x,\xi)=\int_0^1(1-3x\xi_1)(1-3\xi_1\xi)\,d\xi_1=1-\frac{3}{2}(x+\xi)+3x\xi$$

$$K_3(x,\xi)=\int_0^1 K(x,\xi_1)K_2(\xi_1,\xi)\,d\xi_1=\frac{1}{4}(1-3x\xi)$$

注意到 $K_3(x,\xi)=\dfrac{1}{4}K_1(x,\xi)$. 用数学归纳法可以证明当 $n\geqslant 3$ 时, $K_n=\dfrac{1}{4}K_{n-2}$. 诺伊曼级数可以分成偶次幂项和奇次幂项:

$$n=2m,\quad K_{2m}=\frac{1}{4}K_{2(m-1)},\quad \frac{K_{2m}}{K_{2(m-1)}}=\frac{1}{4};$$

$$n=2m-1,\quad K_{2m-1}=\frac{1}{4}K_{2m-3},\quad \frac{K_{2m-1}}{K_{2m-3}}=\frac{1}{4}.$$

这样会有

$$\begin{aligned}
\Gamma(x,\xi;\lambda)&=\sum_{n=0}^{\infty}\lambda^n K_{n+1}(x,\xi)=K_1+\lambda K_2+\lambda^2K_3+\lambda^3K_4+\lambda^4K_5+\cdots\\
&=\left(K_1+\lambda^2K_3+\lambda^4K_5+\cdots\right)+\lambda\left(K_2+\lambda^2K_4+\lambda^5K_6+\cdots\right)\\
&=\left(K_1+\frac{1}{4}\lambda^2K_1+\left(\frac{\lambda^2}{4}\right)^2K_1+\cdots\right)\\
&\quad+\lambda\left(K_2+\frac{1}{4}\lambda^2K_2+\left(\frac{\lambda^2}{4}\right)^2K_2+\cdots\right)\\
&=\frac{K_1+\lambda K_2}{1-\lambda^2/4}=\frac{1}{1-\lambda^2/4}\left\{(1-3x\xi)+\lambda\left[1-\frac{3}{2}(x+\xi)+3x\xi\right]\right\}
\end{aligned}$$

根据式 (6.10.10) 可以写出本题的解是

$$\begin{aligned}
y(x)&=1+\lambda\int_0^1\Gamma(x,\xi;\lambda)d\xi\\
&=1+\frac{\lambda}{1-\lambda^2/4}\int_0^1\left\{(1-3x\xi)+\lambda\left[1-\frac{3}{2}(x+\xi)+3x\xi\right]\right\}d\xi\\
&=\frac{1}{1-\lambda^2/4}\left[1+\lambda\left(1-\frac{3}{2}x\right)\right]\quad(|\lambda|<2)
\end{aligned}$$

如例 6.13 这样能直接求出诺伊曼级数的情况非常少, 大部分需要用迭代法求解, 读者可以参考更深入的著作.

有了诺伊曼级数就可以探讨一般连续核的积分方程解法. 接下来介绍 Fredholm 第二类积分方程的解法理论, 由于证明过程过长, 这里仅作说明, 不做证明.

考虑一个第二类 Fredholm 方程

$$y(x)=f(x)+\lambda\int_a^b K(x,\xi)y(\xi)\,d\xi \tag{6.10.11}$$

它的核是连续的复函数. Fredholm 给出了它的解法. 首先把预解核 $\Gamma(x,\xi;\lambda)$ 分解成关于 λ 的两个无穷幂级数之比, 使得两个级数同时对于所有 λ 均收敛. 这样预解核是

$$\Gamma(x,\xi;\lambda)=\frac{D(x,\xi;\lambda)}{\Delta(\lambda)} \tag{6.10.12}$$

Fredholm 证明了上式的分子和分母分别是

$$D(x,\xi;\lambda)=K(x,\xi)+\sum_{n=1}^{\infty}\lambda^n D_n(x,\xi) \tag{6.10.13}$$

$$\Delta(\lambda)=1+\sum_{n=1}^{\infty}\lambda^n C_n \tag{6.10.14}$$

系数 C_n 和 D_n 计算方法如下:

$$C_1=-\int_a^b K(x,x)dx$$

$$D_1(x,\xi)=C_1K(x,\xi)+\int_a^b K(x,\xi_1)K(\xi_1,\xi)\,d\xi_1$$

$$C_2=-\frac{1}{2}\int_a^b D_1(x,x)dx$$

$$D_2(x,\xi)=C_2K(x,\xi)+\int_a^b K(x,\xi_1)D_1(\xi_1,\xi)\,d\xi_1$$

$$\cdots\cdots$$

$$C_n=-\frac{1}{n}\int_a^b D_{n-1}(x,x)dx \tag{6.10.15a}$$

$$D_n(x,\xi)=C_nK(x,\xi)+\int_a^b K(x,\xi_1)D_{n-1}(\xi_1,\xi)\,d\xi_1 \tag{6.10.15b}$$

这样就求出了积分方程 (6.10.11) 的解是

$$y(x) = f(x) + \lambda \int_a^b \frac{D(x,\xi;\lambda)}{\Delta(\lambda)} f(\xi)\, d\xi \tag{6.10.16}$$

式 (6.10.16) 有以下几种情况:

(1) $K(x,\xi)$ 是可分核, 那么 $D(x,\xi;\lambda)$ 和 $D(\lambda)$ 只有有限项, 这样可用可分核的方法求解, 具体过程参见 6.7 节.

(2) 如果两个幂级数之比能表示成关于 λ 的幂级数, 那么式 (6.10.16) 成为式 (6.10.10). 根据定理 (6.6.1), 只有当 λ 充分小时才收敛, Fredholm 证明了当

$$|\lambda| < \min\{|\lambda_i|; i = 1, 2, \cdots\}$$

时才收敛, 且 $\Delta(\lambda)$ 和 $\int_a^b D(x,\xi;\lambda) f(\xi)\, d\xi$ 对于 λ 的所有值都收敛.

(3) $\Delta(\lambda) = 0$, 即 λ 为特征值或零, 这样积分方程 (6.10.15) 或者没有解, 或者有无穷多个解, 而式 (6.10.16) 不成立.

上述解法通常称为 Fredholm 的积分方程解理论.

6.11　奇异积分方程

奇异积分方程是指积分方程的积分域是无穷的, 或者核 $K(x,\xi)$ 是间断的, 这两种情况下的积分方程都称为奇异积分方程. 例如:

$$f(x) = \int_0^\infty \sin(x\xi) y(\xi)\, d\xi \tag{6.11.1}$$

$$f(x) = \int_0^\infty \exp(-x\xi) y(\xi)\, d\xi \quad (x > 0) \tag{6.11.2}$$

还有 6.5 节中介绍的阿贝尔方程

$$f(x) = \int_0^x \frac{y(\xi)}{\sqrt{x-\xi}} d\xi \tag{6.11.3}$$

上述三个方程都称为第一类奇异积分方程.

下面用傅里叶变换求解积分域是无限的积分方程. 定义傅里叶正弦变换和余弦变换分别是

$$\bar{f}_{\sin}(x) = \sqrt{\frac{2}{\pi}} \int_0^{+\infty} f(\xi) \sin(x\xi)\, d\xi \tag{6.11.4}$$

$$\bar{f}_{\cos}(x)=\sqrt{\frac{2}{\pi}}\int_0^{+\infty}f(\xi)\cos(x\xi)\,d\xi \tag{6.11.5}$$

它们的反变换是

$$f(\xi)=\sqrt{\frac{2}{\pi}}\int_0^{+\infty}\bar{f}_{\sin}(x)\sin(x\xi)dx \tag{6.11.6}$$

$$f(\xi)=\sqrt{\frac{2}{\pi}}\int_0^{+\infty}\bar{f}_{\cos}(x)\cos(x\xi)dx \tag{6.11.7}$$

上两式满足傅里叶变换要求的条件，这里不再单独列出. 上面的结果可以看到傅里叶反变换的结果正是傅里叶变换积分号中所列的函数 $f(x)$, 因此如果把傅里叶变换看作是一个积分方程，那么它的反变换正好是积分方程的解，这样看来傅里叶反变换实际上是特定核的积分方程解.

例 6.14 求解下列第一类奇异积分方程:

(1) $\displaystyle\int_0^{+\infty}\sin(x\xi)y(\xi)d\xi=e^{-x}$;

(2) $\displaystyle\int_0^{\infty}\cos(x\xi)y(\xi)d\xi=\frac{1}{1+x^2}\ (x>0)$.

解 (1) 原方程两边同乘以 $\sqrt{2/\pi}$, 得到

$$\sqrt{\frac{2}{\pi}}\int_0^{+\infty}\sin(x\xi)y(\xi)d\xi=\sqrt{\frac{2}{\pi}}e^{-x}$$

对上式求反变换得到

$$y(\xi)=\sqrt{\frac{2}{\pi}}\int_0^{+\infty}\sqrt{\frac{2}{\pi}}e^{-x}\sin(x\xi)dx=\frac{2}{\pi}\frac{\xi}{1+\xi^2}$$

积分方程的解是

$$y(x)=\frac{2}{\pi}\frac{x}{1+x^2}$$

(2) 原方程两边同乘以 $\sqrt{2/\pi}$, 得到

$$\sqrt{\frac{2}{\pi}}\int_0^{+\infty}\cos(x\xi)y(\xi)d\xi=\sqrt{\frac{2}{\pi}}\frac{1}{1+x^2}$$

对上式求反变换后有

$$y(\xi)=\left(\sqrt{\frac{2}{\pi}}\right)^2\int_0^{+\infty}\frac{\cos(x\xi)}{1+x^2}dx=e^{-\xi}$$

积分方程的解是

$$y(x) = \exp(-x)$$

接着我们考虑更深入的问题. 既然可以把正弦变换和余弦变换看作是积分方程, 那么这两个积分方程所得到的特征值和特征函数是什么情况呢? 首先考虑正弦变换积分方程的特征值和特征函数.

式 (6.11.4) 与式 (6.11.6) 相加后得到

$$\begin{aligned}\bar{f}_{\sin}(x) + f(x) &= \sqrt{\frac{2}{\pi}} \int_0^{+\infty} \left[\bar{f}_{\sin}(\xi)\sin(x\xi) + f(\xi)\sin(x\xi)\right] d\xi \\ &= \sqrt{\frac{2}{\pi}} \int_0^{+\infty} \left[\bar{f}_{\sin}(\xi) + f(\xi)\right] \sin(x\xi) d\xi\end{aligned}$$

上式对比

$$y(x) = \lambda \int_0^{+\infty} y(\xi)\sin(x\xi)d\xi \tag{6.11.8}$$

可知, 式 (6.11.8) 表示对任意选取满足傅里叶反变换条件的函数 $f(x)$, 函数 $\bar{f}_{\sin}(x) + f(x)$ 是积分方程 (6.11.8) 的特征值 $\lambda = \sqrt{2/\pi}$ 对应的特征函数, 因此上述特征值对应的线性无关的特征函数有无穷多个.

下面计算

$$y(x) = \lambda \int_0^{+\infty} y(\xi)\sin(x\xi)d\xi \tag{6.11.9}$$

的特征值与特征函数. 取 $f(x) = e^{-ax}(a > 0)$, 于是有

$$\bar{f}_{\sin}(x) = \sqrt{\frac{2}{\pi}} \int_0^{+\infty} \sin(x\xi)e^{-a\xi}d\xi = \sqrt{\frac{2}{\pi}} \frac{x}{a^2 + x^2}$$

因而特征值 $\lambda = \sqrt{2/\pi}$ 对应的特征函数是

$$y_a(x) = f(x) + \bar{f}_{\sin}(x) = e^{-ax} + \sqrt{\frac{2}{\pi}} \frac{x}{a^2 + x^2}, \quad a > 0$$

由于 $a > 0$ 的 $y_a(x)$ 有无穷多个, 所以特征值对应的线性无关的特征函数有无穷多个.

这里注意到如果将傅里叶变换积分的系数改为 $-\sqrt{\dfrac{2}{\pi}}$, 则有下式成立

$$e^{-ax} - \sqrt{\frac{2}{\pi}} \frac{x}{a^2 + x^2} = -\sqrt{\frac{2}{\pi}} \int_0^{+\infty} \left[e^{-a\xi} - \sqrt{\frac{2}{\pi}} \frac{\xi}{a^2 + \xi^2}\right] \sin(x\xi)d\xi$$

上述等式表明第一类积分方程 (6.11.9) 的另一特征值是 $\lambda = -\sqrt{2/\pi}$, 对应的特征函数是

$$y_a(x) = e^{-ax} - \sqrt{\frac{2}{\pi}}\frac{x}{a^2+x^2}, \quad a>0$$

因而也有无穷多个特征函数.

同理可以证明余弦变换积分方程的特征值是 $\lambda = \pm\sqrt{2/\pi}$, 而特征函数是

$$y_a(x) = e^{-ax} \pm \sqrt{\frac{2}{\pi}}\frac{a}{a^2+x^2}, \quad a>0$$

也有无穷多个特征函数.

正弦变换和余弦变换所带来的第一类积分方程的特征函数情况说明无穷限积分方程的特征函数与 Fredholm 积分方程的特征函数有不同的形态, 前者的特征函数关于特征值的自变量函数是连续的, 而后者的特征函数关于特征值的自变量变换是不连续的, 分立的.

拉氏变换求积分方程是针对卷积型 Volterra 方程而言的, 6.5 节已经介绍了这一类方程的拉氏变换解法. 这里我们主要讨论积分方程 (6.11.2), 即拉氏变换的特征值与特征函数.

积分方程 (6.11.2) 的齐次方程是

$$y(x) = \lambda\int_0^{+\infty} e^{-x\xi}y(\xi)d\xi \quad (x>0) \tag{6.11.10}$$

考虑 Γ 函数的关系式

$$\Gamma(a)x^{-a} = \int_0^{+\infty} e^{-x\xi}\xi^{a-1}d\xi \quad (a>0) \tag{6.11.11}$$

用 $1-a$ 替换上式中的 a, 得到

$$\Gamma(1-a)\,x^{a-1} = \int_0^{+\infty} e^{-x\xi}\xi^{-a}d\xi \quad (a<1) \tag{6.11.12}$$

上两式分别除以 $\sqrt{\Gamma(a)}$ 和 $\sqrt{\Gamma(1-a)}$ 后, 再相加得到

$$\int_0^{+\infty}\frac{e^{-x\xi}\xi^{a-1}}{\sqrt{\Gamma(a)}}d\xi + \int_0^{+\infty}\frac{e^{-x\xi}\xi^{-a}}{\sqrt{\Gamma(1-a)}}d\xi = \sqrt{\Gamma(a)}x^{-a} + \sqrt{\Gamma(1-a)}x^{a-1}$$

于是有

$$\sqrt{\Gamma(a)\Gamma(1-a)}\left(\sqrt{\Gamma(1-a)}x^{a-1} + \sqrt{\Gamma(a)}x^{-a}\right)$$

$$
= \int_{0}^{+\infty} e^{-x\xi}\left[\sqrt{\Gamma(1-a)}\xi^{a-1} + \sqrt{\Gamma(a)}\xi^{-a}\right]d\xi, \quad 0 < a < 1 \tag{6.11.13}
$$

设

$$
y(x) = \sqrt{\Gamma(1-a)}x^{a-1} + \sqrt{\Gamma(a)}x^{-a}, \quad x > 0
$$

$$
y(x) = \frac{1}{\sqrt{\Gamma(a)\Gamma(1-a)}}\int_{0}^{+\infty} e^{-x\xi}y(\xi)d\xi, \quad x > 0 \tag{6.11.14}
$$

因此积分方程 (6.11.10) 的特征值是

$$
\lambda = \frac{1}{\sqrt{\Gamma(a)\Gamma(1-a)}} \tag{6.11.15}
$$

特征函数是

$$
y_a(x) = \sqrt{\Gamma(1-a)}x^{a-1} + \sqrt{\Gamma(a)}x^{-a} \tag{6.11.16}
$$

根据 $\Gamma(x)$ 函数性质可知

$$
\Gamma(a)\Gamma(1-a) = \frac{\pi}{\sin \pi a} \quad (0 < a < 1)
$$

因此特征值是

$$
\lambda = \sqrt{\frac{\sin \pi a}{\pi}} \quad (0 < a < 1) \tag{6.11.17}
$$

由于 $0 < a < 1$, 所以式 (6.11.17) 表明特征值取值范围是 $0 \leqslant \lambda \leqslant 1/\sqrt{\pi}$, 因而 λ 的特征值是连续的. 进一步可以证明 $-1/\sqrt{\pi} \leqslant \lambda \leqslant 0$ 的所有值都是方程 (6.11.10) 的特征值.

如果将本节奇异 Fredholm 方程与非奇异 Fredholm 方程的特征值比较, 可知**非奇异方程的特征值是离散的, 通常称之为分立谱. 而奇异方程的特征值可能有连续谱, 进一步研究表明其特征值可能又有分立谱又有连续谱.**

6.12　Fredholm 方程的近似解法

从前面所介绍的积分方程中可以看出实际能够求出解析解的积分方程非常有限, 因此各种积分方程的近似解法就显得非常重要. 这里给出几种简单的近似解法, 这些解法并不涉及数值解法, 因为数值解属于数值分析的内容, 有专门的著作讨论这些解法.

1. 代数方程组解法

这种方法是把积分方程化成代数方程组来解. 设有积分方程

$$y(x)=f(x)+\lambda\int_a^b K(x,\xi)\,y(\xi)\,d\xi \tag{6.12.1}$$

根据定积分定义, 积分号可以用求和号来代替. 因此将 (a,b) 区间划分成几段, 在每一段中取一点 x_k, 对每一小区间取每段长度 D_k, 称为步长, 或者叫加权系数. 用求和代替积分, 这样方程 (6.12.1) 右边积分值成为

$$\int_a^b K(x,\xi)y(\xi)d\xi=\sum_{k=1}^{n}D_kK(x_i,x_k)\,y(x_k) \tag{6.12.2}$$

再取方程两端的值在每一个所选的点处相等, 就得到了 n 个线性方程

$$y(x_i)=f(x_i)+\lambda\sum_{k=1}^{n}D_kK(x_i,x_k)\,y(x_k),\quad i=1,2,\cdots,n \tag{6.12.3}$$

上式展开后是含有 n 个未知数 $y(x_1),\cdots,y(x_n)$ 的方程组, 求出 $y(x_i)$ 就得到了积分方程在 n 个点近似值, 不在 $x_1,x_2,\cdots,x_n$ 上的值可以用插值法求解.

为了求到代数表达式, 令

$$y_i=y(x_i),\quad f_i=f(x_i),\quad K_{ij}=K(x=x_i,\xi=x_j) \tag{6.12.4}$$

那么式 (6.12.3) 成为

$$y_i=f_i+\lambda\sum_{k=1}^{n}K_{ik}D_ky_k,\quad i=1,2,\cdots,n \tag{6.12.5}$$

这里设向量

$$\vec{y}=\begin{bmatrix}y_1\\y_2\\\vdots\\y_n\end{bmatrix},\quad \vec{f}=\begin{bmatrix}f_1\\f_2\\\vdots\\f_b\end{bmatrix}$$

矩阵是

$$K=\begin{bmatrix}K_{11}&K_{12}&\cdots&K_{1n}\\K_{21}&K_{22}&\cdots&K_{2n}\\K_{31}&K_{32}&\cdots&K_{3n}\\\vdots&\vdots&\ddots&\vdots\\K_{n1}&K_{n2}&\cdots&K_{nn}\end{bmatrix}=[K_{ij}]$$

$$D = \begin{bmatrix} D_1 & & & \\ & D_2 & & \\ & & \ddots & \\ & & & D_n \end{bmatrix}$$

那么式 (6.12.5) 可以写为

$$\vec{y} = \vec{f} + \lambda KD\vec{y} \tag{6.12.6}$$

上式写成矩阵方程是

$$(I - \lambda KD)\,\vec{y} = \vec{f} \tag{6.12.7}$$

式中 I 是 n 阶单位矩阵.

例 6.15　用代数方程组方法计算积分方程

$$y(x) = x + \int_0^1 K\,(x,\xi)\,y\,(\xi)\,d\xi$$

其中核是

$$K\,(x,\xi) = \begin{cases} x\,(1-\xi)\,, & x < \xi \\ \xi\,(1-x)\,, & x > \xi \end{cases}$$

解　取 $n=5$, 再取等距点, 则有 $D_k = \dfrac{1}{4}$, 所以分点是

$$(x_1, x_2, x_3, x_4, x_5) = \left(0, \frac{1}{4}, \frac{1}{2}, \frac{3}{4}, 1\right)$$

又有 $\lambda = 1$. K 矩阵元是 $K_{ij} = K\,(x_i, x_j) = K\,(x = x_i, \xi = x_j)$, 例如

$$K_{11} = K\,(x = x_1, \xi = x_1) = K\,(x = 0, \xi = 0) = 0$$

$$K_{12} = K\,(x = x_1, \xi = x_2) = K\left(x = 0, \xi = \frac{1}{4}\right) = 0$$

$$K_{22} = K\,(x = x_2, \xi = x_2) = K\left(x = \frac{1}{4}, \xi = \frac{1}{4}\right) = \frac{1}{4}\cdot\left(1 - \frac{1}{4}\right) = \frac{3}{16}$$

$$K_{32} = K\,(x = x_3, \xi = x_2) = K\left(x = \frac{1}{2}, \xi = \frac{1}{4}\right) = \frac{1}{4}\left(1 - \frac{1}{2}\right) = \frac{1}{8}$$

于是 K 矩阵是

$$K=\begin{bmatrix}0&0&0&0&0\\0&3/16&1/8&1/16&0\\0&1/8&1/4&1/8&0\\0&1/16&1/8&3/16&0\\0&0&0&0&0\end{bmatrix}\tag{1}$$

系数向量是

$$\overrightarrow{f}=\left(0,\frac{1}{4},\frac{1}{2},\frac{3}{4},1\right)^{\mathrm{T}}$$

我们注意到求 $y(x_i)$ 的方程引入步长 $D_k=1/4$, 有方程

$$y_i=x_i+\sum_{k=1}^{n}\frac{1}{4}K(x_i,\xi_k)\,y_k$$

写成矩阵方程是

$$\left(I-\frac{1}{4}K\right)\vec{y}=\vec{f}\tag{2}$$

根据式 (2) 和 (1) 可以列出方程组是

$$\begin{cases}y_1=0\\ \dfrac{61}{64}y_2-\dfrac{1}{32}y_3-\dfrac{1}{64}y_4=\dfrac{1}{4}\\ -\dfrac{1}{32}y_2+\dfrac{15}{16}y_3-\dfrac{1}{32}y_4=\dfrac{1}{2}\\ -\dfrac{1}{64}y_2-\dfrac{1}{32}y_3+\dfrac{61}{64}y_4=\dfrac{3}{4}\\ y_5=1\end{cases}\tag{3}$$

从上述方程组 (3) 求得解是

$$(y_1,y_2,y_3,y_4,y_5)^{\mathrm{T}}=(0,0.2943,0.5702,0.8104,1)^{\mathrm{T}}$$

而精确解是

$$y(x)=\frac{\sin x}{\sin 1}$$

从而得到精确解是 $y_1=0,y_2=0.2940,y_3=0.5697,y_4=0.8100,y_5=1$. 此题表明近似计算的精度在小数点后的第 3 位.

2. 配置法

配置法和最小二乘法的思想与代数方程组法类似, 都是将积分方程化成代数方程组, 区别之处是组成代数方程组基的方法不同. 设积分方程是

$$y(x) = f(x) + \lambda \int_a^b K(x,\xi) y(\xi)\, d\xi \tag{6.12.8}$$

再设解是经过选择的几个函数 $\{\phi_1(x), \phi_2(x), \cdots, \phi_n(x)\}$ 的线性组合, 从而有

$$y(x) = \sum_{k=1}^{n} c_k \phi_k(x) \tag{6.12.9}$$

将式 (6.12.9) 代入式 (6.12.8) 后, 得到积分方程近似解应当满足的方程是

$$\sum_{k=1}^{n} c_k \phi_k(x) \approx f(x) + \lambda \sum_{k=1}^{n} c_k \int_a^b K(x,\xi)\phi_k(\xi) d\xi, \quad a \leqslant x \leqslant b \tag{6.12.10}$$

为了计算方便, 引入表达式

$$\varPhi_k(x) = \int_a^b K(x,\xi)\phi_k(\xi)\, d\xi \tag{6.12.11a}$$

$$s_k(x) = \phi_k(x) - \lambda \varPhi_k(x) \tag{6.12.11b}$$

于是有

$$s_k(x) = \phi_k(x) - \lambda \int_a^b K(x,\xi)\phi_k(\xi) d\xi$$

如果式 (6.12.9) 是式 (6.12.8) 的近似解, 那么式 (6.12.10) 化成

$$\sum_{k=1}^{n} c_k \left[\phi_k(x) - \lambda \int_a^b K(x,\xi)\phi_k(\xi) \right] = f(x)$$

即有

$$\sum_{k=1}^{n} c_k s_k(x) = f(x) \quad (a \leqslant x \leqslant b) \tag{6.12.12}$$

通常有多种方法求解上式来确定系数 c_k. 这里介绍所谓的配置法, 也就是在 $x \in (a,b)$ 上取若干点 $x_i \, (i = 1, 2, \cdots, n)$, 将这些点的值代入上式得到线性方程组

$$\sum_{k=1}^{n} c_k s_k(x_i) = f(x_i) \quad (i = 1, 2, \cdots, n)$$

上式可以写成矩阵方程. 定义矩阵为

$$S=[s_{ij}]=[s_j(x_i)]$$

再设向量为

$$\vec{c}=(c_1,c_2,\cdots,c_i,\cdots)^{\mathrm{T}}$$

$$\vec{f}=(f(x_1),f(x_2),\cdots,f(x_i),\cdots)^{\mathrm{T}}$$

这样得到矩阵方程

$$S\vec{c}=\vec{f}$$

解此方程可以得到向量 $\vec{c}$, 将向量元 c_k 代入式 (6.12.9) 就得到了解.

例 6.16 用配置法解例 6.15.

解 在这里假设方程的解可以用

$$y(x)=c_1+c_2x+c_3x^2$$

表示. 根据 $s_k(x)=\phi_k(x)-\int_a^b K(x,\xi)\phi_k(\xi)\,d\xi$, 可以得到

$$\begin{aligned}
s_1(x)&=1-\int_0^1 K(x,\xi)\,d\xi=1-\int_0^x \xi(1-x)\,d\xi-\int_x^1 x(1-\xi)\,d\xi\\
&=1-\frac{1}{2}x(1-x)\\
s_2(x)&=x-\int_0^1 K(x,\xi)\xi d\xi=1-\int_0^x \xi^2(1-x)\,d\xi-\int_x^1 \xi x(1-\xi)d\xi\\
&=x-\frac{1}{6}x\left(1-x^2\right)\\
s_3(x)&=x^2-\int_0^1 \xi^2 K(x,\xi)d\xi\\
&=1-\int_0^x \xi^3(1-x)\,d\xi-\int_x^1 \xi^2 x(1-\xi)\,d\xi\\
&=x^2-\frac{1}{12}x\left(1-x^3\right)
\end{aligned}$$

从 $s_k(x)$ 可得到 S 矩阵. 取 $x_1=0$, $x_2=1/2$, $x_3=1$, 于是有矩阵元

$$s_{11}=s_1(x_1)=s_1(0)=1,\quad s_{12}=s_2(x_1)=s_2(0)=0$$

$$s_{13}=s_3(x_1)=s_3(0)=0,\quad s_{21}=s_1(x_2)=s_1\left(\frac{1}{2}\right)=\frac{7}{8}$$

$$s_{22} = s_2(x_2) = s_2\left(\frac{1}{2}\right) = \frac{7}{16}, \quad s_{23} = s_3(x_2) = s_3\left(\frac{1}{2}\right) = \frac{41}{192}$$

$$s_{31} = s_1(x_3) = 1, \quad s_{32} = s_2(x_3) = 1, \quad s_{33} = s_3(x_3) = 1$$

矩阵方程是

$$\begin{bmatrix} 1 & 0 & 0 \\ 7/8 & 7/16 & 41/192 \\ 1 & 1 & 1 \end{bmatrix} \begin{bmatrix} c_1 \\ c_2 \\ c_3 \end{bmatrix} = \begin{bmatrix} 0 \\ 1/2 \\ 1 \end{bmatrix}$$

于是得到解是

$$c_1 = 0, \quad c_2 = 1.2791, \quad c_3 = -0.2791$$

所求到的解是

$$y = 1.2791x - 0.2791x^2$$

3. 最小二乘法

配置法的点 x_i 位置是人为指定的, 若选择得正确, 计算精确度很高, 否则精度较低. 一种改进方法是当解 (6.12.12) 时采用基于均方差最小的算法, 这样式 (6.12.12) 的点配置法需按最小二乘法确定. 下面就介绍这一算法.

令式 (6.12.12) 的左右两侧的差是

$$g(x) = \sum_{k=1}^{n} c_k s_k(x) - f(x)$$

求上式 $g(x)$ 的最小均方差, 这样得到

$$\min = \int_a^b \left[\sum_{k=1}^{n} c_k s_k(x) - f(x)\right]^2 dx \tag{6.12.13}$$

为了求最小值, 可以对上式中系数 c_i 求导, 并令其为零, 这样就有

$$\frac{d}{dc_i}\min = 0$$

对式 (6.12.13) 右边求导得到

$$\int_a^b s_i(x)\left[\sum_{k=1}^{n} c_k s_k(x) - f(x)\right] dx = 0 \quad (i = 1, 2, \cdots, n)$$

改变求和与积分的次序, 于是得到

$$\sum_{k=1}^{n} c_k \int_a^b s_i(x)\, s_k(x) dx = \int_a^b s_i(x)\, f(x) dx \quad (i = 1, 2, \cdots, n) \tag{6.12.14}$$

解出上式列出的方程组中的 c_k, 再代入式 (6.12.7) 就得到了积分方程的解.

式 (6.12.14) 写成矩阵方程是

$$S\vec{c} = \vec{f} \tag{6.12.15}$$

其中 $\vec{c} = (c_1, c_2, \cdots, c_i, \cdots)^{\mathrm{T}}$, $\vec{f} = (f_1, f_2, \cdots, f_i, \cdots)^{\mathrm{T}}$, 而

$$S = [s_{ij}] = \left[\int_a^b s_i(x) s_j(x)\, dx\right] \tag{6.12.16}$$

其中

$$s_{ij} = \int_a^b s_i(x)\, s_j(x)\, dx$$

下面用例子介绍用最小二乘法求解的过程.

例 6.17 用最小二乘法求解例 6.16.

解 设 $\phi_1 = 1$, $\phi_2 = x$, $\phi_3 = x^2$, 则有近似解是

$$y = c_1 + c_2 x + c_3 x^2$$

前面已经求出了

$$s_1(x) = 1 - \frac{1}{2}x(1-x), \quad s_2(x) = \frac{5}{6}x + \frac{1}{6}x^3, \quad s_3(x) = x^2 - \frac{1}{12}x\left(1-x^3\right)$$

矩阵元求法如下:

$$s_{11} = \int_0^1 s_1(x)\, s_1(x) dx = \int_0^1 \left(1 - \frac{1}{2}x + \frac{1}{2}x^2\right)^2 dx = 0.0833$$

$$s_{12} = \int_0^1 s_1(x)\, s_2(x) dx = \int_0^1 \left(1 - \frac{1}{2}x + \frac{1}{2}x^2\right)\left(\frac{5}{6}x + \frac{1}{6}x^3\right) dx = 0.4208$$

$$s_{13} = \int_0^1 s_1(x)\, s_3(x) dx = \int_0^1 \left[1 - \frac{1}{2}x(1-x)\right]\left[x^2 - \frac{1}{12}x\left(1-x^3\right)\right] dx = 0.2859$$

$$s_{21} = \int_0^1 s_2(x)\, s_1(x) dx = \int_0^1 \left(\frac{5}{6}x + \frac{1}{6}x^3\right)\left(1 - \frac{1}{2}x + \frac{1}{2}x^2\right) dx = 0.4208$$

$$s_{22}=\int_0^1 s_2(x)\,s_2(x)dx=\int_0^1\left(\frac{5}{6}x+\frac{1}{6}x^3\right)^2dx=0.2910$$

$$s_{23}=\int_0^1 s_2(x)\,s_3(x)dx=\int_0^1\left(\frac{5}{6}x+\frac{1}{6}x^3\right)\left(x^2-\frac{1}{12}x+\frac{1}{12}x^4\right)dx=0.2235$$

$$s_{31}=\int_0^1 s_3(x)\,s_1(x)dx=0.2859$$

$$s_{32}=\int_0^1 s_3(x)\,s_2(x)dx=0.2235$$

$$s_{33}=\int_0^1 s_3^2(x)\,dx=\int_0^1\left(x^2-\frac{1}{12}x+\frac{1}{12}x^4\right)^2dx=0.7830$$

系数向量是

$$f_1=\int_0^1 xs_1(x)\,dx=\int_0^1\left(x-\frac{1}{2}x^2+\frac{1}{2}x^3\right)dx=0.4583$$

$$f_2=\int_0^1 xs_2(x)\,dx=\int_0^1\left(\frac{5}{6}x^2+\frac{1}{6}x^4\right)dx=0.1817$$

$$f_3=\int_0^1 xs_3(x)\,dx=\int_0^1\left(x^3-\frac{1}{12}x^2+\frac{1}{12}x^5\right)dx=0.3612$$

于是得到方程组

$$\begin{bmatrix}0.0833 & 0.4028 & 0.2859\\0.4028 & 0.2910 & 0.2235\\0.2859 & 0.2235 & 0.7830\end{bmatrix}\begin{bmatrix}c_1\\c_2\\c_3\end{bmatrix}=\begin{bmatrix}0.4583\\0.1817\\0.3612\end{bmatrix}$$

解上述方程组得到

$$\begin{bmatrix}c_1\\c_2\\c_3\end{bmatrix}=\begin{bmatrix}-0.4176\\0.9364\\0.3465\end{bmatrix}$$

所以积分方程的解是

$$y(x)=-0.4176+0.9364x+0.3465x^2$$

近似计算积分方程的方法很多, 但是大部分都遵循这样一个思想: 就是把 Fredholm 方程看成几个代数方程组在方程个数无限增大时的极限, 这样就把 Fredholm 方程化成了几个有限变量的代数方程组, 解线性代数方程组可以得到解.

4. 核近似法

最后讨论一种与前面方法有一些不同的方法, 即核的近似法. 这种方法不是直接化简积分方程, 而是化简核. 用一个含 x 和 ξ 的多项式去逼近积分方程的核, 把核化简成可分核, 或者对称核, 积分方程的求解就简单了一些. 需要注意的是在对于核的近似过程中, 应当让核在端点值与近似核在端点的值是相等的. 下面以本节开头的例 6.15 介绍核近似法. 为了方便阅读, 将题目重抄如下:

$$y(x) = x + \int_0^1 K(x,\xi) y(\xi)\, d\xi \tag{6.12.17}$$

$$K(x,\xi) = \begin{cases} x(1-\xi), & x < \xi \\ \xi(1-x), & x > \xi \end{cases} \tag{6.12.18}$$

这里用一个二次函数去逼近 $K(x,\xi)$, 即有

$$K(x,\xi) = Bx(1-x) \tag{6.12.19}$$

注意 $Bx(1-x)$ 在 $x=0$ 和 $x=1$ 两个端点处的值与 $K(x,\xi)$ 的值是相等的. 如何确定 B 是多少呢? 一个简单的方法是让核在 $(0,1)$ 上的积分值与近似核的积分值相等, 即有

$$\int_0^1 K(x,\xi) dx = \int_0^1 Bx(1-x)\, dx$$

这样可以得到积分等式

$$\int_0^\xi x(1-\xi)\, dx + \int_\xi^1 \xi(1-x) dx = B\int_0^1 x(1-x)\, dx$$

解上式得到

$$B = 3\xi(1-\xi) \tag{6.12.20}$$

于是近似有核

$$K(x,\xi) = 3\xi(1-\xi)\, x(1-x) \tag{6.12.21}$$

将式 (6.12.21) 代入积分方程 (6.12.17) 可以用 6.7 节的方法求解.

按照可分核的方程解法, 令

$$c = \int_0^1 \xi(1-\xi)\, y(\xi)\, d\xi$$

方程的解是

$$y(x)=x+3cx(1-x) \tag{6.12.22}$$

方程两边同乘以 $x(1-x)$, 并在 $(0,1)$ 上积分, 得到

$$c=\int_0^1 x^2(1-x)\,dx+3c\int_0^1 x^2\left(1-x^2\right)dx$$

解之得到

$$c=\frac{5}{54}$$

所以积分方程的解是

$$y(x)=x+\frac{15}{54}x(1-x)=x+\frac{5}{18}x(1-x)=1.2778x-0.2778x^2$$

我们注意核的近似程度决定了最终解的精度, 因此选择核的近似函数非常重要, 像上面介绍的这个例子可以设近似核是

$$K(x,\xi)\approx x\xi(1-x)(1-\xi)\left(a_1+a_2x\xi+a_3x^2\xi^2+\cdots\right)$$

这样的话, 式中的参数 $a_1,a_2,\cdots,a_n$ 如何确定呢? 这个可视要求而定, 可以用配置法、均方逼近、最佳一致逼近等方法.

习　题　6

1. 求下面积分方程的解:

(1) $y(x)=4\int_0^x(\xi-x)y(\xi)\,d\xi+x$;

(2) $y(x)=x+\lambda\int_0^1(x-\xi)\,y(\xi)\,d\xi$;

(3) $y(x)=x+\dfrac{1}{2}\int_0^\pi(1+\sin x\sin\xi)y(\xi)\,d\xi$;

(4) $y(x)=\dfrac{3}{2}e^x-\dfrac{1}{2}xe^x-\dfrac{1}{2}+\dfrac{1}{2}\int_0^x\xi y(\xi)\,d\xi$;

(5) $y(x)=e^x+\lambda\int_0^{11}x\xi y(\xi)\,d\xi$;

(6) $y(x)=18x^2-9x-4+\int_0^1(x+\xi)y(\xi)\,d\xi$;

(7) $y(x)=f(x)+\lambda\int_0^{2\pi}\sin x\sin\xi y(\xi)\,d\xi$;

(8) $y(x)=f(x)+\lambda\int_0^x e^{x-\xi}y(\xi)d\xi$;

(9) $y(x)=f(x)+\lambda\int_{-1}^{1}(x\xi+x^2\xi^2)y(\xi)\,d\xi.$

2. 求下面积分方程的解:

(1) $\int_{-\infty}^{+\infty}g(x)\cos\xi x d\xi=\begin{cases}1-x, & 0\leqslant x\leqslant 1,\\ 0, & x>1;\end{cases}$

(2) $\int_{0}^{+\infty}g(\xi)\cos\xi x d\xi=\dfrac{\sin x}{x};$

(3) $\int_{-\infty}^{+\infty}\dfrac{y(\tau)}{(t-\tau)^2+a^2}d\tau=\dfrac{1}{t^2+b^2},0<a<b;$

(4) $\int_{-\infty}^{+\infty}e^{-|t-\tau|}y(\tau)\,d\tau=\sqrt{2\pi}e^{-\frac{t^2}{2}};$

(5) $\int_{0}^{t}y(\xi)\cos(x-\xi)\,d\xi=y(x)\,,y(0)=1.$

3. 用逐次逼近法解下列方程:

(1) $y(x)=2^x+\int_{0}^{x}2^{x-\xi}y(\xi)d\xi;$

(2) $y(x)=1+x^2-\dfrac{1}{2}\int_{0}^{x}\dfrac{1+x^2}{1+\xi^2}y(\xi)\,d\xi;$

(3) $\int_{0}^{\pi}K(x,\xi)\,y(\xi)\,d\xi=\dfrac{1}{2}\sin 2x,K(x,\xi)=\begin{cases}\dfrac{\xi(\pi-x)}{\pi}, & 0\leqslant\xi\leqslant x,\\ \dfrac{x(\pi-\xi)}{\pi}, & x\leqslant\xi\leqslant\pi.\end{cases}$

4. 求下列对称核的特征值与特征函数:

(1) $K(x,\xi)=\begin{cases}\sin x\cos\xi, & 0\leqslant x\leqslant\xi,\\ \sin\xi\cos x, & \xi\leqslant x\leqslant\dfrac{\pi}{2};\end{cases}$

(2) $K(x,\xi)=\begin{cases}-e^{-\xi}\sinh x, & 0\leqslant x\leqslant\xi,\\ -e^{-x}\sinh\xi, & \xi\leqslant x\leqslant 1;\end{cases}$

(3) $K(x,\xi)=\begin{cases}-x, & 0\leqslant x\leqslant\xi,\\ -\xi, & \xi<x\leqslant 1.\end{cases}$

5. 求解下列积分方程:

(1) $y(x)=2\int_{0}^{\frac{\pi}{2}}K(x,\xi)y(\xi)\,d\xi+\cos 2x\,,K(x,\xi)=\begin{cases}\sin x\cos\xi, & 0\leqslant x\leqslant\xi,\\ \cos x\sin\xi, & \xi\leqslant x\leqslant\dfrac{\pi}{2};\end{cases}$

(2) $y(x)=\cosh x+\lambda\int_{0}^{1}K(x,\xi)\,y(\xi)\,d\xi$, 其中核是

$$K(x,\xi)=\begin{cases}\dfrac{\cosh x\cosh(\xi-1)}{\sinh 1}, & 0\leqslant x\leqslant\xi\\ \dfrac{\cosh\xi\cosh(x-1)}{\sinh 1}, & \xi\leqslant x\leqslant 1\end{cases}$$

(3) $y(x)=\sin x+\int_0^{\pi}K(x,\xi)\,y(\xi)\,d\xi$, 其中核是

$$K(x,\xi)=\begin{cases}\sin\left(x+\dfrac{\pi}{4}\right)\sin\left(\xi-\dfrac{\pi}{4}\right), & 0\leqslant x\leqslant\xi\\ \sin\left(\xi+\dfrac{\pi}{4}\right)\sin\left(x-\dfrac{\pi}{4}\right), & \xi<x\leqslant\pi\end{cases}$$

6. 用 Green 函数法求边值问题:

(1) $y''+y=x,\ y(0)=0, y\left(\dfrac{\pi}{2}\right)=0$;

(2) $y''+y=x^2, y(0)=y\left(\dfrac{\pi}{2}\right)=0$;

(3) $y''-y=-2e^x, y(0)=y'(0), y(l)+y'(l)=0$.

7. 把下面边值问题化为积分方程:

(1) $y''+\dfrac{\pi^2}{4}y=\lambda y+\cos\dfrac{\pi x}{2}, y(-1)=y(1), y'(-1)=y(1)$;

(2) $y''-\lambda y=x^2, y(0)=y\left(\dfrac{\pi}{2}\right)=0$.

8. 用解核解下列积分方程:

(1) $y(x)=\cos 2x+\int_0^{2\pi}\sin x\cos\xi\, y(\xi)\,d\xi$;

(2) $y(x)=e^x-\int_0^{2\pi}e^{x-\xi}y(\xi)\,d\xi$.

9. 讨论方程

(1) $y(x)=1-2x+\lambda\int_0^1\left(2x\xi-4x^2\right)y(\xi)\,d\xi$ 的可解性, 若有解则求出解;

(2) $\int_0^{2\pi}\cos(x+\xi)\,y(\xi)d\xi=\pi\cos x$ 的可解性.

10. (1) 用配置法求解方程

$$y(x)=x+\int_0^1K(x,\xi)\,y(\xi)\,d\xi,\quad 取\ \ x=0,\frac{1}{2},1$$

(2) 再用最小二乘法求 (1).

11. 求下列方程的解

$$\int_0^1(y-\xi)\,e^{\xi}y(\xi)\,d\xi=y+2$$

12. 用 Hilbert-Schmidt 理论解方程

$$\int_0^1K(x,\xi)\,y(\xi)\,d\xi=\sin^3\pi x$$

其中核是

$$K(x,\xi)=\begin{cases}(1-x)\,\xi, & 0\leqslant\xi\leqslant x\\ x(1-\xi), & x\leqslant\xi\leqslant 1\end{cases}$$

参 考 文 献

[1] 天津大学等 27 所高等工业学校集体编写. 高等数学 (无线电技术类型专业部分)[M]. 北京: 人民教育出版社, 1961.

[2] 柯导明, 黄志祥, 陈军宁. 数学物理方法 [M]. 2 版. 北京: 机械工业出版社, 2018.

[3] 希尔德布兰德 F B. 应用数学方法 [M]. 李世晋, 吴宝静, 秦春雷, 译. 北京: 高等教育出版社, 1986.

[4] 李政道. 物理学中的数学方法 [M]. 南京: 江苏科学技术出版社, 1980.

[5] 方德植. 微分几何 [M]. 北京: 人民教育出版社,1964.

[6] do Carmo M P. 曲线与曲面的微分几何 [M]. 田畴, 忻元龙, 姜国英, 彭家贵, 潘养廉, 译. 北京: 机械工业出版社, 1987.

[7] 苏步青, 胡和生, 沈纯理, 潘养廉, 张国樑. 微分几何 [M]. 北京: 人民教育出版社, 1980.

[8] 梅向明, 黄敬之. 微分几何 [M]. 4 版. 北京: 高等教育出版社, 2008.

[9] 吴大任. 微分几何讲义 [M]. 北京: 人民教育出版社, 1979.

[10] 沈一兵. 整体微分几何初步 [M]. 3 版. 北京: 高等教育出版社, 2009.

[11] 柯青 H E. 向量计算和张量计算初步 [M]. 史福培, 等译. 上海: 商务印书馆, 1956.

[12] 孙志铭. 物理中的张量 [M]. 北京: 北京师范大学出版社, 1985.

[13] 冯潮清, 赵愉深, 何浩法. 矢量与张量分析 [M]. 北京: 国防工业出版社, 1986.

[14] 基利契巴夫斯基 H A. 张量计算初步及其在力学上的应用 [M]. 郭乾荣, 译. 北京: 人民教育出版社,1963.

[15] 钱曙复, 陆林生. 三维欧氏空间张量分析 [M]. 上海: 同济大学出版社, 1997.

[16] 刘文明. 半导体物理学 [M]. 长春: 吉林人民出版社, 1982.

[17] 殷之文. 电介质物理 [M]. 2 版. 北京: 科学出版社, 2020.

[18] 尹幸榆, 李海旺, 由儒全. 张量分析 [M]. 北京: 北京航空航天大学出版社, 2020.

[19] 艾利斯哥尔兹 Л Э. 变分法 [M]. 李世晋, 译. 北京: 人民教育出版社, 1961.

[20] 老大中. 变分法基础 [M]. 2 版. 北京: 国防工业出版社, 2010.

[21] 米赫林 C Г. 数学物理中的直接方法 [M]. 周先意, 译. 北京: 高等教育出版社, 1957.

[22] 彼得罗夫斯基 И Г. 积分方程论讲义 [M]. 胡祖炽, 译. 北京: 人民教育出版社, 1961.

[23] 沈以淡. 积分方程 [M]. 3 版. 北京: 清华大学出版社, 2012.

[24] Simmonds J G. A Brief on Tensor Analysis [M]. 2nd ed. 北京: 世界图书出版公司, 2020.

[25] 《数学手册》编写组. 数学手册 [M]. 北京: 高等教育出版社, 1979.

[26] 埃伯哈德・蔡德勒, 等. 数学指南-实用数学手册 [M]. 李文林, 等译. 北京: 科学出版社, 2015.

[27] 李星. 积分方程 [M]. 北京: 科学出版社, 2008.